航天科技图书出版基金资助出版

液体火箭发动机试验测控技术

韩　明　等　编著

中国宇航出版社
·北京·

图书在版编目（CIP）数据

液体火箭发动机试验测控技术 / 韩明等编著. -- 北京：中国宇航出版社，2024.4
ISBN 978-7-5159-2378-9

Ⅰ.①液… Ⅱ.①韩… Ⅲ.①液体推进剂火箭发动机-试验 Ⅳ.①V434

中国国家版本馆 CIP 数据核字(2024)第 084110 号

责任编辑　朱琳琳　　　封面设计　王晓武

出版发行　中国宇航出版社

社　址　北京市阜成路 8 号　邮　编　100830
(010)68768548
网　址　www.caphbook.com
经　销　新华书店
发行部　(010)68767386　(010)68371900
(010)68767382　(010)88100613（传真）
零售店　读者服务部　(010)68371105
承　印　北京中科印刷有限公司

版　次　2024 年 4 月第 1 版
2024 年 4 月第 1 次印刷
规　格　787×1092
开　本　1/16
印　张　31　彩　插　4 面
字　数　761 千字
书　号　ISBN 978-7-5159-2378-9
定　价　168.00 元

本书如有印装质量问题，可与发行部联系调换

航天科技图书出版基金简介

航天科技图书出版基金是由中国航天科技集团公司于2007年设立的，旨在鼓励航天科技人员著书立说，不断积累和传承航天科技知识，为航天事业提供知识储备和技术支持，繁荣航天科技图书出版工作，促进航天事业又好又快地发展。基金资助项目由航天科技图书出版基金评审委员会审定，由中国宇航出版社出版。

申请出版基金资助的项目包括航天基础理论著作，航天工程技术著作，航天科技工具书，航天型号管理经验与管理思想集萃，世界航天各学科前沿技术发展译著以及有代表性的科研生产、经营管理译著，向社会公众普及航天知识、宣传航天文化的优秀读物等。出版基金每年评审1～2次，资助20～30项。

欢迎广大作者积极申请航天科技图书出版基金。可以登录中国航天科技国际交流中心网站，点击“通知公告”专栏查询详情并下载基金申请表；也可以通过电话、信函索取申报指南和基金申请表。

网址：http：//www. ccastic. spacechina. com

电话：（010）68767205，68767805

前 言

液体火箭发动机的研制是一项异于常规产品的复杂任务，其中试验环节贯穿始终，是研制过程中的重要环节和最后一道关口。试验是检验发动机设计方案的可行性、生产工艺的稳定性和工作可靠性的主要手段。通过试验，可以全面评估发动机的性能、可靠性，为即将交付的飞行发动机提供严格的质量检验，确保火箭发动机满足高标准的飞行要求。

液体火箭发动机试验系统主要由试验台主体、推进剂供应系统、控制系统、测量系统和辅助系统（吊装、供电、消防、通信、推进剂储存运输、气体生产、分析化验）等组成。其中，控制系统是试验系统的“大脑”和总指挥。控制系统的作用是按预先确定的试验程序发出指令信号，指挥试验系统及发动机上的各种控制组件准时、正确、可靠地工作，调节发动机入口压力、推进剂流量等参数，以满足发动机正常工作的需求。一旦发动机或试验系统出现异常或故障趋势，控制系统能及时、准确地进行诊断，启动紧急预案，防止潜在的灾难性故障发生。测量系统是试验系统的数据中心，负责准确、可靠、完整地采集发动机试验过程中的各项参数及试验系统的状态信息。通过实时反映发动机及试验系统的实际状态，测量系统为试验指挥人员提供准确、可靠的判断依据。当采集到的关键性能参数出现异常时，测量系统能按给定的诊断准则进行实时判断，并做出相应决策。试验获得的大量参数信息为发动机的设计改进、结构优化、材料升级以及发动机性能和可靠性的提升与评估、交付验收等方面提供了数据支撑。

本书主要介绍液体火箭发动机试验测量系统与控制系统的结构组成、工作原理、设计技术，以及应用软件的开发、调试验证方法、工程应用经验等内容。全书分为 14 章，第 1 章概论，主要介绍发动机试验的目的、类型与特点，测控系统的作用、特点与组成，测控系统架构，控制模式，测量参数分类，测控系统发展历程与发展趋势。第 2 章试验对测控系统的要求，主要介绍试验对测控系统的总体要求，试验对控制系统、测量系统的要求。第 3 章推力测量技术，主要介绍推力测量系统设计、稳态推力测量技术、负推力修正技术、动态推力测量技术、多分推力测量技术、推力测量不确定度评估。第 4 章压力测量技术，主要介绍压力测量系统设计，稳态压力、高低温条件下压力、真空压力测量技术，现场校准、数据处理技术，压力测量系统不确定度评估。第 5 章流量、转速测量技术，主要介绍流量、转速测量系统结构组成与功能，涡轮流量计研制与安装技术，信号调理与抗干扰技术，数据采集、原位校准、介质密度获取、数据处理与分析等技术，流量测量不确定度评定。第 6 章温度测量技术，主要介绍温度测量系统设计，热电偶、热电阻测量技术，现场校准技术，温度数据处理方法，温度测量不确定度评定。第 7 章动态参数测量技术，主要介绍动态参数测量系统组成、系统设计要求、校准方法、动态参数测量与数据处理方法、动态参数测量系统不确定度评定。第 8 章其他参数测量技术，主要介绍热流、光纤、红外温度测量技术，机器视觉图像检测技术，气体流场测量技术，高速空间运动轨迹测试技术。第 9 章发动机试验控制技术，主要介绍控制系统架构、控制方法及工作过程，控制对象分类，控制系统硬件技术，控制时序自动判读技术，发动机试验控制技术典型应用。第 10 章试验状态监控技术，主要介绍闭环控制技术、发动机故障诊断技术、姿控动力系统仿真显示技术、试验系统健康监测技术。第 11 章伺服控制技术，主要介绍伺服机构、地面伺服控制系统、模拟伺服机构控制、数字总线伺服机构控制。第 12 章应用软件设计，主要介绍应用软件组成与特点、应用软件设计方法、常用应用软件设计要点、应用软件设计举例。第 13 章试验数据分析技术，主要介绍数据分析方法，数据修正、数据评估技术。第 14 章试验系统测试技术，主要介绍测控系统测试内容、测试方法、试验测控系统维护方法。

本书由韩明、赵万明、赵政社等 15 位长期从事液体火箭发动机试验测控系统设计与试验，具有丰富工程实践经验，完成多个试验测控系统设计的专业技术人员共同撰写。其中，韩明确定全书的主题思想与架构、目录及章节主要论述内容，负责组织撰写人员对各章节内容进行多次审查修改并最终定稿。本书第 1 章、第 2 章由韩明、赵万明撰写；第 3 章由冷海峰、刘丽宁撰写；第 4 章由赵政社撰写；第 5 章由赵万明撰写；第 6 章由李正兵撰写；第 7 章由陈海峰撰写；第 8 章由刘英元、李志勋、唐云龙撰写；第 9 章由郭立、李志勋、朱丹波、吕欣撰写；第 10 章由韩明、朱丹波、唐云龙、吕欣、邝奇撰写；第 11 章由邝奇、郭立撰写；第 12 章由唐云龙、朱丹波、吕欣、邝奇撰写；第 13 章由刘丽宁撰写；第 14 章由单琳、赵政社撰写。李斌研究员对本书的撰写工作进行了指导，史超研究员参与了本书架构与目录的讨论并提出修改意见。刘强、钟伟、杜晨昕负责图书的出版管理工作。

目前，液体火箭发动机试验技术方面的专著很少，专注于试验测控技术的书籍更少。本书主要介绍发动机试验测量与控制方面的系统设计技术、系统安装与调试技术、工程应用经验和近年发展的测控新技术，对基础理论介绍较少。书中部分理论计算引用了公开发表的参考文献，部分计算数据、试验测控系统调试验证方法等是作者长期实践经验的积累、凝练、总结和单位内部归档资料的精华（参考文献中未列出）。本书将一线专家在液体动力试验测控技术研究领域的丰富经验进行了提炼、归纳，旨在为从事液体火箭发动机试验、航天靶场发射、大型工程试验测控系统设计的专业技术人员提供理论指导和实践经验参考。同时，对于工程测量与控制领域的年轻技术人员来说，这也是一本助力其快速成长的宝贵资料，有助于我国未来打造出功能完善、技术先进、可靠性高的液体火箭发动机试验测控系统。作者在书中还列举了长期稳定运行的应用实例，提升了其参考价值。本书所述内容通俗易懂，专业性和通用性兼顾，适合发动机试验、靶场发射、工程试验与测试等测控系统设计与试验人员阅读，同时也可供高校从事火箭发动机设计理论和测控理论教学的教师和相关专业的学生及大型工程试验测控技术人员和航天爱好者参考。

参与本书撰写的15位作者都是长期在液体火箭发动机试验一线工作的专家，完成了许多液体火箭发动机试验测控系统设计和试验任务。我们在完成繁重的科研任务之余，倾注心血撰写了本书。在此，对参与本书策划、撰写、修改、出版等工作的所有人员表示衷心的感谢。本书的出版得到了航天科技图书出版基金的资助和中国宇航出版社的大力支持，在此深表感谢！

由于作者水平有限，书中难免存在疏漏和不妥之处，恳请广大读者批评指正。

韩　明

2023年9月于西安

目 录

第1章　概　论

星空浩渺，银河璀璨，探索宇宙，动力先行。航天技术的迅速发展，使人类探索太空奥秘的脚步不断向广阔无垠的宇宙拓展。嫦娥奔月的神话故事，如今变成了现实。中国人民勤劳、勇敢、自强、自立，凭借自己的聪明才智实现了太空漫步的飞天梦想，创造了载人航天、北斗导航、探月工程、火星探测、天宫空间站等一个个举世瞩目的里程碑。而推举梦想、铸就辉煌的液体火箭发动机是将神话变成现实、创造里程碑的动力源泉。航天技术之所以飞速发展，与运载火箭的心脏——液体火箭发动机技术的日趋成熟和新型号不断推出密不可分。液体火箭发动机是当今世界使用液体推进剂的弹道导弹、运载火箭及航天器的主要运载动力，是弹、箭、星、船、器的姿态控制、轨道转移、空间对接等的动力之源。航天动力的推力有多大，人类探索太空的距离就有多远。

1.1　发动机试验的目的、类型与特点

液体火箭发动机是使用液体推进剂的火箭发动机的简称，是用液态化学物质作为能源和工质的化学火箭发动机。这种液态化学物质称为推进剂，一般由燃料和氧化剂组成，由飞行器（导弹、火箭或航天器）自身携带。液体推进剂在发动机的燃烧室内进行燃烧，推进剂的化学能转变为热能，产生高温、高压燃气，通过超声速喷管膨胀，将热能转变为动能，从喷管出口高速喷出，从而产生推力，为弹（箭）及航天器提供飞行所需的动力。

液体火箭发动机试验是确定发动机性能指标、评价发动机可靠性、检验发动机能否定型和验收交付的主要手段。试验贯穿发动机研制的全过程，只有通过试验验证、考核发动机实际工作的各种环境及边界条件，才能对产品进行鉴定和验收。火箭发动机地面试验的目的是：对已定型和交付的发动机来说，试验的目的是检验批生产工艺的稳定性、正常工作的可靠性、交付产品的批次合格性；对研制性的发动机来说，试验的目的是检验设计方案的可行性、合理性，结构材料的适用性，推进剂供应的协调性和燃烧的稳定性，试验和调试方法的正确性；对考核工作可靠性的发动机来说，试验的目的是检验发动机长程工作、边界工况工作、边界环境条件工作等的实际验证。发动机试验的最终目的是对发动机的总体结构、性能指标和可靠性进行评价。评价的主要依据是试验中获得的大量数据。测量数据是试验的最终结果形式，是发动机合格的证明书，是上天飞行的通行证。试验数据报告是从事发动机试验专业技术研究单位的主要“产品”。

液体火箭发动机试验一般分为两大类，第一类是组件试验，主要包括：推力室试验、涡轮泵试验、燃气发生器试验、涡轮泵与发生器联试、涡轮泵与发生器等组件半系统试验、阀门与调节器试验、总体直属件试验、火工品试验等。第二类是发动机整机试验，主

要包括：方案可行性试验、结构可靠性试验、边界条件试验、性能鉴定试验、交付验收试验、发动机飞行试验、批抽检（交付）试验等。对于工作在高空环境条件下的发动机，要进行高空模拟试验；对于组合使用的发动机（双机、多机并联）或动力装置（全箭、全弹），要进行子级整机试验等。其中，研制性试验的内容最复杂，试验次数最多[1]。

发动机试验是一项复杂的系统工程。它涉及机械、电力、流体力学、空气动力、高低温、真空、高能化学燃烧、介质分析与贮存、自动控制、参数测量、计算机等多学科。发动机试验和其他大型科学试验相比有许多特点，这些特点主要由火箭发动机工作性质、方式和环境条件所决定。主要特点[2]有：

1）发动机试验是一项复杂的多学科系统工程。试验过程中各分系统必须按各自承担的任务协同正常工作，试验系统中任何关键环节出现故障，都可能导致试验失败或不能达到试验目的。

2）发动机试验中，推进剂供应、时序控制、参数测量三大核心系统结构复杂，规模庞大，要求系统具有高的可靠性和稳定性。

3）试验费用昂贵。一次大型液体火箭发动机试验费用达几百万至几千万元，如果试验失败或未达到目的，可能产生巨大经济损失和负面的社会影响。

4）试验本身不安全因素多，危险性大。试验所用的推进剂易燃、易爆，甚至有毒、有强腐蚀性。试验中出现的故障许多是灾难性的，故障可能导致着火，爆炸，人员中毒、伤亡等情况发生。

综上所述，液体火箭发动机试验的特点可概括为：成功需要多种因素，失败只需一个因素就够；1%的失误可能导致100%的失败；一次成功不等于次次成功。这些观点是对液体火箭发动机试验特点的最好诠释。

1.2 测控系统的作用、特点与组成

液体火箭发动机地面试验系统主要由试车台主体、推进剂供应系统、控制系统、测量系统、辅助系统等组成。其中，推进剂供应系统、控制系统、测量系统是三大核心系统，它们的可靠性直接关系到试验的成败。大型发动机试验测控系统规模庞大、分系统多、控制对象和测量参数种类多，要求在大振动、强冲击、高压、真空、高温、低温、腐蚀等环境下能稳定、可靠地工作。所以掌握发动机试验系统的设计和试验技术，特别是试验测控系统的设计和应用技术，是从事液体火箭发动机试验技术研究人员的重要任务。

1.2.1 测控系统的作用与特点

1.2.1.1 控制系统的作用与特点

液体火箭发动机是火箭的“心脏”，控制系统是液体火箭发动机试验系统的大脑和“神经中枢”，是试验系统的总指挥。在发动机试验中，控制系统的作用是：按预先确定的试验程序和时序发出指令信号，指挥试验系统及发动机上的各种控制组件准时、正确、可

靠地打开或关闭，使发动机与试验系统按设计好的程序协调工作；确保入口压力、推进剂流量、温度等参数满足发动机正常稳定工作的需求；当发动机和试验系统出现异常情况、发生故障或有故障趋势，继续试验可能导致试验失败或达不到试验目的，甚至起火爆炸、试验系统严重受损时，要及时、准确地做出判断，实施紧急预案，执行紧急关机，防止灾难性的故障发生。

控制系统的特点是按预定的时序和条件进行控制，控制对象多（几百个至上千个），控制时间短（毫秒级），多级控制（计算机控制弱电、弱电控制强电、强电控制被控对象，电信号控制电磁阀、电磁阀控制气动阀、气动阀控制被控对象），冗余设计（并联、双通道、双线路），全程自动控制和手动控制相结合，故障自动关机和人工强行干预相结合。控制系统的核心部件是控制计算机、控制程序、控制电路。对控制系统的基本要求是速度、可靠性、稳定性、准确度、自动化程度等满足发动机工作的要求，通用性强，实时监控、故障诊断、健康管理等功能完善。

1.2.1.2　测量系统的作用与特点

测量系统是试验系统的“信息中枢”与数据中心。在发动机试验中的作用是：试验过程实时、准确、可靠、完整地采集发动机及试验系统的主要组件性能、状态等相关信息；实时采集、计算、显示关键参数，为试验指挥人员提供准确、可靠的发动机实时工作信息；当采集的关键性能参数出现异常时，按预先设定的诊断准则进行运算与判断，给出是否紧急关机的信号；试验获得的大量信息为发动机设计改进、结构优化、材料升级、发动机性能及可靠性提高、质量评价和交付验收等提供依据。

发动机试验测量系统的特点是：测量参数种类多、采样速率高、数据量大；使用的设备仪器多、类型繁杂；被测参数涉及高温、高压、大振动、强腐蚀、干扰等恶劣环境；关键参数必须可靠获得。发动机试验对测量系统的基本要求是：测量能力覆盖参数测量需求，测量系统技术先进、抗干扰能力强、准确度和可靠性高，关键参数设计冗余测量手段，测量的数据准确、可信、完整，反映发动机的固有质量。

1.2.2　控制方式与系统组成

1.2.2.1　控制方式

液体火箭发动机试验控制系统的控制方式分为程序控制和手动控制。根据发动机工作特点，结合推进剂供应系统实际情况，试验中对时间精度有严格要求的被控对象一般设置为程序控制方式。发动机上的控制对象多数是开环时序控制或顺序控制方式，要求准确、快速、可靠，通常设为程序控制。试验系统推进剂供应、气体增压与吹除等对象的控制中，有的采用闭环反馈控制，有的采用开环控制，有的需要不定时打开与关闭。在试验和测试过程中对于控制时间精度不做要求或要求不高，或试验前、中、后某个时间范围内要进行操作的控制对象，通常设置手动控制方式。还有，发动机和试验系统的某些控制对象试验过程是程序控制，试验准备中采用手动控制方式逐个进行打开、关闭测试，试验当天测试完成后由手动控制切换为程序控制。另外，控制系统有一种被控对象会同时设置为程序控制和手动控制，程序控制和手动控制可以并行控制同一个对象，任意一种控制发指令均有效。试验过程中正常情况下程序控制起作用，出现故障或异常情况下需要人工干预时，手动控制起作用（并行控制）。手动控制和程序控制也可串行控制同一个对象，两种控制同时动作才有效。如试验系统或发动机上的某些隔离阀，在某个时间段可以进行打开和关闭测试（贮箱没有加注推进剂前，贮箱和管路是空的）；在某个时间段不能打开测试（贮箱加注介质后，如果打开测试，推进剂提前充填到管路），采用手动强制断开，程序进行打开测试（控制对象不动作），只能在发动机点火前手动提前打开（解除手动强制功能后），交由程序自动控制。

1.2.2.2 系统组成

发动机试验控制系统主要由执行机构（各种阀门、电动气活门、操纵气）、控制电路（各种继电器、逻辑门电路、隔离电路、驱动电路）、接口电路、控制计算机、电源、控制程序等组成。其中，控制电路、接口电路、控制计算机、控制程序是核心部分。试验控制系统按信号是否反馈分为开环控制（如电爆管起爆、阀门打开、阀门关闭等）和闭环控制（如入口压力闭环调节、流量自动调节、故障诊断等），按功能分为程序控制系统、手动控制系统、时序状态监测系统、信号传输与转接系统和辅助系统五个分系统，如图 1－1 所示。

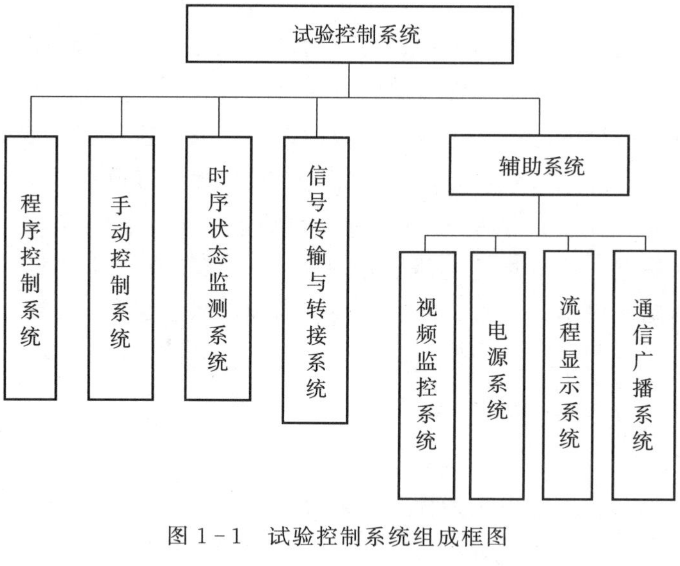

图 1－1 试验控制系统组成框图

（1）程序控制系统

程序控制一般指计算机发出指令的自动控制。根据发动机工作特点，按顺序或时序控制的对象将试验过程编入控制程序中，计算机控制程序发出指令对发动机试验过程进行自动控制。为提高控制系统的正确性、及时性、可靠性和防止误操作，程序控制与手动控制同时用串联或并联的方式对某些关键控制对象进行控制。串联方式作为强制开关，只有手动打开时，才对关键的程序控制对象起作用。并联控制方式为冗余措施，程序控制出现异常无法打开时，可手动及时补救打开；或当发动机出现故障或故障趋势时，程序控制还未执行到关机指令，可手动及时实施紧急关机、切断推进剂供应（关闭）阀门等。图1－2是一个典型的程序控制原理图。

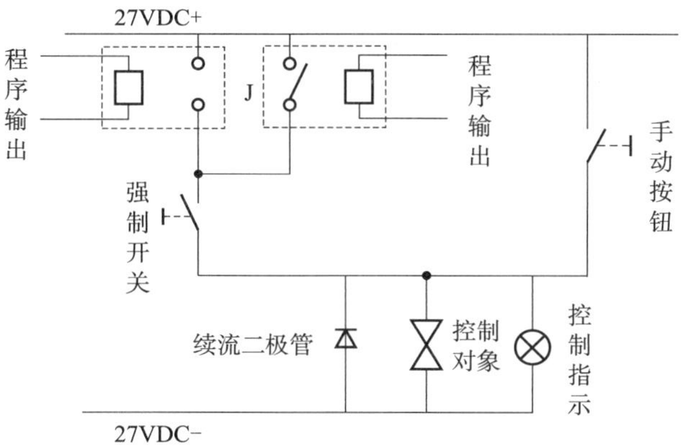

图 1－2　程序控制原理图

（2）手动控制系统

手动控制用于远程单个控制对象或对控制时间精度要求不高的控制对象，如试验系统单元测试时部分阀门、发动机上的部分吹除电磁阀等。通常手动控制方式负责试验准备过程单元测试、综合测试、系统抽真空、容器液位显示、介质加注与回收以及试验中紧急控制等。手动控制一般覆盖推进剂供应系统的所有被控对象和发动机部分控制对象，程序控制一般覆盖发动机试验中要求高精度实时自动控制的控制对象。手动控制系统中，习惯把直流电源的监测、电源的控制与显示、发动机点火、紧急关机、程序控制及检测系统就绪状态监视、关键被控对象的强制控制等信号控制，称为主控系统，主控系统是手动控制的一部分。部分手动控制对象设置了强制功能，用于紧急情况下关键阀门的控制，如关闭容器主阀、打开试验系统水消防阀等。

（3）时序状态监测系统

时序状态监测系统主要用于发动机及试验系统推进剂供应阀门的控制电流检测及阀门通断状态检测等，检查控制时序是否正确，并实时监测阀门工作状态。

（4）信号传输与转接系统

信号传输与转接系统主要包括控制内线、控制外线、控制线缆转接柜等，功能是完成发动机试验测控中心与试验系统、发动机等控制对象的连接，控制通道切换等。

（5）辅助系统

辅助系统的功能是为控制系统提供电源、对试验过程进行视频监控、对试验流程进行实时显示、广播通信等。

1.2.2.3　系统硬件结构

发动机试验控制系统硬件主要由控制器、驱动装置、供电装置、电缆网、信号检测装置、指令采集装置等设备（组件）组成，如图 1－3 所示。

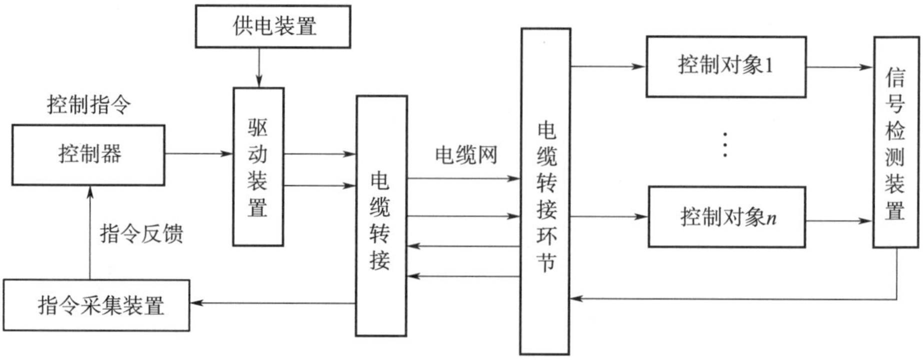

图 1－3　控制系统硬件组成

（1）控制器

控制器用于控制指令编辑、指令发出、反馈指令检测等，从控制指令发出到控制指令执行过程的检测构成闭环检测。控制器中设计程序控制和手动控制功能，发动机和试验系统的主要控制指令经过控制器发出。控制器通常选择高可靠的工控机、嵌入式计算机等，控制对象比较固定的可选择可编程控制器（PLC）。

（2）驱动装置

驱动装置用于对控制信号进行缓冲、隔离、驱动、阻抗匹配等，实现控制信号的远距离传输。控制方式不同，驱动装置选择的器件也不同，如发动机用于点火的火工品控制电流比较大，一般采用继电器＋直流稳压电源供电的驱动方式，模拟伺服机构控制采用模拟电压缓冲放大的驱动方式，数字伺服机构控制采用 1553B 总线耦合器阻抗匹配的驱动方式，石英灯阵加热控制采用交流接触器＋交流供电的驱动方式等。

（3）供电装置

供电装置用于提供稳定的直流电源和交流电源，试验系统的重要控制对象采用双电源进行供电。常用的供电装置有：交、直流稳压电源，蓄电池，UPS 电源等。

（4）电缆网

电缆网用于控制信号的传输。通常以转换板、连接器、电缆线及转接柜的方式设计。

（5）检测信号装置

检测信号装置用于对控制对象阀门的动作时间、伺服机构的反馈信号、电机转速等指令反馈信号进行信号调理（滤波、放大、隔离），其输出信号与采集装置输入阻抗匹配。

（6）指令采集装置

指令采集装置用于记录控制器发出的关键指令的反馈信号，并实时分析反馈信号的变化情况，判断控制对象的工作状态是否正常，出现异常时给控制器发送相应的故障状态信号，供控制器紧急关机使用。指令采集装置采集的指令反馈信号为控制对象状态监测、工艺流程显示等提供数据来源。

1.2.2.4　控制流程

下面以某型号常规介质双组元泵压式一级发动机单机试验为例，说明发动机试验过程控制流程。发动机点火前按预先设计的试验控制程序，给燃料和氧化剂泵前预增压至设定值，点火时控制系统首先通电起爆燃料起动阀的电爆管，再通电起爆氧化剂起动阀的电爆管，燃料和氧化剂按时序分别对发动机泵腔进行充填，最后通电起爆火药起动器的电爆管，发动机开始工作。通常把起爆火药起动器的时刻定为发动机工作的起始 0 s，发动机工作预定时间后关机。关机过程是先起爆氧化剂副系统断流阀的电爆管，切断发生器氧化剂的供应（主机转级），再先后起爆氧化剂主阀门、燃料主阀门的电爆管，使相应的阀门关闭，切断推力室氧化剂和燃料的供应，发动机失去介质供应后停止工作，完成一次简单的液体火箭发动机试验过程时序控制。

姿轨控发动机绝大多数采用挤压式工作原理，试验过程一般控制介质供应的电磁阀（双组元发动机控制两个电磁阀，单组元发动机控制一个电磁阀）和吹除阀，控制流程比泵压式发动机简单。单台发动机或多台发动机（整机）按不同的时间脉冲序列点火，每台发动机每次点火时间长短和时刻事先在控制程序中设置，一次试验几十次至几万次点火，试验时间长达数千秒。

液氧煤油高压补燃发动机试验过程控制比较复杂，以某型号一级发动机为例，试验过程主要流程为：试验前先进行发动机泵隔离腔吹除，发动机氧系统预冷，发动机煤油系统抽真空和煤油充填。发动机入口预冷达到一定的温度后，液氧和煤油主容器（起动容器）增压，液氧泵前液氧强排放（排掉氧泵前管路中温度较高的液氧）。发动机入口液氧温度满足要求后，起动箱挤压起动，指令打开发生器两侧液氧主阀，打开发生器燃料阀和推力室燃料阀，发动机开始工作。发动机工作后先后将液氧主阀、推力室燃料阀、起动箱阀断电（靠压力维持打开状态）。试验过程中，当涡轮泵隔离腔温度低于一定值时，进行强吹除。发动机工作预定时间后，首先关闭发生器燃料阀，发生器停止工作后，液氧主阀失去维持压力主动关闭，发动机关机。同时，关闭试验台上的液氧和煤油供应阀，打开吹除阀，最后进行发动机气瓶放气、液氧和煤油泄出、发动机回温等。发动机型号不同，其控制系统、控制程序、试验流程也不同，但不能为每一种发动机设计一套控制系统。一般地，性能、工况、工作原理比较相近的发动机设计一套控制系统，如长征系列常规发动机设计一套控制系统，液氧煤油高压补燃发动机设计一套控制系统，姿控发动机设计一套控制系统等。在每种控制系统中，同一种型号发动机每次试车的控制时序虽然不一样，但只需对控制软件的数据文件进行改动，控制系统的硬件装置、控制软件主程序、子程序、模块结构等不用改动，保证了控制系统的稳定性和可靠性。

1.2.3 测量系统组成与功能

1.2.3.1 测量系统结构组成

液体火箭发动机试验测量系统主要由测量传感器、传输主电缆、信号调理器、数据采集、实时显示、数据处理与分析、校准装置七个主要模块组成，如图 1-4 所示。根据被测参数不同，系统组成的各模块功能也有所不同。如传感器输出信号为电压和电流型的信号调理与传感器输出信号为频率型的信号调理原理不同。校准装置根据被测参数情况也不相同，如推力参数采用物理量原位校准、流量参数采用真实介质原位校准、压力参数在试验台采用压力源现场物理量校准、温度热电偶参数在信号调理器输入端采用标准电压源电校准等。目前大多数测量系统将信号调理器、激励电源、数据采集等环节集成在一起组成多功能的数据采集装置。

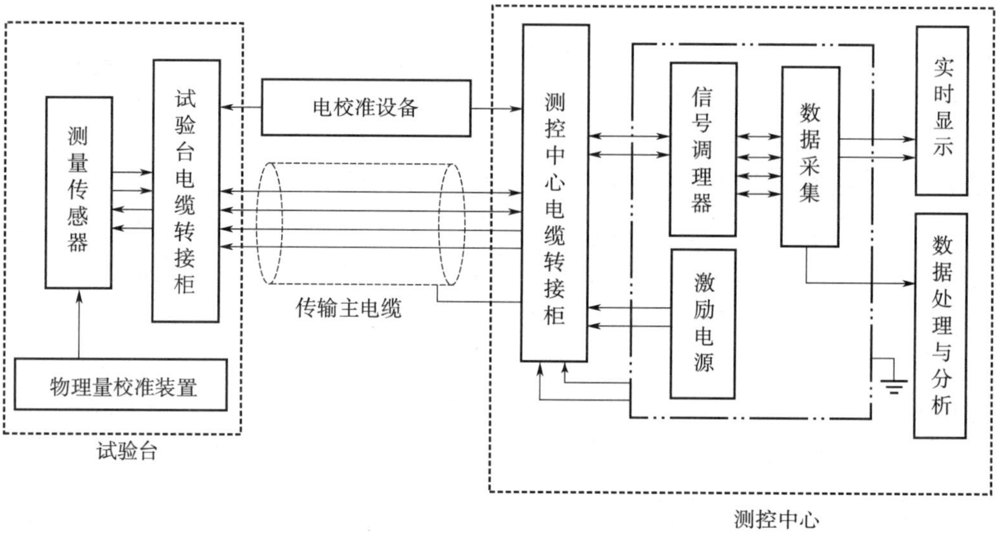

图 1-4　测量系统结构组成

1.2.3.2　各模块功能

（1）测量传感器

传感器是一种具有一定精确度、把被测物理量（如压力、流量、温度、振动）转换成与之有确定对应关系的电信号，且便于计量的一种检测装置。传感器在不同的技术领域又称为检测器、换能器、变换器等。

传感器的基本功能是把被测非电量转换为与之有确定对应关系的电量输出，以满足信息的传输、采集、处理、记录、显示和控制等要求。基本型传感器由敏感元件和转换元件组成，敏感元件直接感受被测信息，转换元件将敏感元件感受的信息转换为电信号。但要注意不是所有的传感器敏感元件和转换元件都相互独立，如热电偶、热电阻、压电传感器、光电传感器等都是敏感元件和转换元件合二为一的传感器，它们的敏感元件直接输出电信号。除基本型外，某些传感器在基本结构内集成电源、放大、信号调理等功能，将传感器输出的弱电信号（如 0～5 mV）进行调理，转换成抗干扰能力强、幅值较大、便于远距离传输的信号（如 0～5 V，4～20 mA）。

（2）传输电缆

传输电缆把传感器输出的电信号传输至信号调理器。由于液体火箭发动机试验过程的测试环境条件恶劣，传输电缆（包括网线）均采用单层或多层屏蔽电缆，屏蔽层在信号调理环节一点可靠接地，减小电磁干扰对小信号测量的影响。为了对传输电缆进行性能检查、维修、更换及电缆与采集通道的任意选择等，在试验台和放置采集装置的测控中心设置了电缆转接柜。

(3) 信号调理

信号调理是对传感器输出信号进行相应的调理与变换，使之大小和特性满足后端数据采集的信号输入要求。液体火箭发动机试验参数测量系统的信号调理主要分为三种类型。第一种针对推力、压力、温度、应变等测量传感器输出的电压模拟信号进行调理，信号调理器的主要功能是对电压信号进行滤波、放大、隔离、电平转换等；第二种针对流量、转速测量传感器，输出信号为频率信号（也可以认为是一种周期性的模拟电压信号），信号调理的主要功能为对频率信号进行滤波、放大、整形、隔离（分频、F/V）等；第三种针对振动、脉动压力等动态参数采用的压电晶体传感器，传感器输出信号为电荷信号，信号调理的主要功能为对电荷进行转换、滤波、放大等。另外，对数字信号、开关信号的调理比较简单，一般进行电平变换与隔离，即可满足后端的数据采集装置的需求。实现信号调理与变换的装置通常称为信号调理器。

(4) 数据采集

数据采集是将调理后的电压或电流信号通过模拟/数字（A/D）转换器（简称模数转换器）转换成数字信号或计数器将调理器输出的频率信号转换成数字信号。数据采集过程为：传感器输出的电信号通过信号调理后进入数据采集环节，转换成为计算机能识别的数字信号，通过接口电路进行相应的运算和处理，并将结果进行存储。数据采集过程主要经过采样/保持、量化、编码三个步骤。采样/保持是让模拟信号经过定时闭合的电子开关转成离散信号，并将采样到的离散信号幅值保持到完成模拟数字转换，得到数字信号的过程。量化是把采样的模拟信号的幅值用有限个数码来近似表示，编码是 A/D 转化的最后环节，是把量化信号的电平用数字代码表示出来。在实际电路中，量化和编码是同时进行的。

数据采集分为并行采集和串行采集两种方式。并行采集的特征是每个通道具有独立的采样/保持器（S/H）和模数转换器，适用于高速数据采集和各参数同步性要求较高的场合。数据采集后各参数数据独立、完整、同时性好，有利于分析各通道采集的数据相关性，缺点是成本较高。串行采集的特征是只有一个采样/保持器和一个模数转换器，通过分时逐个通道采集，实现多通道采集。各通道的采集和转换时间取决于电子开关和模数转换器的工作时间。串行采集系统的优点是电路结构简单，使用的芯片数少。缺点是采集的多路参数信号是通过多路电子开关轮流切换送入采样/保持器和模数转换器，不适合参数的高速采集，被测参数信号相互之间有一个时间差。还有一种数据采集方式，各采集通道均配置采样/保持器，但只有一个模数转换器，这种数据采集方式保证了各通道参数采样时间的同时性，但需逐个进行模数转换，也不适应被测参数的高速采集。

(5) 实时显示

测量参数实时显示是将发动机试验过程测量系统实时采集的关键参数进行传输、处理、发送到大屏幕显示，供试验指挥员和相关技术人员及时判断发动机工作状态及性能，准确指挥试验。当实时显示的关键性能数据发生异常（显示报警）、有故障趋势、达不到试验目的时，及时中断试验。

实时显示的核心是实时显示软件，软件主要由显示配置模块、显示模块、数据通信模块等组成。显示配置模块用于配置采集系统传送的参数顺序、显示参数的位置、显示类型、物理量计算系数及上下限等信息并生成实时显示配置文件。显示模块用于以数字或曲线等形式实时显示采集的数据和试验时间，并根据设置的参数上下限判断数据是否超限，超限时显示数据变颜色或显示页面报警提示。数据通信模块用于接收采集系统发送的实时采集数据。实时显示数据必须准确、无误地反映当前时刻被测参数的真实状态，数据滞后性、可靠性满足试验指挥员对数据实时观察、决策的要求。

实时显示数据传输一般使用以太网 TCP（传输控制）和 UDP（用户数据报）协议。对可靠性要求高的数据通信通常采用 TCP 协议传输数据，对传输速率要求高的数据通信通常采用 UDP 协议。TCP 协议虽然可靠性高，但是一种基于连接的协议，在通信过程要保证通信双方系统的可靠性，当一方出现问题时会影响到通信另一方的可靠性，需要双方完善连接错误处理机制。而 UDP 协议虽然不能保证通信过程的可靠性，但具有传输速度高、通信双方相互隔离的特点。

（6）数据处理与分析

判断发动机性能、可靠性、试验是否达到目的的主要依据是试验过程测量的大量参数。大型发动机、双机并联、多机并联等试验中测量参数有几百个至上千个，试验后的数据处理、分析是发动机试验的重要内容之一。数据处理分析的主要依据是试验任务书，试验大纲，发动机技术条件，试验过程发动机工作情况，试验推进剂供应系统、控制系统、测量系统、辅助系统的工作是否正常等。数据处理分析的主要目的是对获得的数据进行正确性和准确性确认，对测量数据的零漂等进行修正，对干扰数据进行剔除，对出现的异常数据进行原因分析。如果异常数据是由于试验系统、测量设备引起（与发动机实际工作无关）的，应剔除或修正，并进行机理分析与原因说明。如果异常数据是由于发动机自身原因引起的，应进行相关性分析，确保异常数据定位准确、机理清楚，最终试验数据报告应反映发动机的真实、固有质量。火箭发动机试验数据处理与分析流程如图 1-5 所示。

（7）参数校准

液体火箭发动机试验中测量参数绝大多数属于相对测量，必须获得测量参数全路径（测量传感器、传输电缆、信号调理器、采集装置等）的系统灵敏度（又称为系统斜率），并在系统零位基础上进行相对测量。测量参数校准是为了获得系统灵敏度，校准方式主要有原位校准、现场校准、电校准等。原位校准是指测量传感器的校准状态和试验过程测量状态完全一致（校准后测量传感器原封不动），最大限度地减小系统误差，如用高精度力源加载方式对推力传感器进行原位校准、用高精度质量流量计对串联管路上的涡轮流量计进行真实介质原位校准等。

现场校准指测量传感器从被测位置拆下，在试验现场用标准源进行校准，传感器、信号传输电缆、信号调理、采集通道等和试验状态一致，校准后将传感器安装于被测位置（仅是传感器的拆除和安装），如压力传感器在试验现场用标准压力源进行校准，低温传感

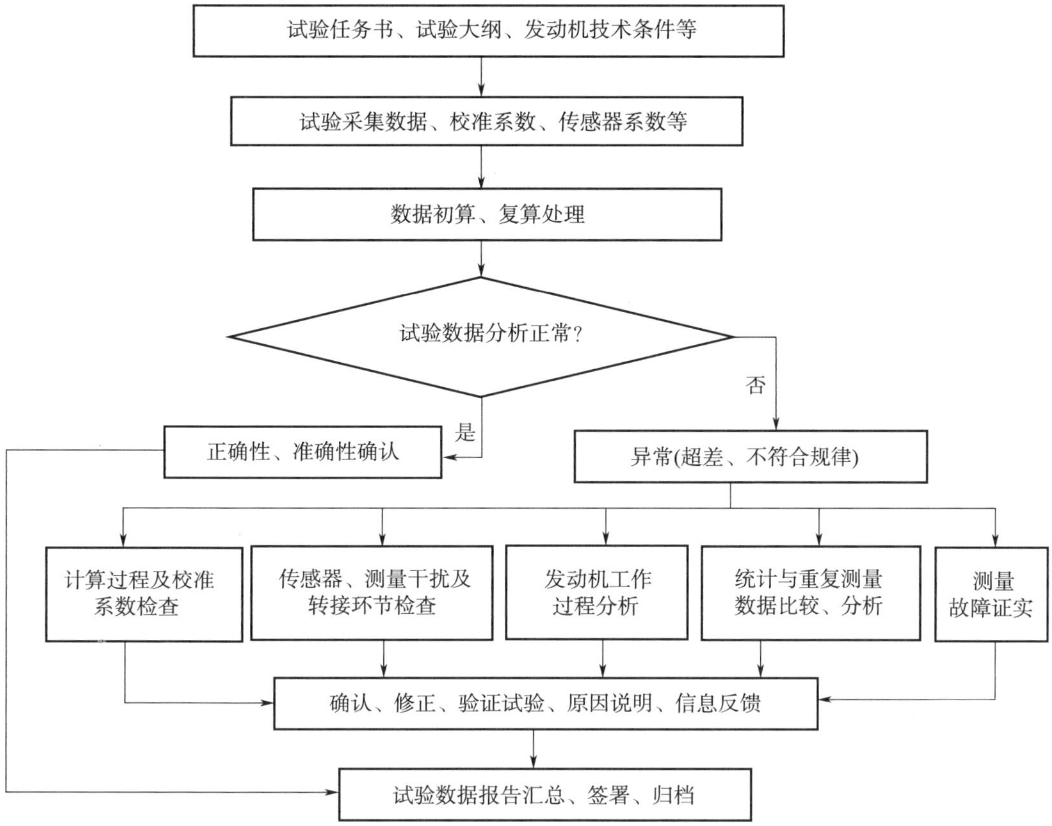

图 1-5 试验数据处理、分析流程

器在现场用液氮、液氧进行校准等。电校准指已获得传感器物理量和电信号的对应关系，在信号调理器输入端用标准信号源按给定的电信号值加载（等效于加载物理量值），也可以在传感器输出端用标准源加载（采集装置配套的信号调理器输入阻抗较高时，在信号调理器输入端加载电信号与传感器输出端带传输电缆加载电信号校准，系统斜率基本一致，对测量不确定度的影响可以忽略不计），如用热电偶温度传感器测量温度参数时，在采集装置的信号调理器一端用标准电压源，按热电偶分度表给定的电压毫伏数加载，获得该参数的系统斜率（灵敏度）。发动机自带的压力传感器在安装前进行计量标定，获得传感器的压力与输出电压值对应关系，发动机上台后用标准电压源加电压信号（等效于分档加载压力值）获得该参数系统斜率。发动机试验中有的测量参数属于绝对测量，不需要对系统进行校准。转速参数如果采用频率信号测量方式和计数原理进行测量，不需要对系统进行校准（转速参数如果采用 F/V 变换方式，按电压信号测量时，需要进行系统校准）。

1.3 控制架构与模式

火箭发动机试验过程控制系统按控制架构一般分为集中式控制和分布式控制；按控制

模式分为单机控制、双机控制、三机表决控制；按控制方式分为程序控制和手动控制；按控制对象电信号类型分为电压信号控制、电流信号控制、电阻信号控制等。控制系统采用何种控制架构、控制模式、控制方式，主要根据被试发动机试验的重要程度、试验控制对象多少、试验台距测控中心远近等因素综合考虑。一般姿轨控发动机推力室试验需要多次点火、控制对象少、控制系统相对简单，多数采用单机、集中式、程序自动控制方式；姿轨控发动机整机试验比较重要，但控制对象较少，多数采用双机、集中式、程序自动控制方式；大型液体火箭发动机试验费用昂贵，控制对象多，大多数试验只进行一次点火（少数有 2～3 次点火），多数采用三机表决模式、集中式（或集中式和分布式相结合）控制架构、程序自动控制和手动控制相结合的方式进行控制。一般发动机试验控制系统，均具备按电压、按电流、按电阻、按开关等电信号类型进行控制的功能。

1.3.1 控制系统架构

1.3.1.1 集中式控制

集中式控制指控制系统的所有控制设备（计算机、程序控制操作台、手动控制操作台、控制组件、指示组件、控制电源、入口压力闭环调节、阀门电流采集、试验流程显示等）放置在距试验台有一定距离的测控中心，控制设备的输出信号通过内线转接柜、主电缆、外线电缆转接柜传输至发动机及试验系统的控制对象。通过内、外线电缆转接柜实现控制信号的断开、检查、控制对象的模拟测试等功能，控制原理如图 1－6 所示。集中控制的优点是控制操作集中，便于管理和维护，控制设备放置在环境条件好的测控中心。缺点是结构固定、传输电缆多、扩展性较差。

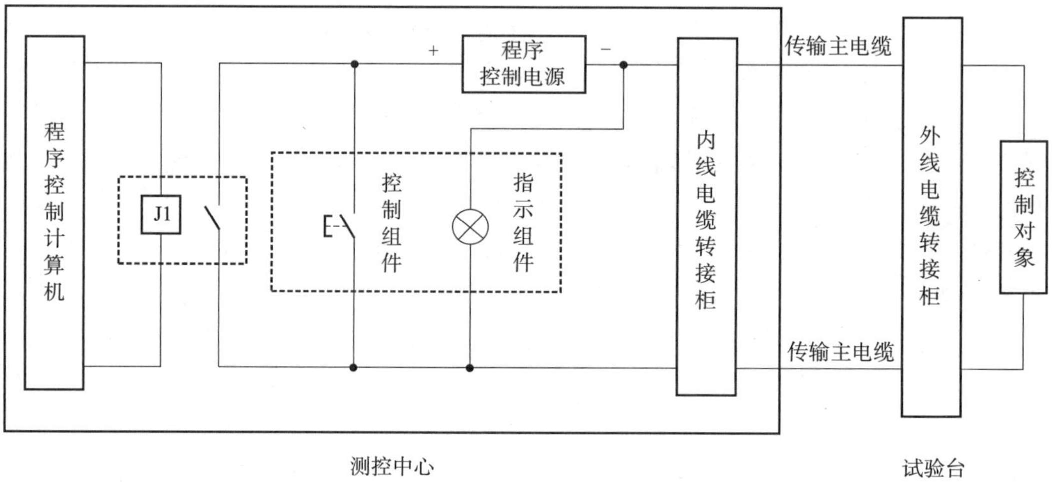

图 1－6 集中式控制原理图

1.3.1.2 分布式控制

分布式控制指部分控制设备（上位控制计算机、重要控制对象的冗余控制组件及指示组件、入口压力闭环调节装置、阀门电流采集装置、试验流程显示装置等）放置在测控中心，下位控制计算机、大多数控制组件矩阵、控制电源、控制电缆转接柜等放置在试验台上距发动机较近的测控设备间内。上下位计算机之间通过通信网线、交换机连接，分布式控制原理如图 1－7 所示。

分布式控制的优点是结构灵活、扩展性强、主电缆少，控制设备距控制对象距离近，控制信号衰减小。缺点是对试验台控制设备间的环境要求较高，下位控制计算机、控制电源、控制组件矩阵等设备及组件的抗振动性、耐腐蚀性等性能要能够适应发动机试验过程对试验台上测控设备间产生的各种影响。

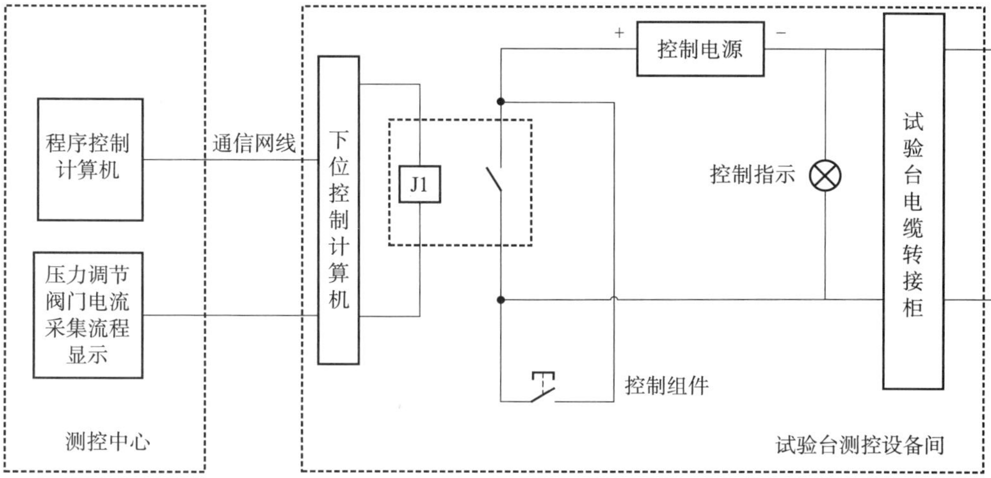

图 1－7　分布式控制原理示意图

1.3.2　控制模式

1.3.2.1　单机控制

单机控制即所有的程序控制指令由一台计算机发出。优点是系统简单，建设和维护成本低。缺点是计算机出现故障时会导致试验失利，计算机（包含控制开关）为单点失效环节。

1.3.2.2　双机控制

（1）双机并联

对重要的控制对象采用双机同步工作的控制模式，即相同的硬件平台、相同的控制时序、相同的起动（关机）指令，而两台计算机并行执行发动机试验控制任务。选择该模式时，控制线路、控制元件要简化结构，减少系统串联环节，确保两台计算机控制指令的同时性。

双机控制模式使得两台计算机在硬件配置、操作系统、控制软件等方面可以完全复制，系统结构简单，便于检查维护。同时控制程序的编制和检测也相对简单，可以缩短控制系统试验准备时间，降低人为质量事故发生的概率。缺点是对于不应通电而误通电的故障（误发指令），双机控制模式无法预防，虽然出现误通电的概率非常低，但仍然存在这种可能性。

(2) 双机热备

双机热备由两套计算机系统组成，其中 1 号计算机对所有程控对象进行双通道控制，2 号计算机为 1 号计算机的热备份（在 1 号计算机出现死机和掉电等故障情况下，由看门狗电路切换至 2 号计算机进行控制）。

双机热备的优点是结构较为简单，能防止 1 号计算机死机、掉电等灾难性故障；缺点是不能防止 1 号计算机误发指令，切换电路同样为单点失效环节，并且完成切换的时间快慢对发动机试验控制程序有一定的影响。

1.3.2.3　三机表决控制

试验三机表决控制模式原理如图 1-8 所示。三机表决控制即受控对象 K 由 3 台计算机共 5 个控制通道通过表决进行控制，其中 1 号计算机为单通道（K1），2 号计算机为双通道（K2-1、K2-2），3 号计算机为双通道（K3-1、K3-2）。无论哪一台控制计算机出现故障，三机表决控制都能保证控制计算机系统的输出结果正常。三机表决真值见表 1-1。三机表决控制模式的可靠性比单机和双机的高，在大型液体火箭发动机试验领域广泛应用。

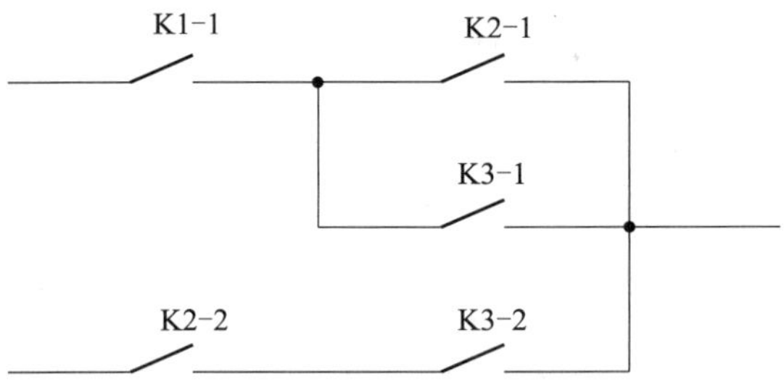

图 1-8　三机表决控制模式原理

K1-1—1 号计算机输出通道；K2-1—2 号计算机输出通道 1；K2-2—2 号计算机输出通道 2；K3-1—3 号计算机输出通道 1；K3-2—3 号计算机输出通道 2

表 1-1　三机表决组合表

序号	K1-1	K2-1、K2-2	K3-1、K3-2	表决结果
1	0	0	0	0
2	0	0	1	0
3	0	1	0	0
4	0	1	1	1
5	1	0	0	0
6	1	0	1	1
7	1	1	0	1
8	1	1	1	1

1.4 测量系统架构与参数分类

火箭发动机试验是否成功，是否达到目的，不仅取决于发动机是否按预定程序正常起动、正常工作、正常关机，更重要的是需要依赖试验中测量的数据来验证与评判。发动机试验技术人员对试验中获得的大量信息，进行处理、分析、研究、判断、汇总，剔除不合理的异常数据后，形成试验数据报告，数据报告是评价发动机性能的主要依据。由于发动机试验时间短、费用高，被测参数能否准确、可靠、完整获得，关系到试验的成败。因此，测量系统在发动机试验系统中占有非常重要的地位。

1.4.1 测量系统架构

测量系统的总体架构分为集中式架构和分布式架构两种形式，含义和控制架构基本相同。集中式架构是指除测量传感器、试验台电缆转接柜、物理量校准装置在试验现场外，其余测量设备（测控中心电缆转接柜、信号调理器、数据采集装置、激励电源、实时显示装置、数据处理与分析装置等）均放置在距离试验台有一定距离的试验测控中心内，所有传感器的输出信号通过电缆传输到测控中心。分布式架构是指试验台上设置一个测量设备间，除传感器安装于被测位置外，主要测量设备放置在试验台的测量设备间内。测控中心一般设置上位计算机、实时显示计算机、数据处理分析装置等。试验过程采集的测量参数信息通过交换机和网络传输到测控中心的上位计算机上。早期的发动机试验测量系统均采用集中式架构，随着发动机试验测量参数类型和数量的大幅增加、测量技术的快速发展和测量设备可靠性的提高，新发动机试验测量系统设计时，采用分布式架构的越来越多。

1.4.1.1 集中式测量架构

图1－9所示的测量系统是一个典型的集中式测量架构。集中式测量架构的优点是主要测量设备放置在距离试验台较远的测控中心，环境条件好，便于及时、快速处理除测量传感器以外的其他测量设备的故障。采集、显示、故障判断的数据传输距离近，容易实现。缺点是测量参数传感器输出信号较小时，远距离传输信号容易受到干扰，传输电缆多，测量参数不易扩展。

1.4.1.2 分布式测量架构

分布式测量架构的特征是主要测量设备前移到发动机试验台内的测量设备间，在测控中心只放置测量上位计算机、关键参数显示计算机及大屏幕、数据处理分析计算机等。试验过程获得的大量信息通过网络传输到测控中心的上位计算机，上位计算机对试验台内的测量设备间的设备进行指挥和控制。图1－10是一个典型的分布式测量架构。分布式测量架构的优点是有利于小信号测量，便于测量参数类型和数量的扩展，并节省了大量传输电缆。缺点是试验台环境条件较差，试验过程中测量设备间无人操作，测量设备应具有较高的抗振性和可靠性。同时，物理量校准、电校准只能在试验台上进行。

需要指出的是，分布式测量架构前后数据传输依靠光纤网络传输，对交换机、网络传

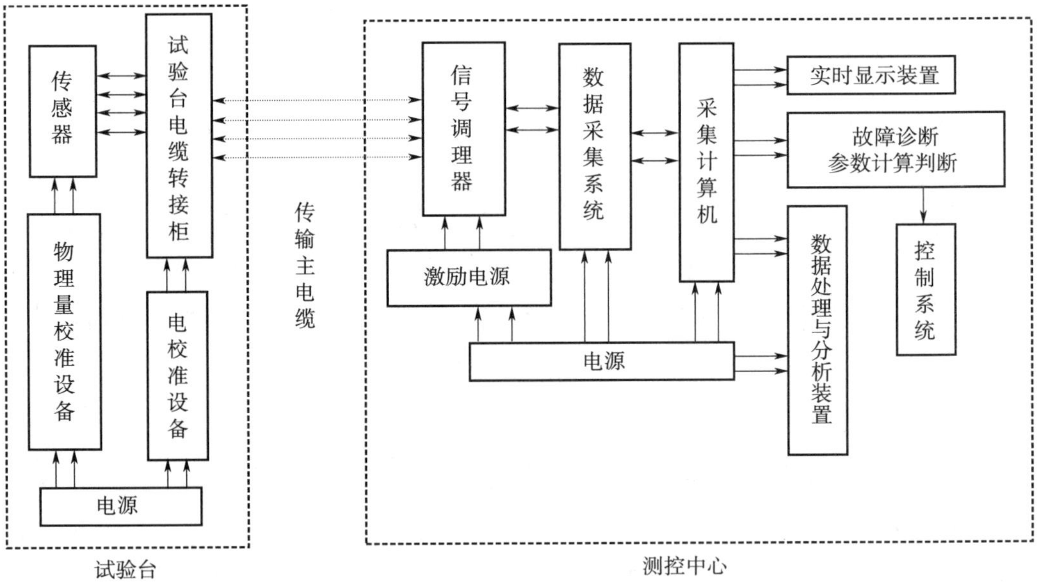

图 1-9　集中式测量系统架构示意图

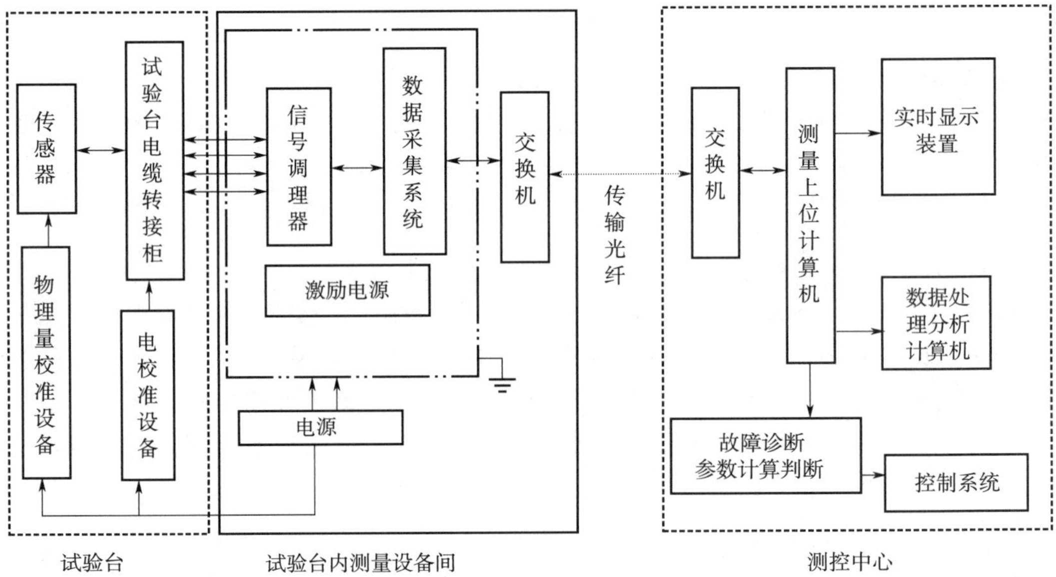

图 1-10　分布式测量系统架构示意图

输的可靠性和传输速率提出了很高的要求。在光纤网络系统设计时，必须设计成双线冗余结构。大型发动机试验系统，由于控制对象多、动态参数测量参数多、实时监控的视频录像多，控制、测量、视频监控应设置各自独立的网络传输系统，保证各自传输的实时性和可靠性。发动机试验过程，控制系统和稳态参数测量系统交互的实时信息较少，一般只有发动机点火、关机的时间同步信号、稳态参数测量实时监测和故障关机信号等，而动态参数或高速采集的稳态参数及视频监控系统实时传输数据量大，如果将这些系统与控制系统和关键的稳态参数测量系统设计在一个网络系统内进行数据传输，有可能影响控制系统和故障诊断系统的实时性和可靠性。

1.4.2　测量参数分类

液体火箭发动机试验中实时采集大量的参数，按传感器、测量设备类型、采集原理、数据处理分析方法等综合考虑，一般分为稳态参数和动态参数两大类。还有一类参数介于稳态参数和动态参数之间，称为暂态参数（随着电子技术和计算机技术的高速发展，发动机试验参数采样速率越来越高，稳态参数的采样速率接近暂态参数采样速率，又把暂态参数归到稳态参数一类）。按发动机试验测量参数的重要性，将测量参数分为关键参数和一般参数。关键参数是指表征发动机主要性能、决定发动机能否正常点火、维持发动机正常工作的参数[3]，这些参数是测量的重点，必须确保测准、测全。如果丢失或测不准，就无法准确判断发动机的性能，无法证明试验是否达到目的。还有一类关键参数是指传感器出现泄漏将导致紧急关机或试验失败，这一类参数可靠性是第一位，数据的准确性是第二位。

1.4.2.1　稳态参数

液体火箭发动机试验中稳态参数又称为缓变参数，通常指稳态推力、压力、流量、转速、温度、位移、缓应变等。稳态参数的特征是信号缓慢变化，变化频率一般小于 10 Hz（流量、转速除外），采样速率较低，一般为 10～2 000 点/s，信号调理器的滤波频率设置较低，多数选择 10～100 Hz，传感器的频率响应也不高，多数在 2 kHz 以下。稳态参数测量时滤掉动态成分，保留稳态成分，获得的数据是时间和幅值关系的时域值。数据处理时只进行时域数据处理（横坐标是时间，纵坐标是幅值），不关心频域特征。稳态参数反映发动机工作的稳定性，通常进行关联参数的相关性及同一参数不同次试验的数据对比分析。

1.4.2.2　动态参数

发动机试验中动态参数也称为速变参数或瞬态参数，通常指振动、脉动推力、脉动压力、动应变等。动态参数的特征是信号变化快（频率大多在 2～20 kHz 范围内），采样速率高，一般为（10～100）$\times 10^3$ 点/s（通常选择被测参数最高频率上限的 2.56 倍，如被测参数频率上限为 10 kHz，一般按 25.6×10^3 点/s 采样）。信号调理的滤波频率按被测信号上限设置，传感器的频率响应是被测信号频率上限的 1.5～2 倍。测量时滤掉稳态成分，保留动态成分。数据处理时不仅进行时域数据处理，而且最关心的是频域特征（横坐标是频率，纵坐标是幅值），频域特征分析是动态参数测量的主要目的。动态参数反映发动机动态特征（固有频率、发动机燃烧的稳定性）及发动机在固有频率下的结构可靠性等。动态参数通常进行同型号、同位置测量参数的时域 RMS 值、频域频谱统计值比较。特别是频谱特征值的稳定性和变化规律分析，对研究发动机结构改进效果、结构可靠性、燃烧稳定性和发动机故障趋势快速诊断与检测具有重要意义。

发动机试验中暂态参数介于稳态和动态之间，频率为 200 Hz～2 kHz，一般指水击压力、脉冲信号等。它的特征是采样速率比稳态参数高（如5 000点/s），比动态参数低，传感器响应频率、滤波器截止频率设置也介于稳态和动态参数之间。数据处理时只进行时域处理，关心峰值出现的时刻，其他时间的数据一般不做分析，如水击压力仅处理发动机开机和关机时入口压力峰值对应的具体时刻。在某些发动机试验中，部分稳态参数的采样速率提高到2 000点/s甚至5 000点/s，如果从采样速率高低考虑，暂态参数可以归类到稳态参数。某些发动机试验中，为了分析推进剂供应管路内介质的流场是否有低频振荡情况，对水击压力也进行频谱分析。

1.5 测控系统发展历程与发展趋势

液体火箭发动机试验测控技术经过半个多世纪的发展，发生了翻天覆地的变化。控制系统从最初的电子管、干簧管、机械继电器和人工控制，到如今的计算机程序控制、多机冗余、故障诊断、固态继电器（SSDR）、可编程逻辑控制器（PLC）、现场可编程逻辑门阵列（FPGA）等先进控制技术和高性能器件的应用，使控制系统成为试验系统名副其实的“指挥大脑”。发动机试验测量系统从最初的压力表测量压力、应变梁测量推力、光线示波器记录稳态参数、磁带机记录动态参数、在冲洗的胶卷和曝光的感光纸上人工判断数值大小等参数测量方法，到如今全部使用传感器，信号调理、计算机采集与快速处理、关键参数实时显示、故障实时诊断等技术，使测量系统成为试验系统真正的“信息中枢”。测控技术的迅速发展，满足了我国液体火箭发动机研制的基本需求。但随着我国航天技术迅猛发展以及对国家空间安全防护需求的日益提高，现有的测控技术和水平不能满足多种型号并举、发动机快速研制的需求，与此同时，与美、俄等航天大国相比，我们在试验设施规模、试验技术水平上仍然存在一定的差距[4]。回顾我国液体火箭发动机试验测控技术的发展历程，本书作者梳理现状，分析不足，提出未来发动机试验测控技术发展方向，为我国航天动力系统的研制、试验和高质量发展奠定技术基础。

1.5.1 控制系统发展历程与不足

1.5.1.1 *发展历程*

液体火箭发动机试验控制系统的变化历史，反映了我国航天事业特别是液体动力的发展变化历程，每一次的技术进步与水平提升，与我国控制器件的技术发展息息相关。由于控制系统在试验系统中的重要性及对控制系统可靠、稳定的基本要求，系统控制原理、控制方法、控制设备、控制器件必须经过工程使用、验证。所以，控制系统的设备不一定最先进，但一定最可靠。根据发动机试验控制系统的控制器件和控制技术水平，发动机试验控制系统大致经历了五个阶段。

1）第一阶段，1965—1979年。使用电磁继电器和时间继电器组合完成主要时序控制。特点是时间控制精度低（秒级），可靠性较低，手动操作，没有系统工艺流程显示，试验指挥员通过发动机火焰和压力表直测参数进行观察和指挥试验，试验指挥风险大，紧急关机速度慢。

2）第二阶段，1980—1985年。电磁继电器、时间继电器和固态继电器组合完成主要时序控制。固态继电器的使用显著提高了时间响应速度和控制精度，采用干簧管制作的发动机试验工艺流程图和现场增加的摄像监控设备增加了指挥员的可视范围，数字逻辑控制电路开始应用于姿轨控发动机试验控制系统。

3）第三阶段，1986—1996年。固态继电器、单片计算机、微型计算机作为控制系统的主要部件，使时间控制精度进一步提高。发动机主要参数及试验系统控制对象的状态实现大屏幕显示，发动机试验伺服控制机构实现计算机控制。该阶段的特征是计算机普遍应用，自动化控制程度、控制精度明显提高，控制通道容量大幅增加。

4）第四阶段，1997—2015年。控制系统完全实现计算机集成化控制。主要参数、试验工艺流程等采用大屏幕投影显示。对控制对象进行监测，发出信号进行回测，控制信号应用三方隔离技术，研制了故障自动关机系统，双机与三机表决冗余控制模式初步应用，但控制系统架构基本为集中式控制模式。

5）第五阶段，2016年至今。高性能、高可靠的工控机、工作站、RT实时操作系统广泛应用于控制系统，PLC、FPGA、大功率驱动电路等先进控制器件应用，分布式控制、双机与三机表决冗余控制模式，高清LED大屏显示，高清图像监视，发动机试验故障诊断，控制程序自动判读等先进的控制技术和手段开始应用，使液体火箭发动机试验控制技术水平、可靠性显著提高。

1.5.1.2　存在的不足

发动机试验控制系统大致经历了五个阶段，虽然发生了巨大变化，控制技术水平不断提高，但和美国等航天强国相比，目前仍然存在不足，主要体现在以下几个方面。

（1）控制系统自动化、信息化、智能化程度较低

先进的智能控制技术、网络技术等应用不够广泛，自动化、智能化程度较低，人工环节较多。虽然控制系统广泛使用计算机控制，但控制对象比较零散，人工操作计算机较多，自动化、集成化率不高，执行效率较低。控制系统使用的组件多数为单一组件，组合、智能、集成组件应用少，造成控制系统结构复杂、控制器件众多，影响系统整体的可靠性。

（2）部分关键控制设备自主研发能力弱，容易受到外部因素影响

目前，大多数高性能控制器件、工控计算机、实时操作系统、精密调节阀等采用进口仪器设备，应加大国产器件的推广应用与技术研究，力争核心控制器件自主可控。

（3）测控一体化技术应用少

液体火箭发动机试验类型多，每次试验的目的不同，对控制的要求也不同。某些试验对控制的要求比较简单，如果仍然用一个复杂、大型的控制系统去应对，测量系统也需跟随参加，造成设备资源和人力的浪费。所以需要在现有控制、测量系统的模式上，开发简单、可靠的一体化测控设备，专门应对相对简单的液流试验、发动机推力室或组合件试验。

1.5.2 测量系统发展历程与不足

发动机试验测量系统和控制系统一样，随着电子技术、传感器技术、计算机技术和工程测试技术的发展而迅速发展。测量系统的新技术、新设备的更新换代比发动机试验推进剂供应系统要快得多，特别是计算机出现后，测量技术出现了突飞猛进的发展。

1.5.2.1 *发展历程*

按测量设备的更新换代情况划分，测量系统大致经历了六个阶段。

1）第一阶段，1965—1972 年，模拟记录阶段。该阶段测量系统设备简单，测量精度低。稳态参数记录设备是清一色的光线示波器，人工计算、判读数据。振动参数记录在磁带机上，用简易的窄带频谱分析仪分析数据，用照相机将时域综合值照在航空胶卷上，人工冲洗胶卷判读数据。一次大型常规发动机试验，测量参数一般只有 20～50 个，数据量非常少。需要约投入 100～130 人奋战 15～20 天，才能完成一次试验参数测量与数据处理任务。该阶段测量参数少，传感器精度低。使用压力表通过照相记录压力参数，使用测力环测量推力参数，用热电偶传感器测量温度参数等。

2）第二阶段，1973—1979 年，半数字化阶段。此阶段开始使用应变式传感器测量推力、压力参数。巡回检测装置将电压型模拟参数转换成数字量，存储在穿孔带上。在 20 世纪 70 年代中期，常规介质发动机试验系统配置了我国当时最先进的国产中型晶体管分立元件结构的 DJS－6 计算机。由于 DJS－6 计算机只有计算功能，不能和数据采集装置匹配，试验时计算机是脱机的。技术人员自行研制开发了接口电路，试验后用光电机读取穿孔带上的数据，主要稳态参数实现了计算机处理（半数字化测量），试验数据处理速度加快。而流量、转速参数仍使用光线示波器记录。振动参数实现用专用频谱仪分析测量数据，频谱分析精度和效率提高，但时域综合值数据处理方法没有改变，依然是人工判读数据，处理工作量仍然很大，提供的数据量有限。

3）第三阶段，1980—1990 年，基本数字化阶段。常规介质发动机试验系统配置我国第二代中规模集成电路结构的 DJS－131 计算机采集系统和国外先进的动态参数数据分析装置，实现了稳态参数数字化测量。数据直接采集进入计算机，参数校准、实时采集、数据处理全部计算机化。推力、压力、温度、流量等稳态参数数据的采样速率提高至 50 点/s，数据处理具有求平均值、舍点等功能。试验过程中振动、脉动压力等动态参数用磁带机记录，试验后用专用频谱仪处理分析。该阶段淘汰了压力表直测系统，模拟记录设备也逐步被淘汰。压力参数实现了物理量现场校准，大型发动机试验系统推力参数测量采用传感器并联技术和原位校准技术，测量精度显著提高。振动参数测量使用新的频谱分析仪，加快了数据处理速度。计算机的应用，极大地提高了数据的获取能力和处理速度。

4）第四阶段，1991—2001 年，微型计算机数据采集系统应用阶段。所有参数全部实现了计算机化自动测量，测量参数实现了实时采集，关键参数实现了复记和实时显示。信号调理器和采集装置集成一体化。常规介质发动机试验系统开始自行研制传感器、信号调理器、采集装置，自行开发了大型采集、显示、处理应用程序。振动、脉动压力等动态参数测量系统引进了先进的具有实时采集、实时显示功能的动态参数数据采集分析系统，实现了时域综合值计算机处理、打印，采集分析能力明显提高。姿轨控发动机试验流量参数测量开始使用质量流量计，流量测量精度显著提高。

5）第五阶段，2002—2015年，新技术、新设备、新方法、先进测量技术开始应用阶段。数据采集系统性能大幅提高，稳态参数采样速率任意选择。所有参数均可以实现物理量实时显示和实时曲线绘制。基于稳态参数的故障自动关机系统投入使用，推力参数和发动机自带传感器实现了自动校准，关键参数实现了冗余测量。姿轨控发动机直接用质量流量计提供数据，大型发动机试验用质量流量计对涡轮流量计进行原位校准。低温流量测量系统研制了分节式电容液面计平均流量测量装置，并用该装置对低温涡轮流量计进行原位校准，显著提高了流量测量精度，特别是低温流量和微小流量的测量精度。振动参数测量系统配置小量程现场校准装置，对传感器进行全系统定性检查。动态参数测量系统将电荷放大器和数据采集装置集成化，实现了动态参数采集、处理、分析一体化。

6）第六阶段，2016年至今，高性能、高集成度的采集设备广泛应用，试验过程参数采样速率大幅提高，高清摄像、高速摄影以及热流参数测量、温度场测量等测量手段大幅增加了试验过程信息获取量。发动机故障诊断技术普遍应用于新研制的发动机试验，实现了关键振动参数试验过程实时显示。试验准备时间、数据处理时间大幅缩短。一次大型发动机地面试验，在测量几百个参数的情况下，试验后1～10 min能给出性能是否合格的结论，3～4天完成一次大型发动机性能交付验收试验任务。测量新技术的广泛应用，给火箭发动机的研制插上了腾飞的翅膀！

在测量技术发展历程中，有几件重大的历史事件值得一提：一是我国自主研制的巡回检测设备和DJS-6晶体管计算机联合应用于液体火箭发动机试验测量系统，此事件无疑是测量技术发展历程的一个里程碑，实现了参数测量的半数字化；二是我国自主研制的中规模集成电路DJS-131计算机系统用于发动机试验，真正意义上实现了计算机自动测量与处理；三是发动机试验领域自行研制信号调理器、集成大型数据采集装置，开发关键参数实时显示系统，关键参数实现现场或原位校准，显著提高了参数测量精度和测量系统可靠性及试验指挥的决策能力；四是自行研制开发火箭发动机试验故障监测系统，试验过程发生故障或出现故障趋势时，能够及时、快速实施紧急关机，减少或避免发生发动机起火爆炸、试验台烧毁的重大损失，为试验后故障分析、设计改进提供真实、可靠的依据，加快了发动机研制进度。

1.5.2.2　*存在的不足*

液体火箭发动机试验测量技术经过半个多世纪的发展，已达到较高的水平，并沉淀、积累了大量的工程经验，特别是恶劣环境下的参数准确测量技术处于国内领先地位，部分参数达到国际先进水平。如100 N～5 000 kN范围内的稳态推力采用原位校准和传感器并联技术，测量不确定度达到0.3%～0.5%；10 g/s～300 kg/s常温介质流量使用质量流量计，并用质量流量计对涡轮流量计进行原位校准，测量不确定度达到0.3 %～0.7%；常温压力参数测量不确定度优于0.5%；转速参数采用高精度频率基准和高性能频率信号调理器，测量不确定度优于0.2%等。这些参数测量技术达到国内领先、国际先进水平，测量不确定度和国外处在同一技术水平。近几年，液体火箭发动机试验中使用了较多的先进测量技术，如高性能采集装置应用、高速摄影及运动轨迹分析、红外热像仪温度场测量、光纤应变传感器测量位移和振动、姿轨控发动机试验矢量推力测量、振动参数实时显示、试验实时故障诊断等测量手段和新技术应用，拓展了测量范围，加快了发动机研制进度。但面对多种新型号研制并举，对在役型号可靠性要求及测量技术的要求不断提高，目前的测量保障能力、测量技术水平仍然不能满足多种发动机同时研制的需要，特别是与美、俄、欧等发动机试验机构相比还有一定差距。如矢量推力、动态推力测量仅用于少数姿轨控发动机试验，在大、中型发动机试验中的应用很少；吸气式发动机试验中高超声速燃气成分、速度场、密度场等没有测量能力，也没有掌握现场计量校准技术；低温大流量测量手段单一，测量精度和美、俄相比还有一定差距；在新技术、新方法方面与国外有明显差距。如美国阿诺德工程发展中心将大量先进测试技术用于发动机试验的校准和健康检测，用激光诱导荧光器测定发动机喷管出口羽焰流场温度、速度及产物的浓度和分布；美国空军研究实验室用激光干涉测量微小推力等[4]。与国外先进的测量技术相比，目前发动机试验领域参数测量还存在以下不足：

1）发动机试验测量系统的规模小，测量能力不足，一次试验获得的信息量少。大型发动机试验测量参数种类和数量较少，动态参数类型少（振动和脉动压力），极值参数测量能力不足（如2 500 K以上温度），羽焰成分、流场参数等测量方法欠缺。国外大型试验台体参数测量能力至少有500通道以上，许多试验台超过1 000通道。我国大型发动机试验系统参数测量能力多数少于500通道，一次试验获得的信息量有限。

2）自动化程度较低，新技术应用少，关键测控设备国产化程度低。目前，试验测量系统自动化、智能化程度较低，人工环节多，试验中参数测量仍需较多人力资源。国外发动机试验系统广泛应用先进的测试技术、仿真技术、故障诊断技术等，除一般的测量手段外，还利用激光、红外、遥测、全息照相等先进非接触测量手段获取更多的试验信息。目前我国参数测量中主要关键采集装置、高精度与智能传感器等进口较多，测量系统的主要设备与自主可控的要求差距较大。

3）部分参数测量精度低。如振动、脉动压力等动态参数未建立现场校准装置，测量不确定度达10%～15%（国外8%～10%）。由于测量精度低，参与故障诊断的技术难度大。我国500 t级发动机1 200 kg/s液氧流量、吸气式发动机200 kg/s级空气流量及高超声速流场的总温、总压等参数，由于缺乏现场校准手段，实际测量精度较低。

4）某些参数测量技术水平较低或量值传递不畅通。姿轨控发动机试验脉冲推力、脉冲流量、2 500 K以上总温测量技术等还未完全掌握或量值传递不畅通，不能评估实际测量结果的不确定度。

5）试验系统测试体系不够完善，测量数据的综合分析利用率有待提高。美、俄等航天强国在大型试验基地建立发动机性能评估中心，对获得的大量试验信息进行综合分析利用，为发动机的性能分析提供相关的参考数据和技术支持，最终由试验机构对发动机的性能进行鉴定，给出发动机性能的权威性评估结果。而我国发动机试验专业技术研究单位只提供试验数据，与发动机性能评估脱节，不具备评估技术和能力[5]。

1.5.3 测控技术发展趋势

现有的发动机试验测控系统伴随着液体动力发展取得了巨大的进步，满足了早期液体火箭发动机研制需要，作为发动机试验系统的“指挥中枢”和“信息中枢”，在发动机研制和试验中发挥着越来越重要的作用。随着液体动力快速发展，多种新型号并举，目前的发动机试验测控系统和国外先进的测控系统相比，存在自动化程度不高、试验系统被控对象状态监测能力低、关键测控设备的国产化率低、试验系统健康管理与发动机故障诊断等技术还未普遍应用等不足。学习、借鉴国外先进的测控技术，满足我国液体动力快速研制与高速发展的需要，是测控系统未来努力发展的方向。

1.5.3.1 控制系统发展趋势

液体火箭发动机试验控制技术发展和未来计算机技术、集成电路技术、网络技术、人工智能技术等密切相关，未来发动机试验控制技术主要有以下几个发展趋势：

（1）模块化集成技术

控制系统的硬件、软件按模块化设计，根据试验任务的不同需求，进行模块化组合。软件接口开放，架构和操作平台统一。主程序相对固化，同一型号不同次试验或不同型号的发动机试验，硬件装置相对固定，软件仅修改数据配置文件即可适应，能够保证控制系统试验所用软、硬件的稳定性和可靠性。

（2）冗余控制技术

采用双机、三机、双网、双电缆、双通道等冗余控制模式是发动机试验对控制的基本要求。采用双计算机控制模式时，双机并联或双机热切换的两台计算机使用同一时钟源，同步工作。采用三级表决控制模式时，三台计算机、多通道控制一个对象，保证控制对象的正确性和可靠性。控制系统采用分布式结构时，上、下位计算机采用双网同时传输，确保控制指令、信息传输畅通。

（3）高速实时总线技术

控制系统通过高速网络互联互通，控制系统（包括测量系统）数据格式统一规范，实现实时共享，确保发动机试验过程入口压力闭环调节、紧急关机、突发故障处理等实时、准确、快速执行。

（4）自动化、信息化、智能化控制技术

试验控制技术的发展方向是自动化、信息化、智能化。在系统设计时，采用先进的自动控制技术，提高试验控制效率，降低操作复杂程度。充分利用试验系统和发动机关键控制对象的大数据和信息库进行风险实时辨识，使用先进的智能控制组件，不断优化故障诊断准则，确保故障诊断系统的准确性和实时性。同时，数据和算法驱动智能决策，根据预案库、决策机制等规则智能优选决策方案，供试验指挥人员快速、正确、精准判断。

（5）提高控制系统关键组件的国产化水平

发动机试验系统实时控制计算机、实时操作系统、高性能固态继电器、高速集成电路等采用进口组件较多，应不断努力，加强国产化水平，逐步掌握核心技术，减少外部因素对我国液体动力研制与发展的影响程度。

1.5.3.2　测量技术发展趋势

液体火箭发动机的工作环境条件决定了测量系统要具有高可靠性，研制过程的反复试验获得了大量有效信息，为发动机研制提供重要依据。近几年我国液体动力暴露的振动较大等问题说明发动机试验验证仍然不够充分、测量能力不足、试验获取的信息有限。美国斯坦尼斯航天中心、马歇尔空间飞行中心或俄罗斯导弹与航天工业科学试验中心、动力机械科研生产联合体等单个试验机构的试验设施规模、能力和我国液体动力试验单位的试验设施总和基本相当[4-5]。我国液体火箭发动机试验测量技术发展应考虑以下几个方面。

（1）扩建试验设施、扩展测量能力

1）大力扩建试验设施，试验能力覆盖发动机研制全过程需求。

2）在目前试验系统上扩展测量规模和能力，使一次试验能获得更多、更全面有价值的信息。大型发动机试验系统参数测量能力应达到 800 ch（稳态 500 ch、动态 300 ch）以上，中型试车台参数测量能力应达到 500 ch 以上，小型试车台参数测量能力应达到200 ch 以上。

3）增加测量参数类型，除增加推力、压力、温度、流量、应变、位移、振动、脉动压力等常规参数测量能力外，重点增加脉动推力、动应变等动态参数和矢量推力、热流、温度场、噪声、质心偏移、姿态角等参数的测量能力。

（2）提高参数测量精度

开展振动、动应变、脉动压力、脉动推力、脉冲流量等动态参数，1 200 kg/s 级液氧低温大流量、200 kg/s 级空气流量等稳态参数的测量与校准技术研究，提升这类参数的测量准确性。

（3）开展部分参数与极值测量技术研究

1）开展吸气式动力试验高超声速来流总流量、总温、总压、速度场、密度场、气体成分等参数测量技术研究，解决流场参数准确性难以验证的问题。

2）开展耐温 500 ℃以上振动传感器、耐温－180 ℃以下及 500 ℃以上压力传感器、2 500 K 以上温度传感器等测量可靠性技术研究，确保试验过程传感器工作正常，获得的数据准确、可信。

3）开展发动机羽焰成分测量技术研究，为箭体热防护设计、发动机烧蚀等故障定位提供真实依据。

（4）推广新技术应用和专用测试设备研发

1）非接触测量技术：研究激光测振、激光测温、激光测位移及压力、光谱测成分等非接触测量技术，扩展参数测量能力。

2）光纤传感技术：研究光纤传感技术用于发动机的压力和温度等参数测量。利用光纤传感器耐温高、电磁干扰与零位漂移小、体积小、质量小等特点，解决高温、振动、空间位置狭小等环境的参数测量问题。

3）智能传感器技术：在发动机试验中采用集成智能传感器技术、遥感测量技术、原位在线自动校准技术等。通过一个集成智能传感器获得更多的不同参量的信息，传感器自身可靠性高、稳定性好，具有自动补偿、自校和自检等功能，可有效提高发动机试验参数的测量精度和工作效率。

4）测量装置向轻量化、紧凑型、高可靠方向发展。注重发动机内部状态监测，在发动机生产阶段，将高度集成一体化智能传感器置于某些关键部位，获得一般手段无法获取的重要信息，为发动机可靠性改进和故障分析提供依据。

5）加强测试系统核心设备的研发，掌握测试核心技术，实现关键专用测量设备自主可控，推进测试设备国产化进程。

（5）提高试验健康管理、虚拟仿真和自动化能力

1）加强试验信息综合分析的利用和挖掘，利用人工智能、大数据挖掘技术，研制建立试验系统测量参数和发动机测量参数相结合的实时健康管理系统，确保试验程序精准执行、智能指挥决策、安全风险可控。

2）大力提升测量系统信息化、自动化、智能化水平，利用网络化、信息化和虚拟仿真等技术，提升发动机试验参数测量能力和效率，降低试验成本，加快试验进度。

测控技术作为试验系统的核心技术，在液体火箭发动机试验中具有举足轻重的作用。在未来液体火箭发动机试验中，测控技术的研究应与时俱进，积极研究新技术、新方法，确保在大振动、高低温、强腐蚀等恶劣的环境条件下精准控制、测准测全。同时，进一步提高测控系统信息化、自动化、智能化程度，减少试验准备时间，提高效率，加快发动机研制进度。试验测控领域的技术人员应掌握更先进、更可靠的测控技术，加大测控核心设备的研发力度，走自主可控的发展道路，为我国大推力、高性能液体火箭发动机的研制、重大航天工程的实施、航天强国战略目标的实现发挥更重要的作用。

参 考 文 献

[1] 郭宵峰．液体火箭发动机试验 [M]. 北京：宇航出版社，1990.

[2] 史超．液体火箭发动机高空模拟试验系统设计 [M]. 北京：中国宇航出版社，2021.

[3] 赵万明．液体火箭发动机地面试验中关键参数测量方案设计 [J]. 火箭推进，2002，28 (1)：27-32.

[4] 罗维民．国外液体火箭发动机试验设施述评 [J]. 火箭推进，2015，41 (1)：1-9.

[5] 张斌章．国外火箭发动机试车台及发展趋势 [J]. 火箭推进，2007，33 (5)：42-49.

第2章　试验对测控系统的要求

液体火箭发动机试验中，控制系统是试验系统的“指挥中枢”，测量系统是试验系统的“信息中枢”，它们是试验系统的两个核心系统。测控系统的结构可靠性、技术先进性、工作稳定性、功能完善性对确保试验成功具有重要意义。在设计发动机试验测控系统时，需认真梳理发动机研制过程对发动机试验及试验测控系统的要求，进行详细、准确、完整的需求分析，根据需求分析结果，完成试验测控系统总体方案（功能、指标）设计、测控分系统方案设计，确定测控系统的规模与框架，明确各分系统之间的接口关系和遵循的相关标准等，将发动机研制过程不同阶段对试验测控系统的具体要求编制成内容详尽、要求明确的《测控系统需求分析报告》和功能齐全、技术先进的《测控系统建设总体方案》《测量系统建设方案》《控制系统建设方案》。《测控系统需求分析报告》是发动机研制对试验系统基本要求，发动机试验对测控系统要求的分析、理解、消化、归纳后的详细说明文件，是测控系统总体设计和分系统设计必须遵循的基础文件。

2.1　试验对测控系统的总体要求

发动机试验系统一般根据某种（或某型号）发动机研制需求进行针对性设计。大型液体火箭发动机试验测控系统是一个庞大、复杂的系统，建设周期长，投资规模大，试验系统设计时不仅要求技术先进、系统可靠、功能完善，而且要求系统具有一定的可扩张性和通用性，尽可能不改造或略做适应性改造就能满足更多型号的发动机试验。落实这种理念的关键是明确发动机研制对试验系统及测控系统的要求，做好测控系统的总体设计。在测控系统总体设计中，还应综合考虑测控系统的通用性、先进性、功能和规模的可扩展性等因素。总体设计时根据被试发动机研制过程对发动机试验的总体策划、试验要求及发动机试验对测控系统的总体要求，分别明确控制各分系统和测量各分系统的功能、技术指标、框架结构、冗余措施与可靠性、通用性等要求。试验对测控系统的总体要求应明确、清晰、完整，具有权威性，总体要求是测控各分系统设计的最基本的输入文件。

液体火箭发动机研制对试验测控系统的总体要求是：满足发动机研制与工作全寿命周期内所有试验对控制与参数测量的要求（包括地面试验和高空模拟试验）。发动机试验对测控系统的总体要求是：测控系统功能、指标、可靠性、稳定性、试验周期等满足发动机研制过程试验需求；试验过程面对众多、繁杂的控制对象和测量参数，测控系统在大振动、强冲击、高温、高压、低温、真空、腐蚀、电磁干扰等恶劣复杂环境条件下能稳定、可靠工作。对控制系统而言，控制对象类型、能力、控制时间精度、冗余措施、可靠性满足发动机试验要求。对测量系统来说，测量参数类型与测试覆盖率、参数获得率、参数测量不确定度、系统的抗干扰能力等满足发动机试验对参数测量、关键参数实时显示、发动机及试验系统故障实时诊断等需求，试验获得的信息准确、可信。

2.2 试验对控制系统的要求

发动机试验中，控制系统指挥发动机按预定的程序和流程工作，使发动机入口压力、推进剂流量等参数满足发动机正常工作的需求，并具备紧急预案执行能力。试验对控制系统的基本要求是精准、稳定、可靠，对控制系统的一般要求是：控制对象类型与数量、控制架构与模式、控制时间精度、控制系统冗余措施与可靠性、系统紧急故障处置能力、控制对象与视频的监测能力、电源供给能力、控制系统抗干扰能力、控制软硬件灵活配置性、控制系统的扩展性等满足发动机研制全寿命周期各阶段发动机试验对控制系统的要求。

2.2.1 控制功能、能力与指标要求

2.2.1.1 控制功能

发动机试验对控制功能的要求来源于试验过程发动机自身控制需求及试验系统推进剂供应、气体增压与吹除、控制对象与控制信号检测、入口压力与推进剂流量调节、视频监控、紧急情况快速处置等要求。控制系统的主要功能要求如下：

1）发动机和试验系统的电磁阀远程手动单元测试控制功能；

2）试验过程发动机点火、正常关机及实时（近、远程）故障关机的时序控制功能；

3）发动机和试验系统关键控制对象冗余控制和手动强制控制功能；

4）发动机试验过程推进剂流量调节的控制功能；

5）试验过程发动机入口压力闭环调节控制功能；

6）试验过程氧化剂和燃料供应贮箱液位显示功能；

7）试验过程对发出的控制指令信号监测及阀门控制电流采集功能；

8）试验过程工艺流程及阀门状态实时显示功能；

9）试验过程发动机及关键部位视频监控（或高速摄影）功能；

10）试验过程伺服机构姿态控制、控制指令及参数采集功能；

11）为测控各分系统提供隔离的起动、关机、紧急关机、同步时间基准信号功能；

12）控制系统软硬件资源（计算机、控制电路、网络、实时程序、电源、传输电缆等）具有冗余、可靠、通用、可扩展、灵活配置等功能。

2.2.1.2 控制能力

根据发动机试验对控制的主要功能要求，确定具体、详细的控制对象类型与通道能力的总需求。表 2-1 是某型号常温介质发动机试验对控制对象与能力要求一览表，表中列出了控制对象所属的系统与对应的通道能力具体要求。实际设计时，应预留一定的备份量。一般情况下，计算机控制通道、信号检测与阀门电流检测通道和主要控制组件所选型

号、性能应基本一致，通常按 20%～30%通道能力备份。控制电缆、接插件按 10%左右通道能力备份。视频监控、姿态控制按 5%通道能力备份，UPS 电源按最长发动机试验时间的 1.5～2 倍配置。

表 2-1　某型号发动机试验对控制对象与能力要求一览表

序号	控制对象所属系统	控制通道	程控通道	手控通道	信号检测	电流检测	液位	视频监控	压力调节	流量调节	备注
1	发动机系统	19	19	19	19	19		10		1	冗余控制，视频监控为高清，其中 3 路为高速摄影
2	氧化剂供应系统	26	19	26	26	19	2	6	1		氧入口压力调节
3	燃料供应系统	24	17	24	24	17	2	6	1		燃料入口压力调节
4	冷却与消防水系统	12	12	12			1	2			
5	辅助系统	33	20	13	33	20		2			
6	气体贮存系统	37		37				2			
7	姿态控制系统	8	8		8	8					
	合计	159	95	131	110	83	5	28	2	1	Σ=614

2.2.1.3　控制指标要求

明确控制系统主要功能、控制对象、控制通道能力后，确定主要控制技术指标。技术指标依据发动机试验对控制系统的要求确定，一般情况下应满足或优于发动机试验要求的技术指标，同时结合所配置的软硬件资源、建设经费等，统筹确定控制系统主要技术指标[1]。主要控制技术指标要求如下：

1）程控通道××× ch（如 95 ch），手控通道××× ch（如 131 ch），信号检测××× ch（如 110 ch），电流检测××× ch（如 83 ch）等。其中，冗余控制通道（三机表决或双机）×× ch（如 19 ch）。

2）程控时间精度≤× ms（如≤5 ms）。

3）控制驱动能力，发动机电爆阀×× ch/×× V/×× A [如 10 ch/（27±3）V/（5～10）A]。其他控制对象×× ch/×× V/×× A [如 85 ch/（24±1）V/（2～3）A]。

4）程控对象动态响应时间≤× ms（如 5 ms），控制信号与阀门电流监测采样速率≥××× sps（如≥2 000 sps）。

5）入口压力调节周期× s（如 0.5 s），压力带宽×× MPa（如 0.02 MPa）。

6）发动机高清视频监控（≥1 920×1 080）×× ch（如 28 ch），高速摄影（≥1 000 帧/s）×ch（如 3 ch）。

7）容器介质液位计显示精度≤× mm（如≤3 mm）。

8）关机信号延迟时间≤×× ms（如≤30 ms）。

9）电源系统要求：×× ch 直流配电系统及×× ch 电压监测，××× A 交流配电，

UPS电源容量≥×× kVA（如≥45 kVA）或满足控制系统主要设备正常工作1.5 h后备电源的容量。

10）网络传输速度≥××× Mbit/s（如≥1 000 Mbit/s）。

11）单次最长试验时间≤××× s（如≤2 000 s）。

除上述主要控制技术指标外，还对辅助系统提出相关控制指标要求（如通信×× ch、广播功率×× W、显示屏幕尺寸 $L \times H$ 、工艺流程显示内容等），主要控制技术指标和一般技术指标要求均要明确规定。

2.2.2 控制模式、架构与可靠性要求

2.2.2.1 控制模式

发动机试验控制系统按计算机数量分为单机控制、双机控制、三机表决控制三种模式。在双机控制模式中有双机热切换模式和双机并行控制两种。双机热切换模式是指一台计算机运行程序，另一台采用看门狗技术进行监控，当运行程序的计算机发生故障时，监控计算机实时切换，接过控制权进行控制。双机并行控制方式是指两台计算机同时执行控制时序、控制对象相同的一个控制程序，只要有一台计算机正常工作，控制程序就能正确执行。双机热切换模式对看门狗技术要求高，对切换时间要求短，其可靠性和可实现性没有双机同时控制方便、可靠，目前控制系统使用这种模式的越来越少。这三种控制模式中，三机表决控制模式可靠性最高，其次是双机，最后是单机控制模式。一般情况下，大型发动机试验系统，由于发动机试验费用高，危险性高，试验准备周期长，对控制系统可靠性要求高，试验过程要求发动机的控制对象和试验系统的关键控制对象采用三机表决控制模式。姿轨控发动机和多数可重复试验的推力室、组合件等由于试验费用较低，试验危险性相对不高，可多次反复点火，一般选用单机控制模式。介于这两者之间的发动机单机或姿轨控整机等采用双机控制模式。三机、双机控制模式虽然控制可靠性提高了，但控制电路相对复杂、成本增加、控制部件增多。所以，应根据发动机试验目的、控制对象的重要程度等综合因素确定控制模式。三机表决、双机控制模式中，并不是所有通道都采用冗余控制，一般控制参数采用单机控制模式，发动机上的重要控制对象采用冗余控制模式，这种组合控制模式既保证了控制系统的可靠性，又降低了控制系统结构的复杂性和建设成本。

2.2.2.2 控制架构

发动机试验控制系统的控制架构主要有集中式控制和分布式控制两种方式。对于控制对象较少（如少于200个）、控制系统距发动机试验台距离较近（如100 m以内）的小型试验系统（如姿轨控发动机推力室试验、发动机单机试验、组合件试验等），一般选用集中式控制方式。对于大型发动机试验系统控制对象几百个甚至上千个，控制系统距试验台几百米甚至几千米（控制电压压降大、电缆成本高），试验人员在发动机工作过程中远离发动机试验台的情况，通常采用分布式控制架构。所以，对控制架构的要求和选择要综合考虑发动机研制对试验及控制系统的要求、地理环境条件、控制设备抗振性能及可靠性、

建设成本等多种因素后确定。图 2－1 所示为一个根据某型号发动机试验需求设计的集中式三机表决控制方式设计实例。图中用于发动机控制对象、试验系统控制对象的控制设备集中放置在测控大厅，用电缆将控制信号传输到控制对象。在控制信号检测、阀门电流检测、视频监控中使用了分布式采集架构，上位机放置在测控大厅，下位机放置在试验台测控设备间电缆转接柜附近，用光纤传输采集信号到测控大厅。图 2－2 所示为一个根据某大型发动机试验按控制系统要求设计的分布式架构控制系统设计实例。图中主要控制设备（程序控制系统、时序及状态信号检测系统、介质容器增压、发动机综合控制器及部分数据通信设备）布局在试验台测控设备间内，手动控制台、程序控制计算机、时序及状态信号检测计算机、压力闭环调节计算机布局在测控大厅内，试验操作人员在测控大厅进行集中化控制操作。

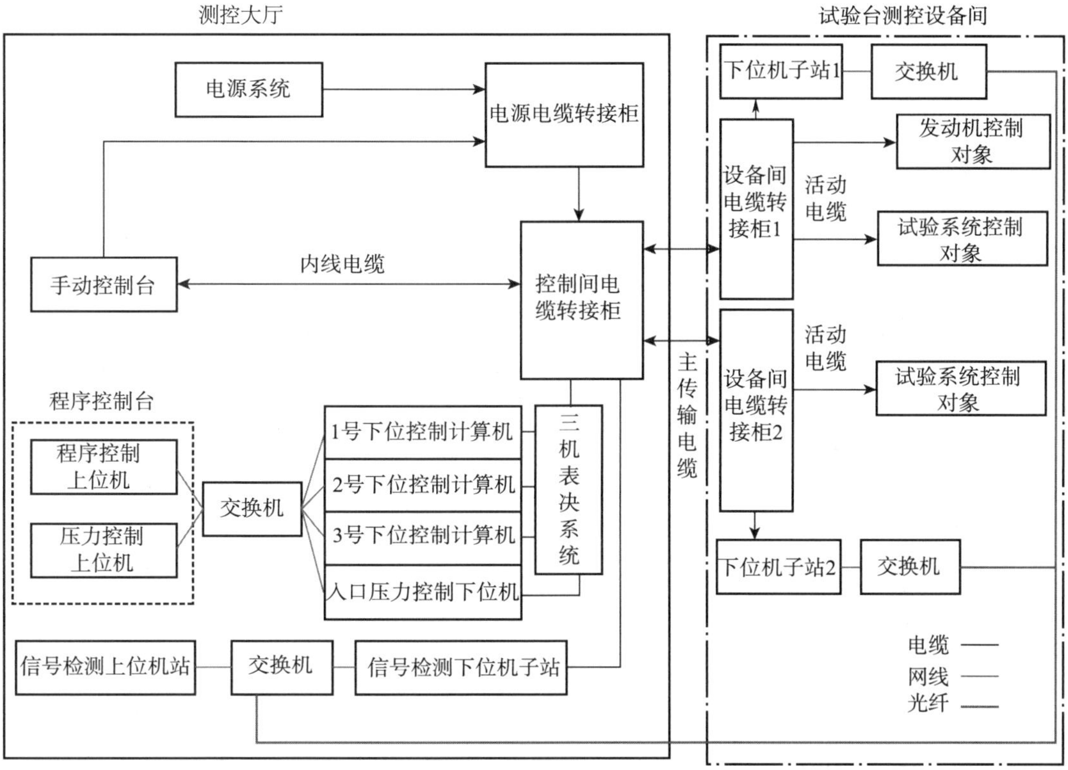

图 2－1　集中式控制架构实例（见彩插）

2.2.2.3　控制可靠性要求

控制系统是发动机试验系统的指挥中枢，系统可靠性关系到试验系统的整体可靠性及发动机试验的成败。发动机试验对控制系统的基本要求是精准、可靠，把基本要求落到控制系统的设计与系统研制中，应根据发动机试验特点及发动机试验对控制系统的要求、试验目的等在控制系统设计和建设中采取以下可靠性措施：

1）重要控制对象采用三机表决或双机控制模式。

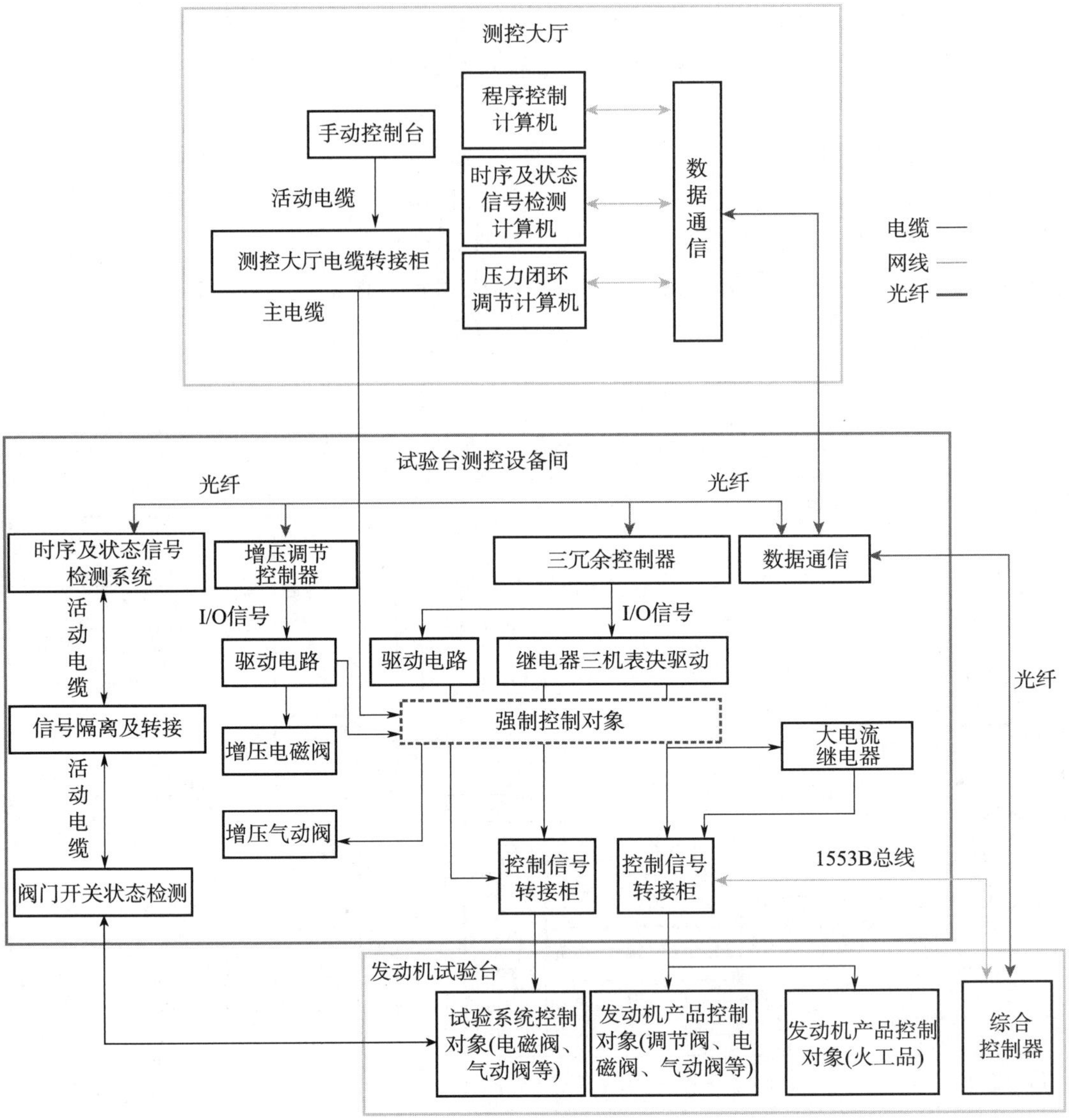

图 2-2　分布式控制架构实例（见彩插）

2）控制计算机，采集装置，网络传输设备，控制、驱动、显示及接口器件或组件选用工业级以上的产品，其性能与可靠性适应发动机试验现场振动、腐蚀、高低温、电磁干扰等恶劣的环境条件。

3）控制原理、控制方法、控制程序是经过实际应用的成熟技术。采用新技术、新方法、新设备、新程序时要进行实际（或间接）试验验证，正式投入使用前要进行严格测试，对测试结果进行评估。必要时进行热试验验证，确认控制系统功能、指标、可靠性满足发动机试验相关要求后，方可投入使用。

4）试验控制系统的主要设备、关键组件可检查、可测试、可维护。

5）控制系统配置发动机及试验系统健康管理或故障诊断系统，重点控制对象设置强制手动干预功能。当发动机或试验系统发生故障或有故障趋势时，应快捷、精准实时紧急关机或按预案进行紧急处置，避免故障发生或发动机与试验系统严重损坏。

6）控制系统对紧急关机信号的延迟时间满足要求。

2.2.2.4　对辅助系统要求

1）广播、通信系统。全试验区设计×××门小型程控交换机，外部电话可以设置接入指定通道，试验岗位电话不能打出。多用户对同一用户可以同时双工通话。试验台广播系统和耳机通信系统相互独立，指挥员岗位实现试验过程全程录音。

2）电源系统。控制系统除照明使用市电外，其他设备均配置 UPS 电源，UPS 电源容量应以最长试验时间的 1.5～2 倍为宜。

3）试验台水消防与氮气消防的控制阀工作的可靠性满足发动机最长试验时间要求。

2.2.3　控制软件要求

发动机试验控制软件主要包括时序控制程序、介质容器增压与入口压力闭环调节程序、控制信号与阀门电流检测程序、发动机姿态控制程序、试验工艺流程显示程序、时序自动判读程序等。发动机试验控制软件要求具有一定的通用性，不同型号的发动机试验一般仅需改变数据文件中控制与采集对象的数量、类型和名称，主程序和子程序基本不变。通常采用调用和返回结构的模块化设计，确保程序的稳定性和可靠性。控制软件同时应具有一定的可扩展性，在新型号和有特殊要求的发动机试验时，对控制软件部分模块进行适应性改造即可使用。发动机试验对控制软件的要求主要为功能要求和测试要求。

2.2.3.1　控制软件功能要求

（1）时序控制程序

应明确硬件环境条件、控制通道数、控制对象特性、时间控制精度、控制时序特征、控制模式、控制电压或电流大小、开关量通道数、是否隔离等。

（2）压力闭环调节程序

应明确压力参数的来源、控制算法、调节速率、调节精度等。

（3）控制信号与阀门电流检测程序

应明确被检测信号数量、类型与检测方法，阀门电流采集的方式与采集速率，阀门电流曲线正常时的特征等。

（4）发动机姿态控制程序

应明确姿态（伺服控制机构）控制对象的性质、驱动方式、输出与回测信号的输出波形及采集速率等。

（5）试验工艺流程显示程序

应明确试验工艺系统流程显示的内容、图像形式、阀门动作（行程开关信号）采样速率、时序判断方法等。

(6) 时序自动判读程序

时序自动判读程序主要针对姿轨控发动机脉冲点火试验中，一次试验不同时刻、不同的点火时间长度、多达数万个脉冲点火的情况进行控制程序正确性自动判读。应具备对不同的控制程序格式、多种控制程序（脉冲数、毫秒级点火时间等不受限制）进行读入、识别、快速判读的功能，判读结果应正确无误。

2.2.3.2 测试要求

软件测试是发动机试验系统检查测试的一项重要内容，测试的目的是检验软件的正确性和可靠性。试验控制软件在设计完成后主要进行组装测试、确认测试和专项测试。组装测试完成软件配置项的集成，测试、验证集成后软件体系结构的正确性。确认测试是测试、验证所开发的软件配置项是否满足需求规格说明的要求，确认软件功能满足设计要求。专项测试是结合液体火箭发动机试验特点所进行的针对性功能和可靠性、适应性测试。组装和确认测试方法参考 QJ 3027A—2016 标准[2]进行，对专项测试的主要要求如下：

(1) 时序控制程序

1) 对发动机试验点火、起动段、增压段、稳定段、泄压段、关机等进行时序测试，各时刻对应的控制对象（如电爆管通电、断电，各阀门打开、关闭）动作应正确无误。

2) 发动机试验过程中任意时刻出现故障需紧急关机时，控制程序应及时、正确、无误地转入对应的程序模块执行。

3) 采用双机并行或双机热切换控制模式时，各计算机程序的定时精度和累计误差应满足要求。采用三机表决控制模式时，三台计算机的指令执行同步性应满足规定要求。

(2) 压力闭环调节程序

1) 按预先确定的时间打开、关闭增压阀门（开关），调节阀功能正常；

2) 压力调节精度、调节时间满足设计要求；

3) 反馈参数数值准确，控制的阀门动作正常；

4) 介质容器增压、放气（流量调节等）能力满足要求。

(3) 控制信号与阀门电流检测程序

1) 检测对象正确，采集的信号状态和实际控制状态一致，采样速率、运行稳定性和可靠性满足检测要求。

2) 阀门电流采集的结果反映阀门真实状态，用采集数据绘制的曲线反映阀门工作特征。

(4) 发动机姿态控制程序

1) 对姿态控制程序和信号及相关参数采集程序同时进行测试，回测的信号状态和发出的信号状态应一致，回测的伺服机构参数和发动机姿态控制要求参数相对应。

2) 在地面连接伺服机构进行模拟测试，伺服机构的实际运行状态和设置的控制状态一致。

(5) 试验工艺流程显示程序

1) 流程图显示的容器、阀门、管路等内容正确、完整。

2）用手动模式逐个打开、关闭被控对象（阀门等），流程显示的对应关系、状态和实际结果应正确无误。

3）程序控制打开、关闭控制对象（阀门等）时，流程显示的状态和实际结果应正确无误。

（6）时序自动判读程序

1）对试验系统承担的不同型号、不同类型、不同控制文件格式的姿轨控发动机试验控制程序进行自动读入、自动判读测试，均能快速识别、正确判读。

2）对小于 5 ms 级的短脉冲和秒级的长脉冲进行混合点火，对脉冲数超万点的复杂控制程序进行多次、反复自动识别和判读，判读结果应正确无误。

2.3　试验对测量系统的要求

发动机试验中，测量系统应准确、可靠、完整地获得各种试验信息，实时监测发动机工作状态，实时获得的关键参数信息是故障诊断的数据来源，是试验过程正确指挥、果断决策的主要依据。试验获得的信息为发动机设计与制造改进、提高可靠性、评价发动机性能、产品交付验收等提供真实、有效的参考信息。发动机试验对测量系统的基本要求是测准、测全。

发动机试验测量参数类型多、系统复杂，不同类型的测量参数组成了不同的测量分系统。测量分系统虽然众多，但结构组成基本相同。测量系统主要由测量传感器、传输电缆、信号调理器、原位与现场校准装置、数据采集系统、故障诊断系统、关键参数实时显示系统、数据处理分析系统等组成。根据发动机试验对测量系统的总体要求提出各分系统具体、详细要求。测量各分系统要求主要包括基本要求（参数类型、能力、测量不确定度、校准方式等）、专用要求（故障诊断、压力闭环调节、关键参数实时显示、测量架构、测量系统各采集装置时间基准同步性、后效冲量等）、关键参数冗余测量要求、数据处理分析要求、测量软件要求等内容。

2.3.1　对参数测量的基本要求

发动机试验对参数测量的基本要求包括参数测量类型、能力、测量范围、测量不确定度、校准方式、采样速率等内容，表 2－2 是某型号低温介质发动机研制过程试验对测量参数要求的内容。表中汇总了发动机试验过程中发动机测量参数及试验系统测量参数的基本要求内容。参数类型主要包括稳态参数、动态参数和暂态参数三类。稳态参数列出了推力、压力、流量、转速、温度等主要参数。动态参数列出了振动、脉动压力等。暂态参数有水击压力等。梳理测量系统基本要求时还应注意以下几点：

表 2-2　某型号试验对测量参数要求的内容

参数类型＼要求内容		测量能力		测量范围	测量不确定度(%)	校准方式	采样速率/(sps /ch)
		发动机	试验系统				
稳态参数	压力	60	34	0.01～70 MPa	0.5	物理量、电量	100～2 000
	真空压力	8	12	100～2 kPa	0.8	物理量	100～2 000
	推力	2	2	500～3 000 kN	0.5	物理量、原位	100～2 000
	流量	4	12	50～600 kg/s	0.7(常温) 1(低温)	物理量、原位	100～1 000
	转速	6		0～20 000 r/min	0.2		100～1 000
	温度	64	30	−200～1 700℃	1	物理量、电量	100～1 000
	应变	24	20	−5 000～+5 000 με	2	电量	100～1 000
	位移	8		−10～10 mm	0.8	电量	100～1 000
	低温平均流量		2		0.5	物理量	100
动态参数	振动	60	34	0～6 000 *g*	12	归一化	2.56 倍上限频率
	脉动压力	16	6	0～30 MPa	12	电量	2.56 倍上限频率
	动应变	16		0～2 000 με	12	电量	2.56 倍上限频率
暂态参数	水击压力		2	0.01～40 MPa	3	物理量	5 000
小计		268	154				

1）根据基本要求，系统设计时，应留有一定的备份量（如传输电缆一般按 10%备份，采集装置通道一般按 15%～20%备份）。

2）对各参数测量不确定度进行分配。按测量系统结构组成将测量总误差分配到测量传感器、采集装置（含信号调理）、数据处理器、校准系统（基准、加载装置等）等。在系统设计和设备选型时应满足相应的指标要求，特别是测量传感器，不仅精度要满足测量要求，而且要求适应发动机试验现场恶劣（大振动、高低温、腐蚀等）的环境条件。

3）根据测量参数类型、测量不确定度、传感器安装方式等确定参数校准方式，研制或选择精度应满足要求的现场物理量或电校准设备。

4）不同的发动机试验对参数测量的基本要求不同。如有的发动机试验要求对发动机涡轮泵、发生器等关键部位进行动态应变、温度场、热流等测量及高速摄影；姿控发动机推力室试验要求用红外热像仪进行推力室喉部非接触温度测量；吸气式动力装置试验要求测量试验舱内的高超声速来流总温、总压、成分、密度场、速度场等参数；有的发动机试验要求进行动态推力、推力矢量等测量；还有的发动机试验要求测量噪声、污染物成分等环境参数等。所以，根据被试发动机型号研制对测量系统的具体要求，完成详细、完善的需求分析是测量系统总体设计、分系统设计的前提和基础。

2.3.2　测量系统专用要求

（1）故障诊断参数测量与诊断准则

故障诊断参数测量一般由测量系统完成。按设定的采样速率实时采集，按预定的准则实时诊断，诊断结果符合实时紧急关机条件时，实时隔离发送给控制系统进行相应操作。发动机型号不同，参与诊断的参数也不同，稳态参数一般有压力、转速、位移、温度等，动态参数多数选择振动参数。故障诊断的准则通常由发动机设计人员和试验人员共同制定[如 6∶4 表决，连续三个采样点超限，确认该参数超限；传感器失效（传感器开路、短路或输出值为负值等），该参数取消；遇到发动机工况变化，提前或推迟改变相应的参数诊断带宽等]。故障诊断系统的硬件和软件通常由测量系统技术人员设计。

（2）入口压力闭环调节

发动机试验入口压力参数采集任务通常由测量系统承担，采集的数据实时传输到控制系统的闭环调节装置，由控制系统按调节速率、控制带宽进行判断，实时调节介质容器的增压能力，确保入口压力满足发动机正常工作的要求。

（3）关键参数实时显示

发动机试验过程对推力、压力、流量、转速、温度等关键参数进行数值或曲线实时显示，目的是实时观察发动机工作状态。当发动机工作出现异常、故障或有故障趋势时，关键参数的数值发生变化，试验指挥员可及时、正确进行判断，采取必要的控制措施。应明确实时显示参数类型、数量，显示速率，显示曲线的参数上、下限及超限数值变颜色等要求。

（4）测量系统架构要求

根据发动机试验系统规模大小、测量参数种类与数量多少、测控大厅距试验台距离远近、测量系统投资规模、试验现场地理环境、发动机试验的重要程度等综合因素决定测量系统采用集中式架构还是分布式架构。一般测量参数少、测量中心距发动机试验台较近的小型试验系统（如姿轨控发动机推力室、小型发动机、组合件试验等），测量系统采用集中式测量架构，如图 1－9 所示。对于测量参数多达几百甚至上千个，测量中心距试验台几百米甚至几千米的，采用分布式测量架构，如图 1－10 所示。集中式测量系统架构和分布式测量系统架构的不同点主要在于采集设备放置在试验台的测控设备间还是放置在距试验台较远的测控大厅（即每个传感器输出信号用长电缆传输到采集装置的信号调理器，还是用短电缆传输到采集装置的信号调理器并将采集结果用光纤远距离传输至测控大厅）。需要指出的是，由于各类参数的测量原理、采样速率、校准方式、通道容量要求等不同，需要综合考虑建立几套采集系统，哪些参数设置在同一套采集装置上，同一个参数需要复记时是否需要隔离等。最终确定的采集装置配置及数量既能满足试验任务要求，又能使资源、人力得到更合理利用，同时建立的采集系统应具有较高的可靠性、扩展性、维护性，在测量系统架构设计和采集系统总体布局时需要一并考虑。图 2－3 是一个大型发动机试验测量系统架构与布局设计的实例。图中采用分布式测量架构，在试验台上设计了防振、

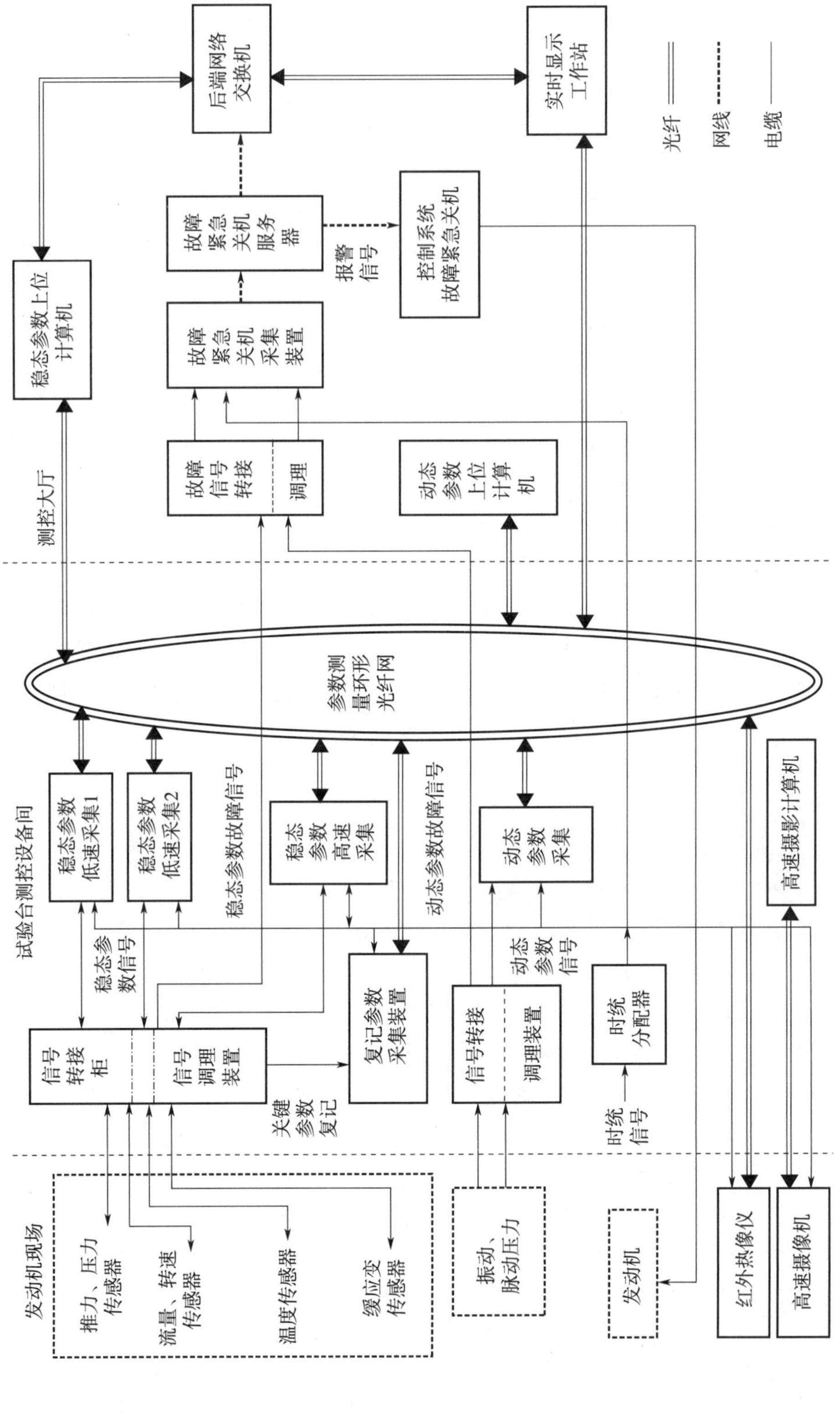

图 2-3　大型发动机试验测量系统架构与布局设计

安全、接地良好的测控设备间，主要采集设备、电源等放置在设备间内。不同采样速率的稳态参数设计了不同的采集装置；测量系统对关键的紧急关机信号采集与传输直接使用电缆传输；由于高速摄影数据量大，直接存储于储设备间计算机，不占用网络资源；测量系统其他参数上、下位计算机的传输采用可靠的环形网络结构。

（5）测量系统采集装置时间同步性要求

通常要求测量系统所有分系统或采集装置在承担的发动机试验型号最长试验时间内（如 2 000 s），时间同步性累计误差和控制系统发出的基准时间相差小于 0.01 s。

（6）后效冲量计算要求

测量系统具有推力、压力等参数后效冲量计算的功能。

2.3.3　对关键参数测量要求

液体火箭发动机试验中，关键参数分为三类，第一类关键参数是指表征发动机主要性能特征及工作稳定性的参数，如推力、喷前压力、泵后压力、流量、转速等。这些参数未获得或测量不准确，无法判断发动机性能，是测量的重点，必须采取冗余措施，确保准确、完整获得。第二类关键参数是决定发动机能否正常点火及试验过程发动机能否正常工作的参数，如入口压力、入口预冷温度等[4]。如果这些参数超出要求的范围，可能导致发动机起动失败或试验过程发动机汽蚀等故障发生。第三类关键参数是试验过程传感器出现泄漏将导致紧急关机或试验失败的参数，如发动机入口水击压力、脉动压力、推力室压力等，这类参数传感器安装必须牢固、可靠，测量可靠性比测量准确性更重要。需要指出的是，不同类型的发动机试验主要关键参数基本相同（推力、流量、转速、推力室或喷前压力等），还有一些参数在不同发动机试验中的重要程度是不一样的，如液氧煤油发动机试验中入口温度是决定能否点火的关键参数，但在常规发动机试验中是一般参数。在考核发动机燃烧稳定性的试验中，主要测试推力室和发生器的振动大小，推力室、发生器振动参数成为关键参数，而在其他试验中振动参数是一般参数。对关键参数的测量要求主要针对第一类和第二类关键参数，第三类关键参数一般通过高可靠性传感器选型和安装工艺措施来保证试验过程的可靠性。

2.3.3.1　对推力参数测量要求

推力参数用来计算发动机的比冲，始终是发动机试验的关键参数，必须准确、可靠获得。试验中要求采取冗余和可靠性措施进行测量。

1）采取物理量原位自动校准技术，最大限度地消除系统误差。如果试验后对推力测量值有疑问，可快速进行原位再校准。

2）大型发动机试验，推力传感器应选用双信号输出（双电桥）传感器。多传感器采用并联技术测量时，并联的传感器应有良好的灵敏度一致性。推荐双输出传感器输出信号 1 采取并联测量方式（每个传感器的信号 1 并联成一个输出信号），输出信号 2 采取独立测量方式（每个传感器的信号 2 分别测量后相加获得推力）。

3）发动机高空模拟试验中，对安装在试验舱内的推力传感器应采取防热、减振等措施。

4）采用两套相互独立的采集装置同时采集推力传感器输出信号1和输出信号2。

2.3.3.2 对压力参数测量要求

1）压力测量参数应采用物理量现场校准方式。发动机自带压力传感器用高精度电压源在采集系统信号调理器的输入端（一般输入阻抗大于10 MΩ）进行等效电校准，等效电校准引入的误差和物理量现场校准应相近，对测量不确定度的影响应很小。

2）发动机上推力室压力、泵后压力、发生器压力等关键参数应采用两套相互独立的采集装置同时进行采集。

3）由试验台通过引压管测量的发动机入口压力、喷前压力等参数，被测点一根引压管通过三通方式变为双引压管，安装双传感器进行冗余测量。

4）压力参数信号调理器应设置输入端短路、测量、加标准电压信号、传感器桥臂并电阻四种功能，便于测量系统检查与测试。

5）发动机高空模拟试验舱内安装的压力传感器和被测点涉及高温时，应选择耐高温（如水冷式）压力传感器测量，或对传感器进行隔热防护，减小温度对传感器的温漂影响并防止传感器失效。被测点为低温状态时，选择低温压力传感器测量，当用常温传感器测量低温压力时，用一定长度（一般大于600 mm）的引压管引出（低温变常温）进行测量。

6）选用的压力传感器、压力变送器、接管嘴及引压管等满足被测介质相容性和发动机过程抗振要求。

2.3.3.3 对流量参数测量要求

1）流量参数测量中，推进剂管路上应安装双流量传感器进行测量，而且要采用两套相互独立的采集装置同时采集。如果发动机试验使用了推进剂起动容器，在起动容器出口还应安装第三个流量传感器。常温推进剂流量推荐使用质量流量计和涡轮流量计串联的方式进行测量，定期用质量流量计对涡轮流量计进行原位校准。低温推进剂流量采用低温涡轮流量计测量时，应安装高精度平均流量测量装置（低温容器内安装分节式电容液面计），定期用高精度平均流量测量装置（或试验过程获得的平均流量值）对涡轮流量计进行原位校准。

2）质量流量计应远离发动机，如安装位置距发动机较近，应采取隔振措施（流量计前安装波纹管、安装采取减振措施），防止试验过程发动机振动通过介质管路传递到质量流量计，影响测量的准确性。

3）涡轮流量计安装前直管段不符合安装条件时，应设计整流器，对介质流场进行整流。

4）使用涡轮流量计和平均流量测量装置进行流量测量时，需要在涡轮流量计附近管路上测量推进剂的温度和压力计算介质密度。测温传感器应选用高精度插入式铠装热电阻（铂电阻或热敏电阻）传感器，低温介质管路应采用2～3个不同长度的传感器测量分层温度求均值计算密度，传感器插入深度以选择管路内径的1/3～1/2为宜。

5）流量计及内部组件等应满足被测介质相容性和试验过程抗振要求。

6）流量参数测量中，应设计具有滤波、放大、整形、隔离、分频、F/V 变换、门槛电平可调的多功能信号调理器[3]。

2.3.3.4　对转速参数测量要求

1）同第 2.3.3.3 节第 6）条；

2）转速参数应采用两套相互独立的采集装置同时采集；

3）设计模拟或高速采集装置记录转速参数的原始波形，当转速波形奇异或采集装置采集的转速数据异常时，通过记录的原始波形回放，调节门槛电平、滤波器参数等，获得准确、可信的转速值。

2.3.3.5　对温度参数测量要求

1）温度测量系统应具备物理量现场校准（中温、高温测点用温度炉加载物理量，低温测点用液氧或液氮加载）和电校准（热电偶用高精度电压源加载，热电阻用高精度电阻箱加载）的能力。

2）用于发动机起动条件判断的入口温度应安装热电阻（铂电阻或热敏电阻）双传感器冗余测量，热电阻传感器应采用高精度、电流值大小合适的恒流源供电。

3）大型发动机试验用红外热像仪测量发动机表面温度场时，应用该表面内精度较高的单点（粘贴的铂电阻或点焊的热电偶）测量结果对热像仪进行比对校准。

4）发动机高空模拟试验中，在试验舱外用双色红外热像仪测量舱内发动机上某点（如推力室喉部）温度时，试验舱安装的锗玻璃、测量距离、环境温湿度等引起的误差应通过计量与现场校准等手段进行修正，尽量安装在试验舱内直接进行测量。

2.3.3.6　对振动参数测量要求

1）低温振动、高温振动参数应选用满足温度范围的振动传感器，振动传感器的引出线应选择内部焊接引出（不宜通过插座转接），传感器的频率响应选择被测位置频率上限的 1.5～2 倍。

2）抽检、交付、性能鉴定等重要试验或发动机试验的主要目的是考核振动大小时，发动机的关键位置（如推力室、发生器）应背靠背安装指标相同的同型号双传感器进行测量。

3）振动测量系统应具备关键参数时域、频域实时显示功能，实时显示值和最终测量处理结果基本一致。

4）振动参数测量系统，应建立低量程（如 10 g）现场物理量校准能力。对姿轨控发动机试验振动传感器可直接进行物理量现场校准，大型发动机试验系统用校准装置对传感器及测量全系统进行定性检查。

5）振动传感器以压电晶体为主要类型设计采集装置时，应配置部分电压型采集部件或通道，用于时间同步信号和输出电压型传感器的信号采集。

6）振动参数信号传输应选用低噪声同轴屏蔽电缆。传输距离较远或通过电缆沟、架空等环境时，选择多股同轴电缆加外屏蔽铠装电缆结构（降噪、防鼠、热防护、防损坏）。

2.3.4 对测量参数数据处理分析要求

不同型号的发动机试验或同型号发动机各次试验的目的不同，但证明发动机试验是否达到目的的主要依据是发动机试验过程获得的大量数据信息。因此，发动机试验后数据处理、分析，特别是数据准确性确认、零位修正、异常数据分析是测量系统的重要工作内容。

2.3.4.1 数据处理基本要求

1）稳态参数具备按不同的采样速率分别处理瞬时值的能力（按采样速率全密或压缩处理。如 2 000 点/s 采集，可按 2 000 点/s、1 000 点/s、500 点/s、100 点/s 任意处理。压缩处理时，可选择对应时刻的瞬时点，也可选择小区间平均值）。相同采样速率中，参数任意选取，多路同时处理，任意取段。

2）稳态参数具备试验全程处理平稳段平均值、最大值、最小值的功能。在求发动机试验平稳段平均值时，具备按某规则（如格鲁布斯）舍点、计算标准偏差的功能。

3）稳态参数应具备数字滤波功能。

4）稳态参数具备曲线任意绘制，各参数相关、相干曲线比较分析的功能。

5）动态参数具备时域瞬时值（图）、RMS 值，频域频谱、RMS 值、功率谱、极值谱、色谱图、瀑布图、小波等基本处理功能。频谱分析中应具备某时间段和某频率段内突频值及对应频率自动标注功能。

6）动态参数具有采样的某试验时间段数据数学期望值不为零时中心化处理功能。在频谱分析中，如果发现有低频上翘现象，可通过设置高通滤波消除低频上翘。

7）动态参数具备各参数时域、频域曲线比较功能。

2.3.4.2 对数据分析要求

试验数据分析包括本次试验数据分析、同型号发动机数据对比分析及数据综合分析利用。建立发动机型号试验信息数据库，是构建相关参数数据模型，进行试验数据综合利用的基础。

（1）试验成功正常数据分析

1）发动机试验过程按预定程序工作正常，测量传感器、采集设备工作正常，所有测量参数可靠获得。抽检、验收、性能鉴定等交付性试验性能参数计算结果合格。

2）按相关数据处理规范、规程进行正常数据处理，数据分析主要针对稳定性分析和准确性确认。

3）稳态参数通过曲线绘制方式进行全程检查。全程数据平稳、无突变现象，同型号、同工况稳定段平均值在统计的包络线内。动态参数时域值全程平稳，时域值大小范围和同工况范围相近，RMS 值和平均频谱值在统计包络线范围内，推力室、发生器等特征频率和统计值基本一致。

4）按正常程序进行数据处理、检查、汇总、分析确认后，签署完整，提交试验数据报告。

（2）试验出现故障或出现异常数据分析

①试验过程发动机出现故障数据分析

1）对发动机出现故障时刻附近的前后数据进行全密处理，绘制曲线，进行针对性分析。

2）分别分析稳态、动态数据中哪些数据最先开始变化或出现异常，为故障机理和定位提供参考依据。

3）发动机故障导致测量传感器、电缆、设备等损坏及烧毁时，应剔除发动机故障后一定时间内产生的异常数据，避免异常数据对故障分析、定位的影响。

②试验过程测量设备出现故障数据分析

1）液体火箭发动机试验过程测量环境条件恶劣，即使采用了高可靠传感器或对传感器采取了防护措施，试验过程仍然出现了个别测量传感器异常或损坏现象时，对传感器或测量设备出现的异常情况进行分析，剔除设备异常产生的数据。

2）测量传感器或测量设备异常的确认应通过一定的程序或技术手段进行验证。第一，对发动机试验过程进行正常与稳定性分析，相近或相关数据分析；对比分析异常前后数据变化。第二，试验后对测量设备施加标准信号或对测量传感器进行现场校准，检查设备性能。检查结果能准确定位传感器或测量设备出现故障时，直接对设备故障产生的异常数据进行剔除处理。如果现场检查测试结果不能准确定位，可以送计量机构或第三方进行性能测试，最终确认传感器或测量设备是否出现故障。

3）经分析、检测、确认，传感器或测量设备未出现故障，或出现的异常数据和设备故障不对应或不匹配，应按试验中的数据异常进行分析与处理。

③异常数据分析

1）试验过程发动机和测量设备工作正常，试验数据中有异常数据（流量、转速有大点，压力传感器零位严重漂移等），发动机工作过程平稳段平均值和同型号、同工况明显不符，这时的数据应初步确定为异常数据。

2）稳态参数中流量、转速等频率型参数数据中出现的大点（又称为毛刺或工程野点，即发动机起动、关机某时刻采集的数据与前后相邻点采集的数据相差超过 5 倍以上，稳定段前后相邻点数据相差超过 2 倍以上）现象多数情况与传感器附近消磁不干净或磁性不均匀、试验系统及发动机上较大电流控制动作或测量系统接地不良引起的干扰有关，与发动机实际工作无关。确认与发动机工作无关时，应剔除数据中的大点。

3）稳态参数中推力、压力等电压型参数试验过程受温度或冲击影响零位严重漂移，甚至斜率也发生变化，发动机关机后零位漂移仍未恢复或等待一定时间后恢复正常。此时应根据零位和斜率数据实际变化情况，对异常数据全段或分段进行零位及斜率修正。

4）对于动态参数，首先进行时域历程图处理，观察、分析，除开、关机瞬时冲击大点外，目测时域历程图上出现明显跳跃或该点值和前后相邻值比较，突变增幅 5 倍以上，一般可判断为异常大点。数据处理分析时应避开在大点出现时刻进行谱分析，如避不开时谱分析数据仅供参考。

5）动态参数全程频域数据中，连续出现多点不符合统计规律的异常点时，应避开异常点分段进行谱分析。

6）对于原因不清或无法证明是测量系统引起的异常数据，不进行修正和剔除，“原汁原味”提供在数据报告中，并做说明，供发动机设计人员深层次分析，避免掩盖某些还未认识到或可能的发动机故障机理。

2.3.4.3　对数据处理时间要求

1）抽检、鉴定、验收等交付性试验快速（如 10 min）给出性能数据，判断是否合格。

2）规定稳态参数试验后主要参数快速数据处理时间（如 30 min），所有稳态参数初算时间（如 2 h），复算数据处理时间（如 24 h）。

3）规定动态参数试验后主要参数（如推力室、发生器、涡轮泵等）快速数据处理时间（如 30 min），所有动态参数数据处理时间（如 4～8 h）。

4）试验成功、测量系统状态正常时，数据报告发出时间（如 2～4 天）。

2.3.5　对测量软件要求

发动机试验测量系统软件包括系统软件和应用软件两大类。系统软件由设备厂家提供，主要包括驱动程序和自检、测试程序。应用软件主要包括发动机试验所用的实时采集程序、校准程序、处理程序、实时显示程序、系统检查程序、实时故障诊断程序六部分。应用软件一般自行研制开发，开发过程遵循 QJ 2345—1992《软件可靠性和可维护性管理》[4]等相关标准，测试过程遵循 QJ 3027A—2016《航天型号软件测试规范》[2]等相关标准。此外，开发过程的功能及可靠性测试还应明确以下要求。

2.3.5.1　测量软件功能要求

（1）实时采集程序

1）快速响应中断信号、实时采集、实时存盘、实时发送显示数据。

2）中断任务的优先级依次为：外部中断信号（开始采集、点火、关机、停止采集）→数据实时采集任务（定时采集）→实时存盘任务（上、下缓冲区对倒，缓冲区满就存盘）→实时显示任务（无论显示任务是否从显示缓冲区读取实时数据，采集任务定时向显示缓冲区发送数据并覆盖前次发送的数据）。试验和测试过程的开始采集和停止采集信号由采集操作人员给出，点火和关机信号由控制系统自动给出。

3）各通道的采样速率可以不同，事先由独立的配置程序完成设置。

4）点火前（负秒）采集一段时间（如－20 s）的零位数值，计算出均值及标准偏差，采集结束后给出开始采集—点火—关机—停止采集三个区间的精确时间（1 000 点/s 采样时精确到 0.001 s）。

5）停止采集后，无论当前数据缓冲区是否存满，要强制性存盘一次。

（2）校准程序

1）具备同时对同类型参数多通道（如 8 通道以上）进行校准的功能。

2）任意选择参数原位或现场校准输入的档数（如 6 档）、遍数（如 3 遍），用最小二乘法拟合斜率，校准完成后给出校准结果数据（斜率、截距、相关系数、拟合曲线图等）。

3）具有增加或修改某遍、某档校准数据的功能。

4）高精度标准源具有自动加载、发送数据功能时，校准程序应具备校准采集的数据自动化传输功能。

5）校准程序和采集程序的相关定义一致，采集程序可自动获取校准结果。

6）推力参数原位校准、压力参数现场校准等校准装置应具备自动化校准功能（如推力参数在 15 min 内完成一次 3 遍 6 档自动校准）。

（3）数据处理程序

数据处理程序除具备 2.3.4.1 节所述的基本功能外，还应具备以下功能：

1）处理程序基本通用，具有对试验系统配置的不同型号采集装置采集的数据格式进行处理（能识别、解析数据存储格式）的功能，处理结果的数据格式适用于主流曲线绘制软件（如 Origin 绘图软件）和数据库（如 Oracle 数据库等）。

2）同一套采集装置的数据处理程序和参数校准程序、实时采集程序的参数符号、采集通道定义一致，参数名称、校准系数等从校准程序中自动获取。

3）数据处理结果可自动入库，并和部分分析软件嵌套，通过简单操作，可对数据库中的相关数据进行针对性分析。

（4）实时显示程序

1）显示形式可任意互换，如电信号数值、物理量数值、曲线，参数在显示屏幕的显示位置、坐标刻度值任意可调。

2）实时显示值超出给定的上、下限时，显示值变颜色，以示警诫。

3）显示参数系数自动从校准结果中获取，显示起始时间（0 s）和控制系统基准一致。

4）每秒显示的速率以人看清楚为宜，一般选 2 点/s。

5）显示瞬时值还是区间平均值可任意设置。稳态参数因采样速率高（如 2 000 点/s）、采样原理（如频率量采用单周期测量）等因素导致试验过程实时显示数据波动较大（不反映发动机真实工作情况）时，应具有区间求均值、数据平滑等功能。

（5）系统检查程序

1）可选择任意通道（所有通道）进行采集检查，采集数据时间一般不少于 60 s，并给出平均值和标准偏差。

2）全系统综合测试时，快速计算出任意时间段内的瞬时值和最大值、最小值、平均值、标准偏差，标准偏差大于规定值时进行提示。

3）信号调理器具有对全桥类型的压力、推力等传感器进行桥臂并电阻、调理器输入端短路、输入端开路、输入端加标准信号等程序控制功能。对传感器和采集装置相对固定的参数测量系统，程序自动判断上述功能采集的数据是否正常、稳定，是否在正常范围内。

（6）故障诊断程序

应明确参与故障诊断的参数类型、诊断准则、控制系统与采集系统传输的信号类型、是否隔离、物理量计算方法、紧急关机信号最大延迟时间、参与故障诊断的参数传感器失效判断原则等。

2.3.5.2 测量软件测试要求

测量软件除对基本功能进行测试外，还要对以下功能进行重点测试。

（1）实时采集程序

1）中断信号响应性测试。手动开始采集、手动停止、自动点火、自动关机等开关信号响应应及时、正确。

2）采集数据正确性测试。用标准电压源、频率源加载电信号或力源、温度炉等加载物理量，采集的数据应正确无误。

3）长程可靠性测试。采集程序在硬盘容量允许的条件下应连续长程（如 8 h）正常运行，不死机。

4）变采样速率测试。按最快的设计采样速率（如 5 000 点/s）和最慢的采样速率（如 1 点/10 s）进行测试，均能正常运行。

5）存盘可靠性测试。不同的采样时间、不同的采样速率、中途突然停止采集等，存盘数据均正确完整。

6）发送数据实时性、正确性测试。用标准源加载信号，给实时显示和故障诊断缓冲区实时发送数据，显示和故障诊断系统实时读取的数据应正确，字节数应完全相等。标准源加载过程信号值大小突变，显示和故障诊断系统接收的数据应及时跟随变化。给实时显示和故障诊断系统实时发送数据不会影响采集程序的实时性。

7）抗干扰测试。试验系统所有参试设备正常工作（包括大电流动作）时，采集程序能可靠、稳定地正常运行。

（2）校准程序

1）校准结果正确性测试。对校准过程采集数据的正确性（可与采集程序采集的结果对比），校准斜率、截距、相关系数、标准偏差等计算结果的正确性（与人工计算对比）进行检查。

2）校准档数、遍数修改测试。校准过程增加或减少某档、某遍时，均能正确计算结果。可任意按一遍 18 档、三遍 6 档、一遍 6 档等计算校准结果。

3）自动校准测试。推力、压力、温度等参数设计自动校准功能时，应验证自动测试的正确性、自动校准完成时间等。

（3）数据处理程序

1）处理结果正确性测试。数据处理程序能正常解析采集装置采集的数据（用标准源加载信号验证），按不同测量参数计算公式处理的结果应正确（人工计算验证）。

2）功能性测试。按设计的绘图工具软件、数据库软件进行测试，均应正常运行；平均值、最大值、最小值、标准偏差、RMS 值、频谱、小波等按设计功能正常处理，结果正确。

3）处理结果自动入库、调出测试。数据处理结果正常入库，能运用分析软件进行正常绘图、比较、统计、相关等分析。

（4）实时显示程序

1）接收数据实时性测试。能从采集装置发送的缓冲区实时读取数据，发送与接收的字节数相符（不增加、不丢数）。

2）正确性测试。不同参数用对应的标准信号源加载电信号，显示程序计算的物理量值应正确无误。

3）自动报警测试。用标准源加载，显示过程变化加载值，超过警戒值自动变颜色或报警。

（5）系统检查程序

1）系统零位和加标准状态测试。测量系统采集设备在传感器处于零位状态（发动机未点火）或采集装置信号调理器输入短路的状态下，系统检查程序采集的数据应稳定、波动小（如按绝压测量时，压力传感器输出值应是当地环境大气压、温度测量值应是环境温度、流量与转速测量值应为零、振动参数应是系统噪声）。采集装置输入端加标准信号或力传感器桥臂并电阻时，采集的数据应稳定，波动范围符合要求，采集装置的放大倍数、滤波频率、实时显示参数系数应正确，可直观检查。

2）快速扫描检查测试。对任意通道、全部通道、不同参数进行快速设置，快速测试验证。

（6）故障诊断程序

1）正确性测试。按试验要求和故障诊断准则，制定出现故障和正常两种模拟测试数据文件，要求模拟测试数据文件覆盖故障诊断准则包含的所有故障组合和参数测量边界值。用模拟文件分别进行自身单机测试和联机综合测试，正常数据应顺利通过，不会误关机。故障数据文件应按设置的时刻及时、准确关机。

2）实时性测试。从采集装置发送至故障诊断缓冲区实时读取的数据实时性、可靠性满足设计要求，控制系统接收故障诊断程序发送的关机信号，响应及时、正确，故障关机最大延迟时间满足设计要求。

参 考 文 献

［1］ 史超．液体火箭发动机高空模拟试验系统设计［M］．北京：中国宇航出版社，2021．

［2］ 航天型号软件测试规范：QJ 3027A—2016［S］．北京：国家国防科技工业局，2016．

［3］ 赵万明．液氧/煤油发动机试车主要参数测量方法研究［J］．火箭推进，2006，32（5）：52－54．

［4］ 软件可靠性和可维护性管理：QJ 2345—1992［S］．北京：中华人民共和国航空航天工业部，1992．

第3章　推力测量技术

发动机推力是评价发动机性能参数比冲的关键参数，比冲是衡量液体火箭发动机最重要的综合性能参数，比冲与推力、流量参数密切相关，其大小表征了发动机技术先进程度。只有提高推力、流量参数的测量准确度，才能提高比推力值的可信程度。

发动机推力又是一个空间向量，其大小和方向随时间变化。随着对航天飞行器轨道与姿态控制精度要求的提高，姿轨控火箭发动机的推力向量性能越来越受到重视。发动机试验推力测量有向三向力、矢量力测量的发展趋势。我国探月工程变推力发动机试验提出了矢量推力测量的具体技术要求，而且越来越多的发动机型号研制都有多分推力测量需求。

本章主要通过发动机推力测量系统设计、稳态推力测量技术、负推力修正技术、动态推力测量技术、多分推力测量技术等方面论述液体火箭发动机试验推力参数测量技术。

3.1　推力测量系统设计

推力参数的测量是发动机试验工作的中心内容之一。推力测量可分为稳态参数测量和动态参数测量两类，并发展出相对独立、适应各自试验需要的测量理论和测量系统。对于“稳态推力”的定义，在《液体火箭发动机地面稳态推力测量规范》（航天工业部标准 QJ 1084—86）中有明确的规定，而“动态”及“动态测量”的含义虽然没有行业标准，但存在共识，“动态测量”即指对推力的动态变化规律的测量。

在姿控发动机试验中，受燃烧室室压引压管内燃气量的影响，使得通过室压计算的起动加速性（t90）和关机减速性（t10、t20）的性能数据偏差大，该数据表示姿控发动机的燃烧响应滞后，往往不能真实地反映姿控发动机的特性。因此，在姿控发动机试验任务书中明确规定，推力的起动加速性（t90）和关机减速性（t10、t20）的性能数据。t90 表示从电磁阀通电开始至推力上升到稳态值 90％的时间；t10（t20）表示从电磁阀断电开始至推力下降到稳态值 10％（20％）的时间。

3.1.1　测量系统结构原理与组成

液体火箭发动机试验推力测量的基本方法就是将发动机固定在试车架的动架上，试车架的动架与定架用弹簧片连接起来。试验时，发动机产生的推力使动架和发动机一起向推力方向移动，并通过传力机构作用在测力传感器上，传感器输出的信号由数据采集系统进行采集、处理。

推力测量系统主要由推力台架系统、推力校准系统、数据采集系统三大部分组成。试车架实现发动机、推进剂供应管道、控制气管道和各种传感器及测控电缆的对接安装；校准系统对试车架进行原位静、动态校准，获得系统的力传递系数和幅频、相频特性；测量系统通过对推力测量数据的采集、处理和修正获得发动机试验的静、动态推力测量数据。液体火箭发动机试车台推力测量系统原理图如图 3－1 所示。

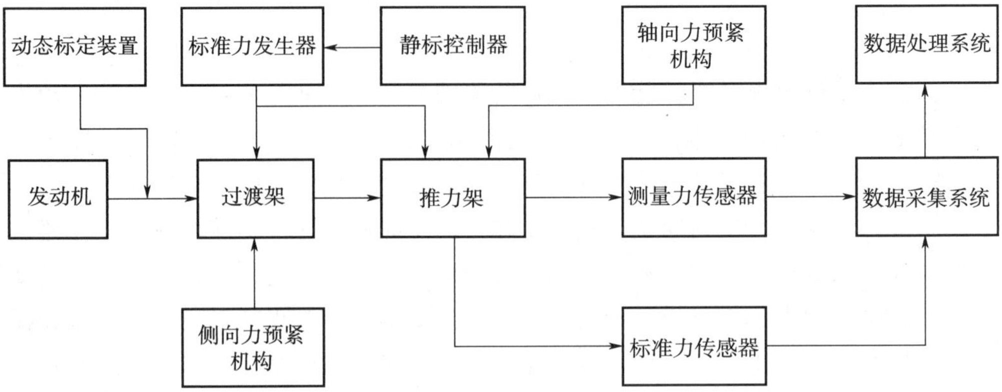

图 3－1　推力测量系统原理图

（1）推力台架系统

推力台架系统主要由推力架定架、动架，预紧力装置，弹性约束件，力源及油缸，标准力、测量力传感器组成。

预紧力装置亦称试车架的砝码平衡装置，它的用途有三：第一，用于平衡动架、过渡架、发动机以及与发动机相连管道及其中推进剂的重量，使推力测量系统不再考虑这些重力；第二，用来消除试车架传力结构及测量结构等连接处的间隙，使传力系统处于稳定的良好状态；第三，预紧力装置将平衡的各种重力外的剩余力全部作用在测量传感器上，使其预先承受一个稳定的作用力，即预紧力。一般液体火箭发动机试车台推力架设计作用在测力传感器上的预紧力装置的预紧力约为发动机推力值的 20%左右。

定架的作用是承受发动机的推力，支撑动架、工作传感器及校准装置，并将有关作用力传递至试车台地基。动架的作用是安装发动机，传递发动机产生的推力。弹性约束件的作用是把动架和定架连接起来，使动架精确定位，并使动架不能做周向移动，只能沿推力轴线做小的移动。

（2）推力校准系统

由于试车架定架、动架及测力传感器的弹性变形，发动机点火后产生的推力将使动架有一定量的上移，将会引起预紧力、弹性约束件轴向约束力、推进剂管道对试车架轴向约束力等发生变化，推力现场校准系统可以产生一个标准的模拟推力 F，消除上述变化的影响。

液体火箭发动机试车台推力校准系统一般采用推力自动校准装置，定点自动精确加载标准力，其力源稳定，提高了标准力系统的测量精度。推力自动校准装置由液压源、高精度伺服控制器、计算机、数字电压表、标准力传感器、双向油缸等组成。

某试验台的推力校准系统的液压源及双向油缸由高性能内啮合齿轮泵提供油压，通过蓄能器及电液伺服阀稳压后得到一个稳定的压力源，提供给 4 个双向活塞油缸，产生 4 个稳定的标准力。

标准力传感器系统由基准力传感器、稳压电源和二次仪表组成，力传感器的桥压源由高精度直流稳压电源单独供给，二次仪表（高精度数字电压表）测量传感器的输出信号，这些信号（模拟信号或数字信号）被传输给伺服控制器。

伺服控制器对标准传感器系统传输的信号进行精确测量，同时与预先给定的标准值进行比较，驱动电液伺服阀调节双向活塞油缸的上下腔压力值，通过两腔的压力差值产生稳定力源，满足推力校验的要求。

（3）数据采集系统

数据采集系统主要完成发动机推力数据采集、原位校准、数据处理等工作。

在试验前一天进行推力校准，按三遍六档加载。通常推力校准过程只做进程，最大校准力值为额定推力值的 120%。校准数据采用最小二乘法线性拟合得到斜率 b 值。最小二乘法拟合公式如下式所示。

截距：

$$a=\frac{\sum_{i=1}^{n}x_i^2\sum_{i=1}^{n}y_i-\sum_{i=1}^{n}x_i\sum_{i=1}^{n}x_iy_i}{n\sum_{i=1}^{n}x_i^2-\left(\sum_{i=1}^{n}x_i\right)^2} \tag{3-1}$$

斜率：

$$b=\frac{n\sum_{i=1}^{n}x_iy_i-\sum_{i=1}^{n}x_i\sum_{i=1}^{n}y_i}{n\sum_{i=1}^{n}x_i^2-\left(\sum_{i=1}^{n}x_i\right)^2} \tag{3-2}$$

式中　n ——校验点数（n = 校验档数×校验次数）。

最终拟合出现场推力校准的直线方程：

$$y=a+bx \tag{3-3}$$

标准偏差按下列公式计算：

$$S_2=\frac{1}{Y_{06}}\sqrt{\frac{1}{n-2}\sum_{i=1}^{n}e_i^2} \tag{3-4}$$

式中，$e_i=y_i-(a+bx_i)$ ，表示校准数据与拟合直线上对应理想值的差值，$S_2\leqslant 0.3\%$时校验合格。

发动机试验时的推力按公式（3－5）计算：

$$F=b(u_s-u_0)+\Delta F \tag{3-5}$$

式中　F ——发动机推力，单位为 kN；

b ——推力校验斜率，单位为 kN/mV；

u_s ——试车过程中采集记录值，单位为 mV；

u_0 ——试车前零位照相记录值，单位为 mV；

ΔF ——试车台负推力修正值，单位为 kN。

3.1.2 测量系统指标要求

通常推力测量系统传感器的精度不低于 0.1%；传感器的激励电源稳定度应优于 0.05%；纹波电压小于 10 mV。

对采集系统的基本要求是：

1）增益稳定度：≤±0.1%；

2）增益线性度：≤±0.05%；

3）共模抑制比（当输入端不平衡电阻为 0～1 kΩ 时）：50 Hz 交流＞120 dB，直流＞160 dB；

4）数字系统的分辨率应高于 0.05%，数字系统的采样速率不小于推力信号中有用频率分量的 5 倍；

5）测量系统的初始零漂、满量程、重复性、非线性、滞后以及基本误差应符合液体火箭发动机试验有关要求。

3.2 稳态推力测量技术

由于液体火箭发动机试验的特殊性，发动机推力会受到多方面因素的影响，这些因素主要包括：

1）推力架动架和定架之间的支撑件、约束件的影响。

2）推进剂输送管、测压管的影响，以及推进剂管路内压力和流体动量的影响。这些力作用在火箭飞行中表现为内力，但在试车台是外力，影响推力测量。

3）在垂直式发动机试车台上试车，发动机主阀门后的管路、推力室头部、喷管冷却夹管套内的推进剂填充量和烧蚀式喷管烧蚀量的变化，引起发动机重量变化，影响推力测量精度。

3.2.1 试车架设计技术

液体火箭发动机试车架根据其不同的用途常采用垂直式、水平式和倾斜式三种结构形式。典型的垂直式试车架有利于提高推力测量准确性，便于摇摆和多机并联试车；缺点是大型液体火箭发动机试车台主体建筑高度高，需建立水冷式导流槽。典型的水平式试车架如图 3-2 所示，小型和姿轨控发动机一般采用水平式试车架。典型的倾斜式试车架如图 3-3 所示，它是将水平式试车架倾斜一定角度（一般为 5°～45°）而形成。水平和倾斜式试车架能有效降低试车台主体高度，便于安装高空模拟试验装置。

推力架的设计原则：要求发动机产生的 99%以上推力能直接作用于测量传感器上，即弹簧片、各种管道、管道内流体压力及动量等所“损耗”的推力不得大于实际推力的 1%。为了确定试车架能否满足推力测量要求，进行推力架力传递试验。

推力传递系数影响推力系统校准斜率，对影响推力传递系数的因素进行如下分析：

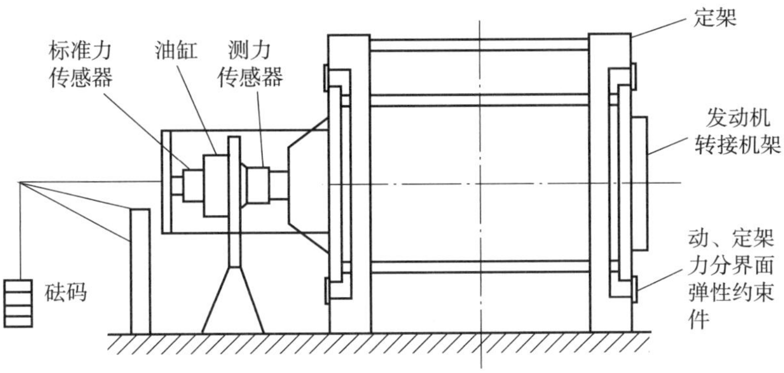

图 3-2　水平式试车架

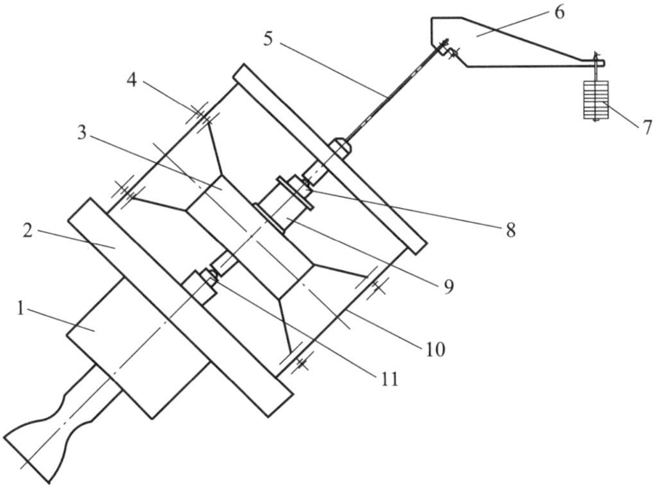

图 3-3　倾斜式试车架

1—发动机；2—推力架动架；3—定架；4—导轨；5—拉杆；6—杠杆；
7—预紧力砝码；8—基准力传感器；9—加载油缸；10—导杆；11—测力传感器

1）波纹管刚性引起推力损失。虽然波纹管轴向刚度较小，但波纹管一端在受轴向推力时，仍然会造成一定的推力损失。

2）低温条件引起推力损失。在低温条件下，发动机及泵前管路的预冷变形产生的应力大，同时低温也会对波纹管的刚度产生影响，这些都会造成力传递系数的变化，增加推力修正的复杂性。

3）其他管路引起推力损失。发动机安装后，液氧排放管路、煤油泵前回收管路、气体管路等都会造成动定架之间的约束。为将相关部位约束和负推力降到最低，在各个管路上安装水平方向波纹管，即波纹管方向和推力方向垂直，以此消除负推力，同时最大限度消除动定架之间的约束。但由于波纹管受力后会产生一定的径向位移，因此在波纹管选用时尽量选用径向刚度较小的波纹管，以此减小波纹管径向刚度造成的推力损失。

以某个试验台的推力校准系统为例，介绍推力及推力传递系数的计算方法。

(1) 力值计算方法

例如，4 个测量力传感器共用一个激励电源，传感器的输出采用并联（4 个传感器的灵敏度基本一致）和单独测量。标准力传感器在使用前均分别在上一级计量标准上进行检定，通过检定得到力值与输出量值的关系，根据检定结果判断传感器的性能，4 个标准力传感器输出并联后用于校验的与标准力值对应的输出信号值按公式（3-6）计算：

$$u_n = \frac{u_1 + u_2 + u_3 + u_4}{4} \tag{3-6}$$

式中 u_n ——4 个标准力传感器输出并联后，与标准力值对应的输出信号值；

u_1、u_2、u_3、u_4——标准力传感器检定时，与标准力值对应的 4 个传感器的输出信号值。

(2) 试车架力传递系数计算方法

试车架力传递性能的优劣是试车架的主要技术指标，国内（GJB 2898《稳态轴向推力测量方法》）及国外的相关标准均要求发动机推力至少应有 99%通过试车架传递到测量力传感器上，即试车架的力传递系数 $x \geqslant 99\%$。试车架的力传递系数 x 按公式（3-7）计算：

$$x = \frac{\text{测力传感器输出推力值}}{\text{标准力传感器输出推力值}} \times 100\% \tag{3-7}$$

式中 x ——力传递系数。

(3) 力传递试验

推力测量系统各组件的精度指标为标准力力源精度±0.03%FS；测量力传感器精度优于 0.05%；标准力传感器精度优于 0.02%。

标准力从零到发动机额定推力的 120%，分六档逐级完成加载；4 个标准力传感器激励电源采用单独供电，传感器信号并联输出。4 个测量力传感器共用一个激励电源，传感器的输出采用并联和单独测量方法。

(4) 试验结果

通过调节测量力传感器的安装空间高度（传感器及压帽高度），可以调整预紧力的分配比例。当标准力增加至某个值时，4 个传感器受力均为 25%左右，说明试车架及 4 个承力座的刚性一致。传感器与压帽要配套使用并固定使用位置，更换传感器时应重新调整安装空间高度。力传递系数平均值应不小于 99%，满足设计要求。

3.2.2 原位校准系统

推力是发动机试车试验的一个重要的测量参数，试车前必须对推力测量系统进行现场校准。推力现场校准系统采用推力自动校准装置。通过液压油缸产生稳定的标准力传递给标准力传感器，标准力传感器的输出信号分别输入伺服控制器和数字电压表；伺服控制器对标准力传感器的输出力值进行精确测量，并通过对电液伺服阀的控制使标准力传感器的输出值与预先输入计算机的标准值相等（或偏差控制在一定范围内），最终实现力值的高精度控制，达到推力校验要求的某档力值，完成三遍六档校准，校准数据采用最小二乘法拟合成校准直线，用于推力测量过程。

该系统的优点是能实现手动和自动校准，校准可靠性和稳定性好，校准时间短。需要建立一套高精度的伺服控制系统，通过相应的控制算法调节伺服阀开度，实现力源精确和稳定。

（1）推力原位校准系统组成

推力原位校准系统主要由液压加载装置（液压力源、双向油缸）、标准力测量传感器和伺服控制系统（数字高精度测量仪、高精度伺服控制器、计算机）等组成。图 3－4 所示为推力校准系统组成框图。

1）液压加载装置是力源的产生机构；

2）标准力测量传感器的功能是精确测量加载的力值；

3）伺服控制系统的功能是实现闭环控制力值的加载。

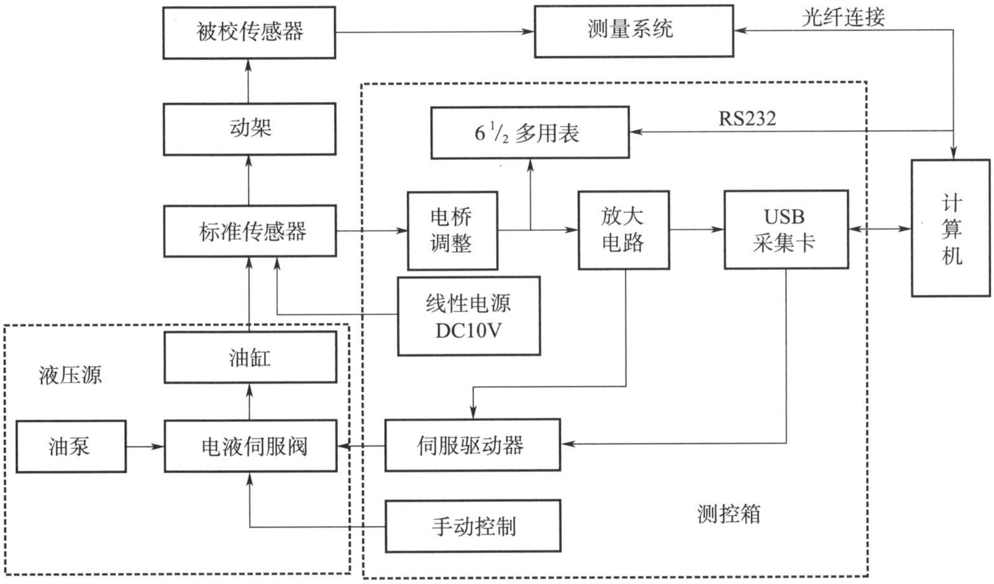

图 3－4　推力校准系统组成框图

（2）原位校准系统工作原理

以某试验台推力原位校准系统为例，校准系统工作原理框图如图 3－5 所示。

数字高精度测量仪对标准力传感器进行单独供源和传感器测量输出信号的单独采集，并将传感器测量输出信号传送至校准控制计算机的自动校准程序，自动校准程序进行模糊 PID 运算，通过伺服控制器向电液伺服阀发送控制信号，实现液压油缸的稳定加载。

推力原位校准系统中的 DMP41 在工作时同时接入 4 个 TOP Z4A 标准力传感器，每个传感器由 DMP41 独立提供 10 V 高精度直流电源；DMP41 独立采集 4 个传感器的输出信号并传送至控制程序进行反馈运算。

自动校准程序从 DMP41 中取出传感器的输出信号与标准值对比后以模糊 PID 运算方式对电液伺服阀进行控制。

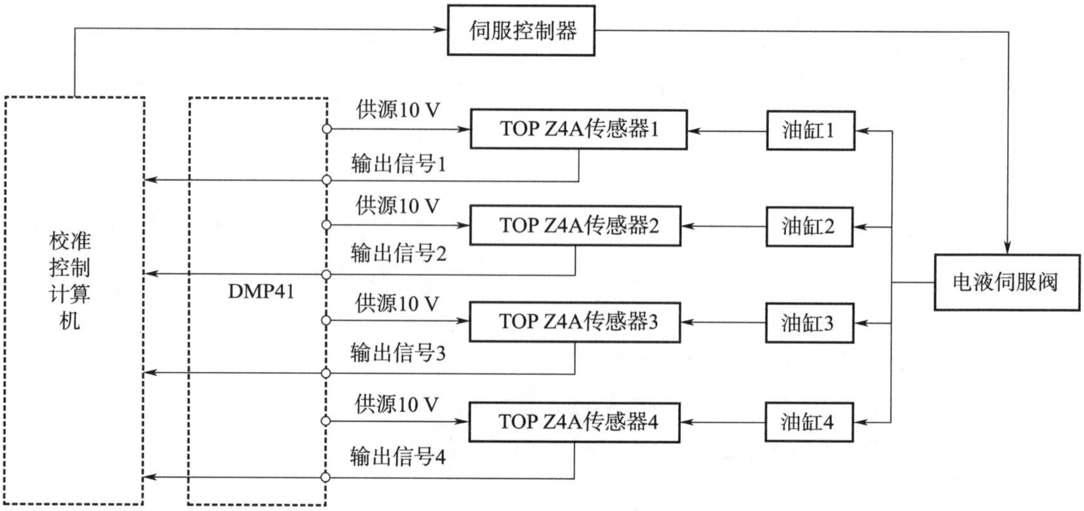

图 3-5　原位校准系统工作原理图

3.2.3　数据采集系统

例如，某试验台推力测量系统采用 4 个力传感器作为测量力传感器，该推力数据采集系统由测量力传感器、稳压电源、数据采集装置等组成。推力测量系统组成如图 3-6 所示。

测量力采用双桥路设计，有 2 个信号输出通道。4 个传感器的一通道并联共用一个稳压电源供电，输出信号并联后进入数据采集装置 1；4 个传感器的二通道并联共用一个稳压电源供电，输出信号并联后进入数据采集装置 2，进行冗余测量。

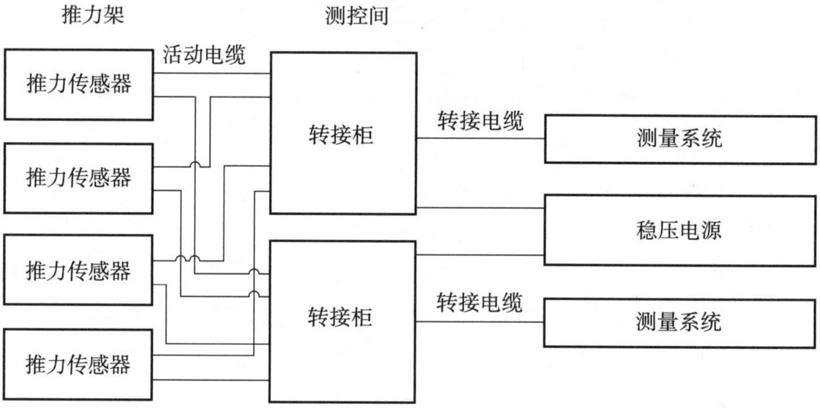

图 3-6　推力测量系统组成

3.2.4　推力测量精度影响因素分析

发动机试验系统是一个庞大复杂的系统，影响推力测量的因素较多，分析主要的影响因素如下：

3.2.4.1　环境因素对推力测量精度的影响

（1）环境温度

在影响推力测量精度的所有因素中，环境温度变化的影响最普遍、机理最复杂，也是完全消除最困难的影响因素。一方面它通过加热系统部件，造成部件的膨胀，使系统各部件的相对位置偏离原位校准状态；另一方面使测量力传感器超出其温度补偿范围，零位甚至灵敏度都有可能发生改变，最终造成推力测量数据的变化、精度下降，甚至无法修正。

发动机地面试验时由于存在空气的隔热保护，热传导为主要传热方式，发动机通过转接架传导给挠性件和测量力传感器的热量有限，在短时间试验时温度的变化对推力测量精度的影响不明显；而在真空试验的环境条件下，失去了空气的隔热保护，传热方式除了热传导还增加了热辐射。根据试验实践，在真空舱温度超出 100 ℃时，辐射热甚至成为影响推力测量的主要因素。

（2）环境振动

理想的推力测量系统应当是测量数据对发动机推力呈单一函数关系，然而在实际试验中，发动机引起的系统振动、真空引射系统和冷却水循环系统工作所引发的系统振动叠加在真实的发动机推力信号上，造成推力测量数据失真。发动机动态推力和过渡态数据信噪比过小，产生很大的测量误差。这在发动机推力≤100 N 的高模试车时影响十分突出。

（3）环境因素影响防护措施

热传导和热辐射为推力测量的主要温度影响因素。消除热传导影响的方法主要是隔离，通过选用低传热系数的材料作为发动机与推力系统的安装结构材料，或采用冷却水循环系统保护推力测量系统中的热敏感部位。

对于热辐射的影响，借鉴卫星星衣的设计思路，增加推力测量系统热敏感部位的热反射率，在真空舱环境中，甚至整个推力架都可以用星衣包覆。

最大限度消除试验中发动机以及真空引射系统和冷却水循环系统工作所引发的系统振动对推力测量的影响，最有效的措施就是隔振。为了提高台架防振能力和考虑到高模试验时推力架安装的方便，台架体可采用两级减振结构，如图 3－7 所示。对于推力小于 100 N 的发动机试验来说，合理的推力架设计可以保证系统的质量与推力的比值在一个合适的范围。

针对各种管路传递的振动的负面影响，采取将入口管路与推力墙固定和缠绕的措施，以使各种管路工作在其弹性范围内，减小其刚度变化对推力测量的影响。

3.2.4.2　结构误差对推力测量精度的影响

（1）推力架机加工误差

在机加工过程中，由于推力架设备能力限制或加工工序安排不合理，可能造成发动机安装面、测量平面和校准平面的平行度误差、同轴度误差。在进行单一轴向推力测量时，这种误差的影响并不突出，一般可以控制在推力测量所允许的误差范围内，而对于三向力、矢量力测量而言，这种误差的影响却无法忽略。以某型发动机为例，要求推力向量偏

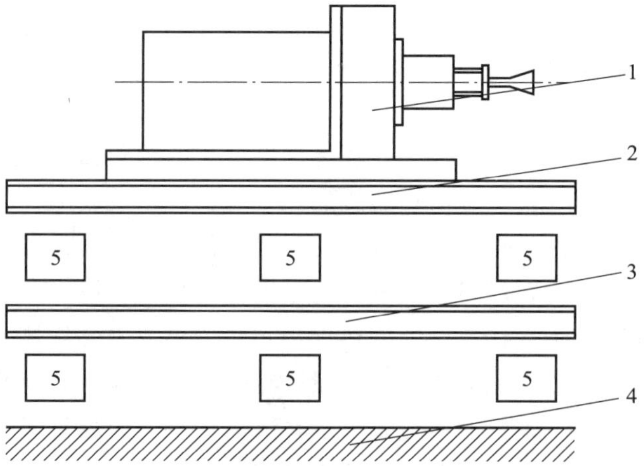

图 3-7　推力测量系统两级减振结构图

1—推力架；2—二级隔振平台；3—一级隔振平台；4—基础；5—橡胶隔振垫

斜角测量误差≤0.2°；偏移量测量误差≤ϕ2 mm，推力架的实际加工误差可能远大于任务书要求的测量误差范围。

（2）产品安装误差

与上面提到的推力架机加工误差相似，产品安装误差在多维力测量中的影响程度仍然不可忽视。设计人员向试车台提供的安装尺寸，多以安装螺孔、螺距的方式给出，而螺孔、螺距均不能作为精确定位的依据。目前试验台所能做到的紧配合定位精度亦只能达到0.1 mm，远不能满足对推力向量测量的精度要求。

（3）约束力变化误差

作为液体火箭发动机试验，无法避免推进剂管道等一系列约束件产生的约束力对推力测量的影响。约束力不一定造成推力测量数据超差，但约束力对推力参数原位校准的线性、重复性有一定影响。尽管按规程原位校准前要对系统做3遍预加载，但实践证明，静态的预加载无法完全释放安装应力，经过发动机点火起动后，其强振动特性能够比较充分地释放安装应力，同时可能造成产生约束力的管道等低刚度部件发生塑性变形，影响原位校准时的系统状态，往往在第一次点火后造成推力零位的明显变化。

（4）静态校准系统误差

静态校准系统主要采用杠杆加砝码、砝码加标准力传感器以及力源加标准力传感器等结构形式。在进行发动机试验时，可能会由于试验系统条件限制，采用压向力方式对测量力传感器进行校准，其三向力传感器的输出表现出较大的非线性，甚至无法用于解耦计算。结合校准过程分析原因，可以断定压向力的加载方式会造成由于力源和传感器接触点的微观变化，使施力方向变化很大，无法区分传感器的输出是向间耦合还是加载误差。

（5）预紧力加载误差

预紧力装置对于推力测量系统起着消除安装应力、使测量传感器工作在线性区和给系统施加适当阻尼的作用。预紧装置可以降低测量系统超调量以及减小测量数据的谐波分量。

推力架常采用杠杆加砝码重力预紧、滑轮加砝码重力预紧、弹性力预紧等预紧力加载方式。对于第一种预紧方式，砝码通过 1∶5 或 1∶12.5 杠杆对推力架加载预紧力，大大增加了动架质量，降低了推力架的固有频率。如某 2 000 N 推力架的固有频率约为 25 Hz，某 100 kN 推力架的固有频率约为 10 Hz，无法响应发动机的起动、关机或发动机变推力过程。第二种预紧方式采用滑轮导向加砝码，由于滑轮摩擦力的存在，试车过程中受振动影响，平衡点随时会发生微小变化，在测量系统刚度较高时，这种微小的位置改变就会造成推力零位的明显变化，导致试车数据的重复性较差。第三种预紧方式采用弹性力预紧方式，这种预紧方法的最大优点是推力架的固有频率较高，可以在满足稳态推力测量的同时兼顾发动机推力瞬变过程的推力测量，采用的弹性力预紧装置刚度大会导致推力测量系统的力传递比降低，必须合理选择弹性预紧元件刚度并做好弹性元件防隔热措施，否则防隔热措施不到位会造成推力数据的重复性变差。

（6）结构误差控制措施

不论是推力架机加工误差还是产品安装误差，均要求推力架参与推力向量计算的几何尺寸精度至少高于要求的测量精度一个数量级，在工程实践中很难达到。只能在现场原位校准状态下通过高精度的空间几何尺寸测量得到实际尺寸误差，用实际尺寸代入向量计算公式的方法解决。

由于旧标准以及美军标的影响，长期以来认为约束力和预紧力加载系统的结构，力传递比不小于 99%，预紧力方向与推力方向一致。为解决工程实际中复杂制约条件下推力测量问题，必须打破常规通过工程实践不断迭代解决推力测量的问题。

当前，针对稳态推力测量和动态推力测量的理论已较为成熟，在理论与工程实践的有机结合方面也不断取得进展。但由于推力参数的极端重要性，发动机研制工作对推力测量水平不断提高的要求几乎是无止境的。尤其在小推力发动机试验的推力测量方面更是如此。

随着型号试验复杂性和参数测量精度指标的提高，类似产品安装后的倾覆力矩与约束力刚度的矛盾、动架质量与预紧力加载方式的矛盾、系统固有频率与灵敏度的矛盾等，越来越需要应用新材料、新技术，建立新标准。

目前的推力测量实践已经向旧标准提出了挑战。国内发动机试验单位在推力测量领域都进行了有益的尝试，并取得了很大进展。例如，有资料表明，小推力发动机试验时的预紧力（弹性预紧）加载至发动机额定推力的 1～1.33 倍时，抑制传感器的二阶振荡效果显著，推力曲线的振荡幅度一般可由平均 15%～18%降低为 0.7%左右。在这种配置下，系统的力传递比甚至还不到 30%。

（7）影响推力准确测量的其他因素

在推力参数测量中，除正常的负推力修正外，还有其他一些因素对推力测量结果有影响：

1）大型发动机试验中，有些型号发动机按额定工况起动，工作过程中需要提高入口压力，验证发动机的过载能力，按额定工况或低于额定工况关机。负推力修正时按额定工况进行修正，未考虑高、低工况变化对负推力的影响。

2）大型发动机试验中，有些推力系统采用多个（4 个或 2 个）传感器并联方式进行测量。在该方式中要求做到：一是多个并联传感器的灵敏度一致性应优于传感器的自身精度，二是试车架分配到每个并联传感器上的力基本均匀，三是传感器激励源现场校准时和热试车时保持稳定一致，四是校准过程基准传感器和测量传感器的同心度，及试验过程推力轴线和试车架中心线重合性要好。

3）发动机试验现场校准用基准传感器一般是一年校准一次，最热的夏天和最冷的冬天使用 20 ℃左右的计量校准系数。对于温度稳定性较差的传感器，校准斜率会带来一定的误差。可采用高稳定性基准传感器，并进行高低温度校准试验。如果温度变化对斜率的影响不能忽略，则可考虑对基准传感器进行超过一定温度范围的斜率修正。

4）小型发动机水平安装于真空舱内的高空模拟试验中，某些测量系统推力使用的零位是通大气时记录的零位。真空舱抽真空后，推力传感器、试车架、管路等装置因压力的变化，开车前多数情况出现负推力，数据处理时按开车前推力值为零的原则进行修正。

5）小推力姿轨控发动机试验中，由于高压、脉冲点火等因素，发动机入口推进剂管路和控制气动阀的管路多数没有采用金属软管或波纹管，而直接使用不锈钢硬管和发动机硬连接。静态条件下现场校准时获得的斜率和零位，在试验动态状态下出现一定的偏差。推力越小，硬管连接影响的因素越大，也就无法进行真实情况动态校准。应根据试验系统流阻、入口压力要求和现场条件，泵前管路选择较细的管子，而且与推力方向一致的管路选择短一些，与推力方向垂直的管路选择长一些。这样，减小了硬管路对推力测量的影响程度。

6）无论常温、低温还是高空模拟等试验，发动机关机后短时间（如 1 s）内，如果入口压力、介质充填等状态和点火前相同，此时的负推力值和点火前应基本一致。当有较大差异时，应主要考虑传感器受环境温度影响的原因，使零位发生漂移。

3.3 负推力修正技术

对于大、中型液体火箭发动机试车台，为了减小被“损耗”的推力，也为了便于安装，在发动机推进剂管道与固定在定架上的推进剂供应管道之间，需要安装一段金属波纹管，或外带有金属网套的波纹软管，这样使推进剂输送管道在推力轴线方向上具有良好的弹性。当波纹管承受压力时，在推力轴线方向上将产生与推力方向相反的作用力。由于此力是减小推力测量值的力，因而称之为“负推力”。如果推进剂管道垂直于推力轴线，介质流动、管道内液体压强以及推进剂温度变化对推力测量的影响一般最小。

3.3.1 负推力修正分析

在大型发动机试验中，发动机液氧泵前和煤油泵前管道垂直安装，管道和发动机推力的分界面在水平管路上，因而泵前入口压力在管道内产生的总力垂直于推力轴线，推力测量数据可以不进行泵前压力负推力修正。

推进剂管道以水平方向进入试车架，推进剂流动产生的动量与试车架推力轴线基本垂直，例如 1 200 kN 液氧/煤油发动机试车台的推进剂流速低，动量值较小，不考虑动量修正。

发动机氧泵泄漏排放管的出口位置与发动机喷管基本平齐，其产生的推力已经包含在发动机推力内。

进入发动机及动架的各种测试、吹除、排放管道（如氦气加热器、氧蒸发器、预冷排放管、液氧泵前排放管）的安装方向基本与发动机推力轴线垂直，且均有软管连接或设有较长的悬臂，这些管道对推力测量的影响已减至最小，连接后的轴向位移产生的负推力已经在推力校验中消除。

由于试验台结构形式及安装条件限制，推进剂管道与推力轴线之间往往存在一定夹角，如图 3－8 所示。此时，由介质压力产生的负推力理论上应按公式（3－8）计算

$$F = P_{oyq}A_y\cos\alpha_y + P_{orq}A_r\cos\alpha_r \tag{3-8}$$

式中　F ——介质压力产生的负推力，单位为 MN；

P_{oyq} ——发动机氧化剂泵前管内的压力，单位为 MPa；

P_{orq} ——发动机燃料泵前管内的压力，单位为 MPa；

A_y ——氧化剂泵前波纹管的有效面积，单位为 m^2；

A_r ——燃料泵前波纹管的有效面积，单位为 m^2；

α_y ——氧化剂泵前管与推力轴线的夹角；

α_r ——燃料泵前管与推力轴线的夹角。

由式（3－8）可以看出，当 $\alpha_y=90°$，$\alpha_r=90°$ 时，负推力应为零。这是一种理想的情况。实际上，因为管道安装的误差，很难做到推进剂管道与推力轴线的夹角成 90°。因此，即使在这种情况下，为了准确地知道发动机的推力大小，用试验的方法测定负推力的大小也是有必要的，尤其是在推进剂管道安装后，初次发动机试验时更是如此，试验台发动机、泵前波纹管的安装如图 3－8 所示。

测定负推力大小的方法有两种：一种方法是在安装发动机后，使推力架和测力系统处于试车状态下，泵前管道在不增压和增压至额定工作压力状态下分别进行推力现场校准。根据所获得的数据计算负推力的大小。另一种方法是利用专门的试验装置，测定泵前波纹管的有效面积，然后按式（3－8）计算负推力。后一种方法只在特殊情况下采用。

在推力架、测力系统检查正常，传感器及仪表充分预热后，记录基零（或称原始零位）。然后施加预紧力，测力传感器记录预紧零位，测力系统预压完成后再记录预压零位，这个零位就是推力的计算零位。

在泵前管道不增压的情况下，进行常规的推力现场校准工作，记录各载荷下测力传感器和基准力传感器的输出信号。

对上述试验所得数据进行分析处理，确认测力系统工作正常后，对氧化剂和燃料泵前

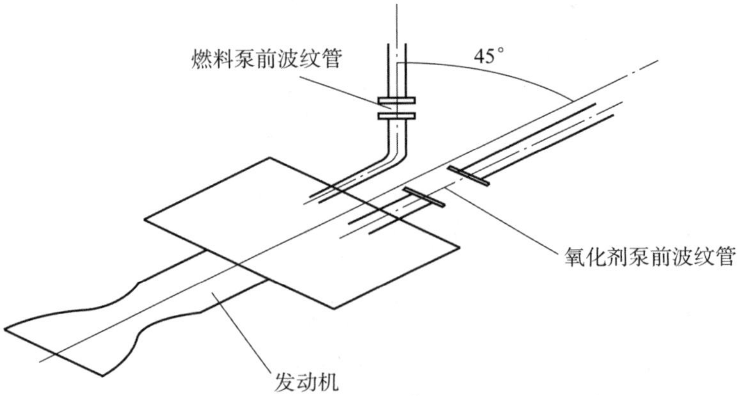

图 3-8　泵前波纹管简图

管道进行增压。增压压力大小按照发动机试车时发动机入口压力取值。采用试验时发动机入口压力的目的是考虑到发动机试车时，介质流动（动压）对发动机推力影响的修正。

泵前管道增压完成后，进行推力现场校准，同样要记录各载荷下测力传感器和基准力传感器的输出信号。

3.3.2　负推力修正

液体火箭发动机试验负推力修正值 ΔF 按公式（3-9）计算。

$$\Delta F = b(u_{-2} - u_0) \tag{3-9}$$

式中　u_{-2} ——试车前－2 s 记录值，单位为 mV；

u_0——试车前零位照像记录值，单位为 mV。

有以下几方面原因：－2 s 时，液氧入口管道已经充分预冷，液氧入口管道的热与冷的问题已经消除；泵前已增压到发动机要求的入口压力，入口压力对推力测量的修正值仅是－2 s时压力值与发动机工作平稳段入口压力值的差值引起的推力变化（其量值已较小）；发动机已经充填推进剂，所以充填推进剂后推进剂质量对推力的影响也不需要修正。

计算负推力的方法如图 3-9 所示。

1）通常所称的负推力为基准力值相同时，泵前增压与不增压引起的测力传感器力值之差，即

$$\Delta F = (V_1 - V_2)b \tag{3-10}$$

2）严格意义所指的负推力为对应于泵前增压与不增压情况下，测力传感器测量力值相同时，所需基准力值之差。

$$\Delta F = F_2 - F_1 \tag{3-11}$$

式中　ΔF ——计算的负推力，单位为 kN；

V_1——在 i 级载荷下，不增压时测力传感器的输出信号，单位为 mV；

V_2——在 i 级载荷下，增压时测力传感器的输出信号，单位为 mV；

b ——测力传感器的实际斜率，单位为 kN/mV；

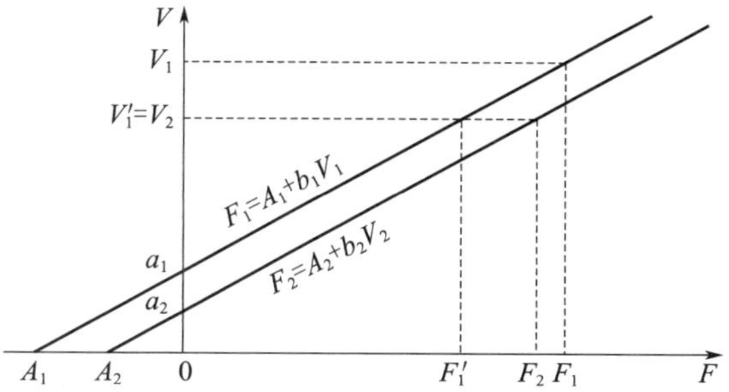

图 3-9　按最小二乘法拟合的推力校准曲线

F_1——当传感器的输出信号为 V_2 值，不增压时的推力校准曲线计算的基准力值，单位为 kN；

F_2——在 i 级载荷下，增压校准时测定的基准力值，单位为 kN。

在相同 i 级载荷时，增压与不增压时测定的基准力值，在理论上应当是相同的，但试验现场由于设备的原因，目前还存在差异，后续如果对设备进行更新换代，是可以实现的。

当发动机试验时，测力传感器记录的推力信号综合地反映了测力系统的状态。应当说，影响推力测量的各种阻力，包括泵前波纹管本身的弹性变形，测压管、测控电缆等的影响，通过泵前不增压状态下所进行的推力现场校准基本上消除了。需要考虑的是泵前管内的介质压力所引起的负推力是多少。负推力的大小，一般地说，通过在增压条件下进行的推力现场校准来消除。但是，发动机的推力并不能恰好就等于推力现场校准时所施加的基准力值。基准力值的变化，势必引起推力动架位移的变化，与之相应的泵前波纹管的弹性力也会变化。因此，计算负推力的大小，应当是在发动机推力状态下的负推力，也就是测力传感器所测推力信号不变的条件下的负推力。这个负推力就是测力传感器所测推力信号不变的条件下，由于泵前介质压力的影响，增压与不增压时所需基准力值之差。

基于这种思想，如果在推力现场校准中，采用无级加载设备，在每一级加载过程中，使增压和不增压状态下，测力传感器指示的力值保持恒定，这时，基准力值之差便是所要计算的负推力。

近年来将力平衡补偿消除液体火箭发动机试验液体推进剂盲板力的方法应用于试验，该装置左端接发动机泵前推进剂管，右端为堵盖，中部为推进剂入口。假定泵前推进剂不增压。这时，如果发动机有推力，使装置左端波纹受压变形 1 mm，这个力同时也使装置右端波纹受拉变形，由于左右波纹被拉杆刚性连接，右端波纹拉伸变形也是 1 mm；两端波纹犹如两个弹簧，一个受压，一个受拉，两个弹簧同时都对发动机推力形成阻尼。这一阻尼可以由不增压状态下的推力现场校准予以消除，如图 3-10 和图 3-11 所示。

设发动机没有推力，泵前推进剂管道增压到某一定值的情况，装置左端波纹在介质压力作用下拉伸变形 a mm，变形方向向左；同时装置右端波纹在相同介质压力作用下，将拉伸变形，变形方向向右。如果左右两端波纹的刚度是相同的，那么右端波纹变形也是

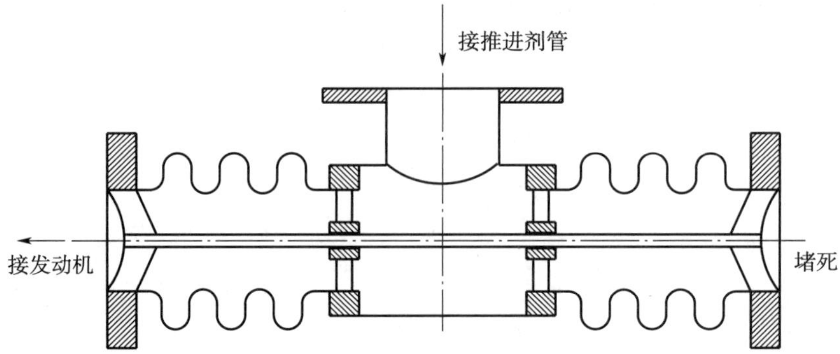

图 3-10　力平衡装置简图

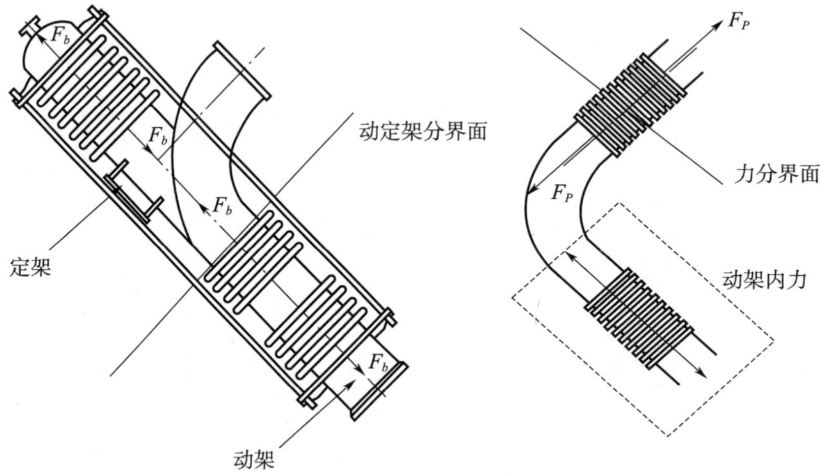

图 3-11　直角弯管式力平衡补偿器与泵前管路波纹管受力对比

a mm。由于左右两端波纹实际上被刚性拉杆相连，因此左右两端波纹实际上不产生变形，就没有力作用于发动机，这就是力平衡装置的工作原理。

试验中，通过力平衡补偿器弯管部分的支撑座固定在定架上。通过其自身的平衡波纹管将泵前波纹管的内部盲板力抵消，从而消除波纹管内压对推力测量产生的影响。采用曲管式的力平衡波纹管，能够有效避免管道弯头处的盲板力，简化了动架整体受力，降低了管道固定的难度。波纹管在充压状态下不会产生负推力，在此情况下，唯一会对推力测量产生影响的是因波纹管的轴向刚度而引起的推力误差，波纹管受力情况不复杂，有助于推力测量精度的提高。

将直角曲管式力平衡波纹管用普通直角弯管代替，在弯管入口处和出口处分别安装波纹管，入口处波纹管与推力轴线垂直，以该波纹管作为动定架分界面，最大限度消除泵前管与推进剂主管路之间的约束力。使用力平衡装置代替发动机泵前波纹管后，理论上泵前管的推进剂压力将不产生负推力。实际上可能会由于加工制造的原因，不能做到两端波纹刚性绝对相同，从而可能会带来误差。

当采用泵前管路波纹管的管路加压时，波纹管会产生轴向盲板力，力分界面上的波纹管盲板力与推力轴线垂直，不会对负推力产生影响。对负推力产生影响的是波纹管径向变形刚性引起推力损失，波纹管一端在受径向推力时，由于其自身存在的径向刚度，会造成一定的推力损失。管路加注液氧后，低温也会对波纹管刚度产生影响。这些因素都会引起推力损失，降低试车架推力传递系数。试车前，可通过推力传递试验对波纹管推力损失进行验证分析，分别在拆除弯管入口处波纹管、安装弯管入口处波纹管、泵前管路加压、水平波纹管低温状态下进行零位记录和推力校准，根据校准数据分析得到水平波纹管的推力损失。

3.4　动态推力测量技术

姿轨控液体火箭发动机已广泛应用于航天飞机、飞船、动能拦截器、卫星、多级运载器之中，其作用主要是轨道控制、姿态控制、航天器的对接和交会、着陆等。几乎所有这些都是通过发动机的脉冲工作来实现，对脉冲推力的测量通常采用动态推力测量的方法实现。

动态力一般是指随时间变化的力，研究力传感器的动态性能首先必须对力传感器及其放大器进行动态校准。

3.4.1　系统设计

在动态推力测量方面，国内外应用成熟的测量方法时采用压电式动态测力传感器，压电传感器是唯一不需要经过位移转换的测力器件。其刚度高，动态范围广，量程和分辨率的比值高，结构紧凑，重量轻，温度范围宽，使用时无须进行平衡调整，被广泛应用于各种动态测力领域。其缺点是不能进行长期稳态测量，准静态的响应受到电荷漂移的限制。

3.4.1.1　系统组成

某小推力试验台采用压电式推力矢量动态测试系统，设计的 4～25 N 水平动态推力架，用于姿控发动机试验动态推力测量。系统结构组成如图 3 - 12 所示。

4～25 N 水平推力架用于实现地面/真空、高温、振动、管路约束等环境下的液体火箭发动机推力测量，动态推力测量装置由压电式力传感器、采集装置、动态和稳态标定系统、转接架、水冷装置、推进剂供应系统、定架等部分组成。

1）试车架主要用于实现动态传感器的安装，作为整个测量系统的基础，实现发动机、校准系统的安装，并将发动机推力及校准系统的推力传递至试车台基础。

2）压电式力传感器用于测量动态推力，压电式力传感器具有测量分辨率高、响应频率高、测量精度高等优点，压电式力传感器与电荷放大器配合使用，可实现动态推力测量。

3）定架用于实现传感器、水冷装置、校准装置、推进剂供应系统的安装，并在发动机工作时，将发动机推力传递至试车台基础。

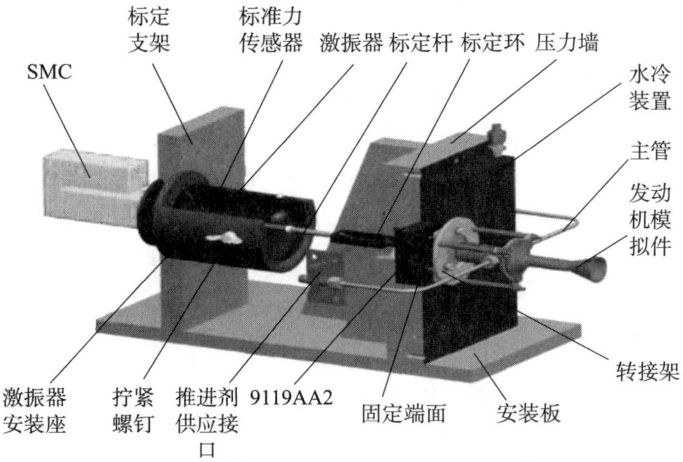

图 3-12　系统结构组成

4）转接架实现发动机与传感器之间的连接。

5）水冷装置用于实现压电式力传感器的热防护。通过调节传感器隔热层厚度和冷却水量，保证传感器热防护效果。同时对壳体外表面抛光以增大热反射，壳内设定水流导向栅板，加强换热，对推力测量装置采用独立的热屏蔽装置，避免关机回火和辐射热对测量装置的影响。

6）推进剂供应系统在实现安装可行性的基础上，提高入口管路刚度，降低管路安装的非线性约束力。

7）静态校准系统。工程试验中，消除或减小测量参数系统误差的最有效手段是研究测量参数的校准技术，建立现场或原位校准系统。静态校准系统用于实现动态力测量全系统（含压电式力传感器）的现场原位校准，获得全系统的校准系数，验证压电式传感器测量系统各项状态是否正常，输出推力是否准确。

8）动态校准系统用于实现动态力测量全系统（含压电传感器）的动态校准，动态校准系统产生一个与实际发动机脉冲工作相同的时序信号，并施加到推力装置上。常用的方法是通过激振器阻抗头的输出对测试系统的输出进行动态校准，检验动态测试系统在试验工况下的工作情况，是否能够对发动机真实工作过程进行如实响应。

9）压电式力传感器输出的电荷信号经电荷放大器后转换为电压信号，采集装置需配置相应的 A/D 转换的采集板件。采集装置的功能是对调理后的信号进行实时采集，实时存入计算机，完成推力参数的数据采集。

3.4.1.2　*动态推力系统设计*

姿控发动机试验时推力测试系统的灵敏度高、脉冲最大瞬态推力建立时间短等要求，均对推力测试系统的动态性能提出了考验。提高发动机推力测试系统动态性能应从传感器的选择、机械结构的优化设计等方面进行研究，以使测试系统满足推力测试的要求。

（1）推力架设计指标

1）推力测量范围（推力架满足一次试验过程中测量动态推力）；

2）测量扩展不确定度；

3）安装发动机后的动态特性：≮1 kHz（固有频率）；

4）过载能力：推力架量程的 150%；

5）推力架具有真空环境下的原位校准功能；

6）推力架需配置推进剂、控制气输送管路接口；

7）推力架提供测量电缆和冷却水系统固定装置；

8）推力架耐腐蚀，推力架有隔热和热防护装置；

9）舱内试车台基础需要隔离噪声频率；

10）发动机安装方式：水平安装；

11）推力架环境：地面及真空环境，工作环境温度。

（2）压电式力传感器选型

动态测量需要传感器具有高的固有频率，压电石英晶体具备高刚度、高灵敏度、高固有频率和良好的稳定性，而且不同切型的石英晶片可以很方便地组合在一起，成为三向力传感器，满足使用要求。另外，它的居里点高，温度稳定性好，非常适于发动机点火时温度变化明显的环境。所以选择了压电石英晶体作为测试系统的力敏感元件。

例如，奇石乐公司的 9119AA1 型压电传感器具有测量分辨率高、固有频率（响应频率）高、测量精度高的特点，采用了推挽设计原理，对环境温度的影响有较好的抑制作用。传感器如图 3-13 所示。

图 3-13　9119AA1 传感器

下面列举出某型压电传感器的技术指标：

1）测量范围：F_x，F_y，F_z：$-4\sim4$ kN；M_x，M_y，M_z：$-150\sim150$ N·m。

2）校准的测量范围：100%（F_x，F_y，F_z：0～4 000 N）；

10%（F_x，F_y，F_z：0～400 N）；

1%（F_x，F_y，F_z：0～40 N）。

3）灵敏度：F_x，$F_z\approx-26$ pC/N，$F_y\approx-13$ pC/N。

4）全区间的线性：F_x，F_y，$F_z\leqslant0.5\%$FS。

5）全区间的迟滞性：F_x，F_y，$F_z\leqslant0.5\%$FS。

6）固有频率：$f_n(x) \approx 6.0$ kHz，$f_n(y) \approx 6.4$ kHz，$f_n(z) \approx 6.3$ kHz。

7）工作温度：−20～70 ℃。

（3）电荷放大器选型

电荷放大器将压电传感器输出的电荷量转化为电压等常用测量值。有模拟电荷放大器和数字电荷放大器两种，此放大器具有频带宽、灵敏度高、信噪比高、结构简单、工作可靠等优点。

电荷放大器主要由电荷变换级、低通滤波器、高通滤波器、末级功放和电源等几大部分构成。常用的电荷放大器类型见表 3－1。

表 3－1　电荷放大器类型

类型	测量专用缆	放大器	输出信号
三分力	1687B5	5080Axx3x001	±10 V
六分力	1677A5	5080Axx8x004	±10 V
电荷放大器电荷漂移±0.03 pC/s			

（4）系统响应频率估算

系统的固有频率计算式为

$$f_n = \frac{\omega_n}{2\pi} = \frac{1}{2\pi}\sqrt{\frac{K}{m}} \tag{3-12}$$

由式（3－12）可知，固有频率是刚度、质量的函数，刚度变化和质量变化均会改变系统的固有频率，因此在安装面上加载辅助装置，将改变传感器的质量，而传感器的刚度不变，则系统固有频率变为

$$f'_n = \sqrt{\frac{m}{m'}} f_n = \sqrt{\frac{m}{m + \Delta m}} f_n \tag{3-13}$$

火箭发动机的质量越大，试验过程测试系统的固有频率越低。研究不同发动机质量对测试系统固有频率的影响，对于充分了解测试系统的性能，扩展测试系统的应用具有重要意义。通过将不同的质量块安装到测力平台上，来模拟不同质量的发动机，研究不同附加质量、质心位置变化对测试系统固有频率的影响。

假设发动机安装前总质量 m 为 0.96 kg，安装后相应的推进剂供应管路、测量传感器及线缆所附加的质量 Δm 为1 kg，故按上式计算得到的系统频率应为

$$f'_n = \sqrt{\frac{0.96}{0.96 + 1}} f_n = 0.74 f_n \tag{3-14}$$

代入 X，Y，Z 方向上传感器的固有频率值，可知系统各方向上的频率大于 1 kHz，满足要求。

3.4.2　静态原位校准系统设计

3.4.2.1　原位校准的原理

传感器在实际应用中都没有绝对的线性关系，测量值和传感器输出值之间没有恒定的关

系。加载及卸载过程传感器输出如图 3-14 所示。通过零点的"最佳直线"被定义为校准特性，这条线的斜率为传感器在校准范围内的灵敏度。线性误差 L_{max} 为校准测量曲线与"最佳直线"的最大偏差。迟滞误差 H_{max} 也叫回程误差，为加载和卸载曲线间的最大偏差。

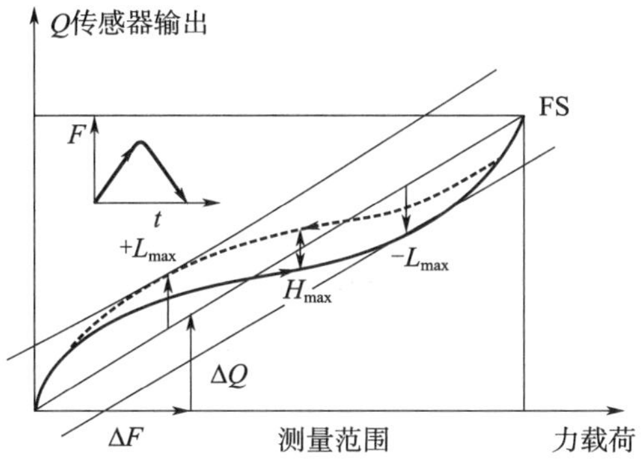

图 3-14　线性误差和迟滞误差

石英晶体本身滞后极小，压电式传感器的滞后主要由结构设计、装配工艺不当造成。在试验准备阶段，传感器的安装条件如表面状况、接触面积、安装扭力、螺栓强度、承载面硬度等均会影响传感器的迟滞性，进而影响传感器的测试精度。在各项工作完成后对推力系统进行校准，获得迟滞误差是十分必要的。

3.4.2.2　校准系统组成

推力测量校准装置搭建完成后，通常采用高精度的测力校准单元对推力测量装置进行原位校准，以准确获得推力测量装置的输出电压与输入推力的关系，并根据校准结果确定出推力测量装置的特性指标。原位校准时，测量系统所有传力环节及约束件产生的变形（包括大小和方向）应与发动机试验时相同，标准力的传递保持试验时的推力传递路线一致。

原位校准装置由校验和数据采集及处理系统、PLC 控制力加载机构、信号放大器、标准力传感器、工作传感器组成。校准时由校验和数据采集及处理系统通过 PLC 控制推力加载机构运动，同时采集经过信号放大器放大的标准力传感器信号，通过同时刻记录标准力传感器和工作传感器的输出值，从而实现校准。推力校准系统结构组成如图 3-15 所示。

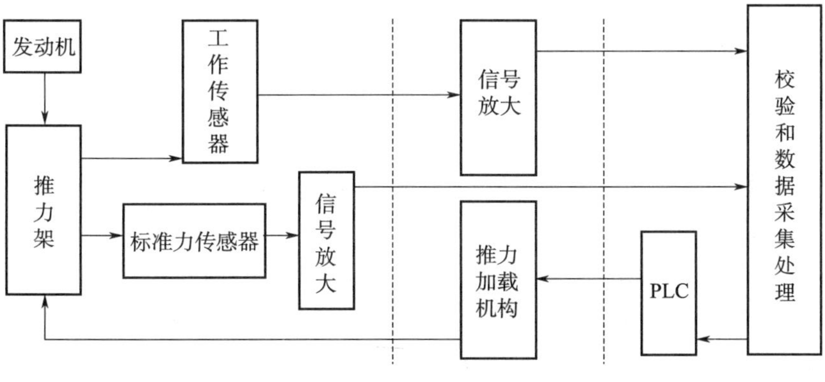

图 3-15　推力校准系统结构组成图

3.4.2.3　原位快速校准技术

校准方法常采用多点定值校准、连续多回程定值校准、连续校准，三种校准方法加载曲线如图 3-16 所示。

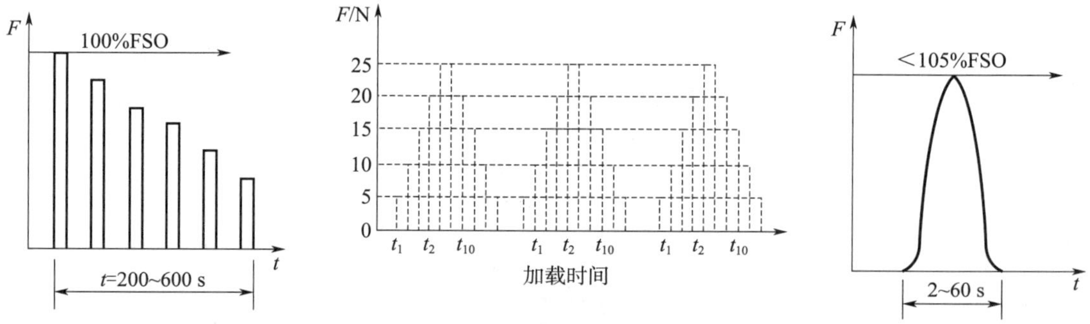

(a) 多点定值校准　(b) 三回程六档位校准　(c) 连续校准

图 3-16　三种校准方法加载曲线图

1）多点定值校准是在需校准量程范围内选取校准几个档位，利用标准砝码对每个校准点进行加载，通过力传递装置将砝码重量传递到标准力传感器和测试传感器上，砝码稳定后，记录同时刻的标准力值和校准传感器输出值，然后卸下当前砝码在下一个力值校准点进行加载。这种方法存在以下 3 个较明显的缺陷。

a）采用人工手动加载，无法在真空高温环境下实现自动加载；

b）定点标校，不能获得传感器的迟滞误差及精度；

c）理论上，这种方法能够将力值快速加载到所要求值，实际上，加载过程中砝码都需要一个稳定时间，校准中每一个点需要在砝码稳定后再进行记录，所用时间较长。

2）连续多回程定值校准是在量程范围内等区间间隔选取几个校准点，将力值加载到额定点，标准力传感器输出稳定后，同时记录标准力传感器和校准传感器的输出，最后将通过这些定点的数据进行拟合，这一过程包括连续递增加载或递减卸载。经常采用的是三回程六档位校准。这种方式能实现自动加载，但是在每一个步骤中，力值通过自动加载装置的步进控制实现，需要目标加载力值稳定后才可以进行测量，校准过程的精度与时间受自动加载装置的控制算法方式影响较大，一般校准的过程耗费时间较长。获得好的传感器滞后特性参数与短的校准时间，很难同时实现。

3）连续校准法要求在确定的时间内连续增加载荷到所要求的数值，在同样的时间段内连续卸载。整个过程自动加载装置持续工作，不在任何点停留。采集系统按照一定频率对标准力传感器及校准传感器在力加载的整个过程进行数据采集，然后对比同时刻的数据。相比前两种方式，这种方式具有以下优点：

a）可以在很短时间内完成一个回程，通过调高采样频率能够获取更多的数据；

b）仅设定一个校准量程上限目标点，而且由于持续采集，对于目标点的精度要求不高，即使有一定偏差，也不会对校准结果产生较大的影响；

c）以较高的速率进行采集，获得的数据对于传感器的实际特性分析精度更高。

3.4.3　压电式力传感器校准方法

压电式力传感器由于电荷放大器的泄漏缺陷，校准过程的时间对校准精度的影响是较大的。以下面的例子来说明标校时间对校准精度的影响。

某电荷放大器的电荷泄漏量为 0.03 pC/s，考虑到试验环境的恶劣，将其泄漏量放大一倍，即取 0.06 pC/s。若按分布校准法校准，假设校准时间为 600 s，以试验状态轴向 (F_z) 25 N 推力为例，则因电荷泄漏造成的力值偏差为 $\Delta F=\frac{0.06\ \mathrm{pC/s}}{26\ \mathrm{pC/N}}\times 600\ \mathrm{s}=1.384\ 6\ \mathrm{N}$，则满量程标定精度为 $\mathrm{FSO}\%=\frac{\Delta F}{F}\times 100\%=\frac{1.384\ 6}{25}\times 100\%=5.5\%$，远远超出 QJ 1339 — 88《姿控发动机推力测量规范》关于推力测量精度 0.8%的要求。

若按照连续校准原理进行校准，使用力加载装置电动缸在较短时间内完成一个额定点的加载及卸荷。耗时取最大 60 s。按上述计算

$$\Delta F=\frac{0.06\ \mathrm{pC/s}}{26\ \mathrm{pC/N}}\times 60\ \mathrm{s}=0.138\ 46\ \mathrm{N}\text{，}\mathrm{FSO}\%=\frac{\Delta F}{F}\times 100\%=\frac{0.138\ 46}{25}\times 100\%=0.55\%$$

获得因放大器电荷泄漏造成的测量偏差为 0.55%，满足测量精度要求。使用自动加载装置完成 25 N 力值的加载与卸荷，其成熟技术甚至可以控制在更短的时间内。

基于上述比较，本系统采用连续校准方式进行快速校准，校准标定曲线如图 3 - 17 所示。

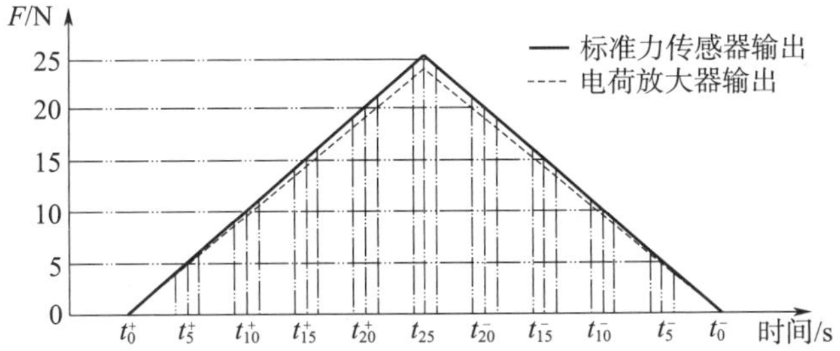

图 3 - 17　连续校准标定曲线

利用力加载装置快速完成一个从零到设定值（如 25 N）的加载卸载过程，采集软件同时记录整个过程中标准力传感器以及压电传感器的输出数值。将零到设定值区间 [0，25] 分为六档 0，5，10，15，20，25。根据结果，分别找出标准力传感器输出数据中每一力值对应的时刻，如 t_5，t_{10}，…。然后在标准力传感器输出的标准力数据和压电传感器输出的电压数据中，以该时刻前后 0.1 s 时间段 $[t-0.1,\ t+0.1]$ 内数据的算术平均值 $\overline{F}$，$\overline{U}$ 作为两种传感器在 t 时刻的实际值。实际获得定点标准力数据 $[\overline{F}_{b0+}$，$\overline{F}_{b5+}$，$\overline{F}_{b10+}$，$\overline{F}_{b15+}$，$\overline{F}_{b20+}$，$\overline{F}_{b25}$，$\overline{F}_{b20-}$，$\overline{F}_{b15-}$，$\overline{F}_{b10-}$，$\overline{F}_{b5-}$，$\overline{F}_{b0-}$，…]，以及压电传感器电压数据 $[\overline{U}_{c0+}$，$\overline{U}_{c5+}$，$\overline{U}_{c10+}$，$\overline{U}_{c15+}$，$\overline{U}_{c20+}$，$\overline{U}_{c25}$，$\overline{U}_{c20-}$，$\overline{U}_{c15-}$，$\overline{U}_{c10-}$，$\overline{U}_{c5-}$，$\overline{U}_{c0-}$，…]。

以上述数据 $\overline{F}$ 作为横坐标，$\overline{U}$ 作为纵坐标，即可拟合出压电传感器关于力值的线性公

式 $y=bx+a$ 的 a，b 值。同时利用下式可获得迟滞误差。

$$\delta_H=\pm\frac{1}{2}\frac{\Delta_{max}}{Y_{FS}}\times 100\% \tag{3-15}$$

式中 Δ_{max} ——最大输出差值；

Y_{FS} ——满量程输出。

3.4.4 基于电动缸的自动加载技术

力加载装置是推力原位校准系统的关键环节之一，为了减少原位校准过程中引入的误差，标准力加载机构能够在真空、高温环境下稳定输出。分析国内外推力原位校准技术现状，油缸液压技术具有输出驱动强、性能稳定可靠、力加载精确的特点，应用最多，缺点是存在漏油及污染的问题。相对油缸应用而言，气缸驱动输出力小、稳定性不好，应用较少，一般用于小推力校准领域，缺点是气密性差、稳定性差、系统复杂。姿控发动机试验需要考虑在真空环境下进行发动机热试车，采用油缸液压技术和气缸驱动技术均存在较大的技术风险，不利于真空舱内使用和操作。因此，不考虑选用油缸液压技术和气缸驱动技术进行系统设计。真空环境下一般选用高精度电动缸作为力加载执行机构。

（1）电动缸的自动加载系统结构

电动缸是将伺服电机与丝杠一体化设计的产品，将伺服电机的旋转运动转换成直线运动。整套力值加载装置由伺服电机、滑轨、滚珠丝杠、标准力传感器、安装基座、实时控制器等组成，系统组成框图如图 3-18 所示。

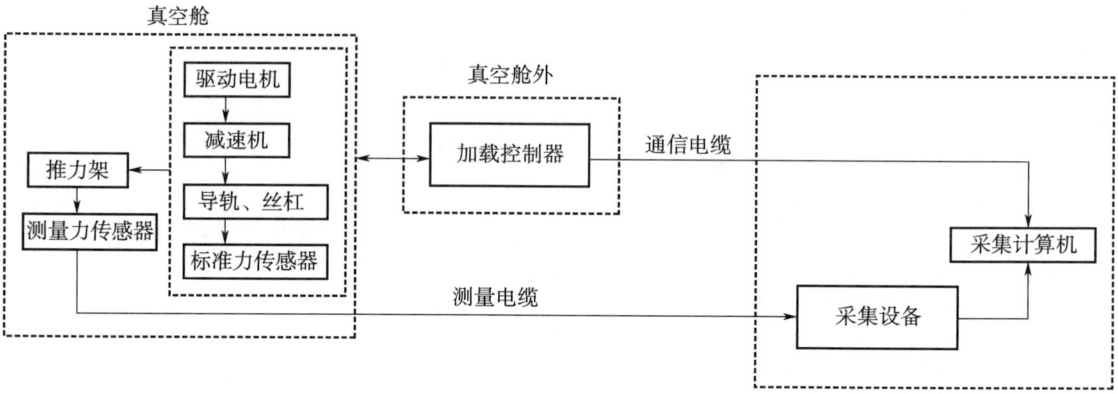

图 3-18 自动加载系统组成

自动加载系统通过安装基座与推力测量校准装置基座进行安装连接。实时控制器集测控功能于一体，其中伺服电机控制器用于控制电机工作，标准力传感器用于检测力加载机构的输出力值，通过关键参数信息的融合及判断实现对标准力加载过程的闭环控制。

（2）系统原理

电动缸力值加载机构包括驱动电机、导轨、丝杠、减速器及手轮、限位开关等。加载控制器主要由 A/D 转换模块，运动控制器、伺服驱动器、限位、485 通信模块等组成。由于控制器采用电机自带的 13 bit 编码器来测量位移，采用高精度 A/D 转换器来测量力值，因此控制器既可以通过目标力值进行力值控制，也可以通过目标位置进行位移控制。控制器实时采集位移和力值，这些数据通过 485 通信接口被上位机的应用程序获得。

在进行推力校准时，上位机运行力值加载程序，通过 RS485 接口向加载控制器发送指令进行控制，控制器驱动伺服电机运动，伺服电机通过减速机驱动丝杠旋转，推动滑台与标准力传感器一起沿推力轴线方向运动，再由后弹簧板、拉杆、前弹簧板、预紧装置将力值传递到测量力传感器上，实现对测量力传感器的校准。

(3) 硬件组成及功能

1) 推力校准计算机作为上位机使用，安装原位校准软件，通过 PLC 控制伺服电机运动，同时采集标准力传感器的输出信号。

2) 驱动控制卡驱动直线步进电机进行独立运动。

3) 驱动器为伺服电机提供步进脉冲、正反向信号和工作电源。

4) 电动缸伺服电机是电动缸的驱动部分，通过电动缸将脉冲信号转换成直线运动，即使在开环条件下，无需直线位移传感器，也能够做到精确定位控制。

5) 标准力传感器实时测量电动缸的加载力值。

6) 数据采集卡采集标准力传感器的输出信号，用于设定控制程序的安全限位，提供准确的标准档位信息。

(4) 校准软件功能

1) 软件具有控制电动缸运动以及记录采集设备输出的标准力传感器信号的功能，并能够实时显示伺服电机运动的步数，同时具备记录推力传感器输出信号的功能。

2) 采集系统具备标准力传感器输出与校准传感器输出信号同时采集能力，并且采集速率可调。

3) 数据处理软件具备上述数据判读能力以及其他常用数据分析处理功能。

4) 软件可以采用最小二乘法拟合工作力传感器原位校准系数。

3.4.5 动态标定系统设计

对测力传感器进行动态校准时，采用了两种方案，即负阶跃力动标方案和力锤动标方案。前者是先给力传感器加载到某一力值，然后使脆性材料突然断裂后卸载，给传感器一个负的阶跃力值，传感器在负阶跃力值的作用下，其输出由计算机采集处理；后者是在力锤上装一个压电式力传感器，用力锤激励被校准的传感器，计算机分别采集力锤传感器和被校准传感器的输出，然后进行处理。根据以上两种不同激励方法所获得的数据，建立传感器相应的动态数学模型。

动态修正的主要任务是在传感器不变的情况下，从失真的信号波形中恢复出真实的被测信号，通过动态校准求得传感器的传递函数，再构造相应的修正传递函数，将误差修正环节串联于传感器之后，使得等效的传感器系统满足不失真的测量条件。

由于系统惯性力的存在，实际动态传感器的输出与脉冲输入存在一定的偏差，对推力系统进行动态校准可消除该偏差，动态校准系统组成如图 3-19 所示。

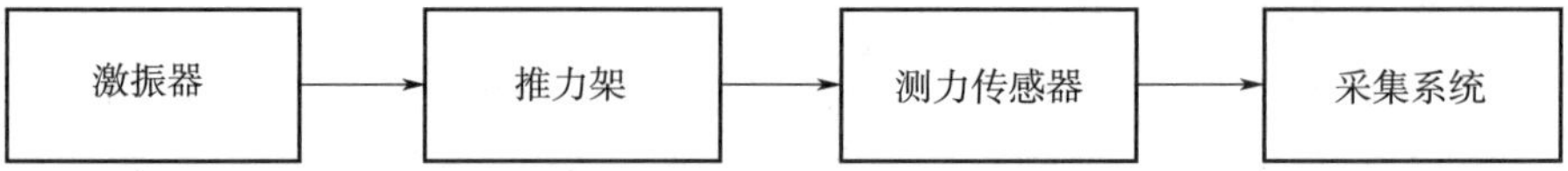

图 3-19　动态校准系统组成图

激振器输出不同频率信号作用于推力架上，采集系统记录测力传感器的输出，运行数据分析软件中的 FFT 分析工具，得到推力架的时域特性和频域特性曲线。

（1）动态校准的原理

无论测试系统采用什么力敏元件，从动力学观点都可以把它抽象成单质点振动系统，即一个由质量 M、弹簧 K 和阻尼 C 组成的等效系统[1]，其力学模型如图 3-20 所示。

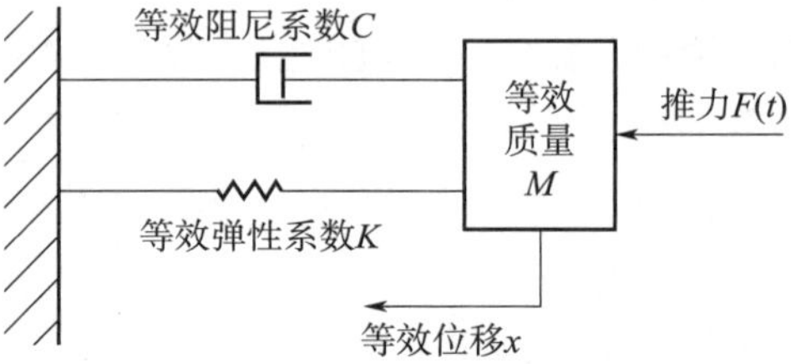

图 3-20　测试系统的动力学模型

若作用推力是成正弦变化的，即

$$F(t)=F_0\sin(\omega t) \tag{3-16}$$

式中　F_0——幅值；

ω——推力变动的角频率。

在上述力下，系统的运动平衡方程式为

$$M\frac{\mathrm{d}^2x}{\mathrm{d}t^2}+C\frac{\mathrm{d}x}{\mathrm{d}t}+Kx=F_0\sin(\omega t) \tag{3-17}$$

从上述式可知，动态推力是惯性力 $M\frac{\mathrm{d}^2x}{\mathrm{d}t^2}$、阻尼力 $C\frac{\mathrm{d}x}{\mathrm{d}t}$ 和弹性力 Kx 之和，只有将 3 个力全部测出来，才能将发动机的真实推力描述出来。发动机稳态工作时，推力基本不会引起惯性力和阻尼力，由位移传感器测得的弹性力即为发动机的真实推力。但是当发动机在脉冲工作时，惯性力和阻尼力值不再为零，此时必须考虑惯性力和阻尼力对推力测量的影响。

分析各分力对动态测量的影响，公式分解为

$$x(t)=x_0\sin(\omega t+\varphi) \tag{3-18}$$

其中

$$x_0=\frac{F_0}{\sqrt{(K-M\omega^2)^2+(C\omega)^2}}$$

$$\varphi=-\arctan\frac{2\xi\omega\omega_n}{\omega_n^2-\omega^2}$$

$$\omega_n = \sqrt{\frac{K}{M}} = 2\pi f_n$$

$$\xi = \frac{C}{2\sqrt{KM}}$$

式中　ω_n——测力系统的固有角频率；

f_n——测力系统的固有频率；

ξ——阻尼比。

动态推力的幅值与各力幅值的关系为

$$F_0 = \sqrt{(Kx_0 - M\omega^2 x_0)^2 + (C\omega x_0)^2} \tag{3-19}$$

式中　Kx_0——弹性力幅值；

$M\omega^2 x_0$——惯性力幅值；

$C\omega x_0$——阻尼力幅值。

经过整理上述公式，各分力分别用频率的函数表示如下

$$Kx_0 = F_0 / \sqrt{\left(1 - \frac{\omega^2}{\omega_n^2}\right)^2 + 4\xi^2 \frac{\omega^2}{\omega_n^2}} \tag{3-20}$$

$$M\omega^2 x_0 = F_0 / \sqrt{\left(\frac{\omega_n^2}{\omega^2} - 1\right)^2 + 4\xi^2 \frac{\omega_n^2}{\omega^2}} \tag{3-21}$$

$$C\omega x_0 = F_0 / \sqrt{\frac{(\omega_n^2 - \omega^2)^2}{4\xi^2 \omega^2 \omega_n^2} + 1} \tag{3-22}$$

当输入力的频率一定时，测力装置的惯性力的幅值与其自身的固有频率成反比，而惯性力越大，输出力的幅值就越小。惯性力引起的幅值误差与测力装置的固有频率以及激振频率有关，因而，当测试系统的固有频率或发动机的脉冲频率发生变化时，必须重新对测试系统进行动态标定。各分力与激励频率的关系如图 3－21 所示。

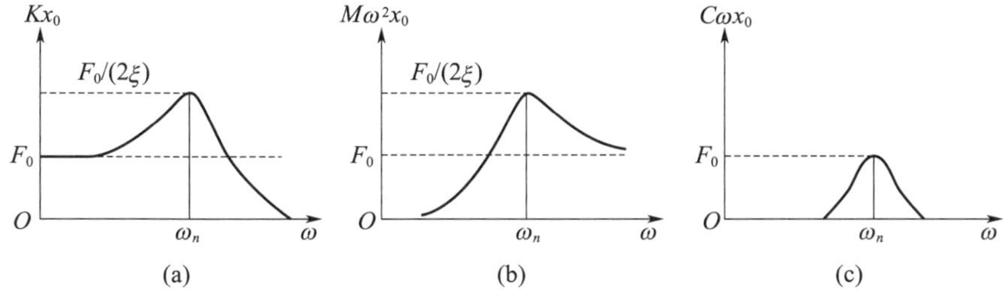

图 3－21　各分力与激励频率的关系

图 3－21（a）为弹性力幅值与频率的关系，由图可知，只有当 $\omega \ll \omega_n$ 时，$F_0 \approx Kx_0$，为了达到足够的灵敏度，位移型测试系统普遍具有低的刚度和差的频率响应，尤其当被测发动机和连接框架安装其上时，频率响应性能进一步变差，因此，只有当推力变动的频率非常低时，测量才是准确的，否则将产生较大的测量误差。由图 3－21（b）可知，当 $\omega \gg \omega_n$ 时，$F_0 \approx M\omega^2 x_0$，即当推力变化频率远大于测试系统的固有频率时，惯性力成为推力

的主要部分，这时可以采用测得发动机加速度的方法来推出被测推力，但这种方法无法测量稳态直流分量，而且仅适用于发动机推力总脉冲很短的情况。由图 3-21（c）可知，当 $\omega=\omega_n$ 时，$F_0 \approx C\omega x_0$，推力变动频率与测试系统固有频率相等会使测试系统产生共振，推力测量时应尽量避免。

（2）动态校准的方法

动态校准过程将试验任务中要求的脉冲形式编写入信号源中，通过激振器校准系统将信号源所产生的脉冲信号加载到压电传感器上，同时采集源信号与传感器输出信号。

1）动态校准系统结构的连接杆采用轴向刚度大的细长杆，它能够有效减小由安装误差引起的侧向激励和附加约束，而在激振方向上相当于刚性连接，能够保证源力有效地传递到传感器上。例如，设计的 25 N 动态推力架的动态校准系统结构如图 3-22 所示。

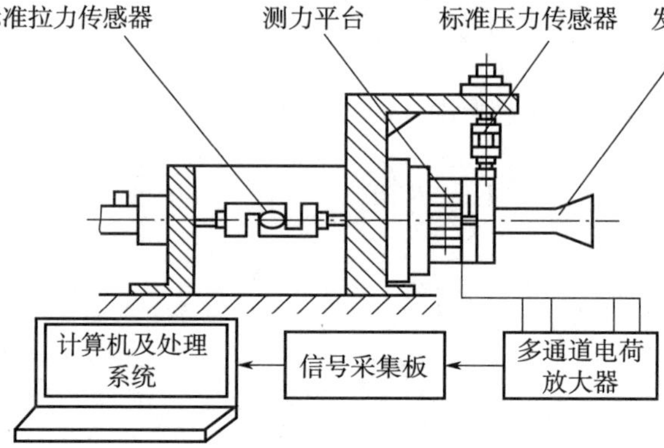

图 3-22　动态校准系统结构

激振器选用江苏东华测试技术股份有限公司的 DH40050 型激振器。该激振器体积小（ϕ95 mm×140 mm），质量小（3.3 kg）。额定输出力（峰值）为 50 N，工作频率范围为 4～3 000 Hz。能够满足 4～25 N 测量力范围的标定，其配套的信号源与功率放大器能够生成正弦、随机、方波等各种波形。

2）轨/姿控火箭发动机推力与推力测试平台可以实现静态、动态力的实时在线测量，并且实时显示测量波形，推力测试平台如图 3-23 所示。

测试平台系统的振动近似于微幅振动，因此可以近似为线性定常系统，其运动方程为[2]

$$\boldsymbol{M}\ddot{\boldsymbol{X}}+\boldsymbol{C}\dot{\boldsymbol{X}}+\boldsymbol{K}\boldsymbol{X}=\boldsymbol{f}(t) \tag{3-23}$$

式中　$\boldsymbol{M}$ ——总体质量矩阵；

$\boldsymbol{C}$ ——阻尼矩阵；

$\boldsymbol{K}$ ——刚度矩阵；

$\boldsymbol{X}$ ——各离散质量的位移；

$\dot{\boldsymbol{X}}$ ——速度；

$\ddot{\boldsymbol{X}}$ ——加速度向量；

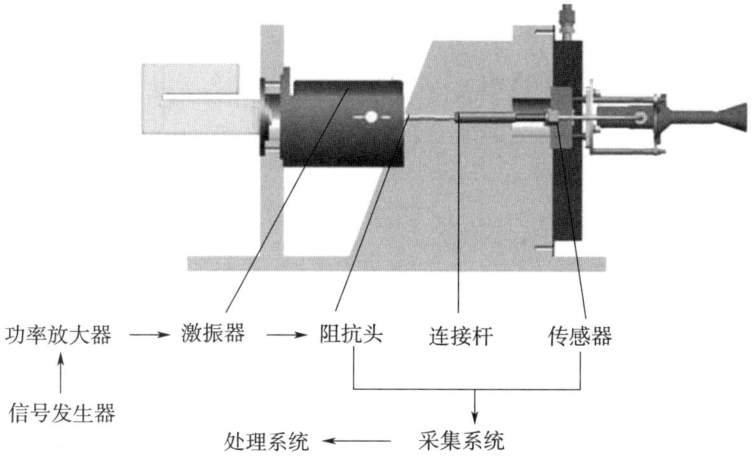

图 3-23　推力测试平台结构

$\boldsymbol{f}(t)$——各离散质量的激振力向量。

令 $\boldsymbol{X}=\boldsymbol{\Phi q}$，$\boldsymbol{\Phi}$ 是由主振型 ϕi 构成的解耦矩阵，$\boldsymbol{q}$ 为各阶模态坐标组成的向量．将 $\boldsymbol{X}=\boldsymbol{\Phi q}$ 代入方程（3-23），两端同时左乘振型矩阵的转置矩阵 $\boldsymbol{\Phi}^{\mathrm{T}}$，并考虑到正交性，化简得

$$\boldsymbol{M}\ddot{\boldsymbol{q}}+\boldsymbol{C}\dot{\boldsymbol{q}}+\boldsymbol{K}\boldsymbol{q}=\boldsymbol{F} \tag{3-24}$$

其中

$$\boldsymbol{M}=\mathrm{diag}\{M_1,\ \cdots,\ M_r,\ \cdots,\ M_n\}$$

$$\boldsymbol{C}=\mathrm{diag}\{C_1,\ \cdots,\ C_r,\ \cdots,\ C_n\}$$

$$\boldsymbol{K}=\mathrm{diag}\{K_1,\ \cdots,\ K_r,\ \cdots,\ K_n\}$$

$$\boldsymbol{F}=\begin{bmatrix}F_1(t)\\ \vdots\\ F_r(t)\\ \vdots\\ F_n(t)\end{bmatrix}$$

式中，M_r、C_r 和 K_r 分别称为第 r 阶模态质量、模态阻尼和模态刚度．对式（3-24）进行拉氏变换后可得第 r 阶模态坐标为

$$q_r=\frac{F_r}{K_r-\omega^2M_r+\mathrm{j}\omega C_r} \tag{3-25}$$

$$F_r=\sum_{i=1}^{n}\varphi_{ir}f_i(\omega)\ ,\ i=1,2,\cdots,N$$

φ_{ir} 为第 i 个测点、第 r 阶模态的振型系数，则测点 L 与激励点 P 之间的频响函数为

$$H_{lp}(\omega)=\sum_{r=1}^{N}\frac{A_{lp}}{\omega_r^2-\omega^2+\mathrm{j}2\xi_r\omega_r\omega} \tag{3-26}$$

式中，$A_{lp}=\dfrac{\varphi_{lr}\varphi_{pr}}{M_r}$ 称为留数；ω_r 为第 r 阶固有频率；$\xi_r=\dfrac{C_r}{2M_r\omega_r}$ 为第 r 阶模态的阻尼比。

对于线性定常系统有 $s=\mathrm{j}\omega$，将 $s=\mathrm{j}\omega$ 代入式（3-26）得系统传递函数为

$$H(s)=\sum_{r=1}^{N}\frac{A_{lp}}{s^{2}+2\xi_{r}\omega_{r}s+\omega_{r}^{2}} \tag{3-27}$$

需要对各阶模态参数（固有频率 ω_r、阻尼比 ξ_r、留数 A_{lp} 等）进行识别。一般采用有限元和实验模态分析两种方法识别模态参数。

3）系统模态分析。根据有限元分析结果，测试平台的前 8 阶固有频率处于 0～4 kHz，所以实验模态分析也主要考虑 0～4 kHz 范围内的固有频率。为满足这一频带，采用激振频带较宽的锤击法激振实验[3]。

由 ANSYS 分析可以获得测试平台的一阶主振型出现在火箭发动机主推力的正向．考虑到测试平台的实际工作状态，选择主推力的正向为激振方向。在实际试车中，主要受力点为测试平台的传感器中央，所受的力也是经压电传感器直接输出的。考虑到误差的影响，频响函数矢端轨迹不一定都落在理论圆上，因此采用导纳圆辨识法进行分析，使导纳圆上各相应点的数值与实测值之间的误差最小。根据锤击实验测得的数据，进行傅里叶变换，得到测点的频响函数曲线如图 3－24 所示。

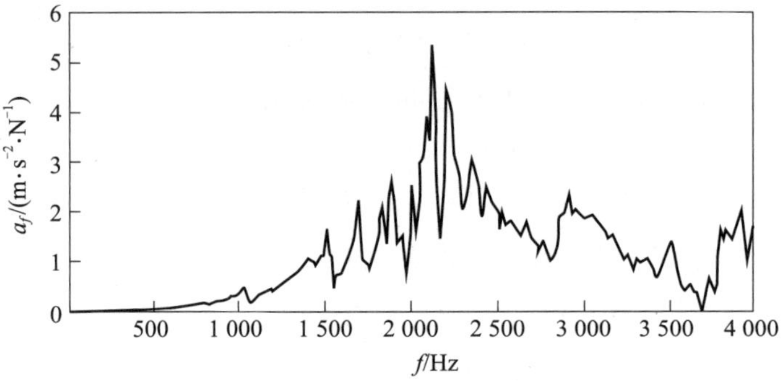

图 3－24　频响函数曲线

在火箭发动机脉冲点火过程中，推力大约在点火后几毫秒内升高到最大值，同样在关闭发动机后也要经过几毫秒其推力才能完全消失，推力图形近似为一种梯形脉冲力图形。仿真激励信号选择近似实际试车状态的梯形波。仿真图形如图 3－25 所示。

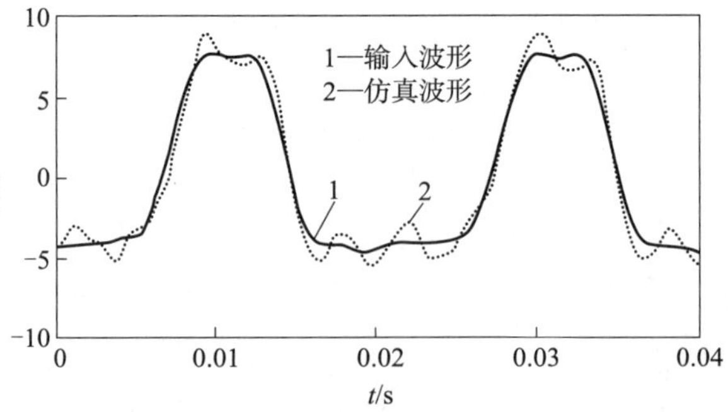

图 3－25　梯形波仿真波形图

由图 3－25 可知测试平台系统的动态响应性能非常好，对于周期只有毫秒级的输入响应跟随基本没有滞后，完全达到设计标准。从图形上可以看出理论输出波形存在一定的波动，考虑是由于系统的阻尼比偏小（在 $10^{-3}\sim10^{-2}$数量级）造成的，为此进行仿真验证，将系统传递函数中的阻尼比按经典理论中的理想阻尼比 0.707 分析计算，得到仿真波形如图 3-26 所示。可以看出在理想阻尼比的情况下，输出波形与输入波形基本一致，在上升和下降之后无振荡现象，但存在一定的相位滞后，验证了存在振荡波形的原因是阻尼比过小。该振荡波形可以采用软件滤波或硬件滤波的方法滤除。

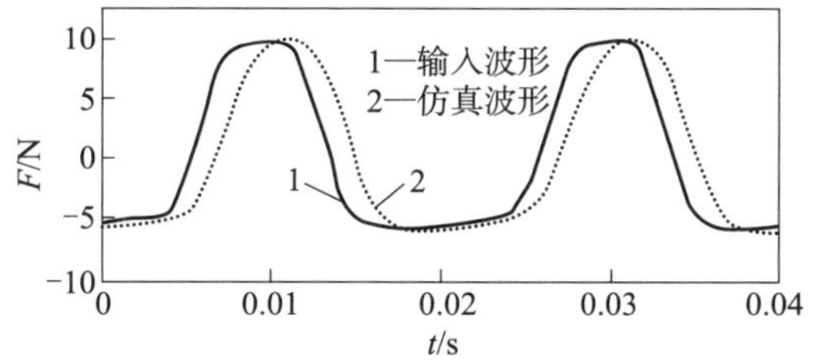

图 3-26　理想阻尼比梯形波仿真波形图

4）动态系统校准实验。为验证测试平台的实际输出特性，对比实际输出与理论输出的差别，利用 4809 型激振器及与之相匹配的 2706 型功率放大器产生近似实际试车状态的梯形力，模拟实际试车状态，对测试平台进行激振实验，原理如图 3-27 所示。

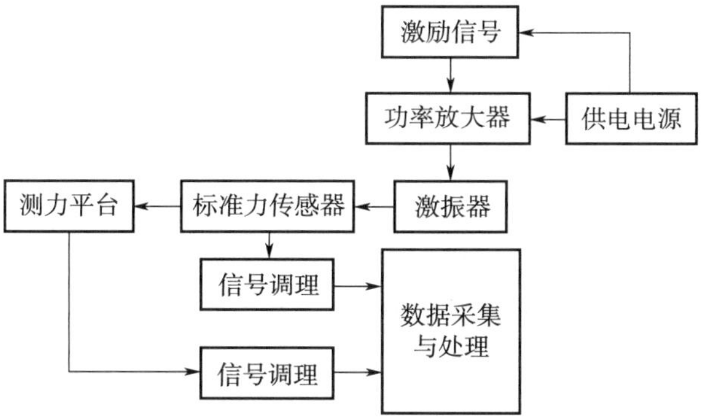

图 3-27　激振实验原理图

信号发生器输出一个以 20 ms 为周期的梯形脉冲电信号（上升沿 3 ms，保持 4 ms，下降沿 3 ms，保持 10 ms），来模拟火箭发动机在 $\frac{\text{on}(s)}{\text{off}(s)}\times n=\frac{0.01}{0.01}\times 2$ 脉冲工况下的受力特性。实验结果如图 3-28 所示。

5）热试车验证。利用测试平台对某型号发动机实际试车所测得的曲线如图 3-29 所示。由实际输出波形可以看出，对周期为毫秒级的输入力，测试系统可以实时检测，频率响应特性良好，无迟滞现象，可以实现发动机试车的实时检测。

采用适当的实验方法，配置合适的数据采集系统，应用模态分析的理论知识，获得了测试平台系统的传递函数，通过模拟试车状态的实验，获得与实际输出基本一致的曲线。

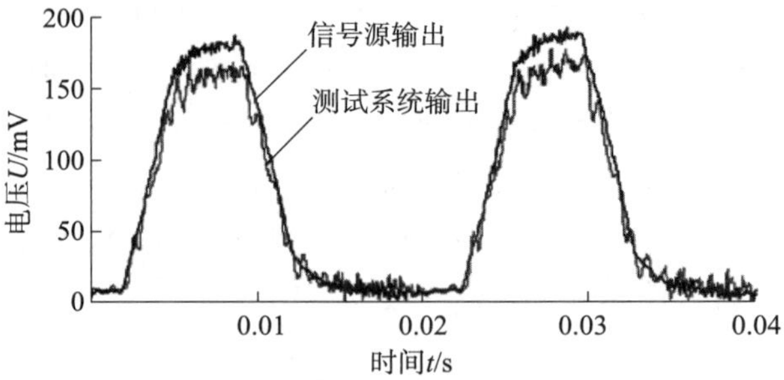

图 3-28 动态标定输出

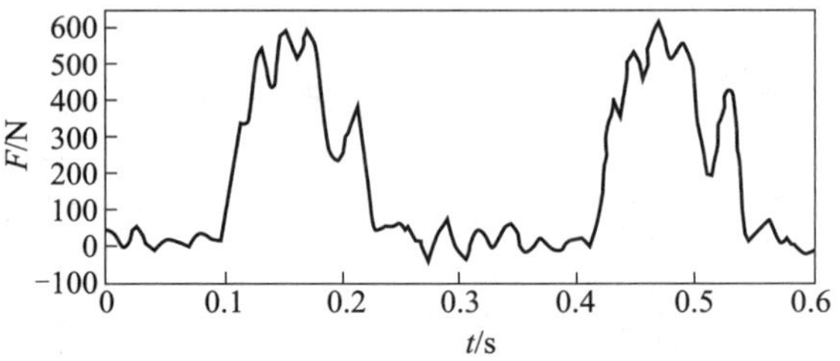

图 3-29 发动机试车输出曲线

3.4.6 动态数据分析

动态特性采用时域表示法和频域表示法。时域表示法常采用阶跃输入函数的过渡历程特定参数表示。频域表示法采用输入-输出特性描述，用传递函数进行分析。系统的传递函数是初始条件为零时，输入与输出的拉氏变换比。

传感器动态性能的补偿理论依据零极点相消的原理[4]，应用基于零极点相消的传感器动态性能的补偿方法，必须首先对传感器建模，获得传感器数字模型的零极点，依据此模型在传感器的输出端设计可靠、实用的动态补偿滤波器，对传感器的频带进行扩展，达到动态补偿的目的。

3.4.6.1 动态系统幅相频特性

(1) 传感器动态特性方程

传感器动态特性方程是指在动态测量时，传感器的输出量与输入被测量之间随时间变化的函数关系。线性传感器采用时域的微分方程、状态方程和复频域的传递函数来描述。实际应用的传感器均可看作线性系统，利用测量原理、结构和参数，建立输入/输出的微分方程

$$\sum_{i=0}^{n} a_i \frac{\mathrm{d}^i y(t)}{\mathrm{d}t^i} = \sum_{j=0}^{m} b_j \frac{\mathrm{d}^j x(t)}{\mathrm{d}t^j} \tag{3-28}$$

式中 $x(t)$ ——传感器的输入量（被测量）；

$y(t)$ ——传感器的输出量；

n ——传感器的阶次，即 n 阶传感器；

$a_i(i=1, 2, \cdots, n)$——由系统的测试原理、结构和参数等确定的常数；

$b_j(j=1, 2, \cdots, m)$——由系统的测试原理、结构和参数等确定的常数，一般情况下 $n \geqslant m$ ，实际情况是传感器的物理特征使得有些常数不能为零。

(2) 传感器动态幅相频特性分析

传感器的动态响应性能指标，一般是测力平台的幅频特性与相频特性。测试平台固有频率测试系统如图 3-30 所示。

通常进行传感器动态幅相频特性分析时，对系统采用锤击法进行幅相频特性实验。测试过程为使用力锤敲击测力平台，由压电加速度传感器测出力锤对测力平台的时间响应，电荷放大器将压电加速度传感器输出的电荷信号转换为电压信号并进一步放大，输入动态信号分析系统，对时域信号进行 FFT 分析，可得到测试系统的幅相频特性曲线，图 3-31 中的数字表示幅频特性中的模态阶数。

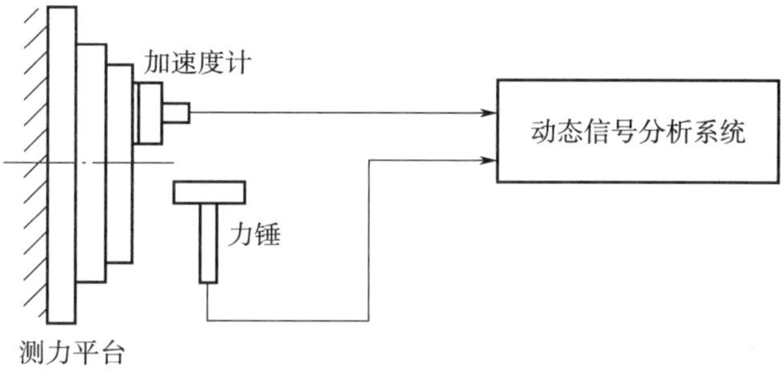

图 3-30　测试平台固有频率测试系统

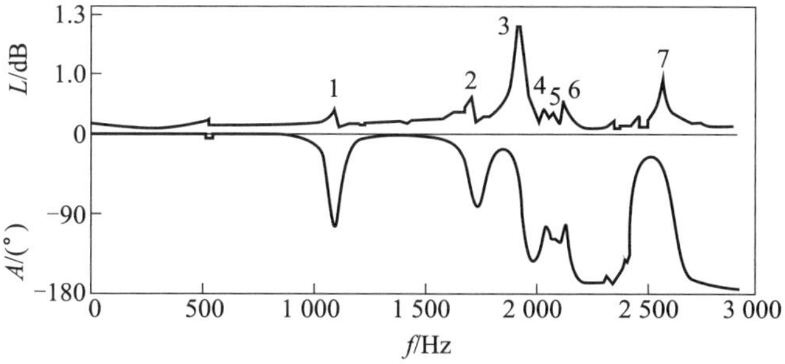

图 3-31　测试系统幅相频特性曲线

根据幅相频特性及动态信号的不失真测量条件可以确定测力平台的工作频带，即测力平台的使用频率范围。因此频率响应特性是正确使用测力平台必不可少的依据。对压电式推力矢量测试平台来说，与动态响应有关的参数主要是固有频率 ω_n 。

3.4.6.2　滤波器动态补偿

为使测量动态力时的输出真实反映输入力的实际，而不产生畸变，须在测力系统中采取相应措施获得理想的响应。由于很多因素的影响，满足条件的带宽是有限的，用动态补偿的方法可以扩展此带宽。简单来说，就是根据系统的传递函数，再加上一个与之相反的传递函数，从而扩展频带的宽度，达到补偿的目的。动态补偿滤波器可以设计成模拟式或数字式[5]。

力传感器动态性能改进和其他传感器相似，可以用动态补偿模拟滤波器，也可用数字滤波器。所有带单片微处理器与计算机的测试系统，采用动态补偿数字滤波器改善传感器的动态性能比较有利，在这种情况下，数字滤波器可以在单片微处理器与计算机内用程序实现，不用增加任何硬件设备，只用软件就可以将测试系统的动态性能进行有效的改进。对于无单片机与计算机的测试系统来说，采用有源模拟滤波器改善力传感器的动态性能，也是很有效的办法。

(1) 动态补偿滤波器设计原则

任何一个线性非时变系统的传感器的传递函数都可以表示为

$$G(s)=\frac{b_0 s^n+b_1 s^{n-1}+\cdots+b_{n-1} s+b_n}{s^n+a_1 s^{n-1}+\cdots+a_{n-1} s+a_n} \tag{3-29}$$

其离散传递函数为

$$H(s)=b_0' \prod_{i=1}^{n}(z-\lambda_i) / \prod_{i=1}^{n}(z-p_i) \tag{3-30}$$

式中，λ_i 为零点；p_i 为极点，即任何一个系统都可以表示为由若干个低阶子系统所组成。

在动态测量中之所以存在动态误差，是由于传感器的响应时间太长，不能正确地反映输入信号的快速变化，即传感器的工作频带不能覆盖被测信号的全部频率分量。因此，首先要根据被测信号的特征确定信号的频谱范围，进而确定补偿环节后的等效测试系统的响应时间 t_r，响应时间和工作频带 f_c 之间存在以下对应关系

$$t_r=0.987/f_c \tag{3-31}$$

当不满足动态测量要求的极点 p_i 为正实数时，所对应的子系统为一阶系统，其相应的动态补偿滤波器为

$$H_c(z)=c_0(z-p_i)/(z-p_{ic}) \tag{3-32}$$

其中

$$c_0=|(1-p_i)/(1-p_{ic})|$$

$$p_{ic}=\mathrm{e}^{-3T/t_r}$$

式中，T 为采样间隔。

当 p_i 为虚数时，所对应的子系统为二阶系统，相应的动态补偿器为

$$H_c(z)=c_0 \frac{(z-p_i)(z-p_i^*)}{(z-p_{ic})(z-p_{ic}^*)} \tag{3-33}$$

式中，$c_0=\left|\frac{(1-p_i)(1-p_i^*)}{(1-p_{ic})(1-p_{ic}^*)}\right|$，还应使补偿后的二阶子系统的阻尼系数满足 $0.6 \leqslant \xi \leqslant 0.8$，因此，$p_{ic}$，$p_{ic}^*$ 的值由下式决定

$$p_{ic}, p_{ic}^*=\mathrm{e}^{-3T/t_r}\left[\cos\left(\frac{3T}{\xi t_r}\sqrt{1-\xi^2}\right) \pm \sin\left(\frac{3T}{\xi t_r}\sqrt{1-\xi^2}\right)\right]$$

（2）动态补偿滤波器设计

数字动态补偿滤波器的设计就是确定串联或反馈补偿器的差分方程或等效 z 域传递函数的过程[6]。数字滤波的算法比较灵活，只需增加内存容量就可以增加阶数，不存在模拟电路中的漂移和干扰问题。

对于动态特性可以用低阶（一、二阶）系统来描述的传感器，用于改善其动态特性的动态补偿滤波器设计方法比较简单。动态补偿滤波器设计原理框图如图 3-32 所示。

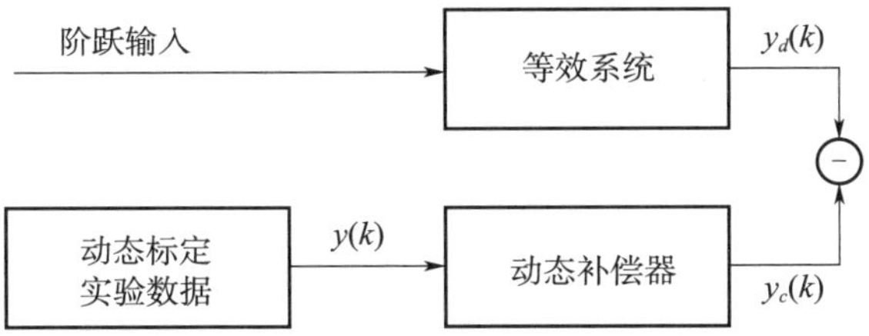

图 3-32　动态补偿滤波器设计原理框图

首先，令动态补偿滤波器传递函数的零点与传感器传递函数的极点相同，即令其抵消传感器传递函数的极点。其次，令动态补偿滤波器的极点相当于典型二阶系统的极点，取其阻尼比 $\xi=0.7$，固有频率为所要求的值（要求 $\omega_n=20\ 000\ \mathrm{rad/s}$），动态补偿滤波器的传递函数为

$$G_d(S)=\frac{S^2+7.102\ 19\times10^2S+2.319\ 31\times10^8}{S^2+2\times0.7\times20\ 000S+20\ 000^2} \tag{3-34}$$

3.4.6.3　*动态推力测量公式*

对于常规的推力测量系统，可以用图 3-33 所示的等效原理图表示。

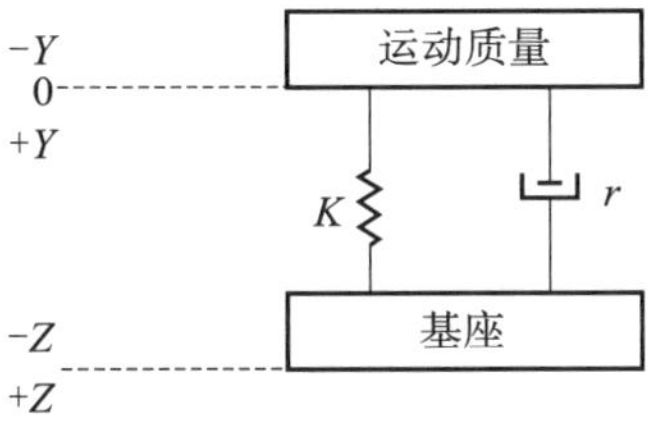

图 3-33　推力测量系统等效图

其运动微分方程为

$$M\frac{\mathrm{d}^2y(t)}{\mathrm{d}t^2}+r\frac{\mathrm{d}y(t)}{\mathrm{d}t}+K[y(t)-z(t)]=f(t) \tag{3-35}$$

式中　M ——运动质量；

K ——测量系统弹性系数；

$y(t)$ ——运动质量的位移；

r ——阻尼系数；

$z(t)$ ——基座的位移；

$f(t)$——输入力，即欲测的推力。

分析上式，如果采用高刚性的基座，可以使 $z(t)$ 接近为零，而阻尼力通常很小，可以忽略不计，因此方程（3-35）可简化为以下形式

$$M\frac{\mathrm{d}^2y(t)}{\mathrm{d}t^2}+Ky(t)=f(t) \tag{3-36}$$

式（3-36）是动态推力测量的基本公式。它说明一般的力传递系统将从两个方面反映动态力的变化。前提是基座的高刚性和阻尼力忽略不计。

如果推力是稳定的，则方程（3-36）左边第一项即惯性力项为零，方程可以进一步简化为

$$Ky(t)=f(t) \tag{3-37}$$

在常规的推力测量系统中，利用推力传感器只测量 $Ky(t)$ 项，这就是稳态推力测量的实质。

3.4.6.4 动态重复性计算方法

动态重复性是动态校准系统与传感器很重要的性能，表征多次动态校准结果的精密程度。通常工作频带是传感器最实用的动态性能指标，对传感器进行多次动态校准，用特定方法进行数据处理后，每次都可以求出被校传感器的工作频带，多次工作频带的平均值 $\overline{\omega}_g$ 为该传感器工作频带的最可信值。多次工作频带对此平均值的均方根差 σ 表示多次校准结果在其平均值周围的分散程度。用该均方根差与工作频带平均值的比值百分数表征传感器的动态重复性 R_d。

工作频带平均值

$$\overline{\omega}_g=\frac{1}{n}\sum_{i=j}^{n}\omega_{gi} \tag{3-38}$$

均方根差

$$\sigma=\sqrt{\frac{1}{n}\sum_{i=1}^{n}(\omega_{gi}-\overline{\omega}_g)^2} \tag{3-39}$$

动态重复性

$$R_d=\frac{\sigma}{\overline{\omega}_g}\times 100\% \tag{3-40}$$

3.4.6.5 动态线性度计算方法

动态线性度用于衡量动态激励信号大小不同时，动态校准结果的差异程度。通常用以下两种计算方法获得动态线性度数据。第一种算法是：量程范围内分为三段，第一段的阶跃力值为满量程的 20%～30%，第二段的阶跃力值为满量程的 45%～55%，第三段的阶跃力值为满量程的 70%～80%，在每一段进行 5～6 次动态校准，对每次校准的结果进行同样的数据处理，求出传感器的工作频带。每一段的平均工作频带 $\overline{\omega}_{gi}$（$i=1$，2，3）作为该段的工作频带，均方根差 σ_i（$i=1$，2，3）作为该段工作频率的分散程度。各段的动态重复性为

$$R_i = \frac{\sigma_i}{\overline{\omega}_{gi}} \times 100\% \tag{3-41}$$

在全量程范围内求平均工作频带

$$\overline{\omega}_g = \frac{1}{3}\sum_{i=1}^{3}\overline{\omega}_{gi} \tag{3-42}$$

作为传感器的工作频带，再算三段的平均工作频带对全量程平均工作频带的均方根差

$$\sigma_d = \sqrt{\frac{1}{3-1}\sum_{i=1}^{3}(\overline{\omega}_{gi} - \overline{\omega}_g)^2} \tag{3-43}$$

表示其分散程度，用此均方根差对全量程平均工作频带之比的百分数来表示传感器的动态线性度，即

$$L_d = \frac{\sigma_d}{\overline{\omega}_g} \times 100\% \tag{3-44}$$

动态线性度的第二种计算方法如下：在全量程范围内共进行过若干次（例如 26 次）动态校准及数据处理，对 26 次的数据处理结果（工作频带）取平均值，作为传感器的工作频带 $\overline{\omega}_g$ ，然后求 26 个工作频带对此平均工作频带的均方差 σ_d ，表示工作频带的分散程度，平均工作频带为（N 为进行动态校准的次数）

$$\overline{\omega}_g = \frac{1}{N}\sum_{i=1}^{N}\omega_{gi} \tag{3-45}$$

均方根差为

$$\sigma_d = \sqrt{\frac{1}{N-1}\sum_{i=1}^{N}(\omega_{gi} - \overline{\omega}_g)^2} \tag{3-46}$$

动态线性度为

$$L_d = \frac{\sigma_d}{\overline{\omega}_g} \times 100\% \tag{3-47}$$

3.5　多分推力测量技术

矢量推力作为火箭发动机关键性能参数，对控制飞行器运行姿态、提高控制精度等具有重要意义。理想状态下，发动机推力与发动机中心轴线重合，但实际情况往往是：由于加工精度的限制、非对称因素的影响，形成发动机的几何不对称性，或者高温高压情况下发动机喉部与喷管的变形以及燃气在喷管内的不对称流动，导致发动机推力作用线偏离发动机中心轴线，从而产生了推力偏心，出现侧向推力和主推力矢量绕推进器质心的力矩，推力偏心的存在不仅影响火箭的飞行性能，而且直接影响发动机本身的性能及入轨精度和使用寿命，如图 3－34 所示。为保证火箭的发射万无一失，发动机推力矢量误差应严格控制。火箭发动机矢量推力测试系统的测量结果为评价发动机的性能指标提供重要依据。

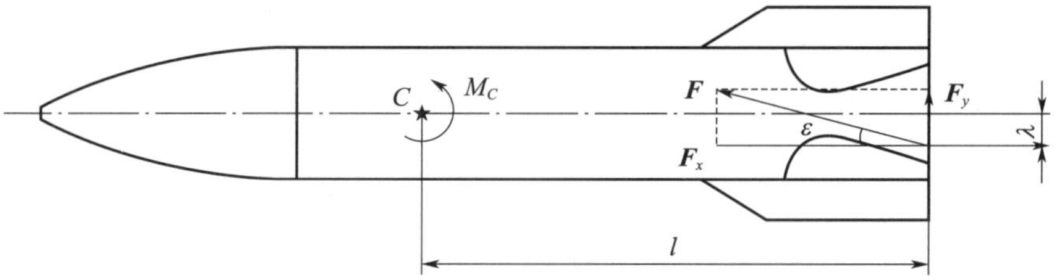

图 3-34 推力偏心示意图

3.5.1 多分力推力架设计技术

3.5.1.1 多分力测量方法

随着测试技术的发展，多种测试手段已应用于火箭发动机推力的测量。例如，压电传感器技术、激光位移传感器技术、激光干涉测量法[7]、Space-MEMS 技术、脉冲测量技术[8]以及磁悬浮技术等[9]。现阶段发动机推力测试时，通常只测量沿火箭发动机轴线方向的主推力分量，忽视了由于推力偏心作用而引起的侧向力以及附加扭矩等分量。因此，所测得的推力值只是真实推力值的一部分，不能反映出真实的推力矢量值。随着矢量力测量技术的日益成熟与火箭发动机推力测量技术要求的提高，矢量推力测量在发动机测试中的应用越来越广泛。

目前通用的矢量推力测量方法是矢量力测量，国内外矢量推力测量方法主要有：间接测量法和直接测量法。

(1) 间接测量法

通过多个传感器空间组合，获得矢量力测量所需要的各个参数，然后进行分析计算，获得矢量力空间特性。实现火箭发动机推力偏心测量的多分力试验台分为立式和卧式两种。图 3-35 所示为卧式矢量力试车台的静态力学模型。

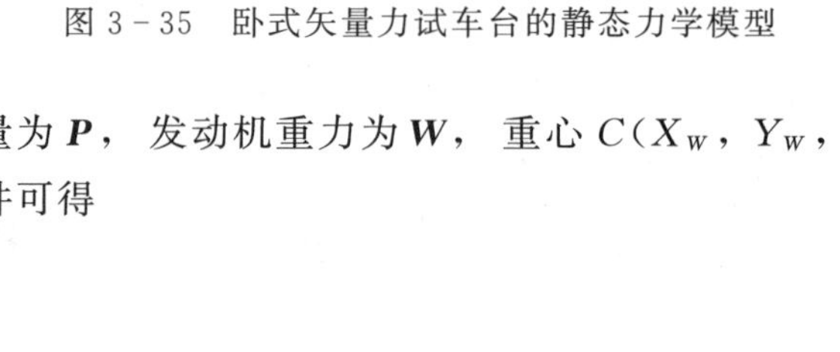

图 3-35 卧式矢量力试车台的静态力学模型

设发动机推力矢量为 $\boldsymbol{P}$，发动机重力为 $\boldsymbol{W}$，重心 $C(X_W, Y_W, Z_W)=(0, 0, L_m)$，根据空间力系平衡条件可得

$$
\begin{cases}
P_x = -(F_1 + F_2 + F_4 + W) \\
P_y = -(F_3 + F_5) \\
P_z = -F_6 \\
M_x = F_3 \cdot L \\
M_y = -(F_1 + F_2) \cdot L - W \cdot L_m \\
M_z = (F_1 - F_2) \cdot R
\end{cases}
\tag{3-48}
$$

发动机重力 $\boldsymbol{W}$ 可以通过燃烧减重公式计算得出。取垂直于 Z 轴，经过发动机重心 $C(X_W, Y_W, Z_W) = (0, 0, L_m)$ 的横截面，推力矢量 $\boldsymbol{P}$ 与该面的交点为 D，坐标为 (X_p, Y_p, L_m)，则推力偏心距 ρ、推力偏心角 γ 为

$$
\gamma = \arctan\left(\frac{\sqrt{P_x^2 + P_y^2}}{P_z}\right) \tag{3-49}
$$

$$
\begin{cases}
x_p = \dfrac{P_x L_m - M_y}{P_z} \\
y_p = \dfrac{M_x + P_y L_m}{P_z} \\
\rho = \sqrt{x_p^2 + y_p^2}
\end{cases}
\tag{3-50}
$$

在直角坐标系中，各力在 X、Y、Z 轴上的投影代数和及各力对三个坐标轴力矩的代数和为零，通过在三个坐标轴方向上合理布置测力传感器，测出三个坐标方向上的约束反力 F_x、F_y、F_z 和约束力矩 M_x、M_y、M_z，然后合成总的推力矢量。

基于以上测量方法，目前国内已建成的试验台，例如推力矢量测试转台可实现火箭发动机推力偏心测量，该推力矢量测试转台主要用于双组元姿控发动机推力偏心试验。推力矢量测试转台模型如图 3-36 所示。

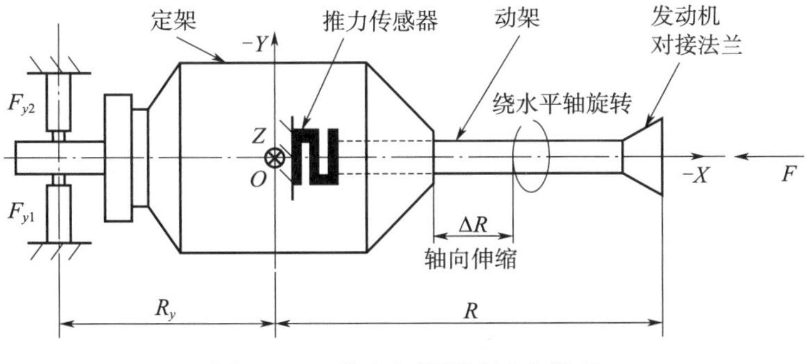

图 3-36　推力矢量测试转台模型

其基本测量原理是将推力矢量测量分解转化为测量沿 X 轴的轴向推力 F 和绕 Z 轴的旋转力矩 M_z，即一个主推力 F 及两个侧向力 F_{y1} 和 F_{y2}。通过旋变机构控制的发动机沿 X 轴转 θ 角度和沿轴向伸缩变化 R_i，进行多次点火后利用测试数据求解力矩方程组

$$
M_{zi} = -F_x[R_i \tan\alpha \cdot \cos(\gamma + \theta_i) + \delta\cos(\beta + \theta_i)] \tag{3-51}
$$

即可求得发动机推力偏心参数。

（2）直接测量法

直接测量法则是采用矢量力传感器进行测量，传感器内部布置多个应变片，不同应变片对发动机矢量推力的相应分力敏感，通过采集应变片的输出，并进行数据解耦处理，即可直接获取发动机矢量力的六个空间分量。

从理论上分析，直接和间接测量方案都可以实现发动机推力矢量力测量。试验台常用的发动机安装模型如图 3-37 所示。

直接测量方法往往将测量传感器集成在一个模块中，结构简单，便于推力测量与校准装置的总体结构设计。矢量力测量通常一次完成，试验成本低，可靠性高。

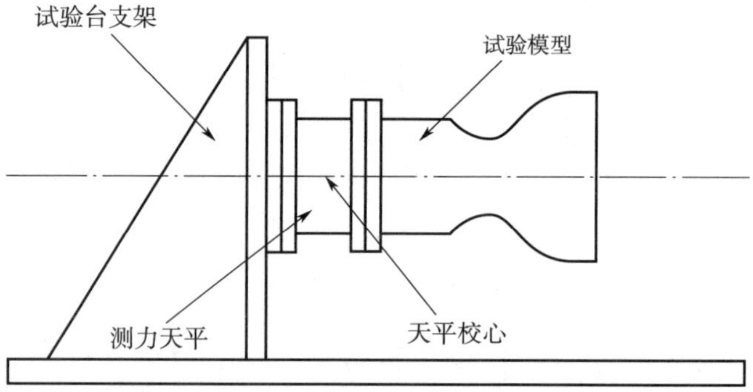

图 3-37　直接测量法发动机安装模型

3.5.1.2　多分力系统设计指标

试验环境温度为 20～100 ℃，试验舱真空压力为 100～400 Pa，以设计的 7 500 N 矢量推力测量校准一体化装置为例，技术指标如下。

（1）多分力测量装置技术指标

F_x：50～500 N	F_y：1 500～7 500 N	F_z：50～500 N
M_x：7.5～100 N·m	M_y：7.5～100 N·m	M_z：7.5～200 N·m

矢量推力测量装置扩展不确定度（F_y 推力为 7 500 N 时）：

F_x：$U=3\%(k=2)$	F_y：$U=1\%(k=2)$	F_z：$U=3\%(k=2)$
M_x：$U=5\%(k=2)$	M_y：$U=5\%(k=2)$	M_z：$U=5\%(k=2)$

（2）多分力原位校准装置技术指标

F_x：40 ～ 600 N	F_y：1 000 ～ 9 000 N	F_z：40 ～ 600 N
M_x：5 ～ 120 N·m	M_y：5 ～ 120 N·m	M_z：5 ～ 240 N·m

矢量推力原位校准装置扩展不确定度［环境温度（20±1）℃、F_y 满量程为 9 000 N 时］：

F_x：$U=0.5\%(k=2)$	F_y：$U=0.3\%(k=2)$	F_z：$U=0.5\%(k=2)$
M_x：$U=1\%(k=2)$	M_y：$U=1\%(k=2)$	M_z：$U=1\%(k=2)$

（3）其他技术要求

矢量推力测量及校准一体化装置：要有足够的刚度和强度，其最大变形量不超过 0.05 mm；底座需要有足够的刚度和强度，在起吊与搬运过程中不得发生较大形变。

热防护装置：通过设计专门的热防护装置，对整个矢量推力测量、校准装置进行热防护，以免发动机喷出的高温燃气烧蚀或损坏装置上的元件，同时减少喷管热辐射对矢量推力测量与校准装置的热影响。

3.5.1.3　系统总体结构

针对直接测量方案设计原位测量校准装置总体结构，如图 3－38 所示。

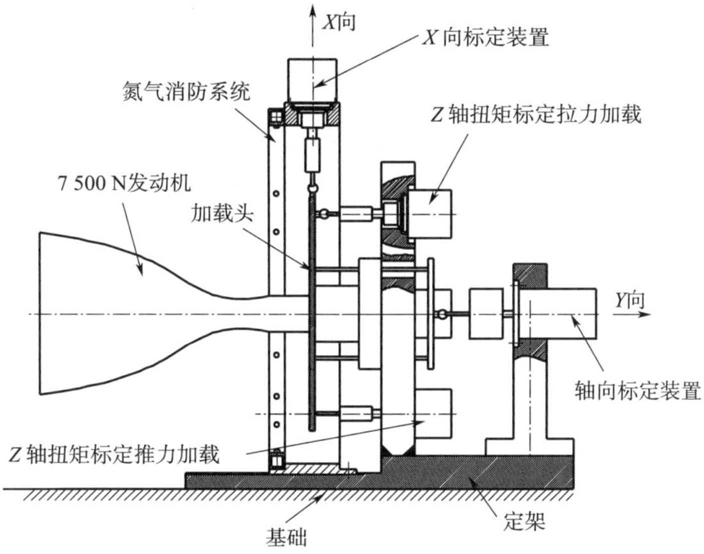

图 3－38　测量装置总体结构

矢量推力测量装置由定架、7 500 N 变推力发动机、推进剂供应管路、控制气管路、测量线缆、加载头、矢量力传感器、采集计算机及解耦软件构成。

矢量测量平台由底架、承力墙、侧向标定承力架、轴向标定承力墙组成，材料选择 1Cr18Ni9Ti。承力墙与底架焊接，承受发动机推力；侧向标定架通过螺栓与试验台基础连接；轴向标定承力墙用于承受 7 500 N 标定力源拉力，与底架采用焊接方式连接；底架通过螺栓与试车台基础连接，在侧向标定承力架两侧及顶部设置管路固定装置，以提高管路变形重复性和降低管路刚度与振动附加给推力测量的误差。

从校准设备结构，加载效率、重复性误差、设备造价等方面考虑，通常选择地轴系天平校准方法。地轴系矢量力传感器校准方法，假设施加载荷的方向与地轴系一致。

3.5.1.4　结构强度仿真计算

总体结构初步设计完成后，对测量校准平台各个主要结构件进行结构强度校核以及模态分析，为试验台架结构元件强度提高做理论指导。

依据实际工况，发动机最大推力为 7 500 N，对传感器安装位置施加 9 000 N 载荷，对标定承力墙与力源连接处施加 9 000 N 载荷，侧向力施加 900 N 载荷，扭矩施加 300 N 载荷后，进行结构强度仿真计算。台架三维设计模型如图 3－39 所示。为简化计算，未考虑电动缸等附属件，台架采用螺栓固定。通过仿真计算其台架主要承力件结构强度，分析结果见表 3-2。

图 3-39 三维设计模型图

表 3-2 台架主要承力件结构强度分析

结构件/载荷	最大变形量/mm	最大应力/MPa
前承力墙/9 000 N 推	0.048	19.6
前承力墙(承力板)/9 000 N 拉	0.81	165.1
后承力墙/9 000 N 拉	0.069	46.1
转接架/F_z 600 N 拉	0.088	24.4
校准转接盘/扭矩 M_z 240 N·m	0.013	6.06
校准转接盘/扭矩 M_x 240 N·m	0.113	22.4
校准转接盘/扭矩 M_y 240 N·m	0.19	18.4

对整体台架进行模态分析，计算整体台架的前 6 阶固有频率，以及其在相应的频率下台架的振型。各阶固有频率计算结果见表 3-3。

表 3-3 整体台架结构模态分析

固有频率阶数	频率值	部件/振形
1	47.260 2	校准架/前后摆
2	59.673 8	校准架/左右摆
3	106.931	校准架/前后扭
4	158.607	校准架/前后摆
5	192.934	校准架/前后摆
6	200.500	校准架/前后摆

整体台架的 1、2 阶固有频率为 47～59 Hz，振动部位发生在校准架部位，真空舱的振动频率远高于 50 Hz，因此台架与舱发生共振的可能性较低。

3.5.1.5 多分力传感器设计

目前常采用多个双向弹性铰链弹性连杆结构来设计矢量力传感器，弹性铰链只对要测量的载荷敏感，而对其他分量的载荷不敏感，不产生或产生尽量小的变形。

研制的矢量力传感器拟采用整体加工的四柱式结构。这种传感器和以往的传感器比较外形结构简单，加工容易，刚度大，线性好，重复性好和滞后误差小，蠕变小，适合静态和准静态测量。另外，它还具有良好的自解耦能力、抗偏载能力、体积小、重量轻、便于安装等一系列优点。

例如，7 500 N矢量推力测量传感器主推最大测量力值达到10 kN，主推方向不确定度$U=0.05\%$（$k=2$），侧向推力最大测量力值达到1 kN，不确定度$U=0.1\%$($k=2$)。

（1）传感器结构

考虑到多分量力和扭矩测量的合理性以及接头连接与更换的实用性，传感器上下连接部分采用了螺纹连接，传感器的具体外形结构图如图3-40所示。

（2）传感器抗偏载

高精度负荷传感器一定具有最强的抗偏载能力，通过仿真分析可知四柱式结构抗偏载能力为50%，以相同的方法分析，五柱、六柱的抗偏载能力更强，但综合考虑实际加工、传感器的贴片和接线过程的难度，一般选择贴片、接线相对容易，抗偏载能力强的四柱式弹性体结构。

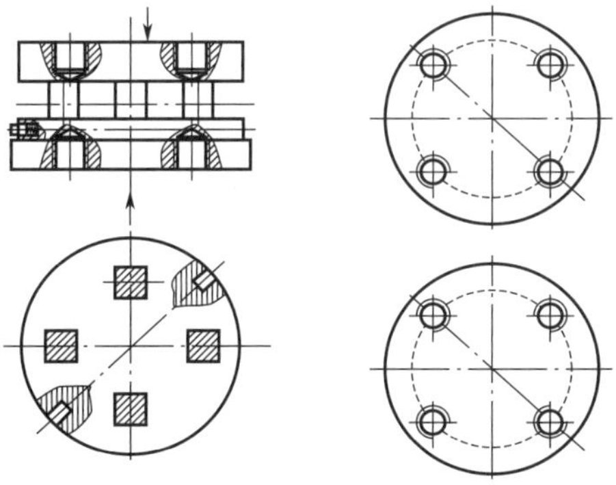

图3-40　传感器连接结构图

（3）传感器抗偏侧向

高精度负荷传感器一定具有最强的抗侧向力，通过仿真分析整体四柱式结构抗侧向力的特性，得出四柱式结构抗侧向力能力更强。

（4）传感器材料

传感器都是多次重复使用的，要求寿命长，即要求弹性元件材料的疲劳强度高。通常弹性元件中的最大应变值在0～2 000微应变脉动循环时，循环次数大于10^7而不发生疲劳破坏。同时要求弹性元件材料具有良好的耐腐蚀性能。

（5）传感器加工工艺

传感器加工工艺总体来讲可概括为：金属原材料的物理化学分析与力学性能测试工艺，弹性体的锻造机加工及热处理工艺，弹性体的稳定化处理工艺，弹性体的整体清洗和贴片面的准备工艺，应变计的筛选、配组工艺及应变计的粘贴和加压及固化工艺，组桥与布线及性能初测工艺，线路补偿与调整工艺，传感器整机老化处理工艺，防潮密封工艺和性能检测与标定工艺等。

3.5.1.6　多分力传感器

经传感器弹性体设计、弹性体结构特性分析，确定最终传感器结构。选择传感器弹性体元件材料，研究传感器生产工艺与稳定性，设计并加工传感器样机，如图 3-41 所示。

图 3-41　六分力传感器样机

3.5.1.7　多分力测量装置设计

矢量推力测量装置主要由矢量测量平台、矢量力传感器、矢量力校准系统、热防护系统、数据采集系统等组成，系统结构如图 3-42 所示。

图 3-42　矢量力测量装置结构

矢量力测量平台用于安装矢量力传感器及校准系统，实现矢量力传感器校验及发动机工作过程产生的推力测量，用于并支撑各组件，将有关作用力传递至试车台基础。

采集系统由采集计算机、采集软件和解耦软件构成，用于试验前对矢量力测量系统主系数和各阶干扰系数标定，同时实现试验过程中矢量推力数据的采集。

通常数采系统具备信号调理硬件模块，与 A/D 转换模块集成为一体化设备。采集系统可以调整传感器供电电压，实时显示传感器供电电压及测量的实际力值，调节传感器的零位值，对高频干扰信号进行滤波，对小信号进行放大，实现与传感器阻抗匹配等。

1）采集软件具备实时显示解耦计算中第一步结果的功能，在试验过程中对矢量力进行初步计算。采集程序应具有实时计算 F_x，F_y，F_z，M_x，M_y，M_z 六个分量并绘制曲线的功能。

2）矢量力处理软件的功能是将 $U1 \sim U7$ 的测量值转换为 F_x，F_y，F_z，M_x，M_y，M_z 六个分量，再计算出矢量力 F、推力偏斜角 α、推力偏移方位角 β、侧向力方位角 γ、推力偏移 δ 等数据。采用迭代算法消除分量间的互扰问题。

3.5.1.8　多分力校准装置设计

为满足发动机高空模拟试验的需求，研制了一套多分力校准装置，实现真空条件下的传感器校准。发动机点火试验在高空模拟试验舱内进行，而真空舱为卧式结构，如图 3-43 所示。

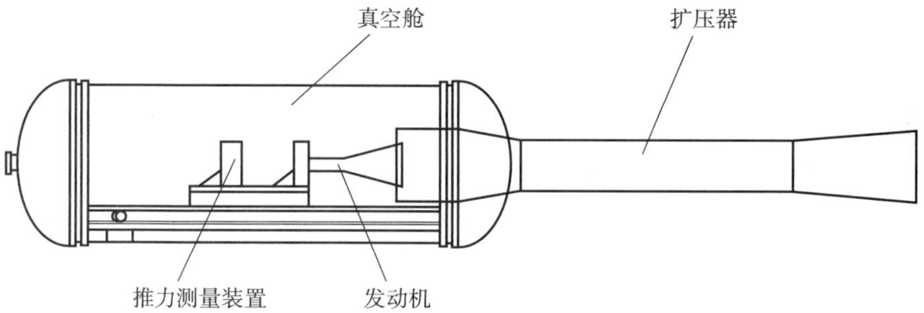

图 3-43　发动机安装状态

为确保点火过程中真空舱压力维持在 100～400 Pa，发动机的喷口必须正对扩压器入口，因此，在进行 7 500 N 变推力发动机矢量推力测量时，发动机安装状态为水平安装。也就是说，矢量推力测量校准一体化装置按照水平式结构设计。

（1）控制系统设计

控制系统分手动控制和自动控制两种方式。手动控制时，可通过操作台的手动开关对 PLC 控制器发送控制指令信号。当 PLC 接收到控制指令信号后，控制相应的伺服电缸向前或向后运动。自动控制是通过校准计算机，根据校准规程有序加载试验数据，同时将加载的数据以 RS485 方式反馈给 PLC 控制器，PLC 控制器再控制相应的伺服电缸向前或向后运动，伺服电缸前端配置了标准传感器，通过连接杆与测量装置连接，电缸向前运动时，会带动标准传感器向前，当连杆接触上测量装置后，给该装置施加作用力，并将其传导至测量传感器，这样就实现了自动校准过程。

（2）矢量推力自动校准控制系统组成

矢量推力自动校准控制系统由伺服驱动器、运动模块、PLC 控制器、手动控制开关数据采集模块、校准计算机等组成。

1）伺服驱动器，主要为伺服电机提供功率驱动，同时能接收电机光电编码数据。

2）运动模块，主要功能为伺服驱动器提供运动方向、运动速度和加速度控制。

3）PLC 控制器，主要功能为控制各向伺服电缸的运动、输入输出信号采集、远程运动。

4）手动控制开关，在需要人工手动操作时，通过机柜面板上的开关，控制各个伺服电缸前后运动、手/自动切换等工作。

5）数据采集模块，多通道信号放大及数据采集，通过 RS485 和上位机数据通信。

6）校准计算机，主要功能为：通过 RS485 总线与 PLC 通信，控制各个伺服电缸前后运动；通过 RS485 与信号放大处理器 DMP40 通信收集数据并进行数据分析。

校准计算机给定需要加载的力值后，通过多轴驱动控制卡及驱动器控制步进电机进行力值加载，标准力传感器实时采集步进电机的力值，并反馈给推力校准计算机，推力校准计算机将两值实时比较，当差值在设定范围内时，即实现标准力的加载。

（3）校准控制软件设计

采用模糊控制器技术对力加载过程进行快速调节，考虑到位移快速调节和精确控制的需要，将位移加载过程分为两段，即大偏差段和小偏差段。其中大偏差段控制目标是在尽可能短的时间内、尽量小的超调的条件下到达小偏差区。小偏差段的控制目标是在尽量短的时间内、尽量小的超调量情况下，使实际位移与目标位移的误差为零，并保持稳定不变。采用位移分段调节的好处是在大偏差段控制电缸以较高的位移速度及加速度进行运动，可在很短时间内完成绝大部分位移的调节；在小偏差段以较低的位移速度及加速度进行运动，主要是为了消除扰动和滞后的影响，实现高精度控制。

软件具有如下功能：

1）单独进行 F_x、F_y、F_z、M_x、M_y、M_z 加载，典型控制程序如图 3－44 所示；

2）控制电机运动和采集标准力传感器输出信号，并能够实时显示电机运动的步数、状态和力值输出曲线；

3）能够实现 F_x、F_y、F_z、M_x、M_y、M_z 单独和联合加载；

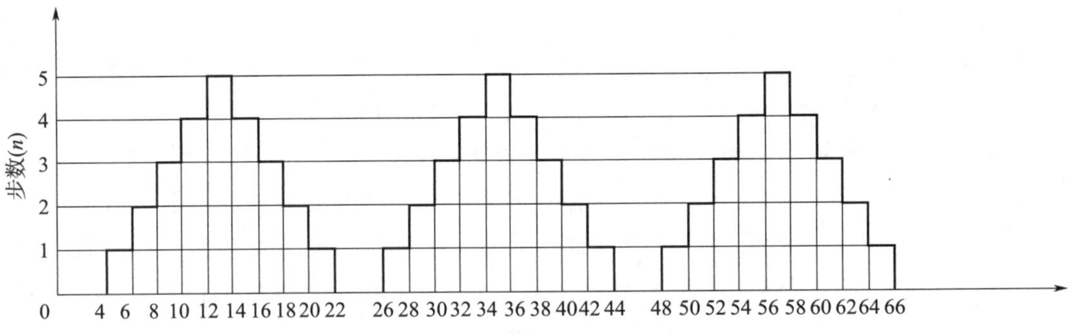

图 3－44　典型控制程序图

4）当进行 M_x、M_y、M_z 加载时，进行严格控制，实现力矩施加的两个推、拉力传感器输出相同力值，避免产生轴向附加载荷。

该系统可实现力加载不确定度优于 0.05%、定点加载稳定时间大于 10 s，以及超载保护值在传感器满量程 0.1%范围内调节的校准加载功能。

3.5.1.9　热防护装置设计

以提高推力测量装置和推力校准装置的温度抗性为出发点，其方法为加大传感器隔热层壳体厚度，增加热容量；用在壳体外表面抛光的方法增大热反射，在壳体内侧涂隔热涂层的方法，可耐 600 ℃高温；在壳体内带水冷夹套进行强制冷却，如图 3－45 所示；对推力测量装置采用独立的热屏蔽装置，避免关机回火和辐射热对测量装置产生影响，如图 3－46 所示。

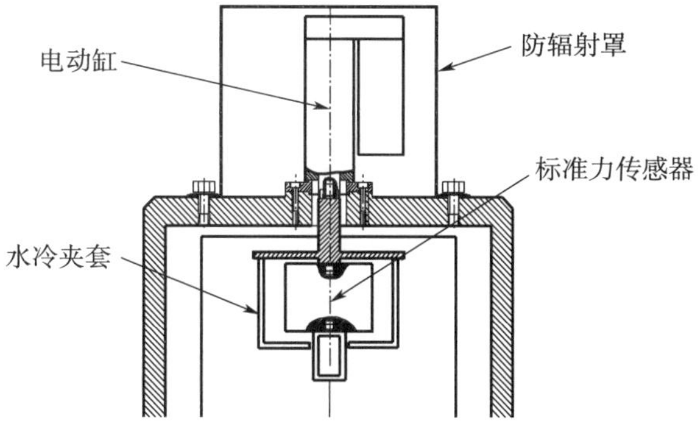

图 3－45　标准力传感器隔热结构

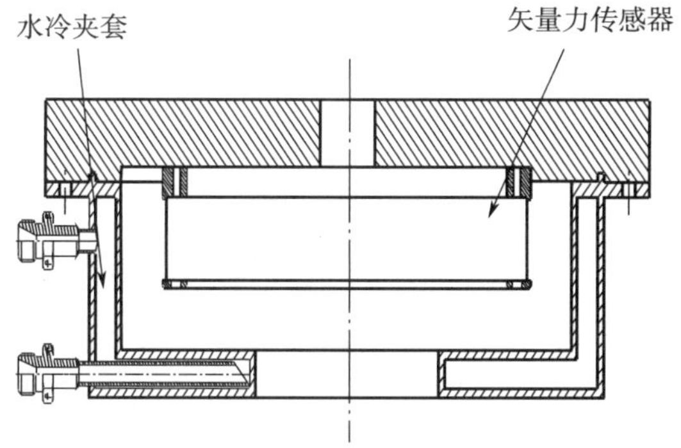

图 3－46　矢量力传感器水冷结构

通过该水冷结构设计，可将传感器温度控制在较低范围之内。该项技术已应用于热环境模拟试验中的水冷式压力传感器及水冷式热流密度传感器设计。在某型号热环境模拟试验中，测量环境为 500 ℃，通过水冷结构设计，可确保传感器在较低的环境温度下工作。

3.5.1.10　隔振装置设计

发动机热试车用的整个真空舱为一个整体，与组成该系统的各类真空系统共用一个基础，而推力测量装置与真空舱之间为刚性连接。试车数据和推力的振动测试数据表明，这种振动对推力测量影响很大，需要设计隔振系统隔离基础振动。真空舱的振动频率远高于 48.2 Hz，故隔振系统设计时，主要考虑隔离 48.2 Hz 以上的振动频率。

隔振系统是 6 个自由度的振动系统。在通常情况下利用隔振体的对称性，或通过合理布置隔振器的位置和主轴方向，使隔振系统的参数满足特定条件，进而使 6 个自由度的运动部件彼此解耦，甚至实现完全解耦。

根据力学定律，单级隔振系统的动力学方程如下

$$m\ddot{x}+c\dot{x}+k(x-u)=c\dot{u} \tag{3-52}$$

则隔振系统的绝对传递率（推力架振幅与振源振幅比值）为

$$T_p=\sqrt{(1+4\xi^2\lambda^2)/[(1-\lambda^2)^2+4\xi^2\lambda^2]} \tag{3-53}$$

式中，频率比 $\lambda=\omega/\omega_n$ ；固有频率 $\omega_n=\sqrt{k/m}$ ；干扰源的角频率为 ω ，令 $p=\omega/(2\pi)$ ，则 p 为干扰源的频率，单位 Hz；阻尼比 $\xi=c/c_c$ ，一般取 0.07，其中 c_c 为系统临界阻尼。

采用 BE-40 减振器，单个减振器额定载荷为 40 kg，在额定载荷下的固有频率为 10 Hz，单个减振器的刚度为 k =157 753 N/m，共计 6 个减振器。

3.5.2 多分力校准技术

一个理想的推力矢量测试系统，要求相互垂直的三个方向中的任何一个方向受力时，其他两个方向不应有力信号输出。而实际上由于测试系统的限制，总有微小的输出，因此需要对推力矢量测试系统进行校准。

通过静态校准可以得到静态灵敏度、线性、重复性、向间干扰等各项精度指标。静态校准装置用来对多分力测量平台的主推力和侧向力进行校准，即在每个方向单独加载标准力源，校准方法采用逐级加载法，利用最小二乘法对标定数据进行线性拟合，最终获得一个校准系数矩阵。

(1) 单元校准和多元校准的方法

矢量力传感器校准中的载荷加载称为六分量加载，是指坐标系中三个坐标轴方向的力的载荷 F_x、F_y、F_z 和绕三个坐标轴的加载的力矩 M_x、M_y、M_z。通过加载标准的矢量力值，按照一定的求解方法求取加载值和电桥输出信号值的对应关系，获得一组工作系数，用该组系数计算出的载荷值与实际的加载值符合性最好。常用的校准方法有单元校准法和多元校准法。

1) 多元校准是指在校准过程中，对多元载荷的同时组合加载进行校准的过程。用“正交设计法”安排载荷、用“逐步回归法”求取天平工作系数都是较好的方法。但是由于加载组数有限，矛盾方程组无精确解，高维方程组容易出现病态等问题，有些主元加载要经过滑轮，存在轴承摩擦力矩的问题，因此得到准确度高、稳定性好的解有一定困难。

2) 单元校准是指在校准过程中对天平的加载是单一元素逐一进行加载校准的过程。单元校准的解是单因素函数的解，因此公式的准确度、稳定性和可信度高，只是加载工作量很大。

由于实际校准的工作场合为试验现场，从公式的准确度、稳定性和可信度的角度考虑，在满足精度的前提下一般使用单元校准法。

(2) 校准力加载方法

1) 砝码施力机构。采用砝码作为标准力源，应检查杠杆系统工作是否灵活可靠，砝

码是否清洁。应防止砝码粘连和卡阻，用砝码校准时砝码的重力应当考虑当地加速度和空气浮力的影响。其重力误差不大于±0.01%。

2）力发生器的施力装置。采用电动缸加标准力传感器的方式产生力源，应建立力源加载装置与测力装置之间的同步通信机制，校准数据采集过程由校准采集计算机发出同步记录指令。采集计算机记录完后，给校准计算机返回一指令，表明数据记录完成，满足校准数据采集同步的一致性要求，实现了校准过程的自动采集，极大提高了校准的自动化程度。

（3）测量与校准系统模态响应测试方法

设计的矢量推力测量与校准装置，应进行动态响应测试，获得装置的固有频率以及动态响应性能，对装置在试验过程中的安装使用具有重要的指导意义。

常用的固有频率测试试验方法包括频率响应法、阶跃响应法和冲击响应法。

例如，7 500 N 矢量力台架的动态响应试验采用锤击冲击法进行测试。施加方式采用锤击法，即使用力锤敲击传感器产生脉冲信号，通过采集系统的输入输出信号，对比其幅频信息和相频信息得到系统传递函数，进而得到测量系统的固有频率等动态性能指标。

（4）多分力系统动态特性试验方法

1）矢量推力测量与校准台架模态测试试验。锤击测振法的原理如图 3－47 所示，力锤给台架施加激励，力锤的激励信号与加速度传感器的响应信号分别放大后，进入数据采集与数据处理系统获得系统的频率响应函数，进而得到系统的各模态参数。力锤内部含有一个力传感器，当力锤敲击试验构件时，构件受到的瞬时激励信号被力传感器收集到数据分析系统。力锤的锤帽可以更换，不同硬度的锤帽得到不同的冲击力谱。使用冲击力锤一般能得到满足要求的结果，并且激励设备简单，价格低廉，使用方便，对工作环境适应性强。

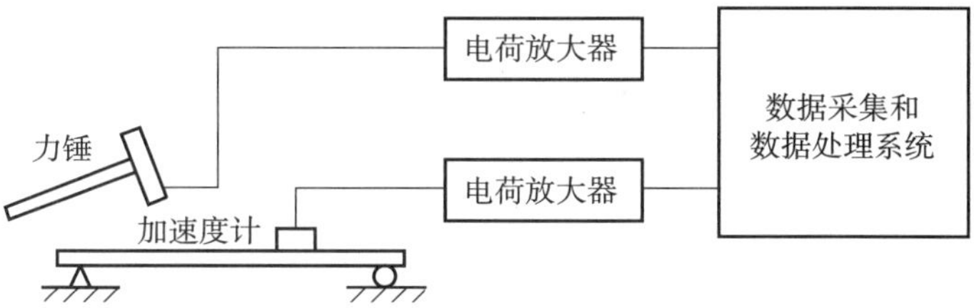

图 3－47　锤击测振法试验原理

对整体台架在真空舱内安装的状态下进行模态测试分析，对具有粘性阻尼的多自由度系统，其振动微分方程为

$$\boldsymbol{M}\ddot{\boldsymbol{x}}+\boldsymbol{C}\dot{\boldsymbol{x}}+\boldsymbol{K}\boldsymbol{x}=\boldsymbol{f}(t) \tag{3-54}$$

式中　$\boldsymbol{M}$ ——质量矩阵；

$\boldsymbol{C}$ ——一般粘性阻尼矩阵；

$\boldsymbol{K}$ ——刚度矩阵；

$\boldsymbol{f}(t)$ ——外部激励向量；

t ——时间；

$\boldsymbol{x}$、$\dot{\boldsymbol{x}}$、$\ddot{\boldsymbol{x}}$ ——各响应点的位移、速度和加速度向量。

对该方程进行傅里叶变换，得到基于位移函数的频响函数矩阵

$$\boldsymbol{H}(\omega)=\frac{\boldsymbol{X}(\omega)}{\boldsymbol{F}(\omega)}=(-\omega^2\boldsymbol{M}+\mathrm{j}\omega\boldsymbol{C}+\boldsymbol{K})^{-1} \tag{3-55}$$

式中，$\boldsymbol{X}(\omega)$ 、$\boldsymbol{F}(\omega)$ 为 x 、$f(t)$ 的傅里叶变换。

模态分析时，将上述微分方程组中的物理坐标变换为模态坐标，使方程组解耦，成为一组以模态坐标及模态参数描述的独立方程，坐标变换的变换矩阵为振型矩阵，其每列即为各阶振型。

模态试验采用固定点激励点、移动测量点方法进行测试，试验件为真空舱连接状态，如图 3-48 所示，在试验件的外框架布置 12 个测点，中心圆形区域，测点按照逆时针间隔 90°布置，内框架分布两圈 8 个测点，整个模型共计设置 20 个测点。

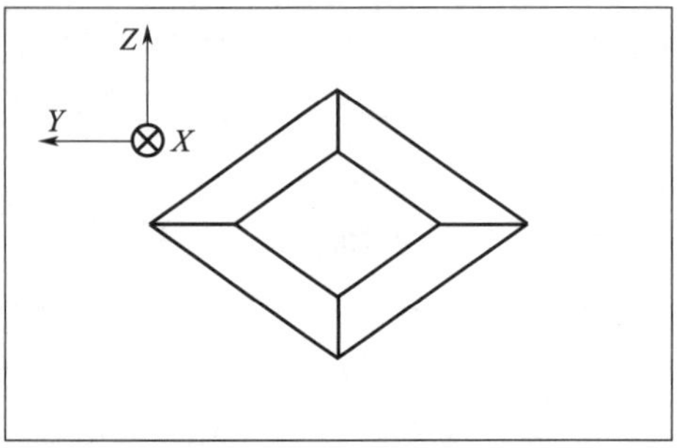

图 3-48 模态测点布置图

从模态测试试验结果来看，整体台架的 1、2 阶固有频率为 42～61 Hz，数值仿真计算结果与试验测试结果基本一致，前 4 阶振动模态形式一致性较好，一阶振动为校准架的法向摆动。由于真空舱的固有频率远高于 50 Hz，因此安装在真空舱内的台架与真空舱发生共振的可能性较低。

2）载荷传递特性测试试验。为了分析外界激励载荷通过底座对推力测量校准平台的影响，对底座及校准平台开展了载荷传递特性试验研究，其中激励点位于底座与真空舱连接点位置，如图 3-49 所示的 1～6 号点处。

试验时，通过力锤分别在底座安装位置 1～6 号点的 X、Y、Z 方向进行激励，同时测量推力校准装置平台的加速度响应，根据测量结果计算获得底座安装位置处单位激励载荷力在校准装置平台的不同位置引起的加速度。分析结果表明在 112 Hz，239 Hz，298 Hz 等频率附近，单位力产生的加速度响应分频值较高，原因是平台固有的结构动态特性放大作用引起了这些频率点与校准装置平台的模态频率接近。

通过 7 500 N 推力校准装置平台的模态试验，获得了该平台的前 8 阶固有频率和对应的振型，为理解该平台的固有动力学特性提供了依据；通过开展载荷传递特性试验，获得了推力校准装置平台安装底座受到外界载荷激励时单位载荷引起的加速度大小，并测量了该平台不同位置的加速度响应在频域的分布特征，给出了对载荷放大显著的频率点。

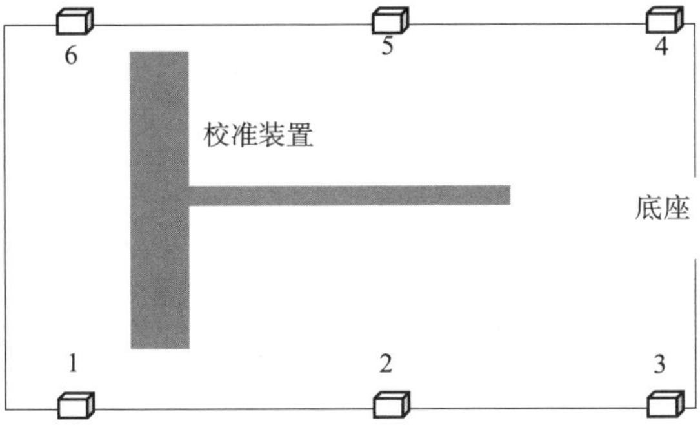

图 3-49　载荷传递特性力锤激励点示意图

3.5.3　解耦技术

多分量力传感器主要用于多分量测力技术中，对力矢量的六个广义力分量（见图 3-50）中至少两个分量的检测，如飞行器模型风洞试验、直升机旋翼受力测量和机器人关节作用等。

由于各分力的量程相差太大，存在各方向力间的互扰问题，难以取得理想的测量效果，故采取推力矢量的解耦算法，使得在各分力量程不匹配的情况下亦可获得较高的测量准确度。

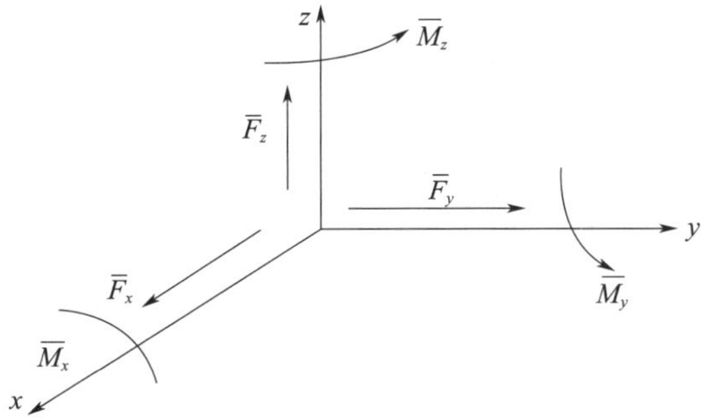

图 3-50　多分量力示意图

(1) 矢量力解耦算法

推力矢量测试系统由于结构加工和工艺误差引起的向间干扰问题，需要分离向间耦合与真实信号。采用数理统计方法对校准数据进行回归分析，得出测力系统的非线性度和向间干扰度，进而根据线性时不变系统符合叠加原理的性质推导出测力系统推力矢量的干扰方程，得到测量推力矢量的解耦算法，获得较真实的信号。

解耦计算通常有两种办法：一是利用硬件的方法，即通过模拟运算器进行解耦运算；二是利用软件的方法，将采集系统获得的数据信号，输入计算机进行解耦计算，最后由计算机终端输出。

（2）解耦软件功能

将测量系统采集到的矢量力传感器输出电压信号依据校准公式，进行解耦计算，从而得到发动机推力矢量载荷数据，包括三个方向的力载荷以及三个方向的力矩载荷。矢量力解耦装置同时通过坐标变换换算成发动机法兰面坐标系的数据，包括推力偏斜角、推力偏移方位角、侧向力方位角、推力偏移、主推力、两个侧向力。

解耦软件由标定结果输入模块、解耦运算模块、解耦后的推力计算公式输出模块、多分力传感器实时数据处理模块等组成。各模块主要完成的功能如下：

①标定结果输入模块

将三向力传感器分别在 F_x、F_y、F_z 向加载标准力源后得到的标定系数存入一个三维数组。

②解耦运算模块

该模块实现的功能为首先计算标定系数行列式的值（按第 1 列展开），再计算标定系数的逆矩阵，求解过程是第一步计算代数余子式，第二步矩阵转置并计算伴随矩阵，第三步伴随矩阵除以行列式的值得出逆矩阵，解耦后的系数存入数组并发送给显示器进行显示。

③解耦后的推力计算公式输出模块

将经过解耦运算后的新系数存入文本文件，并在程序界面上显示出解耦后的推力计算公式。

④多分力传感器实时数据处理模块

将数采系统记录的实时电压值，代入计算公式计算出相应的 F_x、F_y、F_z 向力及总推力 F_{tol}、偏斜角 α（Angle）的数值，保存为文本格式的瞬时值文件。

3.5.4　多分力测量系统热试车验证

矢量力测量装置在用于发动机热试车前进行了无管路状态校准、安装管路带压状态校准，通过调试验证了矢量力测量装置和测量软件的功能，并将现场校准的主系数与矢量力传感器自带的校验数据进行了对比，结果表明矢量力测量装置校准系统可以完成矢量力标定，数据处理软件可以实现矢量力系数矩阵计算及解耦计算的功能。

矢量力测量装置在 2 000 N 地面试车和高空模拟试车中已经得到应用，测量装置工作平稳可靠、功能完善，测量软件操作简单，处理数据快速便捷，系统经过热试车验证，验证结果如下：

1）发动机地面与高空模拟试验推力测量结果表明，由矢量测量平台、矢量力传感器、矢量力校准与数据采集系统组成的矢量推力测量系统的测量结果是可信可靠的，实现了对发动机轴向、侧向和法向 3 个方向上的力和力矩的直接测量，测量不确定度小于 5%。

2）多分力传感器是发动机测力系统的核心组件，结构设计精巧，布局紧凑，可为其他型号发动机的矢量推力测量系统设计提供参考。

3）编制的处理软件具备传感器校准数据和实时推力数据迭代计算的能力，适用于矢量力测量平台的现场调试，极大提高了推力测量现场校验工作效率。

3.6　不确定度评估

目前液体火箭发动机推力的计量和量值传递，执行 QJ 1084—86、JJF 1059.1—2012 等行业标准，现场使用标准力传感器（含测力仪）依据现行标准，在上一级计量标准实验室校准，进行量值传递，测量力传感器通过标准力传感器在现场校准进行量值传递。下面以某试验台推力测量系统不确定分析评定为例介绍评估方法。

标准不确定度依据其评定方法分为 A、B 两类，用对观测列进行统计分析的方法来评定的标准不确定度称为 A 类不确定度评定。它的特点是必须对被测量进行多次测量，对观测列用统计分析方法评定得出。用不同于对观测列进行统计分析的方法来评定的标准不确定度称为 B 类不确定度评定。A 类以外的不确定度均属 B 类不确定度，B 类不确定度依据有关信息评定。

3.6.1　不确定度的来源分析

某稳态推力测量系统不确定度分量如图 3-51 所示。推力测量值为 1 200 kN，推力传感器和标准力传感器的量程为 2 000 kN，推力现场校验最大的量程是 1 600 kN。

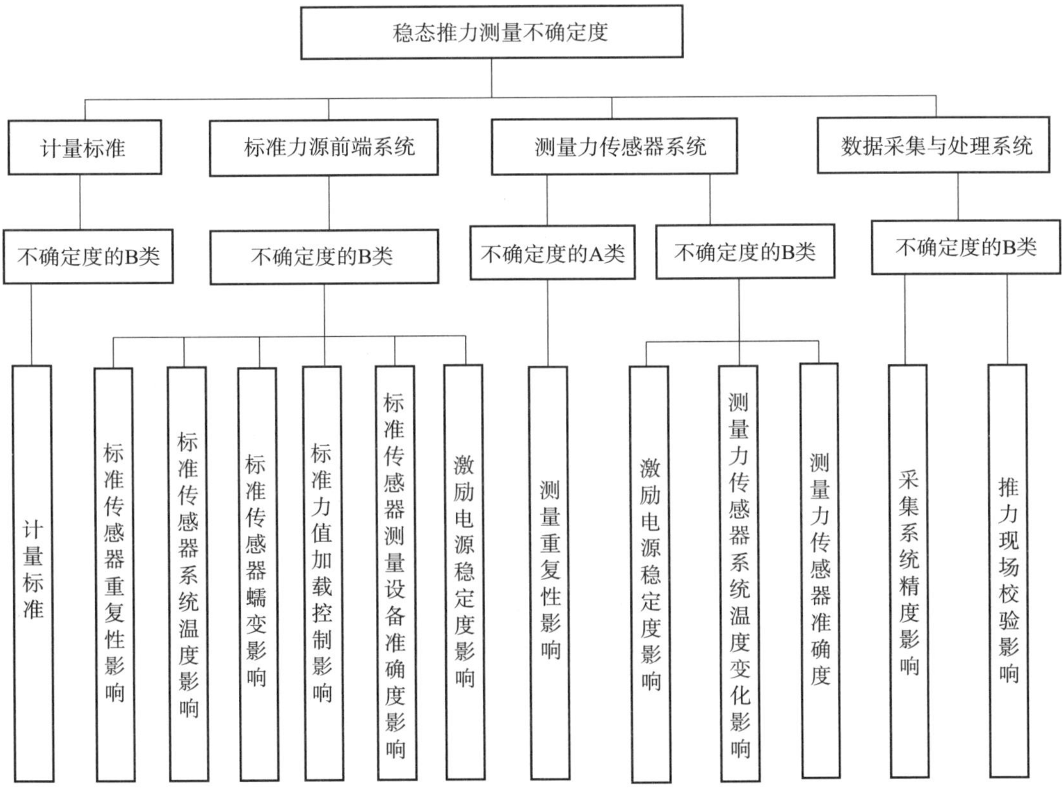

图 3-51　推力测量系统不确定度来源图

3.6.2　不确定度评估方法

(1) 不确定度的 A 类评定

测量重复性引入的不确定度 u_1。按照推力测量系统规程对系统加载进行推力校验，校验的结果应满足规程的要求。校验后对系统加载 9 遍，获得测量系统的重复性。测量重复性引入的不确定度分量 u_1 按照 A 类不确定度评定方法进行分析，按式 (3-56) 计算。采集系统的采集值与标准值及差值平方值见表 3-4。

$$u_A(x)=s(\overline{x})=s(x_k)/\sqrt{n}=\sqrt{\frac{1}{n(n-1)}\sum_{i=1}^{n}(x_i-\overline{x})^2}=\sqrt{\frac{1}{9\times 8}\sum_{i=1}^{9}(x_i-\overline{x})^2} \tag{3-56}$$

表 3-4　采集系统加载测试结果

加载次数	标准值/kN	计算值/kN	差值平方值/(kN)^2
第 1 次	1 200	1 199.918	0.007
第 2 次	1 200	1 199.864	0.018
第 3 次	1 200	1 199.751	0.062
第 4 次	1 200	1 199.820	0.032
第 5 次	1 200	1 199.350	0.423
第 6 次	1 200	1 199.364	0.404
第 7 次	1 200	1 199.468	0.283
第 8 次	1 200	1 199.467	0.284
第 9 次	1 200	1 199.466	0.285

测量重复性导致的不确定度分量 $u_A=0.158$ kN。

(2) 不确定度的 B 类评定

①计量标准引入的不确定度

标准引入的不确定度按不确定度 B 类评定。标准传感器送到上一级计量技术机构进行检定，其标准的扩展不确定度为 0.001%，视其服从正态分布，则由此引入的不确定度为

$$u_{B1}=\frac{2\ 000\times 0.001\%}{2}\ \text{kN}=0.01\ \text{kN} \tag{3-57}$$

②标准传感器引入的不确定度

标准传感器引入的不确定度按不确定度 B 类评定。标准力传感器说明书中给出的测量重复性为 0.03%，视其为均匀分布，则由此引入的不确定度为

$$u_{B2}=\frac{2\ 000\times 0.03\%}{\sqrt{3}}\ \text{kN}=0.346\ \text{kN} \tag{3-58}$$

③标准传感器输出随温度变化引入的不确定度

标准传感器输出随温度变化引入的不确定度按不确定度 B 类评定。标准力传感器说明书中给出的传感器随温度的变化指标为 0.01%/10 ℃，据以往的试车数据来看，试验现场

校准的环境温度范围为 0～40 ℃，与实验室计量检定的温度（20 ℃）最大相差20 ℃，视其为均匀分布，则由此引入的不确定度为

$$u_{B3}=\frac{2\ 000\times 0.01\%\times 2}{\sqrt{3}}\ \mathrm{kN}=0.231\ \mathrm{kN} \tag{3-59}$$

④标准传感器蠕变引入的不确定度

标准传感器蠕变引入的不确定度按不确定度 B 类评定。标准力传感器说明书中给出的传感器蠕变指标为 0.01%，视其为均匀分布，则由此引入的不确定度为

$$u_{B4}=\frac{2\ 000\times 0.01\%}{\sqrt{3}}\ \mathrm{kN}=0.115\ \mathrm{kN} \tag{3-60}$$

⑤标准力值加载控制器稳定度引入的不确定度

标准力值加载控制器稳定度引入的不确定度按不确定度 B 类评定。推力伺服控制系统的控制稳定度为±0.2 kN，视其为正态分布，则由此引入的不确定度为

$$u_{B5}=\frac{0.2}{2}\ \mathrm{kN}=0.1\ \mathrm{kN} \tag{3-61}$$

⑥标准传感器输出测量设备准确度引入的不确定度

标准传感器输出测量设备准确度引入的不确定度按不确定度 B 类评定。查多功能数字万用表校准证书，其准确度为±0.01%，视其为均匀分布，则由此引入的不确定度为

$$u_{B6}=\frac{2\ 000\times 0.01\%}{\sqrt{3}}\ \mathrm{kN}=0.115\ \mathrm{kN} \tag{3-62}$$

⑦标准传感器激励电源稳定度引入的不确定度

标准传感器激励电源稳定度引入的不确定度按不确定度 B 类评定。查激励电源校准证书，其稳定度为±0.01%，按均匀分布计算，则由此引入的不确定度为

$$u_{B7}=\frac{0.01\%\times 1\ 200}{\sqrt{3}}\ \mathrm{kN}=0.069\ \mathrm{kN} \tag{3-63}$$

⑧测量力传感器输出随温度变化引入的不确定度

测量力传感器输出随温度变化引入的不确定度按不确定度 B 类评定。测量力传感器说明书中给出的传感器随温度变化的指标为 0.03%/10 ℃，据以往的试车数据来看，现场校验与试验时环境温度最大变化为 20 ℃，视其为均匀分布，则由此引入的不确定度为

$$u_{B8}=\frac{2\ 000\times 0.03\%\times 2}{\sqrt{3}}\ \mathrm{kN}=0.693\ \mathrm{kN} \tag{3-64}$$

⑨测量力传感器准确度引入的不确定度

测量力传感器准确度引入的不确定度按不确定度 B 类评定。查阅测量力传感器校准证书，其准确度指标为 0.1%，视其为均匀分布，则由此引入的不确定度为

$$u_{B9}=\frac{2\ 000\times 0.1\%}{\sqrt{3}}\ \mathrm{kN}=1.155\ \mathrm{kN} \tag{3-65}$$

⑩数据采集系统引入的不确定度

数据采集系统引入的不确定度按不确定度 B 类评定。查阅数据采集系统校准证书，数

据采集系统稳定性、线性指标综合误差为 0.1%，按均匀分布计算，则由此引入的不确定度为

$$u_{B10}=\frac{0.1\%\times 1\ 200}{\sqrt{3}}\ \text{kN}=0.693\ \text{kN} \tag{3-66}$$

⑪测量力传感器激励电源稳定度引入的不确定度

测量力传感器激励电源稳定度引入的不确定度按不确定度 B 类评定。查阅激励电源校准证书，其稳定度为 0.1%，按均匀分布计算，则由此引入的不确定度为

$$u_{B11}=\frac{0.1\%\times 1\ 200}{\sqrt{3}}\ \text{kN}=0.693\ \text{kN} \tag{3-67}$$

⑫推力现场校验引入的不确定度

推力现场校验引入的不确定度按不确定度 B 类评定。根据现场校验要求，检验结果控制准确度为 0.2%，按均匀分布计算，则由此引入的不确定度为

$$u_{B12}=\frac{0.2\%\times 1\ 600}{\sqrt{3}}\ \text{kN}=1.848\ \text{kN} \tag{3-68}$$

(3) 推力测量系统合成标准不确定度

由于各引入的分量互不相干，其相关系数为零，则推力测量系统合成标准不确定度的计算公式为

$$u_c=\sqrt{u_A^2+u_{B1}^2+u_{B2}^2+u_{B3}^2+u_{B4}^2+u_{B5}^2+u_{B6}^2+u_{B7}^2+u_{B8}^2+u_{B9}^2+u_{B10}^2+u_{B11}^2+u_{B12}^2} \tag{3-69}$$

推力测量系统合成标准不确定度为

$$u_c=2.53\ \text{kN} \tag{3-70}$$

推力测量系统合成相对标准不确定度为

$$u_{cr}=\frac{u_c}{1\ 200}\times 100\%=0.21\% \tag{3-71}$$

(4) 推力测量系统扩展不确定度

根据合成标准不确定度结果，包含因子取 2，则稳态推力测量系统扩展不确定度为

$$u_{rel}=ku_{cr}=0.42\%\quad (k=2) \tag{3-72}$$

参考文献

[1] 林江．动态力计量和检测的现状 [J]. 电子敏感技术信息，1989 (8).

[2] 项冀平．力传感器的动态特性 [J]. 自动化仪表，1981 (6).

[3] 徐科军．传感器零极点相消动态补偿法 [J]. 科学通报，1994，39 (9)：862.

[4] 严政．建模软件包及通用动态补偿滤波器的研制 [D]. 南京：南京理工大学，2002.

[5] 毛丽明．一种压力传感器动态数字滤波的实现方法 [J]. 微计算机信息，2008，12 (1)：127-129.

[6] 郭霄峰，李耀华．液体火箭发动机试验 [M]. 北京：中国宇航出版社，2009.

[7] 庄杰，李建勋．490N喷管发动机轴向推力测试系统精度分析 [J]. 微型电脑应用，2010，1 (26)：51-54.

[8] 岑乐观，毕毓秀，罗胜初，等．小推力姿控发动机的推力测量 [J]. 光学机械，1982 (6)：55-62.

[9] 颜雄雄，耿卫国．小发动机推力矢量的测量 [J]. 推进技术，2000，21 (3)：86-88.

第4章　压力测量技术

液体火箭发动机试验中，关键压力参数是反映发动机性能的重要指标，也是发动机试验开车条件、试验过程中紧急关机判断的必选参数，如发动机的入口压力、泵后压力和燃烧室压力等。同时，压力参数也是试验台工作状态监测的主要参数。发动机试验涉及的压力参数测量范围宽，从几帕到数十甚至近百兆帕。覆盖的范围也广，不同的范围需采用不同的测量方法。对关键参数，必须采取冗余可靠的测量方式，并建立完善的现场物理量或电学校准方法，以确保准确、可靠地获得数据。

发动机试验中的压力分为稳态压力（也称为缓变压力）和动态压力。稳态压力的特征是信号变化缓慢、平稳，用于评估发动机和试车台工作的稳定性。动态压力的特征是压力变化快，需测量压力随时间变化的瞬时值，并获得频域内压力的幅值谱，用于研究发动机和试车台工作的动态变化性能[1]。动态压力随时间的变化形式分两种，一种是脉动压力，主要用于测量发动机稳定工作过程中的压力脉动值，分析处理压力在频域范围内的分布情况，为发动机燃烧稳定性和可靠性评估提供依据；另一种是暂态压力，测量发动机起动、关机或变工况过程中相关水击压力的突变值，为发动机和试车台阀门等关键部件的设计和选用提供依据。近年来，对压力测量的需求越来越高，要求既能反映稳态压力测量值，又能反映动态压力测量值。本章主要论述稳态压力测量技术。

4.1　系统设计

4.1.1　需求分析

压力测量系统的设计需要有设计任务书，应明确测量系统功能、参数类型、技术指标、实时显示与故障诊断、数据处理及使用条件等要求。

1）系统功能：明确压力参数测量系统与其他参数测量系统的关系。根据参数测量要求，明确是稳态压力测量还是动态压力测量；根据压力参数测量的位置及其分散程度，确定数据采集的方式选用集中采集还是分散采集；根据关键压力参数的重要性，确定冗余测量的方式；根据系统配置和可靠性，确定同步信号的触发方式；根据试验过程传输的数据量、关键参数实时显示要求（如曲线数量，屏幕刷新率，数据获取方式，显示是平均值还是瞬时值，平均值的计算方法和可靠性等），确定网络、通信协议等要求。

2）技术指标：明确测量通道数（包括试验台要求的测量通道数，发动机要求的通道数），压力传感器的型号和类型；重点关注传感器的激励电压、电流、输入阻抗及输出阻抗等参数。同时，测量参考值，需区分常规压力参数和真空压力参数，明确测量介质类型，确定是直接测量方式还是通过引压管连接方式，并考虑被测点位置的温度和振动环境条件等因素。

3）参数测量不确定度：根据任务书要求的测量不确定度，需对压力测量主要环节进行不确定分配，明确传感器、采集装置和数据处理等环节引起的不确定分量。

4）数据采集装置：需要明确数据采集装置的通道的线性度、稳定度、增益、采样速率及滤波器的类型、截止频率等参数。

5）传感器：试验台配置压力传感器的型号和数量，传感器的准确度等级、激励电源和输入输出阻抗等。

6）校准方式：包括实验室校准、现场物理量校准（包含现场原位校准、现场非原位校准）、电量替代法校准等要求。

7）数据处理：包括数据计算方法、处理范围、处理时间段、处理要求、报告格式、发布方式（纸质或光盘）等要求。

8）使用条件：包括安装位置（包含现场、远程），安装空间，运行环境（如温度、湿度、冲击和振动等），电源（如功耗、散热等），电磁兼容性等要求。

4.1.2　系统组成及原理

发动机试验过程中，压力测量参数多、位置分散。测量系统常见的架构有集中式测量架构和分散式测量架构，见第 1.4.1 节。虽然测量架构不同，但测量原理相同。

（1）系统组成

压力测量系统由测压导管、压力传感器或压力变送器、测量电缆、信号调理器、激励电源、数据采集装置和采集计算机等组成，测量原理如图 4－1 所示。通常压力传感器的安装方式有通过测压导管连接传感器和传感器直接安装两种方式。目前较多的是将信号调理器、激励电源和数据采集装置集成在一起，称为数据采集装置。

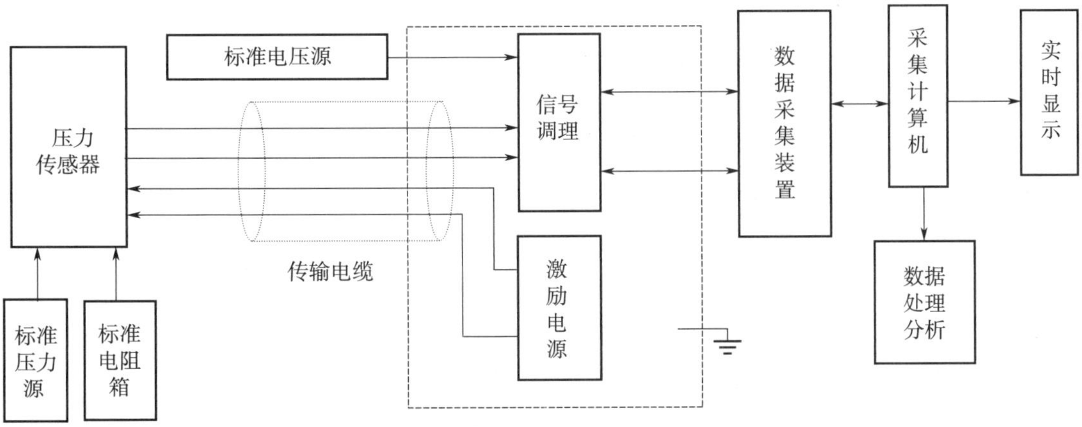

图 4－1　压力测量系统原理框图

（2）系统原理

被测压力源通过测压导管传递到压力传感器，激励电源为传感器供电，压力传感器把压力信号变换为电压或电流信号输出，传感器输出的信号通过电缆传输到信号调理器，信号调理器对信号进行放大、滤波等处理后，传输至采集装置，采集装置完成信号的采样/保持、A/D转换成数字信号，计算机从采集装置实时读取数据，进行存储、处理并实时显示，试车后再通过数据处理软件按要求处理数据。

选用压力传感器测量时，传输电缆一般选用四线制或六线制，四线制中两线给传感器提供激励，另外两线传输传感器的输出信号。六线制是在原四线的基础上增加两线，增加的两线用于传感器激励电压的反馈回测。四线制适合用于现场进行物理校准的传感器，对于自带压力传感器或现场需要调节激励电源时，推荐采用六线制。压力变送器是在传感器的基础上将信号放大并转成标准信号输出，信号通常为4～20 mA或1～5 V，压力变送器的测量方法与传感器基本一致，压力变送器一般采用二线制、三线制或四线制传输电缆。

4.1.3 系统设计

（1）功能设计

根据需求分析中压力参数的测量点分布和数量等确定采用的架构方式，即采用集中架构方式还是分散架构方式。

激励电源供电方式：确定选用外置电源供电方式还是采集装置供电方式。为提高传感器供电的可靠性，每个传感器应采用独立供电的模式，避免部分传感器失效引起所有传感器供电故障。

系统校准方法：发动机关键的压力测量采用现场物理量校准，发动机自带的压力传感器由于不具备物理量校准条件，可以采用电压替代法校准。对于长期工作不经常拆卸的压力测量参数，可采用压力变送器，定期周检送计量部门进行检定，并对系统进行电校准，现场使用检定的数据进行物理量值计算。

压力测量系统应具备压力传感器通道自动/手动校准及系统快速检查、纠错功能，具备数据实时存储、校验、分析处理、查询、报告汇总等功能。

（2）技术指标的细化

测量通道数：设计通道数包括必须测量通道数和冗余测量通道数，并在设计需求的通道数基础上增加10%～20%余量。

测量系统的不确定度：基于所需的不确定度及系统组成，需要预先分配各测量设备的不确定度，明确传感器、信号调理器、采集装置、激励电源和现场校准设备等各测量设备的准确度等级，作为选型的重要技术指标。系统建立后，需按照不确定度评估方法评定系统的测量不确定度。

激励电源：需明确具体要求，如采用恒流源供电还是恒压源供电，电压或电流的范围，是否需要微调功能及最小调节幅度。此外，还需明确激励电源的最大输出电流或功率，以及电源稳定度应满足预分配的不确定度指标。

数据采集装置：需确定采集装置的输入方式，推荐差分输入。同时，需明确放大器的增益调节范围或输入量程选择范围，滤波器的类型及截止频率要求。确保每通道采样同步，并选用 16 位及以上的 A/D 转换器。此外，数据采集装置的线性和稳定性等指标应满足测量系统不确定度预分配的指标。

传感器：根据压力测点的位置、参考值和不确定度预分配给传感器的指标，细化传感器的类型、量程、接口形式、激励电源和准确度等级。压力传感器选型还需确认测点处的环境温度，测量介质的腐蚀性，传感器采用直接安装方式还是通过测压导管安装，测点处的振动、冲击、真空度等环境要求。

（3）可靠性设计

压力参数是发动机试验的关键参数，用于发动机试验过程中的状态监测和评估发动机的性能，须可靠准确地获得。压力测量系统必须进行相应的可靠性设计，保证试验可靠、准确获得测量数据。

①冗余测量

为提高压力测量的可靠性，通常对关键的压力参数采用冗余测量方式。一般采用双传感器测量方式，将压力测点通过测压管分为两路，安装两个同型号、同量程的传感器，传感器输出后通过测量电缆传输至不同的采集装置进行测量，冗余测量方式如图 4-2 所示。近年来，随着传感器技术的发展，一个传感器内部有两路独立的测量单元，分别输出两路独立信号，经测量电缆传输至两套独立采集装置进行测量，冗余测量方式如图 4-3 所示。

由于测量位置及要求等限制，不能安装分开的测压导管或者发动机自带压力传感器时，采用一个传感器进行测量，在对信号调理后分成两路，由两套采集装置进行测量。冗余测量方式如图 4-4 所示。

图 4-2　冗余测量方式 1

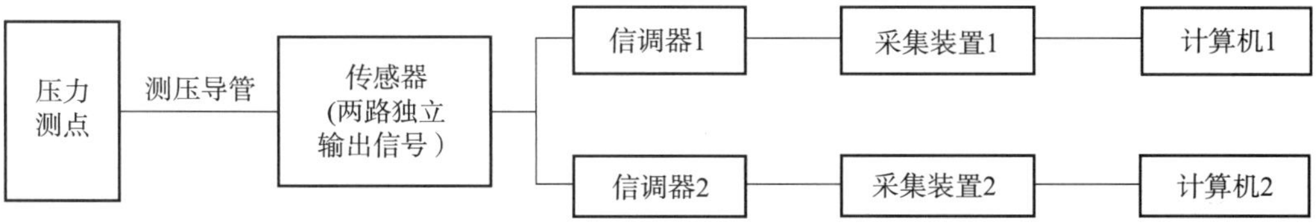

图 4-3　冗余测量方式 2

②多地存储技术

多地存储技术要求采集装置具有本地数据存储功能，同时采集的数据再通过通信协议发送到采集计算机，计算机接收数据并进行存储和显示，同时将数据发送到显示或状态监测计算机。即使发动机地面试验中出现通信中断，试车数据仍能从数据采集装置的本地存储器中获得。

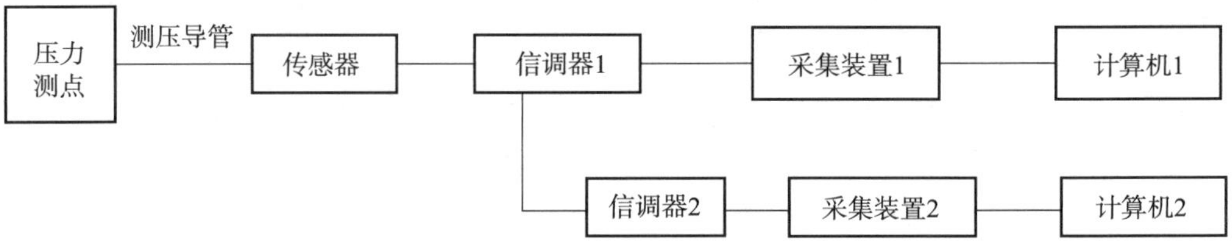

图 4-4　冗余测量方式 3

③可靠供电

可靠供电主要通过冗余 UPS 技术，保证测量系统计算机、采集设备等交流用电的可靠供应；通过冗余电源、分组隔离技术，保证传感器直流用电的可靠供应。每路压力传感器应采用独立的供电方式，避免由于某个传感器或传输电缆失效引起激励电源故障，导致其他传感器供电故障的发生。

(4) 传感器的选型

根据测量位置、压力测点的环境温度等要求，确定每个压力测点选用压力传感器还是压力变送器。对于不易进行现场校准的压力测点，应选用压力变送器测量。压力传感器或变送器的准确度要满足测量系统不确定预分配的技术指标，试车台的压力传感器的准确度等级优于 0.2 级，压力变送器的准确度等级优于 0.25 级。

压力传感器一般安装在发动机或试车台上，要求传感器可靠性高、耐冲击振动，压力变送器还需要考虑电磁兼容性。对于高、低温压力测量，选用的传感器温度范围要满足要求。测量腐蚀性介质的压力，选用的传感器内腔材料需与推进剂相容，避免被腐蚀导致泄漏。对于有充填时间要求的，需要考虑传感器内腔及测压导管的容积。

动态压力测量时，传感器具有很高的频率响应。由于高频传感器的过载能力较低，选择传感器量程时，应充分考虑可能出现的最大值，一般为平均值的 2 倍。若使用测压导管，应尽可能选用长度短、直径大的导管，需分析增加导管后对测量结果滞后的影响。压力传感器的温度特性和抗冲击振动等指标要满足现场要求。

真空压力测量时，测量范围为 1 Pa～100 kPa，需要选择不同量程的真空传感器组合进行分段测量，以提高测量精度。

(5) 信号调理器设计

信号调理器的主要功能是为压力传感器提供合适的激励电源，对传感器输出的信号进行放大、滤波和干扰抑制等，从而生成合适范围和特定的输出信号，以供采集设备进行数据采集记录。目前，市面上的信号调理器种类繁多，许多已集成到数据采集装置中。在实际应用中，为便于系统测试与检查，通常需要增加信号调理器。信号调理器一般具有信号转接、提供激励电源、信号检测和激励电源回测等功能。

信号调理器具有四种工作状态，包括测量状态、输入端短路状态、外加电标准状态、并电阻状态。

①测量状态

调理器将传感器及测量电缆传输的信号直接输出到采集装置进行测量，简称测量态，信号转机器设计默认状态应为测量态。

②输入端短路状态

断开传感器的信号，将调理器信号线的正负端短接后输出至采集装置，以便于检查采集装置的零位状态。

③外加电标准状态

断开传感器的信号，将调理器信号线转接到外加标准信号端，用标准电压源在信号端加信号，调理器将该信号输出至采集装置，主要用于对采集装置进行校准和检查。

④并电阻状态

测量状态时，信号调理器在激励电源正端和信号正端并联一个电阻，使传感器桥臂不平衡，信号输出至采集装置记录，也称打电标，这种方法对检查全桥式压力传感器的测量系统状态非常有意义。每次压力测量系统校准完成后，对传感器做一次桥臂并电阻检查，以后每次测试前，再做一次桥臂并电阻测试，如果测试值与上次做的值一致，说明压力测量系统状态正常，否则说明压力测量系统的状态发生变化。

根据系统设计的要求，采集装置自带激励电源，信号调理器中不需要设置电源。否则，信号调理器需要设计激励电源电路。发动机试验中，由于传感器种类多，激励电源的电压不一致，要求激励电源电压每路都能独立调节，有些还需具有微调的功能。激励电源的稳定度需满足测量不确定度预分配的指标。

为了便于系统状态检查，在信号调理器上应有检测端口，便于信号和激励电源监测。

（6）数据采集设备选型

数据采集设备选型应考虑通道能力、采样速率、自身测量不确定度、安装环境、价格等多方面因素。

发动机试验时，压力传感器的种类比较多，有产品自带压力传感器、试验台自备压力传感器，还有国产压力传感器、进口压力传感器。由于使用环境不同，传感器的类型也不相同。随着每一种传感器的信号输出方式、阻值大小不同，与之配套的信号调理器、数据采集装置也不相同。信号调理器是传感器与数据采集装置之间的桥梁，它既要满足数据采集装置的要求，又要与传感器匹配。通常不可能每种类型传感器配置一套数据采集装置，只能将多种类型传感器通过信号调理器后输入到一套采集装置上。如传感器的激励电源有恒压源和恒流源供电，激励电压和电流要分档可调，传感器的一般供电电压为 0～12 V，但大部分压力变送器的供电电压为 24 V，接线方式有二线制、三线制、四线制和六线制。数据采集装置需要与信号调理器同步选型设计，以满足不同种类压力传感器和变送器的需求。信号调理器的主要技术指标包括输入阻抗、灵敏度、线性、稳定性、抗干扰能力、增益范围、截止频率、激励源范围、纹波等。主要指标应能满足下列要求：

1）线性：0.03％～0.06％。

2）输入阻抗：＞20 MΩ。

3）增益：1～1 000 按 1，2，5 分档。

4）激励源：恒压源时 0～15 V 可调，具有微调的功能，输出电流≥50 mA，纹波＜

5 mV。恒流源时输出电流 1～20 mA 可调。激励源的稳定性为 0.05%（4 h）。

5）滤波器：低通滤波器，截止频率 5 Hz～10 kHz 分档可调。

数据采集装置选型时要考虑使用环境，根据系统架构、传感器信号特点、工作环境和建设成本，确定设备的类型/系列。比如，集中式架构的测量系统，数据采集设备一般放置在环境好的测控间，可选用实验室类型的测量设备。分布式架构的测量系统，数据采集设备放在半封闭或环境恶劣的工作场所，应选用高可靠、低功耗、基于网络的分布式测量设备。在确定数据采集设备时，一般应选用成熟、可靠、已有的产品系列，便于设备的互相复用与备份，同时保证系统可靠性。

4.2 稳态压力测量

4.2.1 常用的压力传感器

压力传感器是能感受压力信号，并能按照一定的规律将压力信号转换成可用的输出信号的器件或装置[2]。压力传感器通常由压力敏感元件和信号处理单元组成。按不同的测试压力类型，压力传感器通常分为表压传感器、差压传感器和绝压传感器。按压力传感器的工作原理分为应变式传感器、压阻式传感器、压电式传感器、电容式传感器、电位移传感器、霍尔传感器等。

（1）压力传感器主要技术指标

①线性度

线性度指传感器输出与输入之间的线性程度。要求传感器的线性范围宽，减少非线性误差。

②灵敏度

灵敏度是指传感器在稳态下输出量变化与相应输入量变化之比。要求传感器的灵敏度越高越好，这意味着作用于传感器的被测量有微小变化，传感器相应有较大的输出，从而降低了对信调电路的要求。

③重复性和稳定性

重复性是在测量条件不变时，测量示值的一致性；稳定性是传感器使用一定时间后，其输出特性应保持不变。

④动态响应特性

动态响应特性指传感器在测量动态信号时的输出特性，如传感器的频响范围、上升时间和建立时间等。

⑤测量方式

根据实际情况选择接触测量还是非接触测量、在线测量还是非在线测量等测量方式。

⑥可靠性

液体火箭发动机试验现场的复杂工作环境，决定了传感器处在低温、高温、振动、腐蚀等恶劣环境。要求传感器应具有较高的稳定性、可靠性和较好的抗干扰能力，以减小系统本身的故障率。

⑦材料相容性

与压力腔接触的介质类型有气体、液体、腐蚀性介质（N_2O_4）、非腐蚀性介质等，要求传感器内腔材料与被测介质相容。

在满足上述主要性能指标的同时，还要考虑传感器的体积、重量、价格、使用与维护方便等因素。

液体火箭发动机地面试验要求传感器性能好、可靠性高。测量常温压力选用应变式压力传感器、压阻式压力传感器和压力变送器。

（2）应变式压力传感器

金属的变形与其应变有关，若应变与引起应变的力之间关系已知[3]，则根据对电阻变化的测量，便能推断出外加力和在传感器中产生应力的量值。应变式压力传感器是用电阻应变片做敏感元件，粘贴在弹性元件上而制成的压力传感器，它主要由弹性元件、应变片、外壳及其各补偿电阻组成，弹性膜片和圆筒组合作为压力敏感元件。由于全桥电路输出的灵敏度为四分之一桥的 4 倍，且输入和输出呈线性关系，因此，沿圆筒轴向和切向各粘贴 2 只电阻应变片，组成了全桥电阻电路。在被测力作用下，圆筒发生变形，通过粘贴在弹性筒表面的电阻应变片将应变信号转换成变化的电阻信号。由于应变片对温度变化十分敏感，因而在传感器内部还有温度补偿功能。若给传感器加以恒压激励源，即可把变形所致电阻信号转换成电压信号。传感器组成电路图如图 4－5 所示。

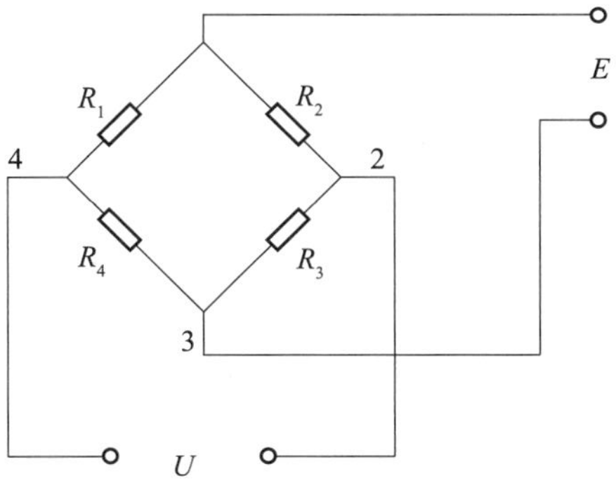

图 4－5　压力传感器的电路原理图

$$U=U_2-U_4=\frac{R_3E}{R_2+R_3}-\frac{R_4E}{R_1+R_4}=\frac{(R_1R_3-R_2R_4)E}{(R_2+R_3)(R_1+R_4)} \tag{4-1}$$

式中　U ——传感器的输出电压；

R_1、R_2、R_3、R_4——传感器四个桥臂应变片的电阻值；

E ——传感器的激励源电压。

测量前，传感器的电桥平衡，即输出电压为零，则

$$R_1R_3=R_2R_4 \tag{4-2}$$

当传感器受压时，应变片发生变形，电阻值也发生变化，即

$$R_1\rightarrow R_1+\Delta R_1,R_2\rightarrow R_2+\Delta R_2,R_3\rightarrow R_3+\Delta R_3,R_4\rightarrow R_4+\Delta R_4 \tag{4-3}$$

一般传感器的四个桥臂应变片的电阻值相同，即 $R_1=R_2=R_3=R_4=R$，则传感器每个桥臂的增量也相等，即 $\Delta R_1=\Delta R_2=\Delta R_3=\Delta R_4=\Delta R$，则式（4-1）变为

$$U\approx\frac{\Delta R}{R}E=K\varepsilon E \tag{4-4}$$

式中 K ——传感器的灵敏度；

ε ——应变片的应变量。

由于 ε 与压力 P_x 成比例，因此，传感器的输出值为

$$U=KP_xE \tag{4-5}$$

电阻应变式传感器是把被测量物体受力变形所产生的应变转化为电阻相对变化，核心元件是电阻应变计和弹性敏感元件。金属粘贴式电阻应变计是用金属电阻体作为敏感栅，用粘接剂固定在试件上的电阻应变计。

应变计的分类方法有很多，按照敏感栅制作方法不同，分为丝式、箔式、金属薄膜式。

丝式应变计用 0.01～0.05 mm 的金属丝制成敏感栅，有回线式和短接式两种。它制作简单、性能稳定、成本低、易粘贴，但因横向部分参与变形，横向效应较大。

箔式电阻应变计的优点是，可制成多种形状复杂，尺寸准确的敏感栅；横向效应小，允许电流大，可以提高灵敏度；蠕变和机械滞后小，疲劳寿命长；便于提高生产效率。这种应变计的优点多，且能自动化批量生产，价格低，应用广泛。

低温压力或高温压力测量时，由于应变式压力传感器粘接剂的温度受限，常采用溅射薄膜压力传感器。溅射薄膜压力传感器的测量原理与应变式压力传感器相同，但在传感器制造工艺上不同。应变式压力传感器采用粘胶的方法把应变片粘贴到弹性体上，溅射薄膜压力传感器采用溅射成膜工艺方法把敏感材料积淀到弹性体上。现在的溅射薄膜压力传感器，用 Ni-Cr 合金敏感材料制作电阻器，薄膜传感器都是电阻性的。该传感器具有良好的稳定性，适用温度范围宽，畸变和滞后比普通压力传感器小，且避免了由胶所产生的漂移、蠕变和疲劳等弱点[4]。它的优点是应变灵敏系数大，允许电流密度大，工作温度范围宽，可达－197～317 ℃。

应变式压力传感器的主要优点：

性能稳定、准确度高；测量范围宽；频率响应好；体积小、重量轻、结构简单、价格低、使用方便、寿命长。测量低温或高温压力选用溅射薄膜压力传感器，应变式压力传感器在发动机试验中得到了广泛应用。

（3）压阻式压力传感器

压阻式压力传感器是指利用硅材料的压阻效应，在其上扩散出惠斯登电桥而制成的压力传感器。其工作原理是半导体材料发生应变时，其电阻率会发生变化，这种现象称为压阻效应。任何材料都不同程度地表现出压阻效应，但半导体材料的这种效应特别强。由于半导体材料的电阻变化率远大于机械变形引起的电阻变化，因此机械变形引起的电阻变化可以忽略。

最常用的半导体电阻材料有硅和锗，掺入杂质，可形成 P 型或 N 型半导体。由于半

导体是各向异性材料，因此它的压阻效应不仅与掺杂浓度、温度和材料类型有关，还与晶向有关。半导体电阻材料的灵敏系数比金属丝的要高数十倍。

压阻式压力传感器有两种类型：用半导体材料制成粘贴式应变计，组成半导体应变式传感器，其使用方法与金属电阻应变计类似；在半导体材料的基片上，用集成电路工艺制成扩散电阻，作为传感器元件，构成扩散型压阻式压力传感器。

压阻式压力传感器由外壳、硅膜片和引线组成，其结构简图如图 4－6 所示。它的核心部分是一块圆形的膜片。在膜片上，利用集成电路的工艺方法设置四个阻值相等的电阻，构成全桥电路。膜片的四周用一圆环（硅环）固定。膜片的两侧有两个压力腔，一个是和被测系统相连的高压腔；另一个是低压腔，通常和大气相通就是表压传感器；如果低压腔是真空状态，这个传感器就是绝压型压力传感器。

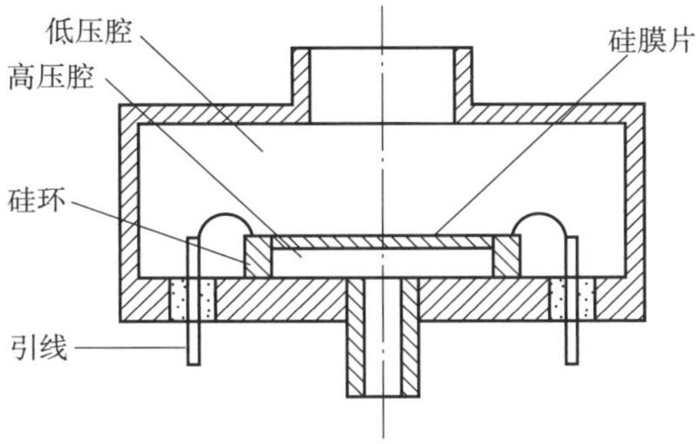

图 4－6　压阻式压力传感器结构简图

当膜片两侧存在压力差时，膜片上各点存在应力。四个电阻在应力作用下，阻值发生变化，电桥失去平衡，输出与压力差成正比的电压。压阻式压力传感器测量原理与应变式传感器相同。

压阻式压力传感器的优点：灵敏度高，传感器的输出信号大，有些不需要放大电路，直接用于测量；分辨率高，测量元件的有效面积可以很小，因此频率响应好。缺点是温度影响大，需要温度补偿或在恒温条件下使用。

（4）压力变送器

压力变送器是一种将压力变量转换为容易传输的标准化信号的仪表，而且其输出信号与压力变量之间有一给定的连续函数关系（通常为线性函数）。主要用于工业过程压力参数的测量和控制，压力变送器分为表压力变送器、差压变送器和绝对压力变送器。

按输出信号的方式可将压力变送器分为电动和气动两大类。电动的标准化输出信号主要为 0～10 mA 和 4～20 mA（或 1～5 V）的直流电信号。气动的标准化输出信号主要为 20～100 kPa 的气体压力，也存在具有特殊规定的其他标准化输出信号[5]。

压力变送器通常由两部分组成：感压单元、信号处理和转换单元。有些变送器增加了显示单元，有些还具有现场总线功能，即智能压力变送器。压力变送器的结构原理如图 4－7 所示。通过感压单元把压力信号转换为电量信号，通过信号处理转换单元对信号进行放大、滤波、抗干扰、零位漂移和温度补偿后，转成标准的电流或电压信号输出，具有显示功能的变送器可实时显示压力值，智能压力变送器可以把标准信号转换为数字信号，通过总线或无线的数据通信方式传递信号。

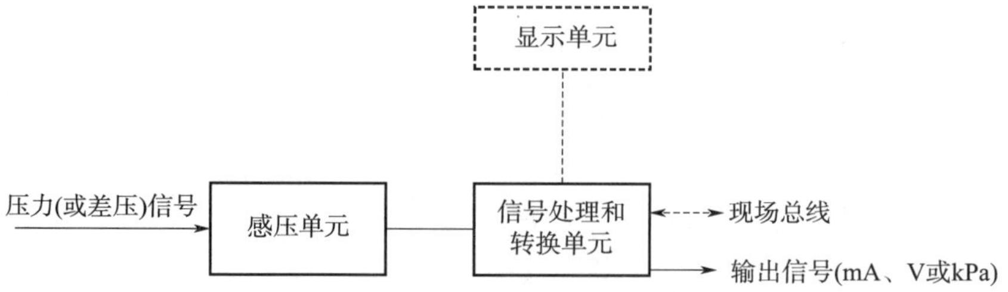

图 4－7　压力变送器的结构原理

压力变送器的优点：高准确度、高稳定性，线性好，温度稳定性高，体积小、重量轻，安装使用方便，内腔采用不锈钢，与大部分推进剂材料一级相容。变送器输出为标准信号，后端采集装置的性能要求没有传感器高，目前在发动机试验中已广泛应用。

4.2.2　压力传感器安装工艺

在试车时发动机产生强烈振动，被测压力源的温度变化很大，从常温变化到高温或低温，火焰的热辐射也使环境温度骤增，压力传感器将受到这些因素的影响，因此必须正确选择传感器的安装位置与方式，传感器安装工艺。

（1）安装位置与方式

1）传感器安装在远离试车间的专用传感器安装柜中，这样可以保证传感器处于稳定环境中，但测压导管要很长，有时导管太长会影响测量结果，测压导管内要充满液体隔离液，以提高传感器测量响应。

2）传感器安装在发动机附近支架或减振架上。这种方式需要的测压导管较短，导管特性好，但存在振动和温度的影响。传感器的固定要采取防振措施。

为减少导管本身和管内介质热传导影响，可选择合适的导管材料、适当的长度和内径及隔离介质来解决。为减小热辐射对传感器的影响，可用防护罩保护传感器或传感器外层进行热防护处理。

（2）传感器安装工艺

根据试车任务书或试车大纲选择被测点压力传感器。选择的传感器应具有可靠性、灵敏度高，线性、稳定性好，符合发动机试验现场高低温、强振动、推进剂腐蚀等要求，并且是经过试验验证的成熟产品。被测点的参考值应落在传感器满量程的 60％～80％范围内。压力传感器的过载能力一般为满量程的 120％（有些为 150％）。

传感器安装的基本要求是保证气密性。对传感器而言，气密性检查是按被测点压力参考值 1.2～1.5 倍静态压力加载不泄漏，加载值不超过传感器的满量程的方法。传感器安装时在满足气密性的前提条件下，选择合适的安装力矩。力矩过大易损坏传感器，降低传感器的强度和可靠性。对体积较小的传感器，力矩过大，传感器自身应力使受力膜片变形，引起传感器零位变化（如小于 1 MPa 的 YB－1C 型传感器端面固定时力矩过大易引起零位漂移），影响测量准确性。部分传感器说明书上没提供安装力矩，安装力矩的大小通常通过现场的试验来确定。安装力矩一般考虑气密性、零位变化及试车环境条件三个因素。通常传感器体积大时力矩大，体积小时力矩小。一般情况下除发动机上要求传感器体积小以外，其他地方应选择体积较大一些的传感器测量。因为体积大的传感器具有性能稳定、可靠性高、不受安装力矩影响等特点。根据实践经验，消除或减小传感器安装应力有三条途径：一是制造传感器时设计应力槽，消除受力端面应力，选择溅射式工艺结构，体积合适；二是制定合适的安装力矩；三是安装体积小的传感器时，在受力端面加胶皮或弹性垫片，减小应力。若安装时引起了零位漂移，一般随着时间延长，部分传感器零漂减小或消失，部分传感器零漂稳定（或减小一定程度后趋于稳定），这种现象通过重新记录零位（通大气的测点需通空记录零位）可基本消除。

压力传感器安装前需对测压管进行清洗吹除处理，确保传感器内腔和测压导管无多余物。液氧系统的压力传感器和测压导管还需进行脱脂处理。检查各接口的密封面，密封面光滑，无明显划痕，检查球面接头无明显变形。对于采用垫片或胶圈的密封方式，要把密封垫放平，防止安装过程出现密封垫被剪切。带有隔离液的测压导管与传感器连接后，导管内应充满液体，无气泡。传感器和测压导管连接后需进行气密性检查，连接要可靠牢固，安装力矩应符合操作规程要求。传感器被安装后，连接活动电缆插头，按要求连接相应的测量通道，与采集装置一一对应，确保极性正确。压力传感器被安装后，对具有气密性要求的，须做气密性检查；对于无法做气密性检查的，用力矩来保证。气密性检查正常后，对传感器打好防松保险丝，固定好活动电缆，对于需要隔热保护的传感器按要求进行包覆。

4.2.3　信号调理技术

发动机试验用的压力传感器一般都采用全桥电路，传感器输出信号幅值与激励电源电压成正比关系，因此要求激励电源的稳定度要高，一般稳定度优于 0.05%，纹波不大于 5 mV。传感器的输出是毫伏级电压信号，如应变式压力传感器满量程输出十几毫伏，信号通过几百米电缆传输到信调器。为了准确测量，信号调理电路具有放大增益稳定、输入阻抗高、抗干扰能力强的滤波电路，信号第一级放大器通常选用仪表放大器。

（1）激励电源电路

试验前应对压力传感器、测量电缆和采集装置进行全系统现场校准，要求试验过程与现场校准时激励源电压保持一致，需要定期监测激励电源电压，确保电源电压稳定。对于发动机自带压力传感器，现场不具备物理量校准条件，只能用实验室计量校准的数据，这类传感器既要求激励电源稳定性高，同时要求电源电路具有分档微调功能，以消除线路阻抗引起的压降。在液氧煤油发动机试验中，要求测量系统给传感器提供的激励源与实验室校准时基本一致，一般相差不大于 5 mV。

激励电源稳定性与压力测量的准确度相关，对激励源的稳定度要求比较高，激励电源的原理框图如图 4-8 所示。

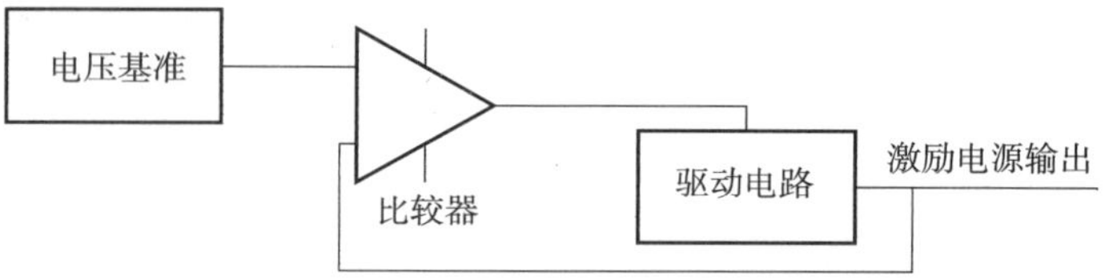

图 4-8　压力传感器激励电源原理框图

电压基准选用高精度、温度漂移系数很小的高稳定度集成芯片，如 AD587、LM399 等，这类芯片采用了高精度并联基准，在很宽的电压、温度和工作电流范围内拥有卓越的温度稳定性；芯片内置一个稳定加热器和有源齐纳二极管，并一起整合在单片式衬底上，消除了电压随温度发生的变化，具有极低的噪声和出色的长期稳定性；如 LM399 的工作温度范围为 0～70 ℃，温度系数为 0.5×10^{-6}/℃，相当于普通基准电压源的 1/10，噪声电压的有效值为 7 μV。根据传感器需要的功率，驱动电路一般选功率三极管、MOS 管或三端稳压器。

激励电源电路采用高精度电压基准，通过输出反馈与基准电压比较的方法，保证了电源输出具有同样的稳定性。激励电源通过调节电阻实现激励电源电压的微调功能。现有的部分数据采集装置带有激励电源的调节功能，其电压基准一般选用 D/A 转换芯片实现，激励输出的电压通过设置相应的数字即可实现激励电源的微调功能。

(2) 信号放大技术

由于压力传感器的输出信号幅值很小，很难直接进行模数转换，因此，需要对信号进行放大处理，以便对信号进行采集。发动机试验现场环境恶劣，传感器输出的小信号中含有工频、静电和电磁耦合等干扰信号，对这种信号的放大需要放大电路具有很高的共模抑制比以及高增益、低噪声和高输入阻抗，一般具有这种特点的放大器称为仪表放大器，也称为测量放大器。放大器原理电路图如图 4-9 所示。

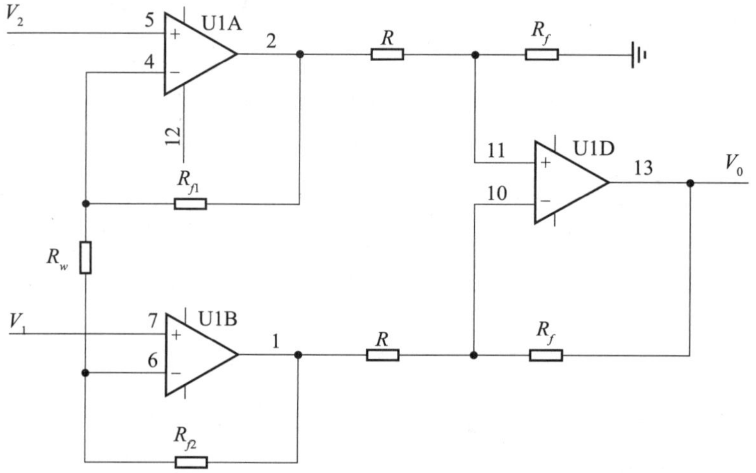

图 4-9　仪表放大器原理电路图

仪表放大器的特征值计算如下

$$V_{01}=\left(1+\frac{R_{f1}}{R_w}\right)V_1-\frac{R_{f1}}{R_w}V_2 \tag{4-6}$$

$$V_{02}=\left(1+\frac{R_{f2}}{R_w}\right)V_2-\frac{R_{f2}}{R_w}V_1 \tag{4-7}$$

$$V_0=\frac{R_f}{R}\left(1+\frac{R_{f1}+R_{f2}}{R_w}\right)(V_2-V_1) \tag{4-8}$$

放大电路的增益为

$$A_v=\frac{R_f}{R}\left(1+\frac{R_{f1}+R_{f2}}{R_w}\right) \tag{4-9}$$

这种电路的特点是性能完善，需要不少于三个运放，要求运放性能对称（一般芯片内多个运放），其漂移大大减小，具有高输入阻抗和高共模抑制比，对微小的差模电压很敏感，适用于测量长线传输来的小信号。为了保证精度，通常需采用精密匹配的外接电阻，实现最大的共模抑制比。为了提高放大器的性能，常采用集成测量放大器。集成测量放大器多数采用厚膜工艺制成模块形式，其外接元件少，无需精密匹配电阻，使用灵活，能处理几微伏到几伏的电压信号，可对差分直流或交流信号进行精密放大，抑制由直流到数百兆的噪声信号[6]，非常适合于发动机地面试车的压力参数测量。

压力传感器的输出信号一般选用集成的仪表放大器进行信号放大处理，如选用 AD624、PGA204 等芯片作为一级放大器，AD624 的共模抑制比可达 130 dB（增益为 500 或 1 000 时），内置 1，100，200，500，1 000 的固定增益功能，还可通过不同跳线增加不同的增益功能。随着数据采集技术的不断发展，现在大多采集装置内采用程控增益放大器和 A/D 转换器组合，配合采集软件，实现输出信号的增益或量程转换，提高输入信号的分辨率。

（3）压力传感器接线方式

发动机试验中选用的压力传感器大多数为全桥式压力传感器，传感器的接线方式分为四线制和六线制，接线原理图如图 4－10 所示，六线制接线方式是在四线制基础上，从传感器的激励电源正负端并联两线，引回两线用于在测量间监测激励电源的电压，通过监测激励电源可判断校准时与试验状态是否一致。激励电源电压应定期监测，有条件的可做到实时监测。系统具有回测激励电源的功能，可方便调节激励电源电压，保证实际激励电压值与检定校准时一致，还能实现电源电压自动调节，提高了工作效率。

（4）压力变送器的接线方式

压力变送器输出有二线制（输出电流信号）、三线制和四线制（输出电压信号），其接线方式如图 4－11 所示。二线制压力变送器输出为电流信号，有些数据采集装置可以直接测量电流信号；有些数据采集装置只能测量电压信号时，需要增加取样电阻将电流转换为电压后，由数据采集装置进行测量。取样电阻准确度等级优于 0.05 级。对于三线制或四线制压力变送器一般输出为电压信号，数据采集系统可直接测量。压力变送器内置电源转换器为传感模块供电，变送器供电范围比较宽，对电源的稳定性要求不高，一般的稳压电源都能满足要求。

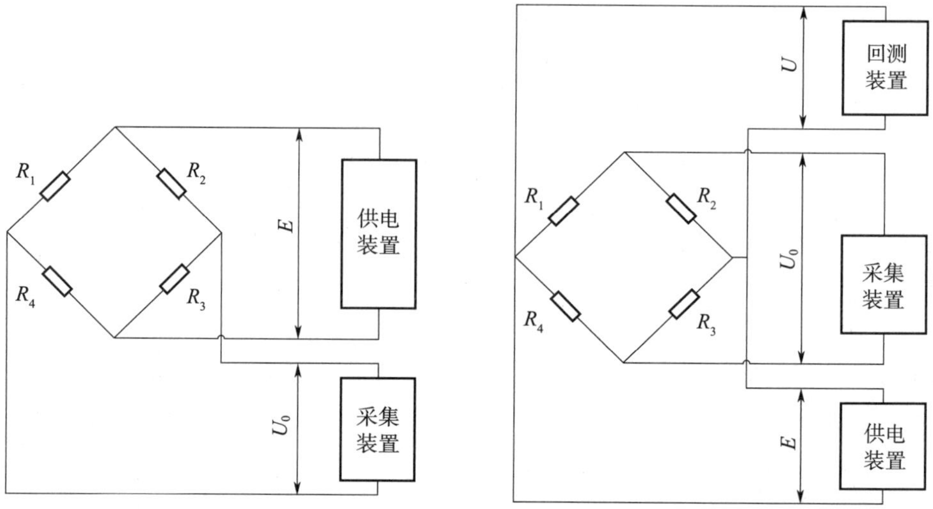

压力传感器四线制原理图　　压力传感器六线制原理图

图 4-10　压力传感器接线方式

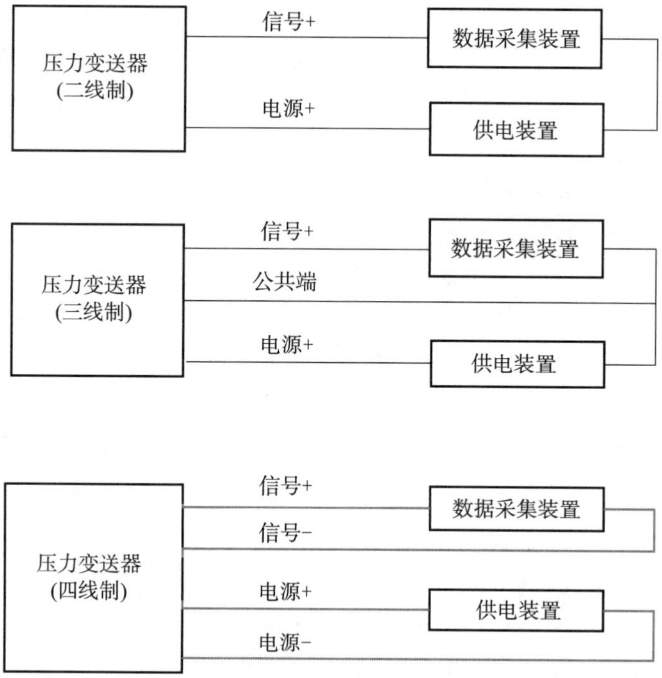

图 4-11　压力变送器接线方式

4.3　高低温条件下压力测量

4.3.1　高温压力测量

在发动机地面试验中，对于测点位置处于高温环境下的压力测量。如采用普通的 YB-1C 型应变压力传感器，该型压力传感器的工作温度范围为：−35～65 ℃，在无防护的情况下，不能直接用于高温环境下的压力测量。因此，在高温环境下的压力测量，应采用多种措施确保压力参数准确获得。首先采用引压管，连接传感器，使传感器远离高温部位，一方面减少传感器直接受到高温部位的辐射，另一方面引压管还可以有效隔绝高温热传导。把压力传感器安装在试车台周边传感器箱内，通过引压管引入到箱内与传感器相连，引压管长度一般达到 6～10 m，长引压管会导致压力测量响应滞后。为了提高系统的响应，在测压管内加隔离液，隔离液一般采用水，冬季为了防冻，隔离液采用酒精和水的混合液。有些型号发动机要求不能加隔离液，引压管的长度需要缩短，一般长度约为 0.5 m，这种方式传感器一般固定在发动机或机架上，传感器的固定位置要远离热源，环境温度相对稳定或变化不大，传感器要固定牢固可靠，防止试验时振动导致传感器脱落，通过测压管内的空气隔离高温传导。对于姿轨控发动机试验，部分测压管长度要求不大于 0.1 m，在传感器安装后，采取多种防护措施，确保传感器不受高温的影响。在传感器的外部包裹隔热和防火的阻燃材料，最外层包裹锡箔纸，可以有效降低辐射热量。

对不能采用引压管的连接方式，直接安装压力传感器进行测量，并采用高温压力传感器。高温压力传感器是一种能直接在高温环境下工作的压力传感器，相较于普通的压力传感器，对高温压力传感器有着更为严苛的要求，需要根据压力测点的环境温度，选择相应的压力传感器。直接测量高温部位的压力传感器比较少。

在高温环境下使用或对高温介质压力进行测量时，大多情况下采用水冷压力传感器。水冷压力传感器测量元件采用应变式或压阻式感压元件，带有水冷降温结构设计。如试验常用的 JPS-6 水冷传感器，体积小、重量轻，对安装位置要求低。发动机相同工况下，对水冷压力传感器和常温压力传感器的多次性能数据进行比对分析，水冷压力传感器有着明显的优势。水冷压力传感器的感压元件有冷却流道，只要冷却水不断流，可以使传感器的感压元件处于常温环境中，试验中零位不发生漂移，传感器的系数保持稳定，测量数据稳定，粗糙度小，测量值更准确。特别是姿控发动机在脉冲程序工作中，燃烧室压力测量中回零响应特性快，零位保持稳定，数据波动小，能准确反映发动机工作过程。

在液氧煤油发动机地面试验过程中，涡轮泵燃气高温部位的脉动压力参数采用高温脉动压力传感器直接测量，传感器为压电式传感器，采用水冷式冷却结构，传感器的感压元件置于冷却水的保护中，流动的水流有效隔热和冷却，确保高温部位的压力测量。对于水冷压力传感器，冷却水管道安装完成后，需要进行通水检查，检查水冷通道流量是否满足要求，确保水冷效果能保护传感器芯体。

4.3.2　低温压力测量

液体火箭发动机试验中，常温稳态压力测量技术已达到较高水平，测量不确定度一般优于 0.5%。低温参数测量是液氧煤油发动机研制与常规发动机的主要差异。低温压力测量遇到较多的技术问题，测量不确定度仅能达到 0.8%～1.2%[7]。

低温压力测量的关键是选用相应传感器和测量工艺方法。从试验数据结果来看，低温压力可以用常温压力传感器和低温压力传感器来测量。使用常温压力传感器测量低温压力时，必须将测点用测压导管引出。测压导管的长度应大于 0.5 m，理想的长度是 0.6～0.9 m，导管内径为 4～6 mm。常温传感器通过测压导管测量时，导管中的空气将低温介质和传感器隔离。由于空气不易传热，传感器的受力膜片基本保持常温。如果测压导管过短，低温便通过导管外壁传到传感器上，从而影响传感器的性能。测压导管过长时，因空气容易压缩，导管内的空气在测量过程中会产生一定的脉动作用，影响测量的准确性和响应性，故导管不宜过粗、过长。使用常温压力传感器测量低温压力时，常用于液氧容器、液氧管道、氧泵入口等测点。用这种方法测量时，校准方法、工作原理和普通压力测量相同。第二种是直接使用低温压力传感器测量低温压力。低温传感器用在无法安装测压导管的发动机上或者不容许压力测量滞后的测点，如发动机的发生器、氧泵、推力室等，这些测点要求传感器直接安装。液氧入口水击压力、脉动压力要求响应快、频响高，测量数据主要反映脉动成分，传感器只能直接安装在测点上。

（1）低温压力测量的特点

现有试验条件下，低温压力测量通常采用常温压力传感器加引压管或低温压力传感器直接测量两种方式。采用常温压力传感器加引压管测量低温液体压力时，由于引压管中气体会延缓压力变化，无法获得压力的瞬态变化值，致使压力参数测量值响应缓慢，存在一定滞后。这种方式对于测量缓慢变化压力没有影响，如容器的箱压。在测量变化较快的低温压力时，一般多选用低温压力传感器直接测量（不加引压管）。由于不同温度环境下，对传感器敏感膜片材料、内部结构和电路补偿元件的影响不同，温度变化致使传感器产生零点漂移和灵敏度漂移，而传感器一般很难在大范围温度内（室温变化到 20 K）进行零点和灵敏度温度补偿，试验现场一般不具备低温校准条件，大多在常温环境下对低温压力测量系统进行现场校准，在低温环境下使用时，传感器校验灵敏度等系数与低温环境存在较大差别。

在液氧煤油发动机预冷后，有些直接接触液氧的压力传感器在短时间内会发生明显的零位漂移，在系统并未增压的情况下，传感器的测量值是实际工作压力的 3～8 倍。如某次试验发生器氧喷前压力预冷时实际值为 0.23 MPa，而此时的测量值显示为－1.53 MPa，原因是低温环境导致传感器的零位发生漂移，从而影响了压力测量数据的准确性。这种现象主要归因于低温传感器膜片材料和补偿机制受温度变化的影响。

低温压力参数测量不确定度主要取决于传感器准确度、采集装置（含激励）准确度、标准压力源准确度、现场校准方法、系统抗干扰能力、安装工艺和数据处理修正方法等。

液体火箭发动机试验中，采集装置性能指标比较好，对电压的采集不确定度多数优于 0.05%，标准压力源的准确度通常优于 0.05%（常温环境），这两项对测量的不确定度影响很小。同时测量系统抗干扰能力可以通过研制高性能的激励源和信号调理器，采取有效接地、隔离和屏蔽等措施将系统干扰对测量结果的影响降到最低。但校准方法还是常温下校准，低温环境下使用，会带来较大的差异。通过以上分析，提高低温压力测量准确性的技术途径主要涉及校准方法、传感器选用和数据处理修正技术三个方面。

（2）低温压力测量常用的方法

低温压力传感器的结构一般为溅射薄膜结构，这种结构具有温度系数小、应力消除等特点。低温压力传感器虽然在制造结构上采取了措施，但在低温状态下仍然比常温传感器零位漂移大、线性差。由于低温测量所用的校准系数是在常温条件下取得的，直接用低温压力传感器测量压力比用常温压力传感器加引压管方式测量低温压力的误差要大一些。

目前，覆盖液氧、液氢温度范围的低温压力计量校准装置因安全性差和操作复杂等因素，在液体火箭发动机试验压力测量系统现场校准中还没有应用。现在试验系统使用的低温压力传感器，在试验现场常温环境下用标准压力源进行物理量校准。发动机自带的低温压力传感器在试验现场采用电压替代法或桥臂并电阻法校准，电压值或并电阻值采用计量证书给出的常温校准结果。实验室和传感器实际工作时的环境温度相差大，低温环境引起传感器零位明显漂移。随着校准技术的发展，实验室具备在低温环境下对传感器进行校准的条件，计量证书带有低温条件下传感器的修正系数，在进行现场校准时，应采用低温环境下的校准数据对测量系统进行校准，以便于提高低温压力测量的准确性。

液氧煤油发动机试验中，压力零位漂移主要有两种：一种是由安装力矩产生零位漂移，与普通传感器相同；另一种是由感压元件的环境温度发生变化引起的，如低温发动机预冷时，出现低温压力传感器输出值比实际压力值大得多的现象。低温状态下不仅产生零位漂移，斜率也可能发生一定变化。由于每一个传感器的零位、斜率变化值又不一样，修正比较困难。解决的根本途径是建立低温环境下压力测量系统现场校准条件，对每一个传感器进行真实介质全系统现场校准，最大限度减小由校准与实际使用环境差异带来的系统误差。在低温压力测量中，为了准确地获得测量值，可采取以下方法对测量数据进行修正：

1）通过测压导管测量低温压力时，低温测量转变成常温测量，一般不用考虑零位漂移和斜率变化，测量数据准确度高。所以，能用测压导管引出的低温测点，在安装工艺上尽可能引出测量。对测压导管产生的测量值滞后问题，可通过带测压导管测量和不带测压导管直接测量的两种方式同时测量，进行压力同步比对试验，获得测压导管引起的滞后时间，对带测压导管的测量数据进行时间修正。传感器在低温环境下稳定后，其零位漂移值一般变化很小，可认为是一个相对恒定值。

2）采用直接安装低温压力传感器测量时，环境温度变化主要影响传感器的零位。传感器的环境温度稳定后，零位的漂移值基本稳定，需要在测量过程中对零位进行修正。发动机预冷后通大气的低温压力传感器应使用预冷后的零位（减去液氧液柱产生的压力）。

不通大气的低温压力传感器预冷产生的压力有两种处理办法：

第一种，系统未增压前传感器测量值应为液氧液柱产生的压力值加环境大气压值，此时传感器零漂值＝测量值－液柱自重产生的压力值－环境大气压值，在试验过程中对全程数据减去零位漂移值。

第二种，发动机点火前，寻找和该低温压力传感器位置相近的带测压导管的压力传感器，直接安装的低温压力传感器测量值和带测压导管的压力传感器测量值（未产生零位漂移）的差值就是低温零位漂移值，在试验过程中对全程数据减去零位漂移值（位置不同时考虑液柱差产生的压力）。

3）低温介质对传感器的零位影响较大，对斜率的影响较小。通常要对零位漂移进行修正，对斜率是否修正需要根据变化大小来决定。目前使用的压力传感器综合准确度为0.1％～0.2％，常温压力测量不确定度为0.5％，低温压力测量不确定度约为1％。如果低温压力测量不确定度达到0.6％～0.8％，可通过两种途径解决：一是建立低温压力现场校准系统，由于低温压力校准设备组成复杂，不适合快速现场校准；二是通过数据修正的方法，根据实际测量需求对零位漂移进行修正，斜率变化过大时，还应对斜率进行修正。低温斜率变化情况可通过量程相近的同型号压力传感器低温试验来获得，所获得的低温性能数据，可在一定时期内使用。

影响低温压力测量准确性的因素较多，主要表现在低温压力传感器现场校准技术、数据修正方法、安装工艺技术三个方面，提高低温压力测量精度最有效的途径是建立真实介质现场校准系统。

4.4 真空压力测量

发动机试验中还涉及真空压力测量，高空发动机在研制过程中，需要模拟高空环境试验，研究发动机在真空环境中的工作性能，必须准确测量真空压力，验证模拟环境相对应的飞行高度。真空是指气体压力低于一个标准大气压的气体状态。真空度是指低于大气压力的气体稀薄程度，通常用压力表示真空度，压力高表示真空度低，反之压力低表示真空度高。火箭发动机高空模拟试验的真空压力测量包括粗真空、低真空和极限真空测量。

真空压力测量就是真空度的测量，真空度是低于大气压力的气体稀薄程度的量度。测量真空度时应该测量的物理量是气体的分子数密度，由于分子数密度测量困难，考虑到压力与气体分子数密度成正比，且压力的测量比较容易，在真空测量历史上采用压力作为衡量真空度的物理量，沿用至今[8]。

4.4.1 真空计的分类

测量低于大气压的气体压力的传感器称为真空计，有些真空计带显示表盘，可以直接读取真空压力值。真空计既可以直接测量气体的压力，也可以通过与压力有关的物理量来间接测量压力。真空计可按以下方法来进行分类。

（1）按真空计刻度

绝对真空计：能从其本身测得的物理量（如液柱高度、工作液、比重等）直接计算出气体压力的称为绝对真空计。这种真空计测量精度较高，主要用作基准量具。属于绝对真空计的有 U 形压力计、压缩式真空计和热辐射真空计等。

相对真空计：主要利用气体在低压力下的某些物理特性（如热传导、电离、粘滞性和应变等）与压力的关系间接测量，属于相对真空计的有热传导真空计、电离真空计等[9]。

（2）按真空计测量原理

直接测量真空计：原理为直接测量单位面积上的力，如静态液位真空计、弹性元件真空计等。

间接测量真空计：通过真空中与气体压力有关的物理量的变化来间接测量压力的变化，如压缩式真空计、热传导真空计、热辐射真空计、电离真空计、分压力真空计等。

4.4.2　真空计的选型和安装

在选择真空计时应考虑测量准确度和真空度的范围。目前有多种真空压力测量方法，最高可以测量到 10^{-14} Pa 的压力，任何一种方法都有一定的测量范围，没有传感器的测量范围超出大气压至 10^{-14} Pa 的范围，表 4－1 是常用的真空压力传感器测量范围选型表。在发动机高空模拟试验中，选择适合量程的真空计可以使测量区域相互衔接，以便监测真空压力的变化过程。如某型发动机试验中选择了 100 kPa、1 kPa 和 200 Pa 量程的真空计，100 kPa 真空计监测从大气压到约 1 kPa 的变化过程，1 kPa 真空计主要用于测量从 1 kPa 到 200 Pa 范围内的真空压力，200 Pa 真空计主要测量发动机起动前和工作过程中的真空压力。

表 4－1　常用的真空压力传感器测量范围选型表

真空度	选用规管	特殊需要下选用规管
粗真空 100～1.33 kPa	用弹簧管真空计，带腐蚀性气体用电容式，应变式和压阻式绝压传感器	同时测量粗真空和低真空的宽范围时可用： 1）振膜式规； 2）放射能规； 3）电容规
低真空 1.33kPa～0.13 Pa	一般用电阻式，要求不高用热偶规； 仅做粗略指示，用放电管指示器； 较精密测量用压缩规与电容规	
高真空 0.1～10^{-5} Pa	主要用电离规	同时测量低、高真空时可用： 1）复合真空计； 2）高压强电离规

液体火箭发动机试验中常用的真空计有：

（1）电容式薄膜真空计

电容式薄膜真空计根据金属弹性薄膜在压差作用下产生应变而引起电容变化的原理制成，是一种绝对真空计，目前在计量部门可作为低真空副标准真空计。不同量程组合使测

量范围为 10^{-1}～10^{5} Pa，需要根据不同的测量要求选择合适的测量量程，传感器输出信号已转为标准信号，便于二次仪表的测量。该传感器具有灵敏度高、气体的介电常数不变、压力读数完全不受气体成分影响、反应速度快等特点，适合在腐蚀性气体环境中重复使用，缺点是传感器易损坏，尤其是高真空的传感器，价格高。

（2）96 型真空压力传感器

96 型真空压力传感器是一种压阻式全桥绝压传感器。其原理是用“规环膜片”作为金属弹性薄膜，规环膜片内侧为标准压力 10^{-3} Pa，外侧为被测压力，当膜片外侧的压力发生变化时，由于传感器的压阻效应，阻值发生变化，对应于被测压力转换为电压或电流信号输出。这类传感器与压力传感器基本相同，需要给传感器提供激励电源，传感器的输出信号需要调理放大后采集，现场需要进行物理量或电校准。这类传感器主要用于 100～1 kPa 范围内的真空压力测量。

（3）电阻式真空规（热阻规）

电阻式真空规的热丝温度是随温度压力而变化的，由于温度的改变导致热丝电阻变化，通过测量电阻变化来测量真空度，又称为皮拉尼规，可分为定温型（惠斯顿电桥测功率）和定电压型。定温型量程为 1～10^{-1} Pa，定电压型量程为 1～10^{-2} Pa。热阻规改进用单晶半导体的热传导规量程扩展至 100 kPa～10^{-3} Pa。

高空模拟试验舱内存在压力梯度，因此选择真空压力测点十分重要，应进行多点、分量程段组合测量，然后确定出合理的测点位置。容器内与管道上的真空压力与流导成反比，若管道直径一定，则真空压力与到真空泵口的距离成正比，安装在真空泵口附近的真空计测得的压力要低于远离泵口测得的压力。由于真空计一般都安装在容器的外壁上，测量的压力略高于抽吸泵附近和容器中心（发动机附近）的实际压力。

在实际应用中，管道直径、走向有变化，串联容器的体积不完全相同，诸多因素决定了容器、管道内的真空压力不是处处相同，因此，应在容器、管道上布置一定数量的真空计，以监测真空系统工作时的压力变化过程。传感器应尽量安装在接近测量的部位，传感器进气口方向应与气流方向垂直。传感器的进气口对着气流方向，会因气流的流速造成动压力，使测得的压力较实际压力高；而传感器的进气口背着气流方向，将使测得的压力较实际压力低。根据压力的高低来决定传感器的进气口在真空系统内是伸进还是缩出（$<$0.1 Pa 时，防止管壁及系统放气，传感器的导管应伸入 10 mm 左右；$>$0.1 Pa 时，导管不需伸入），连接管道口径要尽量大，而长度要短。

4.4.3 真空环境对压力传感器的影响

处于真空舱内的压力传感器会受到真空环境的影响。大多数密封型传感器在真空环境压力变化时会承受一个附加的轴向力，使得压力传感器的零位发生变化，必须考虑压力测量数据的修正。真空环境下的传感器最好选用敞开式传感器或对环境压力能自动补偿的传感器。

由于在真空舱中点火，发动机产生的热量不能及时排出，舱内的温度会快速升高，需要注意传感器的热防护工作。发动机上的压力传感器应该用石棉布包覆隔热，外面使用锡箔纸抵挡热辐射，必要时采用水冷却式保护套，以保证传感器正常工作。

4.5　现场校准技术

目前压力测量中采用两种校准方法：一种是电量校准；另一种是静态物理量校准。其中电量校准包括并联电阻法校准和电压替代法校准。

4.5.1　电量校准

现场不具备物理量校准条件时，一般采用电量现场校准，发动机自带的压力传感器一般采用这种方法校准。自带稳态压力传感器的测量原理和普通压力传感器相同，只是现场校准方法不同。某些自带传感器的检定证书提供的校准值是电阻值时，采用桥臂并联电阻方法进行现场校准。压力传感器检定证书上给出的校准值是电压值时，采用电压替代法进行等效现场校准。

（1）并联电阻法

传感器在实验室校准时，给传感器的一桥臂上并联已知标准电阻值，得到并联的电阻值和对应压力值之间的关系。试验现场电量校准时，根据并联电阻值和压力值之间的关系，把标准电阻箱并联到传感器的一桥臂，传感器输出信号通过传输电缆送到采集装置，由采集装置记录，得出压力值和采集值之间的关系式。此种方法操作简便，但难以保证计量校准条件和现场测量条件完全一致。

（2）电压替代法

根据传感器在实验室校准时，给出的标准压力值与传感器输出值之间的关系，在试验现场用标准直流电压源模拟传感器输出值，通过传输电缆给采集装置施加标准电压值，由采集装置记录，得出标准压力值和采集值之间的关系。这种方法操作简便，同样存在难以保证计量校准条件和现场测量条件完全一致的问题。

压力测量系统现场电量校准的具体方法如下：现场等效校准时，首先系统带传感器加电预热 30 min，在传感器一端转接插头上测量桥压源，桥压源与检定证书的激励电源不满足要求时，调节激励源使之满足，一般要求偏差不大于 5 mV；对于传感器内部带有放大电路的，其激励源电压满足技术要求即可。并联电阻校准须采用精密电阻箱，电阻箱的准确度等级应优于 0.1 级。准确度等级越高，电阻箱带来的误差越小。在传感器指定的桥臂接点上，按校准证书上给定的校准值并电阻，采集装置记录每档对应的采集值，校验一般分为六档，校验一遍。电压替代法校准需采用准确度等级优于 0.05 级的高精度标准直流电压源。在校准过程中，断开传感器，按校准证书上给定的校准值使用标准源加载，并由采集装置记录对应的采集值。电压替代法校验同样分为六档，并重复校验三遍。把校验的采集值与证书上对应的压力值通过最小二乘法拟合出校准方程，并同时给出校准误差。一般情况下，校准误差的散布百分数应控制在 0.2%以内，现场校准值要保留足够的有效数字，一般建议不少于 5 位。

对压力变送器进行测量时，其输出一般为标准信号，如 4～20 mA 或 1～5 V，系统校准采用电量校准。变送器证书一般没有加载数据，只提供校准的结果时，可采用端点法校准。用标准源加载高低两端信号，通过两点拟合直线，获得系统校准系数。如变送器校准证书提供了校验过程的加载数据，可按照证书上的数据进行系统校准，采用最小二乘法拟合系数和校准误差，判断校准误差是否满足要求。

4.5.2 静态物理量校准

物理量现场校准是对包括传感器、传输电缆和数据采集装置在内的整个系统进行校准，即将标准压力值加载到传感器上，由数据采集装置记录，采用最小二乘法拟合标准压力值与采集电压值之间的线性关系，并获得系统的灵敏度与校准误差。现场校准能够提高系统的测量准确度，减少误差影响。现场校准时，需要确保传感器的激励电源稳定，与试验时保持一致，不需要对激励源进行调节。

4.5.2.1 常温压力静态校准

常用压力校准标准设备一般分为标准活塞压力计和数字压力校准仪两种。

活塞压力计是利用活塞及其连接件和专用砝码加载在活塞有效面积上的重力与被测压力作用在活塞下端面产生的力相平衡的原理而制成的测量压力的仪器。活塞压力计是传统标准压力计量仪器，可以通过砝码产生标准压力，在中高压力计量中常使用，具有结构简单、准确度高、复现性高和可信度高的优点，缺点是需要使用砝码加载，质量大、移动不便、加载工作量大，主要应用于实验室计量。目前在液体火箭发动机试验现场校准的应用已逐渐减少。

数字压力校准仪是随着高精度数字压力传感器技术发展出现的新型压力计量仪器。它由压力泵和标准数字压力计组成。通过将标准压力传感器和被校压力传感器连接在校准仪上，对数据采集装置进行全系统校准。采用比对校准方式，由压力泵进行增压，标准压力传感器输出信号通过信号处理模块后，直接在表头上显示加载的压力值。操作人员根据显示值人工判断并调节标准压力值到设定值，当达到要求的加载值时，记录此档位的采集值，再进行下一档校验，采用三遍六档。数字压力校准仪有手动增压和自动增压两种方式。手动增压泵一般具有加载方便、便携、现场适应性好等特点，缺点是调节增压的稳定性不如活塞压力计，目前已广泛用于液体火箭发动机试验压力现场校准。

静态校准一般分为六档，每档校验三遍，按照加载的压力值和采集的电压值利用最小二乘法线性拟合，同时计算校准误差。大推力发动机试验中，压力校验一般采用三遍六档，只对传感器进行进程校验，共计 18 组数据用于拟合计算系数。对于姿轨控发动机的压力校验，则一般采用进、回程方式校验，用三遍六档共 36 组数据进行拟合计算系数。

4.5.2.2 现场自动校准装置

为提高压力测量系统现场校准的效率、降低劳动强度，设计了集成化的气压校准装置，现场校准装置可靠性高、操作简单、结构小型化、便于移动，可同时校准多只压力传感器，能够对校准数据进行快速处理，适合 10 MPa 以下、同量程数量多的传感器现场校准。

（1）校准装置设计的关键技术

1）压力传感器校准的安全性问题。气压校准台的气源进气端安装安全阀、紧急放气阀及减压阀，控制气源压力不超过压力控制模块的最大安全压力；自动校准软件实时监测压力数据，当压力数据达到传感器量程值的 110%时，进行报警提醒，当压力数据达到传感器量程值的 130%时，进行紧急放气泄压。

2）利用压力控制器进行调压控制。压力控制器根据设定压力值快速调整压力，使输出压力稳定在校准档位，控制压力的准确度优于 0.02%，在校准档位稳定时间不少于 20 s。

3）校准档位数据快速判读记录。通过校准软件可实现远程快速自动校准，能够对校准档位数据进行快速判读并记录，当压力值稳定在要求范围内时，记录该档位的数据。

4）多余物的有效控制。压力传感器采用氮气作为压力传递媒介，实现气压式自动校准，彻底摒弃了传统的液压油传力的方式，有效防止了对传感器的污染，使传感器易于清洗，同时有效控制了多余物的产生。

（2）系统组成及原理

压力传感器现场自动校准系统由气压校准台、通信系统、数据采集设备（采集装置和采集计算机）三部分构成，系统组成框图如图 4－12 所示。

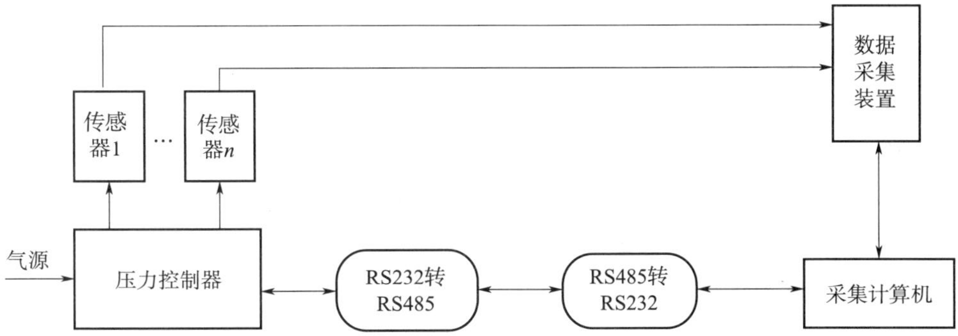

图 4－12 压力传感器现场自动校准系统组成框图

压力控制器的通信接口有 RS232、IEEE488、USB、以太网，一般采用 RS232 转 RS485 的通信方式，通信协议采用 SCPI，实现气压校准台与采集计算机之间的通信，开发自动校准软件，实现全程自动校准。

工作原理：由采集计算机给压力控制器发设定的校准压力值，压力控制器收到指令后，自动调节压力值到设定值后保持此压力值，同时给采集计算机发指令，采集计算机收到后起动采集程序，记录并保存传感器输出值；然后再发指令进行下一档加载，重复三遍六档，加载结束后计算校准结果。

（3）气压校准台

气压校准台由双通道压力控制器、阀门附件等组成，其系统组成框图如图 4－13 所示。

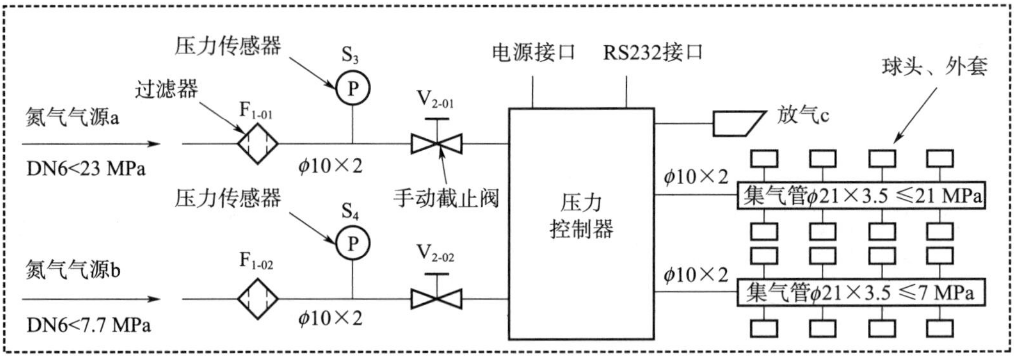

图 4-13 气压校准台系统组成图

压力控制器有两个压力控制模块，各模块所需的气源压力不能超过其量程的 110%，因此，模块 1 的气源压力不大于 23 MPa，模块 2 的气源压力不大于 7.7 MPa。两个模块分两路供气，压力控制器入口前安装 5 μm 精度过滤器，手动截止阀前安装示值压力表，以检测气源压力。

气压校准台能够满足同时校准多只传感器的需求，台体内设计安装了测压管路，气压校准台连接氮气供气管路，在保证气密性的同时，简化了传感器安装操作流程，实现了多只压力传感器同时校准，提高了校准工作效率。

（4）自动校准软件

自动校准软件包括压力传感器测量通道参数设置模块、压力控制模块、压力数据查询模块、数据采集模块、数据处理模块 5 部分。根据压力传感器的类型、测量范围和准确度，设定需要检定的压力点，通过压力校准仪从零点开始按要求值加压，对压力传感器进行多档定点加载，由采集装置记录后，将采集值与对应标准值进行最小二乘法线性拟合，得出校准斜率、截距和校准误差，判断结果是否合格。

4.5.2.3 低温压力现场静态校准

液体火箭发动机试验压力传感器的校准系数通常采用现场校准和计量校准两种方式获取。现场校准能最大限度减小系统误差，是最理想的校准方式。目前试验系统自行安装的压力传感器均采用先现场校准后安装的方式，但发动机自带的部分常温和低温压力传感器在试验现场不允许拆装，无法进行现场校准。测量系统根据计量校准证书提供的各档压力值对应的电压值（或电阻值），在采集装置输入端采用电压替代法或在传感器桥臂上并电阻方式进行等效校准；对测量精度要求不高的一般压力参数，可直接使用计量校准的线性方程，测量系统只需保证传感器的激励电压和计量校准时一致，不再进行现场物理量校准。上述校准方式适合常温压力传感器和通过测压导管安装的低温压力传感器，对直接安装的低温压力传感器不适用。原因是低温压力传感器在常温校准低温使用时零位漂移大，有些性能不稳定的低温压力传感器灵敏度也发生变化。所以，对直接接触低温的压力传感器应用真实介质进行现场校准。

低温压力校准系统主要由实验装置、氮气储箱、低温介质储箱、抽真空装置、标准压力源装置、工控机及配套管路及阀门等组成。系统组成图如图 4－14 所示。

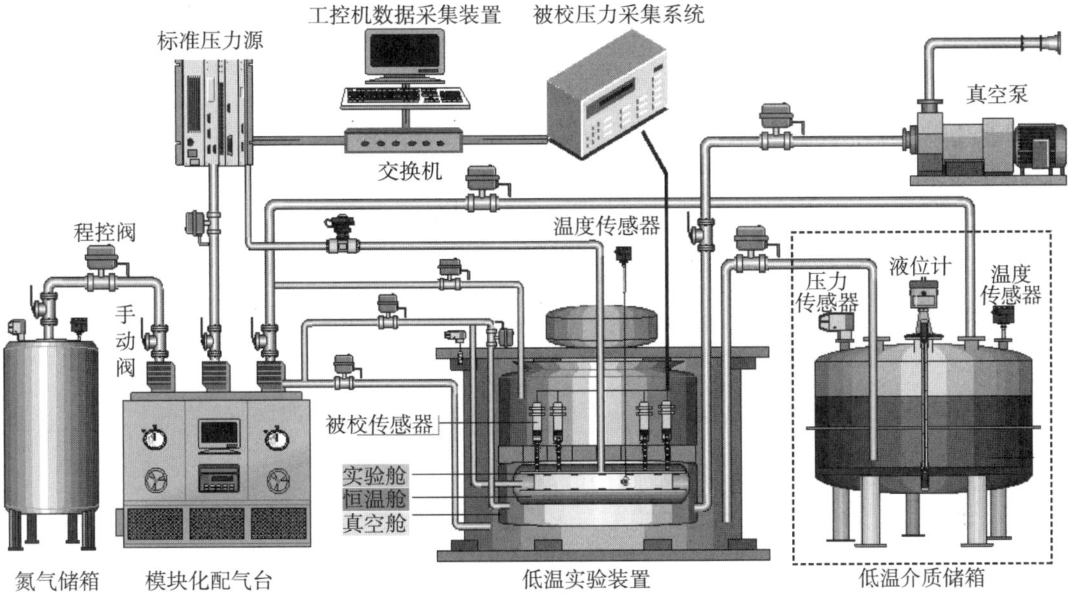

图 4－14　低温压力传感器校准系统组成图

低温压力校准系统所有设备通过工控机控制，根据设定程序自动运行，完成低温压力传感器现场校准。实验装置内加注低温介质，并设置真空舱与恒温舱，用于控制实验舱与低温介质的换热速度，稳定实验舱的温度；标准压力源与实验舱连通，通过控制标准压力源装置输出压力值，完成传感器校验档位的加载，实现全程校准。

低温压力传感器校准系统的仪器多，结构复杂，质量大，密封要求高，不易移动，不适合用于试验现场校准。为提高低温压力测量准确度，可以在实验室对传感器进行低温校准，获得传感器在低温下的性能，在现场可使用低温获得的数据对现场校准的数据进行修正。

4.5.2.4　真空压力现场校准

真空压力校准是真空测量的基础，是提高真空压力测量的有效方法。真空压力校准分为实验室校准和现场校准。实验室校准是通过真空计量标准对真空压力传感器按国家规范进行校准；现场校准是以高等级真空计作为标准，对真空压力测量系统（真空传感器和采集装置）进行现场校准。对于真空传感器或测量系统的校准一般采用比对的方法。比对校准的原理是把一只或几只需要校准的真空传感器与标准真空计一起接到校准室上，标准真空计具有显示功能，且通过实验室计量检定，被校真空传感器连接数据采集装置。当校准室中产生所要求的校准压力后，用标准真空计和被校的真空压力传感器（含测量系统）同时测量，将所测的结果进行比对，用标准真空计对被校传感器（含采集装置）进行修正。如果是线性规，给出比对的平均修正系数；对于非线性规，则给出比对校准曲线。

真空压力校准系统主要由真空校准装置、被校真空传感器、数据采集装置、计算机、电缆网等组成。真空校准装置主要由校准室、抽气系统、进气系统三部分组成。其中校准室采用球形容器，是一种理想的结构形式，气体分子在球内容易达到均匀分布。标准真空计采用经过二级校验的电容薄膜真空计。抽气系统由真空泵构成，包括分子泵 TMP、机械泵 RP、各种阀门等。进气系统主要由稳压室和阀门等组成。

例如，某试验台使用的真空校准系统，由 GJC－120 抽真空仪及经过二级校验的标准真空计组成，可实现对真空压力测量系统的现场校准，系统组成如图 4－15 所示，标定档位按被测真空参数要求确定，档位以标准真空计的表头显示为基准，校验一遍六档，校验时 GJC－120 抽真空仪抽至校验档值附近停泵，通过微调和进气阀调至预定数值，由 1＃、2＃采集装置同时记录标定数据，全部档位标定结束后，对标定数据进行线性拟合得出 a、b 值，实现真空压力参数的现场校准。

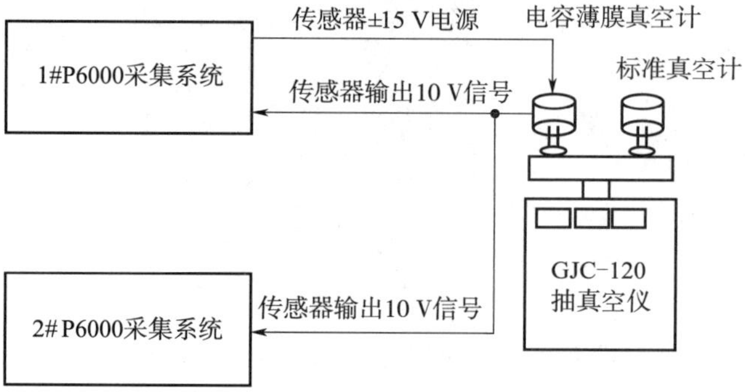

图 4－15　电容薄膜真空计现场校准系统

4.6　数据处理

发动机试验中，压力测量使用的压力传感器有表压传感器和绝压传感器，在数据处理时需要分清表压传感器和绝压传感器，多数按绝压值提供压力数据。

4.6.1　处理方法

（1）表压传感器的数据处理方法

$$P = b(u_s - u_0) + P_H \tag{4-10}$$

式中　b ——现场校验的斜率，单位为 MPa/mV；

u_s ——试车过程采集的电压数值，单位为 mV；

u_0 ——试车前记录零位值，单位为 mV；

P_H ——传感器所处环境大气压力，单位为 MPa。

传感器在大气环境时为当地大气压力，如果处在真空环境中，则为实时真空舱压。

（2）绝压传感器的数据处理方法

$$P = bu_s + a \tag{4-11}$$

式中　b ——现场校验的斜率，单位为 MPa/mV；

u_s ——试车过程采集的电压，单位为 mV；

a ——现场校验的截距，单位为 MPa。

（3）压力变送器的数据处理方法

压力变送器电流输出数据处理方法

$$P=\frac{P_{\max}-P_{\min}}{I_{\max}-I_{\min}}\cdot(I-I_{\min})+P_{\min} \tag{4-12}$$

式中　$P_{\max}$ ——压力变送器压力测量上限；

$P_{\min}$ ——压力变送器压力测量下限；

$I_{\max}$ ——压力变送器压力上限时输出电流值；

$I_{\min}$ ——压力变送器压力下限时输出电流值；

I ——试车过程中采集的电流值。

压力变送器电压输出数据处理方法

$$P=\frac{P_{\max}-P_{\min}}{U_{\max}-U_{\min}}\cdot(U-U_{\min})+P_{\min} \tag{4-13}$$

式中　$P_{\max}$ ——压力变送器压力测量上限；

$P_{\min}$ ——压力变送器压力测量下限；

$U_{\max}$ ——压力变送器压力上限时输出电压值；

$U_{\min}$ ——压力变送器压力下限时输出电压值；

U ——试车过程中采集的电压值。

（4）压力后效冲量的数据处理方法

根据任务书或大纲要求，确定积分时间区间，积分时间内采样点数应为偶数。

$$I_p=\frac{\Delta t}{3}\cdot\left(P_0+P_m+2\sum P_{io}+4\sum P_{ij}\right) \tag{4-14}$$

式中　I_p ——压力对时间的积分值，单位为 MPa · s；

Δt ——步长，参数采样点的间隔时间，单位为 s；

P_0 ——积分起始时间点参数值，单位为 MPa；

P_m ——积分终止时间点参数值，单位为 MPa；

P_{io} ——积分区间内偶数点参数值，单位为 MPa；

P_{ij} ——积分区间内奇数点参数值，单位为 MPa。

有些发动机还要求提供起动段的冲量，计算方法一致。

（5）推力室压力粗糙度的处理方法

推力室压力脉动的峰峰值之半与稳态压力之比，取其百分数。

$$r_{Pc}=\frac{\Delta P_c}{2\,\overline{P}_c}\times 100\% \tag{4-15}$$

式中　r_{Pc} ——推力室压力粗糙度；

ΔP_c ——推力室压力脉动最大峰峰值，单位为 MPa；

$\overline{P_c}$ ——稳态区间推力室压力平均值，单位为 MPa。

(6) 推力室压力起动峰值的处理方法

在发动机起动过程中找出推力室压力上升达到的最大压力值，最大压力值大于推力室稳态区间的平均值为室压起动峰值，否则，判断无起动峰值。

(7) 发动机起动加速性和关机减速性的数据处理方法

在发动机试验中，需提供发动机的起动和关机特性，常用推力室室压测量值判断。先处理发动机工作过程的室压测量值，根据要求的时间段计算室压稳态段的平均值，按照要求的百分数乘以稳定段的平均值，获得相对应的参数值。起动加速性是从起动信号开始，在起动过程中的室压测量值中，查找到达对应参数值的时间，如果没有对应参数值，用内插法计算对应的参数值相对应的时间；关机减速性是从关机信号开始，在关机过程中的室压测量值中，采用与起动加速性对应的方法查找获得对应的时间。发动机的动态性能一般起动加速性以 T_{90} 值评判，减速性以 t_{10} 值评判。为了准确评判发动机过渡过程，要求提供起动过程 T_{10}、T_{20}、T_{30}、T_{40}、T_{50}、T_{60}、T_{70}、T_{80} 等时间值，减速性要求提供 t_{20}、t_{30}、t_{40}、t_{50}、t_{60}、t_{70}、t_{80}、t_{90} 等时间值。

(8) 数据处理时间区间的选取

发动机试验数据处理时，一般应在试验任务书或试验大纲中明确数据处理时间段。对于压力参数应从发动机试验程序开始到结束全过程提供压力参数测量瞬时值，根据发动机工作时间段，提供发动机稳定段的平均值。稳定段的数据根据格鲁布斯舍点公式，剔除异常点。

4.6.2 数据分析与确认

4.6.2.1 数据分析

数据分析前收集的资料主要包括试验任务书、试验大纲、测量仪器设备的校准证书、现场系统的校准数据；按初算的要求，处理试验全程数据和各稳定段平均值。

1) 依据试验程序和发动机的工作原理，确定发动机起动前或关机后哪些压力测点与环境压力相通；各参数压力之间的关系等。对于泵压式发动机，泵后压力最高，对于挤压式发动机，容器压力最高，其余压力按发动机结构依次递减。气瓶的气体主要提供阀门动作力源，其压力值与发动机动作无关。

2) 发动机起动前，检查与试验环境相通的压力测点处的测量值是否与环境压力相同。当该值偏差较大时，应分析偏差的原因，如是传感器零位变化引起的，应对记录零位进行修正。

3) 从发动机工作过程分析，可参考以下几方面：

a) 检查压力测量结果是否超传感器量程或者超采集装置的限幅值；

b) 测量过程中有无偶发的故障，检查测量瞬时曲线有无突变或不合理的变化；

c) 从起动到关机后，各压力参数变化规律及相互关系是否与按试车控制程序控制的变化规律一致；

d）全过程有无明显的干扰信号；

e）各参数的测量值与参考值比较有无较大的偏离；

f）将本次试验获得数据与同型号历次试验数据包络进行比对，数据应落在包络区间之内，如有超出历史包络的数据，应查找原因；

g）重复测量或者重复记录的数据，其差值应在测量不确定范围内。

检查上述要求的压力参数，可以判断试验中压力测量系统是否正常工作。当出现压力参数不满足上述要求时，应记录问题出现的时间、测点位置、表现特征及数值大小等，以便于下一步查找原因，验证出现异常的真实情况。

4）发动机关机后，检查与试验环境相通的压力测点处的测量值与环境压力是否相同，如果偏差较大，要结合试验过程中压力测量值分析。若试验过程中压力测量值出现缓慢的漂移，分析应是传感器受环境影响零位发生漂移，要对试验过程及试后数据进行修正；若试验过程中数据未发生漂移，分析应是关机时水击压力导致传感器零位发生变化，应对关机段的压力数据进行修正。

5）对于可疑的压力数据，应对压力参数的正确性进行检查：

a）复查数据处理的时间段、处理的系数、处理的程序是否正确。

b）复查压力测量系统工作情况，压力传感器、信号调理器、数据采集装置工作是否正常，传输电缆和接插件连接是否可靠，检查连接接口是否存在松动，测压管有无泄漏或堵塞等。

c）复查试车前记录的零位值和校准系数是否满足要求，当零位值超出规定范围时，对试验数据进行零位修正。校准系数有疑问时，试后对压力系统重新校准，采用新校准的系数对原始数据重新处理。

d）采用综合分析法。利用相关压力参数比对分析，如为同一管路系统的两压力测点，采用压力损失计算进行比对分析；相关的其他类型测量参数，如推力、流量、温度等数值之间的相关关系，采用比对分析进行综合分析。

4.6.2.2 数据确认

1）对于各压力参数测量结果，通过分析没有发现测量系统存在问题，则认为测量结果反映被测对象的真实情况，予以确认。

2）对于重复测量或重复记录的压力参数，经分析主测量系统出现的问题不影响复测复记数据准确性时，应以复测复记的结果数据予以确认。

3）分析发现某压力参数测量中存在问题，试验验证产生问题的原因和影响大小，对测量结果数据进行修正后确认。

4）分析发现某压力参数测量中出现设备损坏、超载等系统工作不正常的故障，应通过验证确定故障发生的时间和原因，对无法修复的数据进行舍弃，并记录故障的原因。

4.7 测量系统不确定度评估

测量不确定度是用以表征合理赋予被测量值分散性的非负参数，它是被测量真值在某个量值范围内的一个评定，由于误差的存在而产生的测量结果的不确定性。不确定度评定是根据不确定度评定标准，确定各种不确定度分量来源、建立被评定参数测量系统的测量模型、评定各分量的标准不确定度、计算合成标准不确定度、合成扩展不确定度、报告评定结果的过程。

液体火箭发动机试验压力测量由于选用传感器和测量方法不同，评定的方法和分量也不相同，通过稳态压力测量系统和低温压力校准装置来介绍测量不确定度的评定方法。

4.7.1 稳态压力测量系统不确定度评定

4.7.1.1 不确定度来源分析

根据国家计量技术规范 JJF 1059.1 — 2012《测量不确定度评定与表示》中评定方法和流程的要求，压力测量系统不确定度来源分析依据压力测量系统原理，其测量不确定度来源主要为现场校验、数据采集装置、测量前端系统、计量标准四部分，如图 4－16 所示，各分量的来源分别按 A 类和 B 类进行评定。发动机试验压力参数多，测量通道多，一般选取 3～4 个通道进行评定，从评定结果中选取最大值作为测量系统的不确定度。

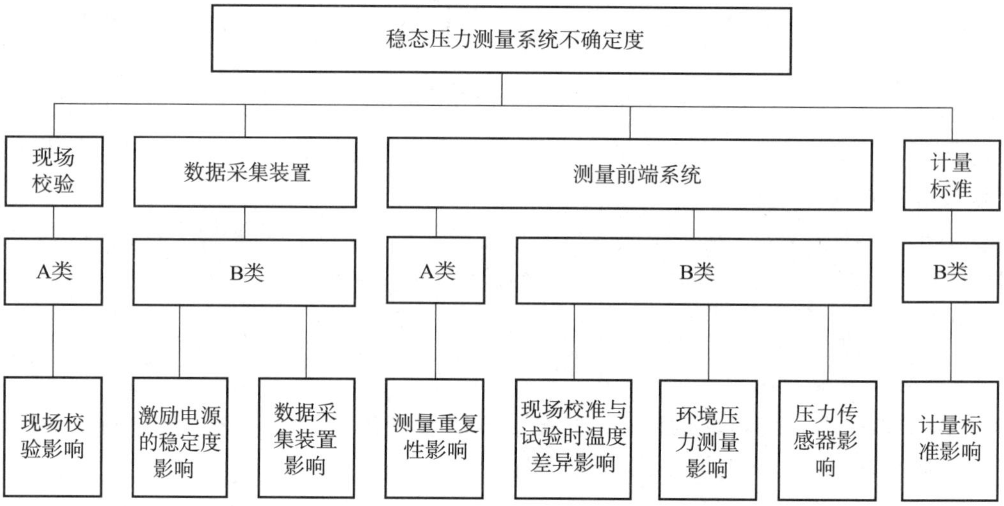

图 4－16 稳态压力测量系统不确定度来源图

4.7.1.2 不确定度来源确定

（1）A 类测量不确定度的来源

①现场校验影响引入的不确定度分量 $u_{\mathrm{A}p1}$

1）按要求选取 3～4 个测量通道，按试车程序进行系统准备，传感器、测量电缆导通绝缘检查正常，采集装置的采样速率、滤波器截止频率等设置与试车一致，评定所需的仪器设备应在周检有效期内，运行良好。

2）使用现场校准标准压力源对传感器预压三遍回零后，对量程为 6 MPa 的压力传感器按照 0.0、1.0、2.0、3.0、4.0、5.0 六档加载进行现场校准。

3）计算机根据三遍六档采集值，用最小二乘法拟合线性方程，计算 a，b，s_2 值，其中 $s_2 \leqslant 0.2\%$，校验合格，并将数据填入表 4-2。

$$\overline{x} = \frac{1}{l}\sum_{i=1}^{i} x_i \tag{4-16}$$

$$\overline{y}_i = \frac{1}{n_0}\sum_{j=1}^{n_0} y_{ij} \tag{4-17}$$

$$b = \frac{\sum_{i=1}^{l} x_i \overline{y}_i - \frac{1}{l}\left(\sum_{i=1}^{l} x_i \sum_{i=1}^{l} \overline{y}_i\right)}{\sum_{i=1}^{l} x_i^2 - \frac{1}{l}\left(\sum_{i=1}^{l} x_i\right)^2} \tag{4-18}$$

$$a = \overline{y} - b\overline{x} \tag{4-19}$$

$$\hat{y}_i = a + bx_i \tag{4-20}$$

$$s_y = \sqrt{\frac{\sum_{i=1}^{l}\sum_{j=1}^{n_0}(y_{ij} - \hat{y}_i)^2}{l \cdot n_0 - 2}} \tag{4-21}$$

$$s_2 = \frac{s_y}{\max(y_{ij})} \tag{4-22}$$

$$s(y) = s(y_0 - \hat{y}_0) = s_2\sqrt{1 + \frac{1}{l \cdot n_0} + \frac{(x_0 - \overline{x})^2}{n_0\sum_{i=1}^{l}(x_i - \overline{x})^2}} \tag{4-23}$$

$$u_{Ap2} = s(y) \tag{4-24}$$

式中　n_0——每档校准遍数；

l——校准分档数；

x_i——校准时第 i 档的校准值；

$\overline{x}$——校准值的平均值；

y_{ij}——校准时第 i 档的第 j 次测量值；

$\overline{y}_i$——校准时第 i 档的算术平均值；

b——系统校准的斜率；

a——系统校准的截距；

s_2——散布百分数；

y_i——第 i 个校准值测得的最佳估计值；

x_0——评定时约定的值；

s_y——单个测得值 y 的估计标准差；

$s(y)$——实验标准偏差。

表 4－2 压力测量系统现场校准数据

通道	测量值＼输入	现场校验压力值/MPa 0	1	2	3	4	5	a	s_2 /%	$s(y)$ /%
ch1	1(升)	−0.000 3	0.919 2	1.839 0	2.762 3	3.679 2	4.603 3	0.001 41	0.044	0.046
	1(回)	0.000 0	0.921 9	1.843 3	2.763 1	3.683 2	4.603 3			
	2(升)	0.000 9	0.922 6	1.842 7	2.762 2	3.684 1	4.604 2			
	2(回)	0.002 1	0.924 7	1.846 0	2.762 8	3.682 9	4.604 2			
	3(升)	0.000 6	0.922 6	1.844 5	2.764 3	3.682 3	4.603 6			
	3(回)	−0.002 8	0.925 9	1.844 2	2.767 6	3.685 9	4.603 6			
ch2	1(升)	−0.004 0	0.888 7	1.780 4	2.671 7	3.559 6	4.452 2	−0.000 6	0.045	0.047
	1(回)	−0.001 2	0.892 3	1.784 4	2.674 0	3.563 5	4.452 2			
	2(升)	−0.001 8	0.890 8	1.782 2	2.672 1	3.563 5	4.453 1			
	2(回)	0.001 5	0.893 9	1.785 6	2.675 5	3.564 8	4.453 1			
	3(升)	0.000 9	0.891 4	1.783 1	2.674 0	3.562 6	4.453 4			
	3(回)	−0.001 5	0.893 6	1.783 8	2.676 1	3.565 4	4.453 4			
ch3	1(升)	−0.001 8	0.906 4	1.812 4	2.719 8	3.628 2	4.531 6	0.001 91	0.044	0.046
	1(回)	−0.000 3	0.910 0	1.816 7	2.725 8	3.628 9	4.531 6			
	2(升)	0.001 8	0.907 0	1.814 9	2.722 5	3.627 6	4.533 4			
	2(回)	0.001 2	0.910 3	1.817 6	2.724 9	3.630 1	4.533 4			
	3(升)	0.000 6	0.908 2	1.816 1	2.722 8	3.628 5	4.533 4			
	3(回)	0.001 5	0.909 1	1.817 9	2.724 3	3.629 8	4.533 4			
ch4	1(升)	−0.002 8	0.864 0	1.729 7	2.594 0	3.458 0	4.321 9	0.000 98	0.036	0.038
	1(回)	−0.000 9	0.867 3	1.731 3	2.595 5	3.460 1	4.321 9			
	2(升)	−0.000 9	0.864 6	1.730 4	2.594 9	3.457 6	4.321 0			
	2(回)	0.000 3	0.865 8	1.731 3	2.597 1	3.460 4	4.321 0			
	3(升)	0.000 6	0.865 2	1.731 6	2.594 9	3.459 2	4.322 5			
	3(回)	0.001 5	0.866 1	1.733 1	2.596 4	3.459 2	4.322 5			

从表中 4 个通道选取最大值作为现场校验影响引入的不确定度分量 $u_{\mathrm{A}p1}$

$$u_{\mathrm{A}p1}=4.7\times10^{-4} \tag{4-25}$$

②测量重复性引入的不确定度分量 $u_{\mathrm{A}p2}$

1）校准系数输入采集程序后，进行 10 次定点加压，测量数据见表 4－3。

表 4-3　系统定点压力测量值

（单位：MPa）

通道＼遍数	1	2	3	4	5	6	7	8	9	10
ch1	4.999 0	5.000 0	4.999 3	4.999 3	4.999 0	4.999 0	4.999 0	4.999 4	4.999 3	4.999 5
ch2	4.997 4	4.998 4	4.998 8	4.997 4	4.998 4	4.997 4	4.998 5	4.997 4	4.998 4	4.997 4
ch3	4.995 7	4.997 8	4.995 7	4.995 7	4.997 8	4.997 8	4.995 7	4.996 2	4.997 8	4.997 8
ch4	4.997 9	4.996 8	4.998 6	4.997 9	4.997 9	4.998 6	4.996 8	4.997 9	4.998 6	4.997 9

2）利用公式计算各个传感器 10 次定点 5 MPa 试验的样本标准偏差 s_i 。

$$s_i = \sqrt{\frac{\sum_{j=1}^{M}(P_{ij} - \overline{P}_i)^2}{M-1}} \tag{4-26}$$

式中　s_i ——第 i 通道的测量标准偏差；

P_{ij} ——第 i 通道第 j 遍的压力测量值；

$\overline{P}_i$ ——第 i 通道的测量平均值；

M ——测量的遍数。

计算结果：$s_1 = 0.000\ 319$ MPa；$s_2 = 0.000\ 595$ MPa；$s_3 = 0.001\ 023$ MPa；$s_4 = 0.000\ 646$ MPa。

3）计算测量重复性引入的不确定度分量 $u_{\mathrm{A}p2}$

$$u_{\mathrm{A}p2} = \frac{\max(s_i)}{\sqrt{M} \cdot x_0} = 6.5 \times 10^{-5} \tag{4-27}$$

（2）B 类测量不确定度的来源

①计量标准影响引入的不确定度分量 $u_{\mathrm{B}p1}$

根据现场校准压力标准源的检定证书，其不确定度为 0.01%，分布类型为均匀分布，取 $k=\sqrt{3}$ ，则由计量标准引入的不确定度分量 $u_{\mathrm{B}p1}$ 按下式计算

$$u_{\mathrm{B}p1} = \frac{(0.000\ 1 \times 7) \div 5}{\sqrt{3}} = 8.08 \times 10^{-5} \tag{4-28}$$

②数据采集装置影响引入的不确定度分量 $u_{\mathrm{B}p2}$

根据数据采集装置的检定证书，其最大允许误差为 0.1%，分布类型为均匀分布，取 $k=\sqrt{3}$ ，则由数据采集装置影响引入的不确定度分量 $u_{\mathrm{B}p2}$ 按下式计算

$$u_{\mathrm{B}p2} = \frac{0.001}{\sqrt{3}} = 5.77 \times 10^{-4} \tag{4-29}$$

③压力传感器影响引入的不确定度分量 $u_{\mathrm{B}p3}$

查压力传感器的说明书，传感器的最大允许误差为 0.2%，分布类型为均匀分布，取 $k=\sqrt{3}$ ，则由压力传感器影响引入的不确定度分量 $u_{\mathrm{B}p3}$ 按下式计算

$$u_{Bp3}=\frac{(0.002\times 6)\div 5}{\sqrt{3}}=1.39\times 10^{-3} \tag{4-30}$$

④现场校准与试验时温度差异影响引入的不确定度分量 u_{Bp4}

根据传感器的温度稳定性指标和温度灵敏度系数（一般为 0.1%/10 ℃）确定现场校准与试车时温度变化计算引入的不确定分量。现场校准与试车时温度偏差一般在 10 ℃以内，按变化 10 ℃计算此项不确定度分量 u_{Bp4} 。

$$u_{Bp4}=\frac{\alpha_p \cdot \Delta t}{\sqrt{3}} \tag{4-31}$$

式中　α_p ——传感器温度灵敏度指标，单位为%/℃；

Δt ——传感器校准时与试车时的温度差，单位为℃。

$$u_{Bp4}=5.77\times 10^{-4} \tag{4-32}$$

⑤环境压力测量影响引入的不确定度分量 u_{Bp5}

环境压力主要使用大气压力表测量（量程 0.1 MPa），分布类型为均匀分布，取 $k=\sqrt{3}$ ，查证书得到最大允许误差为 0.5%，并计算出最大绝对误差 P。根据评定约定点 x_0（5 MPa），则由环境压力测量影响引入的不确定度分量 u_{Bp5} 按下式计算

$$u_{Bp5}=\frac{P}{\sqrt{3}x_0}=5.77\times 10^{-5} \tag{4-33}$$

⑥激励电源的稳定度影响引入的不确定度分量 u_{Bp6}

根据传感器激励电源的稳定度检定结果为 0.1%，分布类型为均匀分布，取 $k=\sqrt{3}$ ，则由激励电源的稳定度影响引入的不确定度分量 u_{Bp6}

$$u_{Bp6}=\frac{0.001}{\sqrt{3}}=5.77\times 10^{-4} \tag{4-34}$$

（3）合成不确定度

压力系统合成相对标准不确定度 u_c 利用公式计算

$$u_c(y)=\sqrt{u_{Ap1}^2+u_{Ap2}^2+u_{Bp1}^2+u_{Bp2}^2+u_{Bp3}^2+u_{Bp4}^2+u_{Bp5}^2+u_{Bp6}^2} \tag{4-35}$$

将各不确定分量代入公式，得到压力系统相对标准不确定度 u_c

$$u_c=0.18\% \tag{4-36}$$

（4）扩展不确定度

根据合成标准不确定度结果，包含因子取 2，则稳态压力测量系统扩展不确定度为

$$U=ku_c=0.36\%(k=2) \tag{4-37}$$

4.7.2　低温压力校准装置测量不确定度评定

低温压力校准装置系统组成如图 4-17 所示，主要由低温压力传感器实验装置、标准压力源控制器、模块化配气台、数据采集装置、工控机及配套软件组成，利用试验系统液氮容器给低温实验装置杜瓦瓶提供低温液氮。当实验装置内温度达到需要低温时，起动抽真空系统对实验装置夹层抽真空，实验装置内温度由温控装置实现预定目标，工控机应用

程序控制压力标准源输出待校压力值，采集低温压力传感器数据，按照最小二乘法计算校验数据，实现低温环境下压力传感器的校准，获得不同温度下传感器校准性能数据，利用校验数据分析低温压力传感器在低温条件下的变化规律，以便于对测量数据进行修正。

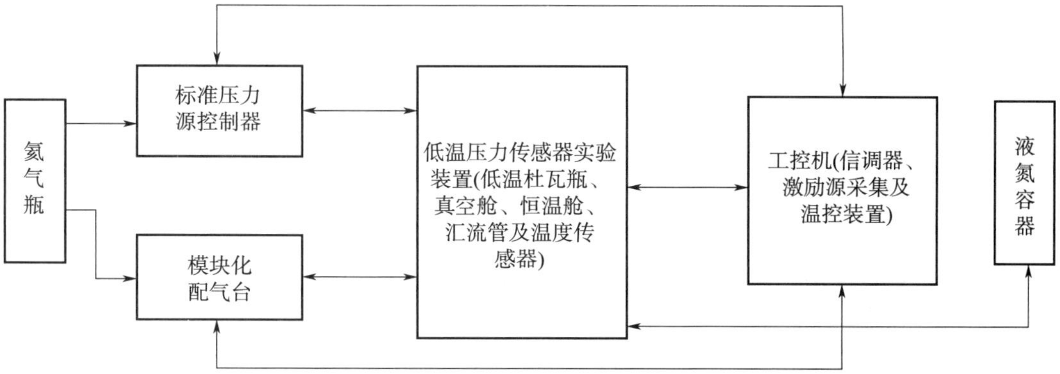

图4-17　低温压力传感器校准装置框图

4.7.2.1　不确定度来源

通过分析液氧低温压力校准装置原理和工作程序，确定校准装置的不确定度分量如下：

u_1：标准压力源仪表引入的不确定度分量；

u_2：标准压力源控制装置引入的不确定度分量；

u_3：实验舱温度变化引入的不确定度分量；

u_4：系统泄漏引入的不确定度分量；

u_5：测量装置引入的不确定度分量；

u_6：测量重复性引入的不确定度分量。

4.7.2.2　不确定度评定

根据国家计量技术规范JJF 1059.1—2012《测量不确定度评定与表示》，液氧低温压力传感器校准装置不确定度分量计算如下：

(1) 标准压力源仪表引入的不确定度分量 u_1

压力标准源精度0.01%FS，按照B类均匀分布评定方法，取包含因子 $k=\sqrt{3}$，标准不确定度为

$$u_1=\frac{0.01\%}{\sqrt{3}}=0.006\% \tag{4-38}$$

(2) 标准压力源控制装置引入的不确定度分量 u_2

根据标准压力源给定指标，按照B类均匀分布评定方法，标准不确定度为

$$u_2=0.02\% \tag{4-39}$$

(3) 实验舱温度变化引入的不确定度分量 u_3

通过仿真计算与实验，实验舱温度变化0.5 K，引起的校准装置不确定度为

$$u_3 = 0.03\% \tag{4-40}$$

（4）系统泄漏引入的不确定度分量 u_4

检定装置在正常校准过程中，系统存在微小的泄漏量，但不影响系统正常使用，装置可以稳定地控制压力和测量，估值为

$$u_4 = 0.01\% \tag{4-41}$$

（5）采集装置引入的不确定度分量 u_5

数据采集装置测量误差为 0.1%，按照 B 类均匀分布评定方法，取包含因子 $k=\sqrt{3}$，标准不确定度为

$$u_5 = \frac{0.1\%}{\sqrt{3}} = 0.06\% \tag{4-42}$$

（6）测量重复性引入的不确定度分量 u_6

根据不确定度的 A 类评定规定，使用低温压力现场校准装置加载后重复测量 n 次。

测量重复性引入的不确定度为

$$u_6 = \frac{s(x_k)}{x_0 \cdot \sqrt{n}} = 0.1\% \tag{4-43}$$

（7）测量结果标准不确定度

以上各不确定度分量相互独立，故

$$u_c = \sqrt{u_1^2 + u_2^2 + u_3^2 + u_4^2 + u_5^2 + u_6^2} = 0.123\% \tag{4-44}$$

（8）测量结果的扩展不确定度

$$U = k \cdot u_c = 2 \times 0.123\% = 0.25\% \tag{4-45}$$

通过对低温压力传感器校准装置的不确定度分析计算，得到该装置的扩展不确定度为 0.3%（$k=2$）。采用此装置对低温压力测量系统进行现场校准，系统的测量不确定度能达到 0.6%～0.8%。

参考文献

[1] 郭宵峰．液体火箭发动机试验 [M]. 北京：宇航出版社，1990.

[2] 压力计量名词术语及定义：JJF 1008—2008 [S]. 国家质量监督检验检疫总局，2008.

[3] 吕崇德．热工参数测量与处理 [M]. 2版．北京：清华大学出版社，2001.

[4] 李科杰．新编传感器技术手册 [M]. 北京：国防工业出版社，2002.

[5] 压力变送器：JJG 882—2004 [S]. 国家质量监督检验检疫总局，2004.

[6] 李华．MCS-51系列单片机实用接口技术 [M]. 北京：北京航空航天大学出版社，1993.

[7] 王军钢，赵万明．提高低温压力测量准确度的方法初探 [J]. 火箭推进，2012，38 (5)：65-69.

[8] 李军建，王小菊．真空技术 [M]. 北京：国防工业出版社，2014.

[9] 朱武，千蜀毅．真空测量与控制 [M]. 合肥：合肥工业大学出版社，2008.

第5章　流量、转速测量技术

液体火箭发动机试验中，推进剂流量是评价发动机性能参数比冲和混合比的关键参数，测准、测全至关重要。目前我国液体火箭发动机推力范围为1 N～4 800 kN，推进剂流量范围为0.5 g/s～1 200 kg/s。推进剂种类有常温有毒的四氧化二氮和偏二甲肼推进剂，有温度低至−253 ℃的液氢低温推进剂和温度低至−183 ℃的液氧低温推进剂，还有凝胶、气体等推进剂。试验中使用最多的流量传感器是涡轮流量计和质量流量计，多数流量传感器在低温、振动、腐蚀等恶劣环境条件下工作。涡轮流量计输出的信号是频率信号，容易受到干扰，测量原理、测量方法和推力、压力、温度等传感器输出电压型参数不同，采样方式、信号调理等环节也不同。根据发动机推力大小、介质种类、测量不确定度等因素设计可靠的流量测量装置，选择高性能的流量传感器，研究原位校准技术，研制功能完善和抗干扰能力强的信号调理器，是保证发动机试验流量参数测量准确、可靠的主要内容。

液体火箭发动机试验中，泵压式发动机转速参数反映发动机涡轮泵的工作效率，是故障诊断和紧急关机的首选参数，测量结果必须准确无误。转速传感器通常安装在发动机涡轮泵壳体上，振动和温度环境极其恶劣。传感器输出信号和涡轮流量计一样是频率信号，测量原理、信号调理技术及抗干扰措施相近，一般将转速参数和流量参数设计在同一套采集装置上进行采集。所以，流量和转速参数测量技术归类在同一章论述。本章主要从流量、转速参数测量系统结构组成与功能、涡轮流量计设计与安装、信号调理与抗干扰、频率信号采集、流量原位校准、介质密度获取、数据处理与分析等方面论述液体火箭发动机试验流量、转速参数的测量技术。

5.1　测量系统结构组成与功能

流量、转速参数测准、测全的前提条件是设计一套适应性强、可靠性高、功能完善的测量系统。根据发动机试验对流量、转速参数测量不确定度、推进剂类型、流量范围、传感器安装环境条件、转速传感器输出信号特征等方面要求进行测量系统结构和功能设计。

5.1.1　结构组成

流量和转速传感器输出频率信号时，测量系统主要由测量传感器，信号调理器，数据采集装置，计算密度用温度、压力参数测量装置，数据处理分析器，实时显示器，电源，原位校准系统等组成，如图5-1所示。其中关键技术有传感器研制、信号调理、数据采集、现场校准、密度获取五个方面。

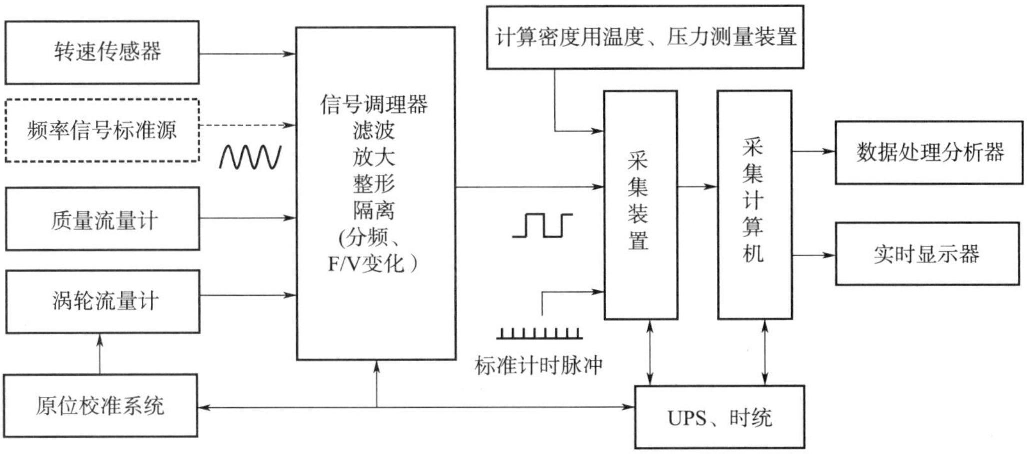

图 5－1　系统结构组成

5.1.2　主要功能

（1）传感器

流量传感器、转速传感器的功能是将被测流量和转速物理量信号转换为电信号输出。涡轮流量计上的磁电转换器和转速传感器结构、原理基本相似，功能是将流量计的涡轮转子转速、发动机的涡轮泵旋转速度转换成比较规则的近似正弦信号输出，频率与旋转速度成正比。频率多数在 20～3 500 Hz、幅值多数在 4 mV～10 V 范围内。一般流量计的输出信号幅值较高（100 mV～10 V），输出波形比较正规，传输距离远，信号调理难度小。但发动机上的转速传感器输出信号幅值差异大（多数 4 mV～5 V），容易出现波形奇异，对信号调理技术和抗干扰能力要求高。

（2）信号调理器

信号调理技术是流量、转速参数测量的核心技术。信号调理器的主要功能是滤波、放大、整形、隔离，将不规则的正弦波，调理成具有一定幅值的同频率的矩形波，调理原理和电压型参数的调理原理不同。如果采集装置仅有电压信号采集功能，没有频率信号采集功能，在信号调理中设计 F/V 变化功能，将频率信号转化为电压信号输出。如果使用质量流量计测量，直接选用质量流量计 4～20 mA 的电流输出，将电流转化为电压信号进行采集。频率信号的抗干扰技术是信号调理的重要内容，根据工程经验，只要阻抗匹配，信号调理功能完善，抗干扰能力强，转速传感器输出幅值为 4 mV 的小信号时，传输距离达到 300 m 仍能正常采集。同时，信号调理器还配置电压信号调理功能，用于流量参数测量中计算介质密度的温度、压力参数测量信号调理。

（3）采集装置

采集装置主要配置具有计数功能的采集板件，少量配置具有 A/D 功能的采集板件，分别采集频率信号和温度、压力信号。采集装置的功能是对调理后的信号进行实时采集、实时存盘，完成流量、转速参数的数据采集。

(4) 原位校准系统

工程试验中，建立原位或现场校准系统是消除或减小参数测量系统误差的最有效手段。转速参数是绝对测量，不用对系统进行校准。只有使用 F/V 变换功能时，才需对采集装置进行 F/V 校准，获得频率大小对应电压幅值的系统斜率。流量参数测量中，当使用高精度质量流量计直接测量常温推进剂流量时，达到了较高的测量精度。如果将涡轮流量计的水校准系数用于发动机试验推进剂流量测量（未建立原位校准系统），由于真实介质的密度、黏度、温度及流量计的安装条件等和计量检定时不同，产生了一定的系统误差。当测量低温介质流量时，系统误差更大。所以，流量参数测量中，研究校准技术、建立原位校准系统是提高测量精度最有效的途径。

(5) 密度获取

流量参数测量中，使用质量流量计直接获得质量流量。使用涡轮流量计时，获得的是体积流量，必须测量推进剂的温度、压力计算密度。常温推进剂的密度获取的途径有：质量流量计实时测量、实验室密度计测量、测量温度计算、测量温度和压力计算，获取方法相对简单，精度较高。低温推进剂的密度获取技术比较复杂，影响因素多，目前获取的途径主要有测量温度计算、测量温度和压力计算和密度计测量三个途径。密度计测量适用于实验室，在发动机试验现场一般不用。因此，开展低温推进剂的密度获取技术研究，提高密度获取精度，是提高低温流量测量精度的重要内容。

流量、转速参数测量除上述五个关键技术外，数据处理方法及分析技术的重点内容和推力、压力、温度等参数有所不同，主要体现在数据中异常数据、大点、干扰数据的剔除，数据波动较大时数据平均、平滑及准确性确认等方面。

5.2 流量计研制与安装技术

5.2.1 流量计测量原理

液体火箭发动机试验中用于流量测量的传感器种类比较多，常温推进剂流量测量装置有涡轮流量计、质量流量计、电磁流量计、超声波流量计、涡街流量计、V 锥流量计、浮子流量计、孔板、气蚀管等，低温推进剂流量测量装置常用的有低温涡轮流量计和安装于容器内部的分节式电容液面计平均流量测量装置等。涡轮流量计和质量流量计由于精度、可靠性、环境适应性等综合性能好，应用广泛。电磁流量计、超声波流量计和涡街流量计主要用于对测量精度要求不高的介质加注、冷却水、吹除气体等场合，V 锥流量计、孔板主要用于容器氮气增压和气体流量监测，气蚀管主要用于环境恶劣、介质流量必须稳定供应的场合。下面主要介绍工程试验领域应用最广泛的涡轮流量计和质量流量计的测量原理。

5.2.1.1 涡轮流量计的测量原理

涡轮流量计是一种速度式的体积流量计，置于流体内的叶轮旋转速度与流体流速成正比，叶轮转动周期性改变磁电传感器的磁阻值，感应线圈中的磁通量随之发生变化，产生周期性的感应电势，即脉冲频率信号，通过频率信号计算流体的体积流量。如果涡轮上的叶片与涡轮轴线的夹角为 α ，当流体通过时，就有一个力作用在叶片上，这个力与流体流量的密度及流速有关。涡轮转子转速 N_w 与体积流量 Q 的关系如公式（5－1）所示：当涡轮计结构一定时，r、S、α 为定值，$\tan\alpha$ 为常数，则转速 N_w 与 Q 成正比。

$$Q = 2\pi r S N_w / \tan\alpha \tag{5-1}$$

式中　r——叶轮平均半径；

N_w ——涡轮转子转速；

S ——叶栅（叶轮及叶片组合）的流通截面面积；

α ——叶片与涡轮轴线的夹角；

Q ——体积流量。

5.2.1.2　质量流量计的测量原理

质量流量计是一种直接测量流体质量流量的高精度传感器，一般自身精度达到 0.1%～0.25%，对安装管路的前后直管段长度没有特殊或严格要求，在液体火箭发动机试验领域应用广泛。特别在姿轨控发动机试验微小流量测量方面替代了小口径涡轮流量计，在常温介质流量原位校准系统中，质量流量计作为流量基准装置用来校准涡轮流量计。但质量流量计利用科里奥利原理进行测量，容易受到现场振动的影响，响应速度一般比涡轮流量计慢。如果用质量流量计测量值对发动机起动、关机特性进行分析，应注意响应滞后因素的影响。

质量流量计根据谐振效应进行液体或气体流量的测量。基本原理是：流量计测量管置于角速度为 $\boldsymbol{\omega}$ 的旋转装置中，当被测介质在管内以速度 $\boldsymbol{v}$ 流过时，管内流体质点在轴向以速度 $\boldsymbol{v}$ 、在径向以角速度 $\boldsymbol{\omega}$ 运动，此时质点受到一个作用在测量管上的大小相等、方向相反的切向科氏力 $\boldsymbol{F}_c$ ，通过直接或间接测量旋转管道中流体所产生的科氏力，可以获得质量流量。

科氏力是指物体在旋转系统中做直线运动时所受的力，原理如图 5－2 所示。流体在管内以速度 $\boldsymbol{v}$ 从 a 流向 b ，科氏力大小与运动流体的质量 Δm 、速度 $\boldsymbol{v}$ 成正比，它作用到管道上时，管道对质点也有一个反向作用力，大小如公式（5－2）所示。

$$\boldsymbol{F}_c = 2\Delta m(\boldsymbol{v} \times \boldsymbol{\omega}) \tag{5-2}$$

式中　$\boldsymbol{F}_c$ ——科氏力；

Δm ——运动流体的质量；

$\boldsymbol{v}$ ——旋转或振动时的径向速度；

$\boldsymbol{\omega}$ ——角速度。

理论上通过测量科氏力获得质量流量，但让流体通过旋转运动产生科氏力比较困难，目前的质量流量计采用振动的方式来产生。实现方法是：在两根两端固定且平行的 U 形测量管的中间位置施加激励驱动器产生振动（图 5－3），使管内流动的流体产生科氏力，在测量管两侧产生方向相反的挠曲，位于 U 形管上的两个检测器用光学或电磁学方法检测挠曲量以求得质量流量。当管道充满流体时，流体也成为转动系的组成部分，流体密度

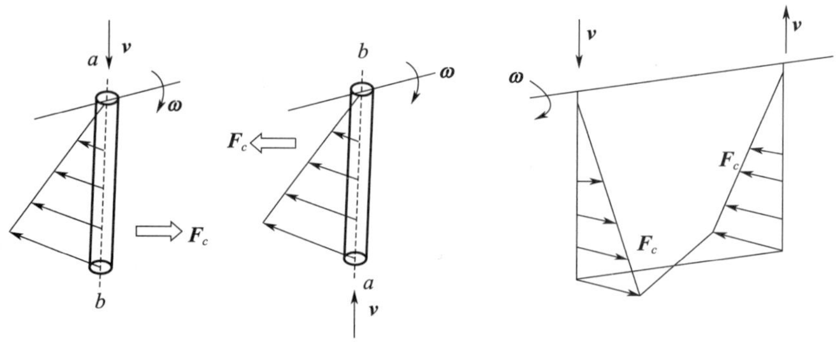

图 5-2　科氏力原理图

不同，管道的振动频率也不同，密度与质量流量计的结构和流过的流体质量共同决定的管道装置固有频率有一个固定关系，所以，科里奥利质量流量传感器也可测量流体密度。

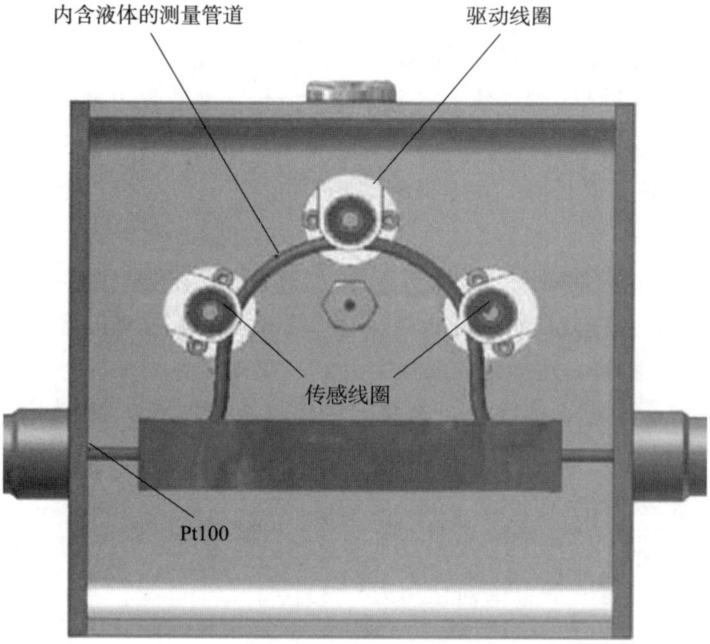

图 5-3　质量流量计内部结构示意图

5.2.2　涡轮流量计研制

液体火箭发动机试验中，流量计安装在发动机或介质供应管路上，低温、振动、腐蚀等恶劣的环境条件对流量计的可靠性和准确性提出了较高的要求。由于使用数量少，性能和可靠性要求高，部分流量计在市场上无法直接采购。如内径 4 mm 的微小涡轮流量计，内径 300 mm 以上的低温大口径涡轮流量计，只能自行研制开发。所以，液体火箭发动机试验领域从事流量参数测量的部分技术人员还应掌握涡轮流量计的研制技术，也可以和从事涡轮流量计设计的专业技术人员合作研制开发。质量流量计的测量原理与振动有关，精度高，不能直接安装在发动机上，只能安装在距发动机有一定距离且有减振措施的推进剂供应管路上，在市场上直接选择精度、压力、流阻、测量范围等指标满足要求的成熟产品。

5.2.2.1　技术指标

涡轮流量计研制时，首先确定流量计的技术指标。主要包括使用介质、最高压力、工作温度、精度、通径、信号输出形式、压力损失、抗振要求等。下面举例给出某型号 DN300 PN1.6 MPa 常温涡轮流量计的研制技术指标：

（1）使用液体介质

1）四氧化二氮，20 ℃时密度：1.446 g/cm^3，黏度：0.418 9×10^{-3} Pa·s；

2）偏二甲肼，20 ℃时密度：0.791 g/cm^3，黏度：0.527×10^{-3} Pa·s。

（2）技术指标

1）耐压：1.6 MPa。

2）精度：0.5%。

3）流量范围：69.4～444.4 dm^3/s，试验额定体积流量：200 dm^3/s。

4）结构形式：双导流架，螺旋叶片。

5）通径：300 mm。

6）工作温度：−15～+50 ℃。

7）压力损失：< 0.02 MPa。

8）输出信号形式：正弦波。

9）磁电传感器：50%额定流量时，输出信号幅值不低于 300 mV。流量计同一截面相隔 120°设置两组磁电传感器。磁电传感器线圈为双线并绕结构，接插件为 5 芯指定型号，1 点与 3 点短接为输出信号+，2 点与 4 点短接为输出信号−，5 点接传感器外壳。

10）材料：选用与被测介质相容的材料，具有耐腐蚀、抗氧化性能。

11）连续冲击性能：在时域 10 g 振动条件下能正常工作。

12）传感器和壳体之间的绝缘电阻：> 20 MΩ。

13）流量计进、出口法兰形式按给定的技术条件设计。

14）流量计验收时，应附带具有计量资质的第三方水校准检定证书，同时附带计量检定额定流量时输出信号的原始波形，从波形上能看出频率和幅值大小。

如果测量对象为液氧、液氢、甲烷等低温介质，研制技术条件中应明确流量计主要组件壳体、叶轮、导流架等完成粗加工及组装成最终产品后要进行低温深冷处理，涡轮流量计要选用低温轴承和耐低温涂层材料等特殊要求。

5.2.2.2　结构设计

发动机试验中涡轮流量计的安装位置存在振动、低温、腐蚀等恶劣环境因素，对结构、选材等提出具体要求。一般流量计设计成双导流架结构形式，如图 5-4 所示。其中图 5-4 (a) 为主体结构形式，它主要由壳体、叶轮组件、导流架、磁电传感器等组成。

图 5－4（b）为磁电传感器结构形式，它主要由传感器壳体、线圈、磁铁和插座等组成。传感器结构中壳体采用不导磁的不锈钢材质，用于和管道连接，承受流体压力，安装导流架和磁电传感器。叶轮组件为管道内流体驱动的旋转部件，包括轴、轮毂、轴承和精密加工的不锈钢导磁叶片等。导流架的作用是改善流场条件，提高测量精度，支撑约束叶轮。磁电传感器用于检测涡轮流量计叶轮的旋转速度，主要包括磁芯和线圈。流量计的总体结构及组件强度、抗冲击性满足试验环境要求。图 5－5 是 DN600 大口径低温涡轮流量计设计实例总图，该流量计设计压力为 1.6 MPa，温度为－196～50 ℃，介质为液氧、液氮，额定流量为 1 200 kg/s，流阻损失为 0.03 MPa。在设计中使用 FLUENT 数值模拟分析软件，对转子运动状态下的涡轮流量计内部流场进行仿真分析，使叶轮转子运行平衡、平稳，在额定流量下的仪表系数稳定。针对甲烷、液氧、液氮的低温环境，结构采用了多处设计冷却孔、低温变形释放措施等特殊设计，确保低温环境下流量计叶轮旋转平稳、各叶片与流量计壳体内壁间隙均匀。研制过程中对壳体进行了水压强度试验、气密试验，叶轮装配后进行了转子动平衡试验，对主要组件精加工前和组装后的产品进行了液氮深冷处理，并进行了磁电传感器绝缘电阻和绝缘强度测试，对流量计计量检定提供的输出信号幅值、频率及波形正规性等进行了审查。图 5－6 是 DN600 低温涡轮流量计三维透视图，图 5－7 是 DN600 低温涡轮流量计实体图。

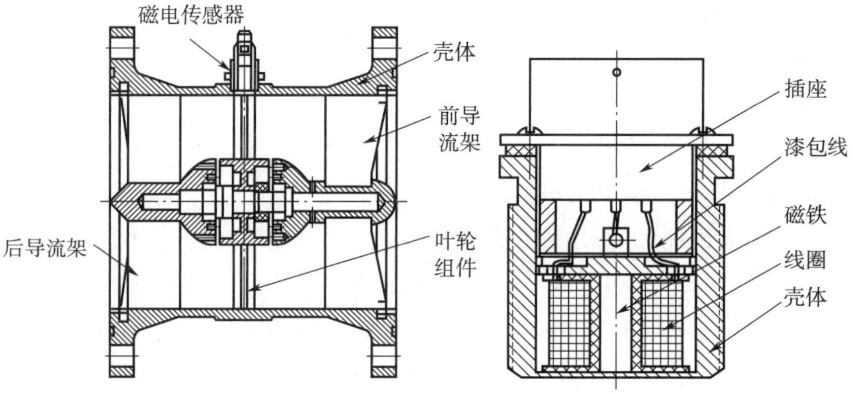

(a) 主体结构形式　　(b) 磁电传感器结构形式

图 5－4　涡轮流量计结构形式

5.2.3　流量计选型

涡轮流量计的优点是响应快、重复性好、流阻小、环境适应性强，不足是精度不够高。同时，它是一种体积型流量计，在测量介质体积的同时，还需测量介质的温度和压力计算密度，进而得到质量流量。由于发动机试验现场恶劣的环境及安装条件限制，如果涡轮流量计使用计量水校准系数，受被测介质的密度、温度、黏度、安装位置、环境条件等因素影响，流量测量存在一定的系统误差。当推进剂为甲烷、液氧、液氢等低温介质时，由于介质的低沸点和温度影响，测量准确性降低，系统误差增大。质量流量计的优点是精

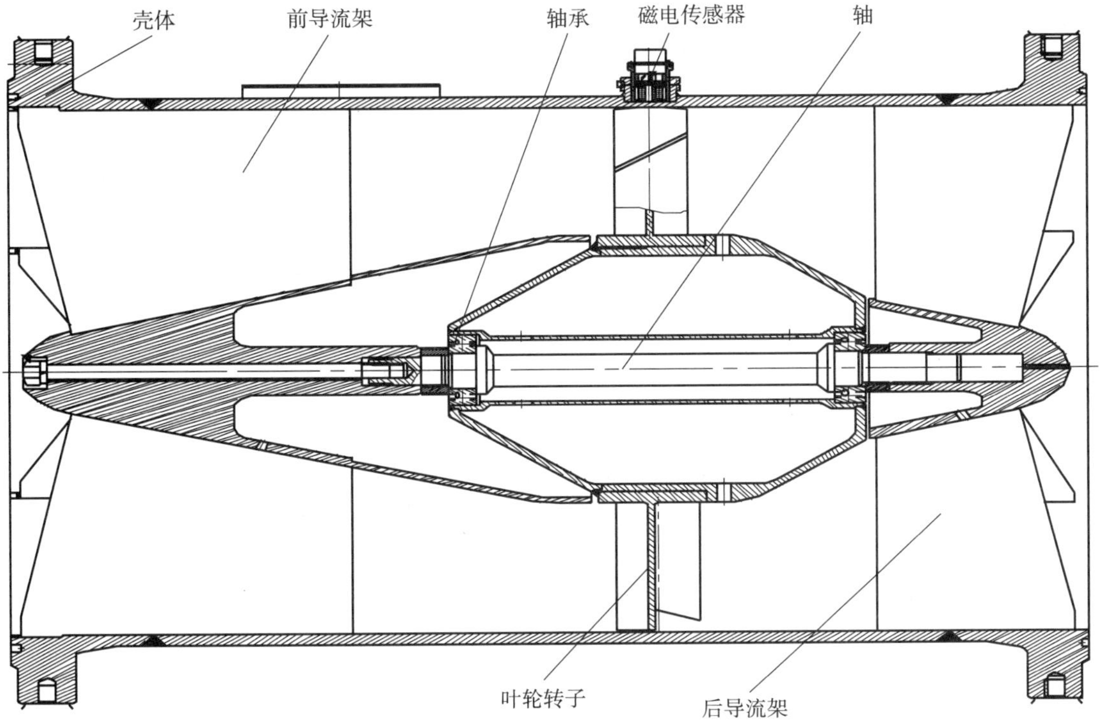

图 5-5　DN600 大口径低温涡轮流量计设计实例总图

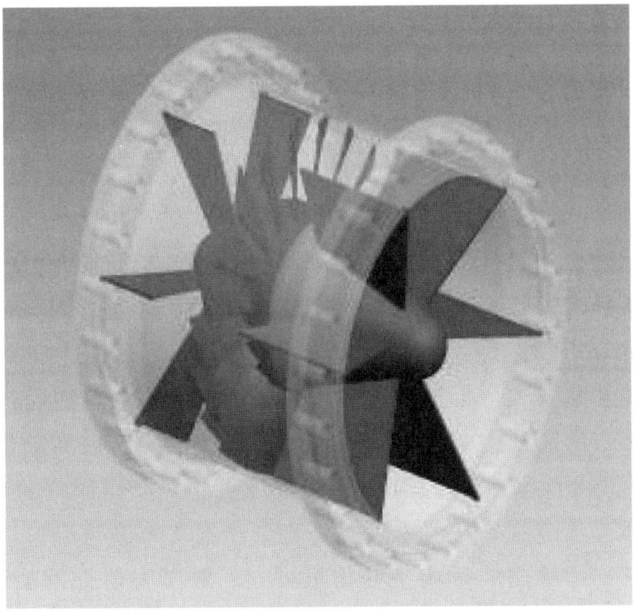

图 5-6　DN600 低温涡轮流量计三维透视图

度高、范围宽、可靠性高、常温介质适应性强，直接获得介质的质量流量。同时还具有温度、密度测量功能，输出信号有频率和电流两种形式。缺点是流阻大、易受振动干扰、有

图 5－7　DN600 低温涡轮流量计实体图

一定的滞后性。在发动机试验现场，质量流量计安装位置距发动机较近时，易受到推进剂管路传递的振动及介质流体脉动等干扰影响。当干扰信号频率和流量计的自身固有频率接近时，测量数据产生较大的失真。同时，质量流量计响应慢，对分析发动机起动、关机响应特性有一定影响。目前液体火箭发动机试验领域使用的涡轮流量计的公称通径最小有 4 mm，最大有 600 mm，公称压力多数在 1.6～30 MPa 范围内。一般通径 30 mm 以上的涡轮流量计水校准精度达到 0.5%，通径 4～20 mm 的涡轮流量计称为小口径流量计，水校准精度为 1%～2%。流量计选型与对流量测量的准确性有直接关系。

（1）流量计类型

根据是否为关键的发动机性能参数、测量精度、现场安装条件、压力损失、输出信号形式、可靠性、购置经费等综合因素选择流量计类型（质量流量计、涡轮流量计、电磁流量计、超声波流量计等）。对于发动机试验流量的测量，常温推进剂推荐采用质量流量计与涡轮流量计结合的测量方式；低温推进剂推荐采用分节式电容液面计平均流量测量装置与低温涡轮流量计结合的测量方式（分节式电容液面计平均流量测量装置虽然精度高，但只能测量某时间段内的平均流量，低温涡轮流量计可同时获得瞬时流量和平均流量）；对于有精度要求的气体流量测量，建议采用质量流量计或气体涡轮流量计＋测温＋测压的测量方式；凝胶推进剂推荐采用质量流量计测量方式；对于姿轨控发动机试验小流量测量，建议采用质量流量计或高精度天平测量方式；对于精度要求不高的发动机试验辅助系统冷却水流量测量等，建议采用电磁流量计、超声波流量计等。

需要指出的是，质量流量计也有温度范围在 50～－200 ℃的低温质量流量计，而液体火箭发动机试验领域，在流量性能参数测量方面没有应用，只有少数应用在非关键参数测量或低温发动机组件试验低温流量测量方面。这是因为质量流量计是一个高精度传感器，内部平行管受力状态应保持稳定。液体火箭发动机试验时间短，试验前质量流量计和管路一起预冷，试后又恢复常温，这样频繁的常温、低温交替变换，质量流量计内部受力状态无法每次保持一致（虽然流量计设计时考虑了低温变形补偿）。所以，同台发动机、同工况试验，质量流量计测量结果的重复性较差。曾用低温质量流量计和低温涡轮流量计串联进行了大量发动机试验验证，结果是每次质量流量计与涡轮流量计的差值变化较大，而串联的两台涡轮流量计差值基本一致。分析认为质量流量计在测量低温介质时，虽然试验过程中测量值基本稳定，但无法保证每次受力状态完全一样。如果低温质量流量计长期在低温状态下工作（如组件低温试验时间长达几个月，甲烷常年计量等），测量值还是准确可信的。

（2）公称通径

根据介质供应管路管径、流量大小、公称压力、压力损失、测量精度等选择流量计公称通径。涡轮流量计公称通径对应的相关指标参考标准 JB/T 9246 — 2016[1]。发动机试验中，根据需要自行研制或购置了较多非标准涡轮流量计，指标和相关标准会有一定差异。表 5－1 给出了目前液体火箭发动机试验领域常用的涡轮流量计公称通径对应的测量范围、压力损失（流阻）、精度等指标。表中的指标是实际使用过程中为了确保测量精度自行规定的指标，和 JB/T 9246 — 2016 国家行业标准所列的技术指标不完全对应（表 5－1 中未列公称压力、使用温度等）。

（3）公称压力

一般按发动机试验过程流量计承受的最高压力的 1.25～1.5 倍选择流量计的公称压力。距离发动机较近时，发动机点火、关机瞬间推进剂管路水击压力较大，以脉冲方式工作的姿轨控发动机试验管路水击压力较大，适当提高流量计的公称压力。

（4）介质供应管路布局

在选择流量计类型时还要考虑推进剂供应管路的结构布局因素。质量流量计体积、长度比同量程的涡轮流量计大得多，对管路坡度、流量计前后直管段长度要求不高，但不能距发动机太近。同量程的涡轮流量计结构尺寸比质量流量计小，便于安装和布局，但对安装前后直管段长度、管路坡度有明确要求。

表 5－1　常用涡轮流量计口径与测量范围等指标

序号	口径/mm	测量范围	压力损失/MPa	精度/%	备注
1	4	10 ～ 60 cm^3/s		2	
2	6	20 ～ 150 cm^3/s	⩽ 0.08	2	
3	10	30 ～ 300 cm^3/s	⩽ 0.08	1～2	
4	12	100 ～ 800 cm^3/s	⩽ 0.08	1～2	
5	15	0.2 ～ 1.5 dm^3/s	⩽ 0.08	1～2	
6	20	1 ～ 2.5 dm^3/s	⩽ 0.05	1	
7	25	1 ～ 4 dm^3/s	⩽0.04	0.5～1.5	

续表

序号	口径/mm	测量范围	压力损失/MPa	精度/%	备注
8	30	2～ 6 dm^3/s	≤0.04	0.5	
9	40	2～ 10 dm^3/s	≤0.04	0.5	
10	50	3 ～ 16.5 dm^3/s	≤0.04	0.5	
11	80	10 ～ 40 dm^3/s	≤0.04	0.5	
12	90	20 ～ 55 dm^3/s	≤0.04	0.5	
13	150	20 ～ 150 dm^3/s	≤0.02	0.5	
14	170	50 ～ 180 dm^3/s	≤0.02	0.5	
15	200	50 ～ 200 dm^3/s	≤0.02	0.5	
16	300	100 ～ 650 dm^3/s	≤0.02	0.5	
17	400	200 ～ 900 dm^3/s	≤0.01	0.5	
18	600	400 ～ 2 400 dm^3/s	≤0.01	0.5	

5.2.4 流量计安装技术

流量参数测量中，根据流量计的性能和特点，研究安装工艺技术，确保流量计前后管道内的介质流场稳定、匀速，安装状态符合流量计的环境条件要求。一般流量计安装在便于维修并尽可能避开湿度大、振动大、磁场干扰和易腐蚀的位置。

5.2.4.1 涡轮流量计安装技术

涡轮流量计对入口流体的流场分布均匀性较敏感，流体的流速突变、涡旋等显著影响流量计工作特性。在工程测量中，由于直管段长度不够、水平安装坡度过大、流量计附近管道的密封件突出等因素，影响流场的紊流特性，使涡轮流量计叶轮叶片旋转不均匀，导致测量精度下降。液体火箭发动机试验中，涡轮流量计安装时参考 JB/T 9246—2016《涡轮流量传感器》[1]和 QJ 1153—1987《液体火箭发动机稳态流量测量规范》[2]相关规定，并明确：

1）上、下游安装一段与流量计口径相同的直管段。一般情况下前直管段长度不小于内径的 15～20 倍（不满足时，安装流体流动调整器），后直管段长度不小于 5 倍。根据 JB/T 9246—2016 规定，安装管路不规整时，按下式计算流量计前直管段长度

$$L = 0.35 \frac{K_S}{f} D \tag{5-3}$$

式中 L ——入口直管段长度，单位为 mm；

D ——管路内径，单位为 mm；

f ——管道内摩擦系数，紊流状态时，$f = 0.017\,5$；

K_S ——管路内流体漩涡速度比，由流量计入口管路结构情况确定（见 JB/T 9246—2016，A.2 管道配置）。

根据公式（5-3）计算，如果流量计前有同心渐缩管，入口直管段长度最短不小于

15D；流量计前有 1 个直角弯头时，入口直管段长度最短不小于 20D；流量计前同一平面内有 2 个直角弯头时，入口直管段长度最短不小于 25D；流量计前不同平面内有直角弯头时，入口直管段长度最短不小于 40D。

2）涡轮流量计安装时，一般要求和流量计计量水校准时的安装状态基本一致。液体火箭发动机试验推进剂供应管路设计时，考虑试验前推进剂管路介质排气、排液，试验后推进剂管路介质泄出、回收等因素，管路设计一定的坡度，一般以 2°为宜，最大不超过 3°。管路坡度较大时，涡轮流量计的轴承摩擦阻力变大，造成流量系数的变化，引起测量误差增大。在小流量时，影响更大。如果测量系统建立了涡轮流量计真实介质原位校准系统，校准状态和试验状态完全一致，管路坡度的影响减小，但管路坡度仍然不宜过大。

3）用于管路推进剂温度测量的传感器应安装在流量计后 5D 以内。常温介质推荐选用探头封闭式铠装 A 级铂电阻传感器，在管路中心线下方安装，插入深度为 1/3D～1/2D。低温介质推荐安装插入深度（1/3D～1/2D）不同的探头封闭式铠装 A 级铂电阻和探头裸露式铠装热敏电阻两个传感器，测量窄温区分层温度。低温推进剂温度测量误差一般不大于 0.3 K，常温推进剂温度测量误差一般不大于 0.2 ℃。

4）用于管路推进剂压力测量的传感器应安装在流量计前或后 5D 以内。安装压力传感器的接管嘴在管路焊接时，伸进介质管路的接头和管路内壁基本平齐。

5）流量计安装后应注意安装应力的影响，特别是用于低温推进剂测量的涡轮流量计第一次使用时，应与管路一起进行预冷处理，充分释放流量计的安装应力。

5.2.4.2　质量流量计安装技术

质量流量计尺寸大，测量精度高，根据流量计特点和安装附近的管路环境条件，安装工艺要求如下：

1）尽可能远离发动机安装，避免发动机产生的振动通过管路传递到流量计，试验过程受到的振动大小应不影响测量数据的准确性和稳定性。安装时在连接管路上设置波纹管或金属软管，减小管路振动对流量计的影响（减振处理）。

2）流量计的安装支架应固定在地基上，在流量计和管路对接法兰处用卡箍牢固、可靠地固定。

3）质量流量计虽然对安装管路前后直管段长度、平行测量管的朝上、朝下或左右方向未明确规定，但前后有一定长度的直管段有助于流场稳定、均匀，并提高测量精度。同时，测量液体推进剂时弯管朝下垂直安装，靠近流量计处设置高点排气装置。垂直安装的优点是有利于管道排气、维护安装、流量计自动调零等。测量气体介质时弯管朝上垂直安装，并安装在气体流场比较稳定的管路上，必要时设置缓冲器，对气体进行稳流。

4）针对测量数据的滞后特性，选择合适的时间常数，满足试验产品的响应特性。

5）在低于当地环境大气压的管路上安装使用时，要保证管路内压力高于环境大气压，防止管路吸入空气影响测量结果的准确性。

5.3　信号调理与抗干扰技术

火箭发动机试验中，大多数采集装置采用国外先进、可靠的设备，近几年也开始使用国产部分采集装置。但无论是国外还是国内，采集装置对频率量参数配置的信号调理器功能不够完善，仅适用于幅值较高且正规的正弦波或方波调理，无法适应发动机试验中各种流量、转速传感器输出的不规则信号的调理。而且流量、转速参数采集系统一般不会只针对单一型号发动机试验，应满足不同型号流量、转速传感器输出的多种波形（正规、奇异、小信号等）的需要。因此，研制多功能、高可靠、抗干扰能力强的信号调理器，是流量、转速参数测量的重要内容。

5.3.1　频率信号调理器设计

频率信号调理器的主要作用是：对高频干扰进行滤波、对小信号进行放大、对不规则波形进行整形、与采集装置隔离、和传感器阻抗匹配、对数据波动大且频率高的信号进行分频、对没有频率量采集功能的装置设计 F/V 变换功能等。对频率信号调理器的基本要求是：滤波频率上限、门槛电平、增益等分档可调，硬件进行多档分频，信号调理器与采集装置隔离，可选择频率或电压输出，能直接适用多种流量、转速传感器信号（阻抗匹配），各通道相互独立，无信号输入或传感器不工作时无 50 Hz 干扰，抗干扰能力和可靠性高。满足上述要求的频率信号调理器结构如图 5－8 所示[3]。

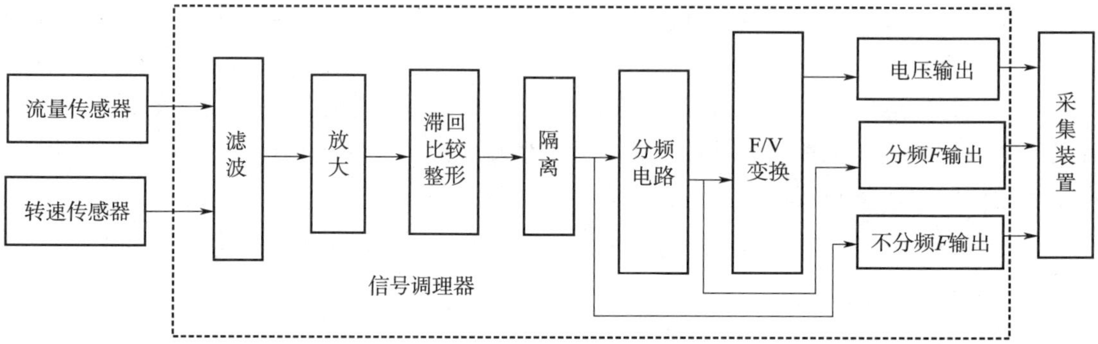

图 5－8　频率信号调理器结构图

发动机试验中，被测频率信号波形各异、幅值不等。图 5－9 是发动机试验过程中不同的转速传感器输出的波形，图 5－10（a）是某发动机试验过程转速的原始波形，图 5－10（b）是由该波形单周期原理采集的数据绘制的曲线图。由于波形不正规，获得的转速数据波动大，不反映发动机的真实情况。所以，流量、转速参数信号调理器既要考虑可靠性和传感器的阻抗匹配，又要适应多种传感器输出的不规则波形。

5.3.1.1　滤波技术

发动机试验中流量、转速参数测量遇到的主要干扰信号有 50 Hz 工频、安装转速传感

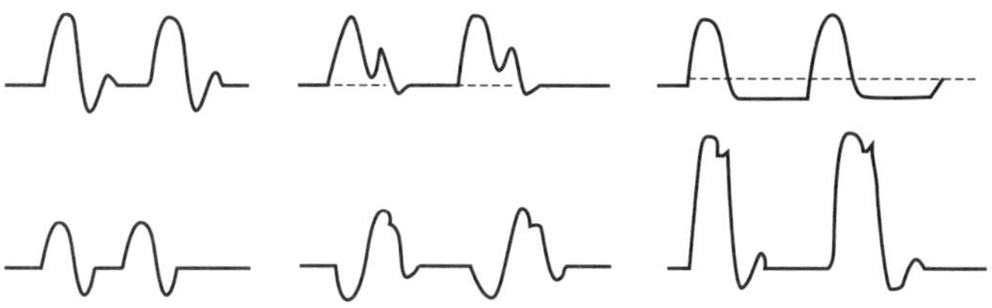

图 5－9　转速传感器输出波形

器附近的涡轮泵壳体消磁不干净或不均匀、试验过程中各种大电流阀门或设备动作产生的高频干扰等。拟采用的主要措施是硬件滤波、正确接地、设置合适的门槛电平及软件滤波。一般调理器由多级电路组成，第一级的主要功能是滤波。由于流量计的磁电传感器线圈和转速传感器的线圈阻值多数在 700 Ω～20 kΩ 范围内，考虑阻抗匹配和响应性，一般和传感器信号连接的第一级滤波器不采用多阶或复杂的滤波器。图 5－11 给出了一种最简单的 RC 低通滤波器。图中 $C_1 \sim C_3$ 通过调线与 R 构成不同的滤波截止频率，D_1 和 D_2 限幅保护是为了防止误接大信号烧毁后级放大电路。

5.3.1.2　放大、整形技术

调理器的第二级为放大、整形电路。为适应几毫伏到几伏的不同传感器电压幅值，调理器设置不同的电压放大倍数。为了满足后级采集装置采集正规方波信号的需要，整形电路对放大后的不规则正弦信号进行整形，使之成为同频率的正规方波信号。发动机试验中，流量、转速信号不规则的原因除工频、高频干扰信号叠加外，还有试验过程随机振动引起磁电传感器与切割磁力线的导磁叶片之间的位移随机变化、导磁叶片和线圈中磁棒磁性不均匀、推进剂不稳流等因素造成输出信号波形奇异。如果采用简单的整形方式，可能导致采集结果不正确或波动大，不能正确反映被测对象的真实情况。如图 5－12 所示，如果简单整形，门槛电平设置不合适，采集的数据可能是实际值的 2 倍左右。实际试验中，除叠加到有用信号上的差模干扰信号外，一般的干扰信号幅值比有用信号的幅值小，所以整形电路在滤波、放大的基础上，通过设置合适的门槛电平，滤掉部分无用、干扰信号。常用图 5－13 所示的施密特触发器组成的滞回比较器进行整形。图 5－13 中 $R_3 \sim R_6$ 与 R_7 构成不同放大倍数的同相比例放大，R_9 与 R_{11} 作为比较器的同相输入信号，与反相输入信号电压比较大小，比较器的输出端信号进行稳压并分压成同频率的正规矩形波信号反馈到同相输入端。同相输入信号幅值的大小就是比较器的阈值电压，是一个固定值。阈值电压除以放大倍数，近似为信号调理器的输入门槛电平。阈值电压虽然固定，但放大倍数可调，实际上门槛电平变为可调。当传感器输出信号放大并大于门槛电平时，调理器输出低电平，反之输出高电平。实际应用中，比较器采用滞回比较器，如图 5－14 所示，大于正阈值电压 V_{+T} 时变为低电平（第二级反相输入），一直到小于负阈值电压 V_{-T} 时才变为高电平，这样，幅值小的干扰信号及有尾波的奇异信号，被整形成正确的信号[4]。

设置合理的门槛电平可以消除比门槛电平低的干扰信号，一般根据传感器在额定状态下输出幅值大小、波形是否正规和测量系统的噪声大小三个因素确定合理的门槛电平。波

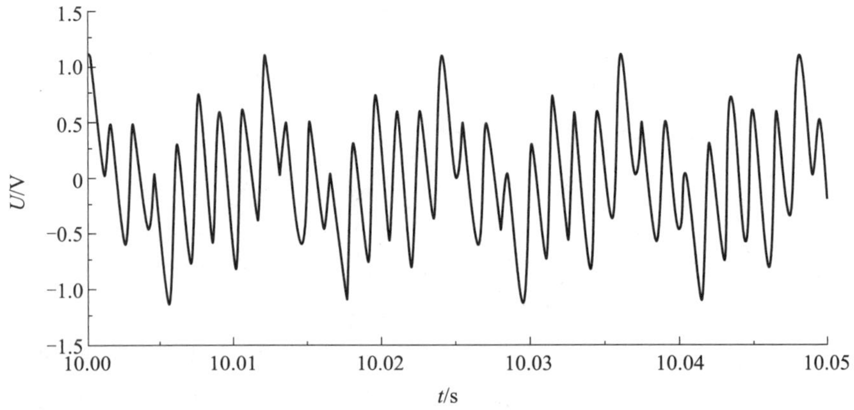

(a) 转速原始波形

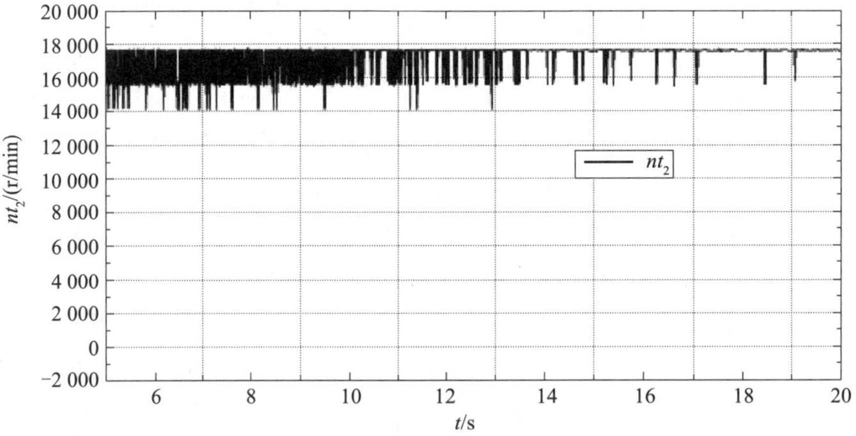

(b) 转速数据曲线

图 5-10　转速参数原始波形与数据曲线

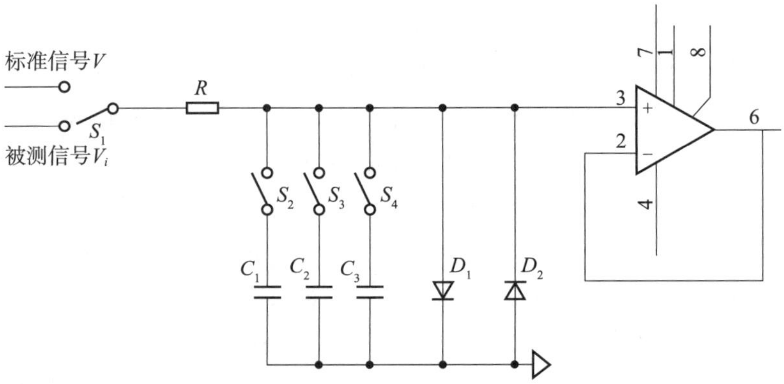

图 5-11　简易滤波电路

图 5-12 某传感器输出信号波形

形不正规时，门槛电平设置电压应比系统噪声（或输出波形中的干扰信号幅值）大2～3倍，是实际波形峰值的10%～20%。波形正规时，设一个比系统噪声高的固定值（如20 mV）。一般情况下，流量、转速传感器输出的原始波形的形状、频率、幅值等参数应由传感器设计单位提供。在试验过程中，当采集系统采集数据时，用模拟磁带机1∶1记录原始波形（或用高阻抗采集装置，滤波器设置为直通或20 kHz以上，采样速率50 kSa/s以上高速并联采集），试后回放观察。经过多次记录分析，摸清同型号发动机试验流量、转速传感器的原始输出波形情况，为门槛电平设置提供准确的依据。

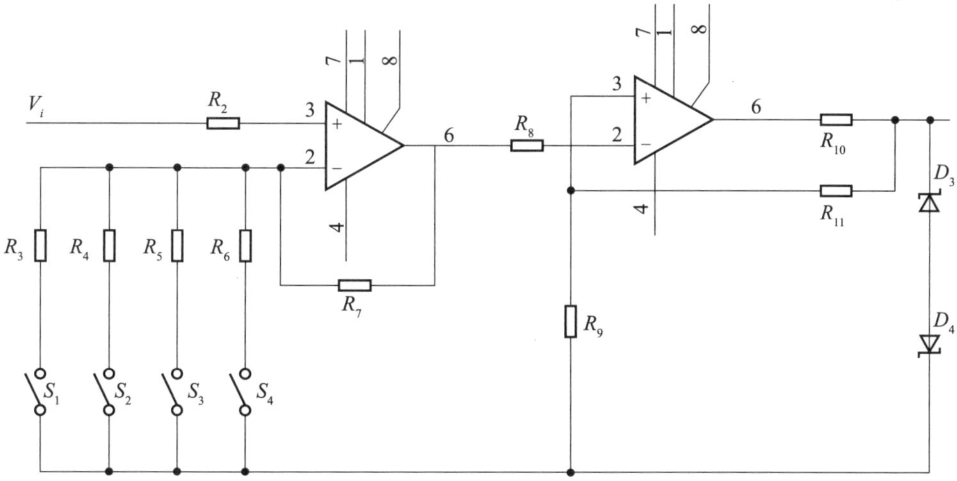

图 5-13 放大、整形电路

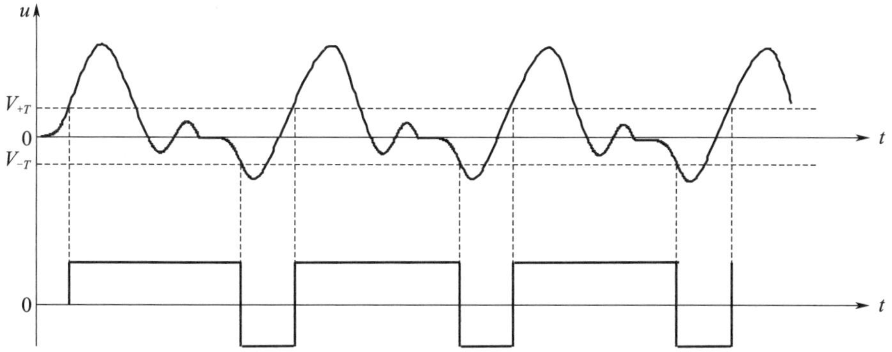

图 5-14 滞回比较原理

5.3.1.3 隔离技术

火箭发动机试车中，测控系统庞大，部分控制对象控制电流大、测量参数多，干扰信号机理复杂，将传感器信号与数据采集系统或两种采集设备之间进行隔离是必要的。隔离手段有变压器隔离、继电器隔离、光耦隔离三种基本方式，流量、转速调理器一般采用滤波—放大—整形—光耦隔离的方式，隔离效果比较理想。原因是隔离前的滤波和整形基本消除了干扰信号，对整形后的方波频率信号采用光耦隔离，不仅简单、可靠、响应快，而且隔离后仍是正规的矩形波信号。

5.3.1.4 分频技术

频率型参数测量中，采用直接测量或 F/V 变化间接测量方法。直接测频时，不用校准、方法简单，且测量精度优于间接测量方法。直接测频法有测周法（一个或多个完整的波形周期所占用的时间）和测频法（设定的时间内，出现完整频率波形的个数）两种方式，在测周法中，又有测单周期和多周期之分。涡轮流量计、转速传感器输出的信号频率大多数在 80～3 500 Hz 范围内，输出的波形为不规则的近似正弦波。一般地，当采集系统的基准时基频率和计数器位数一定时，被测频率稳定且较高情况下，直接测频法具有较高的测量精度。当被测频率变化较大且比较低（如 100～2 000 Hz），波形比较正规的情况下适合测周法。发动机试验中既要准确测量发动机起动段（从零开始逐渐变化到稳定值）、关机段（从稳定值逐渐降到零）数据，又要准确测量稳定段数据，且输出频率较低，一般采用单周期法进行测量。但单周期测量有一个明显的缺点，传感器输出波形不正规（脉冲宽度变化大）时，测量的数据波动大。对于标准频率信号，单周期和多周期测量数据的稳定性基本一致。发动机试验中，涡轮流量计和发动机涡轮泵均设计多个导磁叶片，转一周输出多个正弦波。由于加工误差、发动机预冷后叶片变形、试验时大振动等因素影响，一周输出的多个波形幅值、脉冲宽度有一定差异，如图 5-10（a）所示。单周期采集的数是转一周多个波形中的任意一个波形，造成测量的数据波动大。转速由于安装在发动机涡轮壳体上，采集的数据出现波动大或异常现象比流量数据更多，此时的转速和流量数据波动不反映发动机的真实固有特性。在这种情况下，将单周期测量方式改为多周期（按转速传感器或流量计转一周输出的波形个数）测量。多周期测量又称为分频测量，分频数按涡轮导磁叶片数设置。这样，分频后涡轮转一周相当于只输出一个波形，试验过程稳定段转一周的脉冲宽度基本稳定，测得的数据波动显著减小。图 5-15 是某转速不分频测量数据绘制的曲线和分频后测量数据绘制的曲线比较，分频后数据波动显著减小。对频率信号分频时，可采用软件分频或硬件分频。软件分频是利用部分频率参数采集装置具有的多周期测量功能，采集前预先设置多周期数（对应涡轮导磁叶片数），采用减计数原理，将多个完整的周期波形按一个波处理，优点是容易实现任意分频，简单、方便。硬件分频就是在信号调理器上设计分频电路，最简单的分频方法是用 TTL 电路进行分频[5]。如选用二进制计数器 74LS393 可实现 2^n 分频，选用二-五-十进制计数器 74LS290 可实现 10^n 分频，选用二-N-十六可变进制计数器 T213 可实现任意数分频等。硬件分频的特点是速度快，不占用计算机 CPU 资源，可通过调线方式实现常用的分频数。图 5-16 是一个常用的硬件分频电路图。

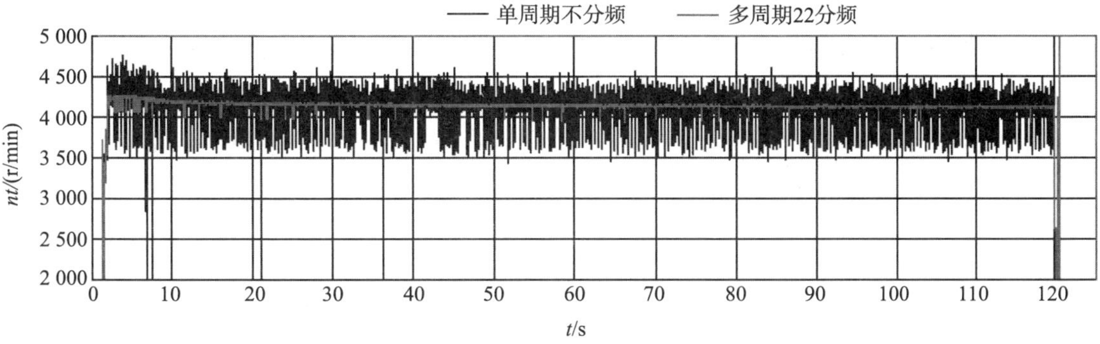

图 5－15　某转速测量数据曲线图（见彩插）

需要指出的是，输出波形不正规的参数采用分频处理后，解决了数据波动大的问题，但试验起动段采集的第一个数据产生一定的滞后。原因是单周期测量开始时，起动瞬间能采集到传感器输出的第一个波，而分频处理后，需要等待涡轮旋转一周输出多个波的最后一个波结束后才能采集。分频导致采集的第一个数据有一定滞后，对研究发动机瞬间起动过程有意义，对一般情况和稳态过程采集无影响。

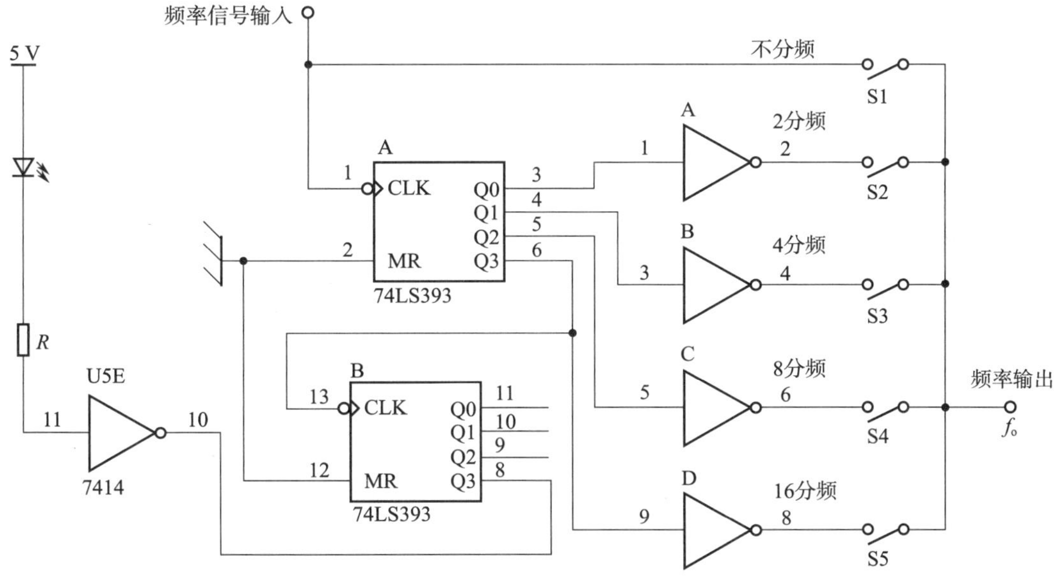

图 5－16　硬件分频电路图

5.3.1.5　F/V 变换技术

数据采集装置未配置频率信号采集功能时，可通过 F/V 变换技术，在现有的数据采集系统上完成流量、转速参数测量任务，实现的技术途径是在频率信号调理器上增加 F/V 变换功能。应用 F/V 变换技术的频率参数测量精度比直接测量频率精度略低一些，也产生一定的滞后（原理所决定），但满足发动机试验流量、转速稳态参数的测量响应性要求。

F/V 变换电路通常设计在信号调理器的光耦隔离以后，和分频电路的输入信号并联。调理器的输出信号是电压信号还是频率信号，通过调线选择。图 5－17 给出了一个典型的 F/V 变换电路原理图。图中通过选择 C_1、C_2（C_3）值的大小，确定信号频率范围。在输入频率、C_1（或 C_2）基本确定的情况下，通过调节 R_1、R_2（R_3）输出电压大小。通过 F/V 变换技术测量流量转速参数时，试验前用标准频率信号源，选择和被测参数输出频率大小相近的几档频率进行校准，用最小二乘法求出采集电压值与对应频率的系统斜率。试验时采集的电压值减去零位乘以斜率，得到被测信号频率（也可分段插值求频率）。表 5－2 是用标准频率信号（任选 2 通道）和磁带机记录的某型号发动机试验流量、转速信号，将直接测量数据和 F/V 变换测量数据进行比较，两者稳定段数据接近，满足测量精度要求。

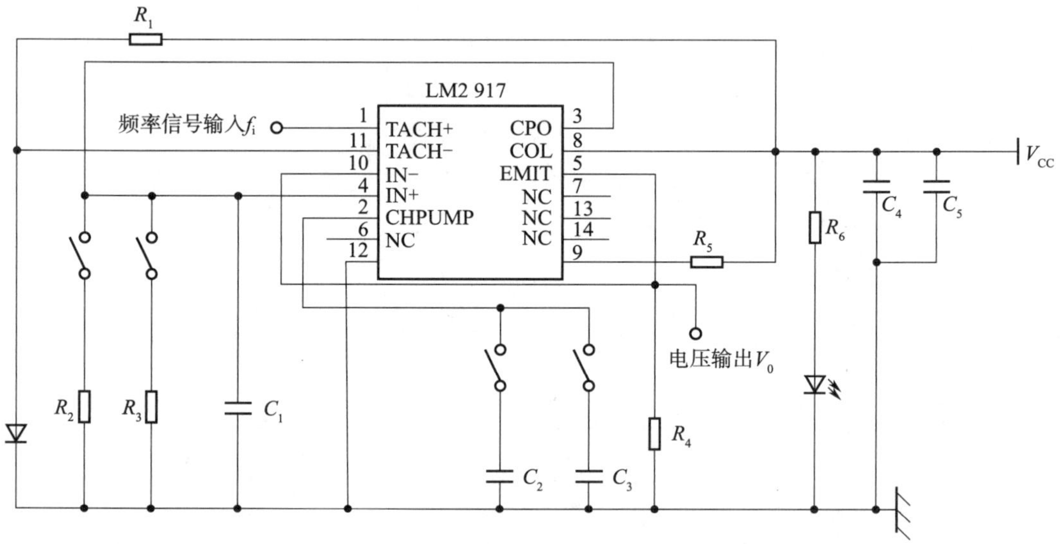

图 5－17　F/V 变换电路

表 5－2　标准信号与试验信号 F/V 变换数据对比

标准信号比较/Hz			实际试验数据比较/Hz			
标准频率	F/V 变换	绝对差	参数名称	试验直接采集数据	试验 F/V 采集数据	绝对差
60.0	60.14	0.14	转速 1	171.75	171.75	0.0
	60.14	0.14				
160.0	159.78	−0.22	转速 2	753.82	753.67	0.15
	159.82	−0.18				
200.0	199.84	−0.16	流量 1	293.89	294.30	−0.41
	199.89	−0.11				
300.0	300.06	0.06	流量 2	275.27	275.55	−0.28
	299.99	−0.01				

续表

标准信号比较/Hz			实际试验数据比较/Hz			
460.0	460.01	0.01	转速 3	291.09	290.14	0.95
	460.00	0.0				
800.0	800.03	0.03	转速 4	291.08	290.58	0.5
	800.05	0.05				

5.3.1.6　信号调理器调试技术

频率信号调理器研制完成后，按以下内容和方法调试：

1）低通滤波器的截止频率调试：通常按被测频率信号上限的 2～3 倍设置截止频率，用标准频率和试验实际采集的流量、转速实际信号（磁带或 D/A 转换）回放进行调试。

2）放大、整形、门槛电平调试：用标准频率源和数字存储示波器逐级调试信号调理器的放大、整形和门槛电平电路。对于整形和门槛电平用试验记录的各种波形奇异的信号反复调试，验证设计参数是否合适，是否适应多种型号发动机流量、转速参数的测量。

3）分频电路调试：用标准频率源和信号数据采集装置进行调试，分频结果应准确无误。

4）F/V 变换电路调试：用标准频率源调试 F/V 变换功能正确无误后，再用试验记录的频率信号进行调试，调试结果应和试验直接采集的稳定段数据平均值一致。若两者差异影响测量精度时，首先考虑图 5－17 中充放电电容 C_1、C_2 值大小，电路电源的高低、纹波和稳定性，其次考虑门槛电平、截止频率设置是否合适等。

5）抗干扰调试：调试中如果连接流量、转速传感器后发现，在传感器未工作时，采集系统有 50 Hz 干扰，可能的原因是测量系统未接地或接地不良造成的。解决的措施是：信号传输选用屏蔽双绞线，将信号负线和屏蔽线在采集装置处连接并接地，确保全系统一点接地，这样可以基本消除工频干扰。如果采集的数据中大点比较多或有规律的波动，首先查看记录的信号原始波形上是否叠加高频干扰信号。如果有，通过低通滤波进行滤波，或通过软件进行数字滤波，消除高频干扰。

6）输出信号波形偏移不过零的调试：根据信号是上偏移还是下偏移，在输入信号中串联一个极性与信号极性相反或相同的直流电压，将信号拉偏使其过零，也可通过阈值电压设置进行信号不过零调试。

5.3.2　抗干扰技术

流量、转速参数测量中，传感器输出的频率信号，比电压、电流等信号更易受到干扰。干扰分为串模干扰和共模干扰两大类，串模干扰也称为差模干扰，可以等效地看作串接在有用信号上的干扰，它和有用信号的路径一般是一致的。串模干扰一般来自长线传输的互感分布电容及电源工频干扰等。共模干扰以地为公共回路，加到测量仪器两个输入端的干扰信号，对测量信号的影响是间接的。共模干扰可以转化为等效的串模干扰，一般来自系统的两点或多点接地。流量、转速测量系统两种干扰同时存在，产生的原因有系统长线传输、阻抗不匹配、接地不规范、大电器动作、静电和电磁波辐射、附近有强磁场源（如伺服机构的电机）等。干扰的主要现象是：在流量、转速传感器未工作时，采集系统出现50 Hz 工频信号（主要原因是系统接地不良或不正确）、输出波形中偶尔出现的尖脉冲导致数据中有大点（主要原因是系统的大电器动作）、输出波形上叠加较多的毛刺或波形严重奇异（主要原因是电磁波干扰、高频噪声串入）。主要抗干扰措施有滤波、隔离、接地等。

5.3.2.1 滤波技术

常用的滤波技术有硬件滤波和软件滤波。硬件滤波（低通、高通、带通、带阻）的优点是实时性强，抗干扰效果好。缺点是影响信号的响应性，幅值也受一定影响。由于硬件滤波针对固定的频率进行拟制，对随机信号抑制效果一般。软件滤波具有设计灵活（程序判断、中位值、算术平均、递推平均、防脉冲干扰平均值、一阶滞后等滤波法）、节省硬件资源等优点。不足是实时性差，一般在试验后对数据进行数字滤波。如果用软件实时滤波，则滞后性比较明显。所以，以硬件滤波为主，软件滤波为辅，可收到较好的效果。

高频干扰是流量、转速参数测量的主要干扰源，高频干扰信号一般叠加在正常低频信号上。根据工程经验，无源低通滤波是拟制高频干扰简单、有效的方法。在信号调理器设计时，考虑流量、转速传感器线圈的阻值不高，选择 RC 低通滤波器（截止频率建议按实际信号最高频率的 2 倍来设置）易实现阻抗基本匹配，又可滤掉高频干扰信号。选用 RC 无源滤波器时可根据传感器、信号调理器阻抗高低，参考表 5－3 选择滤波器形式[6]。用电容进行滤波时，电容接在干扰源线间能抑制串模干扰，接在干扰源和地线间能抑制共模干扰，接在线路板的直流电源线和地线间能抑制共模干扰电源噪声，利用图 5－18 形式可以抑制共模和串模干扰。

表 5－3　RC 无源滤波器形式

传感器阻抗	信号调理器阻抗	滤波器形式
低	低	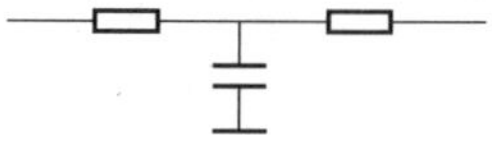
低	高	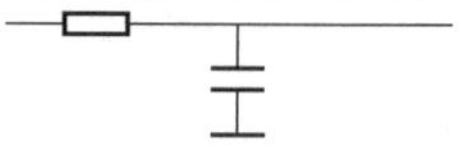
高	低	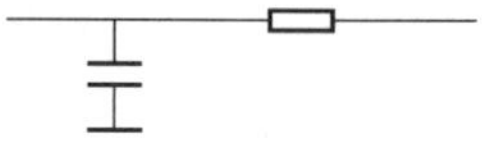
高	高	

5.3.2.2 隔离技术

信号隔离的目的是把电路上干扰源和易干扰的信号隔开，把串入的干扰通道切断。隔离用于数据采集装置与现场信号之间、弱电与强电之间。常用的隔离方式有光电隔离（用于弱电、高速采集）、变压器隔离（用于抑制信号中的直流成分）、继电器隔离（强电和弱

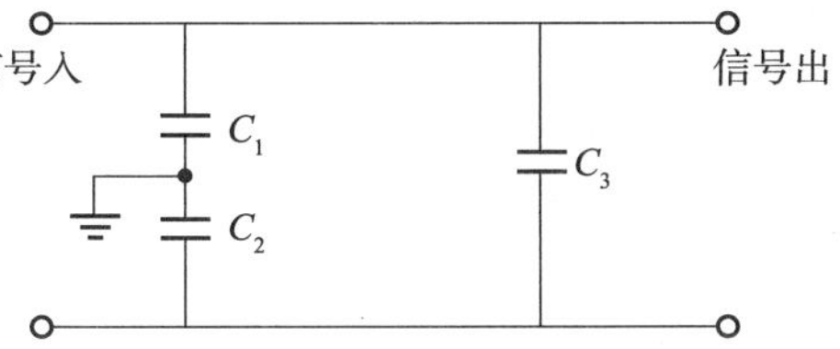

图 5－18　电容滤波器

电之间）三种。一般流量、转速传感器输出的频率信号经整形成矩形波后常用光耦隔离，如果波形出现直流成分（偏移），可以加变压器进行隔离。另外，频率信号容易受到电磁干扰，注意布线隔离。在敷设信号电缆时，远离动力线、高压线。信号线经过的地方注意与开关电源、逆变器、晶闸管整流电路、变压器、蜂鸣器相距一定距离，减小电磁干扰的影响。印刷板布线中也要考虑电源线与信号线的隔离。

5.3.2.3　接地技术

频率信号的测量可以近似看作绝对测量，测量装置有一个基准电位（信号负线），一般基准电位和仪器底板相连构成信号地。信号接地中有浮地、直接接地、电容接地三种方式。浮地方式的优点是外部干扰不易侵入内部，缺点是当设备对地有较大分布电容时，基准电位受到干扰，系统附近有高压时，电场耦合产生的静电感应对人身不安全。直接接地可以有效抑制分布电容影响。电容接地可以有效抑制高频干扰，适合于信号地和大地存在直流电位差或低频电位差的情况。流量、转速参数测量系统在滤波、隔离基础上，信号传输电缆选用屏蔽双绞线，屏蔽层在传感器处浮空且全程连续，信号负线（基准电位）和屏蔽层在信号调理器或采集系统处一点接地，可有效地抑制系统工频干扰[7]，如图 5－19 所示。这样接地后系统仍有少许工频干扰时，可将采集系统的机柜外壳接电源地，信号的负线、屏蔽层一起接信号地。如果频率型参数的频率大于 5 kHz，建议选用双屏蔽层同轴电缆，内屏蔽层作负线、芯作正线使用。测量现场环境恶劣时，将屏蔽双绞线穿在钢管中，钢管牢固地接地，可以取得良好的抗干扰效果。

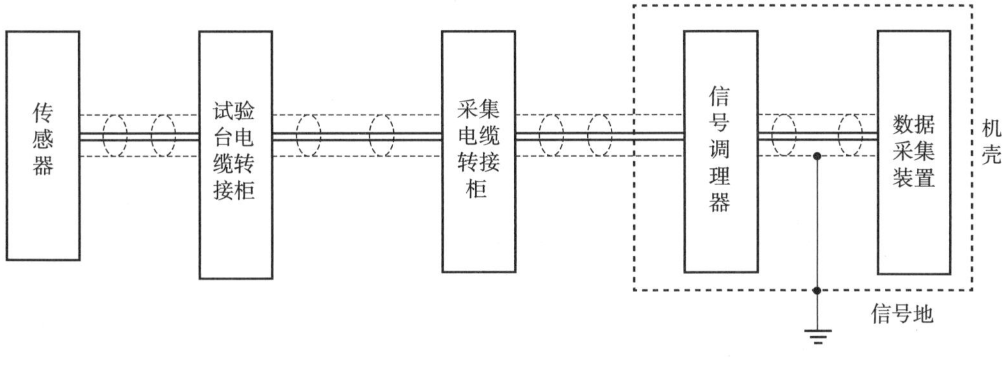

图 5－19　频率型参数测量接地方式

5.3.2.4 阈值电压技术

频率型参数测量中，在信号调理器上采取了滤波、隔离措施，在信号传输环节采取了屏蔽接地措施，有效地抑制了干扰。还有一种阈值电压技术，既简单又有效，在频率型参数测量中必不可少。阈值电压通常称为门槛电平，设置合理的门槛电平，让幅值较大的正常信号通过，让幅值低于正常信号的干扰信号不通过。门槛设置技术在调理器设计中已经介绍过，但需要指出的是，如果正常的正弦信号正、负半周波形上均叠加了频率较高的干扰信号（图 5-20），门槛电平的设置无法消除干扰，此时的有效措施是低通滤波。

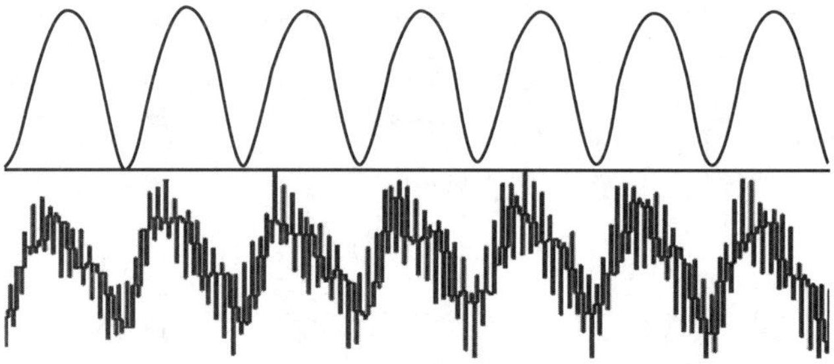

图 5-20　正常信号叠加高频干扰信号

上述介绍的抗干扰措施是流量、转速参数测量中的主要措施，在信号调理和电缆传输环节实施。除此以外，还有电路设计时的去耦技术：在电源线与地线间加去耦电容，吸收电路器件开、关瞬间充、放电能量，并消除器件高频噪声；屏蔽技术：把通过空间传播的电场、磁场或电磁场耦合通道断开，通过给电源、变压器、信号调理器、采集装置等加装隔离板、低阻屏蔽罩等，减小或消除电磁场对信号调理和数据采集装置的干扰；如果传感器的频率信号已通过 F/V 转换成电压信号，采用差分输入抗干扰技术：差分输入是以放大器的正负输入端的差值作为信号，可有效地抑制信号源的共模干扰和工频感应噪声。所以，流量、转速参数测量的抗干扰技术实际上是各种抗干扰技术的综合应用。实际测量中，采取了多种硬件抗干扰措施及数据处理过程增加舍点功能后，数据波动不够理想或仍然有个别大点时，只能依靠软件数字滤波或人工剔除方法来解决。

5.4 数据采集技术

流量计和转速传感器输出频率信号，频率信号的采集原理和推力、压力、温度等传感器输出电压型参数不同，通过在被测频率信号周期内填充标准高频率脉冲个数的计数原理进行数据采集。

5.4.1 采集原理与采集速率

5.4.1.1 采集原理

流量、转速参数单周期测量原理：在试验过程的某一时刻选择传感器输出波形中一个完整的单周期，从信号的上升沿（或下降沿）开始标准脉冲计数，等下一个脉冲的上升沿（或下降沿）停止计数，那么被测信号的频率为：$f=1/$(标准脉冲周期×计数值)，根据测量的频率求出流量和转速的实际值。例如，计数电路选用经典的 8253 可编程控制器[7]，具有三个独立 16 位二进制或十进制计数器，它有计数、单稳、频率发生器、方波频率发生器、软件触发选通、硬件触发选通六种工作方式。在单周期测量设计中，每片 8253 完成一个周期测量任务。8253 的计数器 0 和计数器 1 级连成一个 32 位计数器作为标准脉冲的个数计数器，计数器 2 对被测周期信号的个数进行计数。计数器 0 和计数器 2 采用 8253 工作方式 0（计数结束时产生中断），计数器 1 采用工作方式 2（比率发生器）。可编程 8253 组成的测量原理如图 5－21 所示。图中，I/O 控制逻辑协调采集装置控制信号与 8253 控制信号的关系。命令控制逻辑的作用是选通地址、控制中断信号和计数器工作。中断控制器负责中断查询、中断请求及中断应答。同步器使标准时钟与周期信号同步，信号调理器将输入的正弦信号调理成同频率的标准 TTL 信号。标准计时脉冲通过 10 MHz 以上的晶体振荡器分频获得。当计数器 32 位、分频的时钟 2 MHz 时，定时最长 $5\times10^{-7}\times2^{32}$ s＝2 147 s。对一个周期 1 ms（频率 1 kHz）的周期信号，计数值 $10^{-3}/(5\times10^{-7})$ 个＝2 000 个，理论上其周期绝对测量精度为 5×10^{-7} s，相对测量精度为 $5\times10^{-7}/10^{-3}$＝1/2 000 ＝0.05％。频率越低，精度越高。

单周期测量时计数过程时序如图 5－22 所示。在禁止计数（GAT_0、GAT_1、GAT_2 置低电平）下初始化 8253，确定工作方式，设置计数初值，允许计数装置测周期开始（GAT_0、GAT_1、GAT_2 置高电平）。在被测周期信号的第一个上升沿时，定时装置开始工作，标准脉冲每输入到计数器 1 一个脉冲，计数器 1 执行一次减计数，在被测周期信号结束（第二个脉冲的上升沿）时，计数器 2 工作完（OUT_2 变成高电平）产生中断信号，门控 GAT_1 变成低电平，定时装置结束工作，完成一次单周期计数任务。设标准脉冲的周期为 T_n，定时装置（计数器 0 和计数器 1）中计的总数为 N，则被测信号的周期为 $T=T_n\times N$，频率 $f=\dfrac{1}{T}=\dfrac{1}{T_n\cdot N}$。

5.4.1.2　采样速率确定

流量、转速参数的采样速率的高低需综合被测信号的频率高低、标准脉冲频率、采集装置的计数器位数、发动机参数测量的要求等确定。如果被测频率比较低，用太高的采样速率，采集的数据许多是相同的，而且标准脉冲频率太高时，还会出现计数器溢出现象。所以，被测信号频率、计数器位数、标准脉冲频率三者应基本匹配。涡轮流量计输出频率多数在 100～1 000 Hz 范围内，转速传感器的输出频率多数在 150～3 500 Hz 范围内。一般情况下，被测信号频率小于 1 000 Hz 且输出波形比较正规时，用单周期测量方式具有较高的精度。大于 1 000 Hz 且输出波形不正规时，建议采用分频（多周期）处理。信号频率为100 Hz、周期为 10 ms 时，采样速率理论可达到 100 点/s。实际采样中，考虑取数、存数、波形边沿不在采样的起点等问题，采样速率达不到 100 点/s。一般发动机试验中，涡轮转速、流量计稳定后频率均大于 100 Hz，采样速率应不低于 100 点/s。只是发动

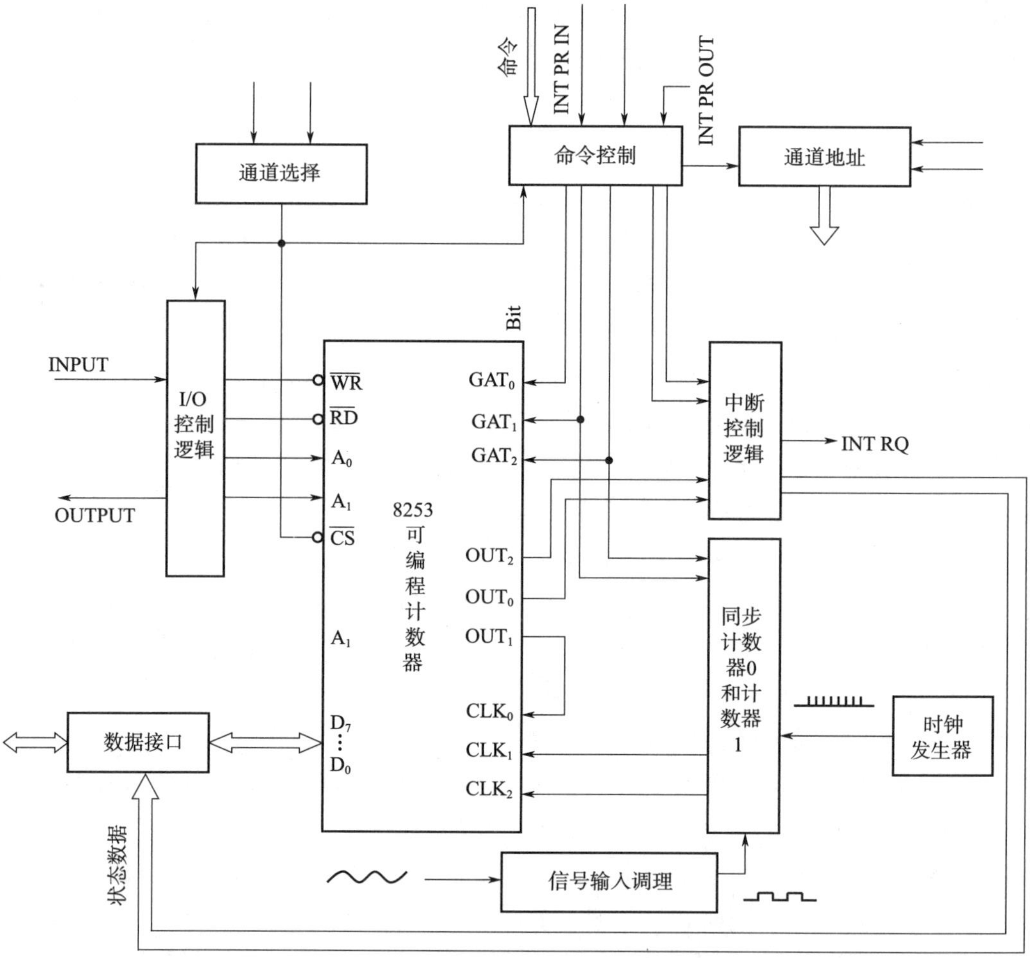

图 5－21 可编程 8253 组成的测量原理图

机试验过程起动段和关机段是一个从 0 到额定值或由额定值到 0 的变化过程，按 100 点/s 采样时，小于 100 Hz 采集的数据有连续几点相同的情况（用该数据绘制的曲线是台阶形状），这说明采样速率高与更多地获取过渡段数据有一定矛盾。过渡段采样速率不能过高的原因是，频率低、周期长，标准脉冲频率高时计数器容易溢出。计数器位数不变，降低标准脉冲频率，可以获得更多的过渡段数据，但影响稳定段采样数据的精度。目前具有频率信号采集功能的多数采集装置的计数器位数是 32 位（少数是 16 位或 48 位），标准脉冲频率选择100 kHz，可以满足多数型号流量、转速参数 100 点/s 的采样需要，并能兼顾过渡段信号的采样。如果被测信号频率多数在 2 000 Hz 以上，建议标准脉冲频率选择 1 MHz 以上、采样速率选择 200 点/s 点或 500 点/s，甚至 1 000 点/s。

需要指出的是，由于发动机试验过程流量、转速输出的信号不正规或奇异，为了减小采集数据的较大波动，经常按发动机涡轮泵或流量计涡轮的导磁叶片数分频（多周期）测量，被测频率成倍降低，必须通过计算降低标准脉冲的频率，否则计数器溢出，采集不到正常数据。

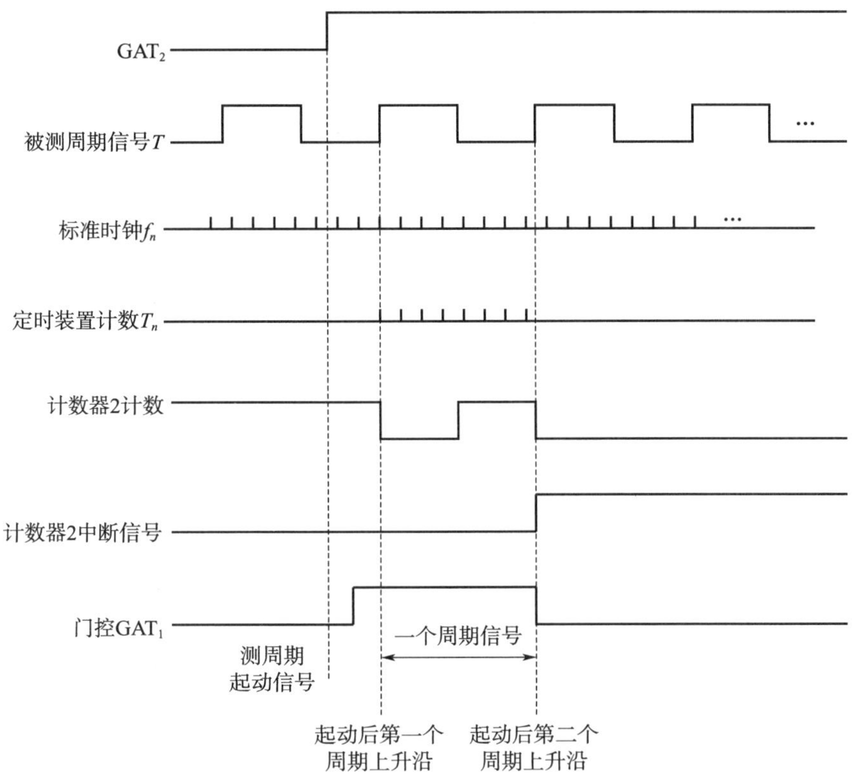

图 5-22　单周期测量时序图

5.4.2　采样误差分析

频率量参数采样过程产生的误差机理和电压型模拟量采样过程误差机理不同，根据误差传递与合成，单周期测量方式采样过程主要误差有三项，分别是量化误差、标准频率误差和触发误差[8]。三项合成如下式所示。

$$\frac{\Delta T_x}{T_x}=\pm\left(\frac{1}{T_x f_c}+\left|\frac{\Delta f_c}{f_c}\right|+\frac{1}{\sqrt{2}\,\pi}\times\frac{U_n}{U_m}\right) \tag{5-4}$$

式中　ΔT_x ——被测信号单周期误差，单位为 s；

T_x ——被测信号单周期，单位为 s；

f_c ——标准脉冲频率，单位为 Hz；

Δf_c ——标准脉冲频率误差，单位为 Hz；

U_m ——被测信号幅值，单位为 V；

U_n ——干扰信号幅值，单位为 V。

公式（5-4）中，第一项 $\frac{1}{T_x f_c}$ 为量化误差，又称为测周期或测频率时的 ±1 误差。测周期时，定时装置的允许计数时刻与标准计数脉冲之间的时间关系不相关，在时间轴上的相对位置是随机的。当定时装置允许计数时间 T 接近甚至等于被测信号周期 T_x 的整数倍时，此项误差最大，即 $\Delta N=\pm 1$， 而计数值 $N=\frac{T_x}{T_c}=T_x\cdot f_c$（$T_c$ 为标准计数脉冲周期，单位为 s）。$\frac{\Delta N}{N}=\pm\frac{1}{T_x f_c}$，显然，被测频率越低，±1 误差对测周期精度影响越小。由于采集电路中采取了被测信号与计数标准脉冲同步调节，引起±1 误差的概率明显减小。式中第二项 $\frac{\Delta f_c}{f_c}$ 为标准频率误差，它主要取决于标准频率的准确度。为了使标准频率误差对测量结果不产生一定影响，选标准频率 1 MHz 以上，对低频率采用测周期方式，$\frac{\Delta f_c}{f_c}$ 误差比±1 误差小一个数量级。式中第三项 $\frac{1}{\sqrt{2}\pi}\times\frac{U_n}{U_m}$ 为触发误差。在测量中干扰信号幅值 U_n 大于触发门槛电平时就产生该项误差。当电路中采用施密特触发器和滤波器后，可大大减少干扰信号，使这项误差变得很小或不存在。所以，采用测周期原理电路，被测信号频率越低，标准脉冲频率越高，测量精度越高，而且测量过程中尽可能提高信噪比 $\frac{U_n}{U_m}$，设置合适的阈值电压（门槛电平）。

频率参数采集过程产生的三项误差实际上对流量、转速参数测量精度影响很小。但如果被测频率比较高、选择的标准计数频率又比较低、信号波形严重奇异，信号调理效果不理想时，采样过程产生的误差对测量精度的影响应引起重视。

5.5 原位校准技术

液体火箭发动机试验中，推进剂的黏度、密度、温度、使用环境、安装条件等和涡轮流量计在计量机构用水检定时不同，如果将涡轮流量计检定结果系数用于发动机试验现场真实推进剂测量时会产生系统偏差。航天标准 QJ 1794—1989《液体火箭发动机稳态流量测量不确定度估计方法》[9] 中规定，流量测量不确定度要求不大于 1%时，其传感器必须在现场用真实推进剂进行校准，大于 1%时可在计量部门实验室校准。目前姿轨控发动机试验微小流量测量使用精度 0.15%～0.20%的质量流量计后，非脉冲式长程试验稳定段流量测量不确定度优于 1%。其他发动机试验中，涡轮流量计口径大于 30 mm 时，流量计自身水校准精度多数为 0.5%，常温推进剂流量测量不确定度应不大于 0.7%，低温液氧、液氢流量测量不确定度应不大于 1%。根据测量不确定度要求，发动机试验现场应建立校准装置，对涡轮流量计进行真实介质校准。由于涡轮流量计在发动机试验时的安装位置、使用状态和现场校准时完全一致，现场真实介质校准实际上是原位校准，显著减小了流量参数测量的系统误差。常温推进剂和低温推进剂校准方式、校准装置不同。

5.5.1 常温推进剂流量校准技术

使用常温推进剂的发动机试验中，大型发动机多数采用涡轮流量计串联、涡轮流量计与质量流量计串联的方式进行测量；小型发动机试验多数采用涡轮流量计与质量流量计串联的测量方式；姿轨控发动机试验测量多数采用涡轮流量计与质量流量计串联或质量流量计与电子秤构成的称重装置。无论哪种测量方式，只要使用涡轮流量计，就应建立流量测量原位校准系统。

5.5.1.1　校准原理

常温推进剂流量原位校准系统通常采用质量流量计和涡轮流量计串联的方式，以质量流量计为基准，对涡轮流量计进行原位校准，校准系统原理如图 5－23 所示。质量流量计在试验过程中也可测量，如果考虑质量流量计流阻太大或距离发动机太近（振动影响），校准完成后拆除质量流量计。

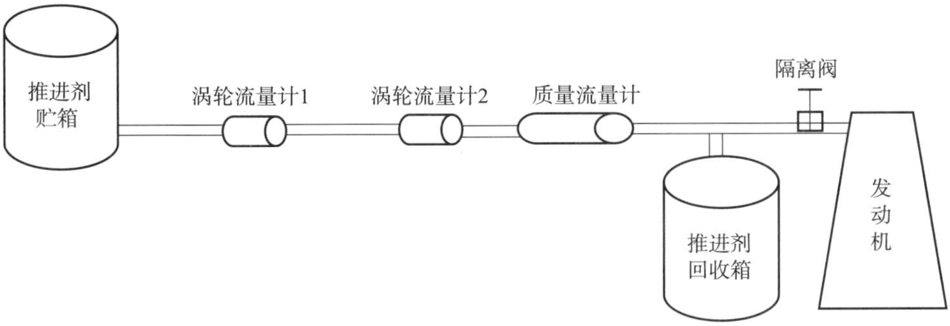

图 5－23　常温推进剂原位校准原理

计量机构检定涡轮流量计或质量流量计时采用静态质量法水流量校准装置，原理是一定时间内流出标准容器（或称重容器）水的质量等于同时间内流过流量计的累计质量流量（考虑密度、温度等因素）。计量机构对涡轮流量计的检定证书一般提供涡轮流量计体积流量和频率值拟合的截距和斜率，或提供流量计体积流量与频率值的仪表系数 K。用质量流量计，不仅给出流量计的精度等级，还给出流量计的测量误差。发动机试验现场用质量流量计对涡轮流量计进行校准的方法、原理和计量机构检定基本相同。图 5－23 所示原位校准系统在推进剂贮箱和推进剂回收箱之间用真实介质放液进行校准。流量基准为质量流量计，质量流量计同时获得质量流量和密度（也可以通过测温计算密度），质量流量除以密度得到体积流量，通过体积流量和涡轮流量计输出频率之间的对应关系，用最小二乘法拟合涡轮流量计在现场安装条件下真实介质的斜率与截距（或仪表系数 K ）。通过改变贮箱压力获得不同校准点流量值。涡轮流量计经过原位校准后，提供的流量数据测量不确定度一般优于 0.7%（在额定流量附近可达到 0.5%）。

5.5.1.2　校准范围

性能优良的涡轮流量计测量范围可以达到 10∶1，而发动机实际工作过程工况变化范围小，对应的流量范围多数在发动机额定工况附近。一般发动机边界条件试验工况在额定工况的 60%～110%范围内，所以涡轮流量计原位校准时，在实际工作流量附近窄范围校准，测量不确定度可达到 0.5%（涡轮流量计自身水计量精度为 0.5%，是在宽范围计量检定的结果，如果在窄范围计量检定，自身精度一般优于0.5%)。所以，发动机试验涡轮流量计原位校准时建议按发动机额定工况流量的60%、80%、90%、100%、110%五个流量点进行校准，每个流量点重复3次。

5.5.1.3　称重法校准

姿轨控发动机和一些小型发动机试验中，推进剂贮箱比较小，用质量流量计对涡轮流量计进行原位校准后，提高了涡轮流量计的测量精度，但质量流量计的测量精度是否达到计量检定时的精度，试验过程是否受到振动影响，姿轨控发动机的脉冲点火试验消耗的推进剂总量的测量准确性等问题仍需在原位校准方面进行技术研究。称重法校准是一种高精度的校准，特别是高精度（0.05%～0.1%）电子秤的应用，使流量测量精度进一步提高。大型发动机试验由于贮箱、安装管路、阀的体积大，并不适合用称重法进行原位校准。图5-24是一个实际应用的姿轨控发动机试验系统常温推进剂称重法流量原位校准系统图。图中分别安装了质量流量计和涡轮流量计进行流量测量，基准是高精度电子秤，对涡轮流量计和质量流量计同时进行原位校准。电子秤也参加发动机试验，并实时测量称重贮箱的质量，试验过程中某一时间段电子秤测量的总质量与同时间段质量流量计和涡轮流量计测量值进行比较验证，进一步提高小流量的测量精度。图中自控温电伴热带的作用是当推进剂温度较低时，通过给贮箱加热，调节推进剂温度。

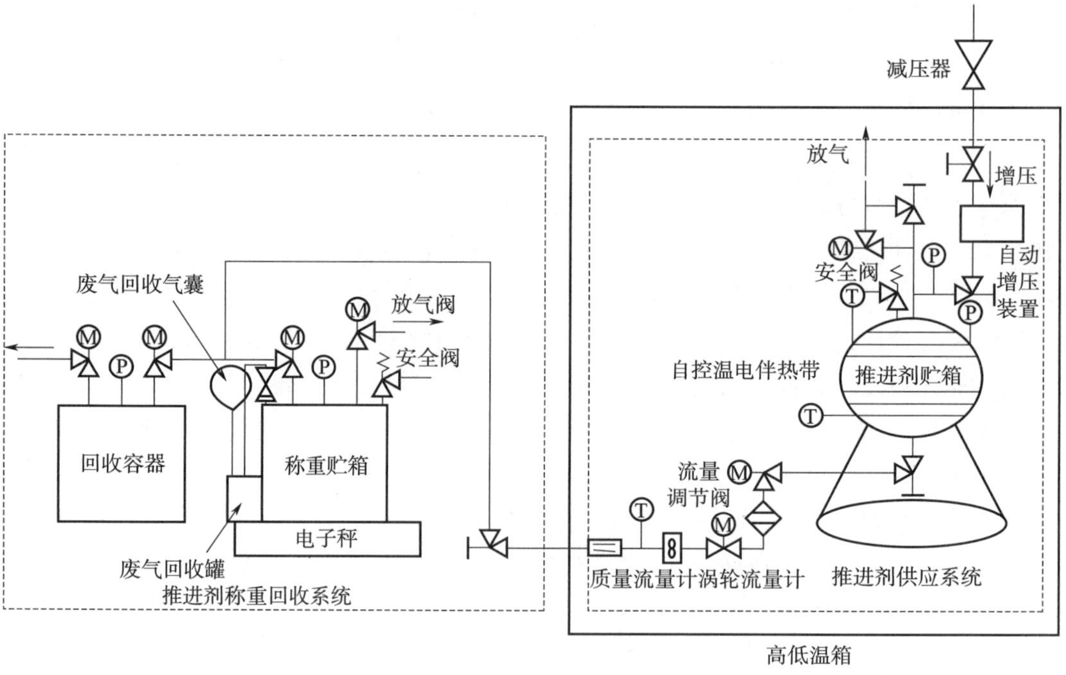

图5-24　称重法原位校准系统组成

5.5.2　低温推进剂流量校准技术

低温推进剂在一、二、三级发动机中普遍使用，常用的低温推进剂有液氧、液氢、甲烷等。低温流量准确测量的技术难度比常温流量大得多，用水计量检定的涡轮流量计系数测量低温推进剂流量时产生的系统误差达到 1%～10%，对评定发动机的性能产生较大影响。所以建立低温流量原位校准系统是提高低温流量测量准确性的重要环节。

5.5.2.1　校准系统组成与功能

(1) 系统组成

由于质量流量计测量低温介质流量的重复性不高，故发动机试验现场一般不用。分节式电容液面计在测量低温平均流量方面具有较高精度，通常用作低温流量原位校准的标准装置。低温流量原位校准系统的原理如图 5－25 所示。它主要由分节式电容液面计、智能变送器、涡轮流量计、采集装置等组成。

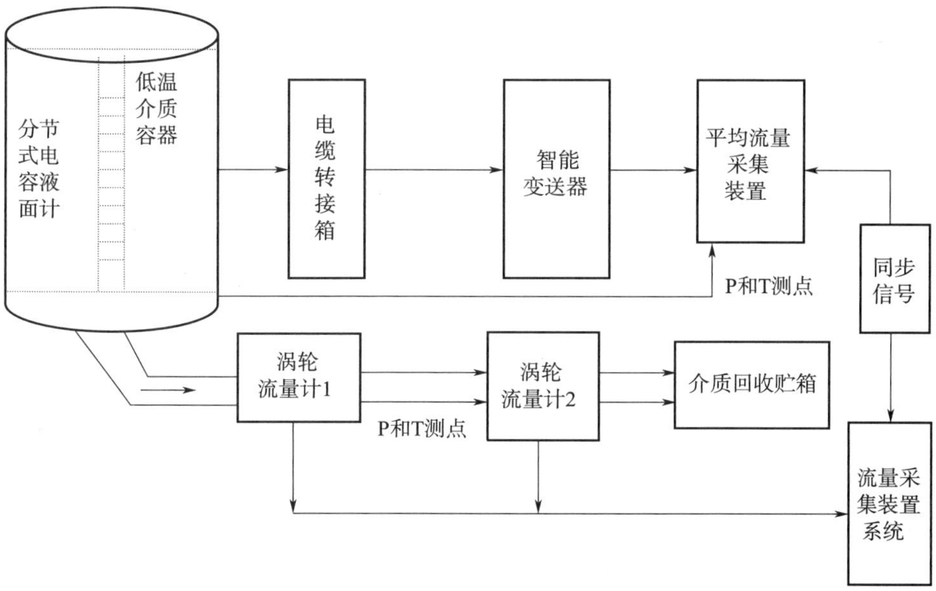

图 5－25　低温流量原位校准系统组成原理图

(2) 主要部件功能

①分节式电容液面计

安装于低温介质容器内，容器事先经过计量标定，获得高度对应的体积-容积表。分节式电容液面计的基本结构是两个同轴不同直径的金属内管和分成许多小节（奇数节和偶数节）的外管组成奇数节电容器和偶数节电容器，利用气体和液体介电常数不同的原理，容器内介质液位变化时，两管之间的电容跟随奇数节和偶数节交替变化。液面计的每节对应不同的液位高度，从而将容器内低温介质液位高度的变化转换为电容的电信号变化。

②智能变送器

智能变送器也称为信号调理器。设计交流电桥、交流激励电压输出、微小信号变换与放大、精密整流、滤波等功能，把分节式电容液面计输出的奇数节电容信号和偶数节电容信号变换成比较正规的三角波电压信号。

③平均流量采集装置

通过对三角波电压信号的时间同步、计数，计算不同的奇数节和偶数节对应的液位高度，查容器容积表，获得某时间段内的体积流量。同时测量容器内的温度和压力，计算容器低温介质的密度，通过体积流量和密度获得该时间段内容器流出的质量流量。

④涡轮流量计

将主管路低温介质体积流量实时转换成频率电信号。

⑤流量采集装置

采集涡轮流量计体积流量，采集涡轮流量计附近的温度和压力，计算介质密度，获得管道介质的质量流量。同时完成流量数据的实时处理、实时显示、实时存储等。

5.5.2.2 校准原理

1）对低温介质容器进行常温状态计量标定，获得介质容器的容积与高度的对应关系容积表；

2）低温介质放液校准时，确定分节式液位计的起始时间、起始节数和结束时间、结束节数，根据容积表确定容器常温液位高度变化引起的体积变化，进行容器材料低温系数容积修正。同时，对容器内安装的分节式及连续式液面计等其他设备占用的容积进行温度修正，获得容器低温介质液位高度变化（介质流出的）实际体积。

3）容器增压使容积增大，根据截面积和压力进行体积修正，减去液面计等其他设备占用的体积，获得准确的某时间段内低温介质流出的体积。同时，实时测量容器介质流出区域压力和温度计算密度，获得该时间段的标准质量流量。

4）在同一时间段内，测量涡轮流量计的体积流量及附近压力和温度计算密度，求出涡轮流量计测量的质量流量。

5）根据质量守恒原理，同一时间段内从容器流出的低温介质质量等于流过主管路涡轮流量计的介质质量，即

$$q_{容器流出体积} \times \rho_{容器介质密度} = q_{流量计流过体积} \times \rho_{流量计附近介质密度}$$

用容器的质量流量除以涡轮流量计附近介质密度，求得涡轮流量计的标准体积流量，同时求得涡轮流量计体积流量对应的频率。选择 4～6 个流量校准点，每个校准点重复 3 次。用最小二乘法拟合涡轮流量计的体积流量对应的输出频率值，求出现场真实介质条件下的涡轮流量计的斜率和截距，实现对涡轮流量计的原位校准。图 5-26 是低温推进剂流量原位校准过程计算流程图。图 5-27 是一个低温流量原位校准系统结构组成实例，其中在涡轮流量计 2 后串联了第三种手段标准长径喷嘴，对涡轮流量计和平均流量装置测量值进行比对验证。

需要注意的是，分节式电容液面计平均流量测量装置是低温流量原位校准的标准装置，必须按相关标准进行测量不确定度评估。一般容器内低温介质温度和涡轮流量计附近的温度测量采用高精度热敏电阻或铂电阻，测量误差控制在±0.3 K 以内，容器的容积常温检定不确定度在 0.05％以内，对容器容积、液面计体积进行压力及温度修正后，分节式电容液面计平均流量测量装置测量不确定度优于 0.5％。用该装置对涡轮流量计进行现场原位校准后，低温介质流量测量不确定度可达到 0.7％。

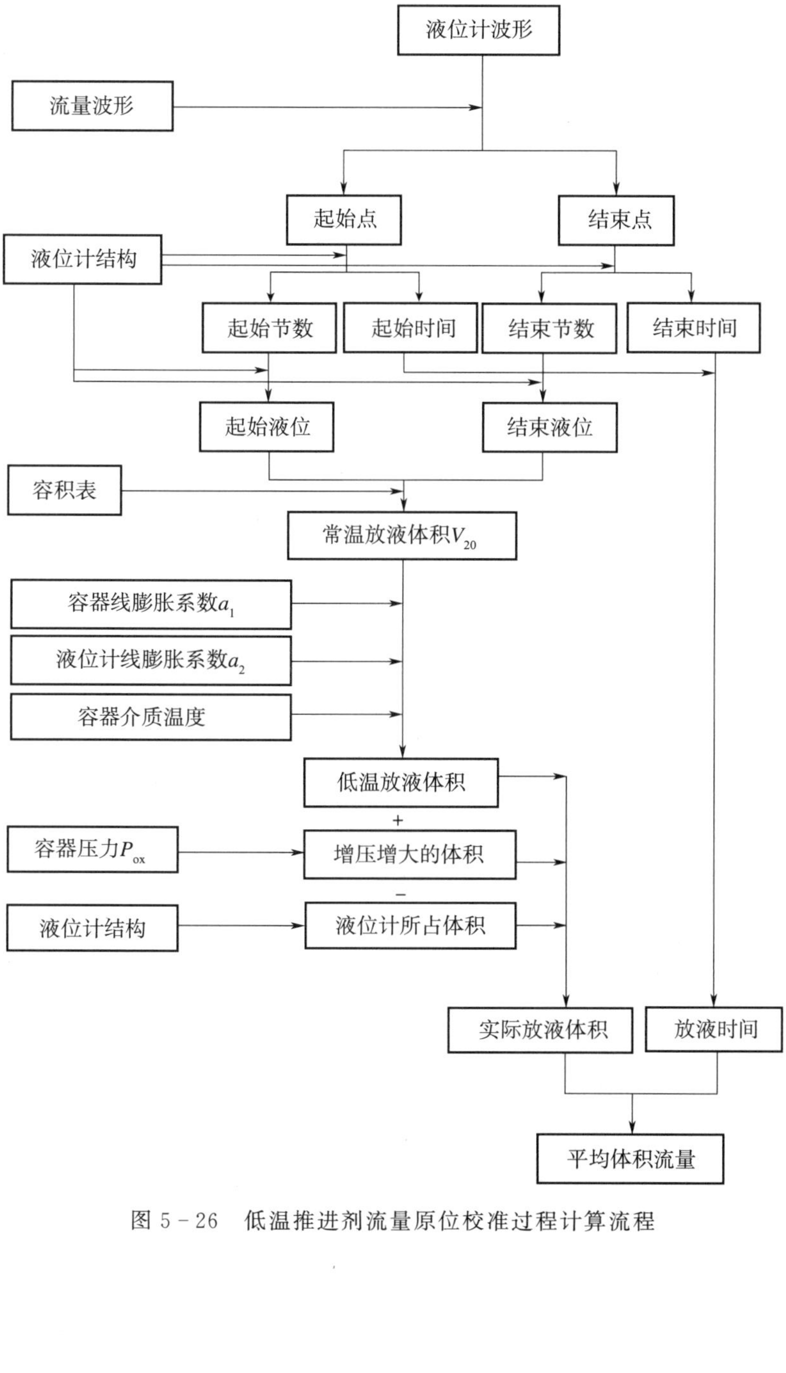

图 5-26　低温推进剂流量原位校准过程计算流程

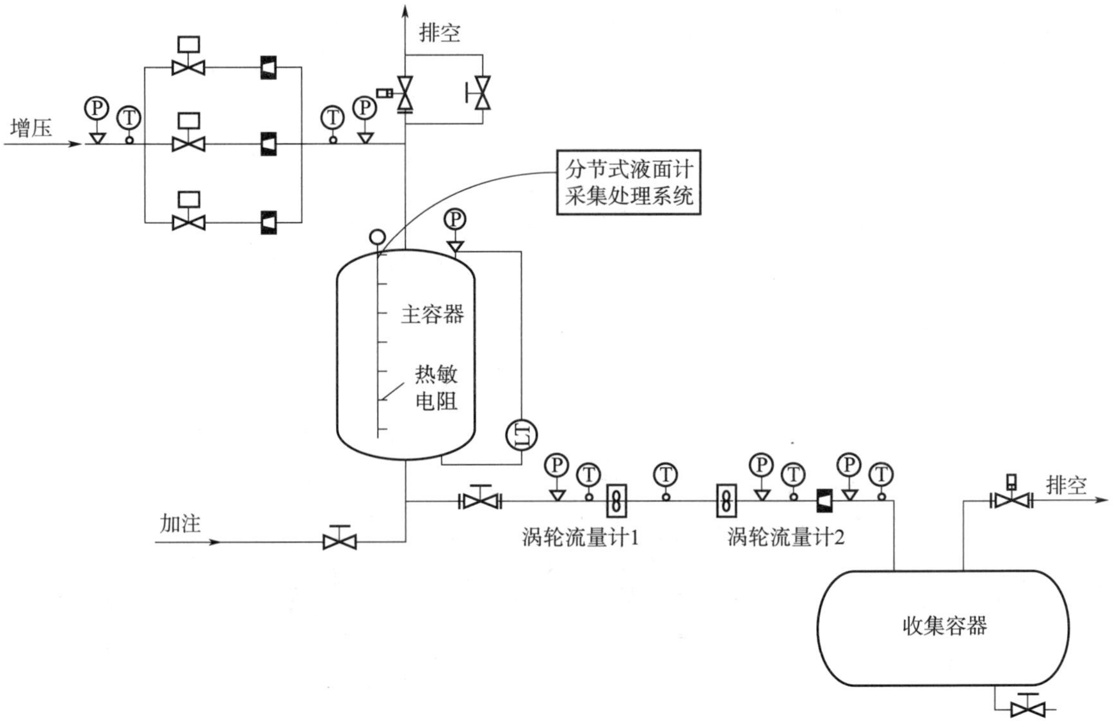

图 5-27　低温流量原位校准系统结构组成实例图

5.5.2.3　低温平均流量测量系统研制

低温平均流量测量系统主要由低温介质容器、分节式电容液面计、智能变送器和采集装置组成。系统主要技术指标有：系统测量不确定度、长管和短管（输出的三角波幅值大小不同，用来判断短管对应的具体高度）长度和误差、安装总误差、智能变速器的稳定性、介质温度测量误差、采集装置的精度等。以 50 m^3 液氧容器（总高度 10 m，上、下封头之间高度 7.8 m）为例，低温平均流量测量系统的设计指标如下：

1）低温平均流量系统不确定度≤0.5%；

2）长管长度≤50 mm，短管长度≤30 mm，加工误差<0.03 mm；

3）液面计安装后，常温状态下高度总误差<2 mm；

4）智能变送器交流激励源稳定性≤0.1%，输出为较正规的三角波；

5）采集系统精度优于 0.1%；

6）容器介质温度测量误差≤0.3 K。

（1）分节式电容液面计研制

分节式电容液位计由不同直径、同轴的内外管构成主体结构，内管是一根连续的长管，外管由相互绝缘的长、短分节管组成，每隔一定数目的长管设置 1～2 对短管，每对短管对应特定液面高度。短管输出的波形幅值比长管输出的波形幅值小，按上述技术指标设计的分节式电容液面计结构如图 5-28 所示。图中将奇数节和偶数节分别连起来，它们

与内管构成电容器 C_1 和 C_2，两个电容信号输入到智能变送器，分别作为电桥的两个臂进行比较测量。当液位下降时获得电容变化量，把电容变化量转换成电压的变化量。分节管的所有长管长度相等，短管长度也相等，电容的变化量相同，电容转化的电压是一个比较正规的三角波，每个三角波的波峰-波谷对应一节高度。测量每个波的出现时间，可以得到液面下降的速度。两个电容在高度方向总是相邻，状态基本一致，奇数节和偶数节结构减小了气相和液相中温差变化对电容的影响。介质的变化仅影响波形的幅度，不改变波形波峰或波谷对应的容器高度，利用输出三角波的拐点作为液位高度标准点，电容的零位漂移互相抵消，从结构上解决了电容传感器的漂移问题。图 5－29 是按上述技术指标研制的分节式电容液面计的实物图。图 5－30 是智能变送器输出的实际三角波形图。图中每个三角波的波峰-波谷或波谷-波峰（一条边）代表一节高度，幅值小的波形是短节输出波形。每节高度对应的容器内部高度是固定的，通过确定起始时间和起始节数、结束时间和结束节数（一般前后同时选择波峰或同时选择波谷），对选择时间段内三角波的波峰-波谷线的个数进行计数，获得液位下降的总高度，从而获得介质流出容器的总体积。

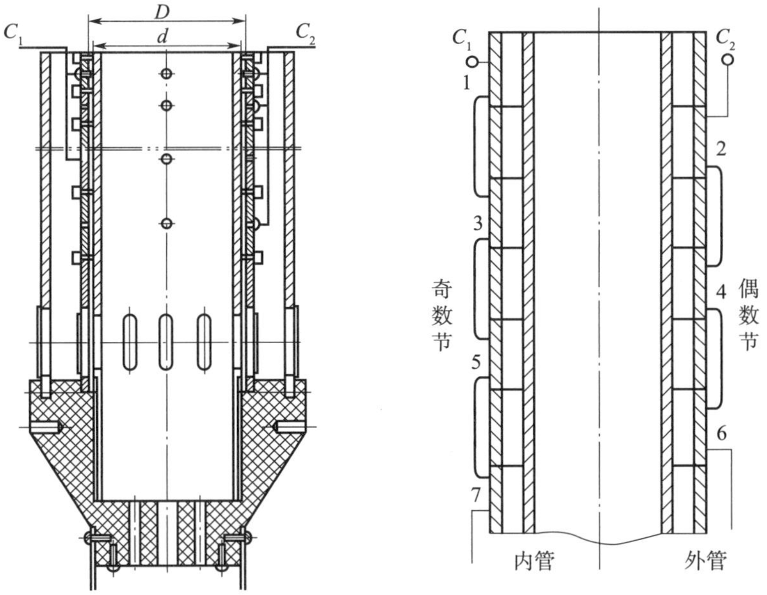

图 5－28　分节式电容液面计结构原理图

（2）智能变送器的研制

智能变送器的功能是对分节式电容液面计输出的小电容信号进行滤波、放大、整形、提供交流激励源等，结构组成如图 5－31 所示。图中完成交流电桥配置与激励电压输出、增量电容信号提取、微小电容信号变换与放大、精密整流、滤波、整形放大后的三角波驱动输出等。信号调理器研制中的关键技术有：

1）高稳定交流电桥激励源技术。频率、幅值连续可调，稳定性优于 0.1%。

2）微小电容信号放大技术。奇、偶节电容信号转换的电压为微伏级小信号，经过放

图 5-29　分节式电容液面计实物图

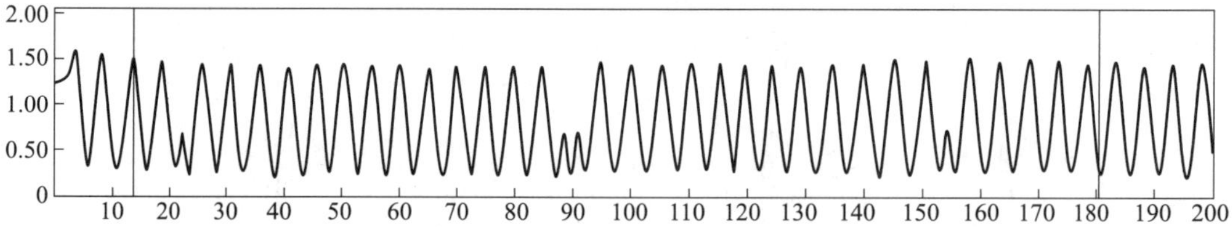

图 5-30　智能变送器输出波形

大、全桥整流、差值检出、再放大，输出幅值较大的电压信号。

3）拟制零位漂移技术。随着液位下降，奇、偶电容变化，液面计输出信号的阻抗随之变化，引起零位漂移。采用精密基准电压，运用放大器负反馈与缓冲器技术，使微小信号的差值精确、稳定。这些关键技术有效提高了智能变送器的电容变换精度、输出信号稳定性和可靠性。

（3）采集装置的研制

平均流量采集装置主要完成智能变送器输出的三角波电压及时间同步信号的采集与数据处理。采集装置的关键技术是针对三角波形的采集与数值算法数据处理的程序设计。设计中，根据前后采样点数据特征，自动进行三角波的波峰与波谷判别、容积表插值，求出各顶点对应的精确时间和顶点对应的时间区间内的准确容积。

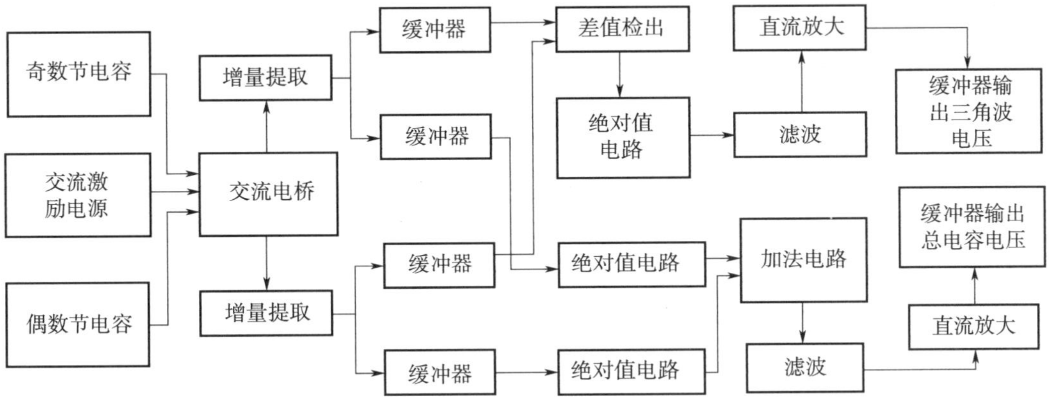

图 5-31　变送器信号调理原理框图

5.6　密度获取技术

液体火箭发动机试验中，一般通过涡轮流量计测量的体积流量乘以密度获得质量流量，密度的准确性直接影响流量测量的准确性。常温推进剂密度获取途径一般有：用质量流量计直接测量、在流量计附近安装密度计直接测量、测量温度和压力计算密度三种。根据常温液体不可压缩的基本原理，在一定压力范围内，常温介质的密度用温度参数计算可以满足流量测量的不确定度要求，压力的影响可以忽略不计。低温推进剂的密度获取途径一般有：在容器底部或推进剂管路安装密度计直接测量、测量温度和压力进行计算或查表获取密度两种。由于密度计多次使用后会产生杂质污染，导致测量误差增大，需要定期清洗处理。安装在容器内部或管路的密度计拆装、清洗工作量大，液体火箭发动机试验中一般不用密度计实时测量介质密度，密度计仅用于实验室测量。低温推进剂的温度和压力对密度的影响较大，发动机试验中测量介质温度和压力的技术成熟，精度高，在涡轮流量计附近实时测量温度和压力计算密度是成熟、理想的途径。

5.6.1　常温推进剂密度获取技术

在规定压力范围内，常温介质、凝胶介质及姿轨控发动机试验推荐用质量流量计直接测量密度。常温介质在一定的压力范围内，采用插入式高精度铠装铂电阻传感器测量介质温度，测量误差≤0.3 ℃，用公式计算密度。式（5-5）～式（5-13）是目前常用的常温推进剂的密度计算公式。其中，ρ 代表被测介质密度，单位为 kg/m^3；T 代表流量计附近（或容器内）被测介质温度，单位为℃。

（1）四氧化二氮

$$\rho = 1\,494.6 - 2.435T \tag{5-5}$$

（2）绿色四氧化二氮

$$\rho = 1\,485.5 - 2.392\,4T - 0.000\,618\,4T^2 \tag{5-6}$$

（3）27S 发烟硝酸

$$\rho=\rho_{15}-k(T-15) \tag{5-7}$$

式中，ρ_{15} 为 15 ℃时介质的密度，$T\leqslant 20$ ℃时，$k=1.70$ kg/（m³ · ℃），$T>20$ ℃时，$k=1.87$ kg/（m³ · ℃）。

（4）偏二甲肼

$$\rho=811.4-1.0668T \tag{5-8}$$

（5）一甲基肼

$$\rho=893-0.94T \tag{5-9}$$

（6）单推-3

$$\rho=1126.93-0.74T \tag{5-10}$$

（7）无水肼

$$\rho=1025.7-0.87714T \tag{5-11}$$

此式适用于含水量为 0～1.15%的无水肼。

（8）煤油

$$\rho=835.6[1+0.00085(20-T)] \tag{5-12}$$

（9）过氧化氢

$$\rho=1047.9+2.455w+0.01781w^2-0.676T-0.00024T^2-0.00398wT \tag{5-13}$$

式中，过氧化氢浓度为 70%时，$w=0.7$，浓度为 80%时，$w=0.8$，浓度为 90%时，$w=0.9$。

5.6.2 低温推进剂密度获取技术

发动机试验中，一般通过测量温度、压力，用公式计算或查表方法获取低温推进剂的密度。常用低温介质密度计算公式见式（5-14）～式（5-17），其中，ρ 代表被测介质密度，单位为 kg/m³；T 代表流量计附近（或容器内）被测介质温度，单位为 K；P 代表流量计附近（或容器内）被测介质压力，单位为 MPa。

（1）液氧密度（测温）

$$\rho=16.593\,|T-273.15|^{0.812261} \tag{5-14}$$

其中，压力范围：0.2～1.3 MPa；温度范围：85～95 K。

（2）液氧密度（测温、测压）

$$\begin{aligned}\rho=[&1127.4+0.23\times(P-3.6162)-5.1\times(T-93)+\\&0.0046\times(P-3.6162)\times(T-93)]\times0.001\end{aligned} \tag{5-15}$$

其中，压力范围：3～4 MPa；温度范围：90～96 K。

（3）液氢密度（测温、测压）

$$\begin{aligned}\rho=[&69.4884+0.1538\times(P-2.805)-1.266\times(T-21.5)+\\&0.0166\times(P-2.805)\times(T-21.5)]\times0.001\end{aligned} \tag{5-16}$$

其中，压力范围：2～4 MPa；温度范围：20～25 K。

（4）甲烷密度

$$\rho=\frac{16\times 2.921\,4}{0.289\,76^{\left[1+\left(1-\frac{T}{190.56}\right)^{0.288\,81}\right]}} \tag{5-17}$$

其中，温度范围：90～190.56 K，压力＜12 MPa 时密度不确定度为 0.03%，压力＝50 MPa 时密度不确定度为 0.07%[10]。

低温介质密度既可以用公式计算，也可以通过测温或测温、测压查分度表获取。或者将计算公式编制成程序，输入温度、压力参数计算密度。温度对低温介质密度的影响最大，压力对低温介质密度的影响程度比常温介质大，特别是压力较高时影响比较明显。液氧是使用最多的低温介质，试验中可通过测温、测压查 NASA《氧的热物理性能》研究报告中的表获取液氧密度，也可通过测温、测压用美国爱达荷大学应用热力学研究中心开发的 ALLPROPS 物性计算软件获取液氧密度。泵压式液氧煤油发动机试验过程液氧供应系统一般压力为 0.30～1.2 MPa，温度为－176～－183.5 ℃，用式（5－14）计算液氧密度误差小。经比较，在压力为 0.4 MPa 时，查表、用软件计算、通过式（5－14）计算，结果基本一致，三种密度获取方法比较结果，见表 5－4。以 NASA 表插值结果为基准，温度在 88～92 K 范围内时，用 ALLPROPS 软件计算的结果与查表的最大差值为－0.000 37 kg/dm^3，90 K 时相对偏差为（－0.000 37/1.142 62）×100%＝－0.032%。公式（5－14）计算结果与查表结果最大差值为 0.000 03 kg/dm^3，90 K 时相对偏差为（0.000 03/1.142 62）×100%＝0.002 6%。比较结果说明，液氧的密度获取方法对流量测量影响很小。

表 5－4　0.4 MPa 压力密度计算结果对比

（单位：kg/dm^3）

温度/K	查 NASA 表	用 ALLPROPS 软件计算	用式(5－14)计算	软件计算－NASA 表	式(5－14)计算－NASA 表
88.0	1.152 51	1.152 65	1.152 78	0.000 14	0.000 27
89.0	1.147 57	1.147 25	1.147 72	－0.000 32	0.000 15
89.1	1.147 07	1.146 75	1.147 21	－0.000 32	0.000 14
89.2	1.146 58	1.146 25	1.146 71	－0.000 33	0.000 13
89.3	1.146 08	1.145 75	1.146 20	－0.000 33	0.000 12
89.4	1.145 59	1.145 25	1.145 69	－0.000 34	0.000 10
89.5	1.145 10	1.144 75	1.145 19	－0.000 35	0.000 09
89.6	1.144 60	1.144 25	1.144 68	－0.000 35	0.000 08
89.7	1.144 11	1.143 75	1.144 17	－0.000 36	0.000 06
89.8	1.143 61	1.143 25	1.143 67	－0.000 36	0.000 06
89.9	1.143 12	1.142 75	1.143 16	－0.000 37	0.000 04
90	**1.142 62**	**1.142 25**	**1.142 65**	**－0.000 37**	**0.000 03**
90.1	1.142 12	1.141 75	1.142 15	－0.000 37	0.000 02
90.2	1.141 62	1.141 25	1.141 64	－0.000 37	0.000 02

续表

温度/K	查 NASA 表	用 ALLPROPS 软件计算	用式(5-14)计算	软件计算-NASA 表	式(5-14)计算-NASA 表
90.3	1.141 12	1.140 75	1.141 13	−0.000 37	0.000 01
90.4	1.140 62	1.140 25	1.140 63	−0.000 37	0.000 01
90.5	1.140 12	1.139 75	1.140 12	−0.000 37	0.000 00
90.6	1.139 62	1.139 25	1.139 61	−0.000 37	−0.000 01
90.7	1.139 12	1.138 75	1.139 11	−0.000 37	−0.000 01
90.8	1.138 62	1.138 25	1.138 60	−0.000 37	−0.000 02
90.9	1.138 12	1.137 75	1.138 09	−0.000 37	−0.000 03
91	1.137 62	1.137 25	1.137 58	−0.000 37	−0.000 04
92.0	1.132 61	1.132 25	1.132 51	−0.000 36	−0.000 10

需要指出的是，NASA《氧的热物理性能》研究报告中给出的液氧温度间隔为 2 K，试验过程中温度采集的数据通常取小数点后一位，在 2 K 区间内应线性插值获取更准确的密度值，否则按 2 K 温度区间查表引入的误差比较大。另外，国内《低温工程》期刊 2005 年第 1 期《液氧密度标准计量装置的研制》一文对高精度液氧密度计量装置进行了沸点、稳态、非稳态液氧的密度测定，试验 1 497 次，测量不确定度达 0.05%，在国际上处于先进水平。该标准装置在压力 0.4 MPa、温度 90 K 的条件下，测量的液氧密度值是 1.142 65 kg/dm^3，和式（5-14）计算结果完全一致，和查表结果 1.142 62 也比较接近。所以，用式（5-14）实时计算液氧密度简捷、准确[11]。

低温介质温度测量传感器选择高精度铠装热敏电阻或铂电阻（敏感元件裸露，直接接触介质，响应性和准确性更好），在流量计管路附近安装长度不等的 2～3 个温度传感器，插入深度以管径的 1/3～1/2 为宜，求平均值。压力传感器选用 0.1 级精度的传感器，用测压导管引出安装。温度测量的绝对误差在 0.3 K 以内，压力测量不确度在 0.5%以内，密度获取环节的误差可控制在 0.2%以内，对低温流量测量准确性的影响较小。

5.7 数据处理、分析技术

发动机试验过程中，流量、转速传感器输出的频率信号易受到干扰。有的低温介质发动机（如液氧煤油高压补燃发动机）使用起动容器，发动机起动段用起动容器流出的介质提供流量数据，稳定段用主容器流出的介质提供流量数据。所以，流量、转速参数的数据处理、确认、干扰数据剔除、对波动大的数据进行再次数字滤波等是流量、转速参数测量技术的重要内容之一。

5.7.1 数据处理

5.7.1.1 数据处理公式

1）频率计算方法。流量、转速参数采用单周期原理测量时，传感器输出频率值由式

（5－18）计算

$$f=\frac{1}{t}=\frac{1}{t_n \cdot N} \tag{5-18}$$

式中　f——被测信号频率，单位为 Hz；

t——被测信号单周期时间，单位为 s；

t_n——标准脉冲的周期时间，单位为 s；

N——完整单周期内的标准脉冲计数个数。

2）使用涡轮流量计时，由式（5－19）计算质量流量

$$q_m=\rho(a+b \cdot f) \tag{5-19}$$

式中　q_m——被测介质的质量流量，单位为 kg /s；

ρ——被测介质的密度，单位为 kg /m³；

a——流量计校准截距，单位为 m³/s；

b——流量计校准斜率，单位为 m³；

f——被测信号频率，单位为 Hz。

3）使用质量流量计时计算公式有两种情况。

当流量计采用频率信号输出方式时，用式（5－20）计算质量流量

$$q_m=b_z \cdot f_z \tag{5-20}$$

式中　q_m——被测介质的质量流量，单位为 kg /s；

b_z——质量流量计给定斜率，单位为 kg/s/Hz；

f_z——质量流量计输出频率，单位为 Hz。

当流量计采用 4～20 mA 电流信号输出方式时，电流回路电路串联 250 Ω 精密电阻，在电阻两端将 4～20 mA 电流信号转化为 1～5 V 电压信号，用式（5－21）计算质量流量

$$q_m=a_z+b_z(u_i-u_0) \tag{5-21}$$

式中　q_m——被测介质的质量流量，单位为 kg/s；

a_z——采集装置校准截距，流量计输出 4 mA（流量设置为 0）时采集的电压对应的流量，单位为 kg/s；

b_z——采集装置校准斜率，流量计输出 4 mA（1 V）和 20 mA（流量设置为上限流量）时采集的电压（5 V）拟合斜率，单位为（kg/s）/V；

u_i——试验过程实时采集的电压值，单位为 V；

u_0——试验前管道充填完毕，介质不流动时系统零位，单位为 V。

4）用低温介质平均流量测量装置测量流量时，用式（5－22）计算质量流量

$$q_m=\rho(V_1-V_2)/(t_2-t_1) \tag{5-22}$$

式中　q_m——(t_2-t_1) 时间段内（t_1 为开始时间，t_2 为结束时间）从容器流出的介质平均质量流量，单位为 kg/s；

V_1——容器内 t_1 时刻对应的介质容积，单位为 m³；

V_2——容器内 t_2 时刻对应的介质容积，单位为 m³；

ρ——容器内的介质密度，单位为 kg/m³；

t_1，t_2——容器内介质液位对应时间，单位为 s。

计算 V_1 和 V_2 时，如果 t_1 和 t_2 时刻对应的不是液面计输出的三角波形的波峰或波谷，则通过 t_1 和 t_2 相邻的波峰、波谷对应的体积插值获得（t_1、t_2 同时选择波峰或同时选择波谷时可避免插值）。

5）涡轮转速通过公式（5-23）计算

$$N_w = \frac{60f}{Z} \tag{5-23}$$

式中　N_w——转速，单位为 r/min；

f——被测频率，单位为 Hz；

Z——涡轮泵导磁叶片个数。

需要注意的是，频率量参数利用计数原理进行数据采集时，起动计数至计数结束是一个采样周期，该采样周期的计数值只能等到（计数结束）下一个采样周期取数（每次开始采集的流量转速参数的第一个数是无用的数据）。通常数据采集系统不仅采集频率量参数，还采集其他电压型参数。为了使采集的所有参数时间基准一致，采集速率相同的参数数据处理时，将流量转速数据前移一个采样周期，使采集系统采集的所有参数时间基准一致，便于相关分析。

5.7.1.2　数据处理时间区间确定

发动机试验数据处理时，一般根据技术条件和试验任务书确定数据处理区间。大型发动机试验过程通常按起动段（−2 s～数据稳定后 2 s）、稳定段（从进入稳定段时刻起 2 s～稳定段结束前 2 s）、关机段（关机前 2 s～关机后 2 s）确定数据处理区间。姿轨控发动机试验过程按长程点火、脉冲点火等确定区间。确定的区间如果是稳定段，一般求区间的平均值。流量参数由于使用多个流量计进行测量，设置起动容器和主容器进行接力试验的发动机流量参数，发动机起动时主管路流量计还未工作。所以，起动段、稳定段、关机段用哪个流量计提供数据，数据处理区间的选择应根据实际情况来决定。

1）未规定时间段的研制型发动机试验，通常对试验数据预处理、绘制曲线，根据曲线实际情况确定数据处理区间，在稳定段求平均值。

2）研制性试验时间比较短、试验出现故障等特殊情况时，按实际试验时间及故障出现时刻合理选择处理区间。

3）计算介质密度的温度参数区间确定。常温介质试验后用全程介质温度的平均值计算密度（试验过程介质的温度变化很小），试验后计算质量流量。试验过程常温介质流量实时显示用固定密度计算。低温介质用实时测量的介质温度计算介质密度，实时计算质量流量。试验过程低温介质实时显示的流量用实时密度或固定密度（差值很小）计算均可。

4）一般过渡段（起动段和关机段）按要求的最高采样速率处理数据。稳定段按小区间平均及全区间平均处理（如 200 s 稳定段数据，全密为 100 点/s，把每个 1 s 内 100 个数据平均成一个点，变为 1 点/s 小区间瞬时值，对 200 s 时间内的 1 点/s 数据再平均，获得全区间平均值，区间平均值也可以全区间直接求平均）。

5.7.1.3　数据处理舍点规则

1）稳定段数据根据格鲁布斯舍点公式，剔除异常点。

2）开车前流量、转速传感器未工作，数据应为零。按频率信号采集，开车前因采集系统不清零、工频 50 Hz 干扰、其他干扰造成尖脉冲等，采集的非零数据应置零。

3）频率信号按 F/V 变换成电压信号采集时，一般开车前零位应是一个稳定的值（对应的频率信号值实际为零），漂移明显时应修正，处理的流量和转速值超出采集装置电压采集范围时，采集的数据应舍去。

5.7.2　数据分析与确认

发动机试验中，对转速和用涡轮流量计、质量流量计、分节式电容液面计低温平均流量测量装置、孔板等测量手段测量的常温、低温、胶体等推进剂流量及气体流量数据进行处理、分析和确认是频率型参数测量的一项重要内容。分析确认数据是否反映被测对象的真实情况，对出现的异常数据分析后给出结论，确认提供的数据是否准确可信，确认方法参考 QJ 1492A — 2005[12]。

5.7.2.1　分析依据

1）试验任务书、技术条件、试验大纲对流量和转速参数的测量要求。

2）传感器、采集装置计量检定证书，分系统测试与试验系统综合测试数据，数据处理分析所需的校准系数及初算数据等。

3）试验过程发动机工作时序，测量传感器、信号调理器工作情况，干扰信号大小，获取的介质密度准确性。

4）同型号、同工况发动机正常试验流量、转速参数的平均值统计数据或包络线。

5）涡轮流量计（质量流量计）历次水校准系数统计数据，涡轮流量计历次原位校准统计数据。

5.7.2.2　分析准则与注意事项

1）通过对流量、转速测量系统各环节、工作过程、结果数据进行分析、确认，排除系统设备偶发故障及信号干扰、系数错误、介质密度差异对数据的影响，不将测量问题带入试验数据结果中，确认提供的数据准确可信。

2）异常数据应进行综合分析，原因清楚（特别是传感器或测量系统引起）的异常数据应进行修正或剔除。原因不清楚或经过反复检查，验证测量系统无异常时，提供实测数据，并在数据报告中说明情况。无充分的依据，不对数据进行修正，防止掩盖产品的真实情况。

5.7.2.3　数据处理与分析注意事项

（1）介质温度

1）介质温度测量瞬时值出现明显波动，100 点/s 以上采样速率采集的稳定段相邻两点相差 0.5 ℃以上，则应检查传感器和采集系统是否正常。

2）低温介质发动机试验，若稳定段主管路相同位置多个传感器测量平均值相差0.5 ℃以上，经分析误差明显偏大的传感器测量值则不参加介质密度的计算。

（2）异常数据分析

若发现发动机试验过程流量、转速数据变化规律、数值大小、时间对应关系有异常，应分析测量系统、传感器输出信号的原始波形、电缆转接环节是否正常，测量信号是否受到干扰，控制系统时序及指令是否对应，工艺系统阀门动作时刻是否准确，发动机工作是否正常，介质供应系统是否有多余物等，对异常数据进行分析后给出结论。

（3）冗余测量差异分析

1）同一管路，安装位置不变的串联流量计，发现本次试验各流量计测量的平均值差值较大或和以前规律不一致时，应分析流量计是否进行了拆卸与安装，是否使用了新校准系数，校准系数是否发生变化，新系数用额定工况对应的频率代入后性能（稳定性）是否发生了变化等，基本能确定是哪台流量计发生了变化。一般情况下，性能稳定的流量计测量值准确、可信。

2）流量系统主管路安装 3 个流量计时，主管路 1、2 号流量计安装条件一般符合涡轮流量计的直管段安装要求，试验数据比较稳定。靠近发动机入口的 3 号流量计主管段长度不符合安装要求，加之试验过程振动大、发动机入口介质脉动等因素，测量数据波动较大。即使建立了原位校准系统，试验中 3 号流量计测量值仍然和 1、2 号流量计测量值有一定的差值（低温介质差异大的原因大多数是原位校准时容器、管路、泵前三者介质温度差值和实际试验时温度差值不同，放液时间比实际试验时间短，泵前压力放液时挤压状态和试验时涡轮泵抽吸状态不同等所致），一般认为 1、2 号流量计测量数据的准确性高于 3 号流量计。

3）姿轨控发动机试验中，用串联的质量流量计对涡轮流量计进行放液原位校准。但试验过程发现两个涡轮流量计测量值一致，和串联的质量流量计有较大的偏差。多数原因是质量流量计试验过程受到振动因素的影响。如果其中一个涡轮流量计和质量流量计测量值相近，另一个偏差较大，且质量流量计未受到振动影响，可认为和质量流量计测量值偏差大的涡轮流量计性能发生变化。

4）同一个转速参数通常用两套甚至三套采集装置同时记录，按频率信号采集转速时属于绝对测量，多套采集系统采集的数据基本相等（平均值相差多数在 20 r/min 以内，如果转速原始波形正规、门槛电平设置合理，不同的采集系统采集的数据相差应在 10 r/min 以内，甚至相差 0～2 r/min）。如果偏差较大（如大于 20 r/min），应进行分析。主要分析原始波形是否正规、各套采集装置接地是否牢固、门槛电平设置是否一致等。如果转速原始波形不正规，门槛电平设置不一致，两套采集系统容易出现偏差。

5.7.2.4 数据确认

流量、转速参数测量数据的确认按可信、准确两个方面进行。除此之外，应考虑以下内容：

1）试验过程发动机工作正常，流量传感器、信号调理器、数据采集装置工作正常，试验中所有流量测量手段在型号、工艺条件、安装位置没有变化的情况下，测量数据平均值大小、对应关系和过去一致。传感器的测量值和任务书中的调整值基本一致，数据变化规律及相互关系与试验控制程序预期变化规律一致，测量数据可确认。

2）和同型号、同工况发动机试验流量数据比较，多数落在统计值最大、最小值范围内，测量数据可确认。超过历史包络线时，对测量系统状态进行复查，对数据进行分析后再确认。

5.7.3 数据提供方法

发动机试验最终提供的数据报告必须真实、客观、准确、有效，反映发动机的固有质量。由于数据报告只提供唯一流量、转速测量数据，对采取冗余测量手段获得的数据按以下方法选取、提供：

1）常温介质同一管路串联安装涡轮流量计和质量流量计，并在质量流量计未受振动影响时，推荐用质量流量计直接提供数据。如果用涡轮流量计提供数据，应用质量流量计对涡轮流量计进行原位校准。

2）常温推进剂发动机试验，安装两个涡轮流量计，用质量流量计对涡轮流量计进行原位校准，且多次试验两个涡轮流量计稳定段平均值的差值小且稳定。如用涡轮流量计提供数据，推荐用两个涡轮流量计的平均值提供数据。如果由于管路介质流场原因，一个流量计测量值波动大，另一个测量值稳定，且分析后认为测量值稳定的流量计测量数据更准确，推荐用该流量计提供数据。

3）低温介质发动机试验系统，推荐用高精度分节式电容液面计平均流量测量系统对涡轮流量计进行原位校准，再用涡轮流量计提供数据。或用涡轮流量计提供全程瞬时数据，平均流量测量系统提供平均值数据。主管路安装 1、2 号涡轮流量计（流场稳定，测量值相近），靠近发动机入口安装 3 号涡轮流量计，发动机试验起动段用 3 号流量计提供数据，稳定段用 1、2 号流量计提供数据。如果试验中 1、2 号涡轮流量计的平均值和 3 号流量计的差值与额定流量之比大于四分之一测量不确定度时，确认 1、2 号涡轮流量计性能稳定、无异常，用 1、2 号流量计稳定段的平均值和 3 号流量计稳定段的平均值的差值对 3 号流量计进行绝对修正。由于高精度分节式电容液面计平均流量测量系统测量精度高、长期稳定性好，可定期（如 1 年）用试验过程平均流量测量结果或一定子样数（如 30～50 次试验）统计的平均流量测量结果与涡轮流量计测量差值对涡轮流量计进行修正，保持涡轮流量计测量结果与高精度平均流量测量系统测量结果基本一致。

4）凝胶推进剂流量和气体流量推荐用质量流量计直接测量质量流量。如果用涡轮流量计测量气体流量，应用质量流量计对涡轮流量计进行原位校准。通过涡轮流量计附近测量的温度和压力计算获取密度。

5）转速参数，用多套采集系统记录的值一般相等或一致，通常用瞬时值波动最小的采集系统提供试验数据。

5.8 流量测量不确定度评定

测量不确定度评定是对测量系统先进性、稳定性、测量技术与水平高低的综合评价。通常对新设计的测量系统、运行多年的测量系统、系统主要设备（如传感器、采集设备、校准设备）更新、测量原理或校准方法发生较大变化等情况进行测量系统不确定度评定。不确定度评定是根据不确度评定标准，建立被评定参数测量系统的测量模型，确定各种不确定度分量来源，评定各分量的标准不确定度，合成标准不确定度，合成扩展不确定度的过程。转速参数以频率信号为对象进行测量时，不确定度通常优于0.1%。只要试验过程传感器输出幅值较大、波形正规，不确定分量来源主要是信号调理器和采集装置，它们的误差很小，不确定度评定相对简单。流量参数不确定度评定涉及分量多，评定过程复杂。下面通过三个具有代表性的、比较典型的（某液氧煤油发动机试验液氧平均流量测量装置、某姿控发动机试验小流量校准装置、某液氧煤油发动机试验用涡轮流量计）不确定度评定实例介绍流量不确定度评定方法。评定主要依据JJF 1059.1—2012（GUM法）[13]。评定过程某些不确定度分量省略了计算过程，直接给出了结果，某些分量根据工程经验和实际最大误差结果给出。

5.8.1 低温流量校准装置不确定度评定

某液氧煤油发动机试验中，液氧流量测量系统设置分节式电容液面计平均流量测量装置和涡轮流量计进行测量，平均流量测量装置作为高精度标准装置对涡轮流量计进行原位校准，用涡轮流量计提供瞬时和平均流量，也可用低温流量校准装置直接提供某时间段平均流量。

5.8.1.1 校准装置数学模型

平均流量校准装置不确定度分量来源主要包括计量机构对介质容器容积的标定误差、容器容积的材质温度修正误差、容器截面积测量误差、液位高度测量误差（分节式液面计的每个分节高度加工误差、液面计常温组装误差、容器安装高度误差、低温状态下的变形高度误差）、时间测量误差、密度测量误差等。通过试验过程平均流量校准装置某一段时间内容器流出的介质体积流量乘以介质密度，求出该时间段内容器流出的液氧质量流量，其数学模型为

$$q_m = \rho \cdot \frac{V}{t} \tag{5-24}$$

式中 q_m ——校准装置流出的质量流量，单位为kg/s；

V ——在 t 时间内流出的液氧体积，单位为 dm^3；

t ——介质稳定流出时间，单位为s；

ρ ——液氧密度，单位为 kg/dm^3。

因为式（5-24）中的 V、t、ρ 都是测量值，存在误差，质量流量合成标准不确定

度为

$$u_c=\sqrt{\left(\frac{\partial q_m}{\partial V}\right)^2u_c^2(V)+\left(\frac{\partial q_m}{\partial \rho}\right)^2u_c^2(\rho)+\left(\frac{\partial q_m}{\partial t}\right)^2u_c^2(t)} \tag{5-25}$$

式中　u_c ——质量流量合成不确定度；

$u_c(V)$ ——体积测量不确定度；

$u_c(\rho)$ ——密度测量不确定度；

$u_c(t)$ ——时间测量不确定度；

$\frac{\partial q_m}{\partial V}$，$\frac{\partial q_m}{\partial \rho}$，$\frac{\partial q_m}{\partial t}$ ——被测体积流量、密度、时间的灵敏系数。

高精度液氧平均流量校准装置不确定度计算过程及包含的主要分量如图 5－32 所示。

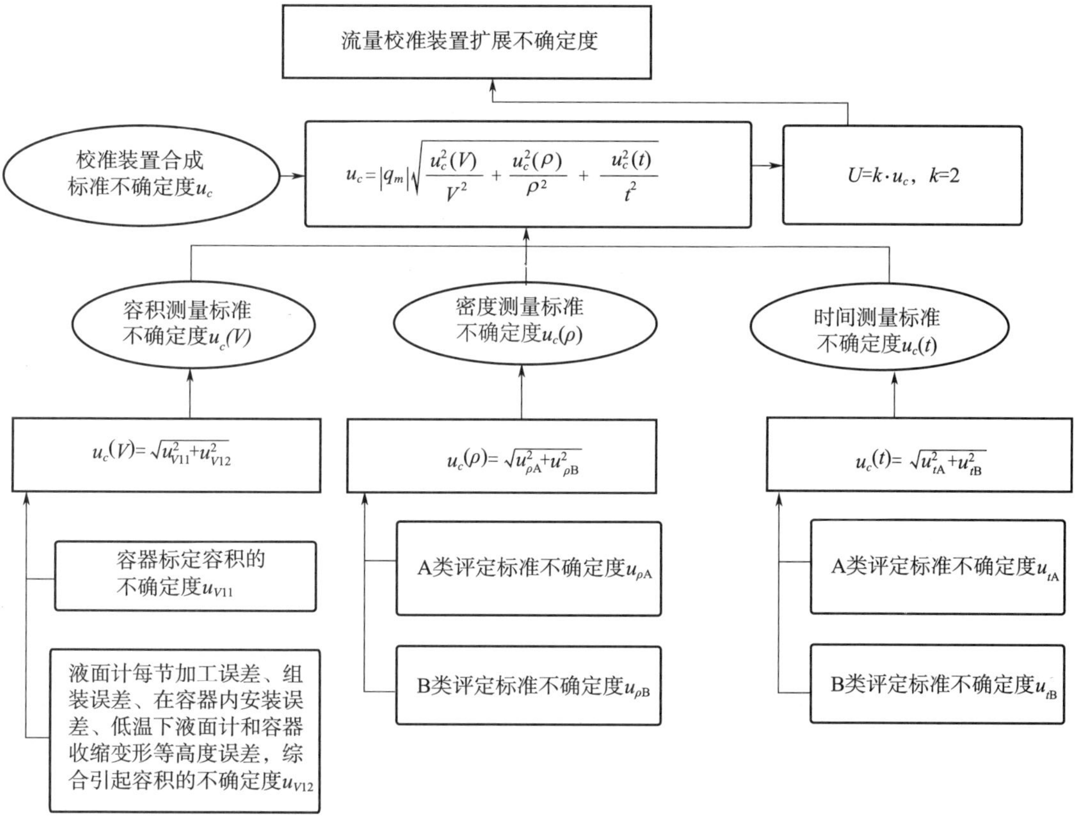

图 5－32　液氧流量校准装置不确定度计算过程

5.8.1.2　不确定度分量评定

根据公式（5－25）不确定度分量如下：体积测量引入的不确定度分量 $u_c(V)$，密度测量不确定度引入的不确定度分量 $u_c(\rho)$，时间测量不确定度引入的不确定度分量 $u_c(t)$。

（1）体积测量不确定度引入的不确定度分量 $u_c(V)$

50 m^3 容器标定的标准不确定度由容器直径、高度测量不确定度，静态压力修正不确定度，容器内附件体积测量不确定度，容器倾斜度（容器椭圆度引起的标准不确定度）合成，计量机构标定给出的扩展不确定度：$u=5\times10^{-4}$（$k=2$）。如果发动机额定液氧流量为 288 kg/s，液氧密度按 90 K 时 1.142 kg/dm³ 计算，体积流量为（288÷1.142）dm³/s=252.2 dm³/s。对校准装置不确定度评定时，按发动机实际工况（288 kg/s）的 60%、70%、80%、90%、100%、110%工况点（平均 85%）进行现场原位液氧放液，每次 25 s。6 次放液后液氧贮箱再加满液氧，重复 2 次（即每个工况点放 3 次，共放液 18 次）。18 次或一遍 6 档的平均质量流量为 288×0.85 kg/s=244.8 kg/s，体积流量为（244.8÷1.142）dm³/s=214.36 dm³/s，一遍放液实际使用容器的体积为 25×214.36×6 dm³ = 32 154 dm³。液氧煤油发动机工艺验收试验 50 s 实际使用体积为50×252.2 dm³ = 12 610 dm³。

50 000 dm³ 的容器通常最大使用 32 154 dm³，体积测量不确定度 $u_c(V)$ 按常温 32 154 dm³（150 s）进行计算。由于液氧容器在低温下收缩变形，容器内安装了分节式电容液面计和连续式电容液面计，占用体积，容器增压又使容器容积增大，所以必须对容器的常温体积进行温度、压力及占用体积修正。

①容器容积温度变化引起的容积修正

液氧容器材料为 06Cr19Ni10，在 20～－183 ℃的平均线胀系数为 14.78×10⁻⁶/℃。安装于容器内部的分节式电容液位计各节材料为铝，线胀系数为 18.477×10⁻⁶/℃，各节之间的绝缘垫为玻璃钢，线胀系数为 9.25×10⁻⁶/℃，计算时取综合线胀系数 18.12×10⁻⁶/℃（50 mm 铝材料和 2 mm 玻璃钢加权平均）。液氧容器常温容积修正到低温容器公式为

$$V=V_{20}[1+(2\alpha_1+\alpha_2)(T-20)] \tag{5-26}$$

式中　V——低温状态下的液氧容器容积，单位为 dm³；

V_{20}——20 ℃时的液氧容器容积，单位为 dm³；

α_1——容器材料的线胀系数，为 14.78×10^{-6}/℃（不锈钢）；

α_2——液位计材料的线胀系数，为 18.12×10^{-6}/℃（铝、玻璃钢）；

T——容器中液体温度，根据容器内实际温度取值，单位为℃，液氧取－183 ℃。

将相关参数代入公式（5-26），得到

$$V=V_{20}[1+47.68\times10^{-6}(T-20)]=V_{20}\times0.990\,3 \tag{5-27}$$

②液位计常温面积修正

液氧容器安装分节式电容液位计和连续式电容液面计，面积分别为 0.345 7 dm² 和 0.092 2 dm²。考虑分节式电容液位计上面的接线片、固定螺钉、导线等占用体积，分节式电容液面计实际面积为 0.381 2 dm²，合计面积为 0.473 4 dm²。

③容器容积常温压力修正

液氧容器承受压力后，容积增大

$$\Delta V=\Delta S\cdot P_0\cdot H=\frac{2\pi R^3}{E\delta}P_0\cdot H=40.91\times10^{-2}P_0\cdot H \tag{5-28}$$

式中　ΔS ——液氧容器截面面积增量，单位为 dm^2；

R ——液氧容器半径，为 14 dm；

E ——液氧容器的弹性模量，0Cr18Ni9Ti 在 −183 ℃时，$E = 21.061 \times 10^4$ MPa；

δ ——液氧容器壁厚，为 0.2 dm；

P_0 ——液氧容器压力，单位为 MPa；

H ——某一层面到液位顶部的距离，单位为 dm。

④液氧容器的压力、温度变化引起的容积修正

按照液氧容器的尺寸以及安装于容器中的分节式电容液位计、连续式液位计的尺寸，对液氧容器进行温度、压力、容积修正，方法如下

$$V = V_{20}[1 + (2\alpha_1 + \alpha_2)(T - 20)] + \frac{2\pi R^3}{E\delta} \cdot P_0 H - S_i H \tag{5-29}$$

$$= V_{20} \times 0.990\,3 + 40.91 \times 10^{-2} \cdot P_0 H - 0.473\,4H$$

式中　V ——低温和压力修正，扣除液位计体积后的液氧容器容积，单位为 dm^3；

V_{20} ——20 ℃时的液氧容器容积，单位为 dm^3；

T ——容器中液氧温度，取 −183 ℃；

P_0 ——液氧容器压力，单位为 MPa，额定工况取 0.45 MPa；

H ——某一层面到液位顶部的距离，单位为 dm（放液前液位高度）；

S_i ——液氧容器中安装的液面计截面积，单位为 dm^2。

容器内液氧高度 H 计算方法：容器平均半径为 14 dm，减去液面计截面 0.473 4 dm^2 后的平均面积为 615 dm^2，常温体积为 32 154 dm^3 时，液氧高度 H =（32 154 ÷ 615）dm = 52.28 dm。温度、压力、液面计占用体积修正后体积为

$$V = (32\,154 \times 0.990\,3 + 40.91 \times 10^{-2} \times 0.45 \times 52.28 - 0.473\,4 \times 52.28)\ dm^3$$

$$= 31\,826.98\ dm^3$$

液氧容器实际使用体积经过温度、压力、液面计占用体积综合修正后（容器体积温度修正已包含了容器面积和高度修正，面积和高度计算时不再考虑温度修正），高度设定为 52.28 dm 的前提下，容器半径实际为 R = 13.92 dm，截面面积 S = 608.80 dm^2。容器计量检定引入的容积不确定度分量 u_{V11} =(0.05%/2)×31 826.98 dm^3 = 7.96 dm^3。分节式液面计各项误差包括各节加工误差、组装误差、在容器中安装误差，在低温状态下容器长度收缩、液面计长度收缩，安装后液面计和计量标定基准面相对位移误差综合修正（参考内部资料报告）后，在低温状态下高度误差最大为 $u_c(h)$ = 2 mm，引起的容积不确定度分量包括 B 类评定标准不确定度 u_{V12B} 和 A 类评定标准不确定度 u_{V12A}，B 类评定采用均匀分布，其标准不确定度估计为：$u_{V12B} = (0.02 \div 2 \div \sqrt{3} \times 608.80)\ dm^3 = 3.515\ dm^3$，A 类评定标准不确定度 u_{V12A} 根据校准放液次数确定。如果每一遍放液 6 次，每次 25 s，采用极差法，最大极差为 0.02 dm，取极差系数为 $C = 2.53(n = 6)$，则 A 类评定标准不确定度 u_{V12A} 体积测量引入的测量不确定度分量为：$u_{V12A} = R/C \times 608.80 = (0.02 \div 2.53 \times 608.80)\ dm^3 = 4.813\ dm^3$。

高度误差引入的不确定度分量为

$$u_{V12}=\sqrt{u_{V12A}^2+u_{V12B}^2}=\sqrt{4.813^2+3.515^2}\ \mathrm{dm^3}=5.96\ \mathrm{dm^3} \tag{5-30}$$

体积误差引入的不确定度分量

$$u_c(V)=\sqrt{u_{V11}^2+u_{V12}^2}=\sqrt{7.96^2+5.96^2}\ \mathrm{dm^3}=9.94\ \mathrm{dm^3} \tag{5-31}$$

（2）密度测量引入的不确定度分量 $u_c(\rho)$

密度测量不确定度引入的不确定度分量 $u_c(\rho)$ 包括 B 类评定标准不确定度 $u_{\rho B}$ 和 A 类评定标准不确定度 $u_{\rho A}$ 。

B 类评定标准不确定度 $u_{\rho B}$ 由温度测量不确定度 $u_{(T)}$ 、压力测量不确定度 $u_{(P)}$ 组成。在一定压力范围内，容器内液氧密度主要由测量的温度计算（温度对密度的影响程度约为 1%，压力对密度的影响程度只有 0.04%，液氧煤油发动机试验过程稳定段压力多数在 0.6 MPa 以内，用测温法计算液氧密度一般可满足密度测量不确定度要求）[12]，温度采用高精度铂电阻或热敏温度传感器，其不确定度为：$\mathrm{d}T=\pm 0.3$ K。经计算，在液氧温度区内，温度变化 1 K，液氧密度变化约 $\Delta\rho=\pm 0.005\ \mathrm{kg/dm^3}$，由温度测量误差引起的密度测量不确定度为

$$\mathrm{d}\rho=\mathrm{d}T\cdot\Delta\rho=0.3\times(\pm 0.005)\ \mathrm{kg/dm^3}=\pm 0.0015\ \mathrm{kg/dm^3} \tag{5-32}$$

采用均匀分布的 B 类评定，其标准不确定度估计为

$$u_{\rho B}=(0.0015\div\sqrt{3})\ \mathrm{kg/dm^3}=0.000866\ \mathrm{kg/dm^3} \tag{5-33}$$

A 类评定标准不确定度 $u_{\rho A}$ 根据校准放液次数确定。如果每一遍放液 6 次，每次 25 s，采用极差法，最大极差为 0.001 5 kg/dm³，取极差系数为 $C=2.53(n=6)$，则 A 类评定标准不确定度 $u_{\rho A}$ 为

$$u_{\rho A}=R/C=(0.0015\div 2.53)\ \mathrm{kg/s}=0.000593\ \mathrm{kg/s} \tag{5-34}$$

密度测量不确定度引入的不确定度分量 $u_c(\rho)$ 为

$$u_c(\rho)=\sqrt{u_{\rho B}^2+u_{\rho A}^2}=\sqrt{0.000866^2+0.000593^2}\ \mathrm{kg/dm^3}=0.00105\ \mathrm{kg/dm^3} \tag{5-35}$$

（3）时间测量引入的不确定度分量 $u_c(t)$

时间测量引入的不确定度分量 $u_c(t)$ 包括 B 类评定标准不确定度 u_{tB} 和 A 类评定标准不确定度 u_{tA}。由于高精度计量时间基准引入的不确定度分量很小，可忽略。流量校准装置采样速率按 100 点/s 采样，则时间测量区间宽度为 10 ms，半宽度为 5 ms，采用均匀分布的 B 类评定，其标准不确定度为

$$u_{tB}=(0.005\div\sqrt{3})\ \mathrm{s}=0.00289\ \mathrm{s} \tag{5-36}$$

A 类评定标准不确定度 u_{tA} 根据放液次数确定。放液 6 次，每次 25 s。由于采集装置在 2 000 s 内时间累积误差不大于 10 ms。统计后在 25 s 内时间累积误差不大于 2 ms，极差系数为 $C=2.53(n=6)$，A 类评定标准不确定度 u_{tA} 为

$$u_{tA}=R/C=(0.002\div 2.53)\ \mathrm{s}=0.00079\ \mathrm{s} \tag{5-37}$$

时间测量引入的不确定度分量 $u_c(t)$ 为

$$u_c(t)=\sqrt{u_{tB}^2+u_{tA}^2}=\sqrt{0.002\ 89^2+0.000\ 79^2}\ \text{s}=0.003\ \text{s} \tag{5-38}$$

（4）合成标准不确定度 u_c

$$u_c^2=c_1^2u_c^2(V)+c_2^2u_c^2(\rho)+c_3^2u_c^2(t) \tag{5-39}$$

其中，体积灵敏度系数

$$c_1=\frac{\partial q_m}{\partial V}=\frac{\rho}{t}=\frac{1.142}{25}=0.045\ 68$$

密度灵敏度系数

$$c_2=\frac{\partial q_m}{\partial \rho}=\frac{V}{t}=\frac{25\times 252.2}{25}=252.2$$

时间灵敏度系数

$$c_3=\frac{\partial q_m}{\partial t}=-\frac{V\rho}{t^2}=-\frac{25\times 252.2\times 1.142}{25^2}=-11.52$$

$$u_c=\sqrt{0.045\ 68^2\times 9.94^2+252.2^2\times 0.001\ 05^2+(-11.52)\times 0.003^2}\ \text{kg/s}=0.526\ 8\ \text{kg/s}$$

（5）扩展不确定度

取包含因子 $k=2$，置信概率 $p=95\%$，发动机试验低温流量现场原位校准装置扩展不确定度 $U_{扩展}$ 为

$$U_{扩展}=ku_c=2\times 0.526\ 8\ \text{kg/s}=1.053\ 6\ \text{kg/s} \tag{5-40}$$

所以某液氧煤油发动机试验液氧流量现场原位校准装置相对不确定度 $U_{相对}$ 为

$$U_{相对}=1.053\ 6\div 288=0.366\%(k=2) \tag{5-41}$$

低温流量校准装置不确定度评定结果见表 5-5。

表 5-5　标准不确定度一览表

标准不确定度分量 $u(x_i)$	不确定度来源	标准不确定度值 $u(x_i)$	灵敏系数 $C_i=V/x_i$	合成标准不确定度分量 $C_i{}^2u^2(x_i)$
$u_c(V)$	体积测量不确定度	9.94	0.045 68	0.206 2
$u_c(\rho)$	密度测量不确定度	0.001 05	252.2	0.070 1
$u_c(t)$	时间测量不确定度	0.003	−11.52	0.001 19
	扩展不确定度 $U_{扩展}$	1.053 6 kg/s($k=2$)		
	相对不确定度 $U_{相对}$	0.366%($k=2$)		

根据评定的液氧流量现场原位校准装置的不确定度，如果继续对主管路涡轮流量计体积测量不确定度、密度测量不确定度、采集装置的测量不确定度进行评定，可以进一步求出用涡轮流量计测量液氧流量的测量不确定度。

5.8.2　姿轨控发动机稳态流量校准装置不确定度评定

根据国家计量技术规范 JJF 1059.1—2012《测量不确定度评定与表示》[13]，姿轨控发动机稳态流量原位校准装置主要由高精度电子秤、介质称重贮箱、时间计时器等组成，如图 5-24 所示。

5.8.2.1 校准装置质量流量数学模型

姿轨控发动机稳态流量原位校准装置数学模型如公式（5-42）所示，表示单位时间内从称重介质贮箱中流出的介质质量

$$q_m = \frac{w}{t} \tag{5-42}$$

式中 q_m ——校准装置质量流量，单位为 kg/s；

w ——在 t 时间内从贮箱中流出的质量，单位为 kg；

t ——介质流出时间，单位为 s。

根据公式（5-42）进行不确定度评定的计算公式如式（5-43）所示。

$$u_c = \sqrt{\left(\frac{\partial q_m}{\partial w}\right)^2 u_c^2(w) + \left(\frac{\partial q_m}{\partial t}\right)^2 u_c^2(t)} \tag{5-43}$$

式中 u_c ——校准装置质量流量合成不确定度；

$u_c(w)$ ——质量测量标准不确定度，单位为 kg；

$u_c(t)$ ——计时器时间测量标准不确定度，单位为 s；

$\frac{\partial q_m}{\partial w}$，$\frac{\partial q_m}{\partial t}$ ——被测质量、时间测量的灵敏系数。

5.8.2.2 不确定度分量计算

姿轨控发动机试验稳态流量测量校准装置的不确定度分量主要包括计时器引入的时间不确定度分量 $u_c(t)$ 和称重装置引入的重量不确定度分量 $u_c(w)$ 。

（1）计时器引入的不确定度分量 $u_c(t)$

时间测量不确定度引入的不确定度分量 $u_c(t)$ 包括 B 类评定标准不确定度 u_{tB} 和 A 类评定标准不确定度 u_{tA}。由检定证书给出的高精度计量时间基准精度为 0.004 6%，由此量值传递引入的不确定度分量可忽略。流量校准装置采样速率按 100 点/s 采样，则时间测量区间宽度为 10 ms，半宽度为 5 ms，采用均匀分布的 B 类评定，其标准不确定度估计为

$$u_{tB}(t) = (0.005 \div \sqrt{3})\ \text{s} = 0.002\ 89\ \text{s} \tag{5-44}$$

时间计时器重复性偏差采用极差法计算，称重测量次数 $n=3$，查表得极差系数 $C=1.69$。称重一次的时间为 90 s，由于采集装置在 2 000 s 内时间重复性误差不大于 10 ms，统计后在 90 s 内时间重复性误差不大于 2 ms，A 类评定标准不确定度 u_{tA} 为

$$u_{tA}(t) = R/C = (0.002 \div 1.69)\ \text{s} = 0.001\ 18\ \text{s} \tag{5-45}$$

时间测量不确定度引入的不确定度分量 $u_c(t)$ 为

$$u_c(t) = \sqrt{u_{tB}^2(t) + u_{tA}^2(t)} = \sqrt{0.002\ 89^2 + 0.001\ 18^2}\ \text{s} = 0.003\ 1\ \text{s} \tag{5-46}$$

（2）称重装置引入的重量不确定度分量 $u_c(w)$

称重装置计量检定量程为 5 kg 时，精度为 0.106%，按 B 类均匀分布，包含因子 $k=\sqrt{3}$，则

$$u_{wB}(w) = \frac{5 \times 0.106\%}{\sqrt{3}}\ \text{kg} = 0.003\ 06\ \text{kg} \tag{5-47}$$

称重装置重复性偏差采用极差法计算，称重次数 $n=3$，查表得极差系数 $C=1.69$，称重 5 kg 时三次称重最大差值为 0.005 22 kg。

$$u_{wA}(w)=\frac{0.005\ 22}{1.69}\ \text{kg}=0.003\ 09\ \text{kg} \tag{5-48}$$

称重装置引入的重量不确定度分量 $u_c(w)$ 为

$$u_c(w)=\sqrt{u_{tB}^2(w)+u_{tA}^2(w)}=\sqrt{0.003\ 06^2+0.003\ 09^2}\ \text{kg}=0.004\ 349\ \text{kg} \tag{5-49}$$

（3）合成标准不确定度

由于时间计时器、称重装置两者之间不相关，灵敏度系数均为 1，即

$$c_1=\frac{\partial q_m}{\partial w}=\frac{1}{t}=1$$

$$c_2=\frac{\partial q_m}{\partial t}=-\frac{w}{t^2}=1$$

$$u_c(y)=\sqrt{c_1^2u_c^2(t)+c_2^2u_c^2(w)}=\sqrt{1^2\times 0.003\ 1^2+1^2\times 0.004\ 349^2}\ \text{kg}=0.005\ 34\ \text{kg} \tag{5-50}$$

（4）扩展不确定度

取包含因子 $k=2$，校准装置扩展不确定度为

$$U=ku_c=0.010\ 68\ \text{kg} \tag{5-51}$$

校准装置相对不确定度为

$$U_r=\frac{0.010\ 68}{5}\times 100\%=0.214\% \tag{5-52}$$

姿轨控发动机试验稳态流量原位校准装置不确定度评定结果见表 5－6。

表 5－6　稳态流量原位校准装置不确定度评定结果

序号	名称	校准装置
1	$u_c(t)$	0.003 1
2	$u_c(w)$	0.004 349
3	标准不确定度 $u_c(y)$	0.005 34
4	扩展不确定度 U ($k=2$)	0.010 68
5	相对不确定度 U_r ($k=2$)	0.214%(FS)

5.8.3　涡轮流量计流量测量不确定度评定

某液氧煤油发动机试验煤油流量采用两只涡轮流量计串联测量，用质量流量计对涡轮流量计进行原位校准，试验数据由涡轮流量计提供。涡轮流量计测量不确定度评定依据 JJF 1059.1—2012[13]《测量不确定度评定与表示》和 JJF 1037—2008[14]《涡轮流量计检定规程》进行。

5.8.3.1　测量原理与不确定度评定原理

（1）流量测量系统原理

煤油流量测量原理如图 5－33 所示。试验过程中涡轮流量计输出的频率信号经过试验台电缆转接柜长线传输到后端测控中心电缆转接柜进入频率信号调理器，调理后的信号进入采集装置采集。

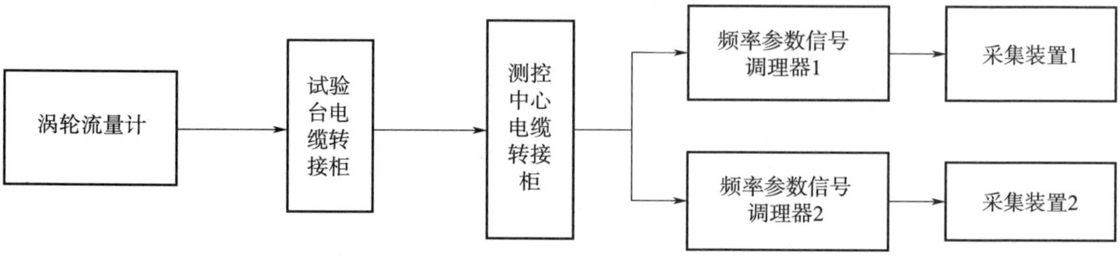

图 5－33　煤油流量测量原理框图

（2）不确定度评定原理

煤油流量不确定度评定分为原位校准基准（质量流量计）与涡轮流量计评定两部分，其中，涡轮流量计评定采用标准电信号加载方式进行评定。煤油流量原位校准原理如图 5－34 所示，涡轮流量计评定原理如图 5－35 所示。涡轮流量计测量不确定度评定时，用标准频率源产生频率，对全系统进行评定。

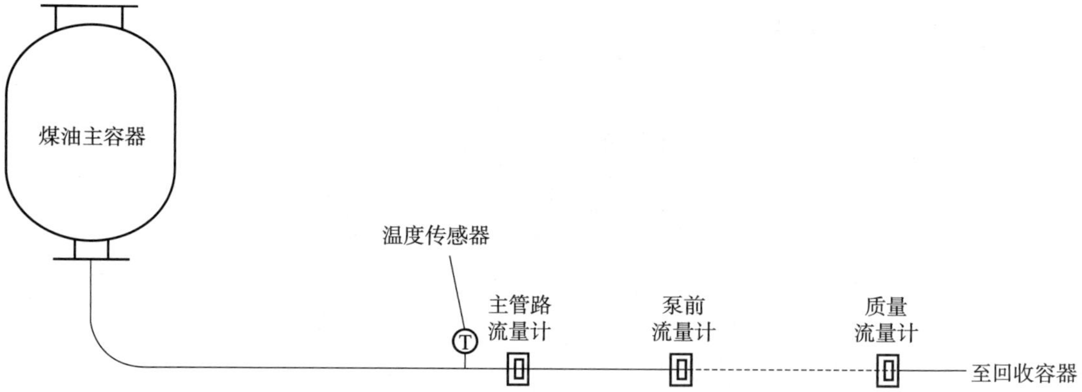

图 5－34　煤油流量原位校准原理图

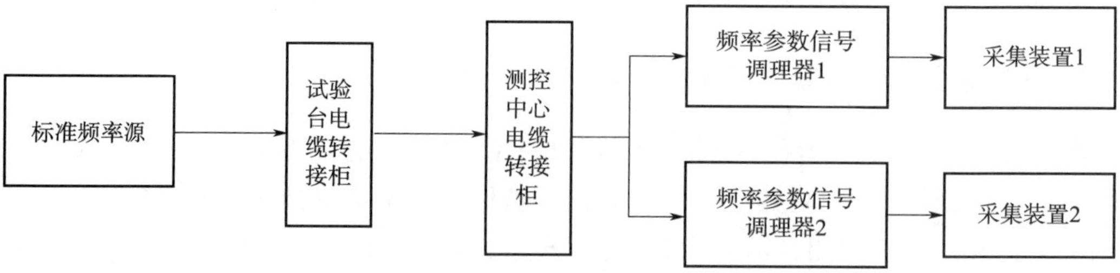

图 5－35　涡轮流量计评定原理框图

（3）不确定度评定用仪器设备

不确定度评定时所用仪器设备见表 5－7。

表 5－7　煤油流量不确定度评定所用仪器

名称	规格型号	数量	准确度（或最大允差）	备注
标准频率源	33250A	1	0.001%	频率准确度
数据采集装置 1	T6000	1	0.1%	最大允误
数据采集装置 2	P6000	1	0.1%	最大允误
程控直流稳压源	EDC526	1	$\pm(50\times10^{-6}\times20+200\times10^{-6})$	最大允误
质量流量计	8F3B1F	1	0.15%	准确度
涡轮流量计	ZsF13－160	1	0.5%（计量水检定）	编号 20101
涡轮流量计	ZsF13－160	1	0.5%（计量水检定）	编号 20102

5.8.3.2　不确定度评定分量

煤油流量测量系统不确定度分量构成如图 5－36 所示。

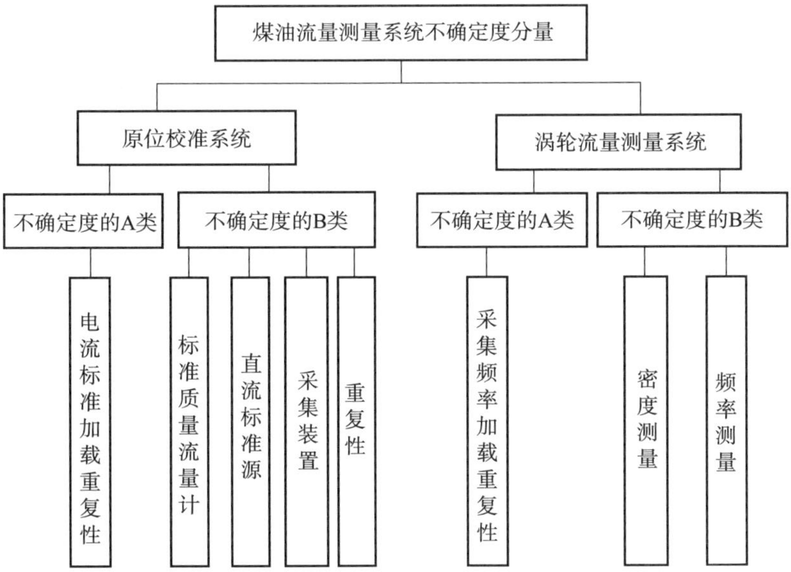

图 5－36　煤油流量测量系统不确定度分量构成

（1）A 类不确定度

①电流加载重复性

质量流量计输出的是 4～20 mA 电流值，在采集装置一端串联 250 Ω 精密电阻转换为电压进行采集。煤油流量额定工况为 110 kg/s，根据系统斜率，等效电流为11.73 mA，用高精度电流源加载。使用程控直流稳压源对选取的质量流量计输出信号 qmfz 采集通道加载标准电流值，加载重复性不确定度分量按 A 类评定。采集并记录在表 5－8 内，u_{A1} 按式

(5－53) 计算。

$$u_{A1}=\frac{s(x)}{\sqrt{n}}=\frac{\sqrt{\frac{1}{n-1}\sum_{i=1}^{n}(x_i-\overline{x})^2}}{\sqrt{n}} \tag{5-53}$$

电流标准源加载重复性分量 u_{A1} 为

$$u_{A1}=\frac{\sqrt{\frac{1}{8}\sum_{i=1}^{9}(x_i-\overline{x})^2}}{3}=0.006\ 752\ \mathrm{kg/s} \tag{5-54}$$

表 5－8　电流标准加载重复性

加载次数	加载值/mA	标准值/(kg/s)	采集通道(qmfz)/(kg/s)
1	11.73	110	109.813
2			109.815
3			109.814
4	11.73	110	109.787
5			109.786
6			109.784
7	11.73	110	109.833
8			109.832
9			109.831

②采集装置频率加载重复性

采集装置频率加载重复性不确定度分量按 A 类评定，使用标准频率源对选取的涡轮流量计输出信号 qmf12 和 qmf22 采集通道加载标准频率值，采集并记录在表 5－9 内，u_{A2} 按下式计算。

$$u_{A2}=\frac{s(x)}{\sqrt{n}}=\frac{\sqrt{\frac{1}{n-1}\sum_{i=1}^{n}(x_i-\overline{x})^2}}{\sqrt{n}}=\frac{\sqrt{\frac{1}{8}\sum_{i=1}^{9}(x_i-\overline{x})^2}}{3} \tag{5-55}$$

(2) B 类不确定度

①标准质量流量计不确定度

质量流量计不确定度分量按 B 类评定。质量流量计准确度等级 0.15 级，发动机额定工况流量值 110 kg/s，$a_{B1}=0.15\%\times110$ kg/s，均匀分布，$k=\sqrt{3}$，u_{B1} 为

$$u_{B1}=\frac{0.15\%\times110}{\sqrt{3}}\ \mathrm{kg/s}=0.095\ 263\ \mathrm{kg/s} \tag{5-56}$$

②直流标准源不确定度

程控直流稳压源 EDC526 不确定度分量按 B 类评定。直流稳压源的准确度为 ±(50 ppm setting＋200 nA)。设满流程为 150 kg/s，质量流量计电流输出时 4～20 mA 对应质量流量 0～150 kg/s，质量流量与输出电流的对应关系为

$$q_m = \frac{150}{16} I - \frac{600}{16} \tag{5-57}$$

代入直流标准源准确度，得到 $a_{B2} = (50 \times 10^{-6} \times 20 + 200 \times 10^{-6}) \times \frac{150}{16}$，均匀分布，$k = \sqrt{3}$，$u_{B2}$ 分量为

$$u_{B2} = \frac{(50 \times 10^{-6} \times 20 + 200 \times 10^{-6}) \times \frac{150}{16}}{\sqrt{3}} \text{ kg/s} = 0.006\ 5 \text{ kg/s} \tag{5-58}$$

表 5-9　频率标准加载重复性

加载次数	加载值/Hz	qmf12(对应 20101 通道)测量值/Hz	qmf22 (对应 20102 通道)测量值/Hz
1	162.00	162.019	162.002
2		161.980	162.000
3		161.999	162.004
4		162.003	161.997
5		162.001	161.998
6		162.009	162.000
7		161.989	162.001
8		162.005	162.003
9		161.984	162.009
重复性影响 u_{A2}（换算成质量流量）		0.002 553 kg/s	0.000 989 kg/s

③采集装置不确定度

原位校准采集装置不确定度分量按 B 类评定。采集装置的线性、稳定性等综合误差为 0.1%。$a_{B3} = 0.1\% \times 110$ kg/s，均匀分布，$k = \sqrt{3}$，u_{B3} 为

$$u_{B3} = \frac{0.1\% \times 110}{\sqrt{3}} \text{ kg/s} = 0.063\ 51 \text{ kg/s} \tag{5-59}$$

④原位校准重复性不确定度分量

在试验台现场，依据单位企业标准《煤油涡轮流量计原位校准规范》，用准确度等级 0.15 级的质量流量计，对煤油涡轮流量计进行原位校准。校准选用四个工况点，每个工况点放液 3 次，共 12 次，流量范围为 96～142 dm^3/s。放液过程质量流量计获得的质量流量除以涡轮流量计附近的煤油密度，获得每个工况点的标准体积流量，根据涡轮流量计体积公式 $q_V = a + bf(dm^3/s)$（f 为涡轮流量计输出的频率信号值），得到涡轮流量计在给定流量范围内的斜率 b 和截距 a。通过对数据处理，获得每个涡轮流量计原位校准的示值误差、重复性、散布百分数等指标，见表 5-10。

表 5-10　涡轮流量计原位校准结果

序号	标准体积流量/(L/s)	20101 信号/Hz	20102 信号/Hz
1	96.722	120.766 6	120.109 8

续表

序号	标准体积流量/(L/s)	20101 信号/Hz	20102 信号/Hz
2	96.533	120.516 7	119.808 7
3	96.321	120.307 4	119.778 2
4	111.182	138.523 5	137.996 1
5	111.064	138.994 3	137.996 0
6	109.801	136.978 1	136.373 7
7	124.621	155.465 8	155.062 2
8	126.573	157.833 8	157.448 4
9	127.647	159.084 5	158.744 9
10	145.483	181.253 1	180.800 6
11	144.586	180.069 0	179.671 2
12	141.564	176.299 9	175.834 2
13	校准结果		
14	截距 a	−0.796 605	0.189 304
15	斜率 b	0.807 157	0.803 443
16	示值误差/%	0.30	0.12
17	重复性/%	0.23	0.10
18	散布百分数/%	0.09	0.07

原位校准过程引入的不确定度分量主要体现在示值误差上，重复性和线性与放液过程介质容器增压的稳定性及准确性有关，在频率加载中采集装置的重复性按 A 类已考虑，采集装置引入的分量（稳定性、线性）按 B 类已考虑。所以，校准过程引入的分量只考虑最大的示值误差。按 B 类评定，额定流量取 110 kg/s，均匀分布。编号为 20101、20102 的涡轮流量计引入的不确定度分量按公式（5－60）计算，结果见表 5－11。

$$u_{B4}=\frac{a_{B4}}{k}=\frac{\text{示值误差}\times 110}{\sqrt{3}} \tag{5-60}$$

表 5－11 原位校准引入的不确定度计算表

编号	20101	20102
示值误差	0.30%	0.12%
a_{B4}	0.33 kg/s	0.132 kg/s
不确定分量（u_{B4}）	0.191 kg/s	0.076 kg/s

⑤密度测量不确定度分量

密度测量不确定度分量按 B 类评定。密度通过测量煤油温度，用公式计算，温度对密度的影响 $\Delta=0.085\%/℃$，煤油温度用 A 级铂电阻 Pt100 测量，误差为±0.2 ℃，温度误差对密度的变化量为 $\Delta\rho=0.2\times0.085\%\ \mathrm{kg/m^3}=0.017\%\ \mathrm{kg/m^3}$，均匀分布，$k=\sqrt{3}$，$u_{B5}$ 为

$$u_{B5}=\frac{0.017\%\times110}{\sqrt{3}}\ \text{kg/s}=0.010\ 8\ \text{kg/s} \tag{5-61}$$

⑥频率测量不确定度分量

频率测量不确定度分量按 B 类评定。涡轮流量计测量质量流量的数学模型为

$$q_m=(a+bf)\rho \tag{5-62}$$

式中　q_m ——被测介质的质量流量，单位为 kg /s；

ρ ——被测介质的密度，单位为 kg/m^3；

a ——流量计校准截距，单位为 m^3/s；

b ——流量计校准斜率，单位为 m^3；

f ——涡轮流量计输出频率，单位为 Hz。

标准频率源准确度为 0.001%，引入的不确定度分量可忽略。频率采集装置的线性、稳定性等指标综合误差为 0.1%。$a_{B6}=110\times0.1\%$ kg/s=0.11 kg/s，均匀分布，$k=\sqrt{3}$，u_{B6} 为

$$u_{B6}=\frac{0.11}{\sqrt{3}}\ \text{kg/s}=0.063\ 51\ \text{kg/s} \tag{5-63}$$

（3）煤油流量测量系统合成标准不确定度

根据上述评定内容，煤油流量测量不确定度分量见表 5－12，合成标准不确定度按公式（5－64）计算，合成标准不确定度、合成标准扩展不确定度、相对不确定度计算结果见表 5－13。

$$u_{qmf}=\sqrt{u_{A1}^2+u_{A2}^2+u_{B1}^2+u_{B2}^2+u_{B3}^2+u_{B4}^2+u_{B5}^2+u_{B6}^2} \tag{5-64}$$

表 5－12　煤油流量测量不确定度分量表

不确定度分量	计算结果/(kg/s)	
流量计编号	20101	20102
u_{A1}	0.006 752	0.006 752
u_{A2}	0.002 553	0.000 989
u_{B1}	0.095 263	0.095 263
u_{B2}	0.006 5	0.006 5
u_{B3}	0.063 51	0.063 51
u_{B4}	0.191	0.076
u_{B5}	0.010 8	0.010 8
u_{B6}	0.063 51	0.063 51

根据评定结果，某液氧煤油发动机试验系统煤油流量用涡轮流量计测量时，采用精度 0.15%的质量流量计原位校准后，编号为 20101 和 20102 的涡轮流量计相对测量不确定度分别为 0.42%、0.28%。

表 5-13　煤油流量测量系统不确定度

不确定度	流量计编号	
	20101	20102
合成标准不确定度 u_{qmf}	0.232 kg/s	0.152 kg/s
合成标准扩展不确定度 $u_{rel}=ku_{qmf}$ $(k=2)$	0.464 kg/s	0.304 kg/s
相对不确定度 $u_{qmfr}=\frac{u_{rel}}{110}\times 100\%$	0.42%	0.28%

需要指出的是，测量系统不确定度评定虽然依据相关标准进行，但由于评定者对系统误差分量（不确定度分量）的理解和取舍不同，评定结果有一定差异，但主要误差分量的确认应一致，对不确定度结果影响很小的分量虽然取舍不相同，但评定结果不会有显著差异。特别是测量系统比较复杂（如分节式电容液面计平均流量测量装置）时，评定过程确定的误差分量不能准确和评定标准论述的内容对号入座，但选取的误差分量应合理、可信，评定结果接近实际测量不确定度。

参 考 文 献

[1] 涡轮流量传感器：JB/T 9246—2016 [S]. 北京：机械工业出版社.

[2] 液体火箭发动机稳态流量测量规范：QJ 1153—1987 [S]. 北京：中国航天标准化研究所.

[3] 赵万明. 流量转速参数信号调理技术 [J]. 火箭推进，2008，34（2）：50-54.

[4] 余孟尝. 电子技术基础教程（上）[M]. 北京：学术书刊出版社，1989：97-107.

[5] 赵保经. TTL集成电路 [M]. 北京：国防工业出版社，1985：371-379.

[6] 何立民. 单片机应用系统抗干扰技术 [M]. 北京：航空航天大学出版社，2000：58-60.

[7] 赵万明. 液体火箭发动机试验流量测量技术研究 [J]. 火箭推进，2017，43（5）：75-79.

[8] 蒋焕文. 电子测量 [M]. 2版. 北京：计量出版社，1993：195-210.

[9] 液体火箭发动机稳态流量测量不确定度估计方法：QJ 1794—1989 [S]. 北京：中国航天标准化研究所.

[10] 陈国邦，黄永华，包锐. 低温流体热物理性质 [M]. 北京：国防工业出版社，2006：380-381.

[11] 赵万明. 液氧密度测量技术研究 [J]. 火箭推进，2007，33（4）：58-62.

[12] 液体火箭发动机试验数据处理方法：QJ 1492A—2005 [S]. 北京：中国航天标准化研究所.

[13] 国家质量监督检验检疫总局. 测量不确定度评定与表示：JJF 1059.1—2012 [S]. 北京：国家质检出版社.

[14] 国家质量监督检验检疫总局. 涡轮流量计检定规程：JJF 1037—2008 [S]. 北京：中国计量出版社，2008.

第 6 章　温度测量技术

寒来暑往，温度变化与人们的日常生活息息相关。在液体火箭发动机试验中，温度是评价发动机工作状态及可靠性的重要参数之一。发动机点火过程中，推力室及燃气温度直接与推进剂是否充分燃烧相关。液氧煤油发动机试验前，推进剂主管路液氧的温度不高于−180 ℃是发动机点火的前提条件。氢氧发动机的液氢温度达到−253 ℃，液体火箭发动机试验过程喷管出口的火焰温度达 2 500～3 000 ℃，这一宽泛的温度范围是液体火箭发动机试验温度测量的一大特点。在大振动、高压力、强腐蚀等复杂环境条件下，快速准确地获得发动机及试验系统关键部位的温度，对评价发动机性能、提高火箭可靠性具有重要的意义。

本章论述液体火箭发动机温度测量系统设计，不同类型温度传感器测温原理及采集技术与数据处理方法，温度测量现场校准技术，温度测量不确定度评定等内容。

6.1　温度测量系统设计

6.1.1　温度测量基础

温度是表示热平衡状态时物体冷热程度的物理量，是物体内部分子内能的宏观反映，是分子热运动状态的一个表征，是国际单位制中七个基本物理量之一。用分子运动理论分析，处于热平衡状态的不同系统，其分子有着相同的平均动能，且具有相同的温度。用来度量物体温度数值的标尺叫温标，它规定了温度的读数起点（零点）和测量温度的基本单位。1848 年，汤姆逊（William Thomson）与开尔文（Lord Kelvin）运用卡诺循环建立了热力学温标，并提出了绝对零度是温度下限的观点[1]。

环境中的物体具有不同温度时，物体之间存在热传递，传导、对流和辐射是热传递的三种方式。辐射是指物质对外发射波长为 0.1～100 μm 的热射线，热射线是一种电磁波，以光速传播，并依靠光子传递能量，是唯一能够在真空中传递热量的方式。传导则是不同温度的物质由于直接接触而传递能量，对于气体，是依靠分子或原子的彼此碰撞，对于液体，则依靠弹性波作用，对于金属，则依靠自由电子从高温区向低温区的扩散而引起能量传递。对流指不同温度的各部分相互混合的宏观运动引起的热量传递现象。流体温度分布不均匀时也将产生热传导。

设有三个热力学体系 A、B 与 C，T_A、T_B、T_C 分别为表征体系 A、B、C 温度的参量，假定体系 A 和体系 B 接触时，没有发生热交换，即 $T_A=T_B$，体系 B 和体系 C 接触时，也没发生热交换，即 $T_B=T_C$，则将体系 A 和体系 C 接触时，它们也不会发生热交换，可得 $T_A=T_C$。如果两个热力学体系与第三个热力学体系处于热平衡，那么，这两个热力学体系也必然处于热平衡，这称为热力学第零定律，是测温学的理论基础。此外，热力学第一定律[2]指出，外界传给系统的热量，一部分用于增加系统的内能，另一部分用于系统对外做功，它也被称为能量守恒定律。而热力学第二定律开尔文描述为，不可能从单一热源吸收能量，使之全部变为有用功而不引起其他变化；克劳修斯描述为不可能把热量从低温物体传到高温物体，而不引起其他变化。1906 年，能斯特（Nernst）在低温现象研究中，提出了凝聚系的熵在等温过程中的改变随热力学温度趋于零的热力学第三定理，不可能通过有限的步骤使一个物体冷却到热力学温度的零度[3]，换句话说，热力学零度是现实世界中无限趋近的最低温度。

温标规定了测量温度的读数起点及基本单位。建立国际温标需要具备三个原则：1）用它来测量任何温度均非常接近热力学温度；2）具有高度复现性；3）指定的内插仪器使用方便。目前国际上使用较多的温标有热力学温标、摄氏温标、华氏温标和国际实用温标。物质内部分子运动速度为零时所对应的温度为绝对零度，而以绝对零度为起点，水的三相点的温度为 273.16 K 的温度标准称为热力学温标，用 K 表示，单位为 K（开尔文，简称开）。热力学温标采用单一基准点，按热力学第二定律的原理制成，是不依赖于任何测温物质特性的温标。美国等西方国家多使用华氏温标，用 F 表示，单位为℉，它以水银为测温物质，以冰水混合物为 32 ℉，水的沸点为 212 ℉，其间分为 180 等份。摄氏温标由瑞典科学家安德斯·摄尔修斯提出，以 1 个标准大气压下冰水混合物的温度为 0 ℃，水的沸点为 100 ℃，中间划分 100 等份，每一等份为 1 ℃，也属于经验温标，用 c 来表示，单位为℃。摄氏温度与开氏、华氏温度的换算公式如下

$$c = K - 273.15 \tag{6-1}$$

$$F = \frac{9}{5} \cdot c + 32 \tag{6-2}$$

式中　c ——摄氏温度值，单位为℃；

K ——热力学温度值，单位为 K；

F ——华氏温度值，单位为℉。

6.1.2　温度测量系统原理与组成

温度测量是为确定被测对象温度属性量值为目的的全部操作，温度测量系统是对温度测量值进行量化或特性评估所使用的仪器、标准、方法、软件、人员及环境的集合。液体火箭发动机试验温度测量系统原理如图 6－1 所示，主要由温度传感器、信号调理器（简称信调器）及计算机采集系统等部分组成。温度传感器是将物理量温度转换为电压、电阻或其他信号的转换装置，信调器主要完成温度传感器输出信号的放大、滤波或具有给传感器提供激励电源等功能，计算机采集系统完成调理后信号采样、A/D 转换、采集记录与数据处理。测试前，通过某温度标准对测量系统进行校准，获取测量通道灵敏度系数，并消除或减少采集系统误差；测试过程中，通过对被测对象温度传感器的输出信号进行放大与处理，计算机实时采集电压信号；采集结束后，计算机处理程序根据采集的电压与灵敏度系数计算出被测对象温度。

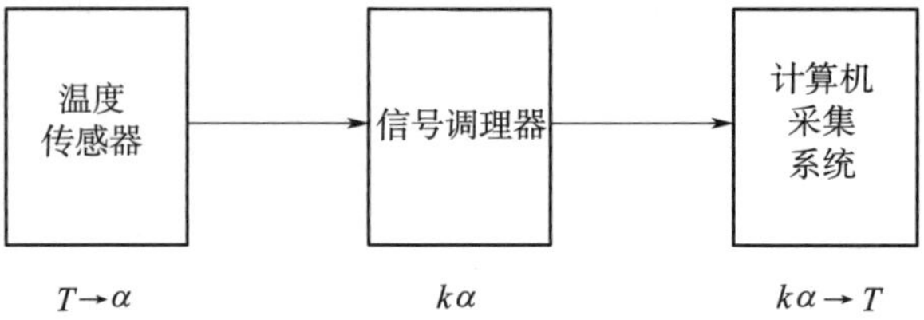

图 6-1　温度测量系统硬件原理框图

液体火箭发动机试车温度测量系统主要包含硬件与软件两部分，硬件组成如图 6-2 所示，主要由温度传感器、活动电缆、接线箱、主电缆、转接柜、信调器、采集装置、计算机及校准设备等组成。温度传感器输出通过活动电缆连接到试车台接线箱，接线箱与测控中心转接柜通过主电缆进行信号连接。温度信号传输到转接柜后，通过转接电缆依次连接到信调器输入端，微小电压信号经过放大、滤波后由采集电缆送到采集装置再进行采样、A/D 转换，进行本地数据记录或通过总线由计算机进行采集处理与分析。

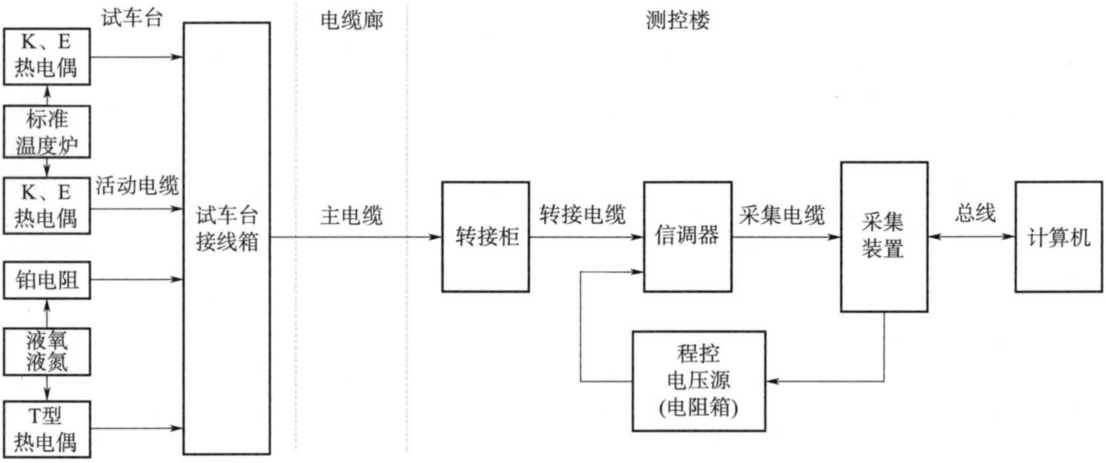

图 6-2　温度测量系统硬件组成框图

软件部分主要由数据采集程序、通道配置程序、校准程序、数据处理程序等组成。数据采集程序主要完成测量温度信号采集、数据入库与实时显示等；通道配置程序完成试验通道温度参数名称、类型与采样速率、放大倍数、滤波频率、实时显示通道等设置；校准程序完成通道物理量或电量校准，获得通道灵敏度系数，记录通道零位等；数据处理程序主要实现测量温度参数由电压数据到温度的转换，参数平均值、瞬时值数据生成，曲线绘制及试验报告打印等功能。数据采集程序、通道配置程序、校准程序与数据处理程序包含试验基础信息、通道配置及数据处理信息等，基础信息包括试验代号、日期、大气压及环境温度等，通道配置信息包含参数类型、名称、代号、放大倍数、滤波频率、激励源电压或电流源大小、采样速率等，数据处理信息包括参数名称、零位、斜率（灵敏度）、小数位数、原始文件及输出文件名称等，所有程序紧密联系，协调工作。

测量系统使用热电偶传感器测温，一般采用冷端自动补偿的方法，由处理程序根据热电偶输出毫伏与冷端温度插值计算被测温度；铂电阻测温，一般采用四线制恒流源测量方法；热敏电阻传感器温度测量，采用微安级恒流源供电，采集装置记录传感器输出电压信号，其测量方法与铂电阻相同。热电偶采集通道使用前，通过程控电压源输出毫伏数对数据采集系统校准，获得相应通道的温度灵敏度系数。热电阻校准通过试验台接线箱加标准电阻的方法，实现温度测量系统对热电阻测量通道的校准。

6.1.3　主要部件选型与设计

温度测量系统主要部件有传感器、信号调理、数据采集装置等。

（1）温度传感器

根据被测参数不同温度范围，将被测温度分为超低温、低温、中温与高温等区间，超低温区一般指 0～77 K，低温区是指 78～273 K，中温区为 273～903 K，高温区为 903 K 以上。常用的温度测量方法有热电偶、热电阻、玻璃体温度计、红外辐射测温法及激光测温法等。根据金属材料热电特性在不同温度条件的输出电压不同，常用热电偶可分为 T、E、B、K、R 等类型，它们分别对应不同的测温区间，其中单位温度变化热电偶输出毫伏数最大的为 E 型，最小的为 B 型。热电偶传感器的主要优点有结构简单、时间常数小、适用温区宽，热电特性近似直线，互换性好，寿命长，价格低。

热电阻主要是利用温度变化时传感器电阻发生明显变化的原理测量温度，热电阻在常温和较低温区范围内的灵敏度比热电偶更高。常见热电阻按其制作的材料主要分为铂电阻、铜电阻和半导体热敏电阻等。

液体火箭发动机温度测量按照与被测对象是否接触分为接触式温度测量方法与非接触式温度测量方法。温度传感器的感温元件与被测对象通过接触方式进行的温度测量叫接触式测温。传感器的感温元件不与被测对象相接触条件下进行的温度测量称为非接触式测温。最常用的接触式温度测量方法有热电偶与热电阻两种，热电偶温度传感器根据感温材料热电效应性质制成，铂电阻温度传感器根据热阻效应制成。接触式温度测量传感器主要有露头铠装式和封闭温度铠装式传感器，露头铠装式测温主要将温度传感器通过点焊或胶粘贴的方式将敏感温度芯片材料贴紧被测对象，获得其温度。封闭温度铠装式传感器一般用于测量管道或物体内部温度，管道压力低于 10 MPa 时，传感器工艺管道接口采用 37°球头连接件，管路压力 10～35 MPa 时，传感器工艺接口采用 60°球头连接件。

非接触式温度测量有光学法、红外辐射、激光等测量方法，具有结构简单、不破坏被测对象温度场、较高的测温上限等特点。

（2）信号调理器

信号调理器主要完成传感器激励电源提供、微小信号放大、滤波，并将滤波后信号转变成某一标准范围的电信号。信调器除上面基本功能外，为快速检查采集通道状态，可以增加标准信号源输出、测量状态切换等功能。标准信号源输出包括毫伏级与伏级直流电压输出、标准电阻输出、标准电流输出等信号类型。测量状态切换功能主要实现输入端短路、程控电压输入、桥路传感器并电阻等功能。通过标准信号源输入可实现测量通道现场校准，通过状态切换可完成测量通道状态快速检查、故障定位等，其组成框图如图 6-3 所示。

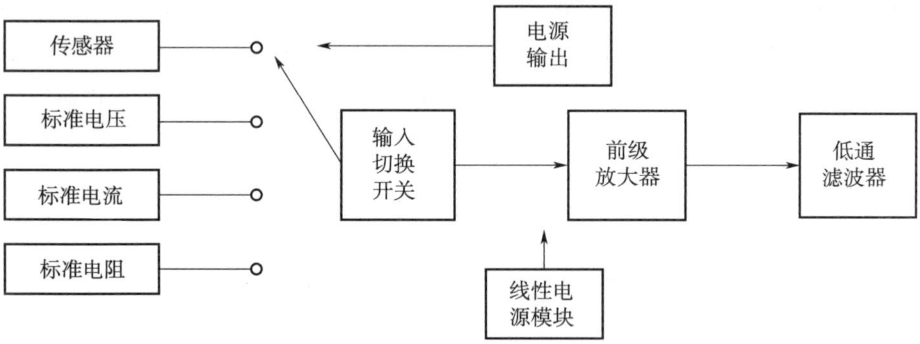

图 6-3　温度测量信调器组成框图

(3) 采集装置

采集装置主要完成信号放大、模数转换及数据记录等功能。温度测量采集装置组成如图 6-4 所示，传感器输出信号首先进入多路开关电路，通过多路开关可以选择电压校准、传感器输入或短路输入，三选一进入带 DAC 自动调零功能的差分仪器放大器，其中增益值包括 1、10、20、50、100、200、500、1 000 倍，可根据信号大小进行程控设置。信号放大后进入滤波电路，滤波一般采用巴特沃斯四阶低通滤波器，频率可程控设置直通、10 Hz、50 Hz 及 100 Hz，然后进入模拟开关、采样保持、A/D 转换、FIFO 缓冲器、计算机记录。大部分采集板卡还包含校准缓冲放大器/衰减器、传感器激励电源电路和总线通信电路等。

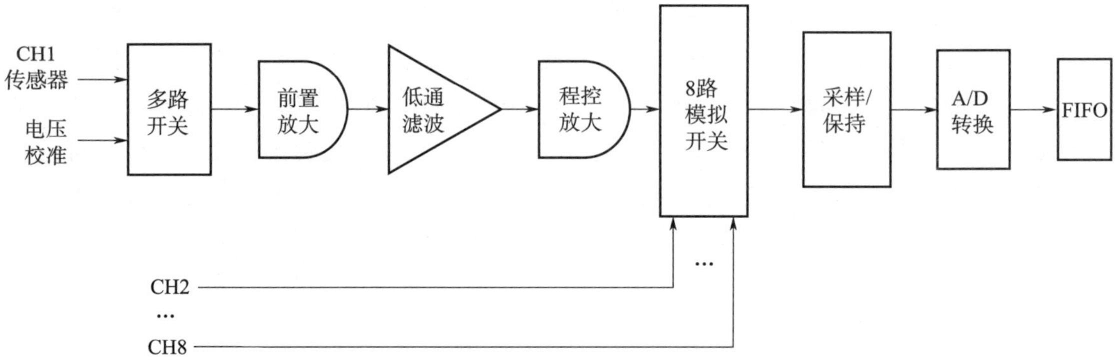

图 6-4　温度测量采集装置组成原理

6.2　热电偶测量技术

6.2.1　热电偶测温原理

当导体两点之间存在温度梯度时，若导体内有电流通过，则在导体两点间放出热量，若反向通过电流，则吸收热量，这就是汤姆逊效应。当导体材料为某种均质导体或半导体时，不管该导体或半导体的结构形状和几何尺寸如何变化，都无法产生热电势，称为均质导体定律。不同材料导体形成闭合回路时，当两接点温度不同，回路中会产生电势，形成电流的现象称为热电效应。两种导体组成的回路称为热电偶，这两种导体被称为热电极，产生的电动势则被称为热电动势。放置在被测介质温度的接点称为工作端（或测量端、热端），置于某个恒定温度的接点称为参考端（又称冷端或自由端）。

如果两种导体 A、B 分别与第三种导体 C 组成的热电偶所产生的热电动势已知，则由这两种导体组成的热电偶所产生的热电动势为 A、B 导体分别与 C 构成热电偶产生的热电势之和，称为中间导体定律（也称标准电极定律）。接点温度分别为 T_1 与 T_2，导体 A、B 组成热电偶的热电势为 $E_{AB}(T_1, T_2)$，相同接点温度导体 A、C 组成热电偶的热电势为 $E_{AC}(T_1, T_2)$，则导体 A、B 组成热电偶的热电动势可用式（6－3）表示

$$E_{AB}(T_1,T_2)=E_{AC}(T_1,T_2)+E_{BC}(T_1,T_2) \tag{6-3}$$

中间温度定律指热电偶 A、B 在接点温度分别为 T_1 与 T_2 时的热电势 $E_{AB}(T_1, T_2)$，等于导体 A、B 在接点温度为 T_1、T 和 T、T_2 时热电势 $E_{AB}(T_1, T)$ 与 $E_{AB}(T, T_2)$ 之和，可用式（6－4）及图 6－5 表示。由中间温度定律可知，当采用热电偶进行温度测量时，若热电极分别和补偿导线相连，其总热电势在数值上就等于热电偶和补偿导线的热电势值之和。热电偶测温时要求参考端恒定，而发动机试验现场往往处于热源附近，其温度变化较大，一般在规定的温度范围内使用与热电偶有相同热电特性的补偿导线，将参考端引到远离热源且温度较为恒定的位置，才能保证测量结果的准确度。

$$E_{AB}(T_1,T_2)=E_{AB}(T_1,T)+E_{AB}(T,T_2) \tag{6-4}$$

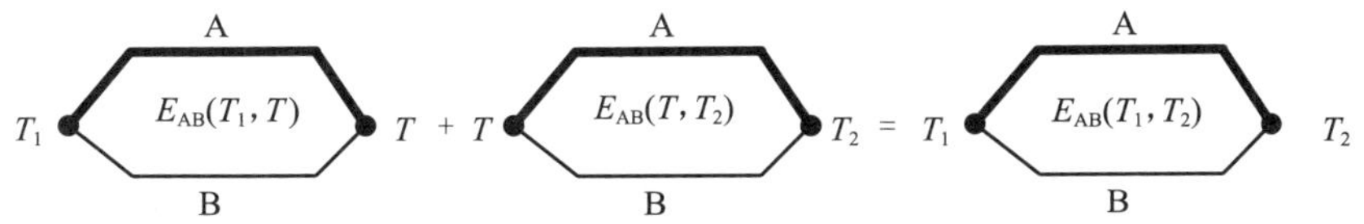

图 6－5　热电偶中间温度定律

6.2.2　热电偶种类

（1）热电偶的材料特性要求

在实际应用中，为了得到较高的温度测量精度，热电极材料应满足如下条件：

1）测量范围宽，在规定的温度测量范围内具有较高的测量准确度，具有较大热电势，且温度与热电势的关系是单值函数。

2）性能稳定，在规定的温度测量范围内，其热电性能稳定，具有较好的均匀性和复现性。

3）化学性能好，在规定的温度测量范围内，具有较好的化学稳定性、抗氧化及抗还原性能，其结构形状不发生变化。

（2）热电偶的种类

热电偶按材料特性可分为标准热电偶和非标准热电偶两大类。标准热电偶是指国家标

准规定了其热电势与温度的关系、允许误差，并有统一的标准分度表的热电偶。国际标准中标准化热电偶共有 8 种[4]，分别用字母 S、R、B、K、N、J、E、T 表示，其名称、测温范围及特点见表 6-1。热电偶名称标注中，材料成分写在前面的为正极，材料成分写在后面的为负极。例如铂铑$_{10}$-铂热电偶，铂铑$_{10}$为正极，铂为负极，正极用 P 表示，负极用 N 表示。非标准化热电偶只在特殊条件下使用，没有统一的分度表，主要有铂铑系、依铑系、钨铼系及金铁、双铂钼热电偶。

热电偶传感器按照制作的结构分为：1）普通工业用热电偶；2）铠装热电偶；3）多点式热电偶；4）小惯性热电偶；5）表面热电偶。此外还有测量气流温度的屏罩式、抽气式和采样式热电偶，测量液态金属温度用的浸入式热电偶及特种类型热电偶。

热电偶是工业上最常用的温度测量元件之一。其主要优点有：1）测量精度高。热电偶直接与被测对象接触，热容小，不受中间介质的影响。2）测量范围广。常用的热电偶从－270～＋1 800 ℃均可连续测量，某些特殊热电偶最高温度测量可达＋2 800 ℃（如钨-铼）。3）构造简单，使用方便。

表 6-1　热电偶类型特性表

序号	名称	代号	测温范围/℃	100 ℃时热电势/mV	特点
1	铂铑$_{10}$-铂	S	－50～1 500	0.646	熔点高、精度高、抗氧化性好、复现性好，多用于法定标准热电偶
2	铂铑$_{13}$-铂	R	－50～1 800	0.647	精度高、热电势高、稳定性好，不能在金属与还原性气体中使用
3	铂铑$_{30}$-铂铑$_{6}$	B	50～1 800	0.033	熔点高、价格高、抗氧化性好、高温热电势率高，一般用于高温测量
4	镍铬-镍硅	K	－270～1 200	4.095	测温范围宽，价格低，但材质硬，热电势率高，1 000 ℃以上易漂移
5	镍铬硅-镍硅	N	－270～1 300	2.744	抗氧化性、高温稳定性好，综合性能优于 K 型
6	镍铬-康铜	E	－210～1 200	6.319	热电势率高、均匀性差，不能在还原性气体中使用
7	铁-康铜	J	0～760	5.269	稳定性好、灵敏度高、价格低，在还原性气体中较稳定；纯铁易被腐蚀和氧化
8	铜-康铜	T	－200～400	4.279	价廉，加工性能好.离散性小，性能稳定.线性好，灵敏度高，但易氧化，多用于低温测量

6.2.3 热电偶测温系统组成

（1）热电偶传感器

热电偶传感器按使用条件分为普通露头式与铠装式两种，露头式热电偶由两种不同的金属丝一端点焊或拧接在一起，作为被测温度感应点，与被测对象温度接触，连接方式如图 6-6 所示，一般用于测量壁温、气体或液体温度，另一端连接补偿导线或测试电缆供测试系统记录。

铠装热电偶温度传感器主要用于测量管道或容器内温度，分为露头式、碰底型（偶丝与外管头部短接）及不碰底型（偶丝与外管头部开路）三种，当被测位置压力不高且要求温度响应时间快时，选择露头式铠装温度传感器，对响应时间没有要求时，选择后面两种传感器。铠装热电偶传感器的主要特点为：1）外径可以做得较小，时间常数小，反应速度快；2）具有良好的机械性能，耐冲击与振动；3）通过金属管与绝缘材料覆盖，不易腐蚀，寿命长。

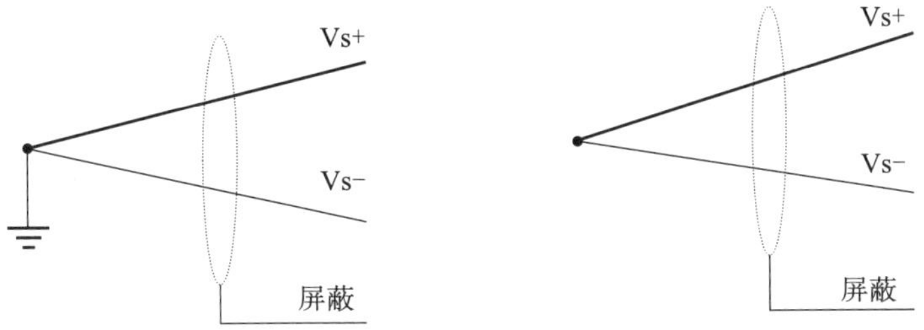

图 6-6　露头式热电偶传感器电缆连接图

铠装温度传感器通常由热电极、绝缘管、保护套管、填充物及引线输出等部分组成，其结构如图 6-7 所示，一般采用金属球头、外套螺母与管道上的接管嘴连接密封。

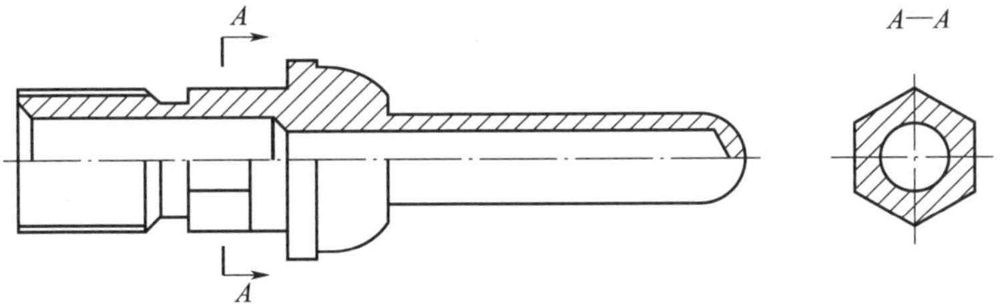

图 6-7　37°球头铠装温度传感器结构示意图

1）热电极。又称偶丝，是温度传感器的重要组成部分。其直径一般为 0.3～0.6 mm，偶丝的工作端一般点焊到保护套管顶部内壁。

2）绝缘管。用于热电极之间及热电极与保护套之间进行绝缘保护的零件，以防止它们之间互相短路。其形状一般为圆形，中间开 2 个或 4 个孔，供偶丝穿过。常用的绝缘材料有陶瓷、F4 橡胶、氧化铝、氧化镁及石英等。

3）保护套管。用于保护热电偶感温元件免受被测介质化学腐蚀和机械损伤的装置。保护套管应具有耐高温、耐腐蚀且导热性好、热容量小等特性，可用作保护套管的材料有金属、非金属及金属陶瓷等，其长度则由插入到被测介质中的深度来决定。

4）填充物。绝缘管内热电极及保护套管安装完成后，一般使用氧化镁等绝缘材料进行牢固填充，填充物要求导热性好，热容小，绝缘电阻大。

5）引线。引线用于信号输出，保护热电极免受外界环境侵蚀和高低温烧蚀，需防水耐热，一般通过连接航空插头对接至测试电缆。

为了保证热电偶可靠、稳定地工作，制作铠装热电偶传感器时，要求组成热电偶的两个热电极的焊接点必须牢固；两个热电极之间应很好绝缘，以防短路；补偿导线与热电偶自由端的连接要紧固可靠；保护套管应能保证热电极与有害介质充分隔离。

(2) 热电偶采集装置

热电偶采集装置组成如图 6-8 所示，Vs+、Vs-为热电偶传感器输出信号，从试车台到测控中心的传输电缆使用双绞屏蔽线缆，采集卡具有高性能信号放大及 A/D 采集模块，用于测量热电偶、位移及其他传感器电压输出信号。板上提供±12 V 或±15 V 的直流电源，可以为传感器供电或电压校准提供基准电压。采集卡上提供冷端参考温度测量功能。每通道具有可编程增益差分放大器，增益可选取 1～5 000 倍，低通滤波器截止频率可从4 Hz 至 1 kHz 间选择，采集卡提供电压放大输出信号，用于模拟信号监视和备份记录，采样保持电路输出的电压经多路转换开关送到 16 位 A/D 转换器，全部通道的转换时间小于 100 μs，采样率最大为 10 k/通道，转换后数据经缓冲电路及总线由计算机及采集装置数字数据存盘器 (DDS) 记录。

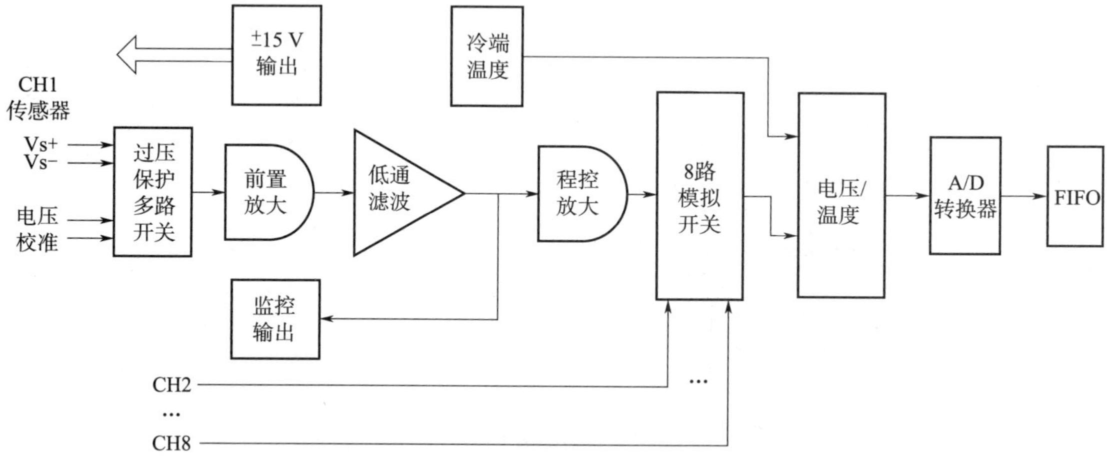

图 6-8　热电偶采集板卡原理框图

热电偶板卡占用主机箱或从机箱的一个插槽，通过欧式插座连接到采集机箱母板，实现控制/数据信息交互，传感器信号的输入和监视电压输出通过插头连接。前面有一个 LED 指示灯，对采集板编程时，该灯点亮，数据采集时该灯为熄灭状态。

模拟输入通过一个过压保护电路，进入多路开关电路，可以选择电压校准、传感器或短路输入到带 DAC 自动调零功能的差分仪器放大器，其每一档增益均经过校准，可程控选择。放大后信号进入滤波电路，然后进入采样保持电路，最后经多路开关顺序地进行 A/D 转换，另一个多路开关选择参考温度进行 A/D 转换。

6.2.4　热电偶补偿与安装技术

(1) 热电偶参考端自动补偿技术

热电偶材料一般都比较贵重，测温点到采集装置的距离较远。为了节省成本，通常采用补偿导线把热电偶的冷端 (自由端) 延伸到试车台接线箱，再通过屏蔽测量电缆连接到测控中心采集装置。由于接线箱接插件附近无辐射热源，箱内空气不流通，温度相对恒定，单独设置一通道测量该处温度。该温度测点采用高精度半导体温度传感器，测量范围为−10～50 ℃，测量精度优于 0.1 ℃，该温度作为热电偶测量的参考温度 T_0。发动机试验过程中，实时采集该温度值，结合热电偶传感器输出毫伏数，按下面步骤进行处理，实现热电偶参考端自动补偿，准确获得温度数据。

1）根据接线箱附近参考端温度 T_0 值及热电偶分度表，查表插值得到冷端温度 T_0 热电偶对应毫伏数 V_0。

2）将采集的热电偶毫伏数 V_t 与 V_0 相加，得到热电偶冷端对应零度时输出的毫伏数 $V_{t0}=V_t+V_0$。

3）根据 V_{t0} 及热电偶分度表，插值求得热电偶测量温度值 T_{t0}。

在使用热电偶丝与补偿导线连接时，应注意型号匹配，极性连接正确，补偿导线与热电偶连接端的温度不能超过 100 ℃。补偿导线的主要作用是将热电偶的参考端延伸到远离热源或环境温度较恒定的地方，减少测量误差，降低成本。当热电偶与补偿导线类型和极性不确定时，可采用下面方法确定，剥去热电偶或补偿导线的两端绝缘层，用手拧紧导线的一端，并浸入沸水中，使用万用表毫伏电压档测试输出值，若测试数据为正，则连接红表笔导线为正极，连接黑表笔导线为负极，否则相反；根据沸水温度与测量毫伏值，查找标准热电偶分度表，数据一致的热电偶类型则为待判别导线分度类型。

（2）热电偶使用安装技术

根据试验任务书或大纲，确定并配置温度测量通道数、参数类型、传感器类型及长度。铠装式传感器插入深度一般为管路直径的 1/3～1/2。当传感器安装于管道下方或侧面时，插入深度宜选择管道直径的 1/4～1/3。温度传感器选定后，需根据其类型配置相应通道，并检查传感器校验数据及有效期；用三用表检查传感器的导通电阻是否符合要求，传感器的接线正负极性是否正确，绝缘电阻是否满足要求；根据被测介质的要求对铠装传感器进行清洗、脱脂处理。安装前，检查安装管路接口、连接螺纹是否完好，喇叭口的光洁面有无划痕；使用力矩扳手，按测点规定力矩安装传感器，并按顺时针方向对传感器打保险，最后使用三用表检查传感器是否良好，正常后，连接传感器至测量通道。

在试车中，测量物体表面温度时，一般使用点焊或胶粘贴热电偶的方法。使用热电偶点焊方法，要求被测对象是良好导体，通常利用电容充电先储存电能，再在瞬间释放出电容储存能量，利用大电流穿过小积点时产生的局部热效应，达到熔化热电偶金属于被测物表面。热电偶点焊机工作原理如图 6－9 所示，当把开关 S 连接到 S_1，电容器 C_P 充电，达到所需电压后，把 S 连接到 S_2，电容器经过偶丝回路放电。其中电阻器 R_1 为充电限流电阻，控制充电电流和充电时间。另外在放电回路并联电阻 R_2 排除剩余电量，同时也控制放电时间，而电解电容 C_P 则完成充放电过程储能与提供熔接能量。

当被测对象温度不适合使用点焊方式安装热电偶时，一般采用 C－2 高温胶对热电偶工作端进行粘贴安装。C－2 高温胶由甲组分（黄色液体）、乙组分（灰色粉末）组成，使用高温胶粘贴传感器的方法如下：1）用天平在玻璃容器中称量相同重量的甲乙组分。2）将乙组分倒入甲组分中，搅拌成浆糊状。3）用工具将胶液均匀涂在约 1 cm^2 的毡垫中心，将热电偶工作端放在毡垫中心涂胶处，再将偶丝连同毡垫等一起贴在温度测点处。4）用特氟龙胶带固定毡垫及热电偶偶丝。夏天使用高温胶时，可适当加大甲组分，使混合后呈糊状高温胶变稀，凝固速度变慢，便于配置的胶同时粘贴多个测点；冬天使用高温胶时，可适当加大乙组分，使混合后胶变稠，进而使粘贴的传感器快速凝固。使用毡垫的优点是测温过程减少被测点和外界的热交换。当壁温很低时，避免空气温度高，空气向壁温测点传热，产生误差；当壁温很高时，避免测点热量快速传到空气，使壁测点温度下降，产生测温误差；同时发动机试车振动大，使用毡垫衬托热电偶，可以增加热电偶与被测对象粘紧力，有效防止热电偶脱落，提高测点温度测量的准确性与可靠性。

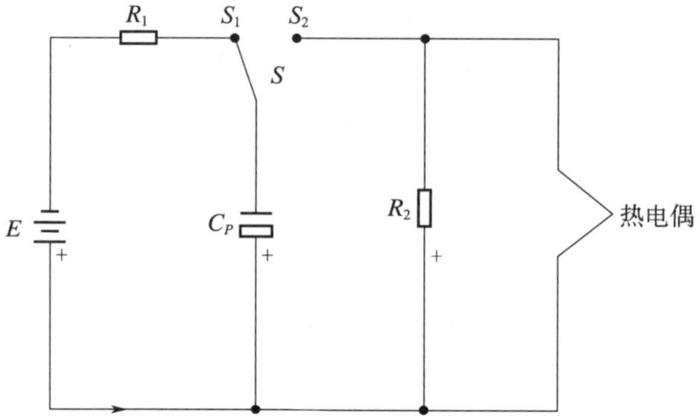

图 6－9　热电偶点焊机原理图

液氧为强氧化剂，其与油脂混合接触极易产生燃烧、爆炸。在推进剂液氧供应系统中使用的传感器，安装前必须严格执行除油、脱脂处理，避免引起安全事故。

使用补偿导线时应注意：1）补偿导线型号必须与其对应热电偶相同；2）补偿导线与热电偶、测量通道连接的正负极性不能接错，且连接点处于相同的温度；3）与热电偶连接接点温度不能超过 100 ℃。

6.3　热电阻测量技术

6.3.1　热电阻测温原理

某些导体或半导体材料的电阻特性与温度具有单一的函数关系，当温度变化时，其电阻发生显著变化，利用导体或半导体材料电阻温度特性制作的传感器称作热电阻温度传感器。用于制作热电阻温度传感器的感温材料分为金属与半导体两类，要求具备温度系数高、化学与物理性能稳定、电阻温度曲线单调、易于提纯与加工等特点。材料的电阻温度特性使用电阻温度系数来评定，热电阻温度系数一般用 α 表示，其定义如下式所示，W（100）表示电阻纯度，纯度越高，α 越大。

$$\alpha = \frac{R_{100} - R_0}{R_0 \times 100} = \left(\frac{R_{100}}{R_0} - 1\right) \times \frac{1}{100} \tag{6-5}$$

$$W(100)=\frac{R_{100}}{R_0} \tag{6-6}$$

式中　R_0——温度为 0 ℃时对应的电阻值，单位为 Ω；

R_{100}——温度为 100 ℃时对应的电阻值，单位为 Ω。

热电阻大都由纯金属材料制成，目前使用最多的金属是铂和铜，少量采用镍、锰和铑等材料。温度升高，金属铂与铜导体的电阻值增大，作为热电阻温度传感器，常用分度号有 Cu50、Cu100、Pt100、Pt1000 等，其中字母表示热电阻的金属材料名称，数字表示热电阻在 0 ℃时的电阻值。通常使用的铂电阻传感器电阻/温度特性如式（6-7）与式（6-8）所示，铂电阻的电阻变化率为 0.385 Ω/℃。

$$R_T=R_0[1+AT+BT^2+C(T-100)T^3]\quad (-200\ ℃<T<0\ ℃) \tag{6-7}$$

$$R_T=R_0(1+AT+BT^2)\quad (0\ ℃<T<800\ ℃) \tag{6-8}$$

式中　R_T——温度为 T ℃对应的电阻值，单位为 Ω；

A、B、C——铂材料电阻温度常数。

铜电阻/温度特性如式（6-9）所示

$$R_T=R_0(1+\alpha T)\quad (0\ ℃<T<100\ ℃) \tag{6-9}$$

常用铂电阻、铜电阻规格（也称分度号）、测温范围、电阻/温度变化率及用途见表 6-2，由于金属铂在氧化性介质及高温环境中具有较好的物理和化学稳定性，测量精确度较高，性能稳定，广泛应用于工业测温，常作为复现热力学温标的基准和标准仪器。铜热电阻传感器的优点是价格便宜，具有较高的电阻温度系数 α，温度与电阻为线性关系，但体积较大，热惯性大。

在测量电阻时，需要有激励电流，工作电流流过电阻产生焦耳热，对测温造成误差，这种现象称为自热效应。为减小焦耳热对被测温度的影响，给 Pt100 传感器提供的激励电流一般为 1～1.5 mA。

表 6-2　常用铂电阻、铜电阻主要规格及特性表

规格	0 ℃对应阻值	测温范围/℃	电阻/温度变化率	用途
Pt10	10	200～650	很低	基准
Pt25	25	−200～650	较低	基准
Cu50	50	−50～100	较低	工业应用
Pt100	100	−200～650	较高	工业应用
Cu100	100	−50～100	较低	工业应用
Pt1000	1 000	−50～650	很高	工业应用

6.3.2　热敏电阻测温原理

顾名思义，热敏电阻是指其电阻值对温度变化特别敏感的一种电阻，其电阻值随温度呈指数变化，也是一种热电阻传感器。按照温度系数不同分为正温度系数热敏电阻（简称 PTC）、负温度系数热敏电阻（简称 NTC）与零界温度系数热敏电阻（简称 CTC）。PTC

随温度升高电阻显著增大，其感温元件由氧化钴等稀土元素氧化物烧结而成；NTC随温度降低其电阻显著增大，其感温元件由锰、镍、铜、镅等复合氧化物烧结而成，主要用于低温测量；CTC在某一温度下，其电阻急剧下降，一般用于某温度报警。

热敏电阻的主要特点有：灵敏度高，其电阻温度系数比金属大10～100倍，灵敏度一般为2～4 kΩ/℃，分辨率可达0.001 ℃；由于工作温度范围宽，常温器件测温范围为−55～315 ℃，高温器件测温范围为315～2 000 ℃，低温器件测温范围为−273～−55 ℃；体积较小，能安装到其他温度传感器无法测量的空隙、腔体及生物体血管内；热惯性小，响应时间快，一般小于10 ms；使用方便，电阻值变化范围宽，从数十欧到数千欧，导线的电阻值对测量结果影响较小；稳定性好，过载能力强；可加工成复杂形状，批量生产。

PTC与NTC热敏温度传感器电阻随温度的变化函数特性分别如式（6－10）与式（6－11）所示

$$R = R_0 \cdot e^{B(T-T_0)} \tag{6-10}$$

$$R = R_0 \cdot e^{B(\frac{1}{T}-\frac{1}{T_0})} \tag{6-11}$$

式中 T_0——某基准参考温度值，单位为K；

T——某温度值，单位为K；

B——热敏电阻材料常数，又称热敏系数，单位为1/K；

R_0——温度 T_0 对应的电阻值，单位为Ω；

R——温度 T 对应的电阻值，单位为Ω。

热敏电阻出厂时给出两个温度点对应的电阻值，可计算出热敏系数 B 值，再根据 B 值计算不同温度的电阻值，形成该热敏电阻的分度表，供试验过程查表求出温度值。

6.3.3 热电阻测温系统组成

（1）热电阻传感器

根据传感器结构特点，热电阻传感器主要分为普通型热电阻传感器、铠装热电阻传感器、端面热电阻传感器和隔爆型热电阻传感器等。根据感温材料不同，热电阻传感器分为铂热电阻传感器、铜热电阻传感器、镍热电阻传感器及半导体热电阻传感器。

普通型热电阻传感器就是带引线的热电阻，热电阻引线有两线制、三线制及四线制。在电阻两端各连一根引线的形式称为两线制，其配线简单，测温时易带入引线电阻误差；在热电阻的一端连接两根引线，另一端连接一根引线，这种引线方式称为三线制；在热电阻两端各连两根导线的引线形式称为四线制。在液体火箭发动机试验中，测试仪表距离传感器较远，考虑到引出线电阻给温度测量带来的影响，一般采用三线制或四线制连接到测量系统。当压力管道或容器内部需要热电阻测温时，一般使用铠装热电阻传感器。铠装热电阻传感器由感温元件（电阻体）、引线、绝缘材料、不锈钢套管组成，外径一般为2～8 mm，与普通型热电阻传感器相比，主要优点有：机械性能好，耐振，抗冲击；体积小，内部无空隙，热惯性小，测量滞后小，使用寿命长，便于安装。端面热电阻传感器感温元件由特殊处理的电阻丝绕制，紧贴在温度计端面，与一般轴向热电阻相比，能更正确和快速地反映被测端面的实际温度，适用于测量轴面和其他机件的端面温度。隔爆型热电阻传感器用于易燃易爆生产现场测量温度，通过其自身特殊结构的接线盒，避免引发爆炸。

（2）信调器

热电阻测温系统一般由热电阻、信调器、采集装置及计算机等组成，四线制测量系统组成框图如图 6－10 所示。从信调器到热电阻传感器一般采用四线制进行信号传输，即激励电流正、激励电流负、信号正与信号负。由于前置放大器输入阻抗较高，线路电阻较小，四线制测量方法可消除回路电阻影响，提高精度，减少测量误差。激励电流既可由采集卡提供，也可由信调器恒流源模块提供，传感器输出信号 Vs 可通过信调器进行前置放大与滤波，也可直接进入采集装置进行放大与滤波。

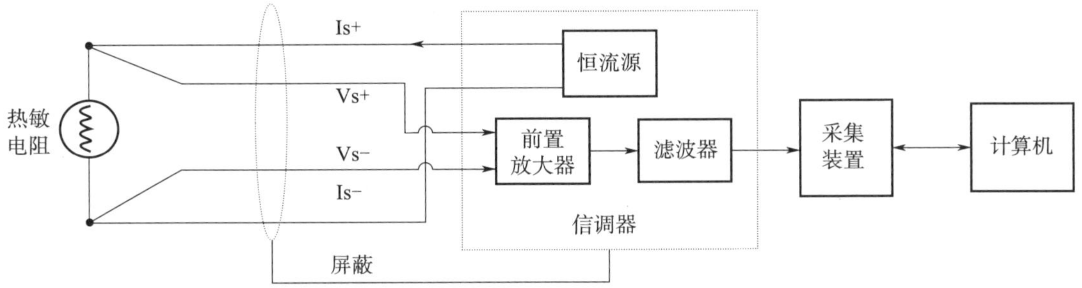

图 6－10　四线制热电阻测量系统组成框图

部分热电阻测温系统采用三线制测温方法，三线制热电阻测量系统组成框图如图 6－11 所示，即从信调器到热电阻传感器一般采用三线制信号传输方法，即激励电流正、信号正与信号负，激励电流负与信号负共用。当被测温度引起电阻的变化量远大于导线电阻时，三线制温度测量准确度不受影响，反之导线的电阻会引入温度测量误差，导致温度测量产生系统偏差。推荐采用四线制方式进行测量。

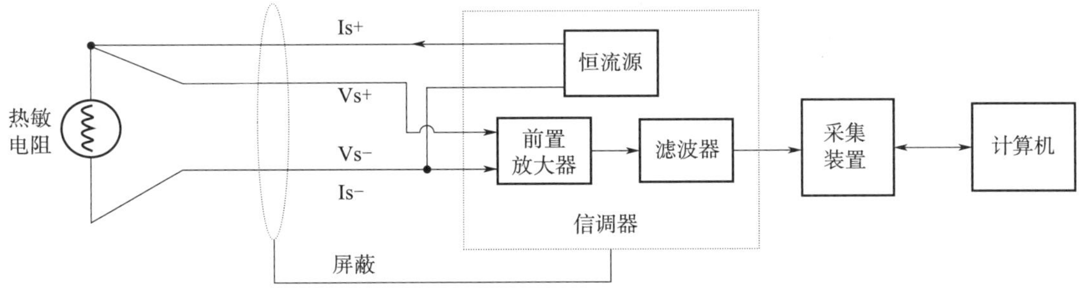

图 6－11　三线制热电阻测量系统组成框图

（3）采集板卡

热电阻采集板卡组成原理如图 6－12 所示，主要由过压保护、多路开关、前置放大、低通滤波、程控放大、模拟开关 A/D 转换器、电流源、校准等电路或模块组成。热电阻传感器输出信号通过信调器，输入到采集卡＋In、－In 端，连接到输入保护电路，可依次进行放大、滤波，最后进行模数转换，通过总线供计算机记录。

可编程增益差分放大器增益可分档设置 1～5 000 倍数，低通滤波器采用 4 阶巴特沃斯模块，截止频率可从 4 Hz、10 Hz、100 Hz、1 kHz 中选择，A/D 转换器位数为 16 位，8 个通道转换时间不大于 100 μs，采样率最大为 10 k/通道，A/D 转换后数据先保存到寄存器，再经总线送入主机箱内的计算机接口。信号输入可通过双刀四掷开关切换，通过软件可选择传感器输入、电压校准、并联电阻或内部输入短接调零。

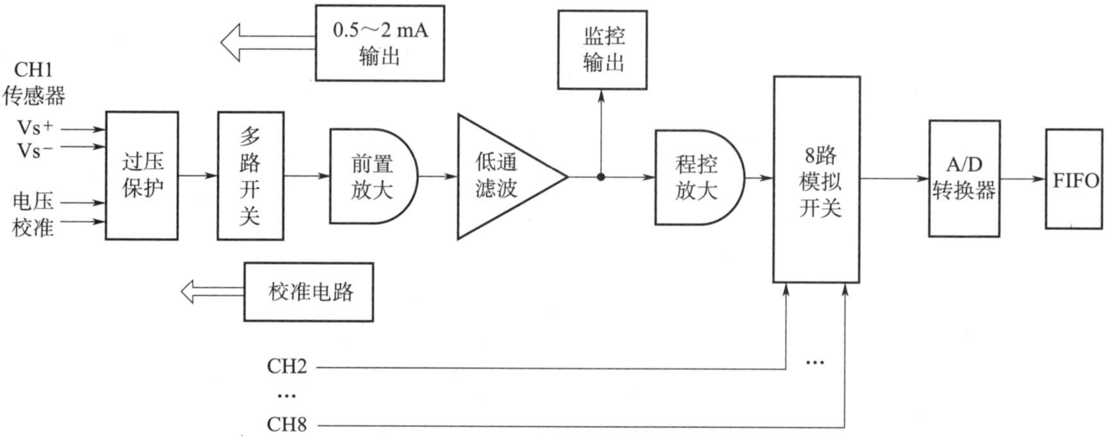

图 6－12　热电阻采集板卡原理框图

对于 Pt100 铂电阻传感器，600 ℃时输出电阻为 300 多欧姆。考虑电流流经电阻芯片发热，通过 DAC 模块将激励电流调整到 1 mA。若测量温度为几百摄氏度，传感器输出电压小于 400 mV，使用 10 倍或 20 倍放大倍数；若用于测量液氧等低温推进剂温度，输出电阻小于 40 Ω，放大倍数宜选择 100 倍或 200 倍，放大器输出为 1～10 V。

热敏电阻（RTD）在液氧或液氢中，其电阻达数十千欧，甚至达到 100 kΩ，恒流源通道提供 10～20 μA 恒流源激励输出，放大倍数宜选择 1 或 2 倍，放大器输出为 1～10 V。

6.3.4　热电阻测试技术

（1）热电阻传感器

对于关键温度参数测量，一般采用多类型传感器复记测量方法，如低温推进剂发动机试验中，推进剂入口温度涉及发动机开车点火条件，一般采用铂电阻与热敏电阻温度传感器同时测量的方法，同时在试验准备过程中，采用液氧或液氢现场浸泡温度传感器的方法，确保温度测量准确可靠。当被测对象温度远高于或低于环境温度时，需要对传感器外露壳体进行包覆绝热处理，减少外界条件对测点温度的影响，提高温度测量准确度。

（2）恒流源

①毫安级恒流源

恒流源一般由电压电流变换电路组成，图 6－13 为基准电压源电路，可以直接为恒流源提供基准电压。通过调整 R_6 或 R_8 及电位器 W_4 的值，可以得到需要的电压基准，再通过跟随器提供电流源需要的电压基准。

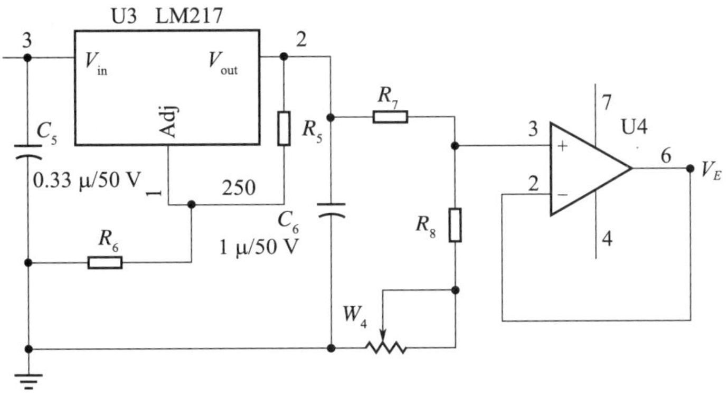

图 6－13　基准电压源电路

图 6－14 为常见毫安级恒流源电路，铂电阻传感器正常电阻为 10～500 Ω，100 Ω 供 2 mA 激励得到 200 mV 输出，考虑到大电流引起传感器发热，激励电流一般使用 1～1.5 mA。可调激励电流源模块由运算放大器 U4，电阻 R_{14}、R_{15}、R_{16}，电位器 R_WI、三极管 Q1、电容 C_{15}组成，可提供 0.4～2 mA 精密直流电流，最大输出电压为 12 V，电流稳定性达 0.02%；运算放大器 U4 与电阻 R_{14}、R_{15}提供一个恒定的基准电压，电阻 R_{16}与电位器 R_WI 完成输出电流调节作用，电阻 R_{16}确定最小电流值，电位器 R_WI 确定调整范围；三极管 Q1 为共集电极功率驱动 PNP 管，为负载 R_L 提供较大驱动电流；电容 C_{15}为放大器电源提供滤波作用。

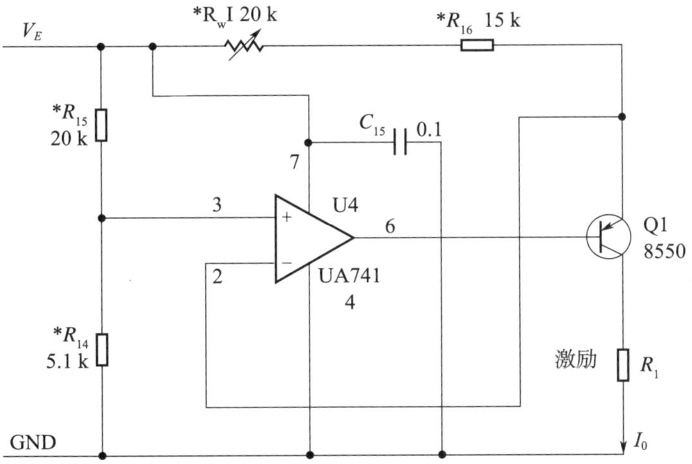

图 6－14　毫安级恒流源电路

②微安级恒流源

使用热敏电阻测量温度时，常温条件下其电阻为几十欧姆。当浸泡在液氧中时，阻值一般达几十千欧，毫安级电流源负载能力不能满足测试要求。为有效减小传感器自热量，获得较好的稳定性数据，提高测试准确度，一般需要微安级电流源。图 6－15 为豪兰德电流源电路[5]，U5 与 U6 均引入了负反馈，前者为同相求和运算，后者为电压跟随器，$R_1=R_2=R_3=R_4$，有

$$u_{02}=u_{P2} \tag{6-12}$$

$$u_{P1}=\frac{R_4}{R_3+R_4}\cdot V_E+\frac{R_3}{R_3+R_4}\cdot u_{P2}=0.5V_E+0.5u_{P2} \tag{6-13}$$

$$u_{01}=\left(1+\frac{R_2}{R_1}\right)u_{P1}=2\cdot u_{P1} \tag{6-14}$$

将式（6－13）代入式（6－14），得

$$u_{01}=u_{P2}+V_E \tag{6-15}$$

R_0上的电压为：$u_{R0}=u_{01}-u_{P2}=V_E$

$$I_0=\frac{V_E}{R_0} \tag{6-16}$$

当输入基准电压 V_E 为 20 mV、R_0 为 1 kΩ 时，输出电流 I_0 为 20 μA。

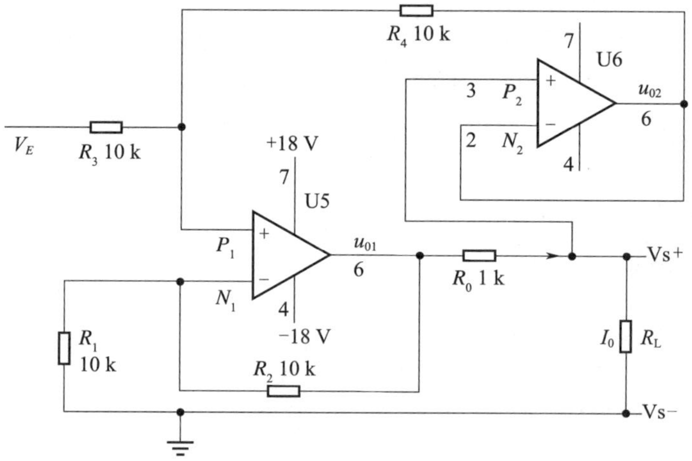

图 6－15　微安级恒流源电路

（3）多档校准，提高热电阻传感器测温准确性

对于标准铂电阻、铜电阻温度传感器，根据测量电阻值，对照热电阻分度表可以准确得到被测温度。但对于热敏电阻传感器，个体特性差异较大，没有统一的分度表，其灵敏度系数 B 也不恒定。为了准确获得被测对象温度，在实验室使用温度计量设备或标准物质对被测温度点周围温度进行校准。

若被测温度为 T_0，在热敏温度传感器出厂或使用现场，分别使用标准温度 $T_0-2\Delta T$、$T_0-\Delta T$、$T_0+\Delta T$、$T_0+2\Delta T$ 等档位，ΔT 可根据使用需要取 1、2、3、5 等自然数，对传感器进行多档校准，记录不同温度档位的电阻值。试验测试时，就可根据热敏传感器测量值，分段进行插值计算被测温度，提高温度测量准确度。

6.4　温度测量现场校准技术

6.4.1　热电偶通道校准

校准是指在规定的条件下，为确定计量仪器或测量系统的示值或实物量具所代表的值与相对应的被测量的已知值之间关系的一组操作[6]。系统校准是把标准量加载到传感器及测量系统上，以获得测量系统记录设备输出值与被测对象的对应关系。校准的作用是获得测量系统的灵敏度和消除测量系统的系统误差。

温度校准通常有比对法和定点法两种。定点法是根据热电偶测温范围，对热电偶传感器测温端施加一标准温度，温度测量系统采集电压值，并以此作为测量标准温度的操作。定点法精度高，操作过程复杂，时间长，代价高，一般用于国家级标准的温度校准。比对法是把标准系统和待校准系统放入同一个均匀温度场中，在各个温度点进行比较，达到测量系统校准的目的。

热电偶温度现场校准系统组成如图 6－16 所示，校准分为物理量现场校准与电压量现场校准两种方式。物理量现场校准时，在试车前间，将热电偶温度传感器插入标准温度炉校验孔中，测量系统根据试车状态配置好相应测试通道，信调器、采集系统、温度炉、程控电压源等温度测量设备预热 30 min 以上，信号转接器保持热电偶测量状态，通过温度炉依次设置待校准温度，测量采集岗位运行校验程序，点击测试数据库，选择采集程序对应通道配置文件，选择校验热电偶通道，进入校验界面，等待前端温度稳定后点击“采集”按钮开始数据采集，记录电压数据，待校准温度各档位温度加载完成后，输入本次校验的档数和遍数，然后点击“确定”按钮。根据校准标准温度、采集电压两组数据，计算热电偶通道灵敏度等参数结果。

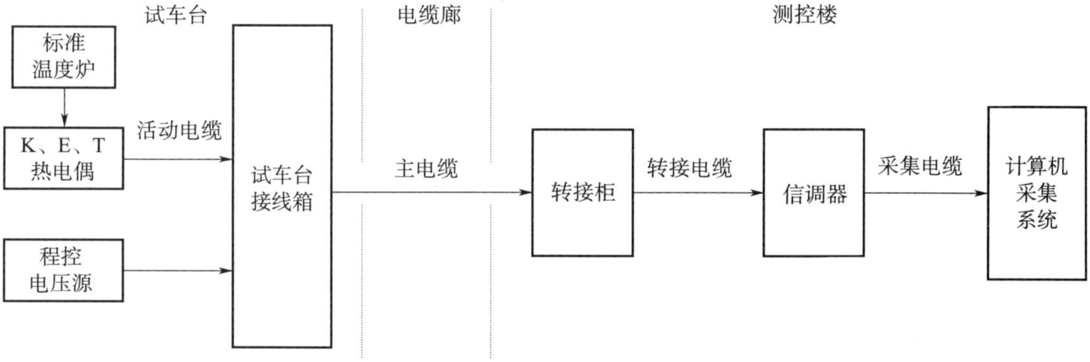

图 6－16　热电偶现场校准系统组成框图

使用标准电压量对采集通道校准时，在试车台接线箱处，打开标准电压源，将工作模式设置为本地方式，标准输出电压与待校准温度通道插座连接。根据热电偶分度表依次设置待校准温度对应电压值，通知测量采集岗位，记录通道各个档位电压数据，校准完成后，点击“确定”按钮，计算并保存校准数据文件，并写入温度测量数据库，可通过温度炉施加固定温度值运行采集程序，查看核对校验结果。

6.4.2 铂电阻通道校准

使用物理量温度对铂电阻通道进行校准，一般分为两种方式：一种使用温度炉给温度传感器加载各档温度值，另一种通过将标准物质放入特定容器（如杜瓦瓶），将铂电阻传感器依次浸泡于标准物质中，等待传感器温度在标准物质中稳定后，利用标准物质固定温度点对测量系统铂电阻通道进行校准。试车台用于校准温度的标准物质有液氮、液氧及蒸馏冰水混合物等。铂电阻温度现场校准系统组成如图 6－17 所示，校准前通道配置需设置为铂电阻，同时需要设置铂电阻传感器激励电源为恒流源，输出电流为 1 mA，测量后端岗位其他操作基本同热电偶校准一致。校准结束后，需记录激励电流值，并与上次试车校准数据进行复核，确认校验数据的有效性。

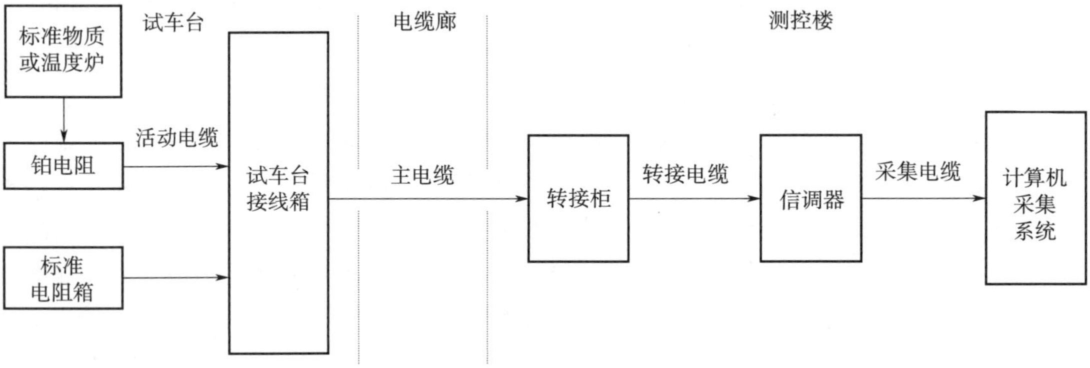

图 6－17 铂电阻现场校准系统组成框图

电量方式校准时，测量前端将标准电阻箱连接到接线箱待校准通道，根据校准证书中测量温度对应铂电阻传感器电阻值，设置标准电阻箱输出电阻，与后端采集岗位配合，依次完成不同档位电阻输出，记录各档电压，计算校验结果，保存并打印校准数据。

6.4.3 热敏电阻通道校准

在液体火箭发动机试验中，热敏电阻主要用于低温推进剂温度测量。常用的低温推进剂有液氧、液氢、甲烷等物质。由于该类推进剂温度较低，标准温度炉一般不能产生其低温值。在试车台，常用推进剂直接浸泡热敏温度传感器的方法对测量系统进行校准。热敏电阻现场校准系统组成如图 6－18 所示，启动校验程序，打开本次试车数据库，选择温度配置数据文件，选择待校准热敏电阻通道，分别设置两种校准状态，一种为液氮温度，另一种为液氧（液氢或液体甲烷）温度，将热敏电阻传感器放置在杜瓦瓶低温液体中间部位，等采集电压数据稳定后，点击“采集”按钮开始采集，记录该温度条件下电压数据 U_{T1}；更换标准低温物质，将传感器浸泡其中，待温度稳定后，记录第 2 档数据 U_{T2}。通过上述两档数据及温度值，按下式计算热敏温度传感器通道灵敏度系数 B

$$U_{T1}=U_{T2}\cdot e^{B\left(\frac{1}{T_1}-\frac{1}{T_2}\right)} \tag{6-17}$$

$$B=\frac{T_1\cdot T_2\cdot\ln\dfrac{U_{T1}}{U_{T2}}}{T_2-T_1}\tag{6-18}$$

式中　U_{T1}——热敏温度传感器浸泡标准物质 1 温度测量电压，单位为 mV；

U_{T2}——热敏温度传感器浸泡标准物质 2 温度测量电压，单位为 mV；

T_1——一个大气压下标准物质 1 的温度值，单位为 K；

T_2——一个大气压下标准物质 2 的温度值，单位为 K；

B——热敏电阻灵敏度系数，单位为 1/K。

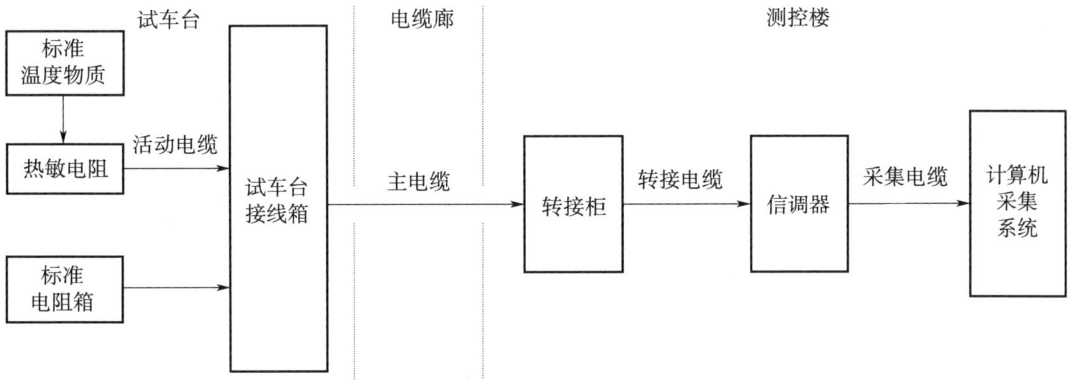

图 6-18　热敏电阻现场校准系统组成框图

电量方式校准时，根据物理量校准得到的热敏温度传感器灵敏度系数 B，根据公式（6-10）计算待测温度点附近其他温度值对应的电阻值，测量前端将标准电阻箱连接到接线箱待校准通道，根据热敏电阻校准时标准温度对应的电阻设定对应的电阻值，加载到对应通道，通知采集岗位依次记录各档电压，最后保存数据。试车中，根据校准数据文件，依次进行插值求得待测温度。

6.4.4　温度变送器通道校准

将温度变送器、信调器、采集系统、温度炉等温度测量设备预热 30 min 以上，信调器保持电压测量状态，物理量现场校准时，在试车前间，将温度变送器传感器插入标准温度炉插孔中，根据试车任务书要求，依次设置待校准温度 T_i，测量采集岗位运行校验程序，分别记录待校准温度档位电压值 u_i，校准完成后，输入标准温度值，并输入校验次数 M，使用最小二乘法，按照下面公式，计算并保存校验结果。

$$\overline{T}=\frac{\sum_{i=1}^{M}T_i}{M}\tag{6-19}$$

$$\overline{u}=\frac{\sum_{i=1}^{M}u_i}{M}\tag{6-20}$$

$$b=\frac{\sum_{i=1}^{M}T_i\cdot u_i-M\cdot\overline{u}\cdot\overline{T}}{\sum_{i=1}^{M}u_i^2-M\cdot\overline{u}} \tag{6-21}$$

$$a=\overline{T}-b\overline{u} \tag{6-22}$$

式中 a ——校验通道截距，单位为℃；

b ——校验通道斜率，单位为℃/mV。

6.5 温度数据处理方法

6.5.1 热电偶数据处理

(1) 通道电压变换斜率

根据任务书测点温度范围及热电偶分度表，推算热电偶通道测量电压最大值 E，使用标准电压源，分别给热电偶通道加载 0 与 E mV，测量系统记录电压值，用端点法按下式计算电压变换斜率 k 值

$$k=\frac{E}{u_b-u_{0b}} \tag{6-23}$$

式中 E——校验标准电压值，单位为 mV；

u_b ——加电压 E 时采集毫伏数，单位为 mV；

u_{0b} ——加电压 0 时采集毫伏数，单位为 mV。

(2) 计算试车温度传感器输出毫伏值

$$u=k(u_s-u_0)+u_k \tag{6-24}$$

式中 u ——试车过程测量温度值对应传感器输出电压值，单位为 mV；

u_s ——试车过程测量系统采集电压，单位为 mV；

u_0——通道输入电压 0 时，测量系统记录零位，单位为 mV；

k——通道电压变换斜率；

u_k ——参考点温度对应热电偶毫伏数，单位为 mV。

(3) 参考点温度计算

参考点温度采用温度校准炉进行多档现场校验，用最小二乘法，按式 (6-21) 和式 (6-22) 求出 a、b 值。由电压值求温度值 T_k

$$T_k=a+b\cdot u_k \tag{6-25}$$

式中 u_k ——试车参考点温度传感器测量电压值，单位为 mV。

将 T_k 代入对应热电偶类型分度表进行反查，得出该热电偶的参考点温度对应毫伏数 u_k 。

(4) 查 mV-T 分度表用插值法计算测量传感器温度

根据试车过程中热电偶测量电压值 u ，按照不同类型热电偶分度表，当电压值 u 位于分度表 [T_i，T_{i+1}] 区间时，按照下式计算热电偶测量电压对应的温度值。

$$T=T_i+(u-u_i)\frac{T_{i+1}-T_i}{u_{i+1}-u_i} \tag{6-26}$$

式中　T——试车时温度值，单位为℃；

T_i——分度表中对应 T 的前一点温度值，单位为℃；

T_{i+1}——分度表中对应 T 的后一点温度值，单位为℃；

u_i——对应 u 前一点毫伏数，单位为 mV；

u_{i+1}——对应 u 后一点毫伏数，单位为 mV。

6.5.2　铂电阻数据处理

（1）热电阻通道电阻电压转换率计算

根据任务书测量温度参数量程及选用热电阻传感器校准数据，在试车台接线箱处，用标准电阻箱，加载热电阻传感器高低温度对应的电阻，分别测量热电阻通道电压，用端点法按下式计算通道电阻电压转换率 k 值。

$$k=\frac{R_1-R_0}{u_1-u_0} \tag{6-27}$$

式中　k——热电阻通道电阻电压转换系数，单位为 Ω/mV；

R_1——校验时加载高档位标准电阻值，单位为 Ω；

R_0——校验时加载低档位标准电阻值，单位为 Ω；

u_1——加高档位电阻值时采集毫伏数，单位为 mV；

u_0——加低档位电阻值时采集毫伏数，单位为 mV。

（2）计算试车温度的电阻值

$$R=k(u_s-u_0)+R_0 \tag{6-28}$$

式中　R——试车温度对应传感器电阻值，单位为 Ω；

u_s——试车实测热电阻通道电压毫伏数，单位为 mV；

u_0——热电阻通道输入 0 时，通道测量零位毫伏数，单位为 mV；

k——热电阻通道电阻电压转换系数，单位为 Ω/mV；

R_0——校准低档电阻值，单位为 Ω。

（3）查 $R-T$ 分度表用插值法计算温度

$$T=T_i+(R-R_i)\frac{T_{i+1}-T_i}{R_{i+1}-R_i} \tag{6-29}$$

式中　T——试车时热电阻测量温度值，单位为℃；

T_i——分度表中对应 T 的前一点温度值，单位为℃；

T_{i+1}——分度表中对应 T 的后一点温度值，单位为℃；

R_i——对应 R 前一点电阻值，单位为 Ω；

R_{i+1}——对应 R 后一点电阻值，单位为 Ω。

6.5.3　热敏电阻数据处理

试车过程中热敏电阻测量温度对应电阻值按公式（6－11）计算。

由电压值查校验分度表求温度

$$\ln\left(\frac{u}{u_0}\right)=B\cdot\left(\frac{1}{T}-\frac{1}{T_0}\right) \tag{6-30}$$

$$\frac{1}{T}=\frac{\ln\left(\frac{u}{u_0}\right)}{B}+\frac{1}{T_0} \tag{6-31}$$

$$T=\frac{1}{\frac{\ln\left(\frac{u}{u_0}\right)}{B}+\frac{1}{T_0}} \tag{6-32}$$

式中 T——试车时温度值，单位为 K；

T_0——校准证书中对应基准点温度值，单位为 K；

B——校准证书中该热敏电阻灵敏度系数；

u——试车采集的毫伏数，单位为 mV；

u_0——对应 T_0 温度采集的毫伏数，单位为 mV。

当温度单位为 ℃时，公式（6－31）中的 T 和 T_0 需加 273.15；当温度单位为 K 时，直接使用上面公式计算。

6.5.4 温度变换器参数数据处理

试车过程中温度变换器参数测量温度计算公式为

$$T=bu_s+a \tag{6-33}$$

式中 T——试车温度测量值，单位为℃；

u_s——试车过程中测量系统采集的电压值，单位为 mV；

b——校验斜率，单位为℃/mV；

a——校验截距，单位为℃。

6.6 温度测量不确定度评定

6.6.1 温度的量值传递与溯源

通过一条具有不间断的不确定度的比较链，使测量结果或测量标准的值能够与规定的参考标准（通常是国家或国际计量基准）联系起来，这种校准的量值来源向上追溯的做法称为量值溯源[7]。量值溯源与量值传递是方向相反的传递追根问源的做法。

现行的 ITS－90 国际温标要求，各国根据本国量值传递的需要建立基于 90 温标要求的最高国家标准，其中包括一系列定义固定点及相应的标准器，复现国际温标，确保其准确性。我国最高一级的标准称为国家基准，国际温标的复现和保持由中国计量科学研究院来执行。为避免国家基准使用过于频繁而影响其稳定性，还建立了国家副基准及工作基准，一等标准仪器按照工作基准仪器来校验[8]；二等标准仪器按照一等标准仪器校验；三等标准仪器按照二等标准仪器校验；实际使用的各种测温仪表则按照二等或三等标准仪器进行校验。为保证测试温度的准确性，并与国际温度测量一致，测温系统及仪器仪表应定期到计量部门进行检定，粘贴计量合格证。

（1）热电偶量值传递系统

热电偶因其测温方便、结构简单、热惰性小、成本较低，在温度测量领域处于很重要的地位。国际电工委员会（IEC）与国际计量委员会（CIPM）颁布了执行 90 温标后热电偶（常用八种）的分度公式与分度表，将原来的作用函数公式改为参考函数与偏差函数，使热电偶测温、检定更符合热力学温度要求，且更准确可靠。其温度量值传递如图6－19所示。

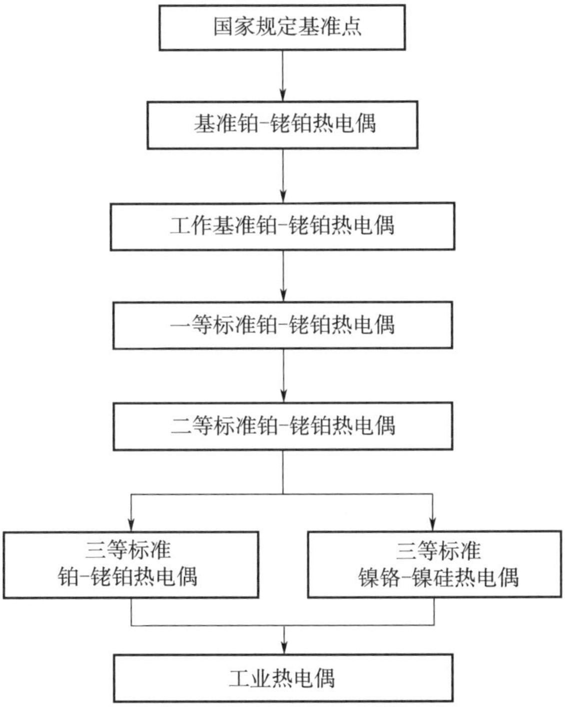

图 6－19　热电偶温度量值传递图

（2）热电阻测温类仪表量值传递图

根据我国计量规定，热电阻温度传感器及工业测温计量值传递如图 6－20 所示。

6.6.2　温度测量不确定度分量组成

测量系统测量温度的准确性通过温度测量不确定度来评价。热电偶温度测量系统选择标准电压替代温度量，热敏电阻温度测量系统和铂电阻温度测量系统选择标准电阻校准模拟温度量。不考虑电缆及转接环节影响，热电偶、热电阻测量系统如图 6－21 和图 6－22 所示。热电偶测温采用标准电压源加载毫伏级电压，热电阻测温采用标准电阻加载评定温度测量系统不确定度。

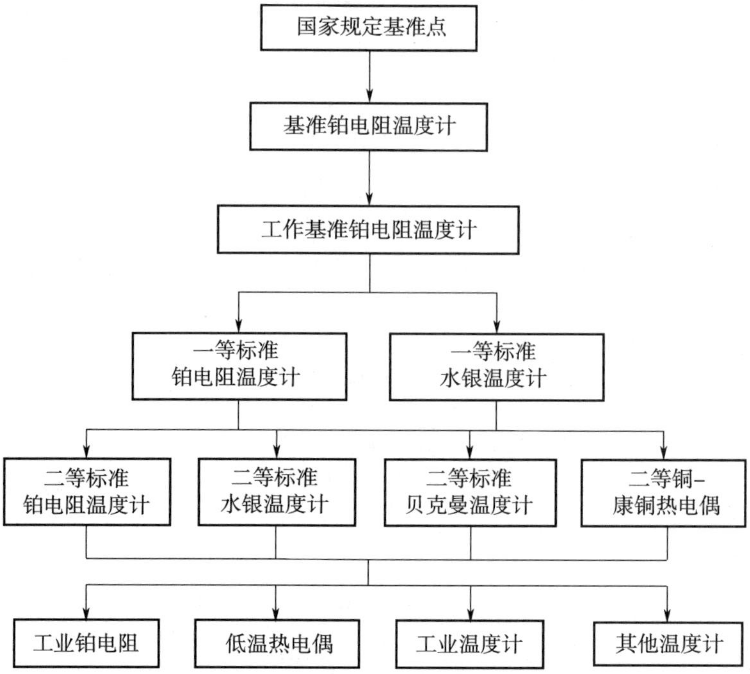

图 6-20　热电阻测温计量值传递图

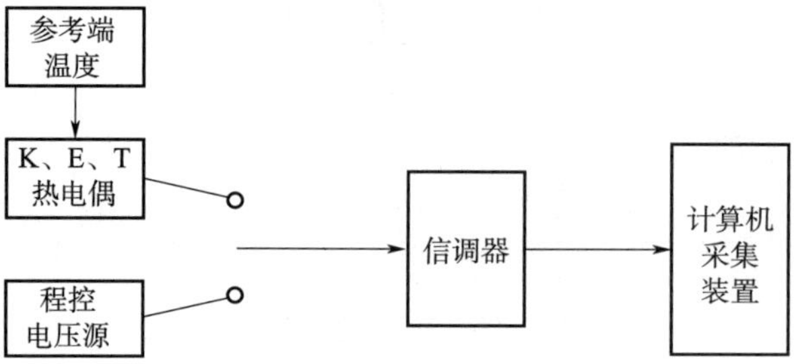

图 6-21　热电偶测量系统组成

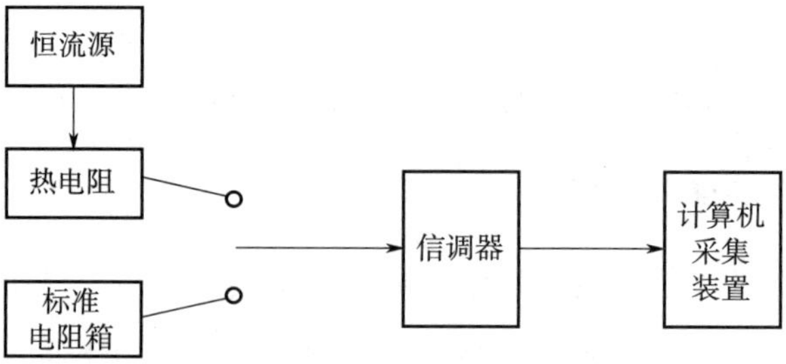

图 6-22　热电阻测量系统不确定度组成

根据不确定度评定方法及温度测量系统组成，温度测量系统不确定度主要来源如图 6-23 所示。

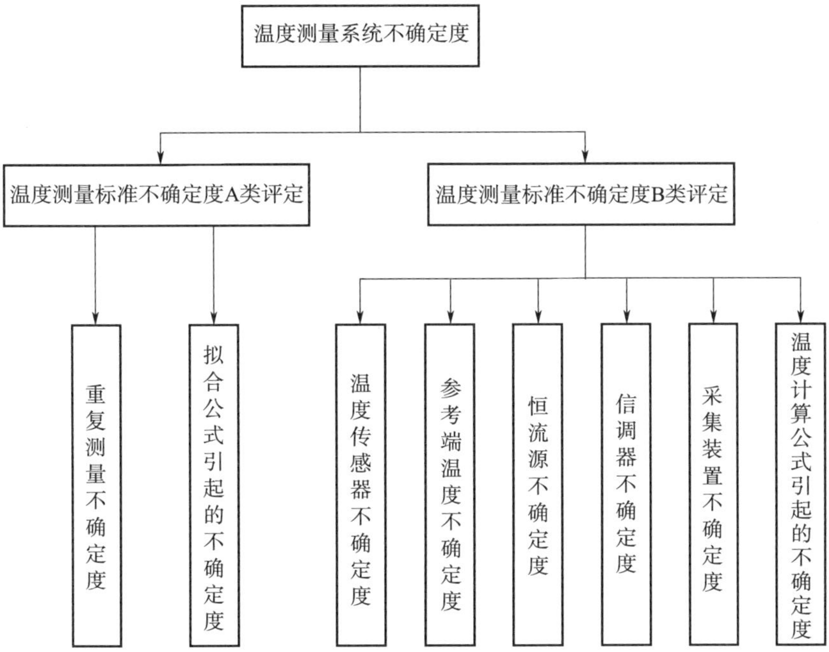

图 6-23　温度测量系统不确定度组成

6.6.3　温度测量不确定度 A 类评定

(1) 重复性测量不确定度分量

使用下面的试验方法进行温度测量不确定度试验标准偏差 A 类计算[9]。选择数据采集系统测量通道数 $L_T \geqslant 4$，根据计量部门检定证书或校准证书中传感器校验数值和温度测量目标值确定模拟温度量的数值 y_0，连接标准电压源，进行模拟温度测量。测量系统状态（如传感器连接方式、放大倍数、采样速率、滤波器截止频率等）应与发动机试验稳态温度测量时一致，每个测量通道进行 M_T 次测量记录，温度测量次数规定 $M_T \geqslant 10$，将计算测量结果 y_{ij} 的平均值作为被测量的估计值，第 j 个通道按公式（6-34）计算 y_{ij} 的平均值，L_T 个通道温度测量样本标准偏差按公式（6-35）计算

$$\overline{y_j} = \frac{\sum_{i=1}^{M_T} y_{ij}}{M_T} \tag{6-34}$$

式中　y_{ij} ——第 j 个测量通道第 i 次采集数据，单位为℃；

$\overline{y_j}$ ——第 j 个测量通道，M_T 次采集数据 y_{ij} 的平均值，单位为℃；

M_T ——测量通道进行采集记录的次数。

通道标准不确定度如下式

$$s_{Tj} = \sqrt{\frac{\sum_{i=1}^{M_T} (y_{ij} - \overline{y_j})^2}{M_T - 1}} \tag{6-35}$$

式中 s_{Tj} ——第 j 个通道 M_T 次测量 y_{ij} 数据标准偏差，单位为℃。

温度测量系统标准不确定度如下式

$$s_T(\overline{y})=\sqrt{\frac{\sum_{j=1}^{L_T}s_{Tj}^2}{L_T}} \tag{6-36}$$

式中 L_T ——数据采集系统测量通道数；

$s_T(\overline{y})$ —— L_T 通道测量系统 y_{ij} 数据标准偏差，单位为℃。

测量系统重复测量 A 类标准不确定度如下式

$$u_{AT1}=s_T(\overline{y}) \tag{6-37}$$

以某型号温度采集系统为例，随机选取 K 型热电偶采集序号为 1、2、6、7 四个通道，设置放大倍数为 500 倍，采集速率为 100 点/s，滤波频率为 10 Hz，使用程控电源在试验台接线箱同时给 CH1、CH2、CH5、CH6 施加 41.276 mV 的电压，后端采集系统每次记录 10 s，共记录 10 次，处理每个记录中 2～9 s 平均值为通道测量温度值，四个通道采集 10 次的温度数据见表 6-3。

表 6-3 热电偶温度值及 A 类重复性不确定度

（单位：℃）

序号	CH1	CH2	CH6	CH7
1	1 000.3	1 000.2	1 000.1	1 000.2
2	1 000.1	1 000.0	1 000.2	1 000.2
3	1 000.1	1 000.1	1 000.3	1 000.1
4	1 000.2	1 000.1	1 000.0	1 000.3
5	1 000.3	1 000.2	1 000.2	1 000.0
6	1 000.1	1 000.2	1 000.1	1 000.2
7	1 000.1	1 000.1	1 000.3	1 000.1
8	1 000.2	1 000.2	1 000.1	1 000.2
9	1 000.3	1 000.1	1 000.2	1 000.3
10	1 000.1	1 000.2	1 000.1	1 000.1
均值	1 000.2	1 000.1	1 000.2	1 000.2
样本标准差 s_T	0.092	0.07	0.097	0.095
A 类重复性不确定度	0.089			

即对于 K 型热电偶传感器，$u_{AT1}=0.089$ ℃。

随机选取铂电阻通道采集序号为 13、14、15 与 16 四个通道，设置放大倍数为 500 倍，采集速率为 100 点/s，滤波频率为 10 Hz，使用精密电阻箱在前台接线箱给 CH13、CH14、CH15、CH16 施加 25.82 Ω 电阻，后端采集系统每次记录 10 s，共记录 10 次，处理每个记录中 2～9 s 平均值为通道测量温度值，四个通道采集 10 次的温度数据见表6-4。

表 6-4　铂电阻温度值及 A 类重复性不确定度

（单位：℃）

序号	CH13	CH14	CH15	CH16
1	−183.03	−183.12	−183.11	−183.12
2	−183.12	−183.05	−183.09	−183.08
3	−183.16	−183.13	−183.13	−183.17
4	−183.12	−183.10	−183.10	−183.09
5	−183.03	−183.09	−183.12	−183.06
6	−183.10	−183.02	−183.15	−183.20
7	−183.09	−183.11	−183.13	−183.11
8	−183.12	−183.12	−183.14	−183.12
9	−183.13	−183.15	−183.12	−183.13
10	−183.05	−183.02	−183.11	−183.10
均值	−183.095	−183.091	−183.12	−183.118
样本标准差 s_T	0.045	0.046	0.018	0.042
A 类重复性不确定度	0.039			

即对于铂电阻传感器，$u_{AT1}=0.039$ ℃。

（2）拟合公式不确定度分量

采用最小二乘法拟合得到温度测量公式，引入的不确定度 u_{AT2} 一般由计量部门提供，若计量部门未给出，可根据有关数据统计评定，u_{AT2} 一般取 0.02 ℃。

$$u_{AT2}=0.02\ ℃ \tag{6-38}$$

6.6.4　温度测量不确定度 B 类评定

根据温度测量系统组成，可得出其 B 类不确定度分量见表 6-5。

表 6-5　温度测量系统不确定度分量表

序号	分量	不确定度来源	评定方法	分布	包含因子
1	u_{ct}	温度传感器不确定度	B 类	均匀	$\sqrt{3}$
2	u_{cT0}	参考端温度不确定度	B 类	均匀	$\sqrt{3}$
3	u_{cI}	恒流源不确定度	B 类	均匀	$\sqrt{3}$
4	u_{cx}	信调器不确定度	B 类	均匀	$\sqrt{3}$
5	u_{cc}	采集装置不确定度	B 类	均匀	$\sqrt{3}$
6	u_{qt}	其他因素不确定度	A 类	—	

（1）温度传感器不确定度分量

温度传感器的不确定度采用 B 类评定方法，由计量部门提供，对于热电偶，一等 K 型热电偶的不确定度 Δt_1 为 1.5 ℃[10]。

$$u_{ct} = (1.5/\sqrt{3})\ ℃ = 0.87\ ℃ \tag{6-39}$$

一等标准热电阻的不确定度 Δt_1 为 0.1 ℃，有

$$u_a = (0.1/\sqrt{3})\ ℃ = 0.058\ ℃ \tag{6-40}$$

（2）参考端温度不确定度分量

热电偶温度参考端传感器引入的不确定度 Δt_2 为 0.2 ℃

$$u_{cT0} = (0.2/\sqrt{3})\ ℃ = 0.115\ ℃ \tag{6-41}$$

（3）恒流源不确定度分量

热电阻恒流源准确度一般优于 0.05%，按照测量值 −183 ℃，不确定度分量按下式计算

$$u_{cI} = (|-183 \times 0.05\%| / \sqrt{3})\ ℃ = 0.053\ ℃ \tag{6-42}$$

（4）信调器不确定度分量

信调器主要考虑放大器与滤波器线性及平坦性，根据目前电子器件的性能指标，该项不确定度分量优于 0.1%。对于热电偶，测量温度为 1 000 ℃，则不确定度分量为

$$u_{cx} = (|1\,000 \times 0.1\%| / \sqrt{3})\ ℃ = 0.58\ ℃ \tag{6-43}$$

对于热电阻，测量温度为 −183 ℃，则不确定度分量为

$$u_{cx} = (|-183 \times 0.1\%| / \sqrt{3})\ ℃ = 0.106\ ℃ \tag{6-44}$$

（5）采集装置不确定度分量

采集装置不确定度分量主要由放大器与 A/D 转换器的线性、重复性及稳定性构成，一般由计量部门给出，该项不确定度分量为 0.1%。对于热电偶，测量温度为 1 000 ℃，则不确定度分量为

$$u_{cj} = (|1\,000 \times 0.1\%| / \sqrt{3})\ ℃ = 0.58\ ℃ \tag{6-45}$$

对于热电阻，测量温度为 −183 ℃，则不确定度分量为

$$u_{cc} = (|-183 \times 0.1\%| / \sqrt{3})\ ℃ = 0.106\ ℃ \tag{6-46}$$

（6）其他因素不确定度分量

其他影响测量不确定度的因素主要包括试验振动环境及干扰等，按 GJB 2898 和 QJ 2968 规定的方法进行温度测量，且进行标准偏差计算时，测量系统的环境条件应尽量保持与试验一致，可忽略其他因素影响，该项不确定度分量 u_{qt} 为 0。

6.6.5 温度测量不确定度评定

（1）热电偶标准不确定度评定

根据图 6-21 及图 6-23 可知，热电偶测量标准不确定度分量主要包括重复测量 A 类标准不确定度、拟合公式、传感器、信调器、参考端、采集装置等不确定度分量，根据 B 类评定方法计算得到其分量，见表 6-6。

表 6-6　热电偶测量系统不确定度分量表

（单位：℃）

序号	名称	不确定度
1	u_{AT1}	0.089
2	u_{AT2}	0.02
3	u_{ct}	0.87
4	u_{cT0}	0.115
5	u_{cx}	0.58
6	u_{cj}	0.58
7	u_{qt}	0.0
8	热电偶测量标准不确定度	1.20
9	热电偶测量扩展不确定度，$k=2$	2.40

K 型热电偶测量合成标准不确定度

$$\begin{aligned} u_c(y_1) &= \sqrt{u_{\mathrm{AT1}}^2 + u_{\mathrm{AT2}}^2 + u_{ct}^2 + u_{cT0}^2 + u_{cx}^2 + u_{cj}^2 + u_{qt}^2} \\ &= \sqrt{0.089^2 + 0.02^2 + 0.87^2 + 0.115^2 + 0.58^2 + 0.58^2}\ ℃ \\ &= 1.20\ ℃ \end{aligned} \tag{6-47}$$

K 型热电偶测量温度为 1 000 ℃时，合成标准不确定度按下式计算，其中包含因子 k 取 2，测量不确定度为

$$U = k \cdot u_c(y_1) = 2 \times 1.20\ ℃ = 2.40\ ℃ \tag{6-48}$$

（2）热电阻标准不确定度评定

根据图 6-22 及图 6-23 可知，热电阻测量系统的合成标准不确定度分量主要包括重复测量 A 类标准不确定度、拟合公式、传感器、信调器、恒流源、采集装置及其他因素等不确定度分量，根据 B 类评定方法计算得到，其分量见表 6-7。

表 6-7　热电阻测量系统不确定度计算结果

（单位：℃）

序号	名称	不确定度
1	u_{AT1}	0.039
2	u_{AT2}	0.02
3	u_a	0.058
4	u_{cI}	0.053
5	u_{cx}	0.106
6	u_{cc}	0.106
7	u_{qt}	0
8	热电阻测量标准不确定度	0.175
9	热电阻测量扩展不确定度，$k=2$	0.350

热电阻测量系统的合成标准不确定度为

$$
\begin{aligned}
u_c(y_1) &= \sqrt{u_{\mathrm{AT1}}^2 + u_{\mathrm{AT2}}^2 + u_a^2 + u_{cI}^2 + u_{cx}^2 + u_{cc}^2 + u_{qt}^2} \\
&= \sqrt{0.039^2 + 0.02^2 + 0.058^2 + 0.053^2 + 0.106^2 + 0.106^2}\ ℃ \\
&= 0.175\ ℃
\end{aligned}
\tag{6-49}
$$

热电阻温度传感器测量液氧温度时，合成标准不确定度按下式计算，其中包含因子 k 取 2，测量不确定度为

$$
U = k \cdot u_c(y_1) = 2 \times 0.175\ ℃ = 0.350\ ℃ \tag{6-50}
$$

参 考 文 献

[1] 王承阳，王炳忠．工程热力学［M］．北京：冶金工业出版社，2016.

[2] 赵宏志．注册电气工程师执业资格考试公共基础考试复习教程［M］．2版．天津：天津大学出版社，2013.

[3] 汪志诚．热力学统计物理［M］．5版．北京：高等教育出版社，2017.

[4] 张克，韩迎春．温度计量漫谈热电阻（一）［J］．中国计量，2014（2）：59.

[5] 童诗白．模拟电子技术基础［M］．北京：高等教育出版社．1988.

[6] 国家质量监督检验检疫总局．通用计量术语及定义技术规范：JJF 1001—2011［S］.

[7] 全国工业过程测量控制和自动化标准化技术委员会．热电偶　第1部分：电动势规范和允差：GB/T 16839.1—2018［S］．北京：中国标准出版社，2018.

[8] 贾民平，张洪亭．测试技术［M］．3版．北京：高等教育出版社，2016.

[9] 液体火箭发动机试验测量不确定度评定 第4部分：稳态温度：QJ 1789.4—2016［S］．中国航天标准化研究所出版.

[10] 全国工业过程测量控制和自动化标准化技术委员会．工业热电偶：GB/T 30429—2013［S］．北京：中国标准出版社，2014.

第 7 章　动态参数测量技术

在液体火箭发动机地面试验中，动态参数（也称速变参数）测量结果反映发动机结构设计合理性、推进剂燃烧稳定性，验证和评估发动机机械结构、试车架与发动机固有频率是否存在耦合共振，为发动机各组件工作协调性、稳定性及性能评估提供支持[1]。发动机试验中的动态参数为随机信号，特点是变化频率高，主要有振动、脉动压力、动应变、噪声等。动态参数测量选用频响较高的传感器，传感器输出信号多为小信号，通常选用具备放大、滤波功能的采集记录系统，采样频率一般不低于几十千赫。动态参数测量数据主要关心某个特征频率（或某个频率范围内）幅值大小。获得的数据需要对其进行时域和频域分析，其中重点是频域分析，频域分析结果为发动机结构设计和可靠性评估提供重要的参考依据。

本章主要介绍振动参数测量技术，对脉动压力、动应变和噪声测量也进行了简要介绍。

7.1　系统组成

液体火箭发动机试验动态参数测量系统主要由传感器、传输电缆、转接柜、信号调理器、动态参数采集分析系统等组成。传感器输出信号由信号调理器进行放大、隔离、A/D转换、采集存储，并通过专用分析软件进行时域与频域分析。动态参数测量系统结构组成如图 7－1 所示。传感器的功能是将被测信号转换成电信号，测量电缆通常选择低噪声同轴电缆（振动、脉动及噪声测量时使用）或双绞六芯电缆（动应变测量时使用）。信号调理器的作用是对传感器输出的小信号进行放大、滤波等，满足数据采集装置采集的需要。数据采集装置由采集机箱、采集板卡等组成。采集机箱为采集板卡提供必备槽位，机箱上还具备数据通信接口，用于接收计算机采集控制指令并向采集终端发送采集数据，同时兼具硬件运行状态提示功能。采集分析软件用于采集装置的采集、通道配置并将采集数据进行时域、频域等分析。需要指出的是，动态参数采集系统一般由于传感器自身（如振动传感器）通过发动机接地，采集系统整体在发动机前端接地，采集装置端不接地，减小或避免了 50 Hz 工频干扰（有些动态采集设备不用电源适配器，通过电池直接给机箱供电，也采用前端接地方式。如果姿轨控发动机试验时，传感器通过胶粘贴，传感器在前端不接地，只能在采集装置端接地）。

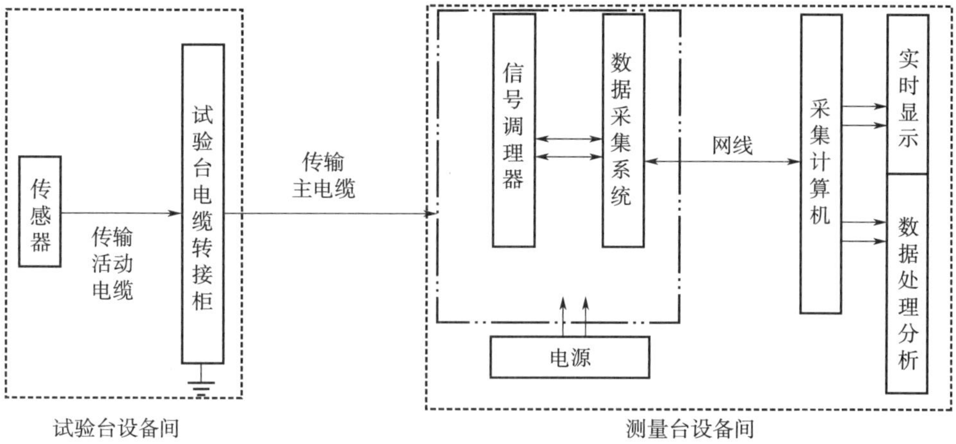

图 7-1　动态参数测量系统框图

7.1.1　传感器

（1）振动传感器

发动机试验振动参数测量，依据测量的环境可以分为：高温振动测量（被测点温度 ＞120 ℃）、常温振动参数测量（－5 ℃＜被测点温度＜120 ℃）、低温振动参数测量（被测点温度＜－5 ℃）。高温振动传感器主要用于涡轮泵、蒸发器、降温器入口等部位，要求振动传感器能够耐受不低于 400 ℃以上的高温。在高温环境下高温振动传感器采用水冷降温或依靠内部压电材料具有较高耐温值和稳定性来实现正常工作。低温振动传感器主要用于液氧煤油及液氢液氧发动机氧泵、发生器、氧预压泵、氧泵入口等部位，这些部位温度一般低于－180 ℃。为了使高低温振动测量时具有较高的可靠性，在传感器安装时必须对传感器接头、引线、电缆进行防护处理。液体火箭发动机试验中振动传感器多数为冲击型 PE（压电式）传感器，被测对象为发动机关键部位测点（如推力室、发生器、氧泵、燃料泵、各种主阀以及试车台架），输出为电荷量，灵敏度约为 10 pC/g，量程为 0～5 000 g，频率范围为 5～10 kHz。该型传感器适用于高冲击测量，传感器可靠、耐用，缺点为信噪比不容易做到很高，易受外界电磁场和信号线对地电容的干扰。IEPE（集成电路压电式）传感器内部集成电路起到电荷转换和放大的作用，输出为电压量，灵敏度约为 50 mV/ms^2，一般量程为 0～20 g，频率范围为 0.2～5 kHz。信噪比可做到很高，用于低频振动测量。试验台定架及周围地基结构振动测量，振动幅值一般为 10 g 以内，频率范围为 0.2～200 Hz，选用噪声较低（约为 0.5 g）的 IEPE 传感器。多数 IEPE 传感器噪声更低，信噪比高，是低频振动测量的首选传感器。

（2）脉动压力传感器

为了考核发动机工作过程中推进剂管路、发生器及推力室内部介质低频振荡、中频振荡和高频振荡，进行这些部位的脉动压力测量。对脉动压力传感器的基本要求是工作频带范围宽，响应时间快。此外，还要考虑以下几方面因素：

1）具有较高的固有频率。脉动压力参数主要用于发动机燃烧不稳定性判定。小推力室工作时产生的高频不稳定性燃烧压力频率范围高达 10 000 Hz 以上。需要具有较高的固有频率，以保证工作频率范围宽。

2）具有较高的灵敏度。和测量静态压力一样，高灵敏度压力传感器可以得到较大的输出。压力传感器灵敏度越高，在同样大的输出下，其尺寸就可以做得越小。

3）尺寸小。小尺寸压力传感器在使用时可以齐平安装，避免管腔形成，这对提高测压系统动态特性很有效。另一方面，小尺寸压力传感器内部膜片尺寸越小，膜片频率响应就会越高，测压孔也就越小，对压力源影响就越小。

4）温度特性好，耐振性强。燃烧室出现不稳定燃烧时，传感器周围的热流会成倍增加，因此要求传感器具有良好的温度特性。此外，不稳定燃烧还加剧了燃烧室振动，这就要求传感器具备较强的耐振性。

脉动压力传感器具有较高的灵敏度、高频响以及较宽的线性工作范围等特点。液体火箭发动机脉动压力测量主要采用压电式压力传感器，传感器一般采用预紧压缩的安装方式，即无外荷载时压电晶体还承受一定的压力。

（3）噪声传感器

为准确评定液体火箭发动机试验时对周围环境的影响，在试验台周围关键部位布设声学传感器，用于对发动机工作时的噪声测量，实现对液体火箭发动机试验台周围环境噪声的定量分析，以便于采取相应的措施，减少发动机试验对周围环境的影响。声压是度量声场中声波强弱最常用的物理量，通过测量发动机周围噪声声压来研究发动机工作时噪声对周围环境的影响。

噪声测量系统采用电容式声传感器，它具有体积小、成本低、结构牢固、电容量大和输出阻抗低等特点。声传感器和前置放大器一般集成一体，具有工作稳定可靠、测量结果一致性好的优点，可满足噪声测试系统使用要求。

（4）动应变传感器

常用应变传感器也称为应变片，由敏感栅、基片、覆盖层和引线等部分组成。敏感栅是应变片的核心部分，它粘贴在绝缘基片上，其上再粘贴起保护作用的覆盖层，两端焊接引出导线。金属电阻应变片敏感栅有丝式、箔式两种。其工作原理都是基于应变片发生机械变形时，其电阻值发生变化。金属丝电阻应变片（又称电阻丝应变片）出现得较早，现仍在广泛采用，其是把一根具有高电阻率的金属丝（康铜或镍铬合金等，直径 0.025 mm 左右）绕成栅形，粘贴在绝缘的基片和覆盖层之间，由引出导线接于电路上。

液体火箭发动机工作过程是高能量瞬间释放过程，发动机的结构可靠性尤为关键，需要获得发动机工作时关键重要部件的应力分布及变化情况，以便获得部件材料变形量，为部件的选材提供依据，进而深入分析发动机工作状态。目前在液体火箭发动机动应变测量过程中，常用的测量方法是在部件上粘贴应变片，通过电桥转换电路后输入采集设备，试后再通过对原始数据处理获取应变数据。在动应变测量中，对应变片的要求是既能正确地感受构件应变，又能快速地反映应变变化。构件应变是以应变波形式按一定速度传播，为了使应变片能正确地反映应变变化，应变片几何尺寸与被测应变频率之间应满足一定的关系。构件上的应变传播过程有两种形式：

1）应变波由构件表面经粘接层和基底传播到应变片敏感栅。由于应变片基底和粘接胶层很薄，应变从构件表面传递到敏感栅所需时间很短，时间常数为微秒级，可认为是立即响应，在实际测量中不予考虑。

2）应变波沿应变片栅长方向传播。由于应变片栅长对测量结果有一定影响，分析重点是在这一过程中的应变片动态响应，建立应变片栅长和最高响应频率之间的关系。

在进行动态测量时，通常是根据被测信号最高频率来合理选择应变片栅长。经常使用栅长不超过 20 mm 的应变片，对于一般机械工程中的动应变，其频率响应足够。

7.1.2　信调器与数据采集

目前动态采集系统板卡通过捕捉传感器信号并内置放大器对信号进行放大、滤波、A/D 转换、DSP 处理等。现有板卡通常为万能信号输入模块，支持信号调理类型包括：桥路、ICP、电压输入（每通道均兼容 3 种信号输入方式），并支持 TEDS。每通道 24 位 A/D 转换，最大采样率 204.8 kHz；每通道最大带宽 88 kHz；幅值精度优于±0.1%@1 kHz；输入模式电压、ICP、桥路（AC 或 DC 激励）。变送器电压输入范围：±31.6 mV～±10 V（桥路）；31.6 mV～±10 V（ICP）；共模抑制（60 Hz）：86 dB@10 V；106 dB@1 V；112 dB@≤100 mV；相位匹配优于 0.04°@1 kHz；任意通道间抗串扰优于 116 dB；无杂波本底噪声－150 dB（10 V 量程）；发动机试车中振动传感器多选用电荷信号输出，需要通过电荷放大器转换为电压信号，再输入到多功能信号采集卡。每通道均有模拟与数字抗混淆滤波器和信号增益放大器，由软件控制。试验准备过程中检查 ICP 传感器和电缆连接是否正常，进行信号过载检查、LED 测量状态检查等。

7.1.3　实时显示及数据处理

关键参数实时显示是发动机试验的重要需求，动态实时显示主要用于对信号的实时采集、处理与分析，如对时域、频域、幅值分析和数字信号滤波等。试验过程中某些重要部位动态参数（如推力室与发生器轴向振动、关键部位应变）特定频率点及该频率点上幅值变化，根据实时幅值变化量以自动或人工设定阈值判断关键组件是否存在问题或故障趋势。在实时显示中，阈值判断可以通过实时显示频谱、三维瀑布图以及色谱图来实现。

动态参数数据处理的依据为试验大纲中的要求以及试验过程中参数测量实际状况，包括：参数测量频率范围、参数类型、发动机工况时间段选取以及处理方式。主要包括全时间历程数据分析及对起动、关机和稳定工作段动态数据的细化分析。全时间历程时域 RMS 曲线、全频段及特征频段色谱图分析，给出动态数据量级及突频变化情况。起动和关机过程重点分析和比较冲击幅值的大小及波形，判断是否存在异常冲击现象，同时对起动段的数据进行瀑布图分析，确定突频发生和发展的过程。稳定工作段只需进行平均频谱分析，确定各稳定工况下振动数据量级、突频频率及对应的幅值等。

7.2 系统设计要求

液体火箭发动机试验具有高成本、高风险特点，要求试验过程中的参试设备必须可靠性高、性能稳定、技术成熟、集成度高、数据处理高效等。动态参数作为评定发动机性能、可靠性以及实时发动机故障诊断的关键参数，参数测量系统要满足以下要求：

（1）测量系统整体要求

满足分布式及工业网络标准，具备多机箱大通道同步光纤并联能力和通道扩展能力，集成度高，每个通道同时具备电荷量、电压量、ICP或电压量、动应变（四分之一、二分之一以及全桥自动配桥）的能力。

（2）传感器

具有较快的动态响应性，传感器外壳及内部材质耐高低温、腐蚀，信噪比高。同时具备固有频率较高、灵敏度较高、体积小、结构牢固、电容量大和输出阻抗较低等特点。

（3）测量电缆

测量传输电缆要考虑的因素包含阻抗匹配、屏蔽特性、接头适配及电缆的电容性等，在上述因素中，电缆分布电容指标是选择电缆的一个重要因素，电缆电容性影响高频信号的准确性传输，长电缆传输有可能导致高频信号畸变或失真。通常使用下述公式来估算电缆最高可用频率

$$F_{\max}=\frac{10^{9}(I-1)}{2\pi CV} \tag{7-1}$$

式中 $F_{\max}$ ——长线缆最高可用频率，单位为Hz；

C ——长线缆电容，单位为pF；

V ——传感器输出最大幅值，单位为V；

I ——恒流源激励电流，单位为mA。

（4）采集装置

采集装置指标：每通道独立24位A/D，动态范围一般不小于120 dB，电荷输入范围不小于100 000 pC。

准确度幅值优于0.2%@1 kHz，相位匹配优于0.2°@10 kHz，任意通道间串扰小于−90 dB。

动态采集装置还需要具备如下特征：

1）动态范围大：具有低噪声和低谐波失真率。动态范围主要由采集设备A/D位数决定，16位AD，$2^{16}=65\ 536$，最低有效位值LSB为满量程的0.001 5%。24位AD，$2^{24}=16\ 777\ 216$，最低有效位值LSB为满量程的0.000 006%。动态范围（分贝）可近似用位数乘以6来估计。

2）采样速率高：为了使信号不失真（即满足香农定理），动态信号的频响范围通常都比较高（目前动态采集设备普遍采样率均大于51.2kS/s），较高的采样速率可以使得采集设备具备较强的实时频谱分析能力，以满足动态信号实时分析功能。

（5）数据分析与处理

动态信号处理分析分时域和频域两个方面进行。液体火箭发动机试验动态参数数据处理的主要要求包括：全时间历程数据分析及对起动、关机和稳态等各工作段动态数据的细化分析；全时间历程分析通过工作全程时域曲线、RMS 曲线、全频段及特征频段色谱图等信号变化情况，从全局上反映出动态数据量级及突频随试验时序变化，起动和关机过程重点分析和比较冲击幅值大小及波形，从而判断出是否存在异常冲击现象，同时对起动段的数据进行瀑布图分析，可以确定突频发生和发展过程。稳定工作段只需进行频谱分析，确定各稳定工况下动态数据量级、突频频率及对应幅值等。

7.3 校准方法

为了保证动态参数测量结果的可靠性和准确度，试验前对传感器和测量设备进行校准。动态参数校准主要包括：灵敏度——输出量与被测振动量之间的比值；频率特性——灵敏度在所使用频率范围内随频率的变化，包括幅频特性和相频特性；幅值线性——灵敏度随幅值的变化关系；横向灵敏度——与传感器敏感主轴垂直方向灵敏度，通常用敏感主轴方向灵敏度的百分数表示。除了上述工作特性，动态参数校准的内容还包括特殊环境对传感器性能的影响，例如在被测物体产生较大应变时，传感器的基座应变灵敏度，在瞬变温度场中的温度瞬变灵敏度，在高温环境下的温度灵敏度，以及在声场、磁场中的声灵敏度、磁灵敏度等。

动态参数测量方法和原理与稳态参数不同，其校准方法也不相同。目前动态参数校准装置由于体积大、质量大、费用大等因素，在发动机试验现场未建立动态参数物理量校准装置，一般采用传感器在计量部门按照相应的国家校准规范进行检定，检定项目为传感器的灵敏度和响应频率，现场直接使用实验室校准的归一化数据；采集装置现场采用电压量校准，校准结果用于事后的数据处理。现场校准中的传感器分为标准传感器和被校准传感器两大类。标准传感器灵敏度是由国家级计量部门通过基准或推导出的物理量用绝对法校准获得，其主要用作国家级计量部门的基准与地方计量部门之间的传递，用于被校准传感器参考标准。被校准传感器用于一般动态测量，通过与标准传感器比较进行校准。

根据校准对象是传感器或整个测量系统（又称测量通道）[2]，校准又可分为传感器校准和测量系统校准两类。根据校准地点，可分为实验室校准和现场校准两类。以下主要介绍振动参数校准技术，脉动压力、动应变和噪声参数校准方法与振动参数校准类似。

7.3.1 实验室计量校准

实验室计量校准采用国家的校准规范进行校准，如采用比较法对测量传感器（如振动、脉动压力传感器）进行校准，即在同一输入信号源的激励下，通过对被校准传感器与标准传感器进行测量比较，获得被校准传感器的性能数据。下面以振动传感器校准方法为例，标准振动传感器信息一般是在国家级计量部门用绝对法校准进行量值传递。绝对法校准是基于正弦逼近法，通过激光干涉仪、数据采集系统对振动位移进行解算，得到振动的速度和加速度。对安装在振动台上的标准传感器进行测量，从而获得标准传感器灵敏度的幅值和相移。在实验室采用比较法对测量用加速度计校准时，将被校加速度计和标准加速度计背靠背地同轴安装在校准振动台上，保证两者能同时感受相同振动。通过采集装置或示波器获取两个传感器通过测量放大器的输出之比，即可由标准传感器灵敏度换算出被校准测量传感器的灵敏度，采用振动连续法或随机扫描法，获得被校准传感器灵敏度的幅频和相频等性能指标。传感器校准原理如图 7-2 所示。

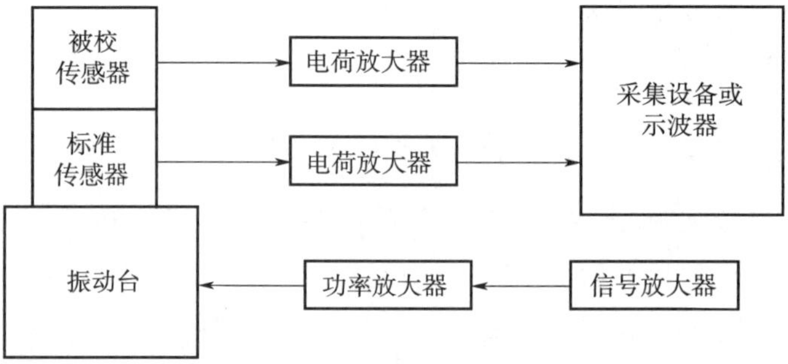

图 7-2　比较校准法框图

7.3.2　现场校准

现场校准主要指测量系统校准和包含振动传感器在内的全系统校准。

(1) 测量系统校准

系统校准原理如图 7-3 所示，系统包含测量电缆、电荷放大器和采集设备，在现场采用此方法主要是对振动和脉动压力参数的测量系统进行校准。

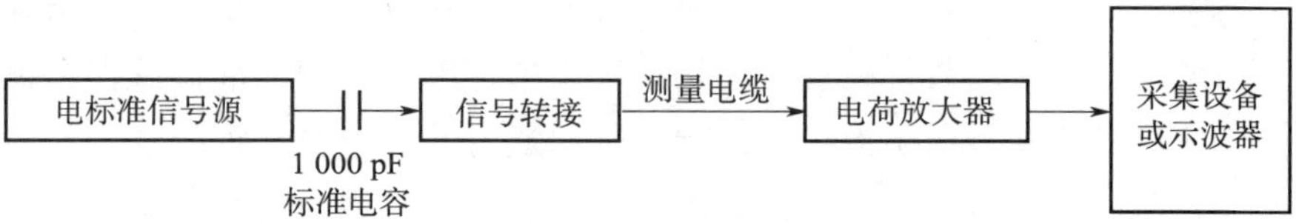

图 7-3　系统校准原理图

系统校准原理：标准信号源施加特定幅值与频率的电压信号，经 1 000 pF 标准电容把电压信号转换成电荷信号。该标准电荷信号经过测量电缆传输至采集设备，进而计算出该通道相应的校准系数 K

$$K=\frac{U_X \cdot C_X}{U_0 \cdot P_Q} \tag{7-2}$$

式中　U_X ——振动及脉动压力电压标准信号，单位为 V；

C_X ——标准串联电容，单位为 pF；

U_0——采集设备所得到的实际测量值，单位为 ms^2；

P_Q——传感器电荷灵敏度，单位为 pC/ms^2。

(2) 包含振动传感器在内的全系统校准

该校准方法的原理图如图 7-4 所示，将标准传感器和测量传感器分别点对点、背对背地安装在振动台上，使两者在任何时刻都经受同一时刻的振源激励。当受到一振源产生加速度激励 x(g 值) 时，信号分别进入标准采集系统模块和测试系统模块，根据读数软件读出 y(g 值)，对两套测试系统进行比较修正，获得修正好的系统斜率。其中，测试系统模块由测量传感器和采集系统组成。

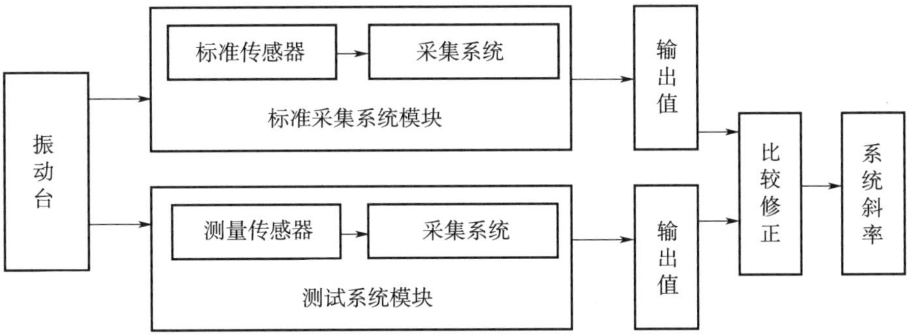

图 7-4　包含振动传感器在内的全系统校准原理图

采用振动台对包括传感器、传输电缆和采集装置的整个振动测量系统进行系统校准，可以有效地消除系统误差，克服电校法的不足，提高振动参数测量精度。由于试车系统前间振动大，校准完后需要把振动台移到后端测量间，频繁地移动会导致振动台性能下降，振动台质量大，不易挪动。这种方法适宜对振动测量系统定期进行检查校准，确保测量系统测量数值准确可靠。

7.4　动态参数测量方法

7.4.1　采集系统设置

使用动态信号分析系统时根据测量分析目的，正确选择和设置测量、分析相关参数。优先选择的参数是测量频率范围 (f_m)、频率分辨率 (Δf) 和记录长度 (T)，三者之间有一定关系。测量频率范围属于总体参数，f_m 一经选定，即随之确定抗混滤波器截止频率 f_c，以及采样频率 f_s，f_s 与 f_m 的关系一般是 $f_s=2.56f_m$。采样频率选定后可求得采样间隔 $\Delta t=1/f_s$，并由此计算出采集时间 $T=N\cdot\Delta t$ 和频率分辨率 $\Delta f=1/T$，其中 N 为采样样本点数。频率分辨率 Δf 直接影响到频域分析结果频率误差，有时需优先考虑。Δf 一经选定，采集时间 T 随之可定。若样本点数一定，频率范围随之固定。在信号长度有限的情况下（如瞬态信号），需要优先选择采集时间 T。T 选定后，频率分辨率随之确定。若采样点数 N 可选，所需频率范围也就可调。

测量模式和主要测试分析参数选定后，就可设置硬件参数和分析参数，进行动态测量。参数设置主要包括输入参数［各输入通道、各通道量程、输入模式（电荷、电压、

ICP、应变桥路）、耦合方式（交流、直流）、传感器灵敏度、各通道测点方向、工程单位、连接方式（接地、浮地）等]、触发参数（触发电平、输入触发、外触发、信号源触发、触发延迟）等。

根据动态信号输入特点，在实际进行测量时，信号中存在直流偏置（偏移量），采集系统输入耦合方式如图 7-5 所示。由于动态采集系统中放大器量程一定，当直流分量较大时，影响放大器对有用交变信号的有效放大，应采用交流耦合模式，以去除直流分量，使放大器对交变信号有足够的动态范围保障。一般数据采集系统中具有直流和交流两种耦合方式，在交流耦合模式中输入电阻和电容构成一个高通滤波器。当测量信号频率下限在 10 Hz 以上时，一般采用交流耦合模式，10 Hz 以下时宜选用直流耦合模式。

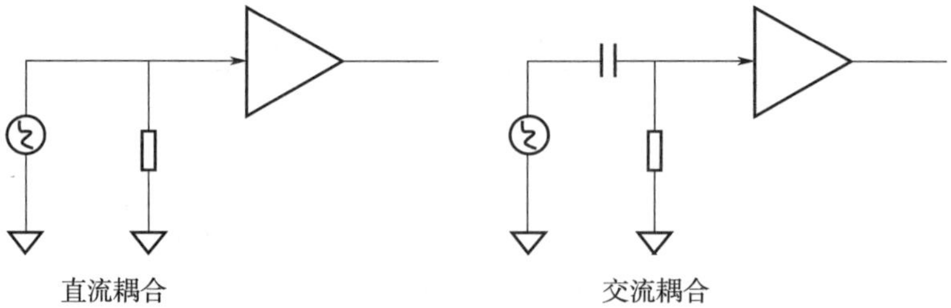

图 7-5　采集系统的耦合方式

在实际进行动态信号测量时，经常遇到信号频率下限在 10 Hz 以下，而信号中又有较大直流偏置的情况，在前置放大器的输入耦合电路中增加了一种去直流耦合模式。去直流耦合原理如图 7-6 所示，它通过数模转换（DAC）给输入端人为施加一个与输入信号中直流分量相等的直流电压，消除直流偏置。在这种耦合模式中，直流偏置量可人为设置，可根据测量信号自动设置，称为自动调整直流偏置。

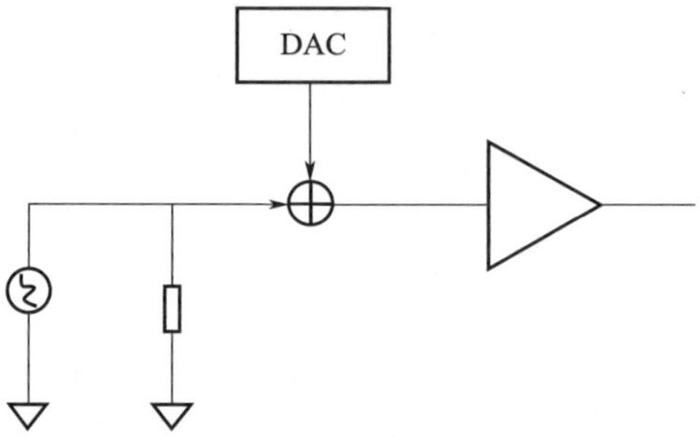

图 7-6　去直流耦合原理框图

输入信号调理器放大器的级联方式有两种：接地（单端输入）和浮地（双端输入），输入方式如图 7-7 所示。数据采集系统的前置放大器一般具有差分（双端）输入。当被测信号较强、内阻较小或连接电缆又较短时，共模干扰信号可以忽略不计，这时可将前置放大器的反向输入端接地，构成接地（单端输入）方式。当被测信号较弱、内阻较大或连接电缆较长时，为了准确地对被测信号（VS）进行数据采集，应抑制共模信号（VC）干扰，采用浮地（双端输入）连接方式。注意在浮地情况下，实际上有两条输入线、两条信号线（分别接前置放大器的正负端）和一条地线。如果采用三芯插座，其中三根线两根为输入端（浮地），一根接地。如果采用双芯插座（BNC 插头），地线通常也就是仪器的机壳。

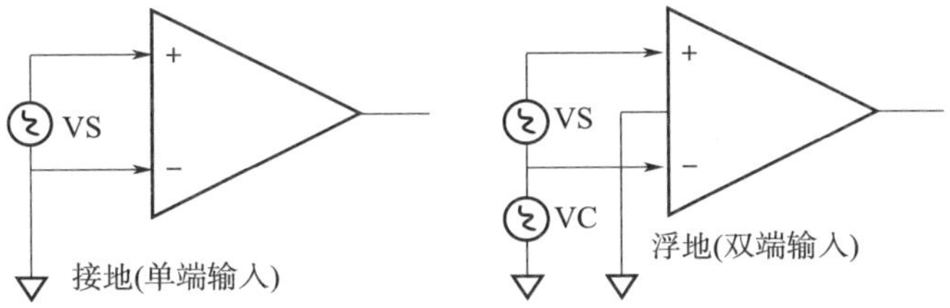

图 7-7　信号调理器的输入方式

浮地连接时，前置放大器具有对共模干扰信号的抑制能力，后者常用共模抑制比（CMRR）来描述。共模抑制比定义为：CMRR＝差模电压增益/共模电压增益，对于数据采集用前置放大器，通常要求具有 60～120 dB 的共模抑制比。

7.4.2　脉动压力测量

发动机工作过程中出现的大振动或较大脉动多数由燃烧不稳定性造成，这种不稳定对发生器、燃烧室不利，易造成发动机故障。发动机燃烧稳定性通过动态参数振荡及脉动来评估，因此要求测量发动机入口管路、推力室等关键部件的脉动压力参数。脉动压力参数一般通过在管路上直接安装脉动压力传感器来获得。

压力是表征被研究对象流体力学特性的重要参量，对于非稳态流动过程的工况而言，工质压力不是恒定的，具有动态变化特征，因此需要进行动态压力测量，以研究其流体力学特性。

脉动压力传感器是获取流场中压力信号的源头，需要合理设置安装位置。安装过程既要考虑到传感器自身性能，又要兼顾被测量流场状态。脉动压力传感器安装后与测试管路和腔体连接为一体。由于脉动压力传感器的引入，安装位置和方式对脉动压力准确测量有较大影响，但不能对被测位置的流场产生较大影响。否则导致测量结果误差较大，且对发动机正常工作不利。

传感器安装方式通常可以分为齐平安装和附加连接管安装两种方式，安装示意图如图 7-8 所示，前者是使传感器测量面与被测对象直接接触，获得其动态特性。这种方法通常建立在管道和容腔频率响应较低的前提下；后者是在几何空间不允许的条件下，借助辅助管路传递压力的安装方式，要同时兼顾管道响应、温度影响和振动影响，通过对此三方面分析与处理，使传递后的压力基本与引出处动态特性一致。

在动态压力测量中，除要保证传感器安装不对被测系统压力工作状态产生影响外，还要考虑传感器动态特性对动态压力测量的影响。典型动态压力传感器结构如图 7-9 所示，这种结构的压力传感器通常具有两个谐振频率，一个是引压腔谐振频率，另一个是压力感应膜片谐振频率。这种结构的脉动压力传感器需要注意的问题是：高频压力信号无法被引压腔抑制掉，虽然引压腔共振频率与压力感应膜片共振频率相差大，但仍然进入了引压腔并使压力感应膜片产生了共振。倘若安装方式存在问题，也会引起压力感应膜片的共振信号叠加在引压腔内部信号上，使得脉动压力信号中产生干扰信号。

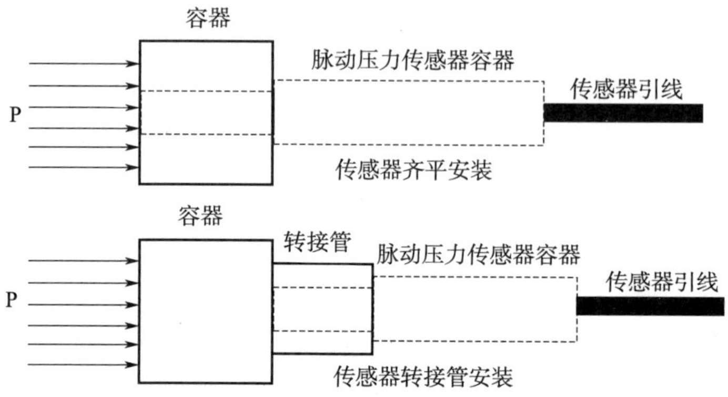

图 7-8　脉动压力的安装方式示意图

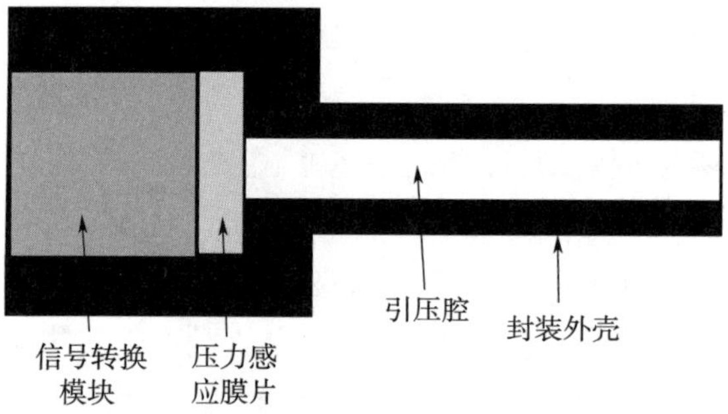

图 7-9　典型动态压力传感器结构

脉动压力在测量过程中，影响可靠性与测量准确性的因素主要涉及两个方面：一是发动机在工作过程中的振动影响，二是传感器接触的工作介质的温度影响。

（1）振动影响

发动机工作时产生轴、径、切三个方向振动，脉动压力传感器在安装时与这三个方向任意一个一致时，就会受到该方向上振动的影响。这种振动叠加到脉动压力膜片上，对脉动压力输出信号产生影响。为避免或减小振动对脉动压力传感器的影响，在脉动压力传感器附近安装一个同方向的振动传感器，利用补偿原理校正脉动压力传感器输出信号，也可选择脉动压力传感器安装方向。此外，脉动压力传感器对振动敏感性也可通过热试车检查，其方法是在同一个位置安装两个相同型号的脉动压力传感器：一个用于正常测量；另一个将压力入口封死，使其感受不到压力。比较这两个传感器输出信号，可验证振动对传感器的影响程度。

（2）温度影响

在燃烧室工作时，其内部是高温燃气，该燃气流体力学特性（即燃烧室压力变化）反映燃烧室工作稳定性。在燃烧室起动时，内部温度瞬间变化，当压电式压力传感器接触到高温燃气时，传感器输出出现正跃变信号（正负跃变信号与传感器自身结构有关），当燃烧室内部温度稳定后，信号迅速减小为负值，并逐渐回到压力稳定值，如图 7－10 所示。说明瞬变温度在压电式压力传感器壳体和基座等部件内产生了温度梯度，引起热应力传递给压电元件，产生热电输出信号突变，其表现为传感器输出信号为一个振荡信号。为了避免温度对传感器影响，通常可采用水冷却膜片、烧蚀涂层、陶瓷涂层或各种转接座连接传感器。

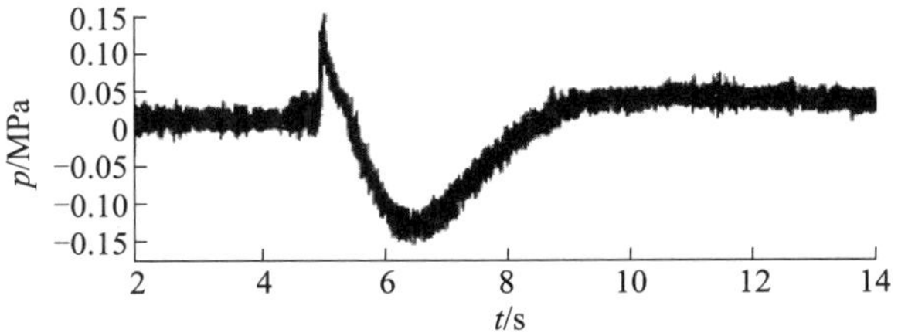

图 7－10　脉动压力传感器受瞬态温度影响曲线

7.4.3　噪声测量

噪声由振动直接产生。火箭发动机工作时，把推进剂的化学能转化为高温燃气热能，再通过喷管转换为动能，其主要部件有推力室、发生器、氧泵、燃料泵、涡轮、喷管等，工作时燃烧或旋转等方式所产生的激励振源，成为发动机振动的主要激励源。发动机振动一方面对发动机结构的可靠性产生影响；另一方面振动向外发出噪声或者将激振力、力矩传递给发动机机体，导致其他部位振动并产生机械噪声，噪声通过空气向试车台周围扩散传播。此外，噪声污染是危害人体健康的一个重要因素，研究表明，长期在噪声环境下工作和生活的人，不但听觉器官会受到损伤，而且神经系统、心血管系统、胃肠道系统会有不良反应，导致身体抵抗能力减弱、健康水平下降。高频强噪声还损伤建筑物和仪器设备，造成结构的物声疲劳。随着科学技术发展和人类社会进步以及环保意识增强，对工作和试验环境要求不断提高，发动机试验噪声抑制、治理成为发动机试验的一项重要内容。

（1）噪声测量系统组成

根据相关资料报道，液体火箭发动机高速燃气流产生的噪声，声功率约为发动机功率的 0.4%～0.8%，最大声压级可达 160～170 dB，在射流场附近甚至高达 185 dB。频谱宽，约为 20～10 000 Hz。由于火箭发动机地面试验产生的噪声具有频率范围宽、峰值频率高的特征，为了能准确获得其噪声和背景噪声的准确数据，要求噪声测试系统应具有较宽的通频带和较大的动态范围。一般噪声测试系统采用多个声传感器探测阵列，由多路一致性良好的宽带放大器对信号进行放大，用高速动态数据采集系统记录数据，其系统结构如图 7－11 所示，包括声传感器、前置放大器、记录仪和分析仪。声传感器是将声信号转换成相应电信号的换能器，是整个噪声测试系统的关键部件，声传感器的性能和质量影响系统的精度和能否正确反映被测信号的全部信息。前置放大器用于声频信号的转换和放大，放大器主要是确保接收到的信号最有效地、不失真地进行传输。因此，放大器要具有宽频带、动态范围大、非线性失真小、噪声低、稳定性能好等特点，噪声测试系统采用低噪声传输电缆。采集和分析软件能够同时进行多通道、实时、FFT、CPB、总级值等分析。

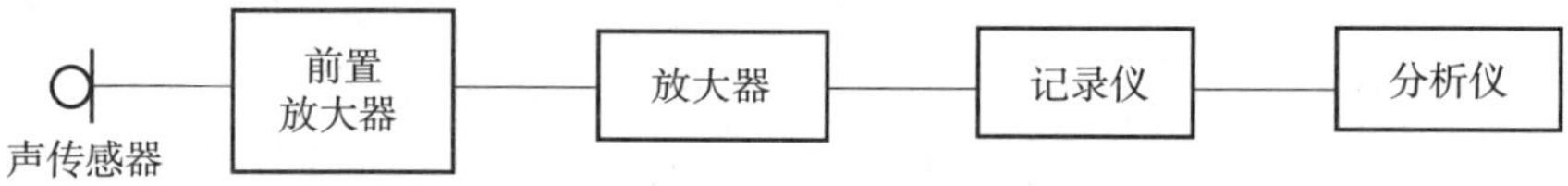

图 7-11　噪声测量系统组成框图

（2）噪声测量原理

噪声测量原理为：当振源对邻近空气介质有扰动时，产生压强波动，即声压信号，通过传声器转换成电压信号，并放大成为具有一定功率的电信号，电信号被记录后直接用分析仪进行分析。可通过具有一定频率响应的计权网络，经过检波获得以分贝定标的声压级。随着微电子技术的发展，传声器、前置放大器、放大器能够高度集成，使得噪声传感器体积越来越小，性能越来越好，可靠性大幅度提高。

噪声大小用声压级强度表示，声压级大小与测点离声源距离以及周围环境密切相关。因此，声压测量结果受许多因素影响，主要影响因素为：测点位置选择、测试环境声学特性等。噪声声压测量中传声器与发动机噪声源的相对位置对测量结果有较大影响。由于液体火箭发动机工作时噪声大，考虑到传感器固定和试验后消防等原因，测点宜取在离发动机喷管大于 5 m 处。同时，测点应在所测发动机四周均匀分布，一般不少于 6 点，如相邻测点测出的声压级相差 10 dB 以上，应在这两个测点之间增加测点，将各测点的算术平均值作为发动机声压级。为研究发动机噪声对操作人员的影响，需测量测控间的噪声，应把测点选在操作员岗位附近，传声器放置高度以人耳高度为参考。其他测点选择工作台、观察窗等位置，合理布置噪声声压测点位置，是获得可靠噪声声压测量值的关键。

（3）噪声测量系统校准

在进行噪声测量时，采用标准为 94 dB 的声学发生器，在测量前对声学测量系统进行标定，并将信号输入记录仪中进行记录，以此作为数据处理的依据。实际在测量发动机周围环境的过程中，前置放大器增益的变化和调整影响测量结果的准确性。进行现场标定是提高测量准确性的有效途径。现场校准方法如下：

1）含传感器在内的全系统校准，一般在试车当天进行。用声级校准器在已知频率上产生已知声压级的正弦波噪声信号对测量系统的总灵敏度进行校准和检查，校准按照国家标准和有关技术规定进行。

2）在校准过程中，校准值变化不大于 0.5 dB，认为系统的设备性能稳定。校准值的任何变化，都要对试验中获得的噪声数据进行修正。

3）进行试验前对每一台噪声测量设备，包括声级校准器、传声器和电压输入装置等设备完成性能校准分析，保证声级校准器的误差范围在－0.2～0.2 dB。

4）外界噪声，包括测量系统的背景噪声与电噪声，试验当天用噪声测量系统适时记录至少 10 s。外界噪声应代表发动机试验运行期间存在的背景噪声。为了获得比较准确的噪声测量数据，对背景噪声进行修正处理。

（4）噪声声压计算方法

现实中声音往往是若干声源发出的含有许多频率成分的声波，各个声源所发出的声波各自在同一媒质中独立传播，但是在各波交叠的区域，媒质质点的振动将由各个波在该点所激励的振动叠加而成，此时在该点某一瞬时的声压值，满足叠加原理，即以 n 个倍频带声压级叠加后总声压级 L_{pT} 满足如下公式

$$L_{pT} = 10\lg\left(\sum_{i=1}^{n} 10^{0.1L_{pi}}\right) \tag{7-3}$$

式中　L_{pT} ——总声压级；

L_{pi} ——声源 i 所产生的声压级。

由此公式求出总声压级为 L_{pT} 和两个声波中的某一个声波的声压级 L_{p1}，求出另一个声波的声压级，公式如下

$$L_{p2} = 10\lg\left(10^{0.1L_{pT}} - 10^{0.1L_{p1}}\right) \tag{7-4}$$

（5）噪声倍频程表示方法

测量中噪声信号用压力表示，在数据处理时对所测量的噪声时间历程进行频谱分析、1/3 倍频程处理和 A 声级计算。噪声时间历程图反映噪声的声压级随时间变化规律，同时通过对噪声频谱分析确定哪些频率为该噪声信号的主要分量，并得到噪声的能量分布规律，为采取控制措施、减小噪声提供理论依据。另一方面，噪声频谱分析时一般不需要每一频率上的声能量详细分布，常在连续的频率范围内把它划分为若干个相等的小段，每段称频带或频程。最常用的频带划分是恒定百分比带宽，认为在每频带内声能量均匀。由于人耳对不同频率的声音进行比较时，有明显意义的是两个频率的比值，噪声测量和频谱分析常用的恒定百分比带宽是 1/3 倍频程，声压倍频程处理结果如图 7－12 所示。

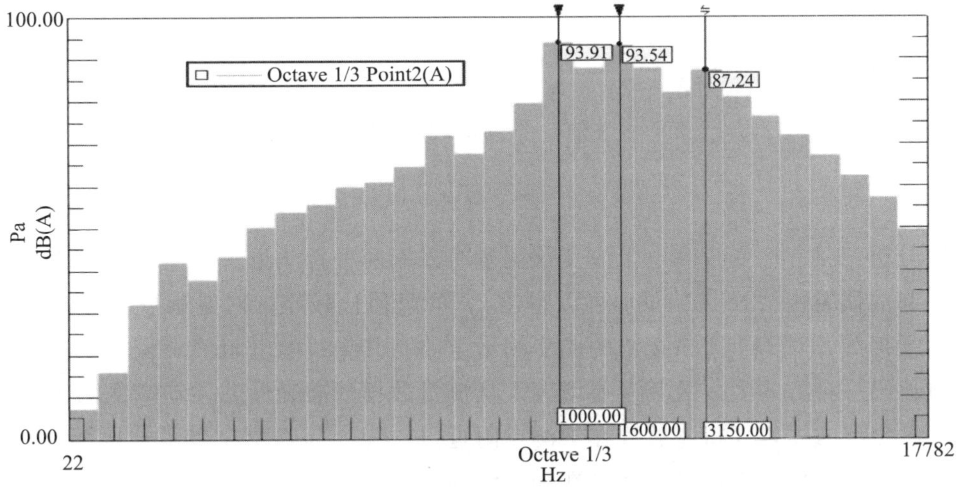

图 7－12　声压倍频程处理结果

7.4.4 动应变测量

动应变测量是发动机试验中的一个重要组成部分，及时、准确地掌握发动机被测部件动应力变化，分析动应力变化特征，掌握系统结构振动特性和振动规律，为发动机性能及可靠性提高提供科学数据。动应变测量系统组成如图 7－13 所示。

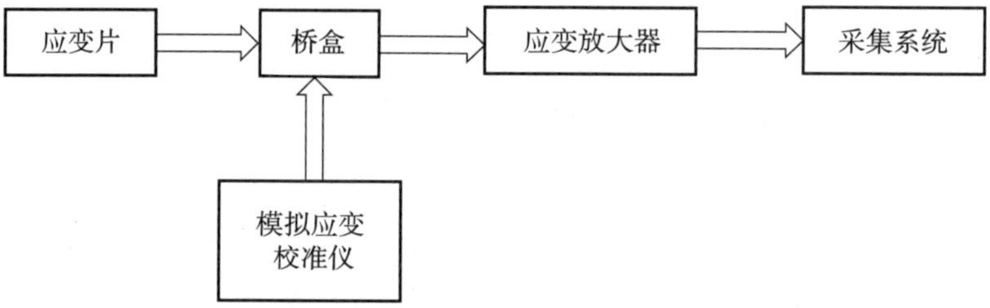

图 7－13 动应变测量系统组成框图

动应变测量系统测量原理为：测点部位的材料发生形变作用于应变片，引起应变片阻值变化，由电桥变换电路转化为电压量变化，经应变放大器放大、滤波，采集系统进行记录和试后数据处理。使用模拟应变校准仪对测量系统进行系统校准，采用端点法拟合应变值与测量系统输出电压值的斜率，用于试车数据处理。

发动机试验中应变测量方式有两种：一种是外接桥盒放置在发动机附近，信号通过传输电缆、应变放大器后进行采集记录；另一种为集成式应变采集系统，桥路和记录系统集成在一起，通过传输电缆与应变片相连接。两种测量方式的不同在于应变片到桥盒之间的电缆长度不同，带外接桥盒的电缆长度比较短。

实际测量中，出于设备安全性考虑，应变测量仪离发动机较远，用电缆连接应变片和应变仪，电缆较长时电阻与应变片电阻相比不可忽略，影响测量结果准确性。假设连接应变片的电缆电阻为 r（设应变片的阻值为 R）， 对于 1/4 桥接法的应变测量电路，其实际测量的应变值为

$$\varepsilon_{\text{fact}}=\frac{1}{K_c}\cdot\frac{VR}{R+2r}=\frac{1}{K_c}\cdot\frac{VR}{R}\cdot\frac{R}{R+2r}=\varepsilon_{\text{theory}}\cdot\frac{R}{R+2r} \tag{7-5}$$

导线的接入降低了灵敏系数 K_c 值，计算可得所带来的灵敏度系数误差为

$$e_r=\frac{2r}{R} \tag{7-6}$$

误差分析：目前应变片和电阻应变仪测量时采用两种接线方式。一种是前端接线，导线电阻引起的误差由公式（7－6）可以得出，r 的阻值比较小，对灵敏度的影响较小。另一种是后端接线，对于 1/4 桥接法的应变测量电路，其导线的电阻值 r 偏大，对灵敏度系数的影响比第一种方式大，故其误差增大。从测量数据的准确性上，动应变测量系统建议采用第一种接线方式，即桥盒放置在被测点附近。

由于液体火箭发动机试验的特殊性和危险性，采集系统一般放置在后端测量间，测量系统与发动机的动应变测点间采用长线电缆实现信号传输。应变信号的数值很小（电桥的

输出电压通常为毫伏级)，当外界电磁场变化时，会受到电磁干扰。应变放大器和记录仪使用交流市电电源供电，容易造成 50 Hz 工频干扰。另一方面，当主电缆中的信号线和供桥电压线之间存在漏电容时，就可能在测量导线中产生静电干扰。对应变仪造成的干扰通过长距离电缆引入，在测量电缆附近，有较长的与其平行的其他信号传输时，传输线中的信号将耦合到应变仪，从而形成干扰电压。应变测量中传输电缆带有屏蔽，屏蔽接地后，屏蔽线上的感应电流干扰减小。

为了解决电磁干扰和静电干扰对测量信号的影响，选用特制的低噪声电缆（电缆的芯线与绝缘体之间以及绝缘体与屏蔽套之间加入了石墨层，以减小相互摩擦)，测量主电缆采用六芯双屏蔽电缆，内部两根信号线双绞且有单独屏蔽，电源线也采用双绞形式，且电缆外部再加金属织网屏蔽套层，有效消除电磁和静电引入的干扰。由于磁场强度与距离成反比，电源线与测量导线的耦合电容随距离的加大而减小，增大测量导线与干扰源的距离，将应变放大器放置在后端测量间，用长距离六芯屏蔽电缆与试车台前间的桥盒连接，有效减小电磁干扰和静电干扰。

在较强的磁场情况下进行试验时，仅靠电缆本身的屏蔽作用还不够，需另外增加屏蔽体进行屏蔽。测量导线防干扰如图 7－14 所示。

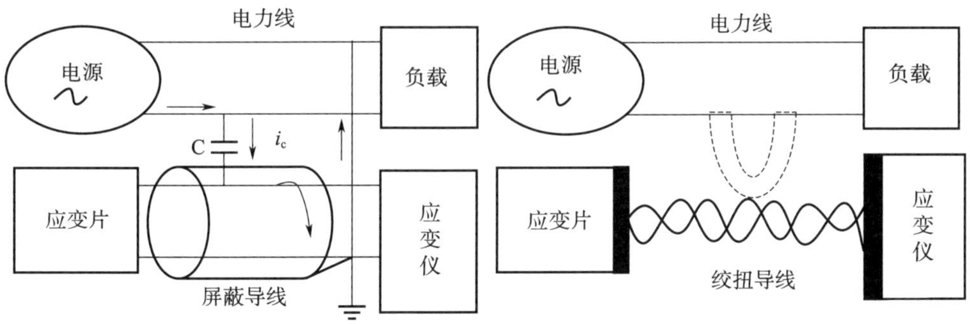

(a) 测量导线金属屏蔽套防静电干扰　(b) 测量导线绞扭防电磁干扰

图 7－14　测量导线防干扰

由于双绞线中导线的电阻、电感均相同，导线的感应电流也相同，感应电势极性取决于磁场与线环的关系，双绞线中的电磁感应如图 7－15 所示。干扰引起的感应电流在相邻绞线回路的同一根导线上方向相反，从而相互抵消，使干扰得到抑制。

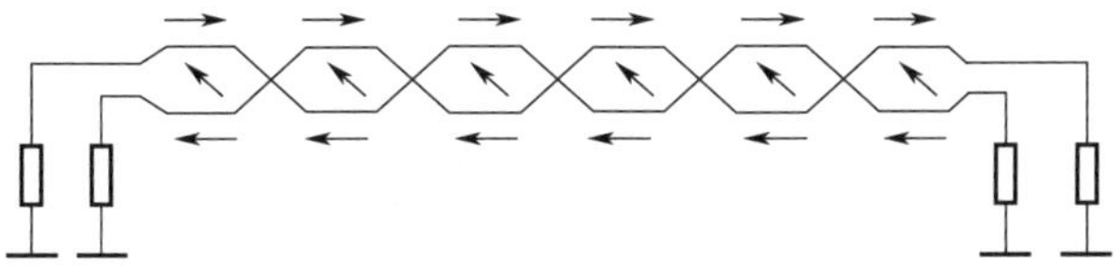

图 7－15　双绞线中的电磁感应

为了提高动应变测量系统的抗干扰特性，采集系统设置 AC 耦合，抑制直流干扰信号引入的零点漂移。为消除地电位差带来的不利影响，应变放大器、采集系统的外壳及后端供电电源地线浮空。整个应变测量系统只在前端桥盒处一点接地，有效地消除了地电位差带来的干扰。

7.4.5 振动传感器安装流程

根据被测部位振动最大振幅、工作频率范围，选择相对应量程、频响范围的传感器。一般传感器谐振频率至少为工作频率范围的 3 倍以上，满足被测部位温度范围。灵敏度是加速度传感器最重要的特性指标，理论上加速度传感器灵敏度越大越好，但灵敏度越大，压电元件叠层越厚，导致传感器自身谐振频率下降，影响测量频率范围，且灵敏度大的压电加速度传感器自身质量大，不利于轻小试件振动测量。

传感器作为测试系统中信息转换的初始环节，其转换性能将直接影响到整个测试系统的工作可靠性和测试精度。为了保证在试验过程中振动传感器具有良好的性能及可靠性，振动传感器安装流程及检查方法如图 7 - 16 所示。

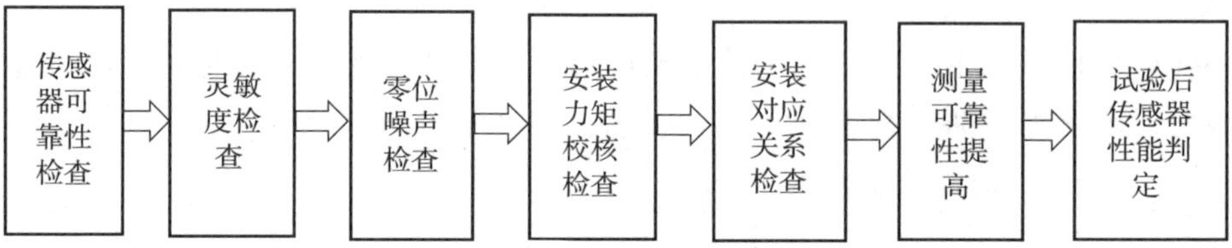

图 7 - 16　传感器安装流程图

（1）可靠性检查

选择试验传感器时，先查看传感器使用档案记录，优先选择无异常输出传感器；对选中传感器连接上测量电缆进行敲击，并在采集设备上观察其波形，若波形正常，此传感器可用。振动传感器敲击振荡波形如图 7 - 17 所示。

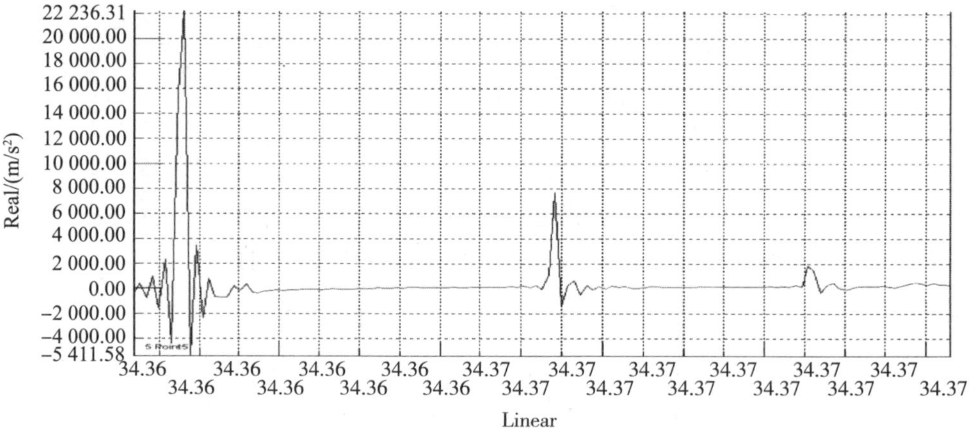

图 7 - 17　振动传感器敲击振荡波形

振荡波形信号基本特征为：其振荡波形接近于一个衰减的指数函数，包含一个明显的冲击大波峰和几个衰减下来的冲击小波峰，且波形持续时间为 10 ms 左右。

（2）灵敏度检查

振动传感器检定规程规定周期一年，在有效期内传感器灵敏度是否发生变化，或变化多少不知道，每次使用时仍采用计量校准灵敏度，给测量精度和可靠性带来不确定因素。为保证测量可靠性和精度，需对振动传感器在试验现场进行灵敏度检查。

每次试验前或后，在同一测振块上把需要进行灵敏度确认的传感器和标准传感器，按照背靠背方式固定，并接入动态采集设备，在采集设备中输入标准传感器灵敏度系数，被校传感器系数设为1，进行敲击检查并记录冲击波形。若此时标准传感器冲击幅值为 U_b，被校准传感器冲击幅值为 U_x， 灵敏度敲击检查波形如图7－18所示。

在同一振源驱动下，传感器输出量与振动加速度成正比，在传感器有效线性范围内，满足下述公式

$$K=\frac{U_x}{U_b}\cdot K_1 \tag{7-7}$$

式中　K ——被校传感器灵敏度；

K_1——标准传感器灵敏度；

U_x ——被校传感器输出值；

U_b ——标准传感器输出值。

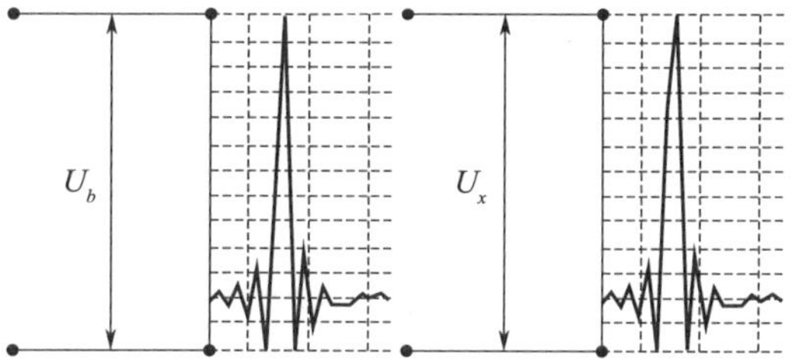

图7－18　传感器灵敏度敲击检查波形图

通过式（7－7）计算待确认的传感器灵敏度，把该值与校验证书所得到的灵敏度进行对比，理论上两者数值应该相等或接近（小于3%误差）。倘若偏差较大，需再次确认传感器灵敏度是否发生变化。如果发生明显变化，传感器需重新计量校准。

（3）传感器零位噪声检查

传感器安装、连接测量电缆后，通过采集系统观察其零位噪声。若测量值在规定的范围内，则证明此传感器可用，否则更换传感器。安装完成、敲击检查波形正常，确认传感器零位与噪声检查通过。

（4）安装力矩校核

大型液体火箭发动机试验，安装振动传感器的测振块通常焊接在被测部件上，试验过程中不会脱落。没有焊接测振块的测点，需要用专用胶粘到被测部件上。振动传感器与测振块通过螺杆连接，螺杆连接的强度与测振块的材料、几何形状等相关，如图7－19所示。

螺杆连接的力矩公式

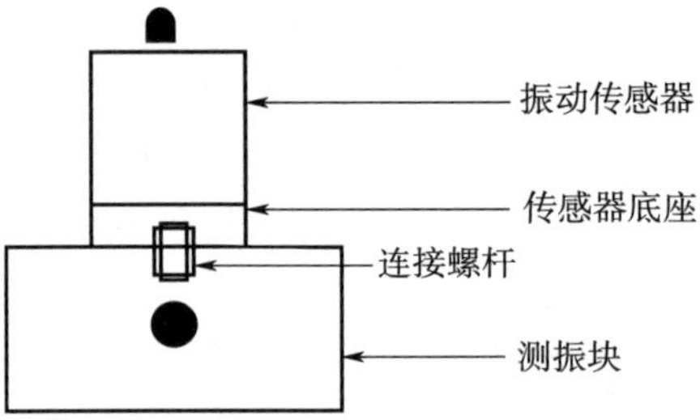

图 7-19　振动传感器螺杆连接示意图

$$F_L = k \cdot f \cdot D \tag{7-8}$$

式中　F_L ——拧紧力矩；

k ——拧紧力矩系数；

f ——螺杆预紧力，单位为 N；

D ——螺纹公称直径，单位为 m。

通过选择传感器自带螺杆连接材料及螺纹公称直径，就可以计算出传感器安装力矩大小，保证测振块与传感器可靠连接。

（5）对应通道正确性检查

传感器安装后对各测振块进行敲击检查，确认各传感器通道是否正确。在实际操作过程中，部分振动传感器安装部位比较狭小，通过读取传感器上的标识信息进行通道正确性检查有困难。多数情况下某些重要参数测振块上多达五个测点（分别为轴向、径向和切向以及低频轴向和低频切向）。当敲击测振块时，五个测点波形均会产生冲击波形，仅从波形判断，无法识别各方向传感器安装及连接的正确性，影响试验测量结果的正确性。

针对以上不足，对振动传感器通道对应检查采用如下改进工艺方法：采用不同色标（或不同颜色集束电缆）活动引线与振动传感器进行标注，在安装时区别出轴、径、切三个方向振动传感器和低频振动参数类型（图 7-20）。通过活动线缆标号和颜色以及使用不同颜色在传感器上标注色环标识实现一一对应关系，解决传感器安装后在发动机上难以检查的不足，避免在测点较多的情况下引线安装错位。

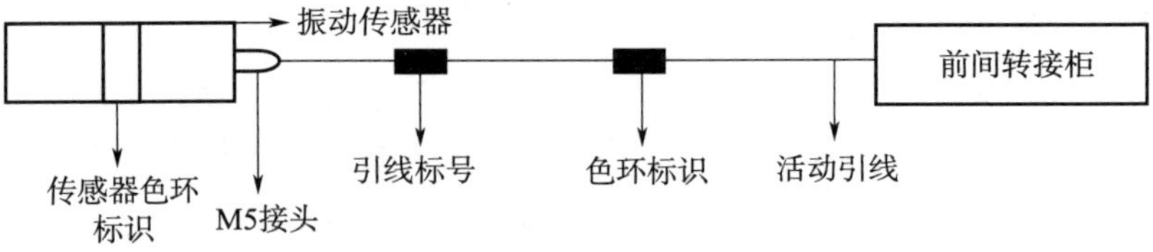

图 7-20　传感器对应关系检查图

（6）可靠性提高

关键部位振动测点采用背靠背方式冗余安装进行测量，避免在试验过程中因传感器失效而导致该测点参数无法获得的问题。

（7）试后性能判定

1）试验结束后对振动数据进行分析，判断传感器是否损坏或脱落。

2）通过振动数据波形判断试车过程中传感器是否出现松动现象。

7.4.6　可靠性分析

动态参数测量系统出现问题或故障后，如何正确、快速解决问题或快速判断故障原因？建立合理的故障树是解决这一问题的有效手段。根据动态系统的结构以及自身特点，按以下流程进行故障判断和问题查找，如图 7-21 所示。

针对振动参数测量系统中常见的四类故障，制定相应故障排查方案：

（1）传感器故障

常见传感器故障主要有以下四种：

1）无信号输出：先对测量电缆进行导通绝缘检查，绝缘电阻值应该大于 200 MΩ。若正常，再考虑传感器是否有故障。方法是拿力锤对振动传感器进行敲击，观察采集系统是否有衰减振荡波形输出，通常冲击幅值会达到 10 000 m/s^2 以上，说明传感器连接正常。若无衰减振荡波形输出，则考虑传感器损坏，并重新进行确认和检查。

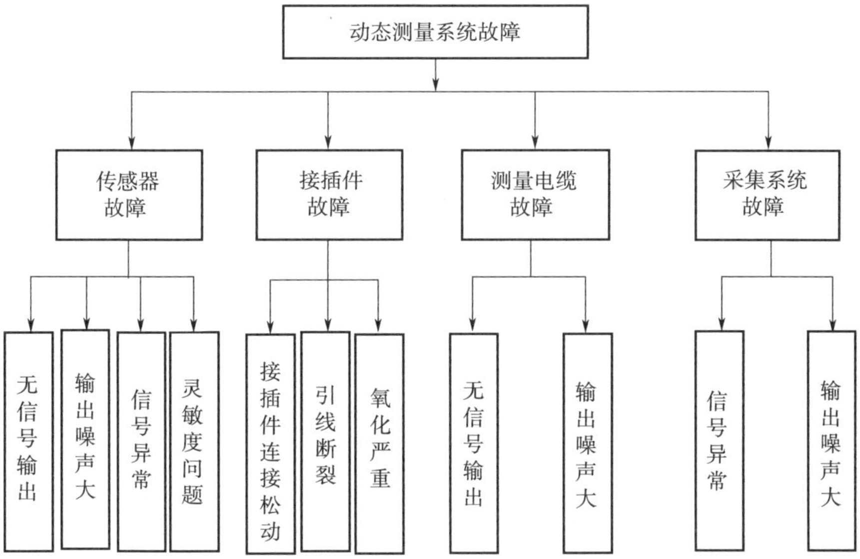

图 7-21　动态测量系统故障树

2）输出噪声大：如果输出噪声大，考虑传感器多次使用后，内部结构损坏或者接触不良，此时更换传感器即可。

3）信号异常：当引线与传感器未能牢靠连接时，会因接触不良而导致输出信号异常（如零位较大）。需在安装或粘贴传感器时重新检查传感器连接情况，并观察其外观有无损伤。

4）灵敏度问题：灵敏度问题主要表现在灵敏度低和灵敏度偏差大两方面。

a）灵敏度低：如果传感器在发动机试验后有淋过水现象，需将传感器在其使用温度范围内烘干，灵敏度基本可以恢复。

b）灵敏度偏差大：因温度升高，部分传感器灵敏度偏差较大，采用耐高温且温度响应系数小的传感器可以解决该问题。

（2）接插件故障

1）接插件连接松动：测量系统转接环节较多，可能出现接插件松动，此时依次手动检查每个测点通路上接插件的紧固情况，并做好相关记录。

2）引线断裂：用万用表检查对应通道引线的导通情况，并做好相关记录。

3）氧化严重：依次打开每个接插件，检查插头插针和接座部分表面情况，如有氧化，则用砂纸进行打磨，将氧化膜打磨干净。

（3）测量电缆故障

1）无信号输出：用万用表对测量电缆导通检查，并测量其电阻，确保其符合相应的技术要求，并做好相关对比记录。

2）输出噪声大：用绝缘电阻表对电缆进行绝缘性检查，阻值应大于 200 MΩ。

（4）采集系统故障

1）输出噪声大：测量系统多采用单点接地方式。避免测量系统多点接地或对地绝缘或接地混用。如果测量电缆前后两端接地，形成接地回路，测量信号出现干扰。一般先检查采集装置接地情况，调整其接地方式后再检查系统噪声。若测量通道系统噪声仍然较大，则更换测量通道。

2）信号异常：造成信号异常的主要原因有以下两方面：

a）检查系数是否错误：重新校验系数或重新设置状态。对于采集系统各项设置，按照试验任务大纲要求填写，相关岗位人员进行检查。对综合测试结果进行分析，判断各参数关系是否协调一致。

b）检查通道对应性是否错误：检查整个通道状态或更换通道。脱开传感器的接插件，观察后端采集设备上是否有相应波形变化，若有，则说明通道设置正确。

7.4.7 实时监测

发动机试验中的故障呈现多样化特征，如组件工作不匹配、泵气蚀、燃烧室燃气温度超调、起动能量不足、推进剂泄漏等，这些故障的出现往往伴随着发动机大振动现象的发生。大多数试验故障均与发动机推力室轴向振动有关，推力室存在大振动问题，在地面试验或飞行中会造成发动机主要组件损坏，导致试验失败、试验成本和研制周期增加。根据某大推力液体火箭发动机研制历程，推力室轴向振动特征分频幅值超过 $20g$，且频率为推力室轴向主导频率，即认为出现了大振动问题。实践经验表明，推力室振动特征分频幅值在 $10g$ 以下，且突频不是推力室轴向主导频率，认为是正常的。推力室轴向振动特征分频幅值在（15～20）g 之间，认为振动介于正常状态与大振动状态之间，发动机出现故障可能性增大，应引起重视。大于 $20g$ 的大振动状态下振动特征分频幅值持续时间较长，易导致发动机的薄弱环节出现疲劳损坏，影响发动机的正常工作。为了及时掌握发动机状态，在发动机试验过程中有必要进行振动参数的实时监测和判断。

发动机产生大振动的主要原因是发动机推力室不稳定燃烧或发动机的固有频率与工作时主导频率耦合，引起发动机某部位或整机共振。为了准确、有效地掌握发动机工作过程中大振动状态的发生，实时监测推力室轴向突频幅值。一般情况下，试验过程推力室轴向振动主导频率在一个较小范围内不断变化，变化原因在于推力室的燃烧频率并不能保持一个恒定频率，燃烧频率会在一个较小范围内波动并保持稳定。燃烧效果以燃烧振荡幅值形式表现，突频幅值较大说明推力室内部燃烧效果不理想，突频幅值较小说明推力室内部燃烧效果稳定，推力室工作正常。突频历程图分析法就是依据上述原理，通过设定特定频率范围，监测该频率范围内突频最大值，并把该最大值与所生成频谱时间对应起来，形成最大突频幅值与时间对应关系二维曲线，通过实时曲线变化反映推力室轴向主导频率幅值实时变化情况，为大振动状态实时监测提供了图形化监测工具。

大振动实时监测系统架构围绕大振动产生机理，在试验过程中重点关注和监测发动机振源产生部位（如推力室、发生器、泵系统），同时依据多种特征参数进行实时算法分析，实现发动机试验过程中对大振动实时监测与评估。大振动监测机理如图 7 - 22 所示。

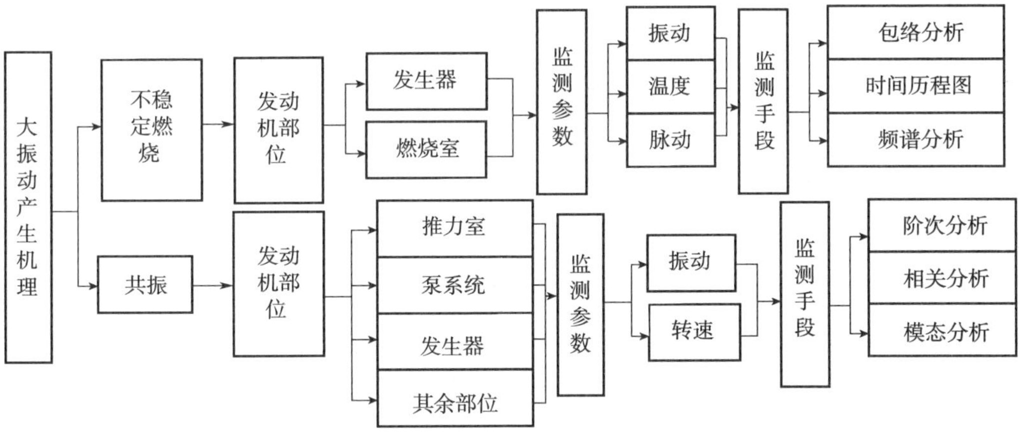

图 7 - 22　大振动监测机理图

大振动实时监测系统主要由传感器、测量电缆、数据采集系统、采集计算机、数据采集显示系统、大振动采集处理系统、大振动显示系统等几部分组成。系统结构组成如图 7 - 23 所示。

图 7 - 23 中相关特征参数和其他测量参数信号经过测量电缆进入数据采集系统，该采集系统记录了发动机所有参数，从采集系统的同步信号复记模块中提取出相关特征参数，输入到专用采集处理系统，在该采集处理系统中对信号进行包络分析、频谱分析等，并把分析结果以曲线和数值方式显示，并传输到大振动显示系统供指挥员进行判断。数据采集系统同步记录所有参数信号并实时存盘，实时显示重点关注参数时域波形。大振动监测参数由采集处理系统进行分析，减小了数据采集系统工作负荷，增强了数据采集系统的可

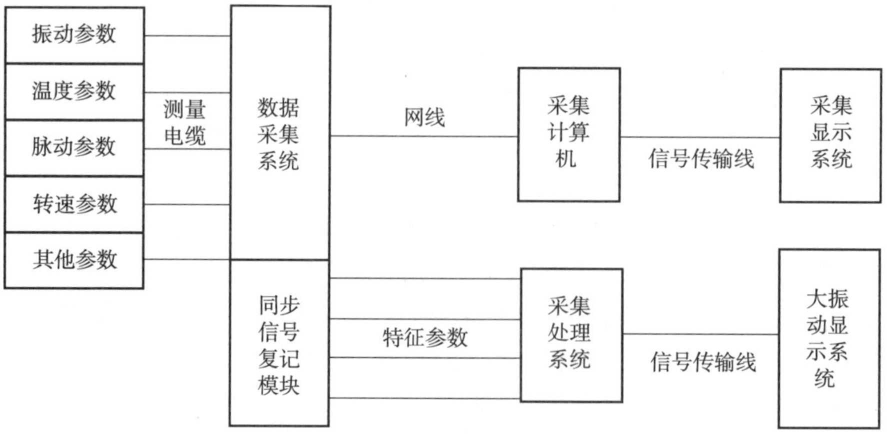

图 7-23　大振动实时监测系统结构组成图

靠性。

大振动突频监测系统是大振动实时监测的核心，其主要原理如下：发动机在工作时都存在一个主导频率，由于某些原因致使发动机部件工作频率与主导频率吻合时或发生不稳定燃烧时，导致大振动产生。在试验过程中实时监测发动机主导频率变化及该频率对应幅值变化，通过幅值的实时变化量与预先设定阈值判断是否发生大振动。在实时显示中，阈值判断还可以通过实时显示频谱、三维瀑布图以及色谱图来实现。大振动突频实时监测原理如图 7-24 所示。

图 7-24　大振动突频实时监测原理

大振动实时监测系统提供多种实时显示分析手段，以评价发动机工作过程中振动状态，主要方法如下：

1）时域分析：选择分析时长，显示选中通道时域特征值，包括实时值、最大值、最小值、RMS 值、峰峰值等；

2）包络分析：对信号进行包络分析，根据试验数据时长自适应设置缩放因子，绘制整个试验过程数据包络曲线；

3）频谱分析：可以设定信号频谱带宽、谱线数、加窗类型、平均次数、平均时间等，实时显示信号自谱图；

4）突频历程图分析：设定频谱间隔频率段，分析频率段内最大频谱峰值的历程图；

5）RMS 图分析：依据频谱实时显示谱图，计算出 RMS 值，并依据实时频谱显示时间间隔，实时绘制出 RMS 图。

7.5　数据处理

动态参数（指脉动压力、振动、动应变等）的特点是信号变化快，频响高，滤掉稳态成分，保留动态成分，不仅要进行时域处理分析，还要把信号的幅值、相位或能量变换以频率坐标轴表示，分析其频率特性，即频谱分析。动态信号参数分析在发动机性能分析和故障分析中与缓变参数起着同样重要的作用。

动态数据分析的目的是分析发动机脉动、高低频振动、动应变等信号在时域与频域中的变化规律与特征，并根据结果分析发动机真实工作过程，判断故障原因。

动态采集设备推荐使用 LMS. Scadas，数据分析软件推荐使用 LMS. TestLab 最新版本。数据处理参数设置见表 7-1。

表 7-1　数据处理参数设置

参数内容	液氧煤油发动机	常规一、二级发动机		液氧液氢发动机	姿控发动机
		试验	飞行		
分析带宽	5 Hz～最高采样速率				
谱函数	线性自谱	线性自谱	线性自谱	线性自谱	线性自谱
窗函数	汉宁窗	汉宁窗	汉宁窗	汉宁窗	汉宁窗
平均方式	线性平均	线性平均	线性平均	线性平均	线性平均
幅值模式	RMS	RMS	RMS	RMS	RMS
频率分辨率	1 Hz	1 Hz	1 Hz(或 3.125 Hz)	0.76 Hz	1 Hz
时间步长	1 s	1 s	1 s(或 0.32 s)	0.6 s	1 s
重叠率	0	0	0	0	0

7.5.1　数据处理要求

试验大纲中对动态参数的数据处理要求包含以下几个方面：

1）参数测量的频率范围：大型发动机振动频率范围：200～5 000 Hz 或 200～10 000 Hz；低频振动频率范围：0.5～200 Hz，姿轨控发动机一般为 10～51.2 kHz；

2）全时间历程数据分析及对起动、关机和稳定工作等各阶段动态数据的细化分析；

3）试验全程时域 RMS 曲线、全频段及特征频段色谱图；

4）从全局给出动态参数数据量级及突频随试验时序的变化规律；

5）起动和关机过程重点分析和比较冲击幅值大小及波形，判断是否存在异常冲击现象；

6）对起动段的数据进行瀑布图分析，确定突频发生和发展的过程；

7）对稳定工作段进行平均频谱分析，确定各稳定工况下振动数据量级、突频频率及对应幅值等。

7.5.2　数据处理流程

对动态信号进行数据分析时，由于动态信号采样速率高、信号变化快，需要把其分成时域和频域两个方面进行分析。时域反映信号是否过载、开路、冲击幅值大小和持续时间、波形变化趋势、是否有延迟以及零位变化情况等；频域能反映信号突频频率和对应突频幅值、主频、频率分布情况、频率能量分布情况等。在对信号进行分析时，为了更好地把握信号特征，对信号进行分段分析。通常把一个信号按照发动机工作的起动段、工作段、关机段进行分析。起动段和关机段伴随有较明显的冲击信号，通过对冲击信号进行冲击强度和持续时间分析，结合发动机起动段或关机段其他动态参数相关分析，能反映出发动机实际工作状态和性能。发动机试验动态信号数据处理流程如图 7 - 25 所示。数据预处理主要包括数据有效性判读和数据截断。

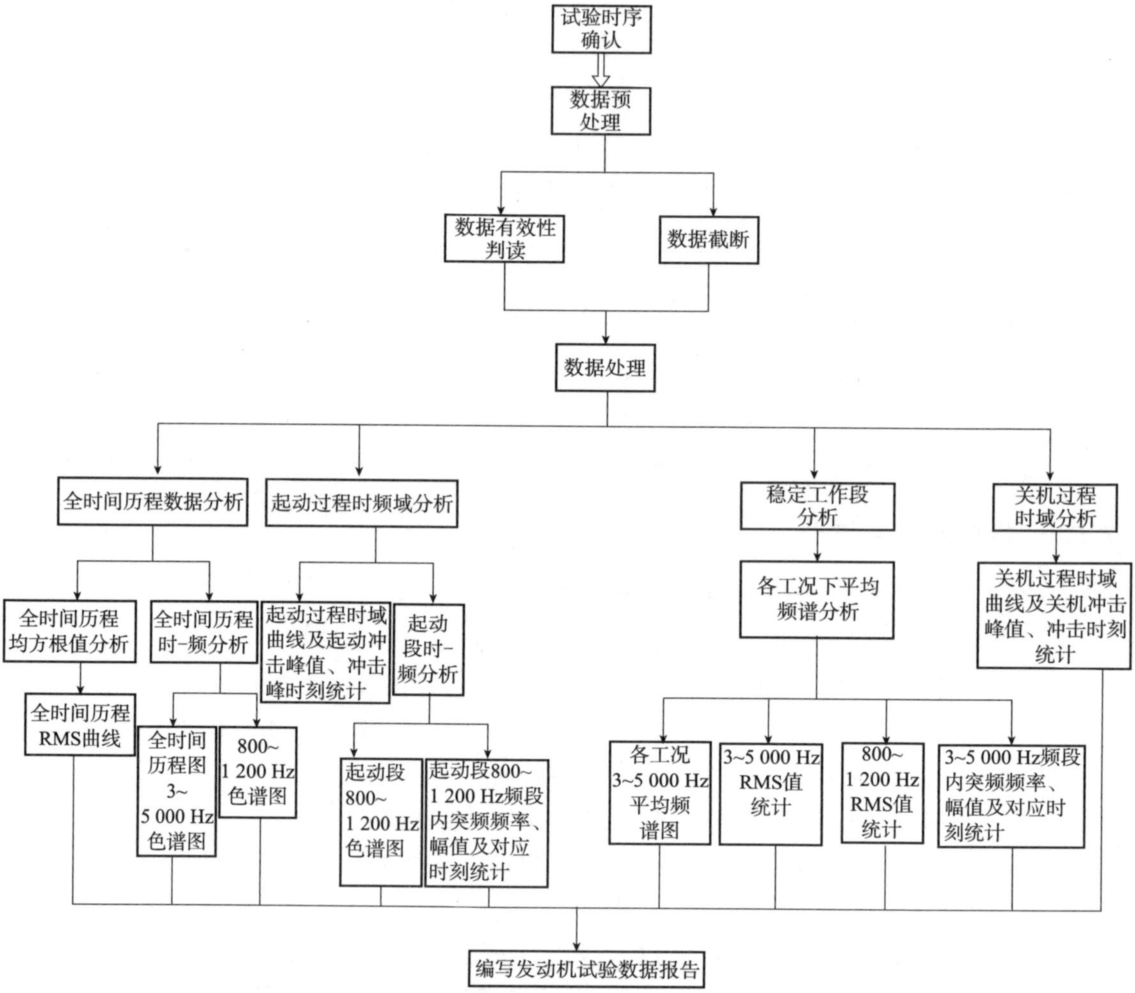

图 7 - 25　动态数据处理流程图

(1) 数据有效性判读

在动态信号数据分析软件窗口中观测全程时域数据曲线，必要时进行数据局部放大，查看时域数据有无削波现象，或者由于连接环节局部接触不良、松脱、传感器损坏等故障所导致信号量级大范围突跳或中断等异常现象，判断数据真伪及干扰程度，确认测试数据有效性。

(2) 数据截断

采集时域数据起动时刻与发动机工作时序有时并不一致，在进行数据处理和分析前，需对实际数据进行截断处理，截去与发动机工作时序无关的多余数据，使与发动机相关的各系统具有统一时间基准，便于将发动机工作时序、状态变化、缓变数据、动态数据的变化等进行对比分析。

① 数据截断方法

在发动机地面热试验过程中，需采集多种试验数据，包括控制参数、试验台状态监测参数、缓变参数（压力、温度、流量等）及动态参数（振动、脉动、应变等），这些试验数据可能采用不同的采集和分析软件，各自独立。通过“时统”信号联系起来，由试验控制台发出同步传送至试验相关各系统。“时统”信号上升沿为试验时序的起动零点、下降沿为发动机关机时刻。一般截取发动机起动前 2 s 至关机后 2 s 数据进行分析。

② 数据截断精度

试验台控制时序最少精确到 ms 量级，数据截断分辨率至少精确到 0.1 ms 量级。

③ 截断后数据存储

对发动机点火前 2 s 和关机后 2 s 数据截断后进行重新存储，文件命名为 Offset-×××，其中×××为试验代号。

7.5.3　数据处理方法

(1) 时间历程数据分析

在时域中的一个重要指标就是幅值，反映了发动机动态参数的变化量级，根据参数类型不同，用对应的单位来表示。根据提取幅值，判断发动机动态状态以及发动机是否稳定工作。对于特定型号发动机，正常工作时参数的幅值一般在历史包络区间内，幅值的突然变化表明发动机工作状态发生改变，幅值超过包络区间说明发动机工作状态发生较大的变化。幅值随时间变化过程曲线称为时间历程图。

(2) 频谱突频分析

动态信号频域是指在频率范围内其幅值的分布情况，对于液体火箭发动机来说，一般发动机工作时都有主导频率，主导频率一般是推力室燃烧频率或涡轮泵转速的倍频值，其动态信号频率（尤其是振动信号频率）与发动机转速有一定倍数关系，发动机实际工作中其涡轮泵振动主要频率 f 与转速成倍数关系[3]，即

$$f=\frac{knp}{60} \tag{7-9}$$

式中　n ——涡轮泵转速，单位为 r/min；

k ——倍数，$k=1$，2，3，4，…；

p ——磁极对数。

发动机都有固有突频，且突频与发动机主涡轮转速有密切关系。通过计算主涡轮转速可以得到该型号发动机主导频率。当发动机出现故障时，主突频点和幅值发生变化，通过在频谱图中分析突频频点定位故障部位。另一方面，在液体火箭发动机燃烧室中，燃料和氧化剂发生剧烈化学反应会产生特定燃烧频率。一般情况下发动机燃烧会激起各阶振动幅值，常以燃烧频率幅值增大作为故障原因进行分析。

（3）RMS 图分析

RMS 分析是指通过 FFT 等相关信号处理手段，从动态信号时域中提取相关数据，主要包括发动机各个频率下的幅值等。这些频率幅值是通过 FFT 变换或其他信号处理算法将时域信号转化为频域信号，即频谱，在信号频谱中提取全频率段内所有频率点上幅值，依据统计算法统计出该频率段内的能量大小，即为该频谱图 RMS 值，把全程时间段内所有频谱图求取的 RMS 值依据频谱所计算的时间点连成曲线，就生成 RMS 曲线图。RMS 计算法公式如下：

$$\mathrm{RMS}=\sqrt{2\left(A_0^2/2+\sum_{i=1}^{k-1}A_i^2+A_k^2/2\right)} \tag{7-10}$$

式中 A_0 ——频谱图上第 0 个谱线幅值；

A_i ——频谱图上第 i 个谱线幅值；

A_k ——频谱图上第 k 个谱线幅值。

（4）瀑布图

如果将不同时刻动态信号对应信号频域特性频谱图按时间顺序排列，可以在时间-频率平面上定义一个三维谱阵图。它的水平轴为频率，垂直轴为时间，铅直轴为谱值。它描述的是动态信号频谱随时间的变化关系。瀑布图生成需要经过如下过程：对速变信号原始波形进行筛选，截取需要进行瀑布图展示的时间段，把该时间段划分成若干个细小时间子段，对每个时间子段内的动态数据进行频谱分析，获取各个子时间段频谱图，最后通过坐标变换和图形合成技术把各个子时间段频谱图依据时间顺序叠加到三维坐标体系中进行显示。整个生成过程如图 7-26 所示。

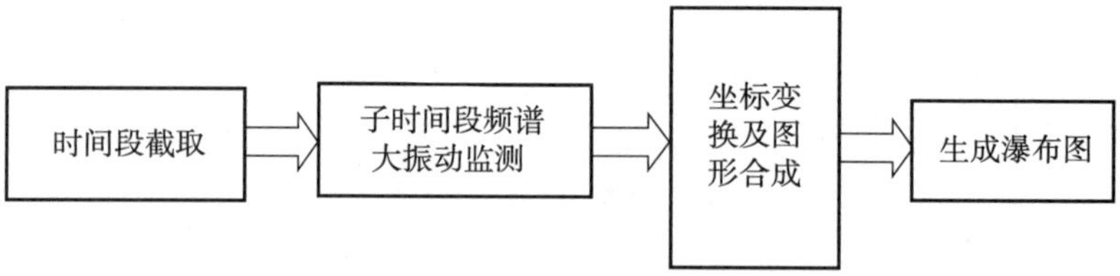

图 7-26 瀑布图生成过程

（5）异常数据处理

① 野点去除

为了不使数字时间序列 $x(n\Delta t)$ 中存在假值（野点），需要进行剔点处理。因为假值

的存在，会产生一系列的虚假频率成分，剔点处理的方法就是连续产生采样方差的更新值，其表达式为

$$s_i^2=\overline{x_i^2}-(\overline{x_i})^2 \tag{7-11}$$

式中　$(\overline{x_i})^2$——先将数据平均，求平均的平方；

$\overline{x_i^2}$——数据平方，求平方的平均值。

按下式检查数据点 x_{i+1}，判别它是否为野点：

$$\overline{x_i}-ks_i<x_{i+1}<\overline{x_i}+ks_i \tag{7-12}$$

式中　k——剔点系数，一般取 3～5。

如果上式成立，则 x_{i+1} 为保留点，如果上式不成立，则 x_{i+1} 为舍去点，应用新的值 $\hat{x}_{i+1}$ 代替它。$\hat{x}_{i+1}$ 按外推法进行计算，其公式如下：

$$\hat{x}_{i+1}=x_i+(x_i+x_{i-1}) \tag{7-13}$$

② 时域滤波

根据异常数据特征，选择使用低通、高通、带通、带阻等滤波器算法对异常段数据进行时域滤波处理。

③ 趋势项消除

测量的振动参数主要成分是随机振动，有时与周期振动相叠加，在数字时间序列 $x(n\Delta t)$ 中，出现明显的趋势倾向。如果由于其他原因引起的应消除，否则会使频谱产生畸变，甚至使低频段失真。中心化处理，就是为消除混在数字时间序列中的趋势项。处理时对每帧采样值应用下式：

$$x'(n\Delta t)=x(n\Delta t)-\overline{x(n\Delta t)} \tag{7-14}$$

式中　$x(n\Delta t)$——数字时间序列，$n=0$，1，2；

$\overline{x(n\Delta t)}$——数字时间序列的平均值；

$x'(n\Delta t)$——中心化处理得到的数字时间序列。

7.5.4　频谱处理

动态信号分析的主要手段是将在时域变化的信号变换为在频域中的有效值或均方值随频率的分布，即进行频谱分析。频谱分析常用以下几种处理方法。

（1）平均化处理

用 FFT 方法求频谱时，如估计均方误差较大，需进行平均化处理。在数据处理时，对一个信号不是从头一直采样到底，而是把整个信号划分成 M 个基本长度段，在每个基本长度段上采集 N 个数据，称为一帧，然后对每一帧数据做 FFT 处理，共得到 M 帧频域数据。为了降低均方误差，对所得到的 M 帧频域数据进行不同平均化处理。线性平均用于时间波形和线性谱分析，可以提高分析信号信噪比。线性平均必须使各记录信号同步，均方根平均（RMS）主要用于功率谱分析，以提高统计精度；指数平均主要强调当前测量数据，对过去数据加权按指数规律衰减；峰值保持平均实质上并不是真正平均，而是用来保持各次测量中的频谱峰值，可得出频率峰值包络。常用的平均化处理有以下几种：

① 线性平均

线性平均是等权处理的一种，计算公式如下：

$$Y_m^{(n)}=\frac{(m-1)Y_{m-1}^{(n)}+x_m^{(n)}}{m} \tag{7-15}$$

式中 $Y_m^{(n)}$ —— m 帧结果的第 n 个谱值的平均值；

$Y_{m-1}^{(n)}$ —— $(m-1)$ 帧结果的第 n 个谱值的平均值；

$x_m^{(n)}$ ——第 m 帧结果的第 n 个谱值，$m=1，2，\cdots，M$，$n=0，1，\cdots，N-1$。

② 指数平均

指数平均是按指数规律加权平均的一种方法，计算公式如下：

$$Y_m^{(n)}=\frac{(m-1)Y_{m-1}^{(n)}+x_m^{(n)}}{m(k-1)}(1\leqslant m\leqslant M) \tag{7-16}$$

式中 k ——大于 1 的整常数。

在基本长度段个数 M 相同的情况下，指数平均和线性平均有相同统计精度，即平均后得到的功率谱估计均方误差 ε 是平均前的 $\frac{1}{\sqrt{M}}$ 倍。当 M 较大时，统计误差会减小很多。

③ 极大值保持

极大值保持就是将 M 帧谱图中各谱图最大值谱线取出，构成一个极大值谱图。

(2) 重叠

重叠是指在把数据按采样长度逐段进行分析时，每段数据中只有后一部分是新的，前一部分是上段中已分析过的旧数据，可设置重叠比例，如 40%重叠、60%重叠，如图 7-27 所示。

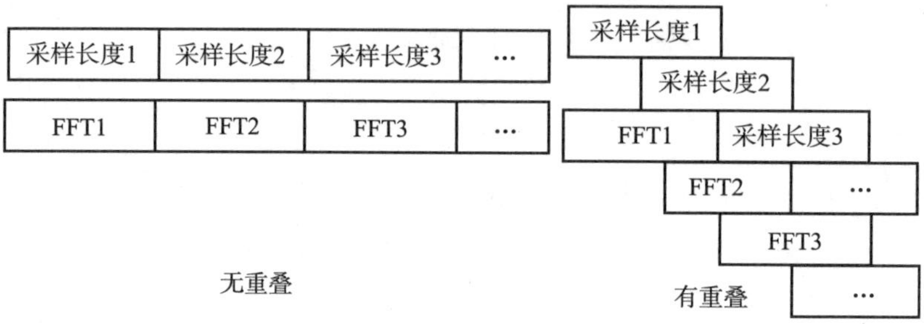

图 7-27 重叠算法示意图

重叠的作用：

1) 分析低频信号时，采样长度远大于分析时间，重叠可以减少计算机空等时间。

2) 对持续时间有限而采样长度又不能太小的信号，重叠可以增加平均次数，从而提高统计自由度。在重叠率下，进行均方根平均时，重叠可以显著减少平均时间。

3) 在加窗处理中，为减少泄漏，须对信号加窗，而加窗会引起首、尾段数据利用率降低，重叠可以提高数据利用率。

（3）频率细化

动态参数数据处理中，需要更高频率分辨率才能满足分析结果的要求。频率细化技术就是在一定频率范围内，在不增加计算机容量的情况下提高频率分辨率。频率细化傅里叶变换法是基于离散傅里叶变换移频原理，即信号乘以单位旋转因子后，将频率原点移至所需要细化的频率 f_k 处，使得频率分量 f_k 停留在频率为零的位置上。形成一个以 f_k 为频率起点的新信号，然后由此作起始点的频率截出所感兴趣频段，按通常 FFT 算法作频谱，得到以 f_k 作起始点，有限范围频段的细化频谱。使用频率细化傅里叶变换能区分频谱图中间距很近的尖峰，当用常规频谱分析不能很好分开时，用频率细化分析可以得到。所以，频率细化技术可以区分含有大量谐波的信号。频率细化分析一般应包括数字频移、数字低通滤波、重采样（选抽）、快速傅里叶变换及加权修正等步骤。

频域分析时频率分辨率等于信号分析上限频率 f_{max} 与有效谱线数 M 之比。将分析仪带宽等效成理想矩形带宽，具体分析中取决于窗函数。谱分析选择汉宁窗函数时，等效带宽为

$$B_\varepsilon = 1.5\Delta f \tag{7-17}$$

基带分析（通常傅里叶分析都是从直流到某一最高频率 f_{max} 的范围）的频率分辨率 Δf_B 为

$$\Delta f_B = \frac{f_{max}}{\frac{N}{K}} \tag{7-18}$$

式中　f_{max} ——分析信号频谱中的最高频率；

N ——时域内采样点数；

K ——采样频率与 f_{max} 之比，一般取 2 或 2.56。

选带分析频率分辨率（细化后的分辨率）为

$$\Delta f_S = \frac{\Delta f}{\frac{N}{K}} \tag{7-19}$$

式中　Δf ——要求细化频带宽度。

功率谱是单位频率下功率（能量）随频率变化的曲线。功率密度谱与平均谱的对应关系为

$$f_{psd} = \text{平均频谱}^2 / \text{等效带宽} = f_{rms}^2 / B_\varepsilon \tag{7-20}$$

7.5.5　冲击响应谱

冲击响应谱是将冲击源施加于一系列线性、单自由度质量-弹簧系统时，将各单自由度系统的响应运动中最大响应值，对应于系统固有频率的函数绘制的曲线，是单自由度系统受冲击作用后所产生的响应运动在频域中的特性描述。冲击响应谱与冲击源的傅里叶频谱不同，傅里叶频谱仅仅研究冲击源本身在频域中的展开，不涉及要研究的机械系统的响应。产品受冲击响应的最大值意味着产品出现最大应力，即试验产品有可能出现最大的变

形。因此，冲击响应的最大加速度与产品受冲击作用造成的损坏及故障产生的原因直接相关。

7.5.6 故障信号分析

发动机工作过程中受多因素影响，如零件尺寸不符合要求、工艺发生局部变化等。生产过程中未发现这些问题，但在试验中这些因素对发动机故障产生影响，影响以动态信号特征值形式表现出来。

对随机动态信号进行时频分析时，所获得的动态信号不仅包含故障信号，还包含发动机工作时的正常动态信号。在故障产生初期阶段，故障特征信息微弱，有用的特征信号往往淹没在发动机其他部件的动态信号中，如何在早期提取故障特征信息，成为动态信号故障诊断的重要问题。

7.5.6.1 故障信号分析意义

任何运行中的机械都会有振动，机械运行需要能量，能量转化过程中就会有力发生，直接或间接激起机械某些部分振动。只有机械运动是稳定的，或者其运行变化包络仅在一定范围之内，那么机械振动基本稳定。当机械运动处于良好状态时，动态频谱具有稳定的显著特征。当机械发生故障时，其运行状态将发生变化，振动幅值和动态信号频谱也发生明显变化，测量和分析动态信号时域和频域变化，是机械故障诊断的基础。理论和实践表明，在影响机械运行能力之前（故障发生前），动态高频部分信息中出现故障发展征兆，低频信号出现异常时，则故障已经发生。因此，一个动态信号的高频成分对预示故障发生有重要作用，低频成分则表明故障发生时的故障模式。所以，对于动态信号可以从时域和频域两方面进行分析，时域分析是研究信号形态随时间变化的规律，抽取必要特征量（如幅值、周期、局部的上升时间与下降时间等）作为对信号判断与识别的依据。频域分析则是研究信号能量或功率随时间变化的规律，为信号处理提供依据和手段。信号频域分析相对时域波形分析更加直观和方便。为了识别故障信号，通常将现场记录的信号适当处理，在处理结果中进行故障信号识别，以确定故障部位及故障趋势或程度。通常，当发动机出现故障时，在相应频谱上一般出现两个特征：一个特征是信号幅值的上升，信号幅值上升主要是指测量频带频谱信号总能量的上升，并包含其中某个单一频率（特别是主突频）的上升。同时要注意频谱幅值是否已达到和超出有关理论标准参考值或是多次试验统计参考值。另一个特征是谱型变化，即在频谱上出现新的单一成分，或频谱上出现新的频带峰群，以及新的频率和频带峰群幅值变化突然增大。根据以上谱型变化，结合以往试验历史数据综合分析，对发动机故障特性做出判断。频谱是在频域中对信号分布情况的描述，通常能够提供比时域波形更加直观的特征信息。因此，频谱（包括功率谱和幅值谱等）是广泛用于故障诊断的依据。频谱可以通过傅里叶变换方式获取，分析时注意幅值较高的谱峰，它们对频谱总量级贡献较大，分析这些频率分量的产生原因。但要注意，动态信号频谱中有些频谱分量虽然较大，但不随时间而变化，对发动机正常运行不会产生影响。相反，有一些幅值较小，但增长很快的频率分量却往往预示着故障的产生和发展，应该引起重视。

特别在原频谱图上并不存在或比较微弱频率分量突然出现并急剧增大时，有可能在较短时间内破坏发动机正常工作状态。因此，在频谱分析中不仅要注意各分量绝对值大小，还要注意各谱峰的发展变化趋势。频谱分析结果可用于趋势估计，只要将某一个或几个特殊频率分量多次测量结果按时间顺序描绘出来，便能形成"幅值-时间"趋势曲线，然后把该曲线沿时间轴向前外推，可有效估计运行状态达到危险极限的时间。

7.5.6.2　故障识别方法

在实际数据分析过程中常用以下故障识别方法进行分析。

（1）PSD 分析法

① 基频识别

基本定型的发动机都有固定振动突频，突频与发动机主涡轮转速有密切关系，通过计算主涡轮转速可以求出该型号发动机主基频率。当发动机本身出现故障时，突频点位置和幅值发生变化，通过在频谱图中找到有关主基频率来分析故障部位。一般情况下发动机故障部位激起各阶谐频，振动幅值渐渐减小，基频或特定倍频的幅值比较高，通常以基频或特定倍频信号的幅值增大作为故障起因分析。

② 谐频识别

谐频识别法是根据谐频间距来判断基频，从频谱图中找出若干等间距谱峰，通过对平均间距的确定，找出高阶谐频上所隐藏的故障信息。

③ 边频识别

边频是两个故障信号调制的结果，调制信号可能来源于发动机不完全燃烧所造成的信号变化或由发动机本身局部零件部件缺陷所引起的信号突变。边频在频谱图中显示的是一个谱峰周围连续出现两个或两个以上突频点，通过对边频间距研究提取出发动机故障信息。

（2）倒谱分析法

在运用 PSD 方法识别谐频和边频时，识别精度与分析频带有关。若分析带宽太宽导致一些低频信息无法分辨，采用倒谱分析可克服该缺点。倒谱分析提取频域曲线中隐蔽的周期成分，把频域中两信号乘积关系转变成相加关系，把振源同传递途径分开，排除信号回波（频域中原信号与广义函数卷积）。倒谱具有检测和分离频谱中周期性成分的能力，使原来谱图上成族的边频谱线简化为倒谱上的单根谱线，将频谱中复杂周期成分变得清晰易辨，利于故障诊断。当发动机出现故障，产生某种周期性信号变化时，倒谱图上出现相应峰值，根据峰值出现时间周期，辨识故障类型。

（3）包络分析法

包络分析提取高频信号上的低频信号，从时域获取时域波形包络轨迹。包络技术分为宽带解调技术、共振解调技术、选频解调技术、希尔伯特解调技术、同态滤波技术等，其核心是把调制在高频信号上的低频故障信息，进行解调分析处理，提取有用的低频故障信息。发动机试验过程中大多数干扰和噪声能量集中在低频段，处理过程中剔除无用低频段信号，减少检测信号中的中、低频环境干扰和噪声影响。因此，利用包络技术分析高频中的低频故障信息，可提高信噪比。

(4) 故障数据库

在统计发动机试验故障数据时，发现许多故障发生在发动机起动阶段，故障数据保留的少，给建立故障模式和故障影响分析带来一定困难。为此，须对以往历史试验数据进行重新分析和总结，开展故障仿真研究。在故障检测与诊断技术中，分析发动机故障情况及出现故障时的特征数据，研究故障模式，确定与之相适应的算法。需要建立一个记录故障现象、原因和故障分析的数据库，将发动机研制中发生的故障数据特征与正常情况下数据特征进行比较分析，对能体现液体火箭发动机故障特点、故障模式和专家经验等进行量化后写入数据库，满足液体火箭发动机故障检测要求。数据库中的知识、经验依赖于研究人员集体长期的努力和积累，数据库指标、结构、功能、扩充性能等符合相关标准规范。在研究故障检测与诊断方法和算法时，考虑选择的检测参数能有效、准确、实时地反映发动机工作状态信息。

7.5.6.3 异常特征分析

(1) 起动段、关机段异常特征

根据发动试验、飞行的工作时序，结合发动机缓变数据、动态数据进行综合分析，无法排除的异常数据或特征应在数据分析报告中说明。

(2) 稳定段异常特征

1) RMS值随时间变化异常时，应根据发动机工况，并结合色谱图、瀑布图分析引起变化的具体频段。

2) 转速及其倍频程异常时，应采用缓变转速数据进行检验校核，倍频幅值异常时，应结合关联部位压力、温度等缓变数据进行综合分析。

3) 燃烧组件（如推力室、发生器等）特征频率及其幅值异常时，结合关联部位的压力、温度及工况变化等状态进行综合分析。

4) 其他特征频率及其幅值异常变化时，应结合压力、温度、转速、工况等数据及系统或结构动力学特征进行综合分析。

7.5.6.4 实测异常数据信号分析

(1) 传感器故障

传感器损坏时，测量信号会出现较大波动和非稳定性，时域波形表现为杂乱无章。此时测量数据基本接近最小值或过载值，波形数值不再发生变化。典型的传感器故障波形如图 7-28 所示。

(2) 信号中工频干扰

从频谱图 7-29 中明显看出 50 Hz 工频干扰，解决方法是采用频率范围为 49.5～50.5 Hz 的带阻滤波器，滤除信号中的工频干扰。

(3) 传感器脱落

对于用胶粘贴固定的测量振动参数时，传感器轴、径、切方向都固定在同一块测振块上，测振块通过胶固定在发动机特定部位，在发动机工作过程中，测振块所受剪切力超过

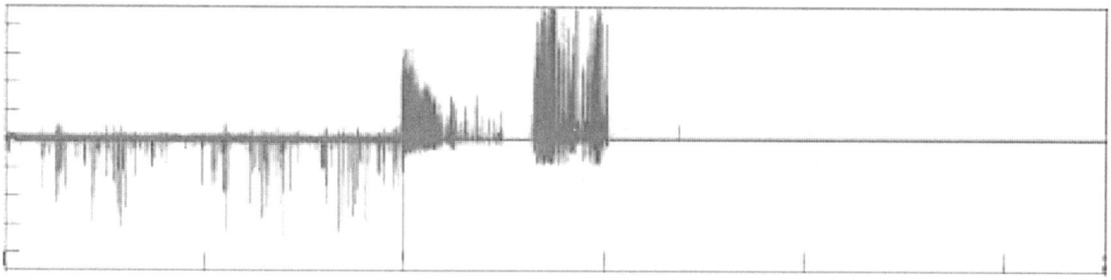

图 7－28　传感器故障图

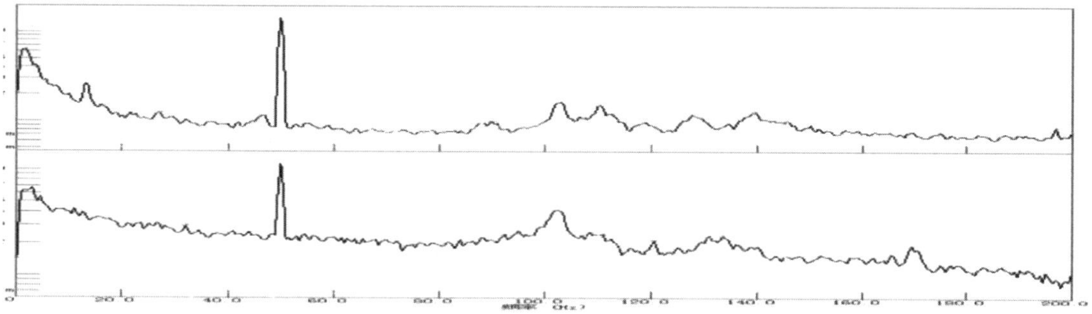

图 7－29　信号中工频干扰图

了胶粘力，使得测振块发生脱落现象。传感器脱落信号波形如图 7－30 所示。

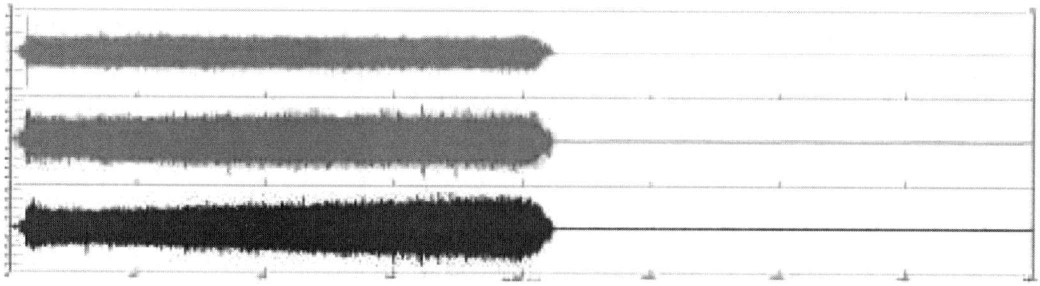

图 7－30　传感器信号脱落图

（4）信号过载

在特定时间段内，信号过载的主要特征是测量值为一固定最大值，且信号波形存在削波现象，如图 7－31 所示。原因是传感器量程太小、传感器过载，或采集系统衰减设置过大，峰值设定范围过小所导致。

（5）频率涂抹现象

传统傅氏变换适合于稳态信号处理，若用它来处理非稳态信号时，等时间间隔采样会产生频率混叠现象。由于是平均意义上的谱值，对较短时间内的信号变化，特别是少数突出点（例如常见瞬态脉冲）的影响就会消失。对变频信号做傅氏变换，相当于谱图上谱分量不断在移动，造成所谓“谱涂抹”。频率涂抹现象的出现表明，在一些频段上出现连续

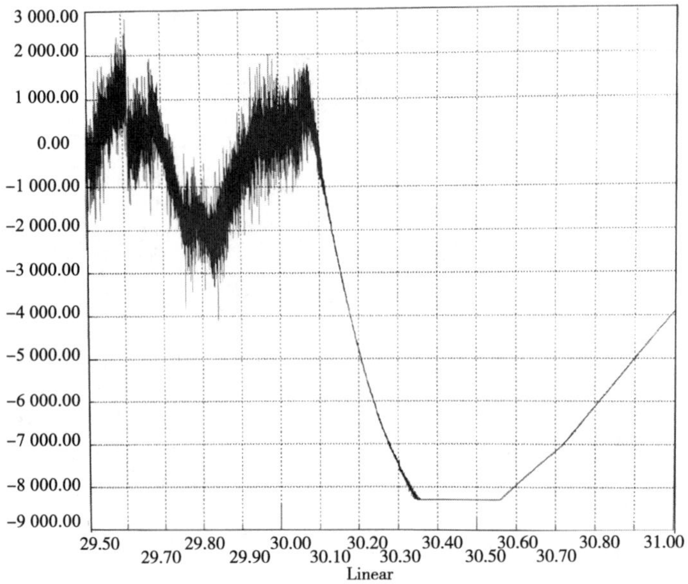

图 7-31　信号过载图

模糊谱线，无法提取有用信息。因此，频谱分析无法获取非稳定段（发动机起动段与关机段）的准确频谱数据值。频率涂抹现象如图 7-32 所示。

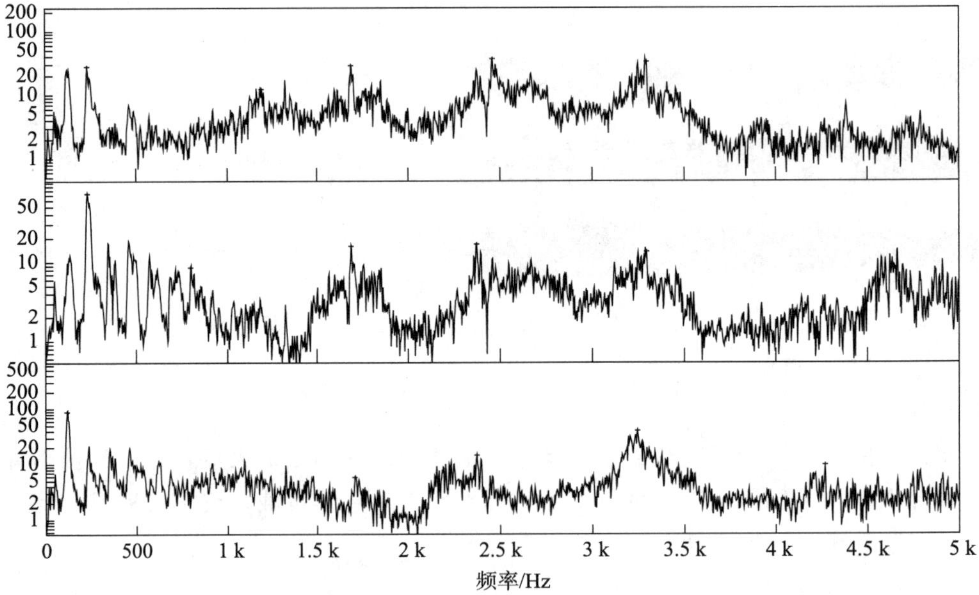

图 7-32　频率涂抹现象图

7.5.7　瞬态信号分析

瞬态信号本质上是强时变的短时段信号，如发动机部件受瞬时冲击、发动机点火起动时段等。最常见的非稳态信号大致可分成如下三类：

（1）谐变频信号

主要是由基频及其谐波分量组成频率不断变化而谱结构只做较小渐变的信号，通常由变频周期现象所造成，例如在发动机起动、关机、变工况运行时段。处理这类信号时尽可能准确跟踪基频（一般和发动机主转速有关）以及各次谐波分量幅值和相位，获得其随时间而变化的规律。

（2）宽带变谱信号

具有宽带谱而谱结构随时间不断变化的信号，如噪声等。处理这类信号时尽可能减小观察时段（即样本长度），不降低有效谱分辨率。

（3）瞬态信号

处理这类信号时尽量使每一样本能获得近乎符合实际的瞬态频谱。对动态信号的 FFT 分析时通过添加一定窗函数来实现。对于冲击过程和瞬态过程测量，一般选用矩形窗，不宜用汉宁窗、平顶窗等其他窗函数，因为这些窗函数对起始端很小的加权会使瞬态信号失去其基本特性。无论使用哪种窗函数，都会产生“栅栏效应”，从而产生偏度误差。为了弥补传统傅里叶算法的不足，采用短时傅里叶变换（STFT），该算法是在傅里叶变换基础上引入一个相对较窄的观测周期作为时间窗，使观测窗沿信号时间轴滑动，得到一系列频谱。短时傅里叶变换的优点在于算法计算量较小、计算速度快，适合分析信号稳态段，具有时频局部化分析能力。利用该算法可分析信号时频发展趋势，研究信号整体时频特性及特征频率发展轨迹。短时傅里叶变换的缺点是算法不易离散化，不便于用数字法计算实现。如果动态信号频率变化太快，观测周期短无法进行足够采样时，该算法不适用。小波变换是一种时间窗和频率窗都改变的时频分析方法，在低频部分具有较高频率分辨率和较低时间分辨率，在高频部分具有较高时间分辨率和较低频率分辨率。由于小波分析具有变精度特性，既有足够的时间分辨率对信号中短时高频成分进行分析，又有良好的频率分辨率对信号中低频缓变趋势进行估计，因此小波分析时频分辨率是变化的，具有多分辨率分析特点，弥补了傅里叶算法在分析瞬态信号时分辨率固定不变的缺陷。

7.6　动态参数测量系统不确定度评定

动态参数的测量系统不确定度评定没有专用评定规范，一般分为幅值不确定度和相位不确定度。本节以振动参数的幅值不确定度评估为例介绍评定方法。大型液体火箭发动机振动测量系统由于振动量级大，现场无法对全系统进行物理量校准，传感器在实验室进行计量检定，数据采集系统在现场采用电量进行校准，采用电压替代法进行测量系统不确定度评定。检定所用的仪器仪表分为标准电压源、一次仪表（传感器）和数据采集处理系统，按误差各项指标均方合成评定测量系统的不确定度。所依据和引用标准如下：

JJF 1059.1 — 2012《测量不确定度评定与表示》；

JJG 233—2008《压电加速度计检定规程》；

JJG 298—2015《标准振动台检定规程》。

振动测量系统测量不确定度主要由以下几个因素组成：传感器引入分量、数据处理引入分量、标准信号源引入分量、数据采集系统引入分量等。分量的评估分为 A、B 两类。振动参数测量系统不确定度来源如图 7-33 所示。

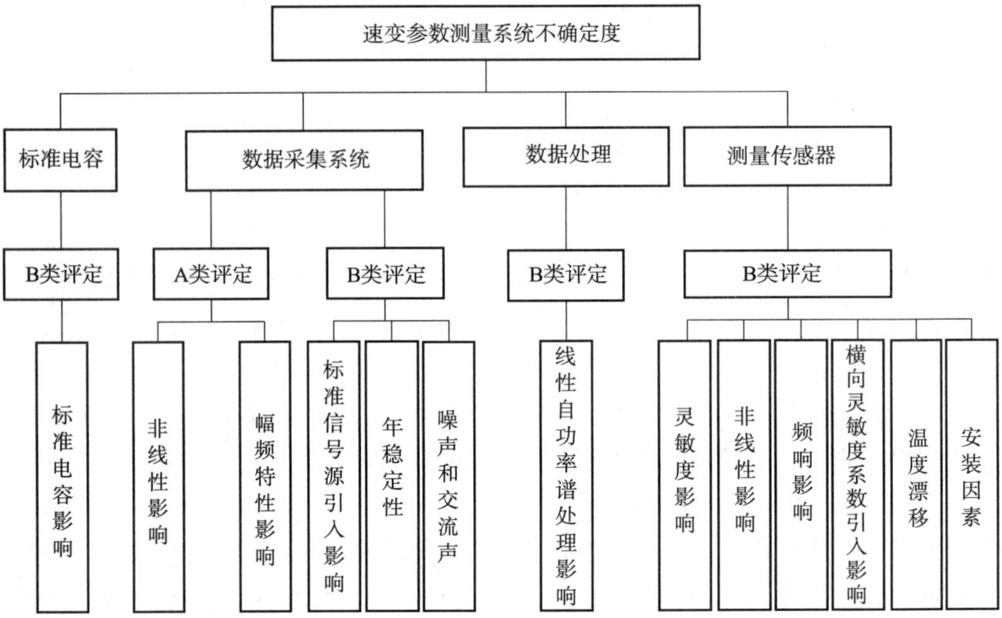

图 7-33　振动参数测量系统不确定度来源图

不确定度评估前，需要对采集装置进行相应的设置，其中截止频率上、下限分别设置为 0.5 Hz、10 000 Hz；选择时间历程数据记录方式，采集时间设置为 10 s，采样速率为 25.6 kHz；数据处理设置：谱线数为 1 024，平均方式为线性平均方式，窗函数为平顶窗，处理数据时间长度为 8 s；提供线性自功率谱峰值幅值；采集装置设置与试验时状态保持一致。所用测量设备见表 7-2。

表 7-2　评定所用测量设备

名称	规格型号	数量	准确度(或允许误差)	备注
采集装置	SCADAS Ⅲ	1	0.2%	
传感器	CA-YD-102T	1	±5%	
标准信号发生器	33250	1	1.0%(电压)	
标准电容		1	0.5%	
速变分析软件	Testlab 9B	1		

7.6.1　不确定度的 A 类评定

测量系统非线性引入分量和幅频特性引入分量都采用 A 类进行评估。为了能准确反映测量系统的性能，一般任意选取 4 个测量通道进行评估，选取的评估通道测量电缆的导通和绝缘电阻值符合要求，测量通道的设置与试车时的设置相同。

（1）非线性误差 u_{A1}

断开传感器，用标准交流电压源在测量系统输入端加载频率恒为 1 000 Hz，电压幅值分别为 1.000 V、1.500 V、2.000 V、2.500 V、3.000 V、3.500 V 的交流信号，数据采集系统记录各通道对应的各档测量值，每通道每档分别重复加载 6 遍。

利用式（7-21）计算 H 通道测量系统非线性误差，并将数值填入表 7-3。

$$\delta L_h = \frac{|U_{irj} - U_{Orj}|_{\max}}{\overline{U}_{OFS}} \times 100\% \quad (7-21)$$

式中　δL_h ——通道测量系统的非线性误差；

U_{irj} —— 测量系统输入端第 r 遍第 j 档的标准电压；

U_{Orj} —— 测量系统对应第 r 遍第 j 档的标准电压的频谱值；

$\overline{U}_{OFS}$ —— 测量系统第 r 遍满量程频谱的平均值。

通过计算分析，取四个通道最大误差为测量系统非线性系统误差（表 7-3）：

$$u_{A1} = 0.209\ 8\% \quad (7-22)$$

表 7-3　测量系统非线性误差结果表

遍数	L_1	L_2	L_3	L_4
1	0.200 8%	0.200 8%	0.200 8%	0.200 8%
2	0.200 8%	0.200 8%	0.200 8%	0.200 8%
3	0.196 1%	0.195 4%	0.195 4%	0.195 4%
4	0.226 0%	0.226 0%	0.226 0%	0.226 0%
5	0.221 1%	0.210 0%	0.221 1%	0.204 2%
6	0.276 2%	0.203 6%	0.214 8%	0.203 7%
平均值	0.220 2%	0.206 1%	0.209 8%	0.205 2%

（2）幅频特性误差 u_{A2}

测量系统输入信号的幅值为 $6V_{RMS}$，频率分别为 50 Hz、100 Hz、200 Hz、500 Hz、1 000 Hz、2 000 Hz、5 000 Hz。SC3 采集装置上限频率对应设置为 10 000 Hz，采集系统记录各频率下的频谱值，重复 6 遍加载。

利用式（7-23）计算测量系统 H 通道幅频特性的误差，并将数值填入表 7-4。

$$\delta f_h = \frac{U_{Ofi} - U_{Of}}{U_{Of}} \times 100\% \quad (7-23)$$

式中　δf_h ——H 通道测量系统的频率特性误差；

U_{Of} —— 测量系统对应（$f = 1\ 000$ Hz）的电标准输出值；

U_{Ofi} —— 测量系统频率为 f_i 时的频谱值。

通过上述计算，取四个通道最大误差为测量系统幅频特性误差（表 7-4）：

$$u_{A2} = 0.291\ 6\% \quad (7-24)$$

表 7-4 测量系统通道幅频特性误差结果表

遍数	f_1	f_2	f_3	f_4
1	0.304 0%	0.290 0%	0.301 2%	0.290 0%
2	0.306 8%	0.301 2%	0.309 6%	0.301 2%
3	0.287 3%	0.278 9%	0.281 7%	0.284 5%
4	0.287 5%	0.248 3%	0.290 4%	0.276 2%
5	0.223 1%	0.184 0%	0.282 0%	0.276 2%
6	0.276 3%	0.270 7%	0.284 8%	0.281 8%
平均值	0.280 8%	0.262 2%	0.291 6%	0.285 0%

7.6.2 不确定度的 B 类评定

（1）标准电容所引入的不确定度

标准电容所引入的不确定度按 B 类评定，标称误差为±0.5%，分布类型按均匀分布，$k=\sqrt{3}$，则由此引入的标准不确定度为

$$u_{B1}=\frac{0.005}{\sqrt{3}}=0.289\% \tag{7-25}$$

（2）传感器引入的不确定度

传感器说明书中给出的传感器灵敏度误差指标为±2%，分布类型按均匀分布，$k=\sqrt{3}$，则由此引入的标准不确定度为

$$u_{B21}=\frac{0.02}{\sqrt{3}}=1.155\% \tag{7-26}$$

传感器说明书中给出的传感器非线性误差指标为±1%，分布类型按均匀分布，$k=\sqrt{3}$，则由此引入的标准不确定度为

$$u_{B22}=\frac{0.01}{\sqrt{3}}=0.577\% \tag{7-27}$$

传感器说明书中给出的传感器频率响应误差指标为±5%，分布类型按均匀分布，$k=\sqrt{3}$，则由此引入的标准不确定度为

$$u_{B23}=\frac{0.05}{\sqrt{3}}=2.887\% \tag{7-28}$$

横向灵敏度比<5%时，引入轴向误差不超过±0.25%，分布类型按均匀分布，$k=\sqrt{3}$，则由此引入的标准不确定度为

$$u_{B24}=\frac{0.002\ 5}{\sqrt{3}}=0.144\ 3\% \tag{7-29}$$

依据以往传感器安装经验，预估传感器与对接面的夹角≯10°时，给振动幅值测量带来的误差为 $(1-\cos 10°)/1=1.519\%$，分布类型按均匀分布，$k=\sqrt{3}$，则由此引入的标准

不确定度为

$$u_{B25}=\frac{0.015\ 19}{\sqrt{3}}=0.877\% \tag{7-30}$$

压电加速度传感器温度响应误差指标为±5%（−20～120 ℃），根据以往经验传感器实际温度范围为−10～40 ℃，即±1.786%，分布类型按均匀分布，$k=\sqrt{3}$，则由此引入的标准不确定度为

$$u_{B26}=\frac{0.017\ 86}{\sqrt{3}}=1.031\% \tag{7-31}$$

（3）采集装置引入的不确定度

标准信号源引入的不确定度按 B 类评定，查阅频率标准源说明书，其频率准确度为±0.01%，分布类型按均匀分布，$k=\sqrt{3}$，则由此引入的标准不确定度为

$$u_{B31}=\frac{0.000\ 1}{\sqrt{3}}=0.005\ 77\% \tag{7-32}$$

采集装置年稳定性允许的最大误差为±0.2%，分布类型按均匀分布，$k=\sqrt{3}$，则由此引入的标准不确定度为

$$u_{B32}=\frac{0.002}{\sqrt{3}}=0.115\ 5\% \tag{7-33}$$

实际测量时，系统所处的环境中不可避免地存在一定的交流声和噪声，参考以往试验数据，测量系统噪声不大于 $10g$，为测量有效范围的 10/2 000=0.5%，分布类型按均匀分布，$k=\sqrt{3}$，则由此引入的标准不确定度为

$$u_{B33}=\frac{0.005}{\sqrt{3}}=0.289\% \tag{7-34}$$

（4）线性自功率谱处理方法引起的不确定度

目前振动参数数据处理时，需要计算时域及频域 RMS 值，处理分析计算 RMS 值需要考虑窗函数的影响，常用窗函数幅值特征见表 7－5，数据处理常用窗函数为平顶窗或汉宁窗。

表 7－5　常用窗函数幅值特征

窗类型	主瓣(ENBW)	主瓣 3 dB 带宽	幅值误差(栅栏损失)/dB
矩形窗	1.0	0.89	−3.92(36.3%)
汉宁窗	1.50	1.44	−1.42(15.1%)
哈明窗	1.36	1.30	−1.78(20.6%)
平顶窗	3.77	3.72	<0.01(1.0%)

加窗取误差为 8.0%，包含因子取 $\sqrt{3}$，则由此引入的标准不确定度为

$$u_{B4}=\frac{0.08}{\sqrt{3}}=4.62\% \tag{7-35}$$

7.6.3 测量系统不确定度的计算

（1）合成标准不确定度的评定

不确定度分量见表 7-6。

表 7-6　不确定度分量计算表

不确定度分量	计算结果
u_{A1}	0.209 8%
u_{A2}	0.291 6%
u_{B1}	0.289%
u_{B21}	1.155%
u_{B22}	0.577%
u_{B23}	2.887%
u_{B24}	0.144 3%
u_{B25}	0.877%
u_{B26}	1.031%
u_{B31}	0.005 77%
u_{B32}	0.115 5%
u_{B33}	0.289%
u_{B4}	4.62%

合成标准不确定度 u_c 包括所有的不确定度 A 类和 B 类分量，评定的任意两个 A、B 类分量都相互独立，因此合成不确定度为

$$u_c = \sqrt{\sum_{i=1}^{2} u_{Ai}^2 + \sum_{i=1}^{11} u_{Bi}^2} \tag{7-36}$$

$$= 5.8\%$$

（2）扩展不确定度的确定

计算扩展不确定度 U 时，取 $k=2$，振动参数测量系统的幅值不确定度为

$$U = ku_c = 11.6\% \quad (k=2)$$

参 考 文 献

［1］ 郭霄峰．液体火箭发动机试验［M］．北京：宇航出版社，1990．

［2］ 张令弥．振动测试与动态分析［M］．北京：航空工业出版社，1992．

［3］ 张贤达．信号处理［M］．北京：清华大学出版社，1995．

第 8 章　其他参数测量技术

随着测试技术的不断发展和完善，越来越多的先进测试技术应用于发动机试验。根据液体火箭发动机试验的特点，结合先进的测试技术，非接触测量技术和光纤传输技术等多种先进测量技术应用于发动机试验，如热流测量、光纤应变测量、红外温度场测量、发动机试验过程图像检测、来流气体流场参数测量、发动机尾焰热流场监测等，获取了大量一般测试方法无法获取的发动机工作状态信息，为发动机工作性能评估及可靠性提高、发动机存储状态检测、发动机飞行系统热防护设计等提供了大量翔实的参考数据。

8.1　热流测量技术

液体火箭发动机试验中，测量发动机及周围的热流参数，实时、直观地给出发动机特殊部位温度的分布状态、热量传递的相关数据，为研究发动机主要部件热反侵、冷却设计效果评估、不稳定燃烧、喷管强度等提供真实的热环境数据。同时，为火箭总体提供发动机工作时周围空间的热环境值，便于结构和热防护设计，并对发动机燃烧稳定性以及发动机部件的热辐射特性进行判断和研究。

随着发动机防隔热考核试验任务的日益增多，热流参数测量日趋重要。试验中采用多种原理各异的热流测试方法，如何准确、可靠地获取发动机试验热流参数，成为试验过程所重点关注的问题之一。

8.1.1　热流传感器分类

根据传感器的结构及尺寸分为金属片式热流传感器、圆箔式热流传感器、热电堆式热流传感器、薄膜式热流传感器、水卡热量式热流传感器；根据传感器测试响应快慢分为瞬态热流传感器和稳态热流传感器。常见的瞬态热流传感器有薄膜热流传感器、同轴表面热电偶、零点热流传感器、圆箔式 Gardon 热流传感器、Schmidt - Boelter 热流传感器等。稳态热流传感器适用于长时间的大热流测量，自带冷却装置，常见的有水卡式热流传感器、水卡 Gardon，依据冷却水的温升来获得热流密度。根据热传递方式不同，传感器分为热传导式热流传感器、对流式热流传感器、辐射式热流传感器。热传导式热流传感器通过与被测物表面的紧密接触进行热流感测，用于测量互相接触的固体与固体之间的热传递量[1]。对流式热流传感器用于测量流动气体或流动液体环境的热流，需要将其放置于流体环境中。辐射式热流传感器用于测量热辐射引起的热传递量[2]，是一种非接触式测量。按照测量原理不同，热流传感器主要分为三大类：基于温度梯度的热流传感器、基于能量平衡原理的热流传感器和基于半无限大体假设的热流传感器。

目前传统绕线结构的热流传感器逐渐退出舞台，采用半导体新材料和结合镀膜技术的新型热流传感器成为发展主流。对于辐射热流传感器来说，传统的圆箔式传感器仍然在广泛使用的原因是，最新的薄膜热流传感器在响应时间方面的性能还达不到圆箔式传感器的水平，在工艺上不能和成熟的 Gardon 热流传感器相比。典型的国外热流传感器产品见表 8-1。

表 8-1　国外热流传感器

序号	型号	厂家	测量方式	量程/(kW/m^2)	使用温度/℃	测量精度	响应时间/ms
1	HT-50 系列	美国 ITI 公司	热传导	≯3 140	0～980	≯5%	≯100
2	Gardon 系列	美国 Medtherm 或 Vatell 公司	热辐射	≯5 000	0～200	≯3%	≯10
3	HS 系列	法国 Captec 公司	热辐射+热对流	≯200	−180～200	≯3%	≯300
4	TS 系列	法国 Captec 公司	热辐射	≯200	−180～200	≯3%	≯200
5	CT 系列(水冷式)	法国 Captec 公司	热辐射	≯1 200	−180～200	≯3%	≯25

我国热流传感器设计及制造工艺技术起步较晚，与国外存在着一定的差距，主要瓶颈在于制作工艺和材料。我国设计并工程化应用热流传感器的厂家主要有中国电子科技集团及中国航天科技集团相关研究所，生产的传感器以 Gardon 型热流计居多，广泛应用于航空、航天领域。

8.1.2　热流传感器原理

热流密度是描述热量传递的物理量之一，是单位时间内通过物体单位面积的热量，与两物体的温差和热量流动速度有关。热传递的方式主要有热传导、热对流和热辐射三种，在不同的场合需要测量不同的传热过程。热流传感器既可以实现对热传导、对流以及热辐射的单独测量，也可以实现以上几种热传递方式的综合测量。

(1) 基于温度梯度的热流传感器

基于温度梯度的热流传感器以傅里叶定律为基础，利用已有的测温方法，通过测量已知热阻在某一特定方向上不同位置的温度，得到与热流密度成线性关系的温度梯度，计算出待测热流值。此类传感器的工作原理是：当有热流通过热流传感器时，会在传感器的热阻层两侧产生温差，根据傅里叶定律，由测得的温差可以计算出通过传感器的热流密度，即

$$q=-\lambda \mathrm{d}T/\mathrm{d}x \tag{8-1}$$

式中　q——热流密度，单位为 W/m^2；

$\mathrm{d}T$——热阻层两侧的温差，单位为 K；

$\mathrm{d}x$——热阻层的厚度，单位为 m；

λ——热阻层的导热系数，单位为 W/（m·K）。

温度梯度型热流传感器是应用广泛的一类热流计，包括热电堆式热流传感器（图 8-1）、圆箔式热流传感器等，其中热电堆式热流传感器多用于接触式热传导方式的热流测

量，其测量误差一般小于 3%。在火箭发动机热试车过程中主要用于对发动机系统机架、气瓶、容器及阀门等组件的壁面热流测试。

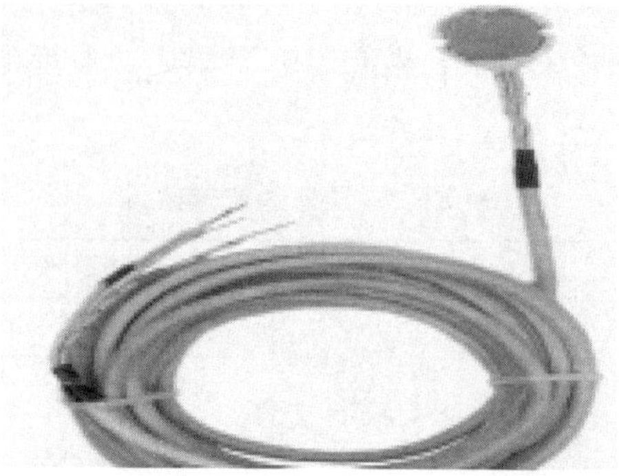

图 8-1　热电堆式热流传感器

圆箔式热流传感器又称戈登计，用来测量辐射和对流型热流，测量误差一般小于 3%，在火箭发动机试验热流参数测试中应用最多。戈登计结构及实物如图 8-2 所示，其顶部是涂黑的圆形康铜箔，康铜箔下部连接圆管形铜热沉，形成了铜-康铜-铜热电偶，输出热电势的大小与热流密度成正比，根据热电势的大小和系数计算热流密度。康铜箔表面涂黑的目的在于提高热量的吸收比。将康铜箔的四周焊在厚实的紫铜块上，紫铜块的导热系数和比热容较大，温度不易受经康铜箔流入热量的影响，可看作等于环境温度。测量长时间大热流时，需要在铜热沉上增加水管进行冷却。

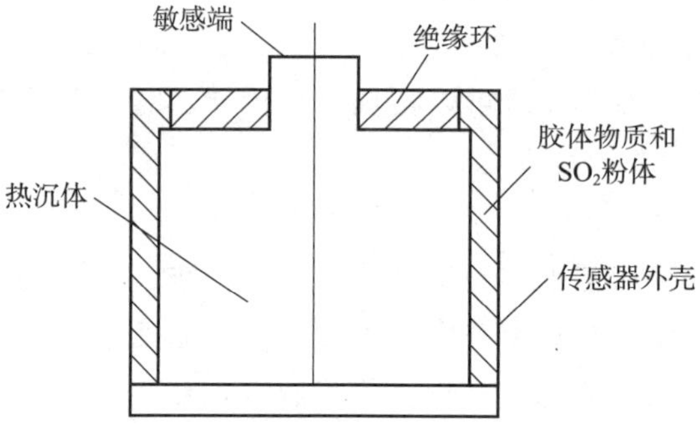

(a) 传感器示意图

(b) 传感器实物

图 8-2　戈登计

(2) 基于能量平衡原理的热流传感器

基于能量平衡原理的热流传感器，通过测量热流传感器中敏感元件温度的变化，得到输入/输出热流传感器的能量净值，计算得到待测热流值。基于能量平衡原理的热流测量技术分为稳态测量和瞬态测量两种方法。稳态测量方法中典型的热流计是水卡量热计，量热计接收外界热流，转化成水的内能，造成了水卡量热计中水温的上升。于一定时间内稳定不变的热流，通过测量水卡量热计前后的水温变化实现热流的测量。瞬态测量方法中典型的热流计是塞块式热流传感器，待测对象通过各种途径将热量传递给量热计，引起塞块内能的增加，体现为塞块的温度上升，通过测量热量传递所引起的温度随时间的变化率实现热流密度的测量。

水卡量热流传感器由热屏和敏感面组成，如图 8 - 3 所示，其中敏感面由基板和敏感面涂层（如 OSR 片）组成，基板背面粘贴 2 支铜-康铜热电偶后贴康铜箔加热片。热屏为杯型，粘贴 2 支铜-康铜热电偶，热屏内表面贴镀金聚酯薄膜，以减少热屏和敏感面之间的辐射换热，底部贴康铜箔加热片，外表面贴聚酰亚胺膜。基于能量平衡原理，由于响应时间较长，这种热流计常用来测量稳态热流。

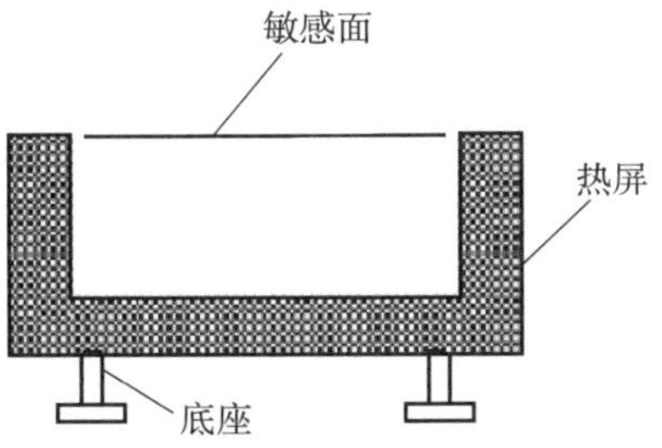

图 8 - 3　水卡量热流传感器结构示意图

塞块式热流传感器也称热容式量热计，如图 8 - 4 所示，可用于对流、辐射热流，以及稳态或瞬态热流的测量，如电弧加热设备试验的热流测量。但由于漏热和温度的不一致，很难得到精确的数据。

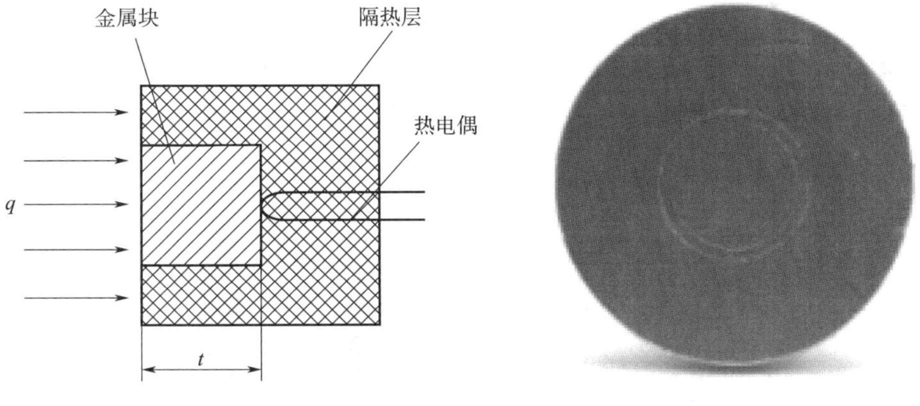

图 8 - 4　塞块式热流传感器结构图

(3) 基于半无限大体假设的热流传感器

基于半无限大体假设的热流测量技术利用一维瞬态导热原理，通过测量元件的表面温度响应进行热流测量，适用于瞬态热流过程测量。此种热流传感器主要有薄膜热流传感器、同轴热电偶等。薄膜热流传感器在模型表面涂覆一层极薄的热电阻膜，利用膜电阻随温度变化的特性测量无限大体表面温度的变化。同轴热电偶则是一种特殊形式的热电偶，利用热电偶的热电效应测量表面温度的变化。

薄膜热流传感器采用薄膜工艺，利用金属电阻随温度变化的特性测量温度，相比于传统的热流传感器具有响应时间快（微秒级）、灵敏度高（毫伏量级/摄氏度）、量程大、体积小等特点，是激波管、激波风洞和风洞等脉冲型高超声速设备上热环境测量的常用传感器。这种传感器还适用于各种飞行器、汽车发动机热流测量，飞行器分离热流测量，地面热试验、冶金火炉等热源的热流测量，在工业领域具有广阔的应用前景。薄膜热流传感器主要由金属薄膜、衬底材料和引线构成，衬底在一定时间内满足半无限大体假设，金属薄膜用于测量衬底材料表面温度变化，引线的作用是连接金属薄膜与测试电路。典型的薄膜热流传感器结构如图 8－5 所示。

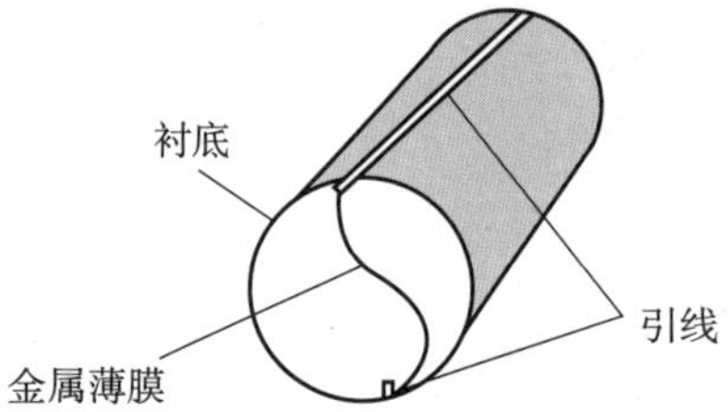

(a) 传感器结构示意图

(b) 热流传感器实物

图 8－5　薄膜热流传感器

国内高超声速气动热试验主要应用的是平面型或型面型的薄膜热流传感器和同轴热电偶热流传感器。薄膜热流传感器的测热技术和数据处理方法比较成熟，但受来流冲刷影响较大，测热重复性较差，对于提高热流测试精度存在一定困难。同轴热电偶热流传感器受来流冲刷影响小，可显著减小重复性误差，提高试验的精度。目前采用同轴热电偶热流传感器进行热流测量是风洞试验热流测量的一种常用手段。同轴热电偶热流传感器如图 8－6 所示。

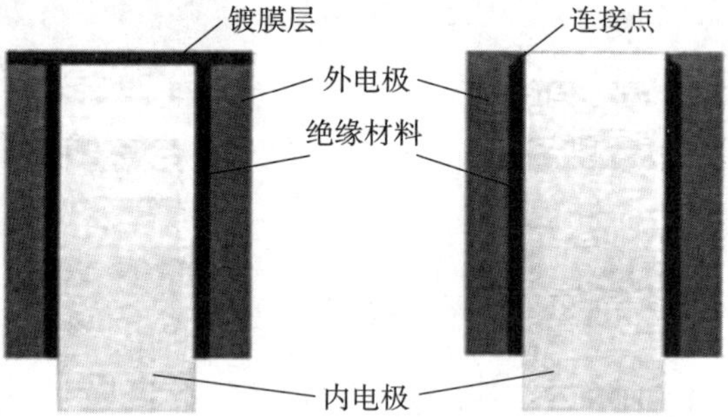

图 8－6　同轴热电偶热流传感器结构示意图

8.1.3　热流传感器选型

根据发动机试验测量工况和环境条件综合权衡选择热流传感器。根据安装方式选择接触式或非接触式热流传感器。接触式热流传感器主要用于热传导的测量，需要将传感器与被测工件接触充分。选择非接触式热流传感器，需要将传感器放置于热流测试环境中，通过热对流或热辐射方式获取热流大小。根据灵敏度更高、测量量程更宽、工作温度更宽、响应时间更快等指标要求选择传感器规格，并结合是否需要固定支架、大小尺寸、柔韧性（曲面工件）等进行综合考虑。

8.1.4　热流测量系统

典型热流测量系统结构组成如图 8-7 所示，主要由热流传感器、活动电缆、主电缆、具有放大和滤波功能的信号调理器、数据采集装置、采集计算机、数据处理软件等组成，其中热流传感器用于对热流传递过程进行实时检测，一般对于热传导方式，配置接触式热流传感器，对于辐射或对流方式，配置非接触式热流传感器。主电缆用于将热流传感器信号进行远距离传输，其长度根据实际需求进行定制。

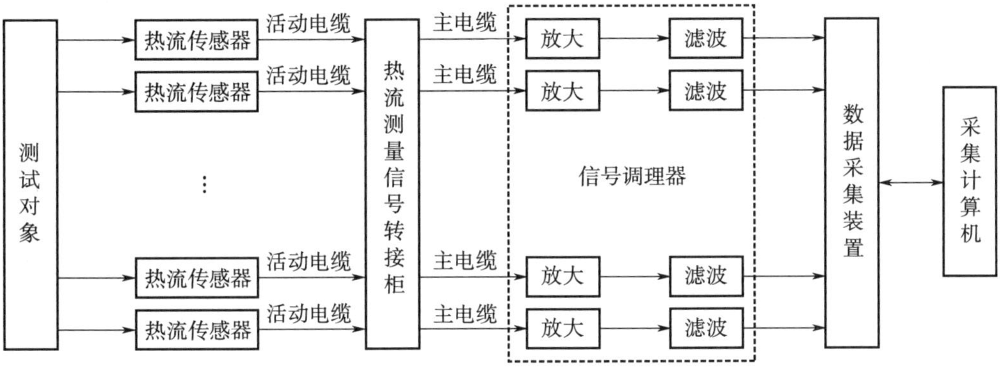

图 8-7　热流测量系统结构组成框图

热流传感器输出信号通常为毫伏级电压信号，常规的数据采集装置很难对其进行精确测量，需要配置专用信号调理电路，对热流传感器输出信号进行放大、滤波等处理，将其转换为 0～10 V 电压信号或 4～20 mA 电流信号。

数据采集装置用于对热流测量信号进行数据采集及存储，常见的数据采集装置有集中式和分布式。集中式测量装置通过活动电缆和主电缆将各测点的热流测量信号集中传输至信号调理器及数据采集装置的测试端口。分布式测量装置通过活动电缆将热流传感器直接接入信号调理器及数据采集装置的测试端口，不用配置主电缆。

采集计算机通过总线接口与数据采集装置进行通信连接，用于对热流数据进行实时存储、实时显示、数据处理及分析。

通过专门的热流数据处理及分析软件进行数据处理，主要提供热流测量的最大值、最小值、均值。热流测试数据报告通常以原始数据、曲线报表等形式提供。

8.1.5　影响热流测量准确性的因素

物体在某一恒定温度下向外辐射的热量和自然对流热量的总和，称为热传递量，通常采用“对流＋辐射”型总热流传感器对其测量。热传递量测试准确性与热流传感器的测试环境及安装方式有关。在常压环境下，发动机热流测试存在热对流和热辐射两种热交换方式，在火箭发动机喷管周围区域布局的热流传感器受发动机尾焰高温、高压、高速气流引射的影响，形成强对流场，加剧热对流过程，影响热流参数测试的准确性。此类情况下，受气流场分布强弱不同的影响，热流场分布呈现出不规则特征，热流测试值仅供参考，不能真实反映火箭发动机在高空飞行状态下的热流场特征。

火箭发动机高空模拟试验中，由于空气稀薄，热量对流传递量相对较小，主要以热辐射方式为主。热辐射量的大小与热流传感器距离发动机热源的安装位置有关，距离越近，热流辐射量越大，反之越小。由于高空模拟试验环境下的热流测量值能够真实反映火箭发动机周围的热流场分布，真空环境下的热流参数测量对火箭热防护设计具有重要意义。

8.2 光纤测量技术

光纤传感器具有灵敏度高、质量小、体积小、不受电磁和射频干扰、不需供电、可远距离遥测、能埋入工程结构等特点，在测试领域广泛应用，目前成为传感器技术发展的主流方向之一。

光纤光栅（Fiber Bragg Grating，FBG）是性能优良的敏感元件，相比于传统电子式或机械式传感器，FBG 具有灵敏度高、动态范围宽、可靠性高、成本低等优点，特别适用于强磁场和辐射性、腐蚀性环境，可用于实现对桥梁、大坝、建筑、矿井、油田、飞行器、舰船、火车等实时监测。FBG 在测试领域主要应用在以下几个方面[3]：

（1）单参数测量

主要是采用 FBG 实现对温度、应变、折射率、声场、加速度等参数的测量。

（2）多参数测量

对两个或两个以上参数的测量。光纤传感技术利用一个或多个 FBG 级联或与其他传感器结合，通过测量谐振波长、幅值、相位、偏振态等参量实现多参数同时测量。在工程实际中各因素相互影响、交叉敏感，多参数测量成为趋势。目前应用较多的是温度和应变参数的同时测量。

（3）分布式测量

在实际应用中，为了实现多参数不同位置的测量，对多个 FBG 进行组网，实现分布式多参数测量。

8.2.1 光纤 Bragg 光栅理论基础

8.2.1.1 光纤光栅测量原理

光纤光栅（FBG）是光纤波导介质中折射率沿轴向呈周期性分布的一种光子器件，周期不同反射的光波波长不同。光纤光栅利用光纤材料的光敏特性在光纤的纤芯上建立一种空间周期性折射率分布，改变或控制光波在该区域的传播方式。当光入射到光纤光栅后，在满足布拉格（Bragg）条件下，入射光发生反射，反射光谱在布拉格波长处出现峰值[4]。

普通光纤的纤芯折射率发生周期性变化构成常见的光纤布拉格光栅，其波导结构如图 8－8 所示。

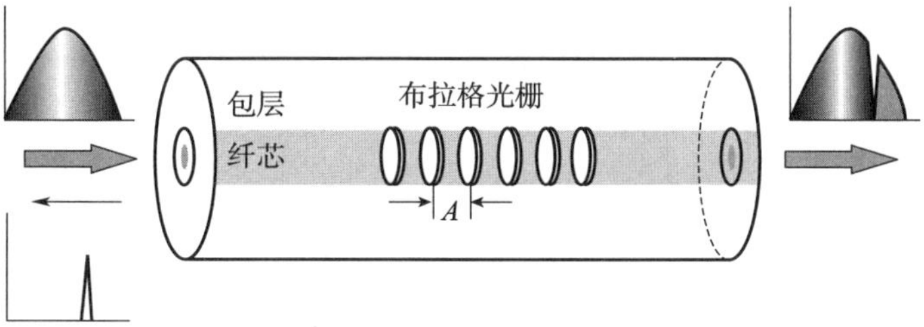

图 8－8　光纤布拉格光栅结构及传感器原理图

中心波长 λ_B 可表示为

$$\lambda_B = 2n_{\mathrm{eff}}\Lambda \tag{8-2}$$

式中　λ_B ——光纤光栅的中心反射波长；

n_{eff} ——光纤纤芯的有效折射率；

Λ ——光纤光栅折射率的调制周期。

在温度或应变的作用下，光纤光栅的纤芯有效折射率和周期发生变化，使中心波长发生移动。

8.2.1.2　光纤传感器多路复用技术

多路复用的原理是利用光纤具有大容量传输信息的特点，在同一信息传输母线上传输来自各个传感器的信息。不同光纤传感器网络结构形式繁杂多样，主要在于传感器调制和定位方法。在时域、频域和波长域都可以进行定位，对应的主要有波分复用、时分复用、空分复用技术。使用复用技术能节约大量成本，提高整体监测效率。

光纤光栅传感系统中宽带光源的带宽较宽，如果对其波长进行区域划分，所选择的光纤光栅传感器的波长处于对应子区域的中心波长，且子区域范围不小于传感器的探测范围，以确保避免通路串扰，这种对传感信号的处理技术被称为波分复用。波分复用需要对传感系统中使用的宽带光源的波长进行分配，每一个复用传感器对应一定的波长范围。为了避免传感信道间的串扰现象，不同的复用传感器所分配的波长区域不能发生交叠。波分复用技术给每一个传感单元匹配一个接收传感器，实现多点测量，原理如图 8－9 所示。

时分复用是指对多个传感器，光信号依据时序在不同传感器之间进行分配。与波分复用技术相比，由于时分复用系统的光源一般为脉冲光源，可以充分利用光源的能量，所以时分复用可大大提高传感系统所能复用的传感器数目。时分复用技术通过脉冲时延差计算分离信号，由于任意两个相邻传感器之间反射脉冲存在时间延迟信号，这个信号能够被高速电子开关阵列分离出可用的反射信号。据资料介绍，国外学者结合干涉波长漂移探测方法验证该方法的可行性，得到 2 $\mu\varepsilon$ 的应变分辨率。其原理如图 8－10 所示。

空分复用指的是将不同串光纤光栅间有机结合起来，构成二维传感网络，避免由于单

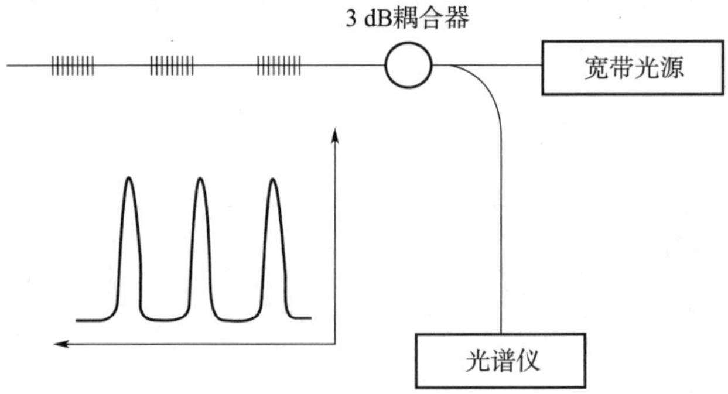

图 8-9　光纤光栅波分复用原理图

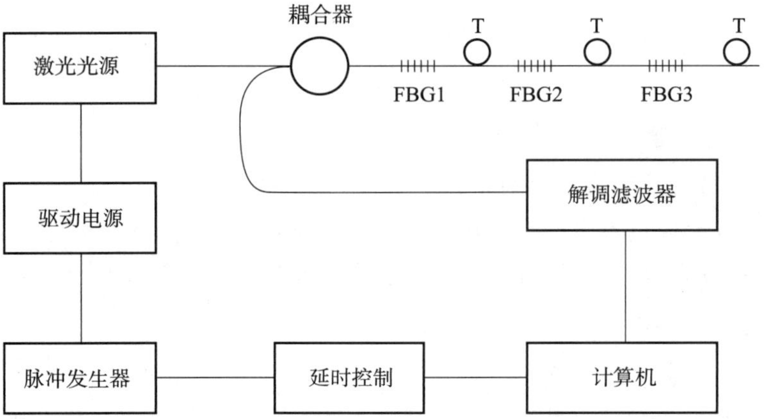

图 8-10　光纤光栅时分复用原理图

一光纤光栅串损坏而造成损失。平行连接在光纤上的光纤光栅的中心波长可以相同，这就降低了传感系统成栅的费用。复用相同数目的传感器的情况下，空分复用不会降低信噪比，可以有效地减少传感器间的串扰。空分复用技术是针对光纤光栅独立工作要求而发展起来的一种新技术。在这种拓扑结构中，传感器具有相同的性能，在遇到损伤和破坏的情况下，及时更换传感器而不影响其他有效部分的工作性能，在此基础上产生了与时分复用技术结合的新型网络结构，已投入使用和验证。空分复用原理如图 8-11 所示。

在实际使用中，可以根据各种复用方案的特点选择合适的复用方案。但是若需要监测的点较多，或者系统对精度有较高的要求，一种复用方案难以满足要求。此时，应结合多种复用方案共同使用以满足系统的要求。

8.2.1.3　光纤光栅传感器的特点

光纤光栅温度、应变传感器用于结构的多点测量、远程测量和长期监测，具有以下特点：

1）光纤光栅温度、应变传感器易实现准分布式测量，构成多点测量网络；减小传输光缆和测量系统的体积和质量，减少数量，降低布设和维护的难度。

光纤的信号传输损耗小，不同波长的光纤光栅传感器之间无串扰，在多点、网络化测

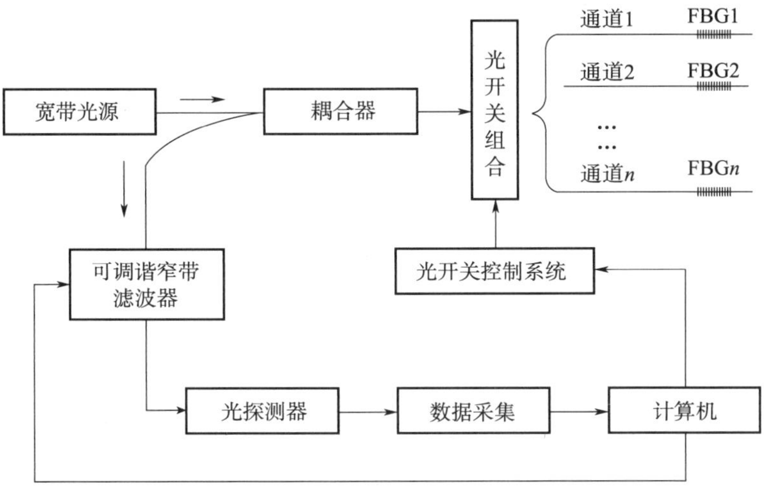

图 8-11　光纤光栅空分复用原理图

量的同时，减小传输光缆和测量系统的体积和质量，减少数量，降低布设和维护的难度。

2）长期稳定性好，抗干扰能力强。

光纤光栅传感器通过中心波长的变化来敏感外界参量的变化，这种波长编码特性使：a）光纤光栅传感器的测量不受光源强度波动、光路损耗变化、探测器漂移等因素的影响，抗干扰能力强；b）波长测量是一种绝对测量，具有自参考功能，不需要测量起始点作为参考，也不受历史误差累计的影响，具有优良的长期稳定性，在长期监测应用中具有突出的优势；c）采用波分复用技术，每个传感头占用一定的光谱范围，使传感头之间无串扰；d）抗电磁干扰能力强，传输损耗低、带宽宽，从而简化电磁屏蔽设计，减小光缆质量，实现远程测量和信号传输。

3）光纤光栅传感器本身安全、性能稳定，适合应用于易燃易爆、腐蚀、湿热等恶劣环境下的远程测量。

4）光纤光栅传感器与复合材料结构具有良好的相容性，体积小，可以植入复合材料结构内部。现代飞行器大量使用碳纤维或玻璃纤维复合材料，采用光纤光栅传感器对复合材料结构进行监测具有突出的优势。

光纤测量虽然具有上述优点，但也存着一些问题。如在发动机地面试验过程中，由于光纤应变传感器每个光纤光栅点的距离是预定的，如果两测点距离大于预定间距，无法布设传感器，小于预定间距时，需要将光纤盘起来，很容易折断。安装完毕的光纤光栅传感器由于无色且脆，在其他岗位工作时，容易导致光纤折断。光纤传感器的精度取决于封装的精度，对封装技术提出了很高的要求。另外光纤光栅易受温度影响，在测量非温度参数时，应考虑温度耦合的影响，且目前光纤传感器价格相对较贵，需要定制的调制解调仪，成本也较高。

8.2.1.4　光纤光栅传感器分类

光纤光栅传感器按测量参数类型分为以下几种：

(1) 光纤光栅温度传感器

光纤光栅温度传感器是一种应用广泛的温度传感器，可应用于火灾报警，设备温度监测，关键部件的内部和表面的温度测量。

(2) 光纤光栅应变传感器

光纤光栅应变传感器用于发动机及组件的应变、应力测量和长期健康监测。

(3) 光纤光栅位移传感器

光纤光栅位移传感器主要应用于测量发动机及组件的相对位置变化，特别是发动机起动时的喷管跳动量等，具有可靠性高、抗干扰能力强等优点。

(4) 光纤光栅压力传感器

光纤光栅压力传感器采用独有的压力弹性元件作为传感基底，压力测量精度高。

(5) 光纤光栅加速度传感器

光纤光栅加速度传感器具有精度高、灵敏度高、抗干扰、寿命长等优点。通过多个光纤光栅加速度传感器组合使用可实现对二维和三维加速度的组合测量。

8.2.1.5 光纤光栅应变灵敏度

光纤光栅应变传感器的工作原理是基于外界施加的应变引起光栅峰值波长的变化。当光纤只受轴向应变作用且外部温度保持不变的情况下，应变对光纤布拉格光栅的影响主要体现在两方面，弹性光效应引起的有效折射率 n_{eff} 和应变导致光纤物理伸长引起的光栅周期 Λ 变化

$$\frac{\Delta\lambda_B}{\lambda_B}=\varepsilon\{1-0.5n_{\text{eff}}[P_{12}-v(P_{11}+P_{12})]\} \tag{8-3}$$

式中 ε ——轴向应变引起的光栅周期改变；

$\Delta\lambda_B$ ——波长变化量；

n_{eff} ——光纤纤芯的有效折射率；

P_{11} 、P_{12} ——应变光学张量分量。

定义光纤的弹光系数为 P_e

$$P_e=\frac{1}{2}n_{\text{eff}}[P_{12}-v(P_{11}-P_{12})] \tag{8-4}$$

则应变灵敏度系数为

$$K_\varepsilon=\frac{1}{\lambda_B}\cdot\frac{\mathrm{d}\lambda_B}{\mathrm{d}\varepsilon}=\Lambda\cdot\frac{\mathrm{d}n_{\text{eff}}}{\mathrm{d}\varepsilon}+n_{\text{eff}}\cdot n\frac{\mathrm{d}\Lambda}{\mathrm{d}\varepsilon}=1-P_e \tag{8-5}$$

式中 Λ ——泊松比。

8.2.1.6 光纤光栅温度与应变交叉敏感性分析

根据温度、应变传感理论可知，光纤布拉格光栅对应变和温度的变化均有响应。弹光效应和热光效应共同导致有效折射率的变化，应变效应和热膨胀效应也同时引起光栅周期的变化。在布拉格公式的基础上，计算出总波长的变化量

$$\Delta\lambda_B=[(1-P_e)\varepsilon+(\alpha+\xi)\Delta T]\lambda_B \tag{8-6}$$

式中　ΔT ——温度变化范围；

P_e ——有效弹光分数；

ξ——光纤的热光分数；

α——光纤的热膨胀系数。

对布拉格光栅进行封装后，传感器的输出波长变化量 $\Delta\lambda_B$ 可以简化为

$$\Delta\lambda_B = \Delta\lambda_\varepsilon + \Delta\lambda_T \tag{8-7}$$

温度和应变共同影响下的光纤光栅布拉格波长的漂移如图 8－12 所示。

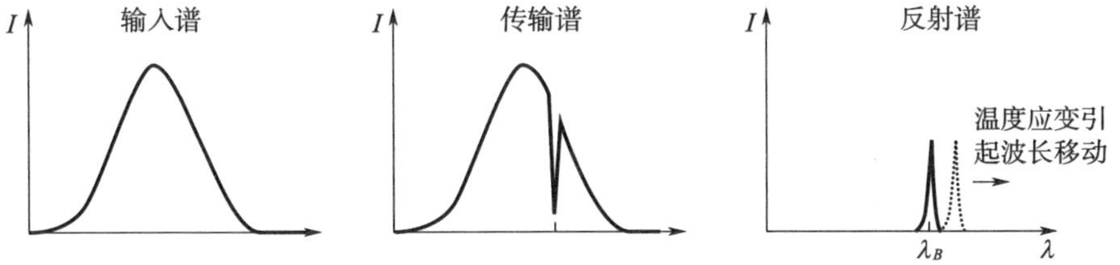

图 8－12　光纤光栅温度与应变反射谱交叉敏感性影响

8.2.1.7　光纤光栅温度与应变交叉灵敏度解耦分析

光纤光栅在温度和应力共同作用下的灵敏度可表示为

$$\frac{\Delta\lambda}{\lambda} = K_\varepsilon \cdot \varepsilon + K_T \cdot \Delta T \tag{8-8}$$

式中　ε ——光纤布拉格光栅的轴向应变；

K_ε ——光纤布拉格光栅的应变灵敏系数；

ΔT ——光纤布拉格光栅的温度变化量；

K_T ——光纤布拉格光栅的温度灵敏度系数。

通过测量反射光波长的偏移量，计算出光纤布拉格光栅所受应变和温度的变化量。可见，封装后光纤光栅的波长改变量，是应变引起的波长改变量 $\Delta\lambda_\varepsilon$ 和温度变化导致的波长改变量 $\Delta\lambda_T$ 的线性叠加。根据实验数据计算得到 $\Delta\lambda_\varepsilon$ 和 $\Delta\lambda_T$ ，通过对耦合波长数据的解调，得到单独的应变响应数据。

8.2.2　测量系统组成及测量方法

液体火箭发动机中，应变参数测量具有测点密集、传感器信号小、传输距离远、要求测量精度高等特点。传统的测量手段通过粘贴薄膜应变片，使用电缆接入应变仪获取数据，这种方式存在测点数量不易扩展、布线复杂等缺点。同时由于连接应变片的距离远，电缆长度的增加导致电缆阻值增大，传输的应变信号只有几个毫伏，传输过程中受到干扰，给应变参数的准确测量增加难度。

光纤测量技术的发展为液体火箭发动机应变测量带来了新方法，光纤光栅传感器用于发动机及组件的多点测量、远程传输和长期监测，具有抗干扰能力强、波长解码、信号传输平均功耗小、长期稳定性好、布线简单等优点，同时可以通过波分复用、空分复用及时

分复用等多种复用技术实现多点测量的分布式测量网络，准确、可靠地获得发动机试验过程关键部位的动、静应变参数值。

8.2.2.1 光纤光栅应变测量系统架构

光纤光栅应变测量系统由光纤光栅传感器、信号传输主光纤、光纤光栅解调器、光纤交换机和数据分析处理系统组成，如图 8-13 所示。

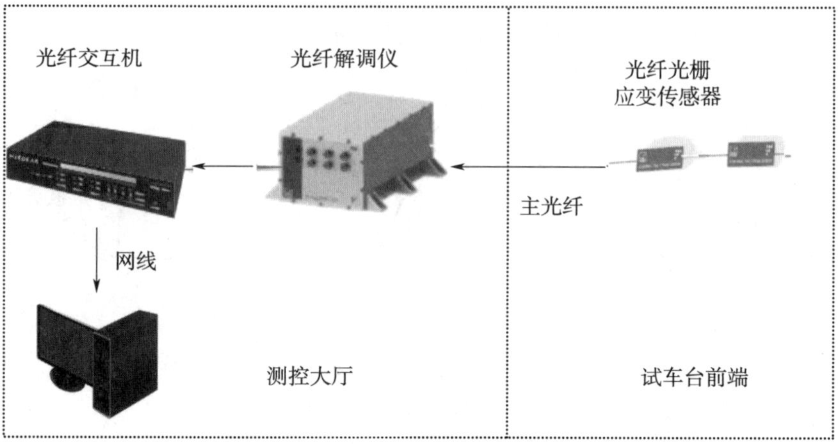

图 8-13　光纤光栅应变测量系统组成图

光纤光栅应变传感器在试车台前端与被测部位紧密贴合，光纤解调器、光纤交换机和处理计算机设置在测量大厅，通过主光纤将试车台前端传感器与后端分析处理设备连接进行数据传输。

(1) 光纤光栅传感器

光纤光栅应变传感器需要与被测部件紧密结合，精确测量被测部件结构的应变，光纤光栅应变传感器如图 8-14 所示。某高温光纤光栅传感器性能指标如下：

1) 类型：铠装光纤应变传感器（点焊或胶粘）；

2) 精度：≤2 $\mu\varepsilon$；

3) 工作范围：−55～+300 ℃（20 s 以内）；

4) 应变范围：±3 000 $\mu\varepsilon$；

5) 光学特性：1 525～1 565 nm 中心波长；

6) 光学接口：两端各一个 FC/apc 接头；

7) 测量点间距：0.2 m；

8) 尾纤长度：0.5 m；

9) 光纤材质：增强玻璃纤维；

10) 传感器串联：应变点/串+温度补偿点；

11) 抗拉折能力：不低于 100 N。

光纤布拉格光栅对应变和温度的变化均有响应。封装后光纤光栅的波长改变量，是应变引起的波长改变量和温度变化导致的波长改变量的线性叠加。因此，对发动机应变部位

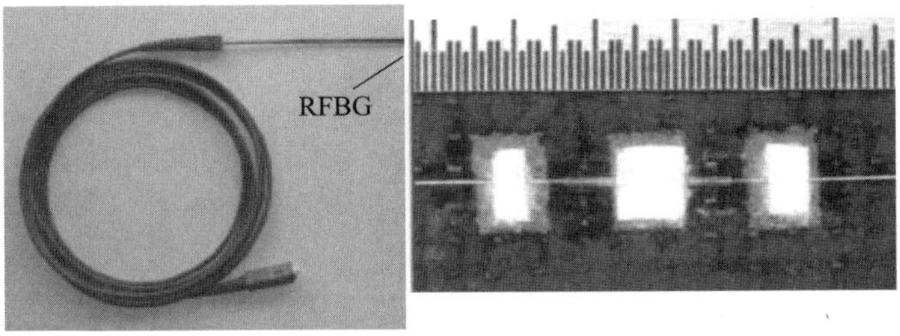

图 8－14　光纤光栅传感器示意图

测量应变时，必须同时安装光纤光栅应变传感器和温度传感器，在数据处理时，对测点位置的应变和温度进行解耦。测点传感器安装示意图如图 8－15 所示。

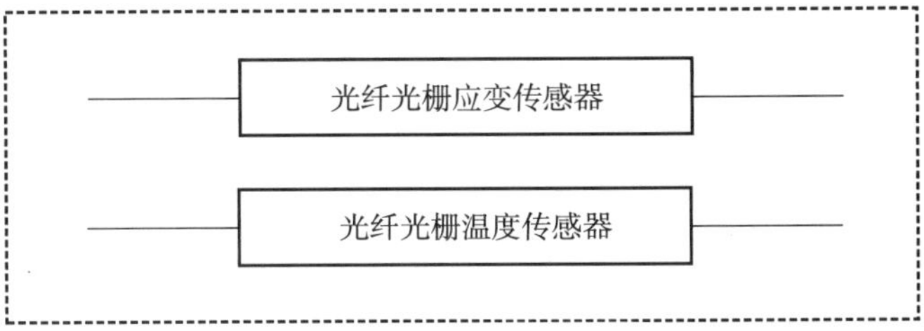

图 8－15　光纤光栅应变传感器和温度传感器安装示意图

传感器安装时，使用专用高温胶将光纤传感器固定在被测点处，采用热风枪进行高温胶固化；用专用高温胶将光纤固定在被测点附近合适位置，固定过程中转向角度不大于 90°，避免弯折；光纤传感器连接至主光纤后，将连接接插件固定在发动机常温导管，避免松动；由主光纤传输至测量大厅光纤解调仪对应通道，将传感器系数输入对应通道，对温度补偿传感器与对应的光纤应变传感器进行设置，随后起动采集进行数据记录。

（2）光纤光栅解调装置

光纤光栅解调器由宽带光源、光学信号处理器、光电信号检测装置、信号解调仪和电气接口组成。宽带光源为系统提供光能，光纤光栅传感器利用光源的光波感应被测量信息并以光信号形式输出，解调出被测信号数据。光纤应变解调装置具有静态和动态全光谱分析功能，每通道 160 nm 带宽，能同时连接上百个传感器，适合长期可靠性高精度测量。解调仪内置高功率、低噪声、超大带宽的扫描激光光源，保证每次扫描的绝对波长精度。解调仪能够快速采集全光谱数据，内置灵活的峰值探测算法，适合于布拉格光栅（FBG）、长周期光栅（LPG）和光纤法珀传感器（FP），可在闭环反馈应用中低延迟访问数据。

光纤应变测量系统主要硬件技术指标：

1）光纤解调仪：支持光信号调理，扫描频率≥5 000 Hz；

2）波长范围：1 510～1 590 nm；

3）精度：10 pm；

4）动态范围：≥50 dB；

5）光谱功能：全光谱；

6）光学通道数：≥2 通道，能够满足 12 路光栅应变传感器测量；

7）光学接口：FC/LC；

8）具备 5 V 电信号采集通道，用于时统信号的采集。

光纤应变测量系统软件主要功能与指标：

1）分析软件：支持动应变时域与频域应力信号的分析，能够自动输出数据报告，具有分段式数据处理功能；

2）支持光传感器故障检测功能；

3）具备对信号差模干扰的抑制能力，具备多级多阶降采样滤波的能力；

4）数据传输可靠性保障：嵌入式网络传输可靠性机制，以及保证网络通信可靠性的机制；

5）数据处理：数据预处理、滤波处理、虚拟通道（计算通道）功能；

6）具备低通、高通、带阻、带通滤波选择和设置功能；

7）数据处理功能：对调出的数据文件，可任意选择通道，具有对其数据进行时间历程图、平均频谱、瀑布图等处理功能。

8）数据导出功能：对调出的数据文件，可任意选择通道，全部或部分导出成规定格式，支持格式为应变数据常用格式。

小型化光纤光栅解调设备如图 8-16 所示，光纤光栅应变/温度测量系统的主要技术指标见表 8-2。

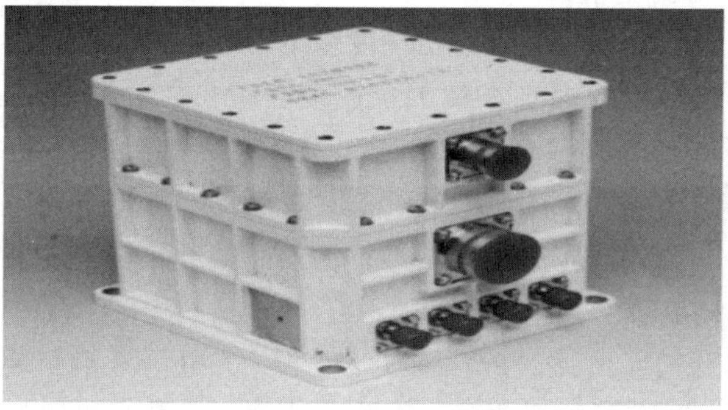

图 8-16　小型化嵌入式光纤光栅信号解调设备

表 8-2　光纤光栅应变/温度测量系统的主要技术指标

参数	低速测量系统	高速测量系统
传感器测温范围	−40～+300 ℃	−200～+700 ℃
温度测量精度	±1 ℃(@−40～+100 ℃)； ±1%(@≥100 ℃)	±1 ℃(@−40～+100 ℃)； ±1%(@≥100 ℃)
温度分辨率	0.1 ℃	0.2 ℃
应变测量范围	−5 000～+5 000 $\mu\varepsilon$	−5 000～5 000 $\mu\varepsilon$
应变测量精度	±(10 $\mu\varepsilon$+0.01|测量值|)	±(10 $\mu\varepsilon$+0.01|测量值|)
应变分辨率	1 $\mu\varepsilon$	2 $\mu\varepsilon$
测量带宽	10～100 Hz	1～10 kHz

续表

参数	低速测量系统	高速测量系统
外形尺寸	≤150 mm×150 mm×70 mm	≤200 mm×180 mm×90 mm
解调仪工作温度范围	−40～60 ℃	−25～60 ℃ −40～60 ℃
质量	≤1.5 kg(4 通道)	≤2.5 kg(16 通道)
功耗	≤10 W(@−40～60 ℃)	≤20 W(室温功耗)

8.2.2.2　应变数据处理方法

(1) 应变光纤光栅温度补偿

光纤光栅应变传感器在发动机试验测量过程中存在应变和温度交叉敏感的问题，使单根光纤光栅无法区分温度和应变分别引起的光纤光栅中心波长的偏移量。温度对应变测量结果影响较大，在温度变化范围比较大的测点位置，容易使传感器的应变测量结果产生较大的误差。为了提高应变测量结果的准确性，必须进行温度补偿，减小或者消除温度的影响。

对于应变测量，同时布设光纤光栅应变传感器和光纤光栅温度传感器，通过光纤光栅温度传感器测量结果，补偿光纤光栅应变传感器受温度变化的影响，获得应变测量结果，光纤温度补偿示意图如图 8－17 所示。

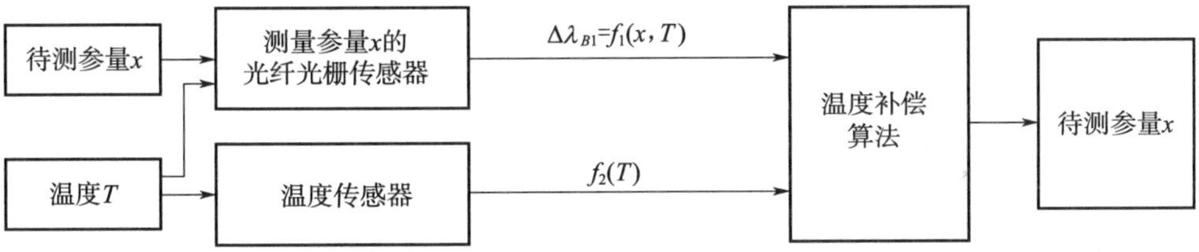

图 8－17　光纤温度补偿示意图

利用温度传感器的测量结果补偿环境温度变化导致的应变测量误差。传感器的应变特性公式为

$$\varepsilon_r = \varepsilon_t - K\Delta T \tag{8-9}$$

式中　ε_r ——温度补偿后的实际应变值；

ε_t ——实时测量的应变值；

K ——斜率；

ΔT ——传感器置零时温度与实际测量温度值的差值。

(2) 光纤应变传感器数据解析

根据发动机应变测量需求确定测点位置，在燃料泵、氧化剂泵、发生器、涡轮球壳、燃气管路、总装管路、卡箍等应变变化剧烈的部位设置多个动、静应变测点，测得的应变表示为

$$\varepsilon_{\mathrm{mech,s}} = \frac{1}{k}\left[\ln\left(\frac{\lambda}{\lambda_0}\right) - S_1(T-T_0) - S_2(T-T_0)(T+T_0-2T_{\mathrm{ref}})\right] - (\alpha_s-\alpha_f)(T-T_0) \tag{8-10}$$

式中 $\varepsilon_{mech,s}$ ——需要测量的应变；

k ——应变灵敏度系数；

λ ——当前测得的波长；

λ_0——零位波长；

S_1 和 S_2——光纤的温度敏感系数；

T ——当前温度，单位为℃；

T_0——零位温度，单位为℃；

T_{ref} ——参考温度，参考温度通常由 S_1 和 S_2 计算确定，一般将光纤光栅传感器参考温度预设为22.5 ℃；

α_s ——被测部位材质的热膨胀系数；

α_f ——光纤的热膨胀系数，值为 0.5 $\mu\varepsilon$/℃。

（3）光纤应变数据处理技术

① 时域加权处理

时域加权处理可以减少泄漏。方法是在对数字时间序列 $x(k)$ 的 N 个值做离散傅里叶变换前，先乘以数据窗 $w(k)$，然后对乘积 $x(k)w(k)$ 做离散傅里叶变换，得到一个离散变换对，记为

$$x(k)w(k) \leftrightarrow \frac{1}{N}\sum_{i=0}^{N-1}x(i)w(n-i) \tag{8-11}$$

式中，N 为截断时间 T 内获得的采样值个数，$N=\frac{T}{\Delta t}$ 。

② 平均化处理

用 FFT 方法求频谱时，估计的均方误差较大。为解决该问题，需进行平均化处理。在数据处理时，对一个动态应变信号不是从头一直采样到底，而是把整个信号划分成 M 个基本长度段，在每个基本长度段上采集 N 个数据，称为一帧，然后对每一帧数据做 FFT 处理，共得到 M 帧频域数据。为了减小均方误差，按不同使用要求，对所得到的 M 帧频域数据进行不同的平均化处理。线性平均用于时间波形和线性谱分析，以提高分析信号的信噪比，线性平均使各记录信号同步；均方根平均（RMS）主要用于功率谱分析，以提高统计精度；指数平均主要强调当前测量数据，对过去数据加权按指数规律衰减；峰值保持平均，实质上并不是真正的平均，用来保持各次测量中频谱的峰值，可得出频率峰值包络。常用的平均化处理方法有以下几种：

（a）线性平均

线性平均是等权处理的一种，按下式进行计算

$$Y_m^{(n)}=\frac{(m-1)Y_{m-1}^{(n)}+x_m^{(n)}}{m} \tag{8-12}$$

式中，$Y_m^{(n)}$ 对应于 m 帧结果的第 n 个谱值的平均值；$Y_{m-1}^{(n)}$ 对应于（$m-1$）帧结果的第 n 个谱值的平均值；$x_m^{(n)}$ 为第 m 帧结果的第 n 个谱值；$m=1$，2，…，M；$n=0$，1，…，$N-1$。

(b) 指数平均

指数平均就是按指数规律加权平均的一种方法，计算公式为

$$Y_m^{(n)} = \frac{(m-1)Y_{m-1}^{(n)} + x_m^{(n)}}{m(k-1)}(1 \leqslant m \leqslant M) \tag{8-13}$$

式中，k 为大于 1 的整常数。

在基本长度段个数 M 相同的情况下，指数平均和线性平均有相同统计精度，即平均后得到的功率谱估计的均方误差 ε 平均后的统计误差是平均前的 $\frac{1}{\sqrt{M}}$ 倍，当 M 较大时，统计误差可以减小很多。

③ 瀑布图处理

瀑布图则是将发动机不同转速下应变信号的幅值谱叠加在一张图上，反映全部频率分量的振幅变化情况。瀑布图的不足之处在于丧失了应变的相位信息。全息瀑布图的绘制方法有两种：一种是将各个转速下的二维全息谱叠加在一张图上，将各频率分量下 x 、y 轴方向的幅值和相位信息都反映出来，克服了传统瀑布图的缺点。但由于将各频率分量下的合成轨迹画出，势必花费大量的画图时间，降低谱图的分辨率。另一种方法是用各频率分量下的主应变矢强度代替单向幅值。它反映了 x 、y 轴方向的应变信息融合，且不会降低谱图的分辨率，但丢失了相位信息。

8.2.2.3　发动机热试车应变测量结果分析

(1) 光纤应变与常规应变测量误差分析

在某型号液体火箭发动机地面热试车前，使用自制模拟应变台对光纤应变传感器进行模拟试验，将常规应变片传感器作为对比试验参考，确认光纤应变传感器误差。

模拟应变台使用薄铁片焊接固定在墙上，平行于地面，先将一个光纤应变传感器粘贴固定在铁片中央，沿铁片轴向布置。再将一个常规应变片传感器粘贴固定在光纤应变传感器旁边，同样沿轴向布置。

模拟试验共做三遍三组，使用螺母作为模拟重物，放置在铁片悬空一端，测量并处理出光纤应变传感器和常规应变片传感器结果，比对结果见表 8-3。

根据试验结果，光纤应变传感器与常规应变片传感器误差在 7%以内，由于两个传感器粘贴部位存在差异，放置螺母位置存在一定差异，故存在误差，但误差较小。故光纤应变传感器数据是真实可信的，可以在发动机地面热试车中使用。

表 8-3　光纤应变传感器与常规应变片测量结果比对

试验序号	光纤应变传感器结果/με	常规应变片传感器结果/με	误差
1—1	132.12	140.25	5.80%
2—1	138.20	148.31	6.82%
1—2	240.67	252.13	4.55%
2—2	242.52	254.68	4.77%
3—2	238.15	250.10	4.78%

续表

试验序号	光纤应变传感器结果/με	常规应变片传感器结果/με	误差
1—3	350.26	360.12	2.74%
2—3	359.13	367.23	2.21%
3—3	342.58	353.52	3.09%

（2）某型号发动机地面热试车数据分析

在某型号液体火箭发动机地面热试车中，在某介质排放细管上粘贴 3 个光纤应变传感器，测量结果如图 8-18 和图 8-19 所示。根据测量结果，D3 部位全程平均应变值约为 1 328 με，D4 部位全程平均应变值约为 1 604 με，D5 部位全程平均应变值约为 1 032 με，三个应变传感器全程数据较为稳定。试车后与设计人员交流，根据发动机模拟计算结果，该细管平均应变约为 1 000 με。管路头部应变较大，尾部较小，光纤应变数据与模拟计算结果比较接近。根据平均频谱处理结果，433 Hz、522 Hz、770 Hz、1 044 Hz 处存在较大应变突频，该管路模拟计算中，1 020 Hz 为应变主频，处理结果与模拟计算结果相近。

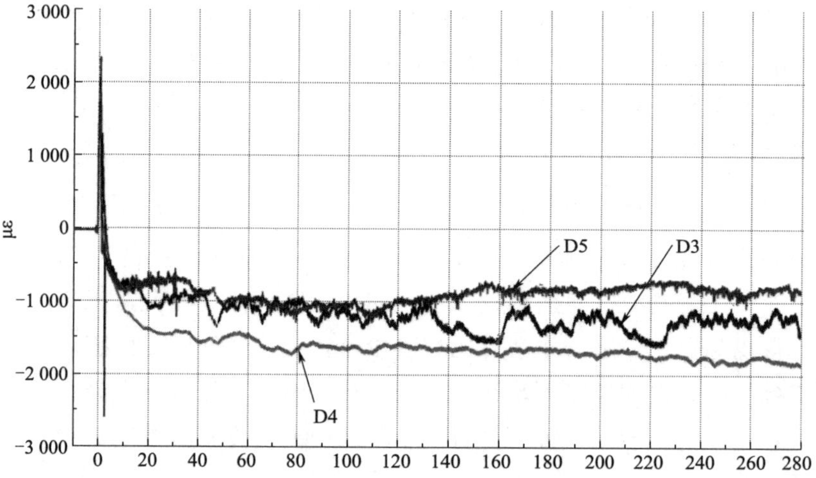

图 8-18　某型号液体火箭发动机地面热试车光纤应变传感器瞬时数据

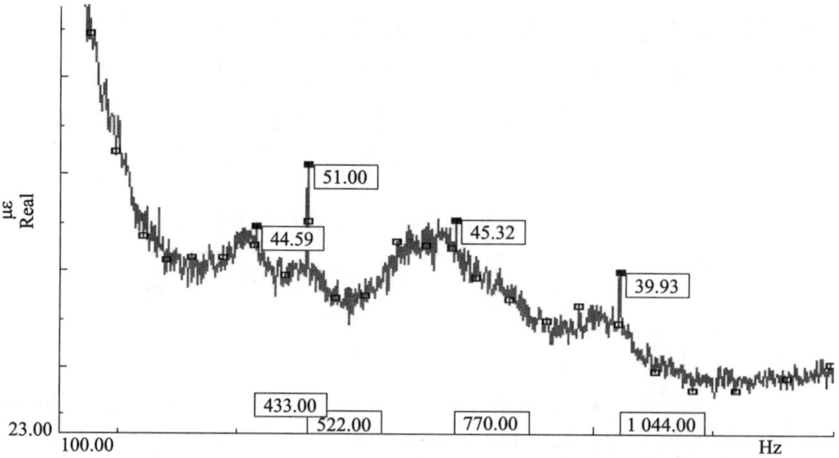

图 8-19　某型号液体火箭发动机地面热试车光纤应变传感器平均频谱数据

8.3　红外温度测量技术

8.3.1　发动机红外温度测量技术

发动机试验中传统的温度测量方法是热电偶壁温测量，它具有技术成熟、测量精度高、操作简便等优点。但必须与被测物体紧密接触，响应性较差，在热试车试验环境下，存在以下不足：1）当采用点焊安装方式时，仅能点焊于不锈钢或高温合金部位，且某些部位由于结构形状限制或材料内型等原因无法安装传感器，测量结果只能反映发动机结构表面的一个点，不能反映表面整体温度分布情况（即温度场）；2）由于热试车造成的高温、大振动等环境，点焊的温度测点由于耐温、耐腐性不佳，在点火过程中经常脱落；3）K型铠装热电偶的响应速度慢，惰性大，对高温、高速温度场的测量效果不佳；4）如果测点部位温度在 1 000 ℃以上，需要采用 B 型、R 型或 S 型热电偶，均为贵金属热电偶，价格较贵；5）补偿导线起到延伸电极长度的作用，使热电偶的冷端移动到测量间的采集板卡上，本身并不能消除冷端温度变化对测温的影响，补偿作用受到影响，还需补偿冷端温度 $T_0 \neq 0$ 时对测温的影响。

非接触式红外测温能够满足发动机温度场测量需求，技术特点包括：1）无损伤、非接触、快速实时（响应时间少于 10 ms）及远距离测量；2）较高的精度、灵敏度，仪器本身测量误差一般在±1%左右，最小温度分辨率可达 0.1 ℃；3）较宽的测温范围，最高测温可达 2 500 ℃；4）计算机数据处理速度快。接触式温度测量与红外温度测量的优缺点对比见表 8－4。

在试车中，红外热像仪能在一段时间内对温度分布进行连续采集，采集触发信号既可与点火信号同步，也可进行手动触发。红外热像仪可对壁面上定点、曲线或者区域内的温度分布变化进行定量分析，揭示发动机结构壁面动态温度场，准确反映温度场中每一点的温度值。

需要指出，红外热像测温的不足之处：1）为获得准确的温度场测量数据，必须在测试前对被测结构表面发射率、距被测点的距离与背景环境系数和大气透过率等参数进行设置，这些参数有些较难准确获得；2）红外热像温度场现场测量系统缺乏相应的现场校准手段，影响测量准确性。

表 8－4　接触式温度测量与红外温度测量的优缺点

测温方式	优点	缺点
热电偶	技术成熟	1)影响被测点温度场分布； 2)高温和振动导致传感器脱落； 3)受限于测点部位材料和空间； 4)响应速度慢； 5)需冷端补偿

续表

测温方式	优点	缺点
红外	1)非接触式测量,对被测物体无影响; 2)检测物体表面温度; 3)反应速度快; 4)测量范围宽; 5)可对小面积,不易接触的部位测温; 6)同时对点、线、面测温	1)测量精度受影响因素比较多,如外界环境参数、距离; 2)对于光亮或抛光的金属表面的测温读数影响较大; 3)只限于测量物体外部温度,不方便测量物体内部和存在障碍物时的温度

8.3.2 红外温度测量系统

8.3.2.1 红外温度测量原理

自然界中的物体只要其温度高于绝对零度，就不断地向外辐射能量。理论上只要能收集物体辐射的这些能量，经过处理后，可得到与目标辐射分布相对应的热像图。一般将物体辐射波长在 0.76～1 000 μm 的电磁波定义为红外光波。红外热成像技术是利用红外辐射的波段进行成像[5]。

物体发出的红外辐射经热像仪的光学结构传递至红外探测器，红外探测器将物体表面分解成一个个像素点，并将代表各像素点温度的辐射能量转换为幅度与输入辐射能量大小成正比的电压信号，经过放大、整形、模/数转换后成为数字信号，处理后形成伪色彩码，最终由图像处理系统生成对应于物体表面温度分布的灰度或彩色热像图。图像中每一个点的灰度值或色彩与被测物体上该点发出并到达光电转换器件的辐射能量相对应。经过运算，就可以从红外热像仪的图像上读出被测物体表面的每一个点的温度值，实现红外热像温度场的测量，原理如图 8-20 所示。

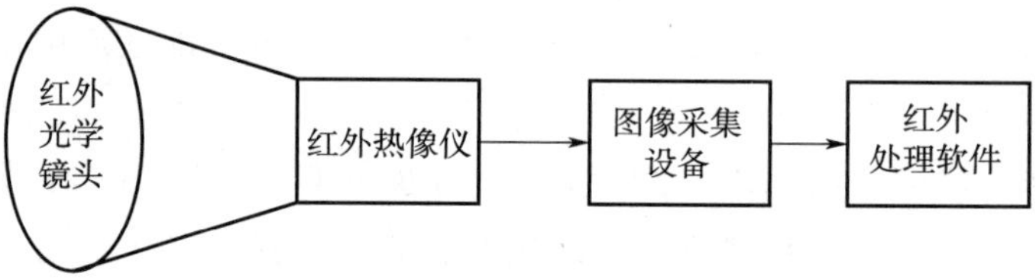

图 8-20　基于红外热像仪的温度测量系统原理框图

目前在红外成像领域研究较多的是采用中波红外（3～5 μm）和长波红外（8～14 μm）两个波段进行探测。

8.3.2.2 红外温度测量系统组成

红外温度测量系统通过热成像进行测温，如图 8-21 所示。测量系统主要由红外光学镜头、红外热像仪、图像采集设备和数据处理软件组成。

辐射体发出的红外辐射进入光学系统，经探测器和调制器把红外辐射调制成相应的电信号。经放大器和信号处理电路，按相应算法和目标发射率校正后完成目标温度值的测量。

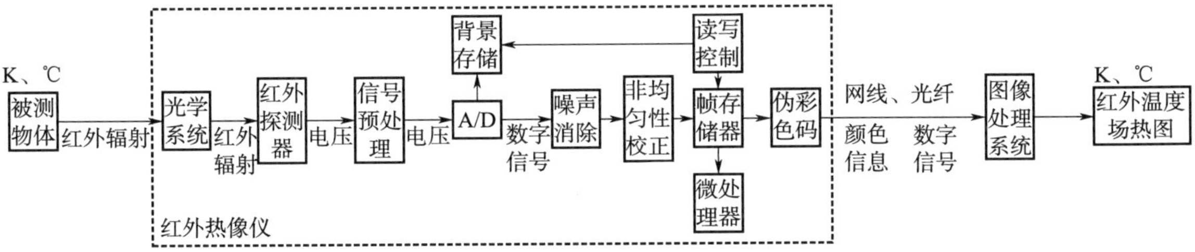

图 8－21　基于红外热像仪的温度测量系统组成

8.3.2.3　热像仪的系统结构

环境中的物体由于温度不同，引起热辐射能力的差异，显示为红外热像仪“热像”，即将红外辐射能量的密度分布形象化为可见的图像，并且该图像中将不同温度的物体以一定的对比度进行表示。红外热像仪系统结构如图 8－22 所示。

红外热像仪主要由透镜、探测器和信号转换电路组成。通常情况下按照工作情况分为制冷型和非制冷型两类，区别在于探测器材料不同。制冷型探测器主要为光子探测器，由光电效应进行成像，探测率和灵敏度较高，需要采取液氮或斯特灵等制冷剂进行制冷，温度分辨率高，但价格比较昂贵；非制冷型探测器主要为热探测器，成像机理为热敏效应，优势在于光谱范围宽且比较平坦。相比制冷型，非制冷型仪器成本低、便携化、性能稳定[6]。

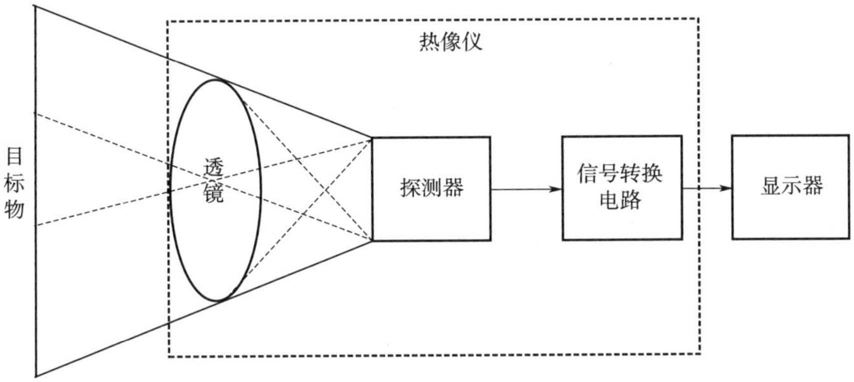

图 8－22　红外热像仪系统结构示意图

红外热像仪的典型结构分为：光机扫描结构和 FPA 焦平面阵列。FPA 焦平面阵列的探测器由光敏器件阵列构成，与光机扫描结构相比功能稳定，在将来的发展中光机扫描结构有可能被 FPA 焦平面阵列替换。敏感元和读出电路构成红外焦平面阵列元件，由于探测器的输出信号强度较弱，信号转换电路对输出信号进行放大。信号转换电路进行背景干扰抑制、噪声消除及图像非均匀校正，该功能由微处理器结合相应的硬件、软件来实现。

8.3.3 影响红外测温的因素

红外热像仪接收到的有效辐射包括三部分：目标自身辐射、环境反射辐射和大气辐射。利用红外热像仪测温，测温精度主要与被测物体发射率、距离与背景环境系数和大气透过率密切相关，影响程度随被测物体性质、测量距离、现场环境的不同而变化。为了保证测量的准确性，测量前应准确地测定上述影响参数，并在红外热像仪中进行设定。

（1）发射率

目前使用的红外热像仪等非接触式测温系统，测得的不是物体的真实温度，而是亮度温度、颜色温度及辐射温度。必须知道物体的另一参数——材料发射率，才可求得物体的真实温度。

发射率是被测物体相对于黑体辐射能量大小的物理量，表征物体辐射红外线的能力，不同的物体发射率不同。它是相同温度和波长下的实际物体辐射能量与黑体的单色辐射能量之比，所以亦称比辐射率。

所有物体的发射率都在 0～1 之间。物体的材料、表面粗糙度、形状、氧化程度、颜色、理化结构、厚度等均是影响发射率的主要因素。金属材料表面状态对发射率的影响较大，一般粗糙表面和受氧化后表面的发射率是磨光表面的数倍。非金属材料发射率都比较高 0.85～0.95，且与表面状态的关系不大。发射率越大，物体表面的辐射能力越强。光洁的金属表面或抛光的物体发射率很低。此外，物体的材料发射率不仅与物体的组分、表面状态及考察波长有关，还与它所处的温度有关，且易随表面状态改变而改变。测准来自被测物体的能量和如何将测得的能量转换成被测物体的真实温度的技术研究一直在不断深入。在实际应用中，还涉及被测物体的光谱发射的研究和辐射传递通路中的介质对辐射传递的影响的技术研究[8]。

实际测量过程中，如果红外热像仪上的发射率设定不当，测量的温度与物体实际温度之间就存在较大误差，最大误差可达 35%，而且误差的大小还与波长成正比。

假设仪器设定的发射率为 ε_1，物体的实际发射率为 ε_2，根据斯蒂芬-玻耳兹曼定律，测温仪显示的温度 T_1 和物体的实际温度 T_2、环境温度 T_0 之间的关系可表示为

$$\varepsilon_1\sigma(T_1^4 - T_0^4) = \varepsilon_2\sigma(T_2^4 - T_0^4) \tag{8-14}$$

若测温仪设定的发射率 ε_1 为 0.95，实际物体发射率 ε_2 为 0.97，显示温度为 $T_1=30$ ℃，环境温度 $T_0=25$ ℃，通过计算可得到物体实际的温度为 30.16 ℃。如果机器发射率设置为 1，而测量低发射率的物体（如铝、铜）的发射率为 0.5，同样显示温度为 30 ℃时，实际物体的温度为 24.35 ℃，产生了较大的误差。

所以，在液体火箭发动机关键部件红外热像温度场测量中，应对被测关键部件的发射率进行标定，设定的发射率与物体表面的实际发射率一致，保证测温数据的准确性。

（2）距离与背景环境系数

一般红外测温仪的视场是一个圆锥形的立体角，随着测量距离的增大，被测目标的直径相应增大，使被测物体的发热面充满测温仪的视场，保证测量结果的准确性。距离系数

是红外热像仪的重要参数，代表红外热像仪视场角所对应的视场面积。因此，红外热像仪与被测目标之间存在三种位置关系，如图 8－23 所示。

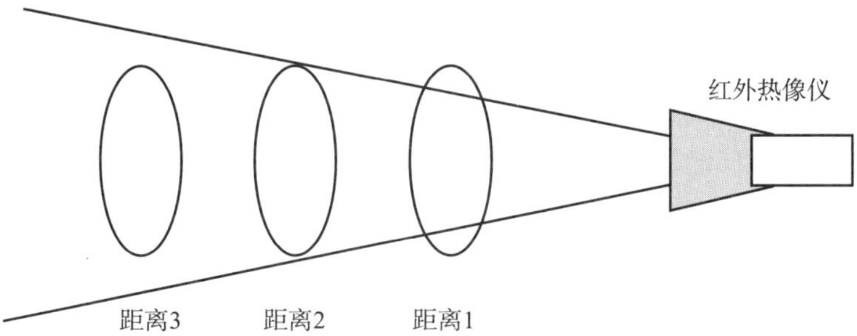

图 8－23　红外热像仪与被测目标的三种关系

当被测目标处于距离 1 时，被测物体大于光学目标。这时，仪器能显示被测物体位于光学目标内确定面积的真实温度，这是最好的测量效果。

当被测目标处于距离 2 时，被测物体等于光学目标。背景温度已经受到影响，但还比较小，测量效果一般。

当被测目标处于距离 3 时，目标不能充满红外热像仪的整个视场，会引入背景环境温度误差，T_0 值变为 T_{01}（T_{01} 为目标真实温度与背景环境温度权值之和），即 $T_{01}=\frac{目标真实温度}{x}+\frac{背景环境温度}{1-x}(0<x<1)$，当 $T_u=T_a$，且 $T_a<T_0$ 时，$T_{01}<T_0$。在测温中认为 T_{01} 就是 T_0，红外热像仪测得的温度 T_c 将会减小，引起测量误差。在液体火箭发动机红外热像温度场测量时，热像仪与被测目标的距离应满足图中距离 1 或距离 2 的关系。

红外热像仪在室外环境测量温度场过程中的背景环境因素如图 8－24 所示。影响最为明显的是太阳光直射和周围物体的反射、环境温度的影响。

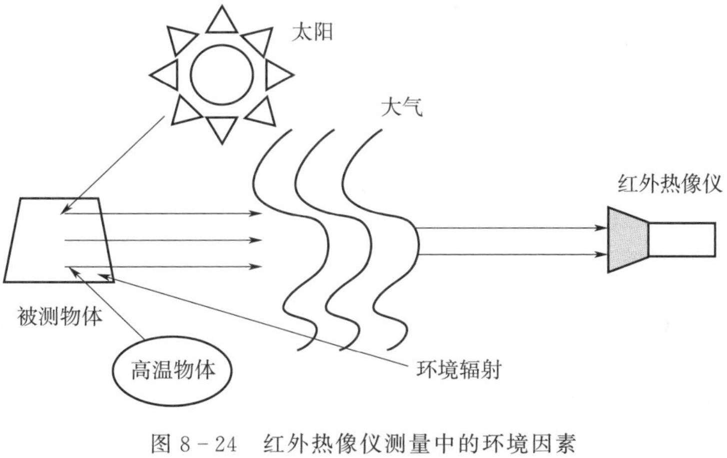

图 8－24　红外热像仪测量中的环境因素

当太阳光或强烈的灯光照射时，光线的反射和漫反射，对红外测温仪的正常工作和准确判断影响较大。同时，光线照射造成被测物体的温升将累加在被测物体的稳定温升上，直接造成测量误差。

红外热像仪接收的辐射能量有部分来自反射的环境辐射能量，这份额外的辐射能量造成热像仪接收到的能量大于被测物体实际发射的辐射能量，测得的温度大于真实温度。由于反射作用，当环境温度与被测物体表面温度相差较大或被测物体本身的发射率很低时，产生的反射总量给热像仪的准确测量带来较大影响[7]。

此外，当被测物体处于室外且有风时，空气的流动会加速发热物体表面的散热，使物体表面温度降低，直接造成测量误差。瑞典国家电力局经过多次实验定义了下面的公式作为风力影响的修正公式

$$T_1 = T_2(F_1/F_2)^{0.488} \approx T_2\sqrt{F_1/F_2} \tag{8-15}$$

式中 T_1——在风速 F_1 下的过热温度；

T_2——在风速 F_2 下的过热温度。

该公式适用于室外的强制对流（风正面吹向物体）条件。例如，风速 $F_1 = 9$ m/s 时，测得过热温度 $T_1 = 10$ ℃，那么在风速 $F_2 = 1$ m/s 的条件下，过热温度 $T_2 = 30$ ℃。

（3）大气透过率

红外线的波长范围是 0.76～1 000 μm。然而，红外辐射由被测目标发射，在大气中传播一段距离才能到达观测仪器。除几何发散外，红外辐射在大气中传播会有较大衰减，主要因素是大气中各种气体对辐射的吸收。组成大气的主要气体是氮气、氧气、氢气，占99%以上。它们不吸收 15 μm 以下的红外线，否则红外技术在野外就无法使用。能引起红外吸收的气体是 H_2O（水汽）、CO_2、O_3，它们在不同波段针对红外线形成吸收带，再加上 CH_4、CO 等气体的吸收作用，造成了红外辐射的衰减。通过 1～15 μm 的红外辐射通过 1 n mile 长度的大气透射比试验，证明只有处于红外吸收带之间的红外辐射能够透过大气向远处传输，其中有 3 个透过大气的红外波段，1～3 μm，3～5 μm，8～14 μm，这 3 个波段被称作“大气窗口”，红外测温系统常常在这 3 个窗口内工作。2～5 μm，8～14 μm，这 2 个波段具有不同特性，分别称为“短波”窗口和“长波”窗口。

根据普朗克辐射定律，可以推导出

$$T_c^n = T_a\,[\varepsilon_a T_0^n + (1-\alpha_\lambda)T_u^n] + \varepsilon_a T_a^n \tag{8-16}$$

式中 T_a——大气温度；

T_u——环境温度；

T_c——测量温度；

T_o——被测物体表面温度；

ε_a——大气透射率；

α_λ——表面吸收率。

在传输过程中，红外辐射由于大气的吸收与散射作用而产生衰减。随着传输距离的增加，红外辐射的大气透射率会减小。假设 $T_u = T_a$，上式可简化为

$$T_c^n = T_a\varepsilon_a(T_0^n - T_a^n) \tag{8-17}$$

若使用波段范围为 8～14 μm 的红外热像仪进行测温，则 n 值约取为 4。由上式可知，当被测目标的温度较高（$T_a < T_0$）时，随着大气透射率 ε_a 的减小，红外热像仪测得的温度 T_c 也会随之减小，从而产生测温误差。

此外，空气中的尘埃及悬浮粒子是红外辐射在传播过程中能量衰减的又一原因。当红外线存在这种粒子的空间传播时，会严重影响红外接收系统的正常工作，同样会造成测量误差[8]。

综上所述，利用红外热像仪测温，其测温准确度主要与被测物体发射率、距离与背景环境系数和大气透过率等相关。上述因素的影响程度随被测物体性质、测量距离、现场环境的不同而变化。为了保证测量的准确性，在测量前尽可能准确地测定上述参数并将其在红外热像仪中进行设定。此外，对于国标中规定的环境温度影响、噪声等效温差(NETD)、连续稳定工作时间、特征测温范围等参数，同样进行实验室标定。

8.3.4　发动机红外测温的不足

发动机红外测温虽然有着诸多的优点，但也存在一定的不足之处：

1）为获得准确的温度场测量数据，必须在测试前对被测物体结构表面发射率、热试车现场的距离与背景环境系数和大气透过率等参数进行设置，这些参数一般较难准确获得。

在某次液体火箭发动机地面试验过程中进行了红外热像测温测试，图 8－25 所示为测量获得的推力室在不同工况条件下的壁面温度场分布。由于试车台现场测量过程中推力室的表面发射率、试车环境距离与背景环境系数、大气透过率等关键参数不明确（图 8－26），采用经验值代替，最终测量的温度场数据误差超 10%，由于测量偏差大，测量数据仅供参考。

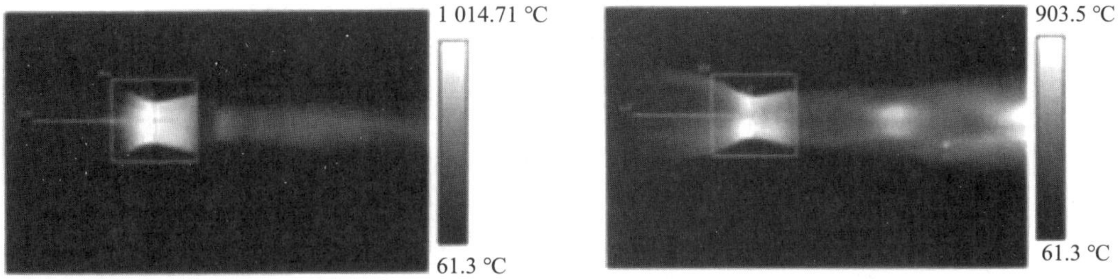

图 8－25　某次液体火箭发动机地面试验推力室工况热图

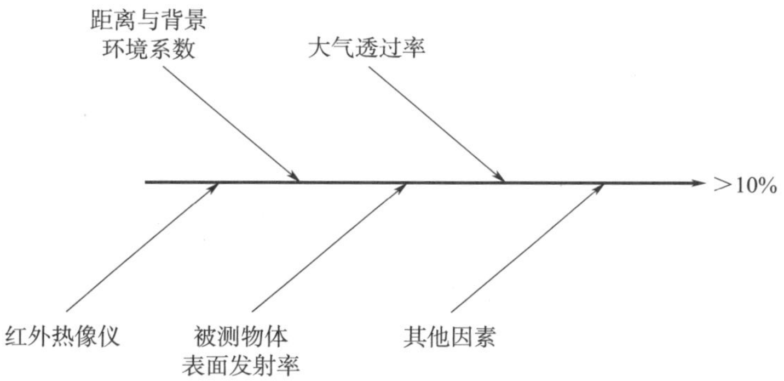

图 8－26　红外热像温度场测量的误差合成

2）红外热像温度场测量缺乏现场校准手段。热像仪出厂前校准及计量检测机构定期校准采用标准黑体炉作为辐射源，然后由待校红外热像仪测量其辐射温度或亮度输出，如图 8-27 所示。由于红外热像测温受距离和大气中水汽、二氧化碳的影响较为明显，实验室利用大面源黑体，采用尽可能近的定标距离，让辐射面完全充满红外热像仪视场，将红外热像仪镜头的焦距调到无穷远，红外热像仪读取均值。

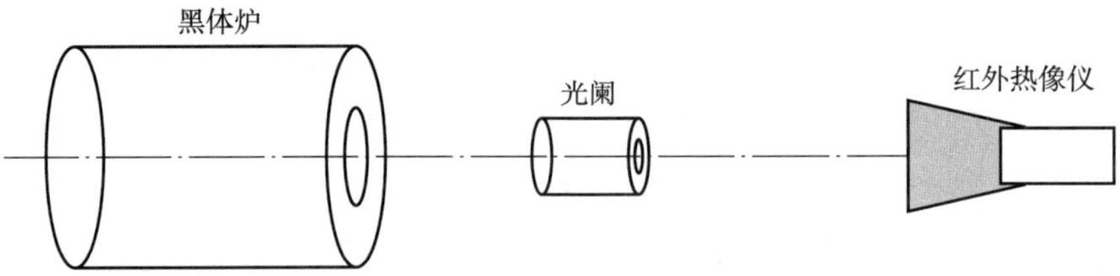

图 8-27 传统校准方法

实验室环境与热试车现场环境差异较大，采用实验室校准数据进行温度测量导致测量结果产生较大的偏差。为了提高热像仪测温的准确性，应采用现场校准方法，减少或消除系统误差。

在发动机热试车采用黑体炉现场校准时，存在如下问题：

1）试车现场无法保证温湿度处于规定的范围，试车时会产生环境辐射；

2）发动机喷口附近为高温极端环境，黑体炉本身不具备耐高温能力，不能安装在发动机附近；

3）试车过程产生的振动对安装黑体炉有危险隐患；

4）黑体炉一般不具备防水能力，试车后喷淋冷却水影响黑体炉的性能。

8.3.5 红外热像现场校准方法

热试车过程环境条件恶劣，采用黑体炉作为标准源的传统校准方法难以适应现场，考虑采取间接法进行校准。

图 8-28 显示了由比色及多波长测温装置作为校准系统的间接法校准原理。由红外热像仪和比色及多波长测温装置同时对一温度源进行测试，经过各自的图像处理系统获得红外温度场热图和比色温度值，将两组温度数据上传至校准系统进行比对，获得校准系数，并实时传送回红外热像仪进行修正，即实现红外热像温度场测量系统的现场校准。

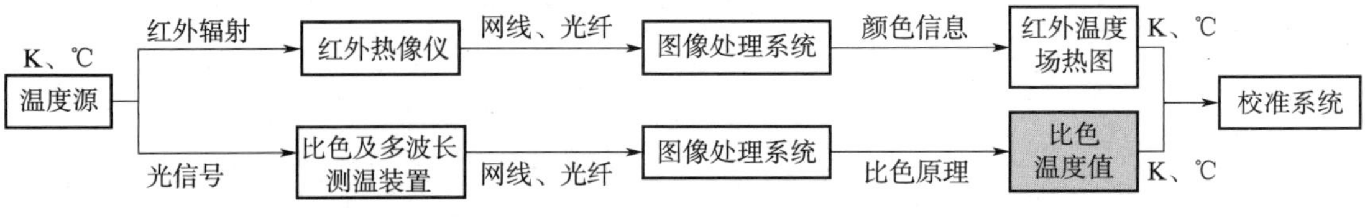

图 8-28 红外热像现场校准原理框图

红外热像现场校准系统分为试验台现场环境模块和控制室模块。现场环境模块由比色及多波长测温装置、测点跟踪装置、微型温度装置及控制器、现场控制与数据采集系统组成，控制室模块由热图分析软件、实时校准软件等组成，其具体结构如图 8－29 所示。

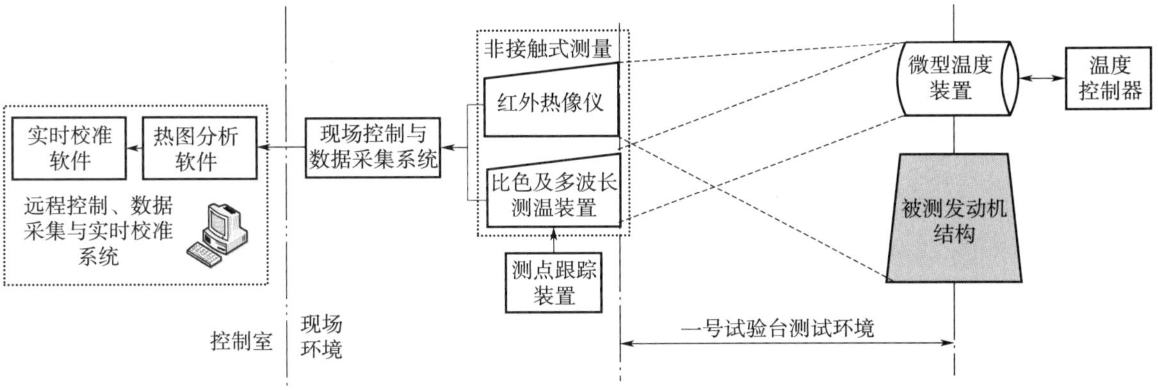

图 8－29　红外热像现场校准系统结构图

微型温度装置安装于距离推力室、发生器、涡轮盘等测点部位较近处参与试车，由控制器维持其温度于一定值，这一定值将上传至实时校准软件；比色及多波长测温装置与红外热像仪安置于距离微型温度装置和被测发动机相同距离处进行测量；在发动机起动瞬间，点火信号同时触发比色及多波长测温装置、红外热像仪，确保两套装置同步采样；比色及多波长测温装置测量微型温度装置的实时温度，红外热像仪记录包含微型温度装置与推力室、发生器、涡轮盘等发动机部件的实时红外热图；经热图分析软件处理后，将两种不同方式测量的微型温度装置温度均上传至实时校准软件进行比对，获得实时校准系数。将该系数回传至现场控制系统，对红外热像仪的示值误差进行修正，即完成实时间接校准。

8.3.6　红外热像仪测量工艺方法

红外热像仪测量准确性主要与被测物体发射率、距离与背景环境系数和大气透过率相关。热试车现场测量前，准确测定上述关键参数受被测物体性质、测量距离、现场环境等因素的影响机理并在红外热像仪中设定。

8.3.6.1　确定热像仪安装位置

为准确测量被测物体的红外温度场（点温或面温），需合理选择和确定热像仪的安装位置。热像仪现场测试时，工作环境在湿度小于 85％以下比较理想，热像仪与被测物体的距离则越近越好。热像仪的安装位置需注意以下事项：

1）热像仪的视场角所对应的视场面积应小于或等于被测物体；

2）热像仪安装底座应远离振动基础；

3）热像仪安装底座应远离热源；

4）热像仪镜头与被测物体表面连接直线间无遮挡物，镜头与被测物体表面连接直线间应避免热试车过程中形成的水雾，镜头应避免强光直射或照射。

8.3.6.2 热像仪的安装、固定和防护

测试前，需对热像仪进行有效的安装、固定和防护，安装方案如图 8-30 所示。热像仪采用坚固的三脚架固定于地面或采用抱箍的方式安装于试车架的基础底座。热像仪只有稳固安装才能最大限度地消除由于热试车过程中的振动造成的数据波动。热试车过程环境辐射温度较高，有大量的水雾形成，发动机关机后试车台体进行水消防。因此，热像仪安装固定后，还需采取相应的防火、隔热和防水包扎，确保热像仪可靠工作。发动机工作时高温部位主要集中在涡轮盘、推力室和发生器，红外热像仪测量部位主要针对这些部位。

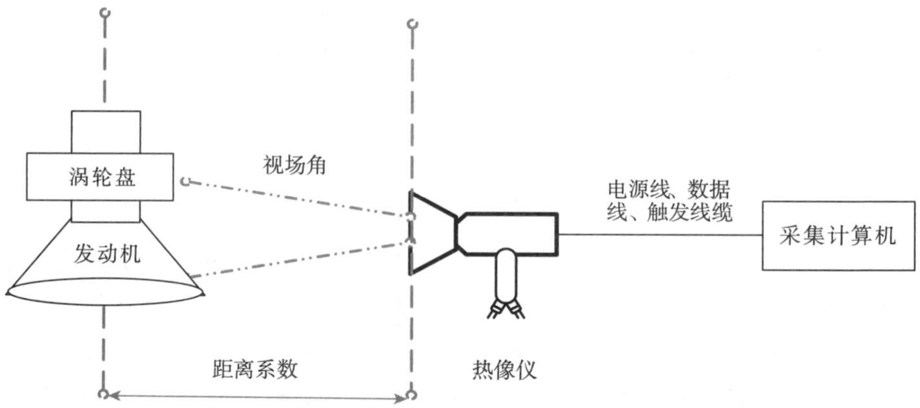

图 8-30 红外温度场测量现场安装方案图

8.3.6.3 发射率参数确定

红外热像仪在热试车现场测量前准确测定被测物体性质、测量距离、现场环境等因素的影响机理并在红外热像仪中进行设定。结合发动机推力室、发生器、涡轮盘关键部件实际，需要测定工件在不同温度及极端温度、不同表面氧化程度、不同涂层等条件下的发射率。采用热电偶法（即接触测温）与红外测温比较修正的方式获取上述关键部件的发射率。

涡轮泵试验情况如图 8-31 所示。试验环境采用具有观察窗的高温炉，将能够体现发动机推力室、发生器、涡轮盘真实材料和表面状况的工件置入炉中，将热电偶温度传感器置于参考部位。由常温开始逐级进行加热，试验温度范围覆盖红外热像温度场测量系统测温范围。当整个被测部件温度趋于稳定后，运用普朗克辐射定律和斯蒂芬-玻耳兹曼定律将大量的红外热像测温数据与同部位的接触测温数据进行比对计算，获得相应温度下的推力室、发生器、涡轮盘的发射率，最终获得不同表面状况下的发射率-温度对应曲线。经查阅文献，推力室、发生器、涡轮盘的表面发射率在 0.5～0.9 之间。

通过对发动机部件的发射率进行试验测试，获得影响发射率的因素，对不同材料、不同表面处理的部件分别进行现场检测，获得发动机部件试验时分析温度数据的参考发射率，见表 8-5。

图 8-31 涡轮泵试验测量热图（见彩插）

表 8-5 材料参考发射率

材料		发射率值			
		1 μm	2.2 μm	5.1 μm	8～14 μm
铝	非氧化	0.10～0.20	0.02～0.20	0.02～0.20	0.02～0.10
	氧化	0.40	0.20～0.40	0.20～0.40	0.20～0.40
氧化铝	氧化		0.40	0.40	0.30
	粗糙	0.20～0.80	0.20～0.60	0.10～0.40	0.10～0.30
	抛光	0.10～0.20	0.02～0.10	0.02～0.10	0.02～0.10
黄铜	抛光	0.35	0.01～0.05	0.01～0.05	0.01～0.05
	磨亮	0.65	0.40	0.30	0.30
	氧化		0.60	0.50	0.50
铬		0.40	0.05～0.30	0.03～0.30	0.02～0.20
铁	氧化	0.70～0.90	0.70～0.90	0.60～0.90	0.50～0.90
	非氧化	0.35	0.10～0.30	0.05～0.25	0.05～0.20
	生锈		0.60～0.90	0.50～0.80	0.50～0.70
	熔化	0.35	0.40～0.60		
铸铁	氧化	0.90	0.70～0.95	0.65～0.95	0.60～0.95
	非氧化	0.35	0.30	0.25	0.20
	熔化	0.35	0.30～0.40	0.20～0.30	0.20～0.30
锻铁	无光泽		0.95	0.90	0.90
铬钨镍合金		0.50～0.90	0.60～0.90	0.30～0.80	0.30～0.80
镍铬铁合金	氧化	0.40～0.90	0.60～0.90	0.60～0.90	0.70～0.95
	磨砂	0.30～0.40	0.30～0.60	0.30～0.60	0.30～0.60
	电解抛光	0.20～0.50	0.25	0.15	0.15

8.3.6.4 环境系数及大气透过率

(1) 距离与背景环境系数

拟在热试车现场进行试验。黑体炉作为标准源，将红外热像测量系统安装于试车过程的测量位置对标准源进行测温，由近至远逐级加大测量距离，记录不同测量位置下的温度。获得热像仪的距离与背景环境温度的对应曲线。根据经验，随着距离增大，距离与背景环境系数在 0.7 左右趋于恒定，故该系数测定范围在 0.6～0.85 之间。

(2) 大气透过率

将黑体炉放置在被测发动机结构相同位置处，温度设定为一恒定值。调节红外热像仪参数设置表的透过率修正值栏，直至红外热像仪测量的示值温度与黑体炉的设置温度相同。此时修正栏中的大气透过率修正值即为大气透过率的标定值。

在相同的距离下进行大气透过率标定并测量未知辐射源的辐射温度时，将辅助仪表的测量值（如温度、距离和大气湿度等）输入红外热像仪的参数设置表中，并输入测量感兴趣区域的发射率系数和大气透过率的标定值[9]，红外热像仪的输出显示视窗上显示的温度就是感兴趣区域的温度。测定的大气透过率在 0.6～0.95 之间。

在不同的距离和不同的温湿度下，将热像仪测量温度值与标准黑体炉中的温度值进行对比，获得试车时最佳的测量距离与环境设置参数，标准黑体炉测量温度如图 8-32 所示，距离与背景系数试验分析见表 8-6。

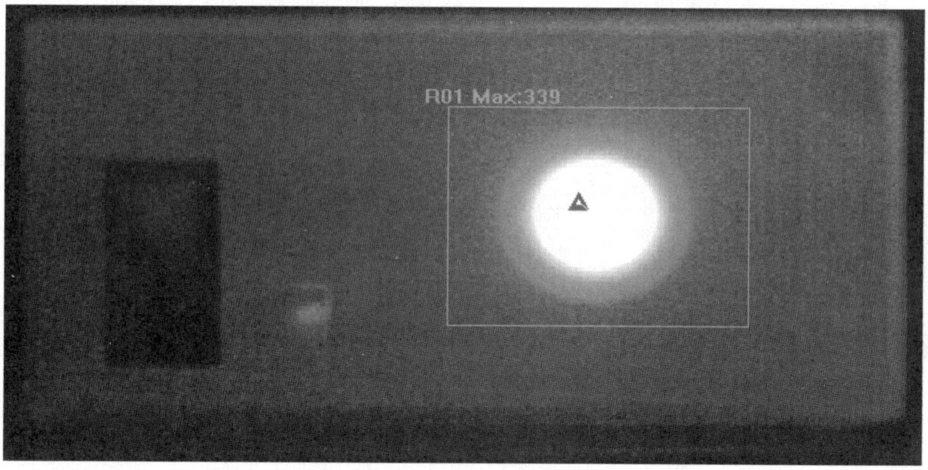

图 8-32 标准黑体炉测量温度（见彩插）

8.3.6.5 校准时钟同步与响应时间控制

红外测量系统在热试车试验时，红外热像仪、比色及多波长测温装置、标准温度装置等部件应保证系统内部时间和信号记录动作时间与热试车点火时间、开始校准时间保持一致，使得热图分析系统和校准系统内的不同组数据时基同步，确保测量与校准系统运行正常可行。

表 8-6　距离与背景系数试验分析表

在不同温度、湿度环境和距离下，使用标准黑体炉加载标准，红外热像仪进行测温																		
序号	距离/m	湿度/%	温度/℃	黑体炉设定 300 ℃			黑体炉设定 350 ℃			黑体炉设定 400 ℃			黑体炉设定 450 ℃			黑体炉设定 480 ℃		
				300 示值	锗镜片防护		350 示值	锗镜片防护		400 示值	锗镜片防护		450 示值	锗镜片防护		480 示值	锗镜片防护	
					有	无		有	无		有	无		有	无		有	无
第一次	3	50	18.6	299.5	302	282												
	4			300.03	304	283												
	5			300.5	303	282												
第二次	3	56	16.9				350.3	352	327									
	4						349.9	354	329									
	5						350.0	353	328									
第三次	3	58	15.1							399.5	402	374						
	4									400.0	404	375						
	5									400.0	405	377						
第四次	3	59	15.3										450.3	449	417			
	4												449.5	451	420			
	5												449.9	450	418			
第五次	3	61	14.3													479.5	477	443
	4															479.7	480	447
	5															480.5	480	447

采用触发模块实现系统时基同步。主要思路为：将触发模块一端连接试车控制台，接收外部触发（点火、关机）信号，另一端接入红外热像温度场测量和校准系统。测量和校准系统接收触发信号后，控制系统、热图分析系统和校准系统将其作为时间基准进行信号处理。

8.3.7 发动机红外参数及数据分析

（1）发动机试验红外热图及数据

图 8-33 为游机喷管红外热图及测试数据，图 8-34 为试验实测数据曲线。

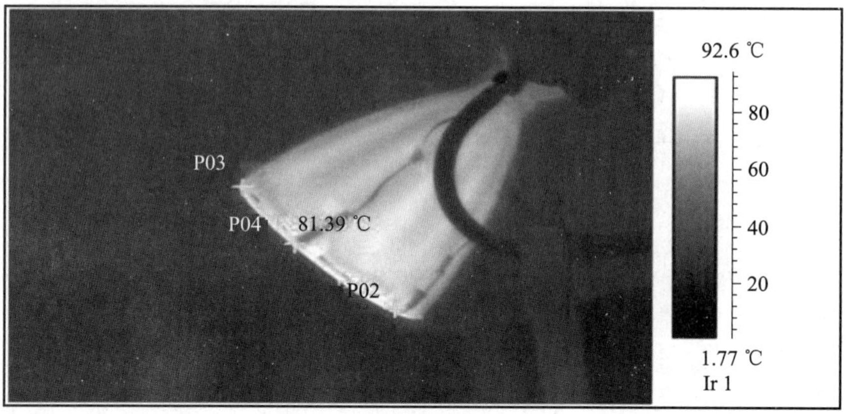

图 8-33　游机喷管红外热图及测试数据（见彩插）

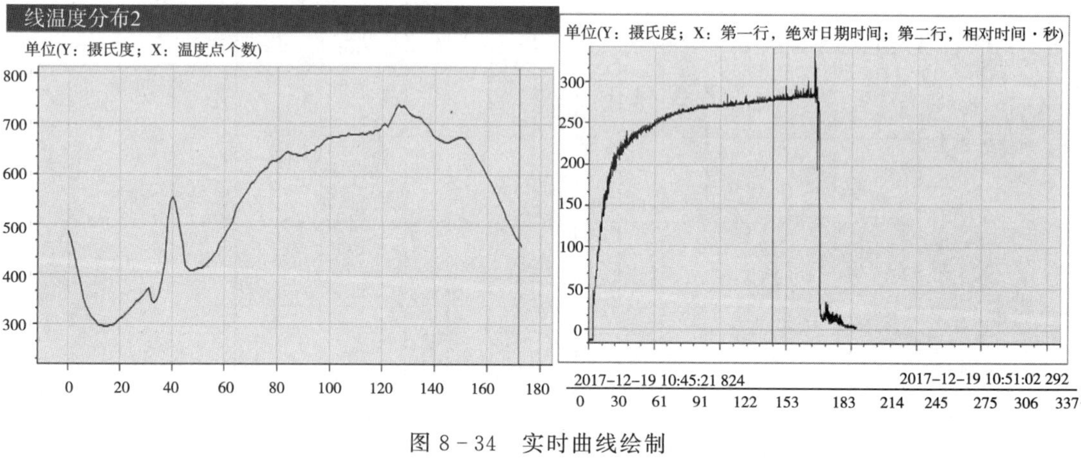

图 8-34　实时曲线绘制

（2）某型号试验某测点温度数据比对

在获得较为精确的辐射率和削弱影响红外精度的因素后，将红外热成像数据与传感器数据进行对比，可知红外数据与传感器数据的相对误差调整在 5%之内，验证数据见表 8-7。

表 8-7　某型号试验某测点温度数据比对表

红外数据		传感器数据		校正后红外数据	
时间/s	数据/℃	时间/s	数据/℃	时间/s	数据/℃
50	561.2	50	583.9	50	577.6
100	456.9	100	482.2	100	469.3
150	439.4	150	479.4	150	464.8
200	451.3	200	487.7	200	475.5
250	489.7	250	508.1	250	513.3
300	506.9	300	530.8	300	524.7
350	509.7	350	537.1	350	527.1
400	497.9	400	522.2	400	514.2
450	241.5	450	266.4	450	253.4
500	202.8	500	234.0	500	224.5
550	169.9	550	190.4	550	182.6

8.4　机器视觉图像检测技术

8.4.1　视觉图像检测技术应用

发动机存放试验是型号研制过程中对产品加注存放性能考核全面、完整、最接近真实有效的地面试验，加注及存放过程中对产品的各项参数进行监测。该试验具有危险性高、存放试验时间长、远程监测、测量参数类型多、测量精度要求高、测量时间长等特点[10]。

采用传统的测量系统进行产品状态监测，需要建立较为复杂的位移、应变、浓度等多参数测量系统，安装较多传感器并铺设电缆。传感器安装以外的部位无法进行全方位的检测，不能对推进剂泄漏和锈蚀状态进行实时监测。安装的视频监测系统为二维视频监控方式，需要人工判读，效率低且不可靠。而且二维图像分析不支持与形状相关的检测，如平面度、位移、表面角度、体积等参数，无法测量产品裂痕、形变及位移等参数。

机器视觉是用计算机模拟生物视觉的一种技术，机器视觉系统的首要目标是用图像创建或恢复真实实物模型，认识现实世界。随着计算机硬件技术的发展，特别是近年来深度学习领域的技术突破，机器视觉迎来了一个高速发展的时期，越来越多基于机器视觉的应用研究取得了重要突破[11]。机器视觉是人工智能快速发展的一个分支，通过成像设备将被测目标转换成图像信号，由计算机专用图像处理系统对信号进行处理与分析，提取被测目标的特征，根据判断结果控制现场设备的运行。机器视觉是一种非接触式检测，用机器代替人眼，可实现持续检测且在人工视觉难以满足要求的场合或者恶劣的生产环境中持续工作，相比传统的人工检测方法，机器视觉检测速度快、判断准确。

CCD 所采用的半导体材料对于机械测量适应性好，具有很多优势，如耗能低、灵敏度好、稳定性高、可以与计算机直接相连接等。机器视觉技术的主要作用是针对各种机器零件的几何形状和大小进行检测分析，包括系统标定、图像采集、图像预处理、边缘检测、特征提取等几个步骤。机器视觉技术采用非接触式测量，与传统的技术相比，检测结果精度高，提高了工业生产效率，降低了成本。一般应用于如下几种场景：

（1）基于产品空间特征的检查

机器视觉在制造业中通常检查产品的尺寸是否在容许的范围内或产品是否有正确形状。检查方法主要涉及被检产品二维或三维的几何特性，如形状、位置、方向、圆度等特征，属于空间特征的检查。例如，用机器视觉系统对汽车仪表质量进行智能检测。试验结果表明，其绝对检测精度为 0.01 mm，相对测量重复精度为 2%。

（2）基于产品表面品质特征的检查

通过机器视觉对产品表面凹陷、划痕、裂纹以及磨损的检查或对表面精度、粗糙度和纹理的检测，对产品进行有效的评估或分级。

（3）基于产品结构特征的检查

在生产线上，通过机器视觉能准确地检查产品是否丢失零部件（如螺钉、铆钉等）或检查产品是否混有外物、杂质。例如，对 PCB 元件构件的检测，用一个合格的产品建立一个模板，再用标准模板与被检查产品的图像相减，根据相减的图可以判断电子元件的装配是否可接受，这种技术一般用在生产装配线。

（4）机器视觉用于机器人的研究

在制造业，机器视觉应用于机器人，为机器人建立视觉系统，使机器人能更灵活自主地适应所处的环境，满足柔性生产中对自动定位、装配、搬运和自动焊接的需要。利用视觉引导和超声测距，手、眼机器人系统可实现对运动目标的跟踪和抓取。

8.4.2 系统构成

机器视觉是用计算机、摄像头等模拟人类视觉进行目标检测和识别并加以判断的技术。机器视觉系统通过机器视觉产品将被检测目标转换成图像信号，运用特定的图像处理算法提取图像中所需目标的特征，根据判别算法的输出控制现场设备。典型机器视觉系统如图 8－35 所示。

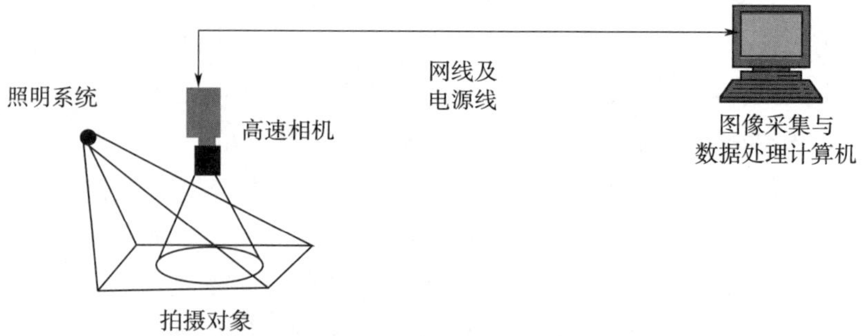

图 8－35 机器视觉系统模型

典型机器视觉检测系统的组成单元主要包括：照明系统、摄像机、图像采集卡、计算机、图像处理系统和执行机构。用光源对场景照明，摄像机将获取到的光信号转变为电信号，通过图像采集卡将模拟信号转变为数字信号，传递给计算机中的图像处理系统，系统对其进行处理分析获得特征信息和测量结果，并通过执行机构完成检测任务。

机器视觉检测系统主要有图像获取、图像处理、图像分析三个部分，如图 8－36 所示。

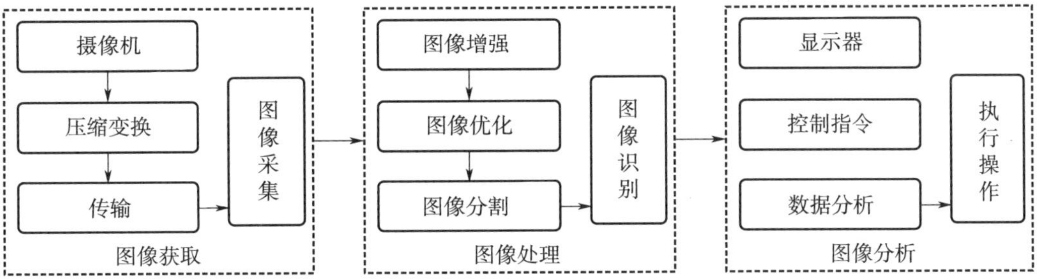

图 8－36　机器视觉检测系统模块构成

（1）图像获取

图像获取是机器视觉的基础，是将被测物体可视化图像和内在特征转换成能被计算机处理的一系列数据。场景中设置的摄像机提供了一维或二维图像信息，调制后提供给图像采集装置，在计算机中形成为数字图像信息或数据。图像获取单元装置主要是由摄像机、图像传输变换系统和图像采集装置等构成。所使用的摄像机由 CCD、CMOS 等光学敏感原理构成的图像传感器构成，从图像获取的形式来看，主要有线阵、面阵两种类型。图像获取单元中有照明系统、图像聚焦光学系统、图像敏感元件和视频调制装置，照明是影响机器视觉系统输入的重要因素，直接影响输入数据的质量和至少 30％的应用效果。

图像敏感元件是一个光电转换装置，将传感器所接收到的物体成像转化为计算机能处理的电信号。CCD、CMOS 等摄像机将在成像单元上形成的光学信号转换为电信号，成像单元以线阵列或面阵列构成，按一定顺序输出每个单元的电荷，达到将成像单元上的光信号转换成电信号的目的[12]。输出的像元序列电荷，可以直接调制成标准的 PAL、NTSC 等制式的视频信号，通过图像采集装置把视频信号变换为离散的阵列数字信号，存入计算机中，进行后续处理。

（2）图像分析和处理

机器视觉系统中，用计算机实现人的视觉功能，视觉信息的分析与处理技术主要使用计算机图像识别与分析技术。机器视觉需要运用图像分析、处理以及图像理解三个层次的多种技术手段，包括图像增强、数据编码和传输、平滑、边缘锐化、分割、特征抽取、图像识别与理解等内容。经过这些处理后，输出图像的质量得到有效的改善。图像的视觉效果改善后，便于计算机进行分析、处理和识别。在建立视觉信息系统，用计算机协助人类完成各种视觉任务方面，图像理解和视觉都需要用到摄影几何学、概率论与随机过程、人工智能等理论[13]。

8.4.3　产品状态检测系统

产品存放期间，需要及时对其表面状态进行监测，确保其安全稳定。图像采集及分析系统由工业级照相机、运行支架、云台、防爆机壳、网络交互机、光纤收发装置、声光报警模块、数据采集计算机及图像分析软件和附件等组成，如图 8-37 所示。

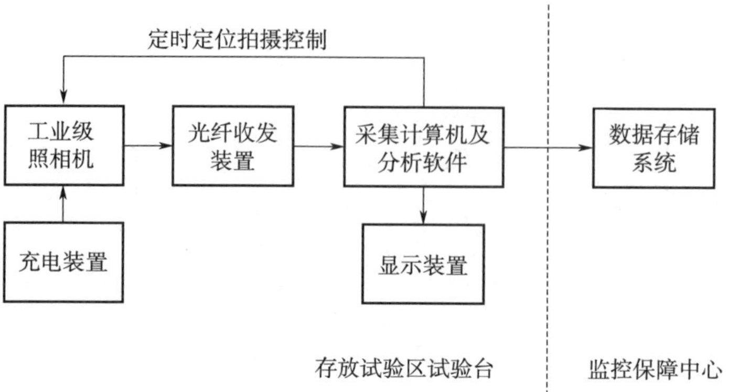

图 8-37　产品状态监测系统组成示意图

产品状态监测系统安装在试验台的前间，在产品周向四个方向合适位置安装产品运行支架和导轨，系统架构布局如图 8-38 所示。

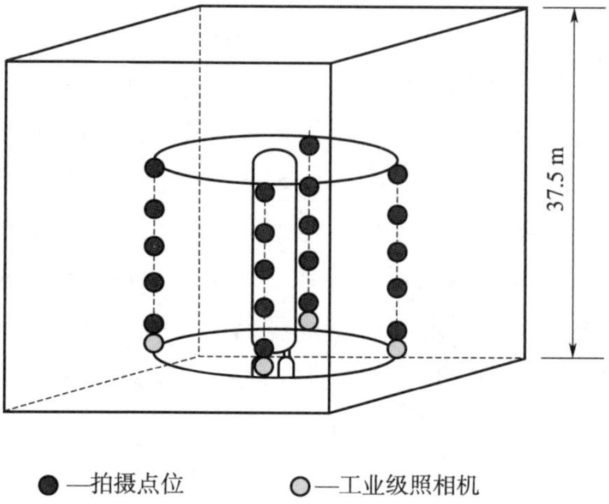

图 8-38　系统架构布局示意图

根据试验特点，每台产品配备 4 台工业级照相机，每台相机可沿立柱垂直移动，对产品拍照并对其图像进行存储和分析，如图 8-39 所示。每个工位的数据由数据传输通道传输到数据服务器，4 个工位共 4 个数据采集通道，数据服务器实时接收并处理图像。

产品不同高度表面，分别粘贴形变测量标志物，用来标注测量产品形变的具体位置。图像采集模块以 1 m/min 的速度匀速往复运动，为了避免工作台对视野的阻挡，相机向下倾斜 20°。在一个工作周期内，每台相机采集 50 张图像，4 台相机共采集 200 张图像。本

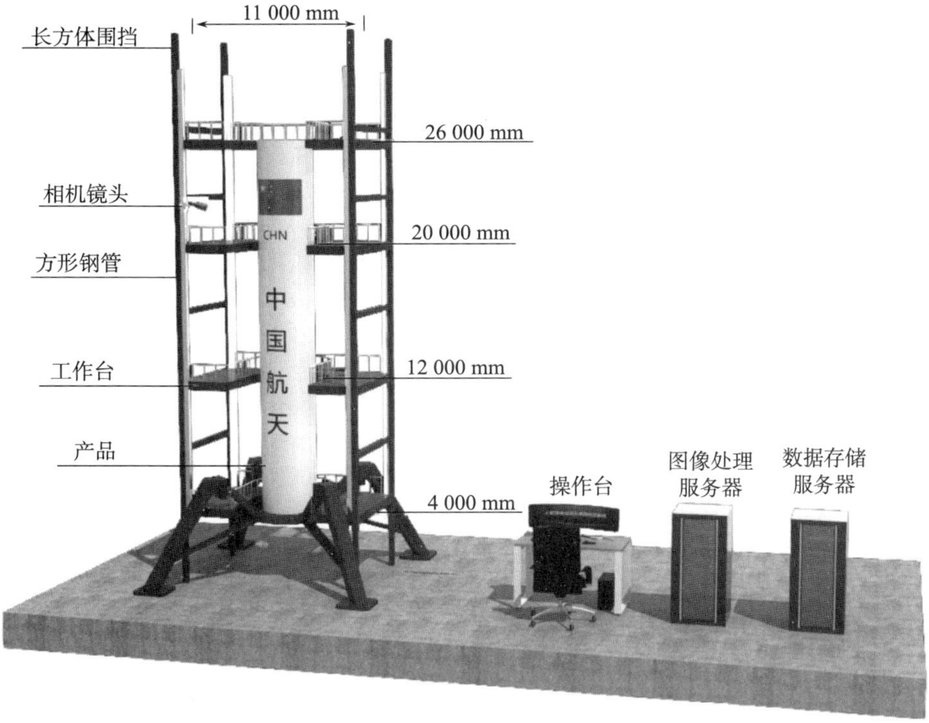

图 8-39　轨道移动架构方案

系统中，以产品范围为视场，选取相机分辨率为 5 472×3 648，每个像素识别精度为 (3 350/5 472) mm=0.6 mm。

图像采集完成后，通过光纤上传至图像处理服务器进行图像预处理、图像融合及图像拼接等算法处理，输出高清晰度的产品完整图像及检测报告。在长时间连续工作的情况下能够自动监测产品的表面状态变化（产品表面锈蚀、裂痕、形变及位移）和环境变化（推进剂泄漏），并自动生成外观状态评估报告。系统能够实时更新拍摄到的图像并根据图像检测产品可能出现的问题，将当前状态以曲线和文字的形式更新到系统界面中。若产品发生形变、泄漏、裂缝和腐蚀等缺陷，系统及时发出报警，提示操作人员进行人工检查处理，报警信息通过网络实现远程显示及确认。

8.5　气体流场测量技术

吸气式发动机和组合动力装置研制中，一般在超声速、高超声速空气来流模拟环境中进行试验，部分液体火箭发动机也需要在高超声速风洞环境模拟试验，目的是考核大气层内发动机的工作性能。验证模拟流场分布是否满足试验要求，需要对流场关键参数进行测量，包括流场的压力、温度、速度等参数及分布情况。

8.5.1　气体流场压力测量

气流压力分为总压、静压和动压三种。静压是指物体在静止或者匀速直线运动时表面所受的压强。总压是指气流某点上速度等熵滞止到零时所达到的压力，又称滞止压力。动压是指总压与静压之差。

（1）气流静压测量

① 壁面静压测量

通常是在气流管道的壁面或模型表面沿法线方向开一小孔来感受该位置的静压。壁面静压测量如图 8-40 所示，测压孔直径为 d，通常在 0.5～2 mm 范围内，孔深为 h，为了保证测量效果，h/d 应大于 2。测压孔的轴线与壁面垂直，孔内壁光滑，孔口无毛刺或倒角，孔口附近的壁面光滑，无凹坑或凸出，顺流动方向壁面上的压强梯度不是很大，可获得测量准确度较高的壁面上该点处的局部静压。

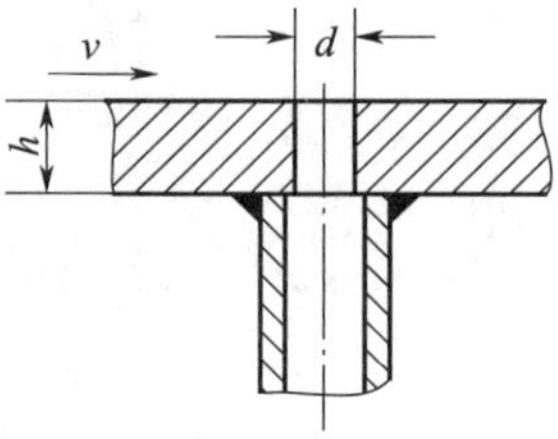

图 8-40　壁面静压测量示意图

在物体壁面沿法向开小孔测量局部静压的方法对气流扰动小，测量准确度较高，简单方便，在空气动力试验中广泛应用。

② 静压管测量

测量流场中某一点静压时，可在该点放置一静压管，低速流场中用的静压管如图 8-41（a）所示，是一根前端封闭，并呈半球形的管子，在管的前端和后支杆之间的管壁上开有小孔，用于感受气流在该点处的静压。

选取适当的开孔位置和静压管直径，可减少头部及后支杆对静压测量的影响。在静压管壁上开静压孔的基本要求与开壁面静压孔相同，但由于静压管直径较小，故静压孔直径通常取 0.3～0.5 mm。静压管的轴线应与气流方向一致。为减小气流偏角（气流方向与静压管轴线间夹角）影响，一般在静压管上开有 4～8 个小孔，均匀分布在开孔处同一截面上。

在跨声速流场中，若仍用头部为半球形的静压管，则在头部会出现局部超声速区，使静压测量受到较大影响。为了减小空气压缩性影响，头部一般设计为尖锥形。在超声速流场中，静压管的头部会出现激波，头部设计为细长尖锥形，以减弱激波干扰。图 8-41（a）为亚声速（$Ma<0.7$）气流静压管，图 8-41（b）为超声速气流静压管。

由于静压管的几何形状、开孔位置以及加工制造误差等因素，所测量的流场静压存在误差，使用前应进行校准，确定修正系数。

某些场合为了测量流场的静压场，把数根静压管安装在同一支架上，组成梳状静压排

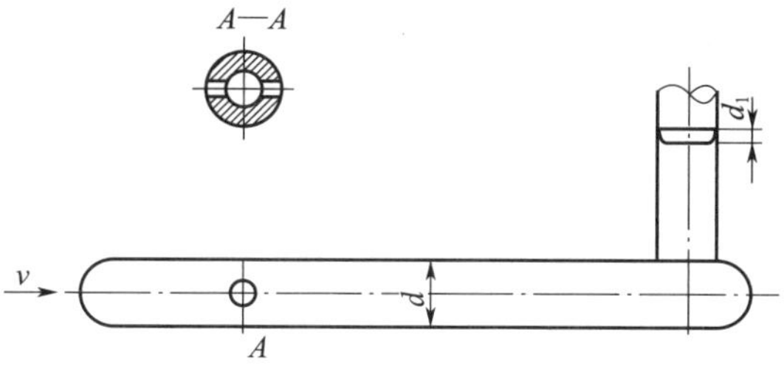

(a) 亚声速静压管

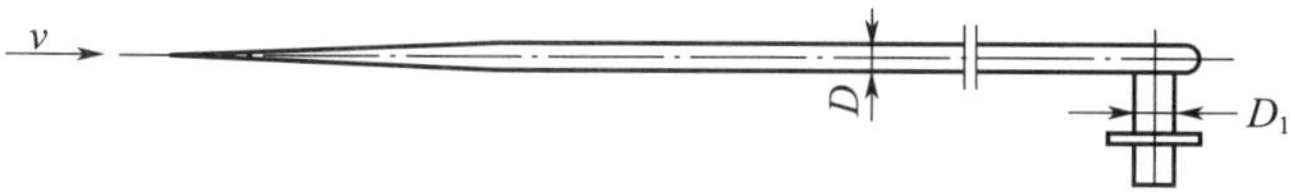

(b) 超声速静压管

图 8－41　静压管示意图

管。在设计静压排管时，除了参照前面讲的单支静压管的尺寸和形状要求外，还要考虑各静压管之间的相互影响，静压排管的性能还会受到排管支架的影响。由于用静压排管进行多点静压测量时，影响因素较多，在使用前应对每根静压管进行校准。

（2）气流总压测量

测量流场中某一点的总压时，在该点放置一根总压管，最简单的总压管是一根开口端正对着气流方向的圆管，管的开口端为垂直于气流方向的平面，另一端用导管与传感器相连接，气流进入孔口后，因不能流动而被滞止，感受出管口处的局部总压。部分总压管型面如图 8－42 所示。

头部形状适当的总压管，受气流偏角的影响较静压管小。试验证明，当总压管不太靠近固体壁面、雷诺数不是太低时，具有半球形头部的总压管，只要气流偏角小于±3°，就可以准确测量总压，具有平头的总压管允许更大的气流偏角而不产生明显的误差。

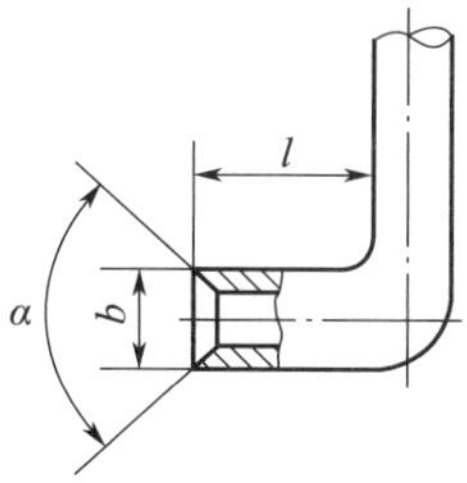

(a) L型总压管

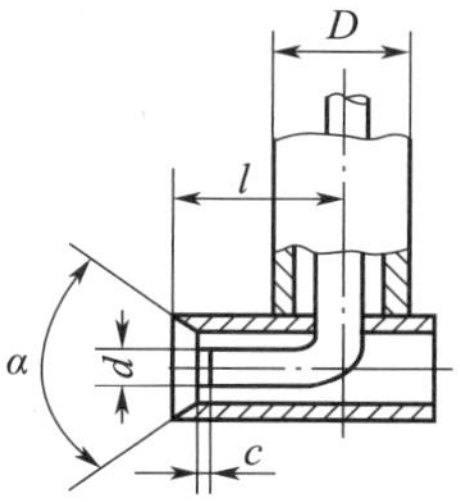

(b) 夹套型总压管

图 8－42　部分总压管示意图

在超声速气流中，总压管的前面会出现弓形脱体激波。一般情况下，总压孔附近的一小段激波接近于正激波，总压管所感受到的是正激波后面的亚声速流的总压，需计算才能获得激波前的总压。

在一般情况下，合理地选择和安装总压管即可较准确地测量出气流的总压。如果对测量准确度要求较高，则需对总压管进行校准。若要同时测量流场中几个点上的总压，可用类似于多点静压测量的方法，把数根总压管安装在一个支架上，组成梳状总压排管。在设计和加工总压排管时，可根据测量点的分布情况来确定总压管的根数和相邻两管之间的距离。总压排管的性能受几何参数的影响不大，可直接使用。如果对各点的总压测量准确度要求较高，则需对每一根总压管进行校准，并对测得的值做相应的修正。

8.5.2　气流场温度测量

气流温度分为总温和静温。总温指流体以绝热过程完全静止时，它的动能转化为内能时反映出来的温度。静温为流体在某给定点的实际温度，需温度计与气流相对静止时测得。动温是当气流受阻滞时动能变为热能，气体升高的温度。在航空航天中，静温是指航空器前方未受扰动气流的温度，通过测量气流总温并经计算才能获得准确的静温。风洞试验段气流的静温，通常是由稳定段气流的总温和试验段气流的流速或马赫数计算获得。

在低速风洞中，稳定段的流速较低，可以应用简单的裸线热电偶不加防护伸在气流中测量总温，测量热电偶直径应大于 0.5 mm。这类风洞的气流总温不是很高，热电偶测温结点由于导热和辐射所散失的热量少，测量准确度较高。

当被测气流的总温较高、流速较高时，需要设计专门结构来进行测量。在热电偶丝前设计一个滞止罩，将裸露热电极与气流隔离，避免横向冲击减小热电极动载荷，延长热电极的使用寿命。滞止罩将流过热电偶裸露热电极的气流速度降低到一定程度，使速度误差减小到允许忽略的范围，以提高温度恢复系数。滞止罩的壁尽可能薄，以减小热传导和热辐射损失，滞止罩的长径比不宜小于 2，滞止罩的滞流排气孔与进气孔的面积比宜为 0.2～0.3，热电极应位于滞流排气孔之前，可获得较好的气流滞止效果，并可忽略热传导、热辐射误差和速度误差。总温传感器如图 8 - 43 所示。

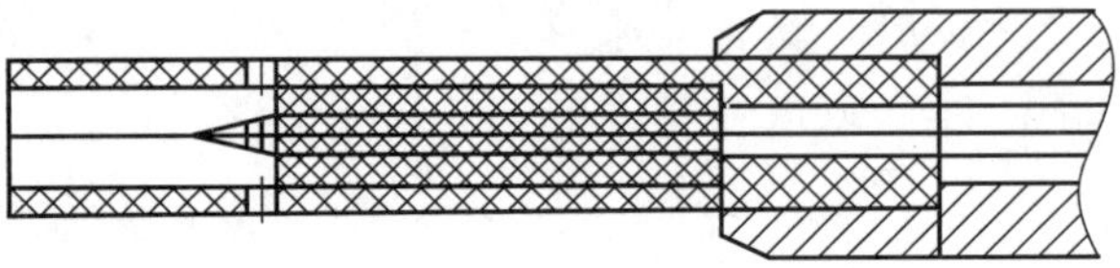

图 8 - 43　总温传感器示意图

若要同时测量流场中几个点上的总温，可把数根总温传感器安装在一个支架上，组成总温排架。或与总压排架组合设计成总温总压复合测量排架。总温总压复合测量排架如图 8 - 44 所示。

图 8 - 44　总温总压复合测量排架

8.5.3　气流场速度测量

(1) 风速管法

在低速气流中，根据伯努利方程测量出气流的总压和静压后，可确定气流的动压。为便于测量气流的动压，将总压管和静压管组合在一起，构成复合的总静压管，通常称之为风速管。图 8-45 是一种标准的风速管，管端头的小孔是总压感受孔，管侧的几个小孔是静压感受孔。将差压传感器两端分别与风速管的总压孔和静压孔相连通，即可测出压差。

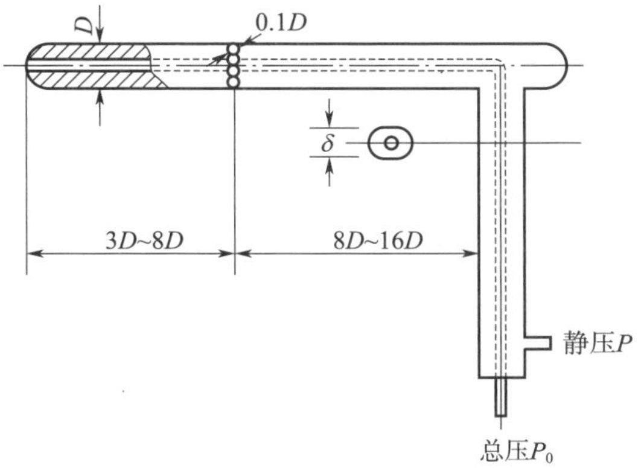

图 8-45　风速管示意图

严格地说，风速管所感受的总压和静压并不是同一点上的总压和静压。因此，不能在沿气流流动方向上速度有急剧变化的流场（即静压梯度较大流场）中使用。在使用时，风速管的轴线应与气流流动方向一致。这种风速管适用于 $Ma<0.7$ 的流场中。

(2) 热线风速仪

热线风速仪是将流速信号转变为电信号的一种测速仪器，可测量流体温度或密度。其原理是将一根通电加热的细金属丝（称热线）置于气流中，热线在气流中的散热量与流速有关，散热导致热线温度变化而引起电阻变化，流速信号即转变成电信号。它有两种工作模式：1) 恒流式。通过热线的电流保持不变，温度变化时，热线电阻改变，由两端电压变化测量流速。2) 恒温式。热线的温度保持不变，如保持 150 ℃，根据所需施加的电流可度量流速。恒温式比恒流式应用更广泛。

热线长度一般为 0.5～2 mm，直径为 1～10 μm，材料为铂、钨或铂铑合金等。若以一片很薄（厚度小于 0.1 μm）的金属膜代替金属丝，即为热膜风速仪，功能与热丝相似，但多用于测量液体流速。热线除普通的单线式外，可以是组合的双线式或三线式，用以测量各个方向的速度分量。从热线输出的电信号，经放大、补偿和数字化后输入计算机，提高测量精度，自动完成数据处理，扩大测速功能，如同时完成瞬时值和均值、合速度和分速度、湍流度和其他湍流参数的测量。热线风速仪与皮托管（风速管）相比，具有探头体积小，对流场干扰小，响应快，能测量非定常流速、低速（如低至 0.3 m/s）等优点。

除以上两种方法外，在超声速、高超声速试验中，常用马赫数测量代替气流速度测量。马赫数一般不能直接测量，需要通过多个流场参数数据计算，主要有波前波后总压计算法、总静压计算法等。

8.5.4 风洞试验流场校测

（1）流场校测项目与要求

在高超声速风洞建成后或进行重大状态改造后，为了考核风洞的综合性能和流场品质是否达到设计指标，需要对风洞进行流场校测，通过流场校测结果判断风洞的流场品质。根据 GJB 1179 — 2012 规定，高超声速风洞速度场品质主要包含下列几项：

a）试验段均匀区大小；

b）试验段均匀区内马赫数测值标准差和最大偏差；

c）试验段均匀区内马赫数轴向梯度；

d）温度场：试验段均匀区内总温测值标准差和最大偏差。

各项品质指标一般要求如下：

速度场：根据 GJB 1179—2012 规定，常规风洞马赫数分布均方根偏差指标应符合表 8－8 要求。其中合格指标为必须达到的指标，马赫数分布均方根偏差不得大于合格指标的数值。先进指标为争取达到的指标。

表 8－8　马赫数分布均方根偏差指标要求

马赫数范围（*Ma*）	0.4～1.0	1.0～1.2	1.3～1.5	1.75	2.0	2.25
合格指标	0.005	0.010	0.011	0.013	0.014	0.015
先进指标	0.002	0.005	0.006	0.006	0.007	0.008
马赫数范围（*Ma*）	2.5	3.0	3.5	4.0	4.5	—
合格指标	0.016	0.018	0.020	0.022	0.024	—
先进指标	0.008	0.009	0.010	0.011	0.012	—

燃烧加热风洞与常规风洞相比，来流加热方式不同，均匀度指标较差，一般高超声速燃烧加热风洞和超出表中规定范围的高超声速风洞马赫数分布均方根偏差在 0.05～0.07 即可认为合格。

温度场：国家标准无明确要求，一般要求最大相对偏差小于 0.01。

此外，根据风洞用途常用校测项目还有气流偏角、雷诺数等指标，目前暂未进行此类项目测试，此处不做介绍。

（2）流场校测方法与主要设备

流场校测应在风洞各系统运行正常的条件下，在确定的运行参数条件（主要是总温、总压）下开展。风洞流场校测试验的基本流程是：

1）确定风洞运行状态。

2）完成校测试验装置与测量系统准备。

3）将校测装置安装到待校测流场截面。

4）风洞起动运行，测量并获得压力、温度等有效数据。

5）风洞运行结束。

需要记录相关的环境条件参数，如大气环境压力、环境温度等。

速度场校测需测量试验段流场均匀区大小和均匀区内马赫数分布，通常通过测量试验段波后总压，再结合稳定段总压，由正激波关系式迭代求解测点马赫数，一般采用总压测量耙进行测量。温度场校测需测量试验段流场均匀区大小和均匀区内温度分布，一般使用总温测量耙进行测量。流场校测系统组成原理如图 8-46 所示。

稳定段总压分布和总温分布通常采用一字排架测量，排架中设置多个热电偶和总压探测管。一般取其平均值或中心线的总压代表前室总压值，若加热混合器效果好，横向温度梯度不大，可取总温热电偶平均值或中心区的总温值代表前室总温。

波后总温总压通常采用十字或米字排架测量喷管出口总压分布和总温分布，排架中设置多个热电偶和总压探测管。用于波后总压测量的总压耙，在外形尺寸上需要满足以下要求：

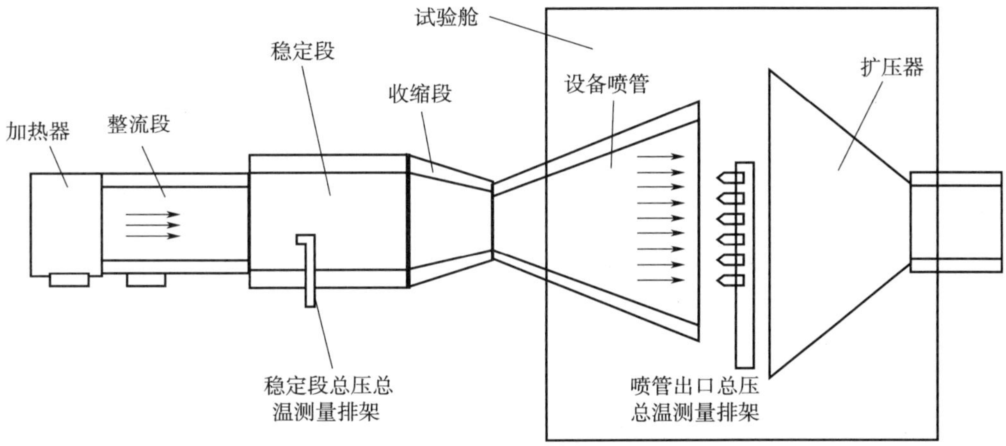

图 8-46　流场校测系统组成原理图

1）便于加工和安装。耙体一般为规则的轴对称形式，对于轴对称喷管，通常将耙体设为十字形或一字形，安装在中心轴线上。需要增加截面的测点时，可将耙体绕轴线旋转一定角度再进行测量。

2）测点分布合理。间隔过小时，因测点之间激波干扰导致测试结果不准确。间隔太大时，导致数据太少降低测试精度。

3）防止发生堵塞。在保证结构强度的条件下，应减小耙体面积，迎风面应设计成尖劈状。

4）所有测点应共面。

5）总压管口应光滑平整。十字测量排架外形如图 8-47 所示。

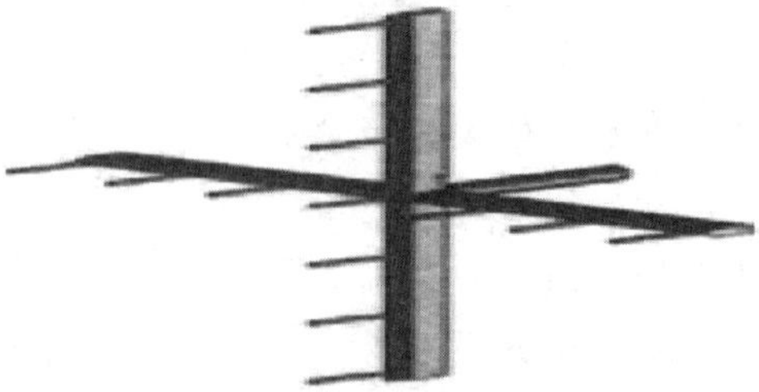

图 8-47 十字测量排架外形示意图

（3）流场校测数据处理

①马赫数计算

超声速风洞马赫数通过测量稳定段总压和设备喷管出口波后总压，进行计算获得。计算公式如下：

$$\frac{P_0}{P_0'}=\left[\frac{(\gamma-1)Ma^2+2}{(\gamma+1)Ma^2}\right]^{\frac{\gamma}{\gamma-1}}\left[\frac{2\gamma Ma^2-(\gamma-1)}{\gamma+1}\right]^{\frac{1}{\gamma-1}} \tag{8-18}$$

式中 P_0——气流稳定段总压；

P_0'——气流波后总压；

γ——气体比热比（绝热指数）；

Ma——马赫数。

通常试验气流介质为空气，不考虑高温使比热比变化的因素。当风洞采用燃烧加热方式时，要根据燃烧热力计算得到比热比数据。

②速度场流场品质数据计算

在试验段截面马赫数分布算术平均值计算公式为

$$\overline{Ma}=\frac{1}{m}\sum_{i=1}^{m}Ma_i \tag{8-19}$$

式中 $\overline{Ma}$——试验段截面马赫数分布算术平均值；

Ma_i——流场校测各截面马赫数。

马赫数偏差计算公式为

$$\Delta Ma_i=Ma_i-\overline{Ma} \tag{8-20}$$

马赫数最大偏差计算公式为

$$\Delta Ma_{\max}=|\Delta Ma_i|_{\max} \tag{8-21}$$

马赫数均方根偏差计算公式为

$$\sigma=\sqrt{\frac{1}{m-1}\sum_{i=1}^{m}(\Delta Ma_i)^2} \tag{8-22}$$

轴向马赫数梯度计算公式为

$$\frac{\mathrm{d}Ma}{\mathrm{d}X}=\frac{m\sum_{i=1}^{m}x_iMa_i-\sum_{i=1}^{n}x_i\sum_{i=1}^{n}Ma_i}{m\sum_{i=1}^{m}x_i^2-\left(\sum_{i=1}^{m}x_i\right)^2} \tag{8-23}$$

式中　$\frac{\mathrm{d}Ma}{\mathrm{d}X}$——轴向马赫数梯度；

Ma_i——流场校测各截面马赫数；

x_i——流场校测各截面轴向距离。

截面均匀区马赫数最大偏差计算公式为

$$(\Delta Ma_i)_{\max} = |Ma_i - \overline{Ma}|_{\max} \tag{8-24}$$

速度场均匀区大小按如下要求确定

$$|\Delta Ma_i|_{\max} / \overline{Ma_i} \leqslant 0.01 \tag{8-25}$$

③温度场流场品质数据计算

稳定段的总温测点全部参加平均值处理，试验段校测截面只有均匀区总温测点参加平均值处理。稳定段总温 T_0 为

$$T_0 = \frac{1}{m}\sum_{i=1}^{m} T_{0i} \tag{8-26}$$

式中　T_0——稳定段总温；

T_{0i}——流场校测稳定段各点总温。

稳定段总温均方根误差为

$$\xi_0 = \frac{1}{T_0}\sqrt{\frac{1}{m-1}\sum_{i=1}^{m}(T_{0i} - T_0)^2} \tag{8-27}$$

试验段总温 T_{01} 为

$$T_{01} = \frac{1}{m}\sum_{i=1}^{m} T_{01i} \tag{8-28}$$

式中　T_{01}——试验段总温；

T_{01i}——流场校测试验段各点总温。

试验段总温均方根误差为

$$\xi_{01} = \frac{1}{T_{01}}\sqrt{\frac{1}{m-1}\sum_{i=1}^{m}(T_{01i} - T_{01})^2} \tag{8-29}$$

从稳定段到试验段的总温损失 ΔT_0 为

$$\Delta T_0 = T_0 - T_{01} \tag{8-30}$$

温度场均匀区大小按如下要求确定

$$|\Delta T_0|_{\max} / \overline{T_0} \leqslant 0.01 \tag{8-31}$$

温度场总温均方根偏差为

$$\sigma = \sqrt{\frac{1}{m-1}\sum_{i=1}^{m}(T_{01i} - T_{01})^2} \tag{8-32}$$

8.6　高速空间运动轨迹测试技术

8.6.1　应用背景

随着液体火箭发动机试验任务多样化、复杂化的发展趋势，给发动机试验技术发展带

来了新的机遇与挑战，在一般试验任务的基础上增加了诸多特殊试验与测试要求。例如，飞行器级间分离点火模拟试验、姿轨控动力系统高空跌落模拟试验、姿轨控动力系统诱饵抛撒模拟试验等任务，如图 8-48 所示。飞行器级间分离点火模拟试验用于考核飞行器多个舱段之间分离变轨方案的可行性，姿轨控动力系统高空跌落模拟试验用于评估导弹武器在发射阵地意外侧翻造成姿控动力系统高空跌落所产生的灾难性后果，姿轨控动力系统诱饵抛撒模拟试验用于考核诱饵弹工作可靠性。这些特殊试验重点关注运动目标的分离方向、分离速度及分离轨迹。由于分离速度快、行程短、轨迹难预测，受地面模拟试验条件的限制，依赖常规的姿态测试方式，如陀螺仪、光电经纬仪、激光雷达等一般测试方法，难以对其测准测全[14]。因此，建立基于高速图像测试方式的空间运动轨迹测试条件，对上述试验过程进行多方位高速图像实时记录，通过图像处理算法将运动轨迹、分离方向及分离速度以三维空间坐标、二维曲线及数据报表方式进行展示，供数据分析使用。

(a) 高空跌落模拟试验示意图　(b) 飞行器级间分离点火模拟试验示意图　(c) 姿轨控动力系统诱饵抛撒模拟试验示意图

图 8-48　特殊试验任务

8.6.2　测试原理及方法

无论是飞行器级间分离点火模拟试验，还是姿轨控动力系统高空跌落模拟试验、姿轨控动力系统诱饵抛撒模拟试验等任务，多数为一次性考核试验，存在着试验成本高、风险大的问题。运动轨迹及分离速度为此类试验的关键测试参数。为可靠获取测试数据，要求对监测目标布局多台高速摄像机，从不同的方位对其运动过程进行高速图像采集及存储，重点关注运动目标在分离前、分离中及分离后的状态变化。

测试前，需要布局高速摄像机，并对运动目标表面标记特殊标记点，标记点和摄像机的数量越多，越有利于提高测试精度，但应依据实际测试需求、目标外观结构进行合理设置。理想情况下，摄像机和标记点数量设置原则如下：若要获取运动目标在单一平面上的分离速度及轨迹，至少设置 1 台摄像机和 1 个标记点；若要获取运动目标的空间分离速度及轨迹，至少设置 2 台摄像机和 2 个标记点，要求在平行于分离方向的两侧对称布局 2 台摄像机，与运动目标相距一定的距离，保证监测范围能覆盖运动目标的全程轨迹；要获取运动目标的空间分离速度、轨迹及分离角速度，至少设置 4 台摄像机和 4 个标记点，对于分离速度和轨迹的测试需求，在平行于分离方向的两侧对称布局，设置 2 台摄像机和 2 个标记点，与运动目标相距一定的距离，保证监测范围能覆盖运动目标的全程轨迹。对于分离角速度的测试需求，在垂直于分离方向的两侧对称布局，设置 2 台摄像机和 2 个标记点，与运动目标相距一定的距离，保证监测范围能覆盖运动目标的全程轨迹。

以某型号 A 舱和 B 舱的分离试验为例，要求获取分离速度、运动轨迹及分离角度。由于 A 舱和 B 舱外观结构较为规整，共设置了 4 台摄像机和 4 个标记点，如图 8－49 所示。其中 1、2 号摄像机及标记点用于获取分离速度和运动轨迹，3、4 号摄像机和标记点用于获取分离角速度。测试过程中，要求在分离控制指令发送前 1～1.5 s 起动 4 台高速摄像机，每台摄像机图像采集速率不小于 2 000 帧/s，图像分辨率建议设置为 1 920×1 080P，要求同步触发，并同步记录，避免相互不同步所带来的时间偏差。

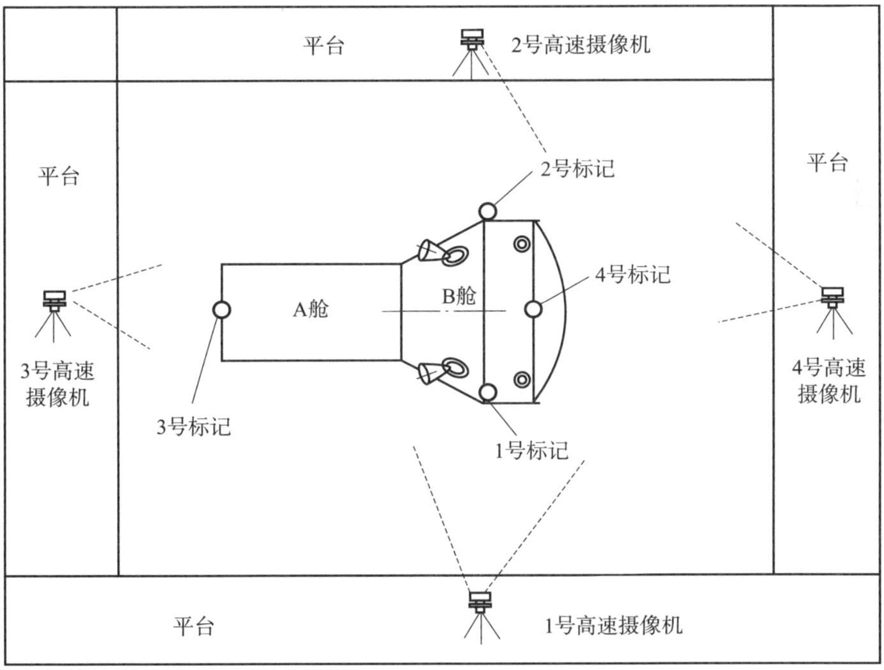

图 8－49　某试验高速摄像机和标记点布局示意图

试后采用专业分析软件将高速记录图像按顺序读入缓存，对标记点的每帧图像进行图像识别、跟踪分析。对于分离速度的获取，重点计算某标记点从分离初始状态到分离过程结束在水平分离面上的位移行程，再对其进行时间的一阶微分处理，即可获取飞行器与轨控舱分离速度的变化过程。对于运动轨迹的获取，首先需要定义空间坐标系，将分离初始的标记点位置定义为（0，0，0），然后对每帧图像上的标记点进行图像识别，并相对空间坐标系原点（0，0，0）进行位置偏移，逐步拟合出空间轨迹曲线。对于角速度的获取，计算某标记点从分离初始状态到分离过程结束在垂直于运动目标分离面上的偏斜角，再对其进行时间的一阶微分处理，即可获取运动目标分离角速度的变化过程。

标记点图像由两台高速摄像机进行并记获取，要求两台摄像机布局于飞行器与轨控舱分离面的两侧，分别跟踪不同的标记点，实现冗余并记功能。即使某台摄像机出现故障，也不影响分离速度或角速度的获取。

8.6.3　系统组成

系统主要由高速摄像机、姿态调整器、图像存储及处理系统、同步信号触发器、控制计算机、网络交换机、UPS 电源等组成，如图 8－50 所示。

高速摄像机用于对运动目标分离过程进行实时图像采集，图像采集的重点区域为运动目标标记点。高速摄像机配置数量及安装位置与具体测试需求相关，通常不少于 2 台[15]，摄像机起动及停止过程由试验控制系统通过同步信号触发器进行时序触发控制，以确保多台摄像机同步工作。姿态调整器用于对高速摄像机拍摄角度进行远程调节控制，具备水平方向 0°～360° 连续旋转、垂直方向＋75°～－75°调节，通过控制计算机总线通信方式进行远程控制。

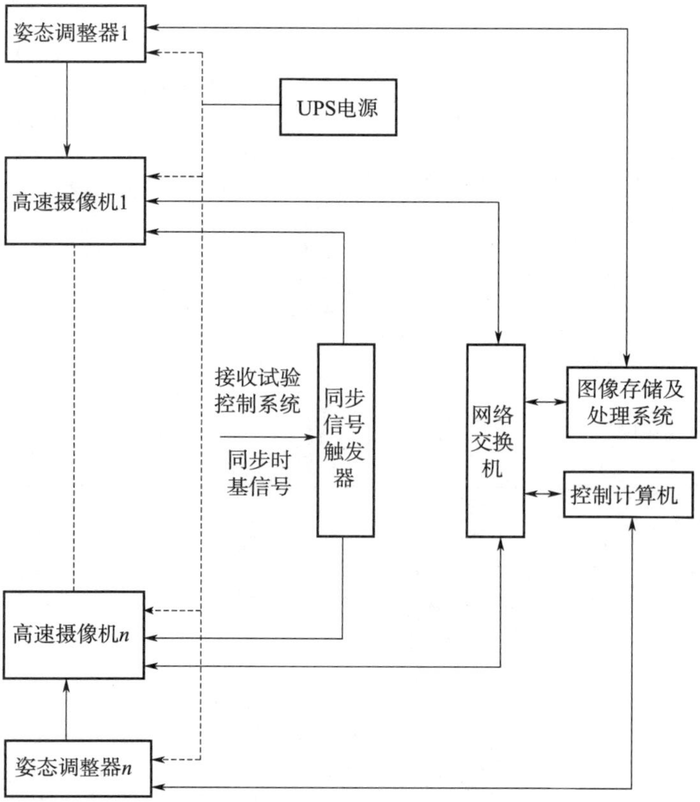

图 8－50　系统组成框图

图像存储及处理系统配置了摄像机测试软件和专业图像处理软件，图像测试软件具备对高速摄像机进行硬件测试、图像实时显示及数据备份等功能。专业图像处理软件具备摄像机畸变校正、图像导入、图像算法设置、分离速度分析、分离角度分析、运动轨迹分析等功能，将运动轨迹、分离角度及分离速度以三维空间坐标、二维曲线及数据报表方式进行展示，供数据分析使用。测试前采用图像校正板对高速摄像机进行图像畸变校正，确保采集的图像准确可靠。网络交换机配置光纤接口，用于各个摄像机及姿态控制器、远端控制计算机和图像存储及处理系统的通信连接。为确保试验现场各个摄像机可靠工作，采用 UPS 电源对其供电。

8.6.4　图像处理功能

专业图像处理软件具备图像畸变校正、分离速度分析、分离角速度分析及运动轨迹分析功能。

（1）图像畸变校正

高速摄像机拍摄过程普遍存在着边缘畸变的情况[16]，给图像数据分析带来一定偏差。一般采用图像校正板对摄像机进行图像校正，避免图像畸变事件的发生，确保图像分析准确可靠。图像畸变校正前后变化如图 8－51 所示。

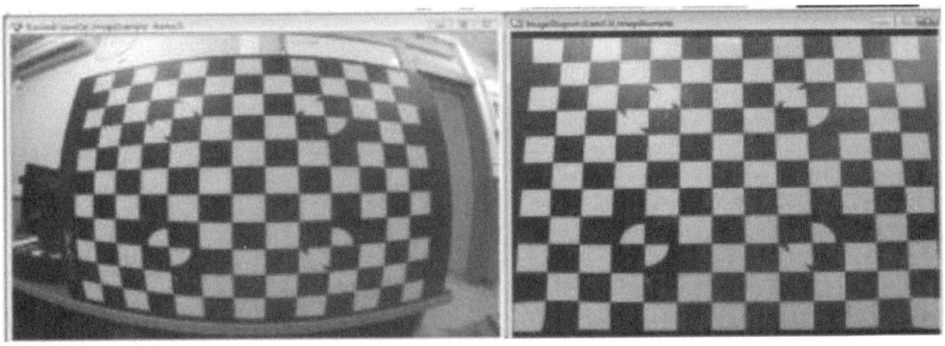

校正前　　校正后

图 8－51　图像畸变校正功能

（2）空间轨迹分析

将目标标记点相关的图像数据导入专业图像处理软件，起动运动轨迹分析功能，则软件算法将第一帧图像作为初始位置，其标记点位置作为空间坐标系原点（0，0，0），随着目标运动位置的改变，其标记点的空间坐标也随之改变，经多点曲线拟合后形成了空间轨迹分布曲线，如图 8－52 所示。

（3）分离速度和分离角度分析

起动速度分析功能，可对运动目标在空间坐标系中的位置量、分离速度、加速度、分析误差、分离角速度（俯仰角、翻滚角和偏航角）进行综合分析，如图 8－53 所示。

8.6.5　测试流程

空间运动轨迹测试分析的测试流程分为三个阶段：测试前，结合试验任务开展测试需求分析，在试验现场合理布局高速摄像机，并在姿轨控动力系统周身布局相应的监测标记点，以监测标记点为目标对摄像机姿态进行视角调整，待摄像机拍摄视角调整好后，采用图像校正对每个摄像机进行现场图像畸变校正，确保图像测试准确无误。测试时，待多个摄像机接收到试验控制系统发出的同步时基信号后，起动高速摄像采集及记录功能。测试

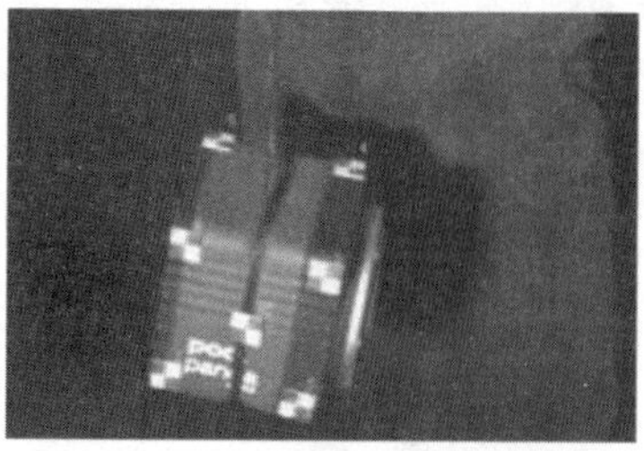

初始状态

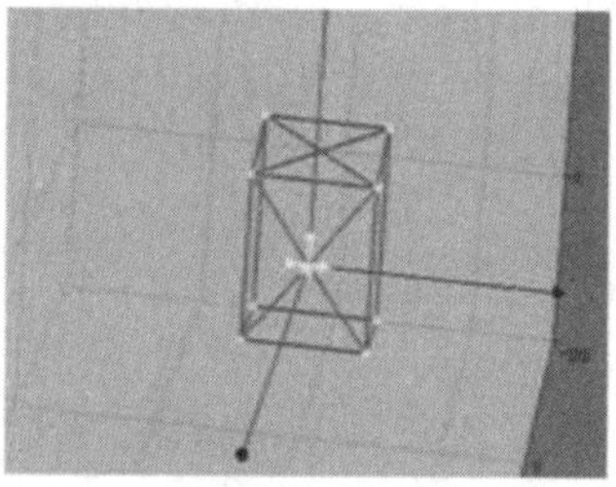

标记点在初始状态下的坐标

运动状态

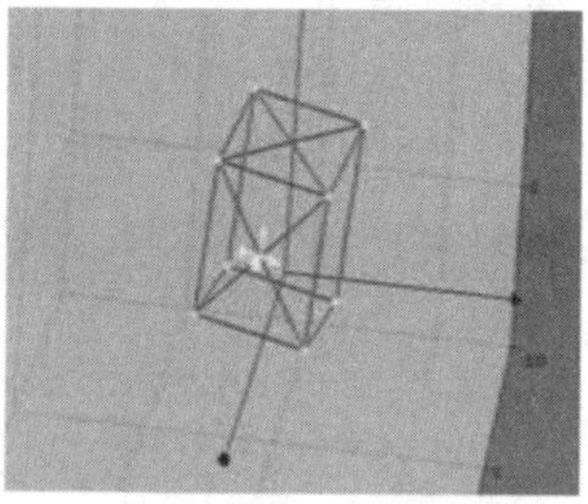

标记点在运动状态下的坐标

图 8-52　运动轨迹分析示意图

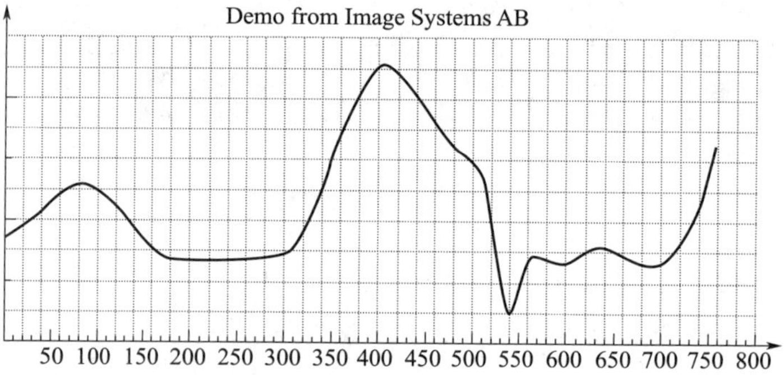

运动目标速度曲线

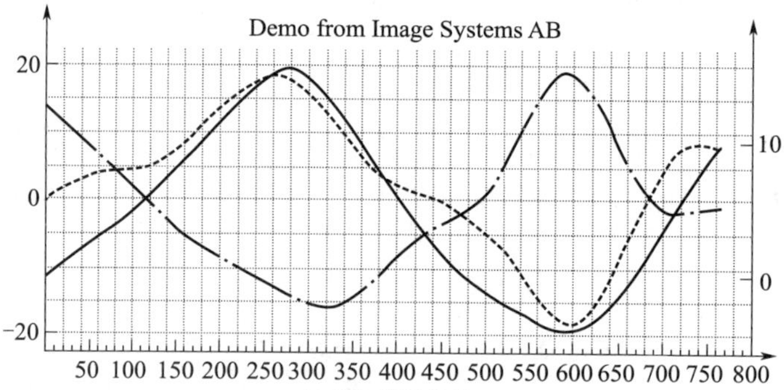

角速度数据曲线

(----翻滚角; —·—俯仰角;———偏航角)

图 8-53　速度曲线示意图

后，需要将高速摄像机上缓存的视频图像通过以太网传输至图像存储及处理系统，实现对视频图像的存储，将视频图像导入专业图像处理软件进行相关分析，获取分离速度、运动轨迹及分离角度。空间运动轨迹分析的测试流程如图 8-54 所示。

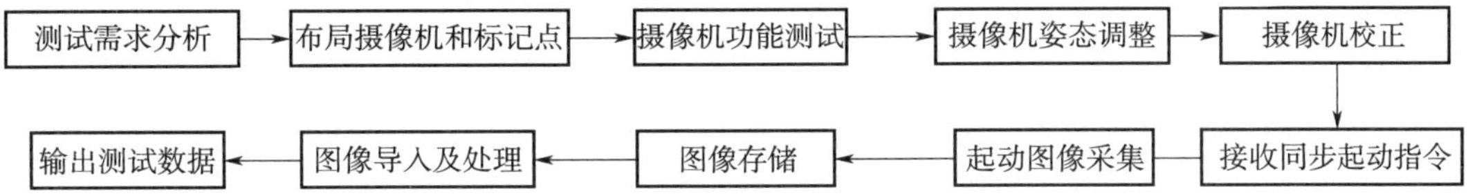

图 8-54　测试流程

参考文献

[1] 廖亚非．热流计的发展、国际领先技术与改进方向研究［J］．重庆大学学报，2005，27（2）：84－87．

[2] 吴洪潭．表面温度和热流的一种间接测量技术［J］．宇航计测技术，2003，23（2）：30－34．

[3] 申佳鑫，王伟，等．光纤布拉格光栅与空芯光纤多模干涉混合型温度应变双参量传感器［J/OL］．光子学报，2021－04－28：1－9．

[4] 潘莹，王君．数据挖掘的光纤光栅传感器复用解调技术［J］．激光杂志，2020，41（10）：187－191．

[5] 徐薇，杨卫．一种红外传感器阵列探测方法的研究［J］．传感器与微系统，2009，28（9）：16－18．

[6] 杨立，杨帧．红外热成像测温原理与技术［M］．北京：科学出版社，2012．

[7] 王汝琳，王咏涛．红外检测技术［M］．北京：化学工业出版社，2006．

[8] 白廷柱，金伟其．光电成像原理与技术［M］．北京：北京理工大学出版社，2013．

[9] 丁维一．非制冷红外热成像测温系统关键技术和算法研究［J］．成都：电子科技大学，2014．

[10] 朱冰宇，战学民，张兴有．国外导弹存储试验技术概述［J］．飞航导弹，2009（10）：4．

[11] 张兴有，肖宇，朱冰宇．国内外导弹贮存试验技术发展现状及展望［J］．飞航导弹，2008（4）：5．

[12] 张便利，常胜江，等．基于彩色直方图分析的智能视频监控系统［J］．物理学报，2006，55（12）：6399－6404．

[13] 付茂勇，吕玉祥，陆斌，等．基于LPC2378的远程视频监控系统及图像优化算法［J］．电力自动化设备，2009，29（5）：94－98．

[14] 李喆，丁振良，袁峰．光学测量的飞行器空间姿态测量方法［J］．哈尔滨工程大学学报，2008，137（3）：232－236．

[15] 舒甜，郑永安．基于视频图像的飞行姿态检测方法研究［J］．传感器与微系统，2013，32（12）：58－60．

[16] 田原嫄，黄合成，等．摄像机镜头畸变的研究［J］．计算机工程与应用，2009，25（26）．

第 9 章　发动机试验控制技术

计算机控制技术和高性能控制器件的高速发展和广泛应用，为液体火箭发动机试验过程控制系统实现高标准、高要求的实时性、可靠性、同步性、安全性奠定了基础，使发动机试验控制技术不断完善，性能与可靠性不断提高。火箭发动机试验控制系统架构经历了集中式控制、分布式控制及兼顾集中式和分布式两种架构特点的复杂控制架构的发展历程，控制方式、系统架构虽然与一般工业场合基本相同，但液体火箭发动机试验控制架构偏重于控制转接灵活可靠、控制输出高速同步、控制过程安全受控、控制结果准确无误，这比一般工业控制要求高得多。

发动机试验控制方法和工作过程具有其特殊性，不仅依赖于计算机自动程序的控制效果，还需结合对关键过程的人工干预措施，以保证控制过程的可靠性。控制对象涉及电爆管、电磁阀、电动阀、调节阀、电机等类型，采用计算机、总线及接口电路等多种形式的硬件及软件控制技术。发动机试验控制系统一般可简化为控制装置＋执行机构的结构形式，控制装置为控制系统的核心组件，用于控制时序指令的发送及检测。发动机控制时序指令的正确性对发动机试验来说至关重要，发动机工作时序的正确性和执行过程的可靠性关系到发动机试验的成败，必须设置可靠的技术手段，检测发动机试验的控制时序的准确性。

本章主要介绍控制系统架构及控制方法、控制对象、控制硬件技术、控制时序自动判读技术，并列举了两个具有代表性的发动机试验控制系统的典型应用实例。

9.1　控制系统架构、控制方法及工作过程

9.1.1　系统架构

计算机控制系统从广义上分为两种架构：集中式控制与分散式控制[1]，如图 1－6 和图1－7 所示，两种控制架构在发动机试验系统中广泛应用。除此之外，还存在兼顾集中式和分布式两种架构特点的复杂控制架构，满足不同发动机试验条件下的控制任务需求。

（1）集中式控制

集中式控制架构的控制计算机、手动操作台（含集控开关、集控指示灯等）、控制电源等设备集中放置在距发动机试车台有一定距离的控制间，通过控制线缆与控制对象进行连接。内线转接柜和外线转接柜用于控制内、外线的信号转接。

集中式控制的优点是控制操作集中、设备放置的环境好，缺点是结构较为固定、可扩展性较差、线缆敷设量大。

（2）分布式控制

分布式控制的上位机、集控开关、集控指示灯等放置在控制间，下位机、继电器矩

阵、控制电源、驱动装置、转接柜等放置在准备间，上下位机之间通过通信线缆进行连接。

分布式控制的优点是结构灵活、扩展性强。由于试车台设备间通常距离控制对象较近，敷设线缆较少。缺点是要求下位机、电源等设备的抗振性能够适应发动机试验时对设备间产生的较大振动影响。

9.1.2　系统组成及功能

9.1.2.1　系统组成

发动机试验控制系统历经了开环控制到闭环控制、简单控制到复杂控制的发展历程，目前正朝着网络化、智能化、高可靠的方向发展。常见的火箭发动机试验控制系统有：发动机点火控制系统、摇摆伺服机构控制系统、水蒸气发生器控制系统、空气加热器控制系统、红外灯阵控制系统、变频泵控制系统、真空机组控制系统、贮箱压力自动控制系统、推进剂流量调节系统等。虽然控制系统形式多样、功能各异，但对其归一化处理后可简化为统一的控制模型。典型的发动机试验控制系统主要由主控制器、驱动装置、供电装置、控制电缆网、检测装置、数据采集设备等组成，主控制器从控制指令的发出到控制指令执行过程的检测，形成了一个闭环的控制过程。控制系统的关键组件功能介绍如下。

（1）主控制器

主控制器具有控制指令编辑、控制指令发出、反馈指令的检测等功能，通常以程序控制台和手动控制台相互结合的方式进行工作，其主控计算机可为工控机、PLC及嵌入式计算机等设备。

（2）驱动装置

驱动装置用于对控制信号进行缓冲、隔离、放大、阻抗匹配等信号处理，实现控制信号的远距离传输。控制方式不同，驱动装置也不同，如发动机点火控制系统采用继电器+直流稳压供电的驱动方式，模拟摇摆控制系统采用模拟电压缓冲放大的驱动方式，数字摇摆控制系统采用总线耦合器阻抗匹配的驱动方式，红外灯阵控制系统采用交流接触器+交流供电的驱动方式等。

（3）控制电缆网

控制电缆网用于控制信号传输、转换及连接。通常以转换板、连接器、电缆线及转接柜的方式设计。

（4）供电装置

供电装置用于提供稳定的直流电源或交流电源，常见的供电装置有直流稳压电源、蓄电池、UPS电源、整流电源、中频电源等。

（5）检测装置

检测装置的作用在于对阀门动作过程、伺服机构反馈信号、电机转速等指令反馈信号进行信号调理，将其转换为标准测量信号，以便数据采集设备能够准确地记录。

（6）数据采集设备

数据采集设备用于记录控制指令反馈信号，实时分析控制对象的工作状态是否正常。若不正常，则给主控制器发送相应的故障状态信号，供主控制器紧急关机使用。另外，通过指令反馈信号的采集可为控制对象状态分析、工艺流程显示等提供信息数据。

9.1.2.2　系统功能

液体火箭发动机试验台控制系统的主要功能是为发动机点火试验提供满足入口压力、流量和温度等条件的控制，对发动机起动、关机进行时序控制和状态检测，并具备紧急关机功能。按照控制对象划分，用于对发动机、推力室等试验对象的控制称为发动机控制，用于对试验台其他系统的控制统称为工艺控制。目前，常规、常温介质主动力发动机试验中，工艺控制主要是对推进剂供应系统、供配气系统、燃气导流及供水系统进行控制。按控制方式划分，控制系统可分为程序控制系统和手动控制系统。通常根据试验任务需求，在测试、热试中，将需要进行手动控制的对象设置在手动控制系统中，需要进行程序自动控制的对象，设置在程序控制系统中。程序控制中，对于发动机产品阀的控制，采用开环时序控制方式，对于工艺控制对象，多采用闭环控制方式。

试验台控制系统在试车过程中发出指令信号，使发动机和试车台各工艺系统按照一定程序完成预定的试车任务，同时为试验台测控系统提供统一的时间基准，要求控制系统具备较高的可靠性和稳定性。

液体火箭发动机试验是一项大型综合试验，试验费用巨高、危险性高、过程复杂，要求控制系统具备如下特点：

1）工作稳定、可靠。控制系统应稳定、可靠地完成热试车任务，对关键环节具有较高的容错能力，控制回路电压、电流满足负载要求。

2）具有较高的控制精度。控制精度分为时间控制精度和参数控制精度。时间控制精度主要指在发动机热试车过程中发出的时序控制指令精度满足试验程序要求。参数控制精度主要指对关键参数的状态调节实现预定的控制精度要求，如发动机入口压力控制精度、加注液位控制精度等。

3）适应多变、多功能要求。由于一个试验系统通常承担多种型号发动机试验任务，要求控制系统结构、功能灵活，对试验任务要求适应性强，扩展性好。

4）具有监测与显示功能。为了便于指挥员、岗位人员对工艺系统状态、控制系统状态进行直观实时监视和故障检查，需要对发动机控制系统发出的控制指令进行监测记录、对工艺系统状态进行监测统计、对控制系统状态进行监控。

9.1.3　控制方法

从控制系统结构而言，一个完整的计算机控制系统一般包括计算机系统、过程输入/输出通道与被控过程三大部分。从系统设计的角度而言，系统基本组成分为硬件与软件两方面。

9.1.3.1　计算机控制

计算机控制系统通常有开环控制与闭环控制两种基本结构。由于计算机的输入输出为数字信号，被控对象的输入信号及反馈信号一般为模拟量，需要设置将模拟信号转换为数字信号的 A/D 转换器，以及将数字信号转换为模拟信号的 D/A 转换器。此外，还需要配置参数检测所需的传感器、变送器、接近开关等设备。计算机控制过程可归纳为三个基本步骤：

1）实时数据采集。对被控参数进行实时检测及检测结果实时存储。

2）实时决策。对采集到的数据进行处理、分析，并按事先确定的控制规则，决定需要采取的控制策略与控制信号。

3）实时控制。根据控制策略，实时地向执行机构发出控制信号。

三个步骤顺序执行，不断循环，使整个系统按照规定的要求进行工作，同时对系统有关异常现象及时进行处理，实现预期的控制目标。

计算机控制系统的硬件组成如图 9－1 所示，主要包括计算机、过程输入/输出通道、外部设备以及与被控对象直接相连的检测装置与执行机构等几个部分。

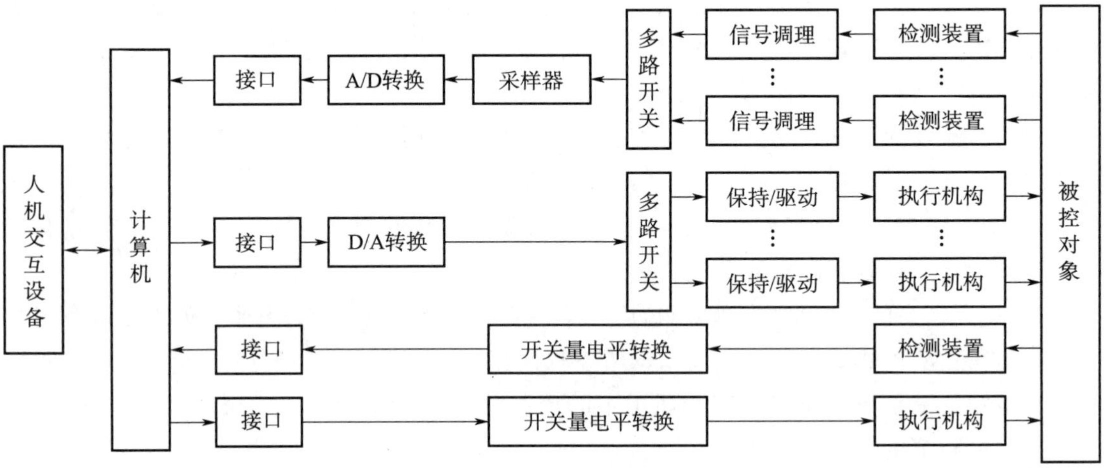

图 9－1　计算机控制系统的硬件组成框图

（1）硬件

① 计算机

计算机是控制系统的核心。它通过输入输出接口，向控制系统的各个被控对象发出指令，同时对其状态参数进行实时检测及处理。计算机的主要功能是通过执行相应的程序控制整个被控系统，对相关现场信息进行实时采集与处理，按设定的控制规则进行各种数值计算与逻辑判断，根据运算结果做出控制决策，输出给执行机构。根据不同被控过程的需求，计算机应具备足够的数据处理（算术、逻辑运算）与信息存储能力。

② 过程输入/输出通道

过程输入/输出通道是实现计算机与被控过程之间信息传送和转换的连接通道。过程输入通道把被控对象的状态参数转换成计算机可以处理的数字信息，并通过相应的接口输入计算机。过程输出通道把计算机接口输出的控制指令与数据转换成被控过程执行机构可以接收的控制信号，送给相应的执行机构。根据信号形式的不同，过程通道一般分为模拟量输入/输出通道与开关量（或数字量）输入/输出通道。

③ 检测与执行装置

检测与执行装置是直接与被控过程相连接的各种过程仪表，是被控过程的信号输入/输出单元。检测装置一般包括传感检测单元与变送单元。执行机构是直接连接于被控过程的控制或驱动部件。

④ 人机交互设备

人机交互设备提供一个供操作人员或工程师与计算机控制系统之间进行交互的平台，主要体现为一个便于操作人员完成相关工作的操作台，操作台一般设置有键盘、鼠标、操作按钮、各种显示或指示设备、打印或图形绘制设备等输入/输出设备。

（2） 软件

计算机控制系统的软件是指计算机中使用的能够完成计算机控制系统所要求的各种功能的计算机程序总和，软件一般指系统软件和应用软件两部分。系统软件是由计算机设计方或生产厂商提供的专用软件、维护和管理计算机的一类程序，并具有一定的通用性。系统软件一般包括操作系统、语言编译系统与诊断系统等。操作系统可以是通用操作系统、实时操作系统或嵌入式操作系统等。应用软件是面向用户需求而设计的程序，即根据用户要解决的实际问题而设计的各种程序，主要包括控制算法程序、巡回检测与事故紧急处理程序、数据处理与信息管理程序、人机交互程序以及必要的数据库系统等。发动机试验控制系统的应用软件主要有：时序控制程序、入口压力闭环调节程序、工艺流程显示程序、阀门电流采集程序、伺服控制程序、流量调节程序等。

9.1.3.2　手动控制

手动控制系统用于手动远程控制单个控制对象，如发动机控制系统中单元测试工艺阀门、发动机电磁阀等。手动控制通常覆盖工艺系统所有被控对象和发动机部分控制对象，而程序控制通常仅覆盖需要在热试车时进行自动控制的发动机所有控制对象和工艺系统部分控制对象。手控系统组成原理如图 9－2 所示。

手动控制系统通常还包括主控系统，主控系统完成直流电源的控制与显示，实时监测试车过程各直流电源状态，完成开车、紧急停车等关键信号控制，完成关键系统信号显示及控制过程显示，完成程控及检测系统就绪状态监视，完成关键受控对象的强制控制。

9.1.3.3　二次仪表控制

自动化仪表种类较多，按照被测对象可分为温度仪表、压力仪表、物位仪表、流量仪表等。自动化仪表主要包括以下几个部分：传感器、变送器、显示屏、执行器。工业生产过程中被测对象原始数据由传感器实时采集，变送器将原始数据转换成标准信号，以便接入控制系统，同时在显示屏上展示测量数值。对于调节型仪表，通过执行器对控制命令进行响应，从而调整生产工况[2]。

工业生产是一系列生产设备协同工作的流程作业，工艺控制上存在高度耦合的现象，对技术人员要求比较高。随着现代工业朝精细化、大型化的方向发展，半自动或全自动化的过程控制应用已经成为必然的选择。作为过程控制系统的“眼睛”，自动化仪表提供了控制所需的原数据。因此，自动化仪表与过程控制系统集成应用是提高工业生产稳定性和安全性最有效的方式之一，主要体现在以下几方面：

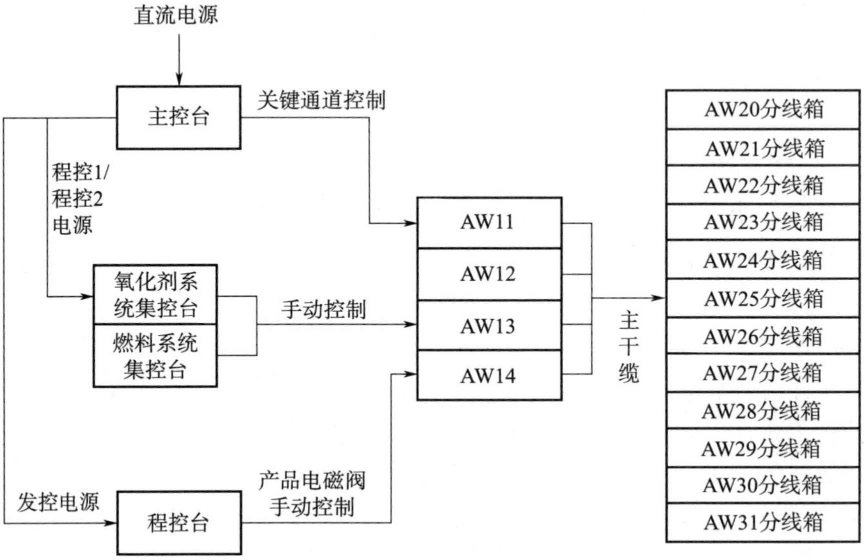

图 9-2　手控系统组成原理图

（1）数据传输与处理

自动化仪表与过程控制系统之间采用 IEC 国际标准信号传输，保证了现场数据的实时性和完整性，其信号类型包括数字量信号、模拟量信号两大类。信号传输介质通常采用带屏蔽层的铜芯电缆，在电磁干扰比较强的现场应考虑采用分屏＋总屏的计算机电缆，以确保数据传输的稳定性。过程控制系统中的 SCADA 可长期存储现场自动化仪表产生的全部数据，为生产数据分析、事故追溯提供所需的历史数据。

（2）控制逻辑编程

自动化仪表与过程控制系统的集成应用体现在控制逻辑编程方面。计算机硬件和软件编程技术在工业仪表中发展和普及，为集散控制系统优化升级提供助力。过程控制系统以可编程控制器为中心，通过与之配套的软件，以图形化的方式对各种设备、仪表进行编程，使复杂的工艺流程控制得以实现。对于比较重要的发动机试验工艺系统，可编程控制器通常按一用一备冗余配置，任一控制器的故障不影响工艺系统的安全性及现场仪表运行。通过控制逻辑编程，进一步优化现场设备及自动化仪表的运行方式，使得控制更精确，工艺参数更合理。

（3）高级控制功能

基础的过程控制主要以单个仪表或设备为控制对象，随着工业应用向大型化及复杂化方向发展，以工艺子系统或成组设备为被控对象的联动操作逐渐成为主流需求，要求过程控制系统具有高级控制功能。高级控制功能包括前馈控制、反馈控制、模糊控制及以特定工艺为控制对象的自定义高级功能算法等，其中以 PID 为代表的闭环反馈控制应用最为广泛[3]。

目前压力智能仪表、液位智能仪表及温度智能仪表等在试验系统中广泛应用，其最为常用的控制模式为仪表显示加上下限报警方式控制输出。

9.1.4　系统工作流程

控制系统工作流程如图 9－3 所示。

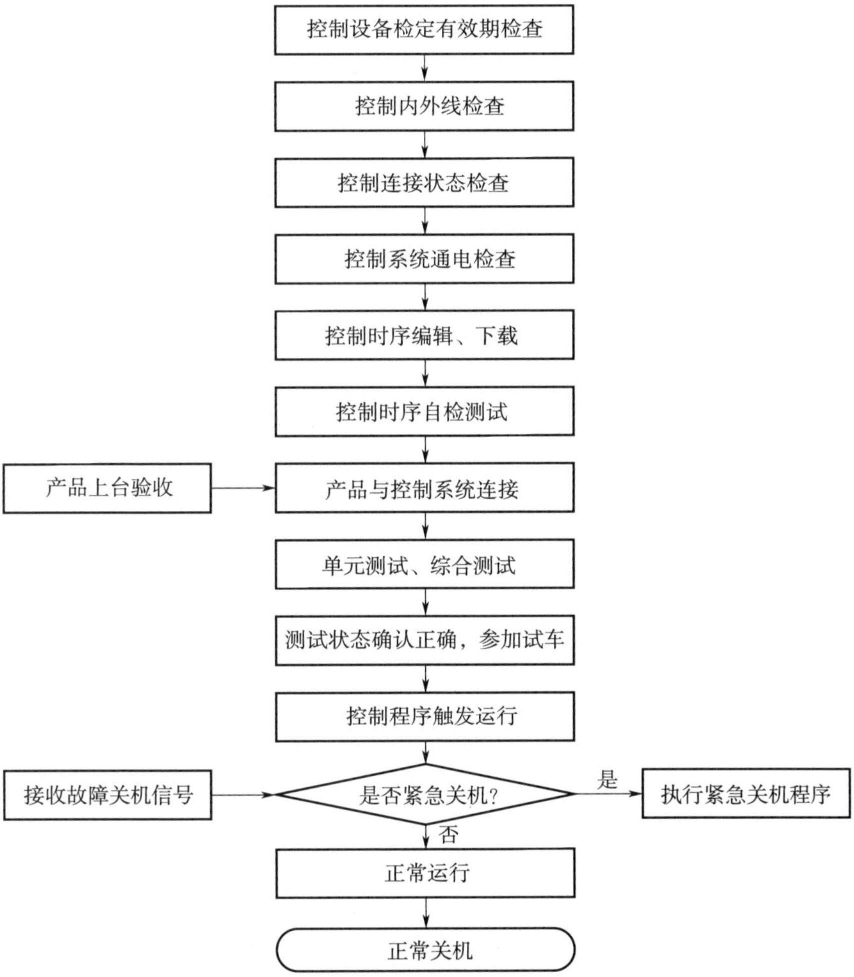

图 9－3　控制系统工作流程

（1）控制设备检定有效期检查

检查控制系统所用的电源、电压表、电流表、传感器、显示仪表等设备是否处于检定有效期。

(2) 控制内外线检查

断开控制外线与控制系统设备的连接，检查外线缆绝缘和导通电阻是否满足要求、是否存在短路或断路情况。检查控制内线是否有损伤、绝缘层是否断裂等。

(3) 控制连接状态检查

检查控制通道对应关系是否正确、控制插头安装是否到位、控制端子连接是否牢固可靠。

(4) 控制系统通电检查

在确认控制外线连接无误时，可对控制系统进行通电检查，检查控制设备运行是否稳定、状态是否正常。

(5) 控制时序编辑、下载

按照试车任务书要求，编制控制时序，确认无误后对其进行编译处理，若存在下位机控制方式，还需要将编译后的控制时序下载至下位机中。

(6) 控制时序自检测试

控制时序编制完成后，将模拟负载连接至控制系统中，对控制时序进行运行检查，用时序判读系统检查控制时序是否正确。

(7) 产品上台验收

发动机产品上台后，需要对控制电气接口、电磁阀阻值等进行检查，确认无误后，填写相应的产品验收细则。

(8) 产品与控制系统连接

产品验收合格后，将控制电缆与发动机产品控制电气接口相连接，根据需要对发动机的端电压进行测试，测试结果符合任务书的要求，即可对其进行单元测试及综合测试。

(9) 单元测试、综合测试

单元测试主要对产品功能模块进行逐一检查，确认无误后，即可开展综合测试，综合测试则按照试车方式进行运行测试。试车前，要求有效单元测试和综合测试不少于 3 遍。

(10) 测试状态确认正确，参加试车

经综合测试后，召开班组两想会和试车质量状态分析会，确认控制系统运行正常、控制程序编制正确后，方可参加热试车任务。

(11) 控制程序触发运行

选择试车所用的控制时序，按照指挥员口令，触发控制时序运行。

(12) 是否紧急关机

控制时序运行过程中，主控制器实时判断故障状态信号，若满足故障关机条件，则转入紧急关机处理过程，否则，控制时序正常运行、正常关机。

9.2 控制对象分类

9.2.1 电爆管

电爆管作为电爆阀的起动能源装置，作用十分关键，其结构一般主要由电阻丝、点火药、主装药和壳体四个部分组成。工作时，电阻丝在电流作用下产生焦耳热加热点火药，点火药达到燃烧温度后燃烧，火药燃烧产生具有一定压力的高温气体和固体产物，这些高温燃烧产物以各种形式与未燃点火药和主装药进行能量交换，使整个电爆管系统的燃烧得以持续进行并产生大量高温高压气体。这些高温高压气体膨胀做功可以实现各种功能，如开阀、推销、拔销等[4]。电爆阀结构示意图如图 9 - 4 所示。

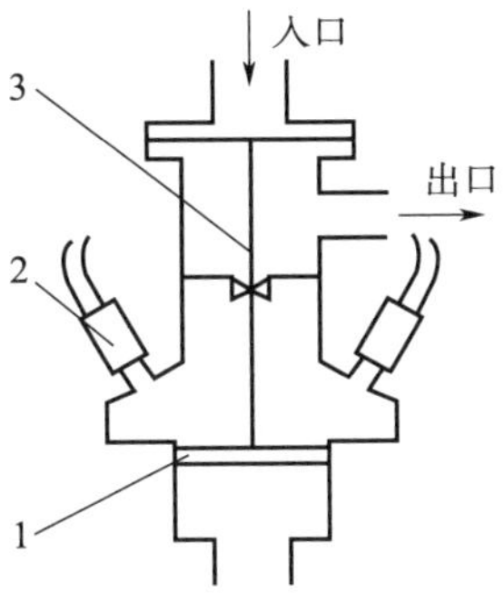

图 9 - 4　电爆阀结构示意图

1—活塞；2—电爆管；3—杆件

电爆阀工作过程非常快，一般为 0.3～5 ms，在此过程中伴随着燃烧气体膨胀、金属件的破裂以及高温高压燃气的冲击，作用在切破件表面上形成塑性变形甚至断裂。电爆阀的火药燃烧效率及电爆阀切破作用的结构与机理决定电爆阀设计水平。

电爆管通电后有桥丝可能与壳体短接，因此控制时序通常在通电 150～230 ms 后下达指令断开，防止该回路长时间大电流工作下对元件、电源的损耗。

9.2.2　电磁阀

电磁阀是从电源吸取能量做功，使阀门内部机构动作，以实现控制功能的一种电磁机构。电磁阀一般由电磁部件、阀体组成。电磁部件由固定铁芯、动铁芯、线圈等部件组成；阀体部分由滑阀芯、滑阀套、弹簧底座等组成。当线圈通电或断电时，磁芯动作使流体通过阀体或被切断，以达到开关或改变流体方向的目的。电磁阀是利用电磁效应原理进行控制，阀门线圈通电时产生磁场，断电后磁场消失。当电磁阀线圈通一稳定的直流电压时，阀芯受到的电磁吸力逐渐增大，在电磁吸力仍小于弹簧反力时，阀芯依然保持静止，当电磁吸力增大到和反力相等时，驱动阀芯开始运动，此时线圈产生感应电动势，导致线圈电流上升的速度减慢，接着会出现下降。当工作气隙减小到最小时，阀门完全闭合，阀芯位移达到最大行程，电流将上升到稳定的最大值。电磁阀分类见表 9 - 1。

表 9 - 1　电磁阀的分类

分类方式	种类
动作方式	直动式
	先导式

续表

分类方式	种类
线圈种类	直流
	交流
控制方式	单电控
	双电控
通孔及作用原理	二位两通
	二位多通

发动机产品也通常配置有电磁阀，需要为产品电磁阀控制回路配套电流采集功能，用于获取产品电磁阀动作时间，通过产品电磁阀动作时间判读阀门的响应特性。根据实际测试经验，直动式气动电磁阀响应速度快，一般只需用几毫秒到十几毫秒；先导式气动电磁阀切换速度相对较慢，一般需用几十毫秒，高频电磁阀的动作响应时间只需要几毫秒[5]。

9.2.3 电动阀

阀门执行机构根据能量源可分为气动、液动和电动三大类。气动阀门执行机构安全系数高、构造简单，在危险生产环境中广泛应用，但是阀门气动执行机构需要外部附带的气源，控制精度往往达不到现代工业生产的要求。电动阀门执行机构的控制精度高、使用方式灵活、体积小。随着工业控制系统电气化的发展，电动阀门执行机构在上述几种执行机构中，优势逐渐显现[6]。电动阀门执行机构外观如图 9-5 所示。电动执行机构控制系统组成如图 9-6 所示。但试验系统通常由于试验场所易燃易爆的特点，选用相对安全的电动气阀作为执行机构，在供配气系统或供水系统通常选用电动阀作为执行机构。

图 9-5　电动阀门执行机构外观图

在液体火箭发动机中，电动气阀实现了发动机的重复起动和脉冲工作。发动机工作时，在稳定的参数输入条件下，电动气阀保持稳定的参数输出，在起动瞬间或有外界干扰的情况下（如外力因素、电压发生变化时），电动气阀必须在很短时间内做出反应，使输出参数迅速稳定并保持在设计允许的范围内，以保证发动机正常工作，需要对电动气阀进行动态特性分析，还应分析干扰因素对电动气阀动态特性的影响。根据电动气阀的工作特

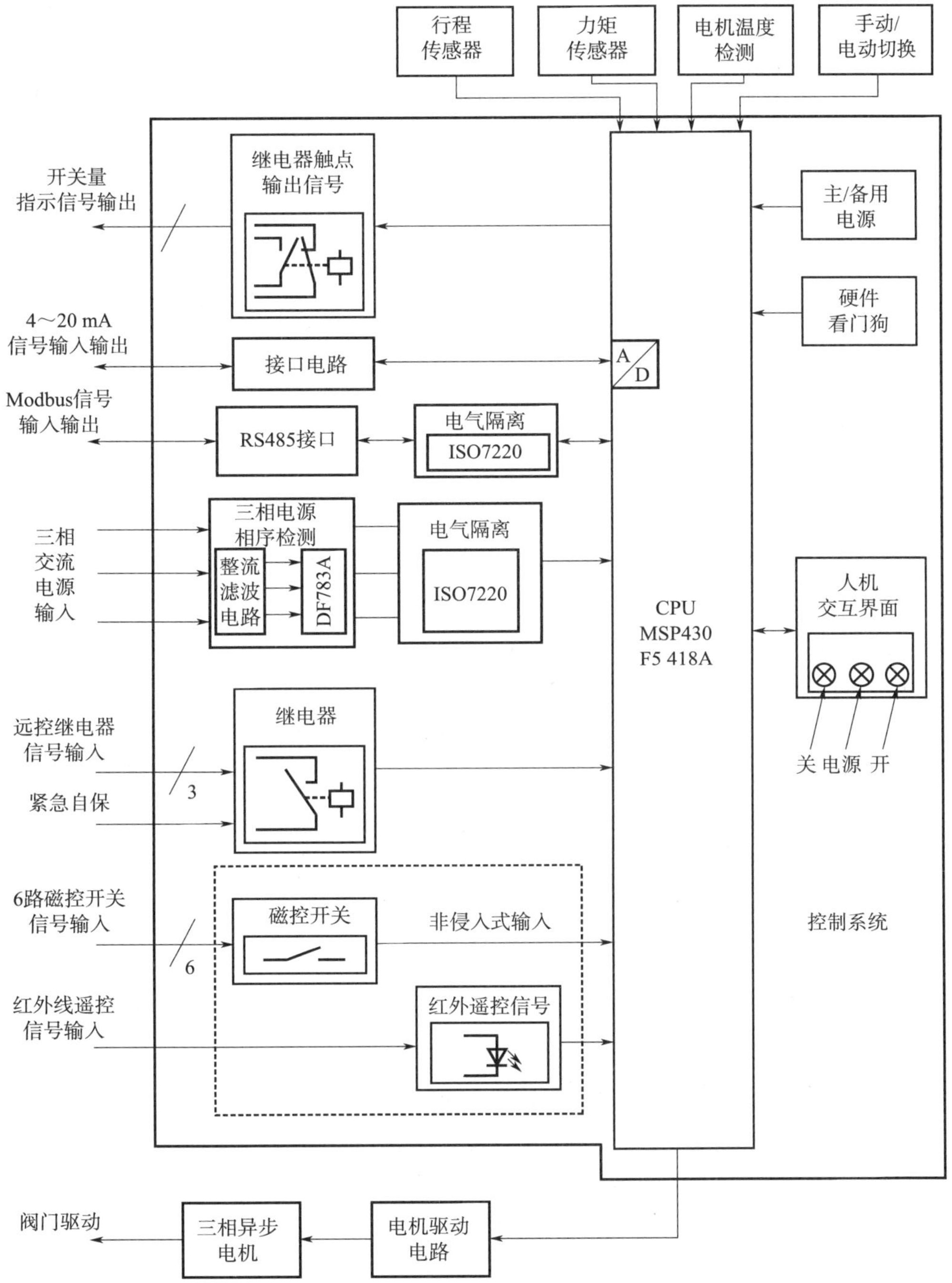

图 9-6 电动执行机构控制系统组成框图

性，将其动作过程分为电动过程和气动过程。阀门初始时，在弹簧预紧力和控制气体压力下，顶杆和衔铁在气隙最大处，当电动气阀通电后，衔铁产生磁力并逐渐增大，大于临界力时，衔铁开始动作，直至完全吸合，这一过程为电动过程；进入气动过程时，控制气体流向通电状态，断电时，阀门的动作则相反。

电动阀的控制电路一般与电磁阀控制相同，其动作时间比电磁阀稍慢。电动执行机构有两种操作方式：现场（就地）控制和远程控制。现场控制主要用于执行机构安装时的参数设置和调试。例如，确定阀门的全开位置和全关位置，选择远控方式，确定是否起动紧急自保功能、双速保护功能等。远程控制主要用于操作人员在控制室中对执行机构进行操作，远程控制又分为 3 种方式：远控开关信号控制、现场总线控制和 4～20 mA 直流电流控制。远程开关信号可对执行机构进行开、关、停止和紧急自保控制；总线控制可对执行机构进行开关控制和开度控制，并可实时查询执行机构的状态和设置参数，还可以把几台甚至几十台执行机构联成网络进行集中控制；还可输入 4～20 mA 电流对执行机构的开度进行控制[7]。试验台使用电动阀时，通常选择全开、全关反馈，有开、关、停三种控制方式。

9.2.4 调节阀

调节阀又称控制阀，是一种通过电液气来驱动启闭件（阀芯）处在关闭与全开启之间的任何位置，使通路截面积得以改变，用以调节流量、压力或温度等参数的阀门[8]。调节阀通过接收控制系统指令来调节阀门的开度，从而控制介质的流量、压力、流速等[9]。调节阀由阀体组件、执行机构和调节阀附件三部分组成。执行机构起推动作用，而阀体组件起到调节流量的作用。调节阀是执行器的主要类型[10]。

按执行机构驱动方式，调节阀可分为气动调节阀、电动调节阀和液动调节阀。采用一定压力的气源来提供动力的气动执行器、以电为动力源的电动执行器及用压力油液来驱动的液动执行器将输入信号转换成相应动作控制阀芯位置调节阀门开度。按阀芯行程，调节阀可以分为直行程调节阀和角行程调节阀。直行程结构调节阀有单、双座阀，套筒阀等。角行程调节阀包括蝶式阀、球阀、偏心旋转阀、三通阀以及全功能超轻型阀等。按流量特性，调节阀分为快开、线性等百分比及抛物线流量特性的调节阀。图 9－7 为 ZHBP 型气动调节阀阀门结构。

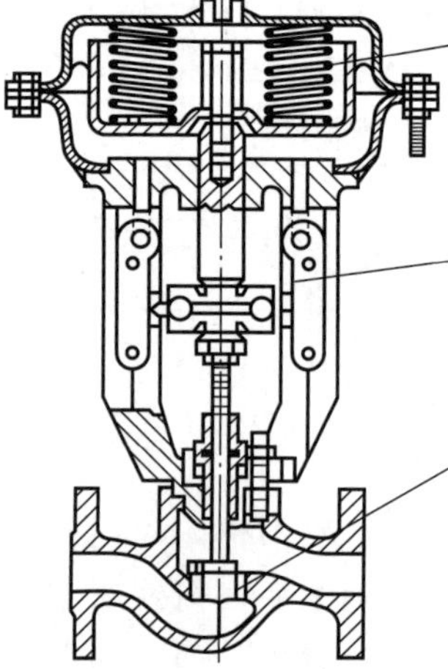

图 9－7　ZHBP 型气动调节阀阀门结构

9.3　控制系统硬件技术

9.3.1　控制器

火箭发动机试验控制系统的发展历程与控制硬件技术的更新发展有很大的关系。随着计算机在控制系统的广泛应用，每一次的技术跨越均离不开计算机技术、总线技术及接口电路技术的创新与发展，不仅使控制功能和性能更加先进，还使控制方式更加多样与灵活。控制硬件技术也逐步形成了以计算机技术、总线技术和接口电路技术为基础的发展新局面，正朝着标准化、模块化、可靠化的方向发展。

控制系统功能各异、形式多样，但均可简化为控制装置＋执行机构的结构形式。控制装置为控制系统的核心组件，它用于控制指令的发送及检测，通过控制功能电路将计算机指令代码转化为标准输出信号，实现对电磁阀、电动气阀、调节阀、电动机等执行机构的控制，同时，可通过检测功能电路将电磁阀、调节阀等执行机构的状态信号转化为标准输入信号，实现对控制指令执行情况的检测。

当前控制器大多基于计算机控制原理，其技术水平与计算机技术发展紧密相关。计算机历经了 4004、8008、8086 系列，奔腾系列及多核 CPU 的发展过程，先后出现了 4 位、8 位、16 位、32 位及 64 位处理器，使得控制器的处理能力不断增强。随着 PC 商业定制业务的发展，又出现了以单片机、DSP、PLC. PC104、PowerPC. ARM 为代表的嵌入式计算机发展潮流。无论计算机技术如何发展，均采用冯·诺伊曼所提出的计算机结构，如图 9-8 所示。由冯·诺伊曼结构可知，控制器主要由运算器、存储器、控制单元、输入接口、输出接口等组成。

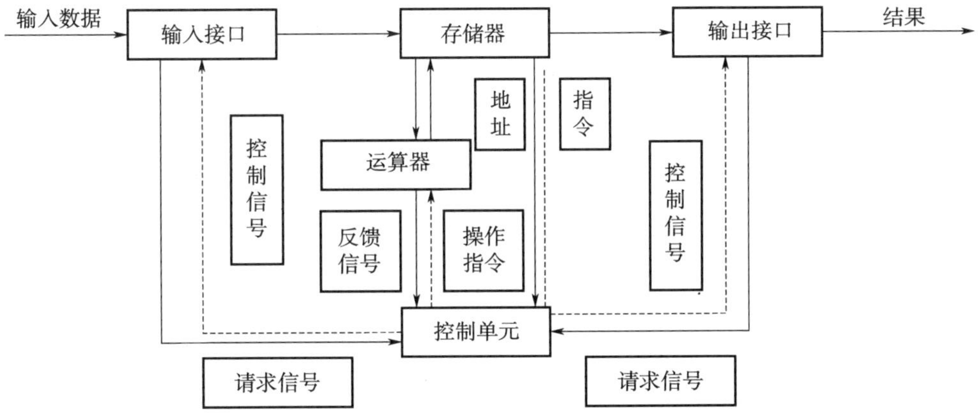

图 9-8　控制器基本结构

（1）运算器

运算器的功能是完成算术运算和逻辑运算。算术运算是指加、减、乘、除及它们的复合运算。而逻辑运算是指“与”“或”“非”等逻辑比较和逻辑判断等操作。

（2）控制单元

控制单元一般由指令寄存器、指令译码器、时序电路和控制电路组成，其基本功能是从存储器中取指令和执行指令。

（3）存储器

存储器的主要功能是存放程序和数据。程序是计算机操作的依据，数据是计算机操作的对象。存储器通常被分为许多等长的存储单元，并按一定顺序编号，每个编号为存储单元的地址，简称地址。存储单元与地址的关系是一一对应的。访问存储器的方法有两种：一种是选定地址后向存储单元存入数据，称为“写”；另一种是从选定的存储单元中取出数据，称为“读”。存储器的结构框图如图 9－9 所示。

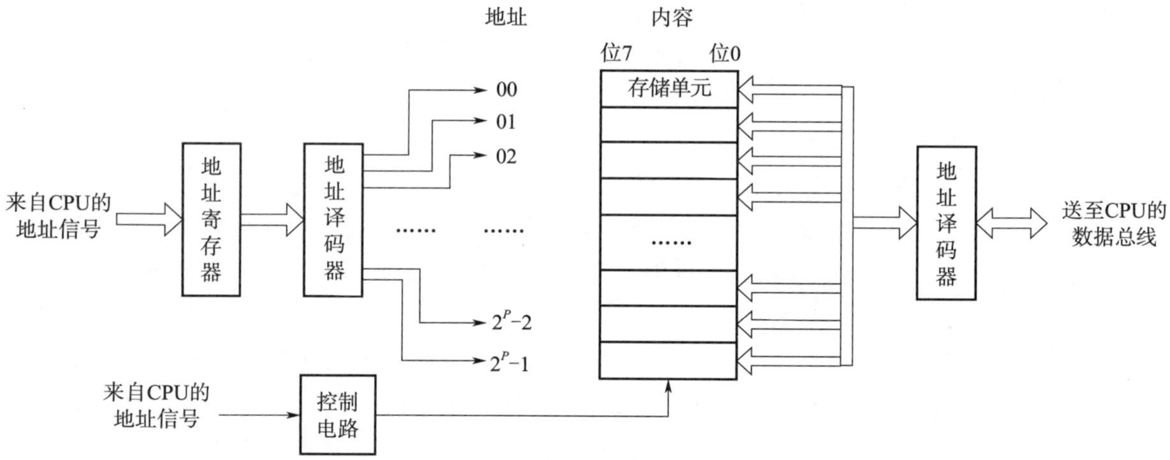

图 9－9 存储器结构框图

（4）输入输出接口

输入接口与控制器内部总线相连接，用于将外围设备的数据信息传输到计算机内部。输出接口与控制器内部总线相连接，用于将控制指令或数据信息发送到外围设备。

控制装置是在计算机的基础上配置了相应总线接口的功能电路，具备输入信号检测或输出信号控制的功能。结合液体火箭发动机试验控制系统现状，重点对基于 PC 板卡的控制装置、基于 PLC 的控制装置及基于嵌入式系统的控制装置进行简要介绍。

9.3.2 常见的控制器

9.3.2.1 基于 PC 板卡的控制器

基于 PC 板卡的控制器在火箭发动机试验系统中应用最早、最为广泛，即使在测控技术发展日新月异的今天，基于 PC 板卡的控制器的广泛应用，与诸多优势特点有关。

1）控制方式集中，操作简单；

2）控制实时性好，控制冗余成本低、可靠性高；

3）控制扩展性好，编程灵活，功能裁定自由；

4）成熟经验多，技术风险小。

基于 PC 板卡的控制器是在工控计算机的基础上配置相应的功能板卡，实现输出控制和输入检测功能。工控机及功能板卡具有成熟产品多、成本低、开放资源的优势。常见的工控机有工控 PC 机和嵌入式 PC104 计算机两种，两者在火箭发动机试验控制系统中均有应用案例。它们具有相同的控制解决方案和高的控制可靠性，其中工控 PC 机的优势在于 CPU 主频高、缓存大、存储空间大，PC104 的优势在于功耗低、结构紧凑、抗干扰、抗振动及冲击能力强。

基于工控 PC 机和 PC104 计算机的不同应用需求，在火箭发动机试验控制系统中，PC104 计算机多数作为主控计算机使用，工控机多数作为检测计算机使用。

典型的基于 PC 板卡的控制器原理如图 9－10 所示，主要由计算机、模拟量输入卡、数字量输入卡、模拟量输出卡、数字量输出卡、信号调理电路、驱动电路等组成。

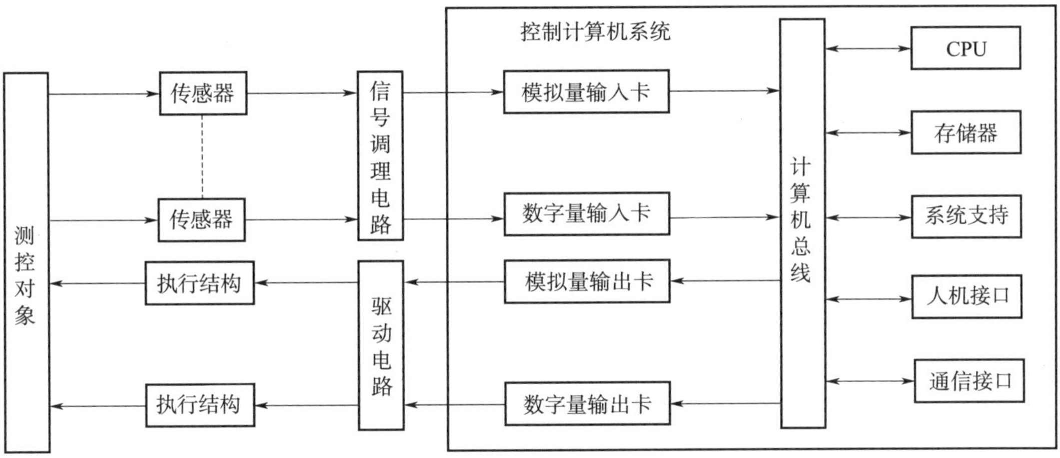

图 9－10　基于 PC 板卡的控制器原理

（1）计算机

计算机主要由机箱、电源、主板、显卡、硬盘、光驱、显示器、键盘、鼠标、通信接口等组成。主板是计算机的核心，由 CPU、存储器和 I/O 接口等部件组成，其作用是依据采集的信息数据，及时选择控制策略输出控制指令。主板常见的总线有 ISA 总线、PCI 总线及 PCI－E 总线，通信接口有 RS232、USB 等。

（2）模拟量输入卡

模拟量输入卡用于将外部传感器所输出的电压或电流信号转换为标准的数字信号，通过总线接口传输给计算机，供数据分析、处理使用。模拟量输入卡的主要指标有：

1）输入信号量程：如 4～20 mA、0～10 V 等；

2）采样分辨率：如 12 位、16 位等；

3）输入通道类型：如单端或差分输入等；

4）采样速率：如 1 000 点/通道/秒，或更高等；

5）滤波设置：可程控设置滤波截止频率；

6）增益设置：可程控增益。

（3）数字量输入卡

数字量输入卡用于将接近开关、编码器等所输出的数字量信号，通过隔离方式或非隔离方式传输给计算机。常见的隔离方式有光电隔离和电磁隔离，其中光电隔离方式应用最广泛。数字量输入卡的主要指标有：

1）输入信号：触点型或 TTL 电平；

2）输入通道类型：如隔离或非隔离等；

3）输入保护：过电压保护。

（4）数字量输出卡

数字量输出卡用于将控制指令代码转换为标准电平输出信号，再经驱动电路的功率转换，使电磁阀、电动气阀、指示灯、继电器等执行机构按照预定时序进行动作。数字量输出卡的主要指标有：

1）输出信号：TTL 电平或继电器触点；

2）输出通道类型：如隔离或非隔离等；

3）输出保护：短路保护；

4）输出频率：1 kHz、10 kHz 等。

（5）模拟量输出卡

由于计算机输出的控制信号是数字量，而调节阀、电机等执行机构却要求提供模拟电压或电流，故必须采用模拟量输出卡，将数字量转换成模拟电压或电流。模拟量输出卡的主要指标有：

1）分辨率：如 8 位、12 位、16 位等；

2）输出量程：如 4～20 mA、0～10 V 等；

3）转换速率：指 D/A 转换器中代码有满度值的变化时，输出达到稳定（一般稳定到与±1/2 最低位值相当的模拟量范围）所需的时间，一般为几十毫微秒到几毫微秒。

（6）信号调理电路

在实际应用中，传感器输出的电信号不一定满足 A/D 转换和数字量输入的要求，数据采集系统的输入通道中应采取对现场信号进行放大、滤波、线性化、隔离和保护等措施，使输入信号能够满足数据采集要求。

（7）驱动电路

模拟量输出卡与数字量输出卡，输出信号均为标准电平信号，需要配置驱动电路，实现电平转换、功率转换、安全隔离、缓冲放大、阻抗匹配等功能，满足远距离控制、高电压或大电流控制及隔离控制等要求。

9.3.2.2 基于 PLC 的控制器

可编程序控制器简称 PLC，PLC 示意图如图 9-11 所示，它结合了微电子技术和计算机技术的优点，发展十分迅速，在工业现场应用广泛。

对于火箭发动机试验领域中控制实时性要求不是很高、控制时序单一的控制系统，如

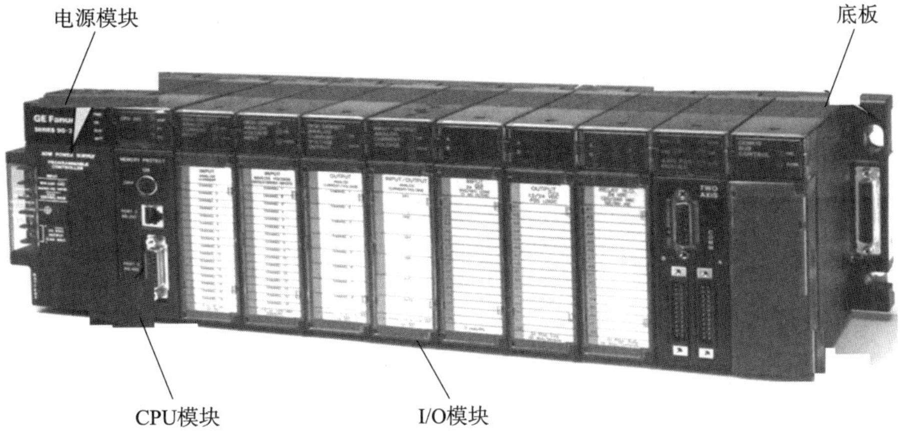

图 9－11　PLC 示意图

水蒸气发生器控制系统、空气加热器控制系统、真空机组控制系统、软化水变频泵控制系统等，一般采用 PLC 控制器进行设计，这源于 PLC 控制器具有如下技术优势：

1）可靠性高，无故障运行时间长；

2）成本低，技术风险小；

3）功能完善，通用性好；

4）抗干扰力强，适应性好；

5）操作维护简单，施工周期短。

PLC 产品按处理器功能强弱分为低档、中档和高档 3 个档次。PLC 产品按地域分成三大流派：一个流派是美国产品，一个流派是欧洲产品，一个流派是日本产品。此外，国内市场上的 PLC 产品见表 9－2。

从硬件结构来看，PLC 控制装置主要由中央处理器、存储器、底板总线、输入/输出模块、I/O 扩展模块、外设和电源等组成，各部分之间通过底板总线进行连接，如图 9－12 所示。

（1）微处理器（CPU）

微处理器一般由控制器、运算器和寄存器等组成。它是 PLC 的核心部分，主要采用通用微处理器、单片机和双极型位片式微处理器三种类型。CPU 位数越多，运算速度越快，功能指令也越强。

表 9－2　国内外常见的 PLC

PLC 流派	知名厂商	低档机	中档机	高档机
美国	Rockwell(罗克韦尔)	Rslogix 系列	Rslogix500 系列	Rslogix5000 系列
	GE(通用)	GE－Ⅰ系列	GE－Ⅲ系列	GE－Ⅴ系列
欧洲	SIEMENS(西门子)	S7－200 系列	S7－300 系列	S7－400 系列
	Schneider(施耐德)	M238 系列	M258、M340 系列	Quantumn 系列

续表

PLC 流派	知名厂商	低档机	中档机	高档机
日本	三菱	F1/F2/FX 系列	A 系列	Q 系列
	欧姆龙	CP1H CPM1A 系列	CJ 系列	CS 系列
	松下	FP1 系列	FP3 系列	FP5/FP10、FP20 系列
中国	台达	DVP-E、S 系列	AH-500 系列	
	深圳汇川	H1U、H2U 系列	AM-600 系列	

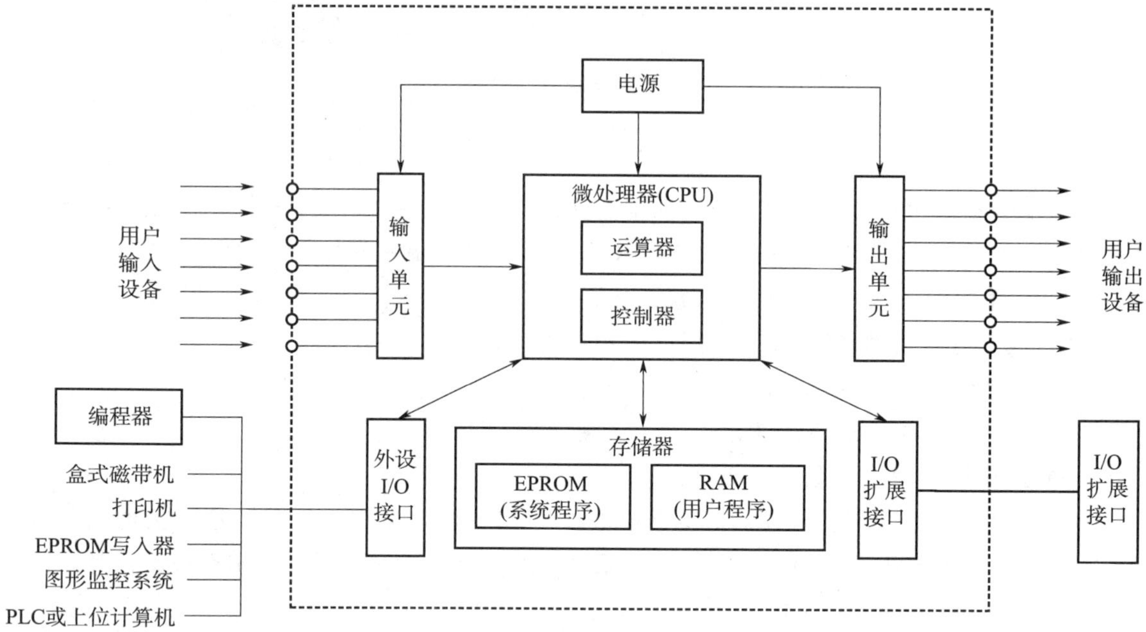

图 9-12 PLC 系统结构组成

(2) 存储器

可编程控制器的存储器可以分为系统程序存储器、用户程序存储器及工作数据存储器三种。系统程序存储器用来存放由可编程控制器生产厂家编写的系统程序，并固化在 ROM 内，用户不能直接更改。用户程序存储器用来存放用户针对具体控制任务，用规定的可编程控制器和编程语言编写的各种用户程序。工作数据存储器用来存储工作数据，即用户程序中使用的开关量状态、数值数据等。

(3) 底板总线

底板总线大多采用串行通信总线，如 RS485、RS422，串行总线可以提高设备在恶劣环境下的工作可靠性。PLC 主机模块通过底板总线与 I/O 扩展模块进行通信，将现场的各种测量、控制操作的信号输入到主机模块中进行实时控制。

(4) 输入/输出模块

输入/输出模块主要有数字量输入模块、数字量输出模块、模拟量输入模块、模拟量输出模块四种类型。

数字量输入模块：将按钮、行程开关或传感器等产生的信号，转换成数字信号送入主机。

数字量输出模块：具有继电器输出、晶体管输出、可控硅输出三种类型，分别对应于低速大功率、高速小功率、高速大功率的应用场合，将 CPU 处理过的信号转换成现场需要的强电信号输出，以驱动接触器、电磁阀等外部设备的通断电。

模拟量输入模块：将模拟量标准信号转换成适合 PLC 处理的数字信号。模拟量输入接口接收标准的模拟信号，如 4～20 mA、0～10 V。

模拟量输出模块：将 PLC 运算处理后的数字量信号转换为相应的模拟量输出信号，以满足模拟量输出控制要求。

（5）电源模块

PLC 电源模块用于为 PLC 的 CPU、存储器、输入输出接口等内部电路进行供电。

（6）编程器

编程设备可以是专用的手持式编程器，也可以是安装了专门的编程通信软件的个人计算机，对整个控制过程进行运行监控。

9.3.2.3　基于嵌入式系统的控制器

随着计算机和微电子技术的飞速发展，嵌入式系统作为计算机应用的一个重要领域，已在多个行业领域广泛应用。在火箭发动机试验控制领域，以 Power PC. ARM (Advanced RISC. Machines)、FPGA、DSP (Digital Signal Processor) 等 SOC 系统级芯片为代表的嵌入式控制器有了一定的应用，并呈现出较强的技术优势：

1）实时性强，控制定时精度高；

2）功耗低，可靠性高；

3）抗干扰能力强，适应恶劣环境；

4）成本低，性价比高；

5）设计灵活，裁减自由。

嵌入式控制系统与单片机的产生和发展分不开，在一片半导体硅片上集成了中央处理单元、存储器、数字量输入输出接口、模拟量输入输出接口等功能电路，实现了一台计算机控制系统所具备的功能。由于嵌入式微处理器芯片本身不能独立工作，通常需要配置存储器接口电路、显示电路、触摸屏、键盘、调试接口、电源电路、RS232 或网络通信接口等电路，构成一小型计算机系统，如图 9－13 所示。

DSP 处理器对硬件结构和指令进行了特殊设计，使其能够高速完成各种数字信号处理算法，广泛应用于数字滤波、FFT、谱分析等方面。特别是融合了微处理器功能和 DSP 处理器功能的混合式处理器，为嵌入式系统设计提供了更多的选择。围绕 DSP 嵌入式系统的设计，需要配置相应的外围功能电路，如存储器、电源电路、通信电路、数字量输入输出电路及模拟量输入输出电路等，如图 9－14 所示。

以 FPGA 为代表的嵌入式系统应用广泛。FPGA 是一种可编程逻辑器件，通过设计

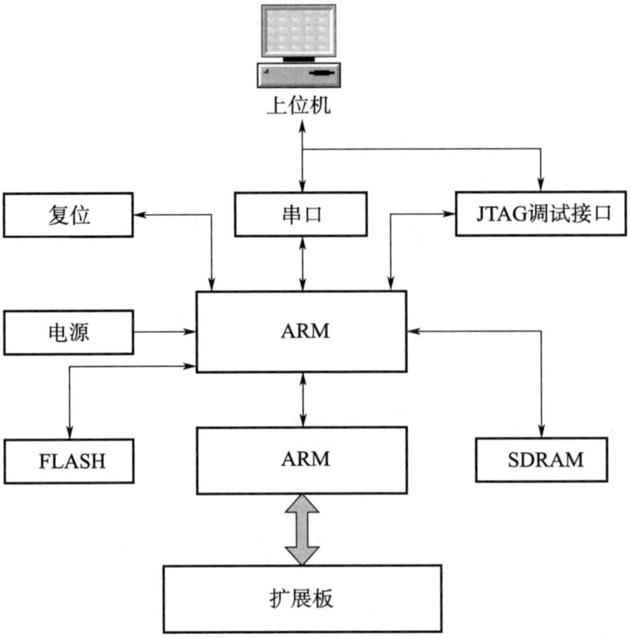

图 9-13　ARM 嵌入式系统

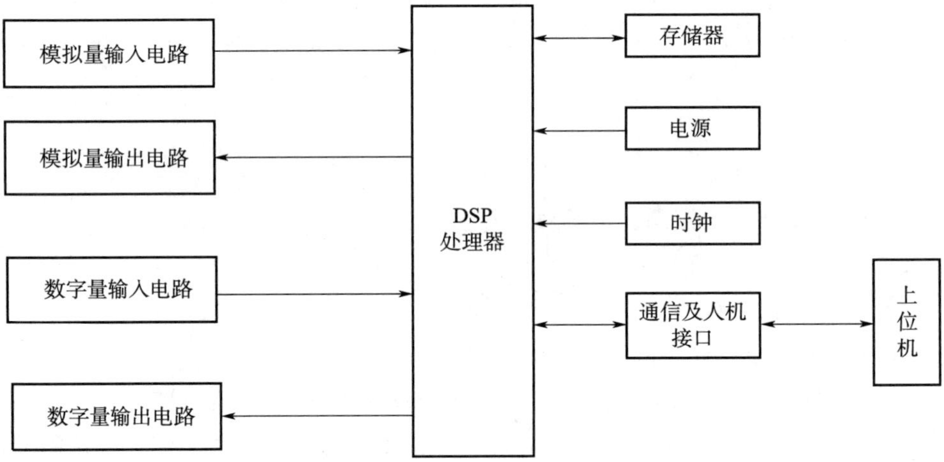

图 9-14　DSP 嵌入式系统

软件的综合、分析、裁减，可灵活地重构所需要的嵌入式系统。它具有灵活的设计方式，可裁减、可扩充、可升级，实现不同的数字电路功能。嵌入式系统的实现方式主要有：基于 FPGA 的嵌入 IP 硬核的 sopc 系统、基于 FPGA 的嵌入 IP 软核的 sopc 系统及基于 HardCopy 技术的 sopc 系统。随着 FPGA 技术的不断发展，基于 FPGA 的嵌入式系统已在火箭发动机试验测控领域得到了应用，如 NI 的 CRIO 产品，如图 9-15 所示，它配置了 Xilinx Virtex-5 或 Kintex-7 型 FPGA 板载动态 RAM 、数字量输入/输出接口电路、模拟量输入/输出接口电路、电源等电路。此类 FPGA 大多内嵌 Power PC 处理器，运行 Vxworks 实时操作系统，通过重配置的 FPGA 逻辑单元和连线，提供各种高性能 I/O 功能，用于执行高速逻辑和精确定时的任务。Vxworks 实时操作系统具有数据处理、数据传输、读写端口、数据缓存、网络通信等功能，可以确保数据不丢失及测控实时性。

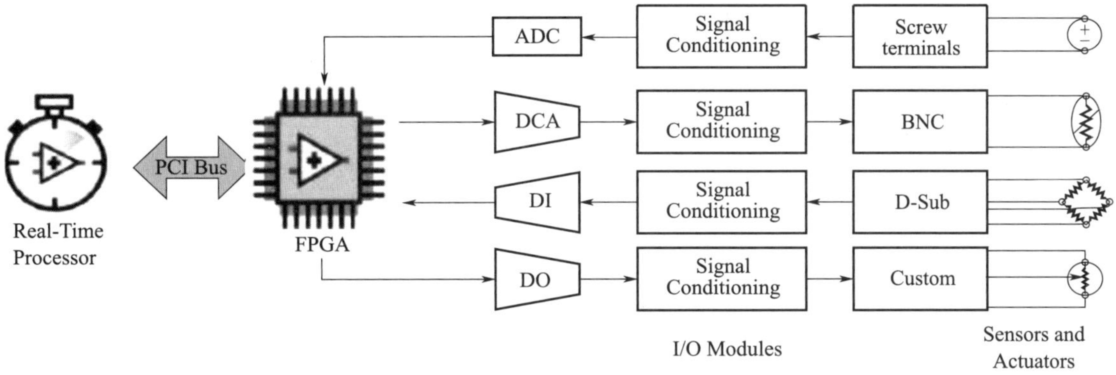

图 9-15　CRIO 系统原理框图

嵌入式控制系统通常采用上位机和下位机联合控制方式，下位机由嵌入式核心板、数字量输入/输出电路、模拟量输入/输出电路、通信接口等组成，如图 9-16 所示。上位机负责控制程序的编辑、下载及运行触发控制，下位机则负责控制时序的运行、数字量输出信号的控制、数字量信号的输入检测、模拟量输入信号的检测及模拟量输出信号的控制。

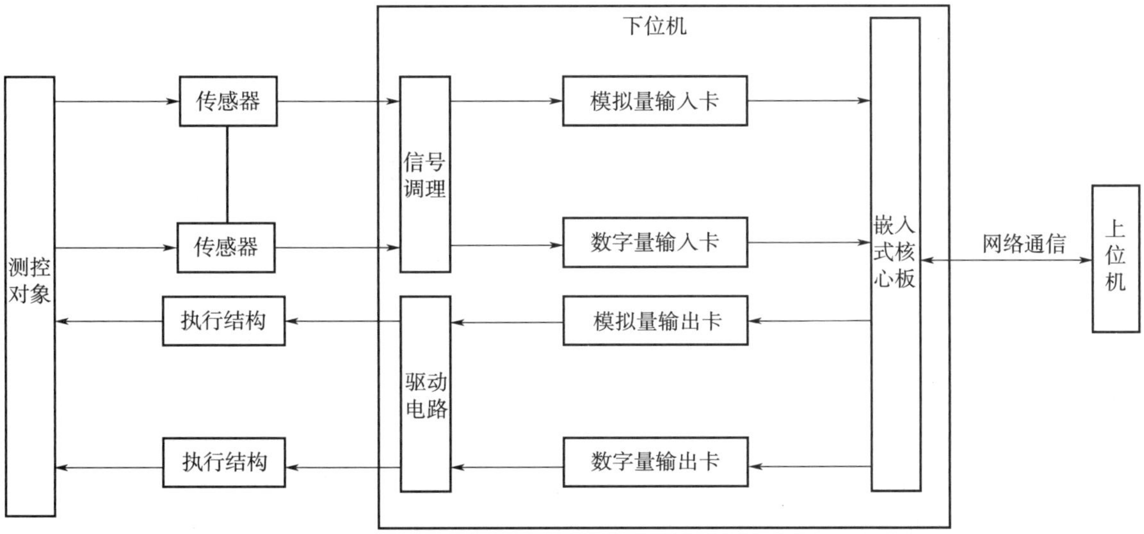

图 9-16　嵌入式控制系统组成

9.3.3 外围接口电路

9.3.3.1 数字量输入接口电路

(1) 数字量输入通道的组成与原理

火箭发动机试验控制系统涉及多种类型的数字量输入信号，如阀门的开、闭信号，控制器指令信号，按钮或开关的状态信号，编码器脉冲信号，电机的启、停状态信号，报警触发信号等。数字量信号分为电平式和触点式两种，其中电平式分为高电平和低电平两种，触点式分为常闭触点和常开触点两种。数字量输入通道通常由总线接口逻辑控制电路、输入缓冲器及信号调理电路三部分组成，如图 9-17 所示。

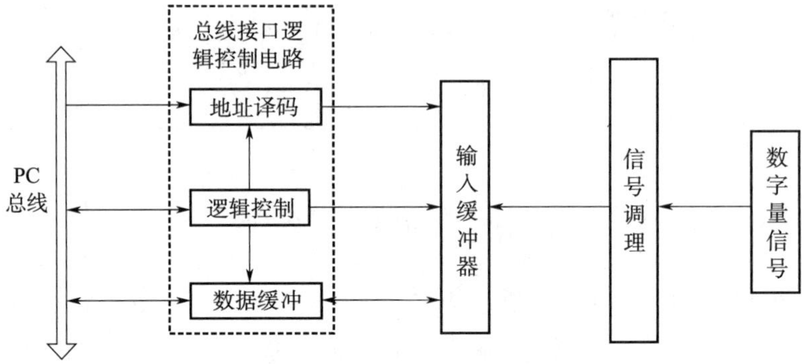

图 9-17 数字量输入通道结构

数字量信号经信号调理后进入输入缓冲器。总线通过逻辑控制电路发出“读”操作指令，经地址译码选择需要读取的缓冲器，然后对其进行读操作，将数据从缓冲器读取到 PC 系统总线。

(2) 数字量输入信号调理

数字量信号状态变化时，可能引起瞬时高压、过电压、接触抖动等现象，不仅影响测试结果，还可能引起后端电路损坏。为此，需要对数字量输入信号进行电平转换、隔离、滤波及限幅保护等信号调理，并转换为标准的数字量信号。常见的信号调理功能介绍如下。

① 信号转换处理

逻辑上表现为“1”或“0”的信号，表现形式可能为电压、电流信号或开关的通断，其幅值范围可能不符合数字电路的要求，即 0～5 V 的标准 TTL 电平，为此，需要对其进行转换处理。以编码器输出的数字脉冲信号为例，其信号转换及检测原理如图 9-18 所示。它是一种定时计数输入接口电路，关键电路元件为计数器，常见的型号有 8253、8254。传感器发出的脉冲频率信号，经过简单的信号调理，输入到 8254 芯片的计数通道 1 的 CLK1 口。8254 是具有 3 个 16 位计数器通道的可编程计数器/定时器。计数通道 0 工作于模式 3，CLK0 用于接收系统时钟脉冲，OUT0 输出一个周期为系统时钟脉冲 N 倍（N 为通道 0 的计数初值）的连续方波脉冲，其高、低电平时段是计数通道 1 的采样时间和采样间隔时间，分别记为 T_S、T_W；计数通道 1 和 2 均选为工作模式 2，且 OUT1 串接到 CLK2，使两者构成一个计数长度为 32 的脉冲计数器，以对 T_S 内的输入脉冲计数。

如果获得 T_S 时间内的输入脉冲个数为 n，则单位时间内的脉冲个数即脉冲频率为 n/T_S，从而可换算出电机的转速值。若编码器的脉冲当量（即一个脉冲相当的转数）为 K，则电机的转数就为 $n/T_S \cdot K$。

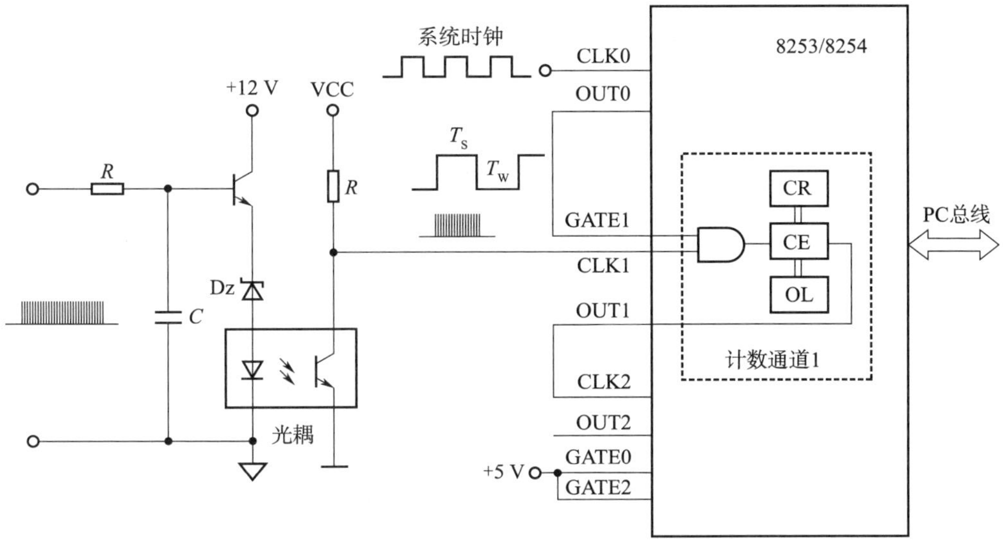

图 9－18　数字脉冲信号检测电路

② 安全保护措施

对可能出现的输入过电压，采用稳压管保护措施。对于输入信号的瞬间尖峰，可采用稳压管或压敏电阻将瞬态尖峰电压箝位在安全电平上。对于输入信号的电压极性接反的情况，采用反串联二极管方式进行安全保护。稳压管则依据安全保护电压对其选型，如 IN5992 的稳压值为 4.7 V、IN5993 的稳压值为 5.1 V。

压敏电阻选型主要关注最大限制电压、通流容量等参数指标。当压敏电阻器两端电压略高于标称额定电压时，压敏电阻器将迅速击穿导通，并由高阻状态变为低阻状态，工作电流也急剧增大。当其两端电压低于标称额定电压时，压敏电阻器又能恢复为高阻状态。当压敏电阻器两端电压超过其最大限制电压时，压敏电阻器将完全击穿损坏，无法再自行恢复。

③ 消除机械抖动影响

操作按钮、继电器触点、行程开关等机械装置在通、断时会产生机械抖动，使输入信号在 0、1 间多次振荡，可能导致错误控制。针对该现象，可采用积分电路或 R－S 触发器进行消抖处理，如图 9－19（a）所示。常见的 R－S 触发器有 CD4043、74LS279 等。

④ RC 滤波

受长线远距离传输或电路干扰因素的影响，使输入信号中夹杂有干扰信号，并使数字量检测电路出现误判或读错现象。针对这一现象，采用 RC 滤波电路对干扰信号进行滤波处理。

⑤ 数字信号隔离

为避免输入端电压过高或存在较大的电势差，采用光电隔离或变压器隔离措施，将现场输入设备与计算机检测端进行隔离保护，如图 9－19（b）所示。

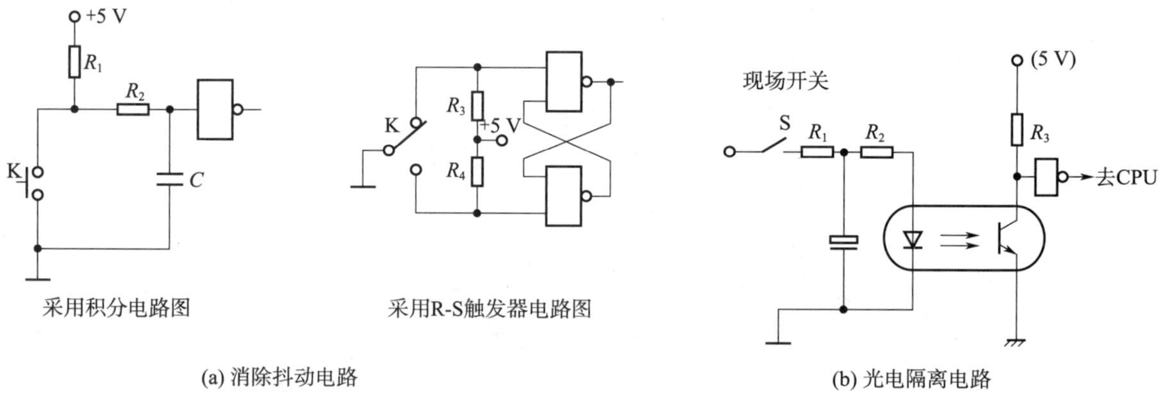

图 9－19　数字量输入信号调理功能电路

数字信号隔离电路的核心器件为光耦隔离器，光耦隔离器可选用 TLP521、PC814、6N137、4N25、MOC3021、MOC3040 等。它用于输入与输出之间隔离，输入端为发光二极管，输出端为光敏三极管。当输入端有电流输入时，发光二极管会发光，输出端由于光敏效应三极管导通，产生相应的电信号。因为器件的输入和输出在电气上是绝缘的，故可以起到隔离干扰的作用。

9.3.3.2　数字量输出接口电路

（1）数字量输出通道组成与原理

火箭发动机试验控制系统涉及多种类型的数字量控制对象，如电磁阀、电动气阀、指示灯、大功率加热器、电机、报警器、TTL 同步信号等。数字量输入通道通常由总线接口逻辑控制电路、输出锁存器及驱动电路三部分组成，如图 9－20 所示。

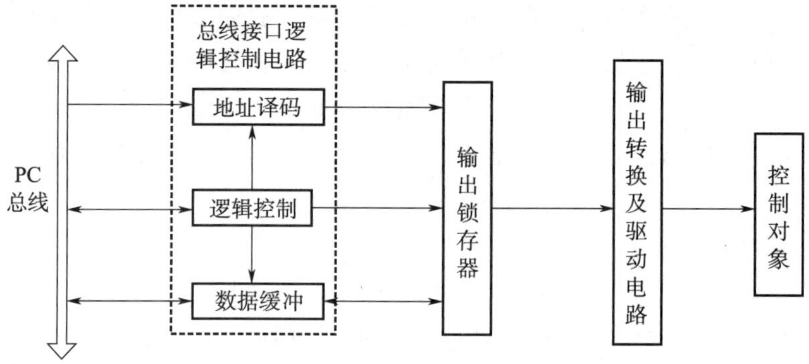

图 9－20　数字量输出通道结构

PC 总线通过逻辑控制电路发出“写”操作指令，经地址译码选择需要的输出锁存器，然后对其进行写操作，将控制指令发送给输出锁存器，经驱动电路转换后与控制对象相连接。

(2) 输出转换及驱动电路

输出锁存器输出的信号电压等级、输出功率无法满足执行机构的要求，应进行隔离处理、电平转换和功率放大。

① 光耦隔离电路

数字量输出接口为标准的 TTL 或 CMOS 电平信号，驱动能力有限，对于信号隔离、长线传输、过载保护、高压控制和电路转换等应用电路，应配置光耦隔离器。典型电路如图 9 - 21 所示。

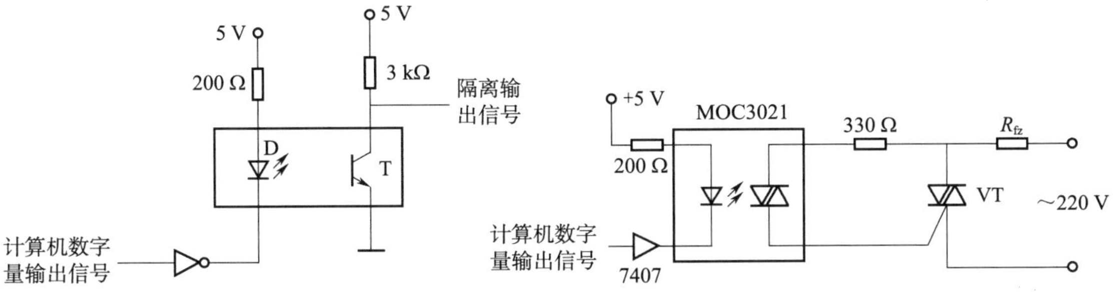

(a) 直流隔离输出　　(b) 直流控制交流供电

图 9 - 21　光耦隔离电路

② 电磁继电器驱动电路

继电器是电气控制中常用的控制器件，它是用较小的电流控制较大电流的一种“自动开关”，在电路中起安全保护、转换电路等作用，控制原理如图 9 - 22 所示。

电磁继电器一般由通电线圈和触点（常开或常闭）构成，可选用欧姆龙、施耐德、finder 等厂家的继电器产品。当线圈通电时，由于磁场的作用，使常开触点闭合以及常闭触点断开，而触点输出部分可以直接与高电压连接，控制执行机构动作。

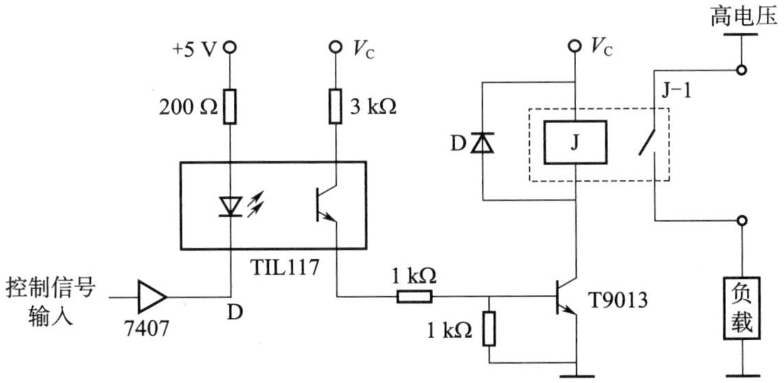

图 9 - 22　继电器控制原理

③ 固态继电器驱动电路

固态继电器（SSR）是一种新型的电子开关，与机械式继电器相比，其控制电流小，无触点，无噪声，可以实现光电隔离，且工作频率高，体积小，寿命长等，在计算机测控领域中，有替代传统的机械式电磁继电器的趋势。固态继电器常见的品牌有沈阳百特、欧姆龙、泰科、松下、ABB等。

固态继电器有直流型和交流型两种。直流型固态继电器的驱动电流为3～20 mA，控制输出的工作电压为10～200 V。如果负载是感性的，需要在负载两端加二极管，以吸收反电势引起的电能，保护直流固态继电器的输出部分。交流型固态继电器有三相和单相之分。在电路中，如要控制三相交流电机，则三相电源通过交流型固态继电器加到电动机上，在控制方式上与直流型固态继电器相似。

固态继电器一般适用于大功率的控制场合，应根据控制电压和被控制电压的大小，选择适当的固态继电器，避免负载端短路，造成大电流烧毁器件。固态继电器控制电路如图9-23所示。

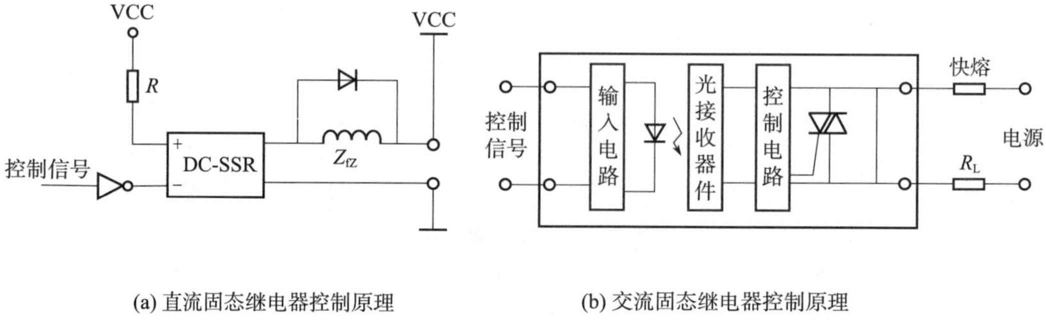

图9-23　固态继电器控制原理

④ 电磁阀快速释放电路

电磁阀作为感性负载，在断电关闭过程中线圈两端会产生较高的反电势，不仅给输出驱动电路带来危害，还会延缓电磁阀关闭过程。在发动机试车过程中，要求产品电磁阀按照控制时序快速关闭时，需要配置快速释放电路以满足要求。常见的电磁阀快速释放电路如图9-24所示，图（a）和图（b）的区别在于图（b）在R_f端并接了电容C，对于图（a）所示的电磁阀快速释放电路，当电磁阀断电时，反向电势在二极管D、电阻R_f及电磁阀线圈R_L构成的回路中进行电磁振荡，经R_f和R_L发热消耗完后，使电磁阀快速关闭。通过增加R_f，可使电磁振荡在R_L和R_f上消耗的能量比R_L上消耗的能量多，使振幅很快降低，达到对电磁阀快速关闭的目的。图（b）所示的电磁阀快速释放电路，当电磁阀断电时，反向电势在二极管D、电阻R_f、电容C及电磁阀线圈R_L构成的回路中进行电磁振荡，第一次电磁振荡后，经过R_L和R_f发热后未消耗完的能量大部分储存于电容C中，之后在C和R_f组成的回路中进行能量消耗。第一次电磁振荡后，电磁阀线圈R_L中的能量急剧下降，使电磁阀快速关闭。与图（a）电路相比，图（b）电路可实现更快速的电磁阀关闭效果。与图（a）和图（b）相比，图（c）和图（d）所示的电路增加了稳压二极管，用于对电磁阀断电关闭瞬间所产生的反电势进行限压保护，将回路电流限制在较低水平，实现电流快速释放的目的。图（d）在图（c）的基础上增加了电流释放回路数量，实现了对电流更加快速的释放效果。

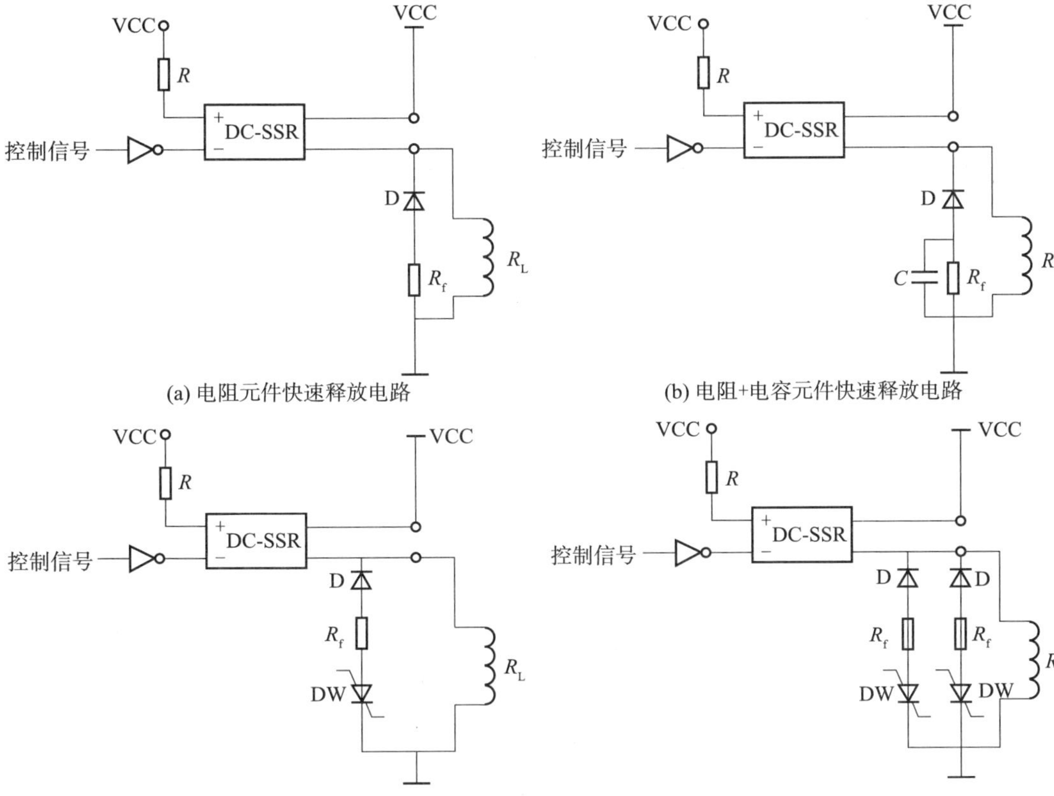

(a) 电阻元件快速释放电路　(b) 电阻+电容元件快速释放电路

(c) 单回路反电势限压快速释放电路　(d) 双回路反电势限压快速释放电路

图 9-24　电磁阀快速释放电路

9.3.3.3　模拟量输入接口电路

（1）模拟量输入通道组成及原理

火箭发动机试验控制系统涉及多种类型的模拟信号输入量，如电磁阀电流信号、摇摆反馈电压信号、贮箱压力信号、温度测量信号等。模拟量输入通道通常由总线接口逻辑电路、A/D 转换器、采样保持器、多路转换器、信号调理电路等组成，如图 9-25 所示。

测量传感器输出信号经调理电路转换为标准电压信号（如 0～10 V），经多路转换器扫描切换将某一路测量信号切换至采样保持器，经采样后将模拟信号送入 A/D 转换器入口，将模拟信号转换为离散数字信号，通过接口逻辑电路的控制将离散数字信号发送给计算机总线系统。

（2）模拟量输入信号调理

① 模拟信号隔离

模拟电路的隔离比数字电路隔离复杂，要考虑模拟信号的精度、线性度、频率响应、噪声响应等因素。传输通道的精度最关键，对精度要求越高，通道的成本越高。模拟电路的隔离主要采用变压器、互感器、直流电压隔离器、线性隔离放大器等方法。

对于大电压、大电流信号，一般采用互感器（电压互感器、电流互感器）、霍尔变送

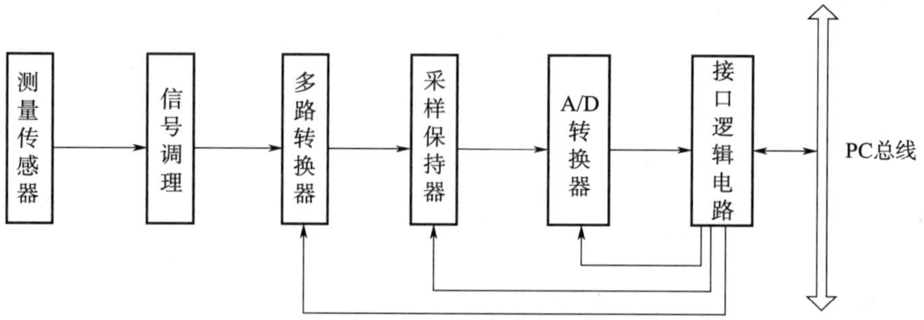

图 9-25　模拟量输入通道

器等隔离法，这些元器件都是大电压、大电流信号测量中常用的元器件。

对于小电压、小电流信号，隔离要求比较复杂，既要考虑其精度、频带宽度的因素，又要考虑其价格因素。一般情况下，系统共模噪声较小时，采用仪表放大器能够取得良好的效果。系统共模噪声较大且测量精度要求比较高的场合，应选择高精度线性隔离放大器。常见的仪表放大器有 AD620、AD621、AD622、AD623、AD624、IN114、IN118、IN128 等。

模拟信号控制系统的隔离方法与模拟信号测量系统雷同。隔离放大器主要用于共模抑制比要求比较高的模拟信号传输，例如输入数据采集系统的信号是微弱的模拟信号，而测试现场的干扰比较大，对信号的传递精度要求又高，这时考虑在模拟信号进入系统之前用隔离放大器进行隔离，以保证系统的传输精度。

② 电流取样

控制回路电流采样方法有两种：1）电阻取样法，在控制回路直接串联高精度电阻，通过电阻两端的电压检测，实现对控制回路电流的检测。方法简单，测量精度高，但是被测电流与测试电路不隔离，导致控制系统与检测系统连接，可引起检测系统干扰增大；2）霍尔电流互感器测量电流法，将控制回路绕行至电流互感器中，实现回路电流的无损检测，将电流信号转换为直流电压信号。此方法线性度比较高，测量精度满足一般要求，但测量范围有一定限制。

③ 模拟信号放大

模拟信号的放大，常选用集成运算放大器，可分为通用型、高精度型、高输入阻抗型、高速型、测量运放、可程控增益型等。当运放需求数量较多时，可选择双运放或四运放，其特点是内部对称性好，可简化线路，缩小体积和降低成本。若放大线路要求低噪声、低漂移和高精度，则应选择高精度、低漂移的低噪声运放。常见的放大器有 OP07、LM124、LM324、AD824 等。

④ 模拟滤波

滤波器主要有低通滤波器、高通滤波器、带通滤波器及带阻滤波器四种类型。有源滤波器实际上是一种具有特定频率响应的放大器，无源滤波电路的滤波参数随负载发生变化，有源滤波电路的滤波参数一般不随负载变化。无源滤波电路可用于大电压、大电流，如直流电源中的滤波电路。有源滤波电路是信号处理电路，其输出电压和电流的大小受有源元件自身参数和供电电源的限制。常见的有源滤波器有 MAX280、LTC1068、MAX262 等，主要技术指标有以下两个：

1）滤波器增益：滤波器增益是指滤波器在通频带内的电压放大倍数，性能良好的 LPF 通带内的幅频特性曲线是平坦的，阻带内的电压放大倍数基本为零。

2）截止频率：其定义与放大电路的上限截止频率相同。通带与阻带之间称为过渡带，过渡带越窄，说明滤波器的选择性越好。

⑤ A/D 转换器

A/D 转换器实现模拟量到数字量的线性转换，对被测信号进行采集和处理。A/D 转换器一般分类如下：按转换输出数据的方式，可分为串行与并行两种，并行（串行）ADC 又可根据数据宽度分为 8 位、12 位、14 位、16 位等；按转换原理可分为 $\Sigma-\Delta$ 调制型（如 AD7705）、逐次比较型（如 TLC0831）、双积分式（如 TLC7135）和并行式（如 TLC5510）。

A/D 转换器的主要技术指标如下：

1）分辨率：用数字量的位数来表示，分为 8 位、12 位、14 位、16 位、24 位等，位数越高，分辨率越高，对输入量的变化越灵敏。

2）量程：所能转换的电压（电流）范围。

3）转换时间：转换时间是指起动 A/D 转换到转换结束所需的时间。

4）线性误差：满量程输入范围内，偏离理想转换特性的最大误差。

A/D 转换器常用的控制方式：

程序查询方式：由 CPU 向 A/D 转换器发出起动脉冲，读取转换结束信号，判断转换是否结束。若结束，读取转换结果，否则继续查询，直到转换结束。程序设计简单，可靠性高，实时性差，浪费了宝贵的 CPU 时间。适用于实时性要求不高或控制回路较少的控制系统中，是使用最多的一种。

定时采样方式：向 A/D 转换器发出起动脉冲后，先进行软件延时，延时时间取决于所需的转换时间，经延时后读取数据。为确保转换完成，延长了延时时间，比查询方式转换速度还慢，应用较少。

中断方式：CPU 起动 A/D 转换后，即可转而处理其他事情（如执行主程序），一旦 A/D 转换结束，由 A/D 转换器发转换结束信号到 CPU 的 INTR 引脚，CPU 响应中断后，即可读入数据，适用于对实时性要求较高的场合。

9.3.3.4　模拟量输出接口电路

(1) 模拟量输出通道组成与原理

火箭发动机试验控制系统的模拟输出量，主要有调节阀电流控制信号、变频泵电压控制信号、模拟摇摆控制电压信号等。模拟量输入通道通常由总线接口逻辑电路、D/A 转换器、多路开关、输出缓冲器、信号调理电路等组成，如图 9－26 所示。

控制指令代码通过接口电路发送给 D/A 转换器，将数字信号转换为模拟电压信号，

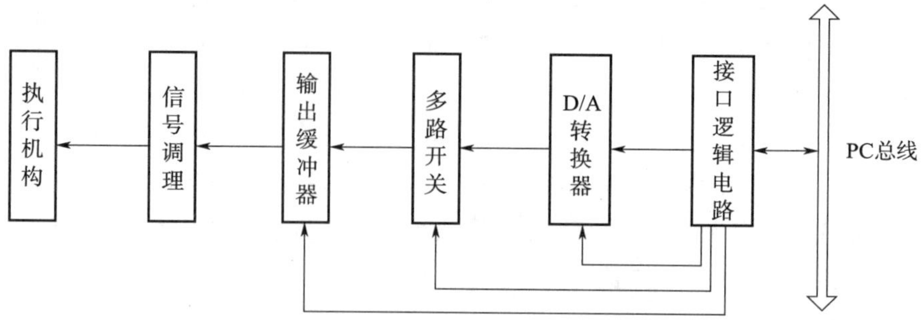

图 9－26　模拟量输出通道

通过多路开关和输出缓冲器将模拟电压信号切换输出至某一路通道，对模拟电压信号进行信号调理，以满足相应的控制要求。

（2）D/A 转换器

D/A 转换器是将数字量转换成模拟量的元件。D/A 转换器根据输出模拟量的形式分为电压型和电流型两种。常用的 D/A 转换器的分辨率有 8 位、10 位、12 位等，其结构大同小异，通常都带两级缓冲寄存器。

D/A 转换器的主要技术指标如下：

1）分辨率：通常用 D/A 转换器输入的二进制数的位数来表示，如 8 位、10 位、12 位。

2）输入编码：如二进制、BCD 码、双极性时的补码、偏移二进制码等。

3）建立时间：输入数字信号的变化量是满量程时，输出模拟信号达到离终值 1/2 LSB 所需的时间，也称转换时间或稳定时间，一般为微秒级。

4）精度：在满量程输入范围内，偏离理想转换特性的最大误差定义为线性误差，与 A/D 转换器相同。

5）输出方式：一般为电平输出，其值在 5～10 V 之间，还有电流输出，其值在 20 mA～3 A 之间。

（3）模拟量输出信号调理

① 电压转电流

将 0～5 V、0～10 V、1～5 V 直流电压信号转换为 0～10 mA、4～20 mA 的电流信号，其典型转换电路如图 9－27、图 9－28 所示。常见的电压转电流芯片有 ZF2B20、AD693、AD694、XTR110 等。

② 电压隔离

为避免控制执行机构与模拟输出通道相互干扰，需要采用电压隔离技术，主要采用变压器耦合隔离和光电耦合隔离两种方式。变压器耦合隔离由输入级、输出级和电源振荡器三个基本部分组成，将传感器送来的信号滤波，并调制成交流信号，通过隔离变压器耦合到输出级。在输出级把交流信号解调变成直流信号，再经滤波和电压转换，最后输出 0～±10 V 的直流电压。光电耦合隔离是通过输入级的发光管，将光信号耦合到输出级，实现信号的传输，保证了输入和输出间的电气隔离。变压器隔离器件有 AD202、AD204、

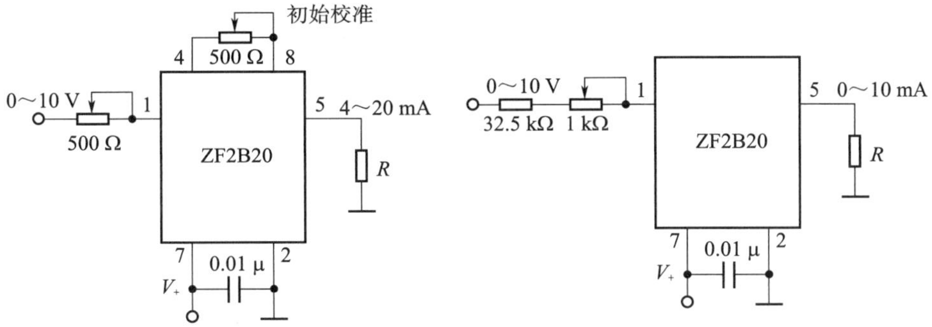

(a) 0~10 V/4~20 mA转换　　(b) 0~10 V/0~10 mA转换

图 9-27　电压转电流芯片的转换电路

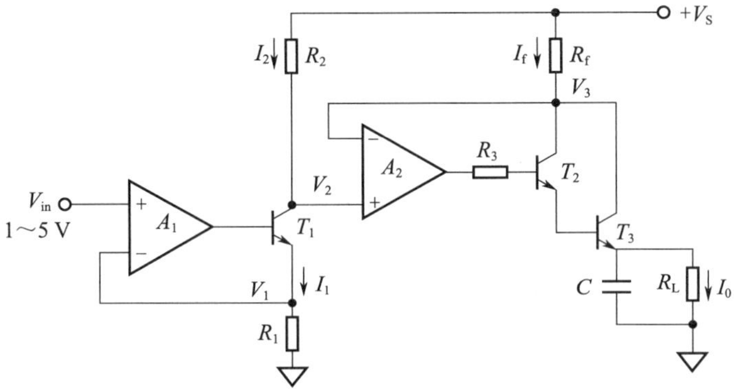

图 9-28　1~5 V/4~20 mA 的变换电路

AD210 等，光电隔离器件有 LM331、HCPL-7840、HCPL-7510 等。典型的电压隔离电路如图 9-29、图 9-30 所示。

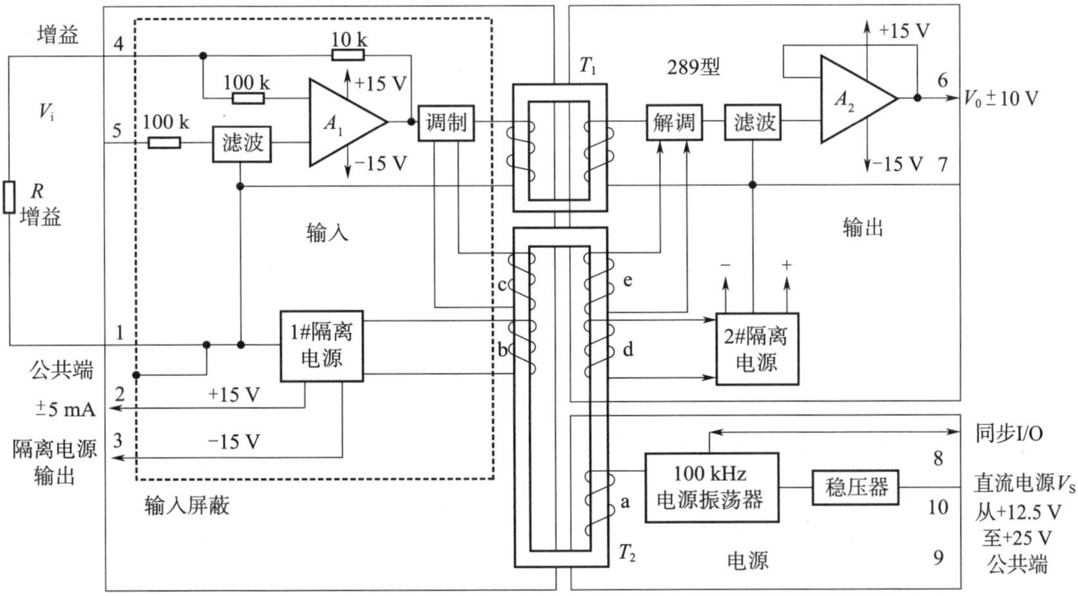

图 9-29　变压器耦合隔离电路

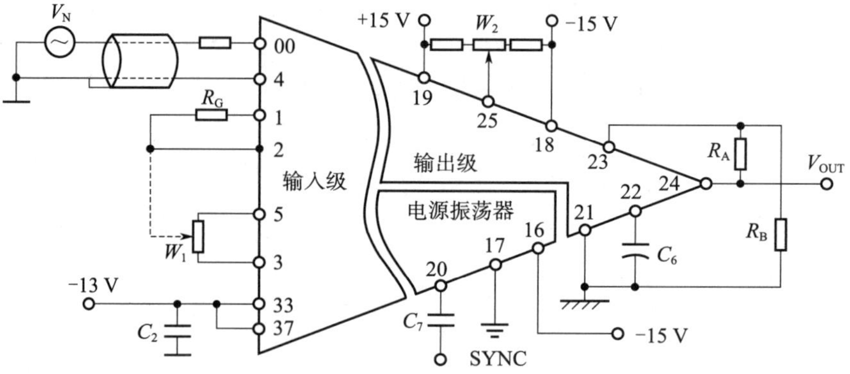

图 9－30　光电耦合隔离电路

9.3.4　典型控制电路

（1）电磁阀控制电路

电磁阀控制电路相对简单，可根据电磁阀要求，通过开关连接到直流电源回路。发动机试验台电磁阀工作状态通常为通电打开、断电关闭。试验台配置有大量的电动气阀，每个电动气阀配置了通气或断气控制的电磁阀。电动气阀工作时，通过电磁阀通电打开给阀门通气，使电动气阀门打开工作，断电则切断气源，电动气阀关闭。电动气阀工作过程中，除需要电源外，还需要一定压力的气源。一般电磁阀工作电压为 24 VDC，其典型电路如图 9－31 所示。

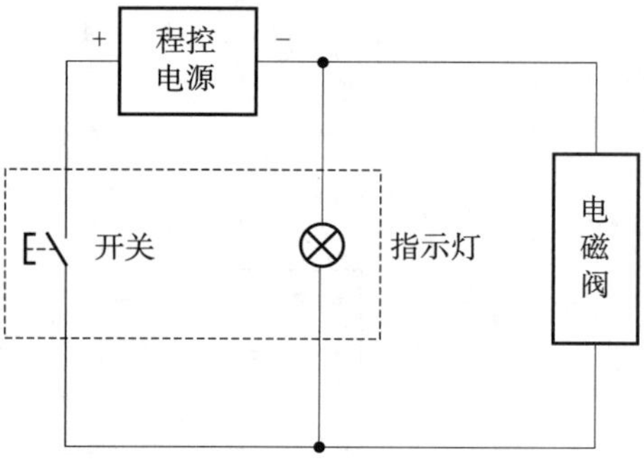

图 9－31　电磁阀控制电路

（2）电动气阀控制电路

电动气阀的控制电路与电磁阀控制电路相同。根据电动气阀的工作特性，其动作过程分为电动过程和气动过程。初始时阀门在弹簧预紧力和控制气体压力下，顶杆和衔铁在气隙最大处。当电动气阀通电后，衔铁产生磁力并逐渐增大，大于临界力时，衔铁开始动作，直至完全吸合，这一过程为电动过程。进入气动过程时，控制气体流向通电状态，断电时，阀门的动作则相反。

（3）电爆阀控制电路

电爆阀控制电路结构简单，但要求电源提供瞬间电流大，一般通过多路开关或控制多路继电器同时打开直流电源供电爆阀工作。一般电爆阀工作电压为 27 VDC，其典型电路如图 9－32 所示。

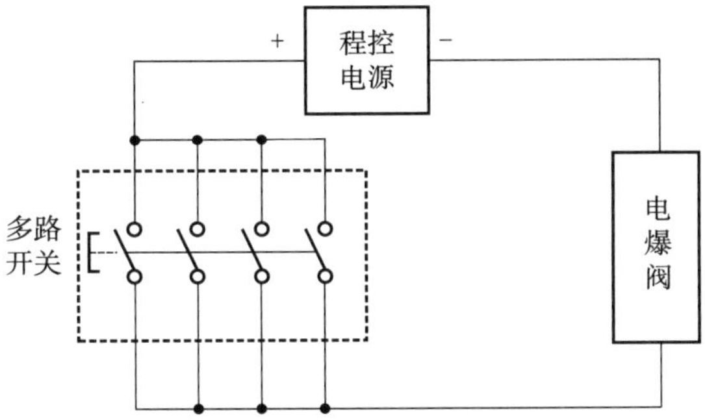

图 9－32　电爆阀控制电路

电爆管控制回路通常为两级驱动，利用继电器实现，第一级继电器（J1）为隔离，第二级继电器（J2）为功率驱动。试验系统电爆管单桥路控制原理如图 9－33 所示。电爆管控制为电流驱动方式，控制系统通常根据回路阻值来调整回路电源电压，使电爆管回路电流达到额定值的中值以上。如要求电压 27 VDC，最大电流为 10 A，回路阻值为 3 Ω，电爆管阻值为 1 Ω，则为保证电爆管电流满足要求，同时满足回路其他元件工作条件，程控电源电压会调整为 28～32 VDC，确保回路电流为 7～8 A。弱电检查通常采用不大于 10 mA 的电流进行回路检测。

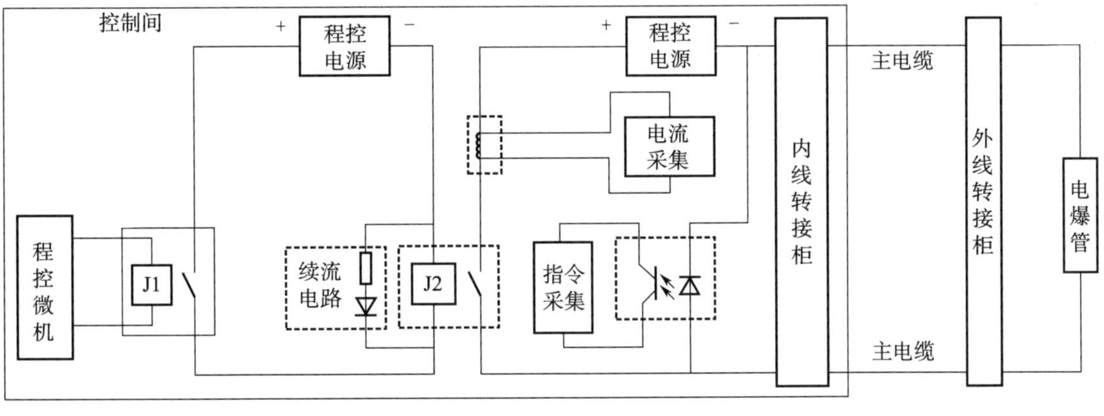

图 9－33　电爆管单桥路控制原理图

J1—隔离继电器；J2—功率继电器

（4）电动调节阀控制电路

调节阀又称比例调节阀或比例控制阀，通过调整输入信号大小，控制执行机构阀门的开度，实现系统介质流量、温度、液位、压力等参数调节。按执行机构驱动方式，调节阀可分为气动调节阀、电动调节阀和液动调节阀。按阀芯行程，调节阀可以分为直行程调节阀和角行程调节阀。按流量特性，调节阀分为快开、线性、等百分比及抛物线流量特性的调节阀。

比例调节阀控制一般分为电源电路与弱电控制电路，电源电路为阀门动作提供直流或交流动力电源。弱电控制电路给阀门控制端提供电压或电流信号实现阀门开度位置的调节，既可通过D/A程控方式输出信号，也可通过手动电压/电流调节模块输出信号。当阀门全部打开或关闭时，其打开或关闭指示灯点亮，其典型电路如图9-34所示。

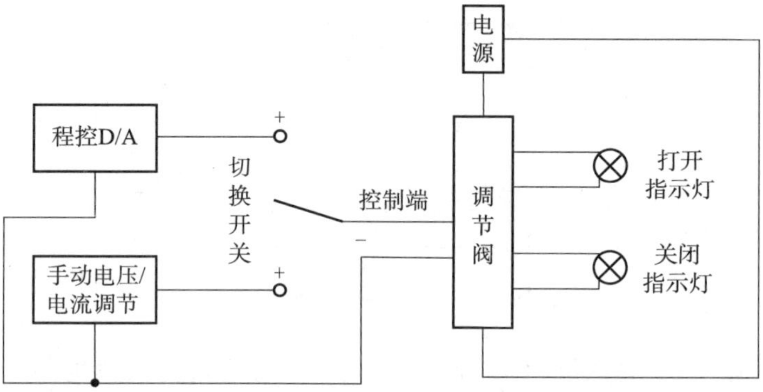

图9-34　比例调节阀控制电路

9.4 控制时序自动判读技术

发动机点火控制时序判读是在发动机试验前测试过程中的一项重要工作。控制时序判读是为了检查发动机工作过程是否满足任务要求，检查有无多余指令、有无漏指令等问题。控制时序的准确性对发动机试验的成功与否至关重要。

发动机点火控制时序较复杂，特别是姿轨控发动机地面试验（推力室试验时序一般有几十种，动力系统试验程序中指令有上百个）。传统判读方式是依靠人工手动一个一个指令段进行判读，费时费力。为了提高判读效率，对时序自动判读软件的需求日益凸显。

9.4.1 自动判读程序设计原则

（1）时效性

控制时序自动判读软件运行过程中，判读结果响应时间要求快，界面刷新速率快速，各项人机交互操作快速，无明显等待时间。

（2）可扩展性

控制时序自动判读软件以“高内聚，低耦合”为设计原则实现软件模块，使各功能模块易于进行功能扩展，具有良好的可扩展性。

软件设计不仅需要满足现有型号的需求，还需要适应新型号的时序判读要求。软件设计要具有较强的扩展能力。软件遵循面向对象的设计原则，提取共性算法，将控制时序自动生成的算法和自动判读的算法抽象出来，能够适应不同的时序数据。

（3）可靠性

软件设计要考虑异常保护机制，软件实时运行时应对自身状况进行监视，当软件运行异常（CPU 占用率过高）时，应报警提示用户，允许用户从外部对软件运行状态进行监测和干预，提高软件的可靠性。

9.4.2　自动判读程序设计方法

9.4.2.1　功能模块组成

控制时序自动判读程序由管理客户端、判读规则库模块、测试数据预处理模块、自动判读模块、判读结果存储模块五部分组成，如图 9－35 所示。

预处理模块对采集到的时序数据进行预处理，包括数据格式转换、数据截断、数据插值、跳点剔除、时间对齐、空间坐标变换等。测试数据自动判读模块从判读规则库加载判读规则进行解析，匹配判读规则，对预处理后的测试数据进行判读，得到判读结果发送到存储模块以及其他外部系统。判读规则库模块通过管理客户端配置判读规则，保存数据判读需要的判读规则。判读结果存储模块用于保存自动判读结果，管理客户端可以调取历史判读结果。管理客户端提供人机交互界面，为用户提供管理判读规则接口、判读结果查看接口、判读流程控制接口等。

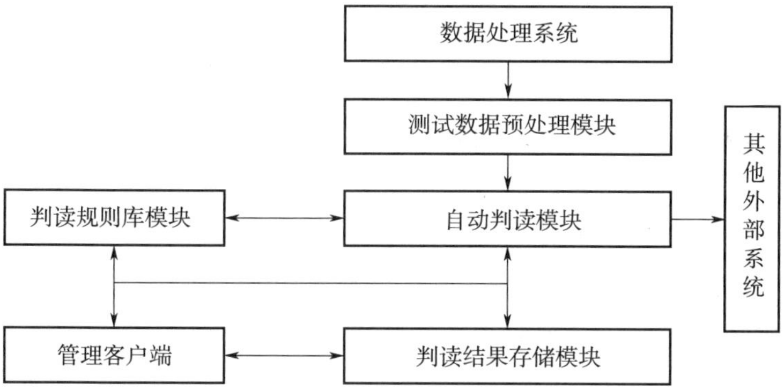

图 9－35　时序功能

9.4.2.2　逻辑架构

逻辑架构设计将整个系统在逻辑层面上划分为五层。数据层向整个系统提供数据与判读规则。其中数据包括历史数据、待判读目标数据。服务层为整个系统自动判读提供服务，包括预处理、数字量参数判读、趋势参数判读、关联参数判读等函数处理功能。应用层承担异常参数收集、数据曲线图表绘制、参数自动判读文档生成等工作。业务层负责快速判读、详细判读、异常诊断等业务处理。用户层是系统的最上层，提供人机交互接口。用户通过界面实现相应需求，包括快速分析判读，以及分系统的详细判读功能。系统逻辑构架如图 9－36 所示。

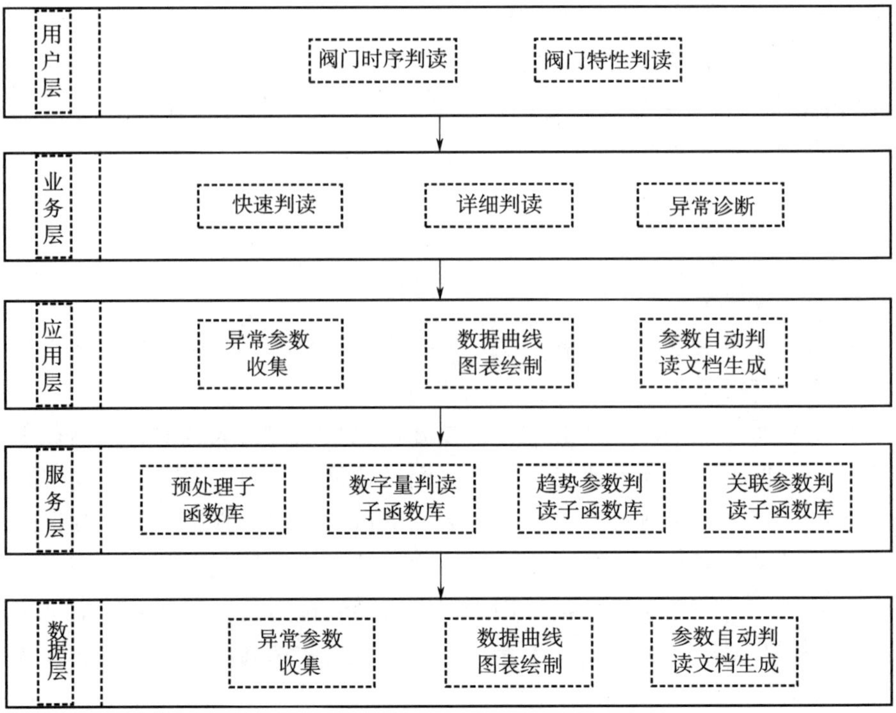

图 9-36　系统逻辑构架

9.4.2.3　功能架构设计

数据自动判读系统按照模块化的设计思想，从用户实际需求出发分为三种判读模式：快速判读、异常诊断、详细判读。快速判读模式下，顺序执行数据读入、预处理、自动判读，生成自动判读报告。详细判读模式下，按照分系统进行判读，包括原始数据查看、曲线查看对比、判读结果查看、数据读入、数据预处理、自动判读、异常参数收集等功能。异常诊断模式，直接生成异常诊断报告。系统功能架构如图 9-37 所示。

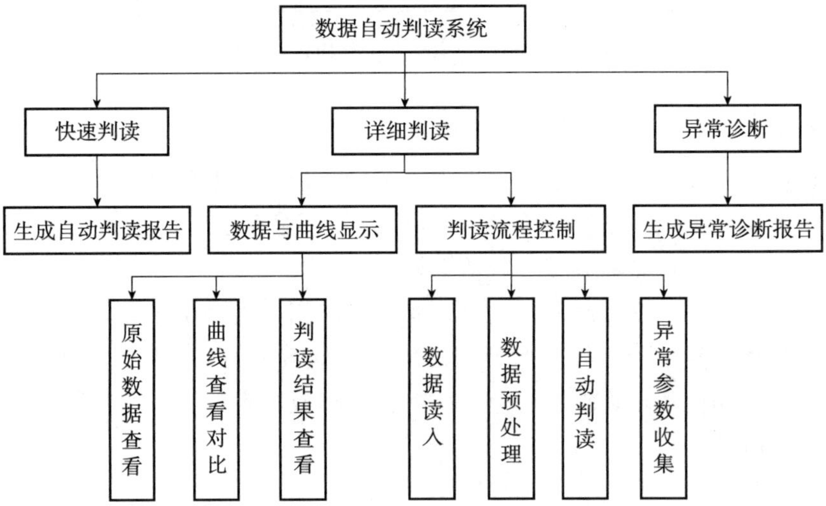

图 9-37　系统功能架构

9.5　发动机试验控制技术典型应用

9.5.1　大推力发动机试验控制系统

火箭一、二级主动力发动机试验控制系统组成框图如图 9－38 所示。通常按位置分为控制内线和控制外线，控制间内属于控制内线，控制间外属于控制外线，视频监控、电源系统、显示系统、语音通信系统等均属于辅助系统。控制内线通常包括控制台、内线接线箱、控制计算机或控制装置、上位机等设备，负责指令的发出或信号回采记录。控制外线包括外线接线箱、主干缆和活动电缆，用于将信号电缆连接至被控对象。被控对象通常为发动机、工艺系统阀门。

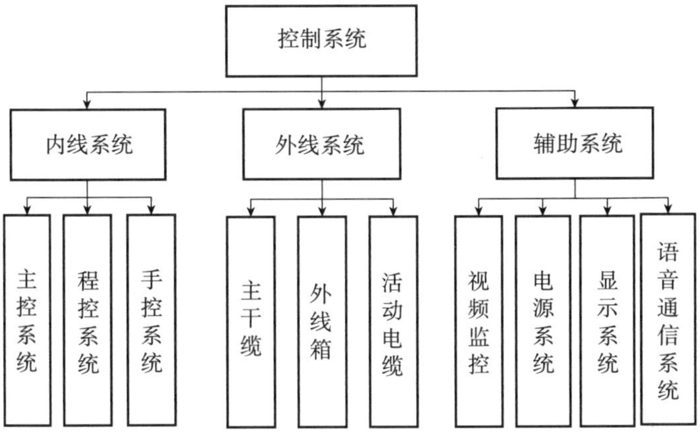

图 9－38　液体主动力发动机试验控制系统组成框图

（1）内线系统

①程控系统

计算机发出控制指令的系统称为程序控制系统（简称程控系统）。目前，常规试验系统中程控系统包括发动机控制、压力闭环控制。试验控制系统中，对同一被控对象，程控与手动控制的关系通常为串联或并联，如图 1－2 所示。串联时作为强制开关，对关键的程控对象进行强制断开功能；并联时用于在程序无法打开时，进行手动打开，提高可靠性。

发动机上的火工品通常不设置手动按钮，防止误操作。

②手控系统

手动控制系统用于手动远程控制单个控制对象，详见第 9.1.3.2 节。

③主控系统

主控系统具备开车控制及紧急停车控制、直流电源的控制与显示、关键状态信号显示、程控及检测系统就绪状态监视、关键受控对象的强制控制等功能。主控系统组成原理如图 9－39 所示。随着试验控制系统功能集中和优化，主控系统的功能已逐渐弱化，部分功能整合至其他子系统。

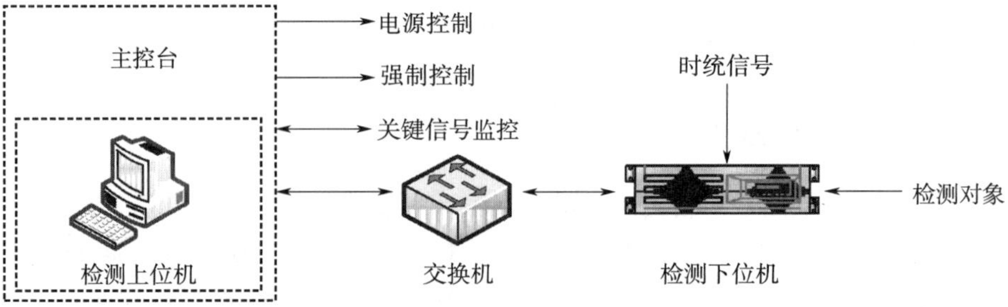

图 9-39　主控系统组成原理图

(2) 外线系统

控制外线包括主干缆、外线箱及活动电缆。主干缆用于建立控制内线系统，如程序控制系统、手控系统及主控系统与外线箱之间的信号连接。活动电缆则用于建立外线箱与控制对象之间的信号连接。

(3) 辅助系统

辅助系统包括视频监控、电源系统、显示系统及语音通信系统，用于对控制系统提供电源供电、试验过程视频监控、试验流程实时显示、广播通信等功能。

9.5.2　姿轨控发动机试验控制系统

控制系统主要由程序控制系统、手动控制系统、阀门电流采集系统和控制电缆网四部分组成。控制系统组成图如图 9-40 所示。

(1) 程序控制系统

程序控制系统采用分散式二级架构。第一级为分散式过程控制级，第二级为集中操作监控级。第一级负责发出各种控制指令，并对试验过程中的情况及时做出相关处理。第二级是控制系统的核心执行级，它接收上一级的各种控制指令。同时又将控制结果、各控制参数及相关测量结果返回上一层，各级之间通过实时工业以太网进行通信。系统结构如图 9-41 所示。

程控台由 2 套相互独立的程序控制主机、NI-CompactRIO 控制器、起动/急停电路、双机切换装置、环网交换机所组成，具备双机冗余热备份控制功能。双机冗余切换装置完成 2 台下位机输出 I/O 信号的切换。当 1＃下位机出现问题时，切换到 2＃下位机输出。当 1＃、2＃下位机同时输出异常时，切换电路将所有输出通道的信号关闭，即自动紧急停车。

(2) 手动控制系统

手动控制系统由阀门直流供电电源、电爆管直流供电电源、高速冗余驱动电路、三档开关、电爆管驱动电路、电流信号取样电路、通道状态指示电路等组成。阀门直流供电电源主要为发动机阀门、工艺系统阀门提供驱动电源，电爆管直流供电电源主要为电爆管提供驱动电源。姿轨控发动机电源系统一般设置冗余电源，要求具备远程监控的功能。

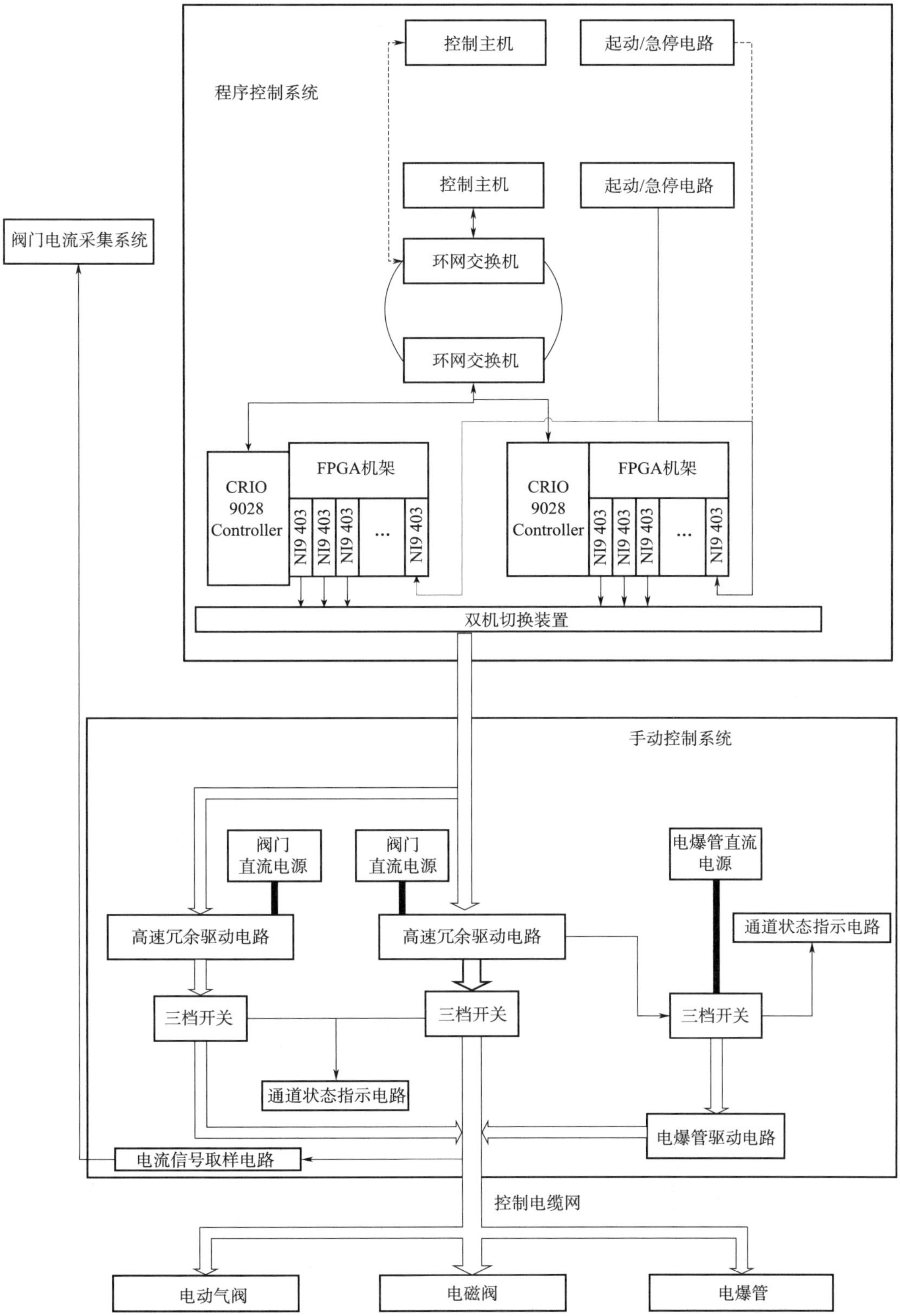

图 9-40　姿轨控发动机控制系统组成图

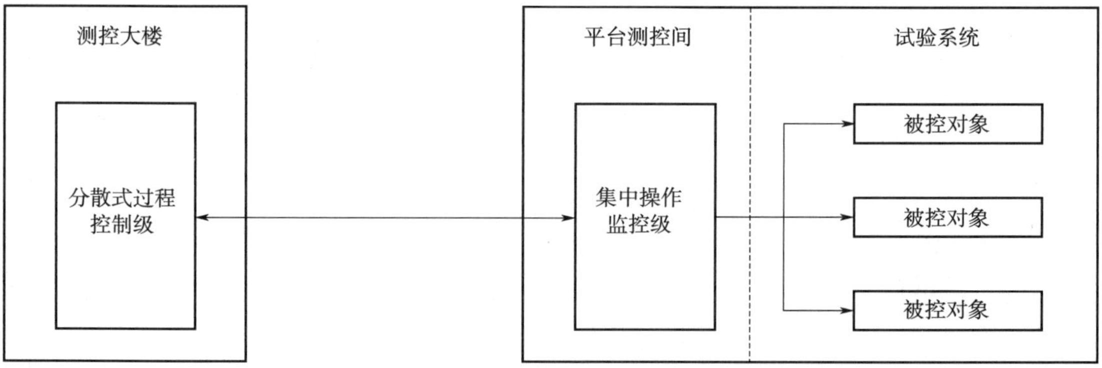

图 9-41　控制系统二级结构图

高速冗余驱动电路原理如图 9-42 所示，可将 CRIO 控制器输出的 I/O 信号进行驱动放大，满足阀门控制要求。

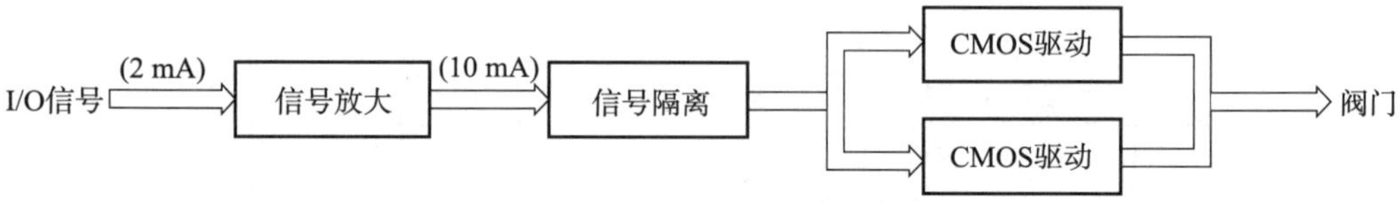

图 9-42　驱动电路原理

电爆管驱动原理如图 9-43 所示。CMOS 继电器作为驱动元件时，起动时差较小，有助于确保电爆管控制精度。程序控制系统按照预定的试验时序发出电爆管起爆控制指令，通过电爆管驱动电路完成起爆任务。

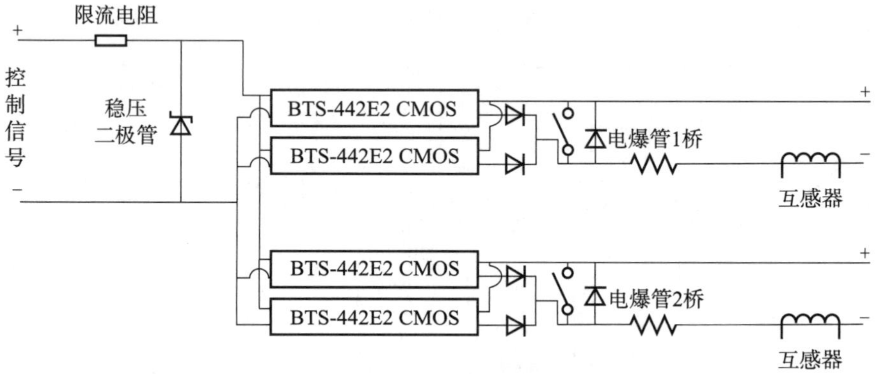

图 9-43　电爆管驱动原理图

（3）阀门电流采集系统

电磁阀电流信号采集系统用于监测电磁阀线圈通电过程，主要完成阀门电流数据的实时监测、存储及试后数据曲线回放等功能。

（4）控制电缆网

控制电缆网包括控制内线和外线，用于控制信号传输、转换及连接。通常以转换板、连接器、电缆线及转接柜的方式设计。

参考文献

[1] 甄立常，俞海江，高欣．计算机控制的现状与发展研究［J］．煤炭技术，2013，32（3）：219－220.

[2] 殷小波，尹旭．智能化仪表在化工过程控制的应用［J］．化工管理，2021，17（596）：131－132.

[3] 李娟娟，等．运载火箭增压输送系统用电爆管特性及验收方法改进［J］．强度与环境，2015，3（42）：48－50.

[4] 毛杉海．工业流体电磁阀测试系统及测试方法［J］．自动化应用，2018（12）：41－43.

[5] 吴举秀，眷星光．电动执行器的应用现状及发展趋势［J］．齐鲁工业大学学报（自然科学版），2007，21（3）：50－52.

[6] 池浩东．电动执行机构控制系统设计［D］．西安：西安电子科技大学，2016.

[7] 曾南强．一种调节阀误差限检测系统设计［J］．化工自动化及仪表，2021，48（363）：554－557.

[8] 徐建辉，洪奇，等．油气管道调节阀计算选型软件设计［J］．油气田地面工程，2020，39（343）：72－76.

[9] 马士虎，章茂森，等．一种燃气轮机用自力式压力调节阀性能试验系统研制［J］．流体机械，2022，50（603）：33－37.

[10] 韩少华，马伟俊．电气仪表自动化控制技术发展及其优化设计［J］．新型工业化，2020，10（8）：66－67.

第 10 章　试验状态监控技术

液体火箭发动机试验系统状态监控指发动机试验中，监测、判断发动机工作是否正常，参试的试验系统（主要是推进剂供应系统）是否满足发动机正常工作要求。试验系统状态监控按工作状态分为发动机热试车过程状态监控和非热试车过程试验系统状态监控。热试车过程状态监控主要用于监控热试车过程中发动机的状态和关键工艺系统的实时状态，如入口压力闭环控制结果是否满足发动机入口压力要求，用于发动机状态诊断及紧急关机、发动机仿真显示的发动机故障诊断监测的发动机关键参数工作状态是否正常等。非热试车过程试验系统状态监控主要用于试验台各工艺系统、关键设备的健康监测，确保试验系统状态正常，无跑冒滴漏等安全风险。按监控对象分为发动机、地面试验系统。按监控类型分为模拟量和开关量。按功能分为闭环控制、发动机故障诊断、发动机仿真显示、试验系统健康监测。其中闭环控制和发动机故障诊断主要通过模拟量监测并根据预先确定的算法、准则，计算发出的控制指令实现相应的功能。发动机仿真显示、试验系统健康监测主要通过各种状态信号的采集进行实时显示及报警。本章主要按监控功能对试验系统较为常用的闭环控制技术、发动机故障诊断技术、姿控动力系统仿真显示技术、试验系统健康监测技术进行介绍。

10.1　闭环控制技术

试验系统闭环控制技术主要应用于发动机入口压力闭环控制、发动机贮箱压力闭环控制、介质流量闭环控制等。闭环控制技术一般采用 PID、模糊控制、专家控制等算法，在工业现场应用广泛。但发动机试验系统闭环控制需考虑可靠性、安全性，特别是热试车过程的闭环控制还需要考虑实时性、稳定性。本书以发动机试验入口压力闭环控制系统为例介绍设计过程，系统组成如图 10－1 所示。

10.1.1　控制目标选择

液体火箭发动机试验时，试车台推进剂供应系统必须保证发动机入口压力在任务书要求的范围内，入口压力偏低则容易引起泵气蚀，偏高将使发动机处于高工况状态下工作，对发动机的正常工作不利[1]。

压力闭环控制系统在设计时，可以选择贮箱压力（简称箱压）或发动机涡轮泵入口压力（简称入口压力）来作为控制目标。发动机热试车过程中，由于贮箱有一定的气垫，箱压变化相对平稳，是较为理想的控制目标。通常根据箱压调整计算方法和入口压力工作范围设定箱压工作范围，在热试车过程中通过调节贮箱压力达到控制泵入口压力的目的。箱

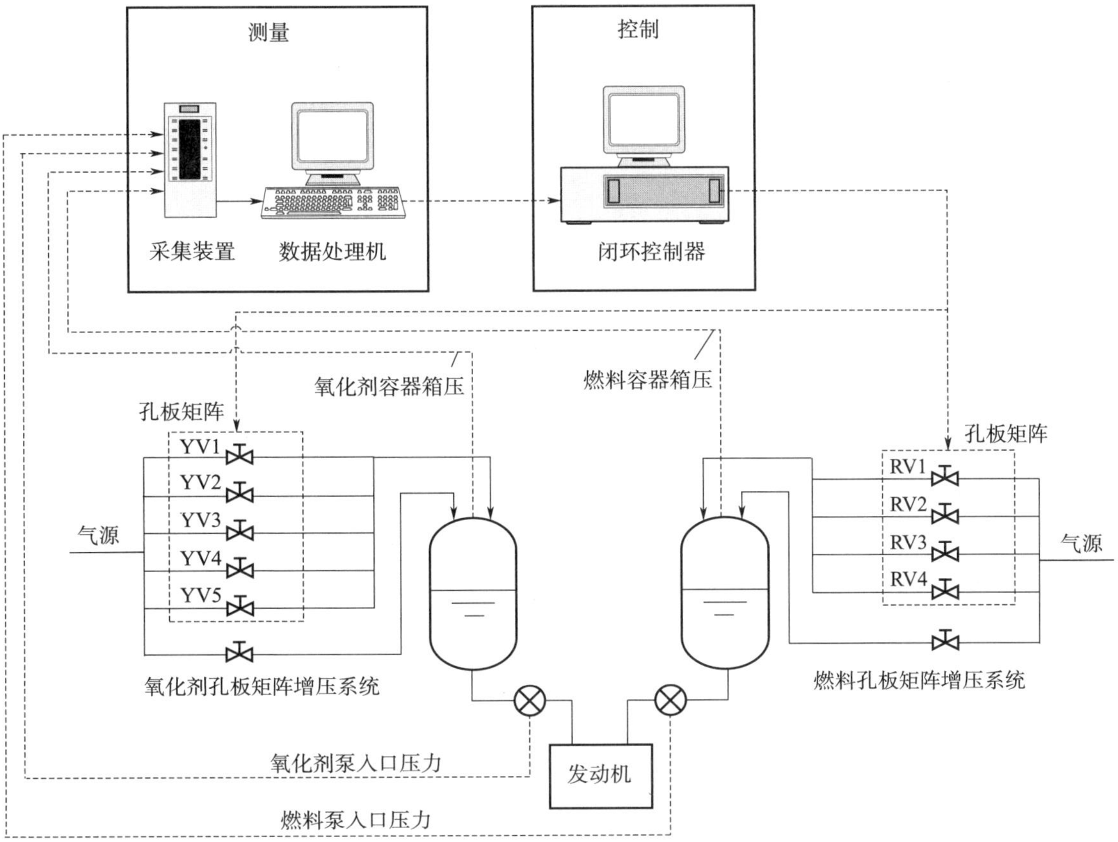

图 10－1　发动机入口压力闭环控制系统框图

YV1～YV5 为氧化剂增压孔板矩阵电磁阀；RV1～RV4 为燃料增压孔板矩阵电磁阀

压设定值根据入口压力、流阻、液位等值计算，若系统流阻发生变化，则箱压计算值与入口压力不匹配。若试验系统实际流阻与系统调试流阻存在一定的偏差，即使开车后的箱压在设定值范围内，也将导致泵入口压力偏离设定值。此时以箱压为控制目标的压力闭环控制系统调节不正确，导致发动机工作过程偏离正常工况状态。

一般入口压力在热试车过程中波动较大，变化较为迅速，作为控制目标时，需要进行相应的多点平均或平滑等处理后，参与调节判断。

10.1.2　执行机构选择

在选择执行机构时，执行机构需要能够满足系统建压时间要求，理论上动作越快越好。但实际选取执行机构时，执行机构动作时间选取要求以建压时间的 1/10 为宜。执行机构既可选择由电磁阀组成的孔板矩阵组，也可以选择电磁阀、调节阀。选择后，需要对选择的阀门进行建压时间测试。某试验系统增压阀建压时间测试程序如图 10－2 所示。

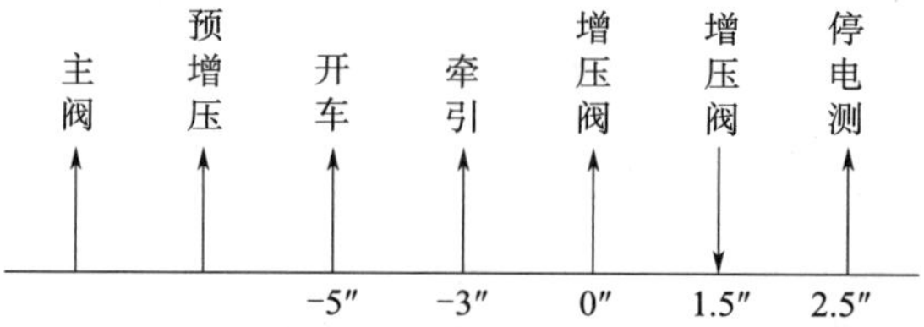

图 10-2 某增压阀建压时间测试程序

10.1.3 控制参数选择

（1）采样周期

一般采样周期越短，信号复现精确度越高。当采样周期→0 时，那就变成了连续系统。采样周期太短使系统调节过于频繁，甚至有些执行机构来不及响应，同时会加重计算机负担，影响使用效率。若采样周期太长，会使扰动得不到及时克服而带来误差，使动态性能变差，甚至导致系统不稳定。因此，在实际应用时，主要根据受控对象的物理特性与扰动的强弱，选择采样周期。增压系统惯性大，反应慢，不宜频繁调节，采样周期不能太短。

（2）滤波

在信号传送中有时夹杂随机干扰，需要进行滤波。常用的移动平均滤波是一种有效的数字将滤波方法。移动平均滤波，即将一段时间内采集的数据进行加权平均，如果加权系数相同，则将本次输入数据连同以前的 m 次数据进行平均运算，如下式

$$\overline{y}(k)=\frac{1}{m}\sum_{i=0}^{m}y(k-i) \tag{10-1}$$

（3）控制周期

为了避免阀门频繁动作，控制周期的选择非常关键。以容器的增压能力来确定控制周期，某容器 δ 时间内系统压力变化如图 10-3 所示。

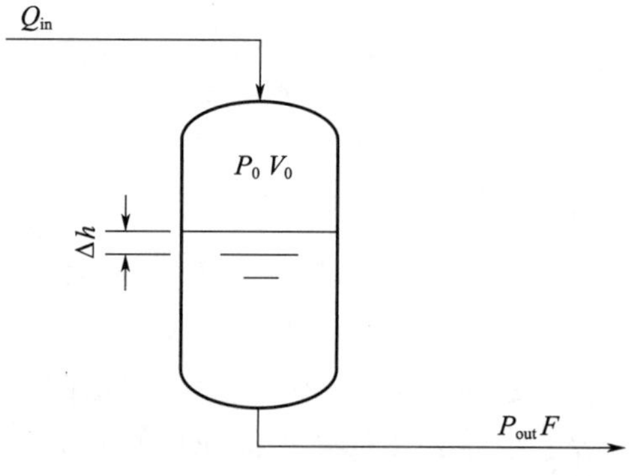

图 10-3 δ 时间内系统压力变化示意图

Q_{in} —进入容器的气体质量流量；F—介质体积流量；P_0 —容器箱压；

V_0 —容器容积；Δh —液位变化量；P_{out} —发动机入口压力

设在某一平稳段，气体质量流量 $Q_{in}=0$，介质体积流量 F 恒定，罐横截面积为 S，介质密度为 ρ。t 时刻容器箱压为 P_0，容积为 V_0，泵入口压力为 P_{out}^0；δ 时间后箱压为 P_1，容积为 V_1，入口压力为 P_{out}^1，设温度没有变化，则入口压力变化为

$$\Delta P_{out}=P_{out}^0-P_{out}^1=P_0-P_1+\rho g\Delta h \tag{10-2}$$

根据气体方程有 $P_0V_0=P_1V_1$，而 $V_1=V_0+S\Delta h$，所以 $P_1=\dfrac{P_0V_0}{V_0+S\Delta h}$，代入式(10-2)，则有

$$\Delta P_{out}=P_0-P_1+\rho g\Delta h=P_0-\frac{P_0V_0}{V_0+S\Delta h}+\rho g\Delta h=\frac{P_0S\Delta h}{V_0+S\Delta h}+\rho g\Delta h \tag{10-3}$$

由平衡原理得知介质的体积流量 $F=-S\dfrac{\Delta h}{\Delta t}$，所以

$$\Delta P_{out}=\frac{P_0S\Delta h}{V_0+S\Delta h}+\rho g\Delta h=-\frac{P_0F\delta}{V_0-F\delta}-\frac{\rho gF\delta}{S} \tag{10-4}$$

$$\frac{\rho gF^2}{S}\delta^2+\left(\Delta P_{out}F-P_0F-\frac{\rho gFV_0}{S}\right)\delta-\Delta P_{out}V_0=0 \tag{10-5}$$

以某次试验数据为例，代入前稳段各项数值，则有以下一元二次方程式

$$214\ 066.59\delta^2-24\ 031.9\delta-1.744=0 \tag{10-6}$$

δ 可近似等于 112 ms。在不同的 P_0、V_0 和 F 下，切断输入的情况下压力变化 0.02 MPa 所用的时间 δ 在前稳段的范围为 [112，172] ms，在过载段的范围为 [180，207] ms。

如果 $Q_{in}\neq 0$，时间 δ 一般较大。按照数据估算 δ 值，$P_0V_0=P_1V_1-RTQ_{in}\delta$，$P_1=\dfrac{P_0V_0+Q_{in}RT\delta}{V_0+S\Delta h}$。

$$\frac{\rho gF^2}{S}\delta^2+\left(\Delta P_{out}F-P_0F-\frac{\rho gFV_0}{S}-Q_{in}RT\right)\delta-\Delta P_{out}V_0=0 \tag{10-7}$$

在不同的 Q_{in}、P_0、V_0 和 F 下，压力变化 0.02 MPa 所用的时间 δ 在前稳段的范围为 [497，557] ms。

（4）控制带宽选择

自动控制系统设计的核心是通过寻找合适的反馈控制规律，使得闭环控制系统的输出定量或定性地满足“稳”“准”“快”等性能指标要求。

试验系统的闭环控制不仅需要关注系统的稳态性能，还要考虑系统的暂态性能，如超调量、收敛速度等。控制理论提出的预设性能控制，需要同时兼顾系统的稳态和暂态性能，在保证系统跟踪误差收敛到一个预先设定区域时，收敛速度及超调量满足预先设定的条件。这种控制算法的思想应用到试验过程闭环控制系统，即使推进剂供应系统状态保持在预设区域内，控制系统达到预期的跟踪性能，通过确定的算法减小非线性项、不确定项等因素对系统性能的影响，抑制了振荡现象的产生，保证推进剂供应系统状态可靠稳定运行。

闭环控制的带宽设计主要与系统控制要求、响应速度、控制周期设置相关。如果控制

带宽过小，易造成执行机构如电磁阀频繁开、关，控制带宽过大，易造成响应缓慢达不到预设的稳态。在设置带宽时，需要对系统进行仿真计算或调试，总结出对应控制周期下系统的最小控制能力范围，选择常用、稳定的控制能力作为控制带宽。如 0.3 MPa 时，3 s 控制周期内，阀门最小开度时可达到贮箱压力变化为 0.01 MPa，以 0.01 MPa 作为最小控制精度，则控制带宽最小为 0.01 MPa，带宽也可为最小控制精度的倍数。

10.1.4 可靠性设计

可靠性设计是为了在设计过程中辨识和确定隐患及薄弱环节，采取预防和设计改进措施，有效地消除隐患及薄弱环节。试验系统闭环控制需充分考虑可靠性设计，包括系统鲁棒性、容错性和系统自身可靠性，避免由于控制系统缺陷导致试验系统出现风险。

（1）基本原则

控制装置/系统的可靠性设计是指在功能设计时，针对产品在规定的条件下和规定的时间内可能出现的故障模式，采用相应的设计技术，以最少的费用使产品满足规定的可靠性要求的一项设计工作。可靠性设计的目的在综合权衡性能、可靠性、费用和时间等因素的基础上，通过采用相应的可靠性设计技术，使产品在寿命周期内符合规定的可靠性要求。

试验系统的闭环控制系统可靠性设计的主要任务是预测和预防控制系统可能发生的故障，或控制系统存在潜在的隐患和薄弱环节时，试验系统能够通过设计预防和设计改进，有效地消除隐患和薄弱环节，使试验系统能够稳定达到预设状态。

为了保证闭环控制系统达到预定的可靠性要求，设计过程中应遵循以下基本原则：

1）可靠性设计应以对试验系统产生的风险为出发点进行风险辨识与分析，有明确的可靠性指标及可靠性评估方案；

2）可靠性设计贯穿于功能设计的各个环节，在满足基本功能的同时，全面考虑影响可靠性的各种因素；

3）应对软硬件故障模式进行分析，采用软硬件相结合的方式，最大限度地消除或控制系统在任务周期内可能出现的故障（失效）模式；

4）设计时，应在继承成功经验的基础上，积极采用先进的设计原理和可靠性技术，但在采用新技术、新型元器件、新工艺、新材料之前，都必须经过验证，并充分论证对可靠性的影响；

5）设计产品的可靠性时，应对产品性能、可靠性、费用、时间各方面进行综合权衡。

（2）可靠性要求

可靠性要求是进行可靠性设计、分析、制造、试验、验收的依据。可靠性要求分为定性要求和定量要求两种。可靠性定性要求是用一种非量化的形式来设计、评价，以保证产品的可靠性；可靠性定量要求是选择和确定产品的可靠性参数、指标以及验证时机和验证方法，以便在设计、生产、试验验证、使用过程中用量化的指标评价或验证产品的可靠性水平。可靠性定量指标是描述系统可靠性的度量。闭环控制系统可使用可靠性指标反映系统在可用性、可信性、维修人力费用及保障资源费用四个方面的要求。

在对闭环控制系统进行可靠性定量要求时，必须明确相应的验证要求。发动机试验过程中的闭环控制，需要具备较高的可靠性。在进行闭环控制系统的可靠性设计时，可参考通用的可靠性设计要求项目，参见表 10－1。但在系统设计过程中，常用的可靠性定性设计为简化设计、降额设计、冗余设计和软件可靠性设计。

表 10－1　定性设计要求项目表

序号	要求项目名称	目的
1	制定和贯彻可靠性设计准则	将可靠性要求及使用中的约束条件转换为设计边界条件，给设计人员规定了专门的技术要求和设计原则
2	简化设计	降低产品的复杂性，提高其基本可靠性
3	冗余设计	用多于一种的途径来完成规定的功能，以提高产品的任务可靠性和安全性
4	降额设计	降低元器件、零部件的故障率，提高产品的基本任务可靠性和安全性
5	制定和实施元器件大纲	对电子元器件、机械零部件进行控制和管理，提高产品可靠性、降低保障费用
6	确定关键件和重要件	用有限的资源提高关键产品的可靠性
7	环境防护设计	选择能抵消环境作用或影响的设计方案和材料，或提出一些能改变环境的方案，或把环境影响控制在可接受的极限范围内
8	热设计	通过元器件选择、电路设计、结构设计、布局来减少温度对产品可靠性的影响，使产品能在较宽的温度范围内可靠工作
9	软件可靠性设计	通过采用 N 版本编程法、恢复块法和贯彻执行软件工程规范等提高软件的可靠性
10	包装、装卸、运输、贮存等设计	通过对产品在包装、装卸、运输、贮存期间性能变化情况的分析，确定应采取的保护措施
11	工程保证及生产质量保证	采用工程方法及生产质量保证方法来保证产品的可靠性
12	人机工程设计	使设备便于操作、维修，提高使用可靠性

如简化设计，一方面体现在程序结构简单，将配置文件、执行程序、数据处理文件分别设计为不同的执行模块，以简化程序结构来提高试验过程中执行程序的可靠性；另一方面，体现在人机界面的简化设计，降低操作复杂程度，以提高过程可靠性。在系统硬件设计中大量采用降额设计和冗余设计，以提高硬件系统可靠性。软件可靠性设计主要体现在容错功能，即关键环节错误有冗余和替代方案，如多参数表决、参数异常自动切换控制模式等。

定性分析主要要求见表 10－2。试验控制系统常用的定性分析方法主要为故障模式影响和危害性分析（FMEA 或 FMECA）。

根据图 10－1 压力闭环控制系统的架构可知，提升系统可靠性，硬件需从数据采集及传输、控制装置、控制指令传输三个方面进行可靠性设计，软件需对控制算法进行可靠性设计。在压力闭环控制系统硬件设计中，入口压力设为双通道测量方式，相关的箱压参数作为备用参数一并传输至压力闭环控制系统，传输方式为两路独立系统，如图 10－4 所示；控制装置设置有程序控制和手动控制两套并行系统，手动作为自动的备份；程序控制装置为双通道输出，提高了程序控制系统的可靠性。软件可靠性主要采用模块化设计、参数故障甄别和筛选、故障一键复位并切换手动等设计，如图 10－5 所示。

表 10－2　定性分析要求项目

序号	分析项目名称	分析方法特点	目的
1	功能危险分析(FHA)	综合的、系统的演绎方法	检查系统功能,确定设计方案的可行性,发现设计中潜在的问题,提出改进措施
2	故障模式影响和危害性分析(FMEA 或 FMECA)	系统的、自下而上的归纳分析法	评价每个零部件或设备的故障模式对装备或系统产生的影响,确定其严酷度,发现设计中的薄弱环节,提出改进措施
3	故障树(或事件树)分析(FTA、ETA)	系统的、自下而上的演绎分析法	分析造成产品某种故障状态(或事件)的各种原因和条件,以确定各种原因或原因的组合。发现设计中的薄弱环节,提出改进措施
4	区域安全性分析(ZSA)	按装备的区域进行的分析、检查法	判断是否会由于系统、设备安装不当而产生不可接受的风险,或是否会由于该区域中某系统的设备故障而引起另一系统的故障

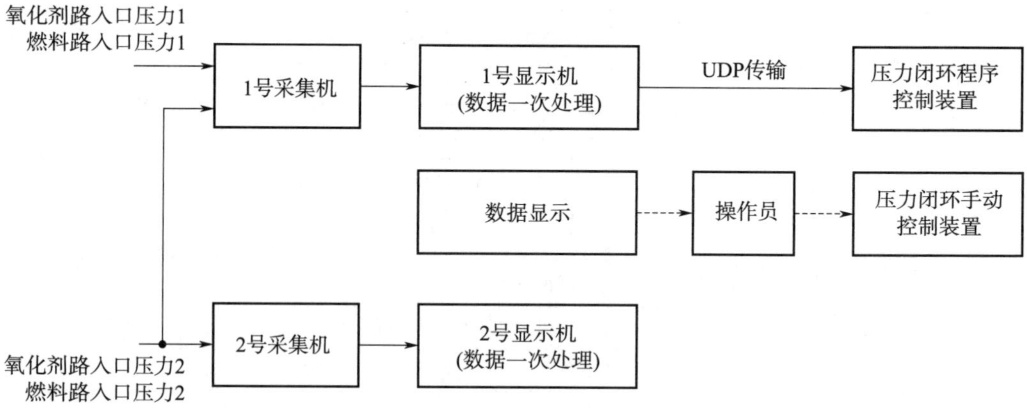

图 10－4　压力闭环控制系统可靠性设计原理图

10.1.5　可维修性设计

维修性是产品的一种质量特性，是由产品设计赋予的使其维修简便、迅速和经济的固有特性。维修性是产品在规定的条件下和规定的时间内，按规定的程序和方法进行维修时，保持或恢复其规定状态的能力。保持和恢复产品的规定状态，是产品维修的目的。规定的条件，主要是指维修的机构和场所（如维修车间、使用现场等）及相应的人员与设备、设施、工具、备件和技术资料等资源。所谓规定的程序和方法，是指按技术文件规定采用的维修工作类型、步骤和方法。

维修包括修复性维修、预防性维修、保养和损伤修复等内容。维修性是可靠性的必要补充。闭环控制系统的维修性主要为硬件可维修性，在方案设计阶段需要进行维修性分析和预计，估计各方案的维修性参数值，评估其满足维修性要求的程度，并以此作为选择方案的重要依据。

闭环控制系统维修性宜与整个试验系统相结合，统筹规划。如无法统筹时，需分析系统中易坏部件、关键部件，备份量宜不低于 20%，以提高系统的可维修性。维修性要求分为定性要求和定量要求两个方面。

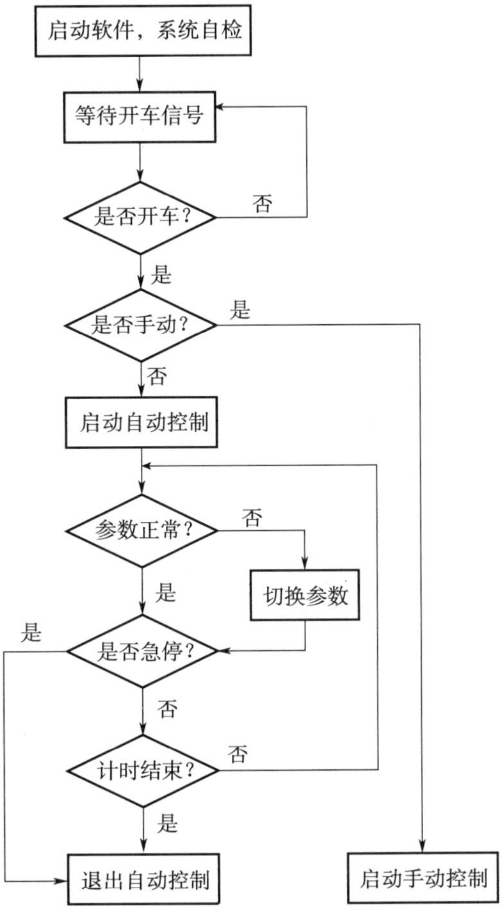

图 10-5　压力闭环控制系统程序框图

(1) 定性要求

维修性的定性要求是维修简便、迅速、经济的具体化，主要有以下几个方面：

1) 具有良好的维修可达性，即维修时，能够迅速方便地达到维修部位。可达性是维修性定性要求中最重要的一条。要合理地布置装备各组成部分及其检测点、维护点，保证维修操作有足够的空间，合理开设维修通道、窗孔。

2) 提高标准化和互换性程度。标准化、通用化、模块化和互换性是现代设计与制造的要求，不但可简化维修，而且有利于减轻后勤保障负担。

3) 具有完善的防差错措施及识别标记。需从结构设计上消除差错的可能性，合理地设置标记。

4）保证维修安全。维修是在设备处于故障状态、分解状态下进行操作的，在设计时考虑并采取必要的保护装置、措施，防止维修时损伤人员、设备。

5）检测诊断准确、快速、简便。通过设计实现检测诊断简便、迅速、准确，是系统发展的重要要求。

6）重视关键组件的可修复性。

7）符合维修中的人机工程要求，以提高维修工作效率和质量，减轻人员疲劳，或降低维修的技术难度。

（2）定量要求

维修性的定量要求即各项维修性指标，是维修性参数的要求值，反映设备的使用需求和维修性工作的目标。同时，这些指标又应具有明确定义、能够在研制中跟踪和验证或评估。常用的维修性参数见表 10－3。

表 10－3　常用的维修性参数

序号	名称	符号	定义
1	平均修复时间(MTTR)	$\overline{M}_{CT}$	排除一次故障所需修复时间的平均值。其度量方法是，在规定的条件下和规定的期间内，产品在任一规定的维修级别上，修复性维修总时间与该级别上被修复产品的总故障数之比
2	平均预防性维修时间	$\overline{M}_{PT}$	产品每项或某个维修级别一次性预防性维修所需时间的平均值
3	维修停机时间率	M_{TUT}	产品单位工作时间所需停机时间的平均值
4	维修工时率	M_I	产品单位工作时间所需的维修工时平均值。其度量方法是，在规定的条件下和规定的时间内，产品直接维修工时总数与该产品寿命单位总数之比
5	平均系统恢复时间(MTTRS)	—	在规定的条件下和规定的时间内，由不能工作事件引起的系统修复性维修总时间（不包括离开系统的维修和卸下部件的修理时间）与不能工作事件总数之比
6	恢复功能用的任务时间(MTTRF)	—	在一个规定的任务剖面内，产品致命性故障的总维修时间与致命性故障总数之比

（3）控制系统主要测试性设计

闭环控制系统的主要测试项目按功能划分为电源供配电测试、时序控制及功能测试、阀门控制及功能测试、系统可靠性功能测试、极性测试等。按控制类型分为硬件和软件，硬件测试主要为控制电路功能及线路测试。硬件主要为控制功能测试、检测功能测试，控制线路主要有线路导通和绝缘测试等，具体设计要求如下：

1）控制单元有多个功能时，每个功能应能独立测试。

2）应能将控制单元迅速且容易地预置到一个已知的初始状态。

3）控制单元之间设置可断开、可检测的连接点，便于故障定位。

4）应减少与多相位或时间有关的激励数量。

5）应缩小被测电路范围，以提高故障诊断能力。

6）在同一功能中，应将故障不能准确隔离的元（部）件组装在一起。

7）每个独立的控制对象应把测试点引到电连接器或接线端子上。

8）设计的冗余元件应能够进行单独测试。

9）控制线缆排列应具有一定的规律。

10）I/O 线应有限流、短路等保护措施。

11）测试设备应能断开反馈回路，断开后能在开环模式下工作。

12）测试设备的精度应满足被测对象的容差要求。

13）每个测试点与程控计算机通道之间应加有适当的缓冲或隔离电路。

14）禁止反复且相互有影响的校正。

10.2　发动机故障诊断技术

液体火箭发动机地面试验具有风险高、费用高、试验时间短、故障发展迅速等特点。试验中的故障可能来自发动机，也可能来自试验系统。试验过程中出现的故障在几十毫秒甚至几毫秒内可能造成发动机爆炸、试车台烧损、人员伤亡等灾难性的严重后果，而人来不及判断，无法及时采取有效措施。针对发动机试验典型故障模式开展发动机故障诊断技术研究，在发动机试验中进行发动机状态实时检测、诊断，及时发现故障趋势，迅速采取有效措施，避免试车失败和灾难性的故障发生，从而具有巨大的经济效益和显著的社会效益[2]。

故障诊断指查找设备或系统故障的过程。故障诊断是对系统运行状态和异常情况做出判断，根据诊断做出判断，为系统故障恢复提供依据。对系统进行故障诊断时，必须对其进行检测，发生故障时，对故障类型、故障部位及原因进行诊断，给出解决方案，实现紧急关机或故障恢复，避免故障扩大或损失。

10.2.1　故障诊断基本概念和指标

故障诊断主要包括故障检测、故障类型判断、故障定位及故障处理等。其中，故障检测是指通过测量数据对系统状态进行监视，判断系统是否产生故障；故障类型判断是系统在检测出故障之后，通过分析原因，判断出系统故障的类型；故障定位是在前两步的基础之上，细化故障种类，诊断出系统具体故障部位和故障原因，为故障处理做准备；故障处理是整个故障诊断过程中的最后一个环节，需要根据故障原因，对系统故障进行处理，采取不同的措施，防止故障进一步扩大或产生严重的后果。

故障诊断系统的主要性能指标有：

（1）故障检测的及时性

故障检测的及时性指系统在发生故障后或有故障趋势时，故障诊断系统在最短时间内检测到故障的能力。从故障发生到被检测出的时间越短，说明故障检测的及时性越好。

（2）故障检测的灵敏度

故障检测的灵敏度指故障诊断系统对微小故障信号的检测能力。故障诊断系统能检测到的故障信号越小，说明其早期检测的灵敏度越高。

（3）故障的误报率和漏报率

误报指系统没有发生故障却被错误检测出故障；漏报是指系统发生故障却没有被检测出。一个可靠的故障诊断系统应尽可能使误报率和漏报率最小化。

（4）故障分离能力

故障分离能力指诊断系统对不同故障的区别能力。故障分离能力越强，说明诊断系统对不同故障的区别能力越强，对故障的定位越准确。

（5）故障辨识能力

故障辨识能力指诊断系统辨识故障大小和时变特性的能力。故障辨识能力越高，说明诊断系统对故障的辨识越准确，越有利于对故障的评价和维修。

（6）鲁棒性

鲁棒性指诊断系统在存在噪声、干扰等的情况下正确完成故障诊断任务，保持低误报率和漏报率的能力。鲁棒性越强，说明诊断系统的可靠性越高。

（7）自适应能力

自适应能力指故障诊断系统对于变化的被测对象具有自适应能力，并且能够充分利用变化产生的新信息来改善自身。

上述性能指标在实际应用中，应根据实际条件分析判断哪些性能是主要的，哪些是次要的，对诊断方法进行分析，经适当的取舍后得出最终的诊断方案。

10.2.2 发动机试验故障诊断系统设计

液体火箭发动机故障检测与诊断依据的信息一般来自两个方面，一种是由传感器直接测量输出的原始信号，主要包括流量、压力、转速、加速度、温度等状态参数信息；振动频率、振型、图像、光谱、色谱等物理参数信息；刚度、阻尼、裂纹长度/深度/宽度等结构参数信息等。另一种来源是在传感器测量输出信号的基础上，经过计算处理、加工提炼而形成的信号或知识（如对发动机测量信号、工作原理进行分析后所建立的统计量、特征值、数学模型等，以及在发动机设计、试验、生产等过程中形成的专家经验知识等）信息。

相对温度、压力等状态参数以及发动机的结构参数一般可测性较差。但此类参数通常对发动机及其关键部件某些类型的故障更为敏感。目前液体火箭发动机故障检测与诊断方法，主要是基于传感器测量得到的流量、温度、压力、转速、加速度等状态参数，利用所建立的数学模型、规则、网络结构等知识，结合信号处理、模型计算、智能推理等方法，进行发动机工作过程的故障检测与诊断。发动机故障检测与诊断方法一般包括基于信号处理的方法、基于数学模型的方法和基于人工智能的方法三种类型。其中基于信号处理的统计分析方法形成的阈值检测（门限检测）技术是工程上最为实用的检测方法，美国 SSME 使用的红线关机系统检测方法以及后来的 SAFD 算法，我国液氧煤油发动机地面试验使用的发动机试验紧急关机系统的检测方法都属于阈值检测方法。以下对基于该技术的故障诊断系统设计进行简要介绍。

基于门限检测技术的发动机故障诊断系统设计流程如图 10－6 所示，结合实例对各流程设计方法进行论述。

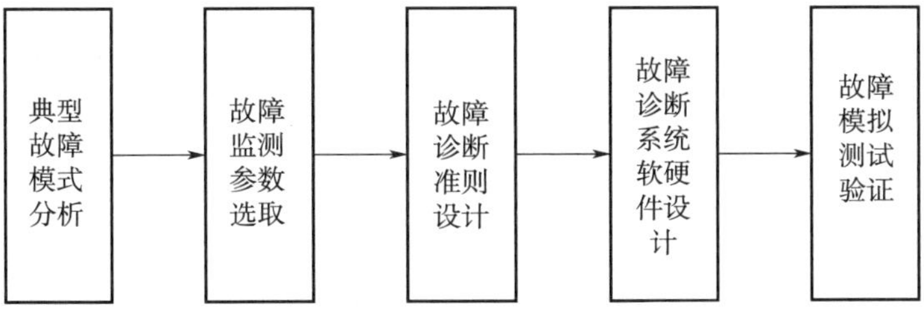

图 10－6　基于门限检测技术的故障诊断系统设计流程

(1) 典型故障模式分析

液体火箭发动机结构复杂，有高温高压的燃烧组件（推力室、发生器）、高速旋转件（涡轮泵）、精密控制元件（阀门和调节器）、高压容器（控制气瓶）、高压管路、点火和起动装置、电气元件等。发动机在大流量，高压条件下工作，伴随着高密度推进剂能量的快速释放。各组件承受较大的振动、冲击、热负荷，工作条件十分苛刻，是整个火箭故障的敏感多发部位。故障形式也多种多样。虽然不同型号的液体火箭发动机系统组成、循环方式不同，但原理有许多相似之处。通过对已有型号发动机的故障数据进行统计分析，结合具体发动机的系统、工艺、结构的特点，得出潜在的主要故障模式。在对国内早期研制的火箭发动机试验结果进行统计分析后，归纳出多发故障模式：涡轮泵故障、接头泄漏/导管泄漏或堵塞、阀门开启（关闭）失效、电缆失效、摇摆软管失效等。确定典型故障模式后，针对故障模式选取监测参数。

(2) 故障监测参数选取

故障特征参数指能表征试验过程中发动机及试验系统故障的关键参数。故障特征参数数据一般需要通过相应的单个或多个实际测量数据计算得到，用来计算故障特征参数数据的实际测量参数称为故障监测参数。发动机可测量的参数多，不同参数对故障的响应不同。参数之间存在一定的关联关系，通过模拟计算，可以定量了解各发动机参数之间的相互关系以及分析不同故障情况下发动机参数的变化规律，便于选取监测参数。

计算发动机正常工作时，在内外干扰因素综合影响下，发动机测量参数的最大偏差，有助于选取合适的监测参数，确定较为准确的参数正常阈值。

选取监测参数的原则如下：

1) 发动机试验过程参数对故障反应比较敏感。

2) 参数在干扰因素影响下产生的相对偏差较小。由于在主级稳定段采取门限检测算法，实时判断测得的发动机参数是否超出了阈值（门限），如果超出就认为参数异常。为了制定较窄的门限，希望发动机参数在干扰因素下变化较小，即对干扰相对不敏感。

3) 参数具有可检测性，测量的准确性高，信噪比高，有利于门限检测法诊断时选取较窄的门限，参数也更为可信。

(3) 故障诊断准则设计

故障检测算法是故障监控系统的核心，必须具有合理的误报率和漏报率、具有较强的鲁棒性、满足实时性要求。对于液体火箭发动机试验，常用的故障检测方法主要有基于数据统计的方法、基于模型的方法、神经元网络、模式识别等算法，国内外有不少这方面的研究成果。由于发动机数学模型的高度非线性和高阶性，基于模型的检测和诊断算法实时性很难保证。基于数据统计的算法简单、可靠、易于实现，实时性容易保证，是一种广泛的工程实用化方法。只需积累一定量的试车数据，通过仿真计算可弥补部分试验特征数据有限带来的制约。

发动机试验过程要经历起动、主级工况、变工况、关机等不同阶段，根据各阶段特点可划分不同工作阶段，各工作阶段制定不同的检测算法。对不同的故障模式，检测参数有一定的针对性，可根据不同的故障模式和参数制定不同的检测算法。在进行检测之前，需要对传感器测量数据的有效性进行判断，避免传感器自身故障产生的错误数据影响故障判断正确性。为了减少误报率，采取以下方法：

1）数据有效性判断：检查传感器正常与否，数据是否可信。如果判定某一压力传感器异常，应剔除该测量参数，用余下的参数判断，余下参数中三个参数同时异常，判定发动机异常。判定压力传感器异常的标准是：任意时刻压力测量值为负值或超出满量程，认为传感器异常。

2）连续性准则：当参数连续三次超出某一范围时，判定该参数异常情况成立。

3）多参数准则：当多个参数同时发生异常时，判定发动机故障成立。

发动机起动段可看作非平稳随机过程，采用统计置信区间的方法可确定起动段参数变化的正常范围。设计一种自适应阈值算法如下：

发动机起动～到达额定工况后指定时间内，参数应在预置安全带之内；

发动机额定工况～关机指定时间内，参数应在安全带之内。安全带根据各参数在稳定段起始时间段内实测值的平均值和标准偏差确定。

例如某型号发动机试验故障参数分为两组，第一组主要监视富氧燃气的温度，选择主涡轮入口和出口温度；第二组选择参数能反映主要组件及发动机的工作情况，且相互之间可实现冗余，由涡轮泵转速和 4 个发动机压力组成。

① 准则 1

发动机到达额定工况后～关机，当涡轮入口温度和涡轮出口温度测点满足以下任一条件就实施报警和故障关机：

1）当入口温度连续三次超过设定值，且出口温度超过设定值；

2）当任一传感器失效后，另一参数连续五次超过设定值。

② 准则 2

发动机起动～发动机额定工况后指定时间，第二组参数应在预置安全带之内；

发动机额定工况后指定时间～关机，第二组参数应在安全带之内。安全带根据各参数在稳定段某时间段内实测值的平均值和标准偏差确定。

算法采用如下表达式

$$Y_i(t) \in [\overline{Y}_i(t) - N_1 \cdot S_i(t), \overline{Y}_i(t) + N_2 \cdot S_i(t)] \tag{10-8}$$

式中　N_1 ——确定下限的带宽系数；

N_2 ——确定上限的带宽系数；

$S_i(t)$ ——稳定段某时间段实测参数的标准偏差；

$\overline{Y}_i(t)$ ——稳定段某时间段实测参数的平均值；

$Y_i(t)$ ——稳定段～关机某一时刻的参数实测值。

测得以上 5 个参数后，检查传感器正常与否，数据是否可信。如果判定某一传感器异常，应剔除该测量参数，用余下的参数判断。若余下参数中的 3 个参数同时异常，判定发动机异常。

判断时应遵循连续性准则和五选三的原则，即任一参数连续 3 次超出安全带，则认为该参数异常，参数报警。任一时刻，若 5 个参数中的 3 个参数报警，则认为发动机工作异常，系统报警。同一工况每连续工作一定时间，调整一次安全带。下一段时间的安全带根据前一段时间的稳定段内某时间段参数的实测平均值确定。

(4) 故障诊断系统软硬件设计

根据故障诊断准则和系统设计要求，故障诊断系统需要具备压力、温度、转速参数测量、故障准则判断、报警信号发出和试验紧急关机过程执行等功能。为提高系统的可靠性，按照试验系统工作流程将故障诊断系统划分为数据采集、故障判断及报警、紧急关机控制几部分。各部分之间界面清晰，有利于系统更新和功能扩展。由于测量参数种类多，故障判据比较复杂，一般采用计算机数据采集系统结合计算机软件实时故障判别的方式进行设计。

① 硬件设计

液体火箭发动机试验故障诊断系统硬件一般由传感器、数据采集装置、故障判断计算机、报警输出装置及紧急关机控制系统等组成。

按照数据采集和故障判断功能实现形式，故障诊断系统可以划分为集中式和分布式两种设计架构，两种架构各有优缺点，需要根据具体项目要求和实际情况选择最合适的解决方案。

集中式系统架构将数据采集功能与故障诊断功能集中在一台计算机上实现，计算机在数据实时采集的同时进行故障判断。优点是系统集成度高、复杂度低，采集和判断任务运行在同一台计算机上，省去了计算机间数据通信带来的开销，系统实时性较好。缺点是计算机要同时运行数据采集和故障判断两个实时性要求较高的程序，系统实时负荷较大，需要优化软件设计，配置处理能力较强的多任务硬件设备，一般运行在实时多任务系统上。

分布式系统架构将数据采集任务和故障监控任务分别布置在不同的计算机上执行，采集计算机和监控计算机之间通过数据通信进行数据传输。优点在于两台计算机分别承担了数据采集和故障判断的任务，各自工作负荷较轻，系统可靠性高。缺点是两台计算机间要通过数据通信进行数据交换，增加了时间开销和更多的环节。

② 软件设计

发动机故障诊断系统软件组成如图 10－7 所示，由故障诊断准则库、故障数据采集软件、故障诊断软件等组成。

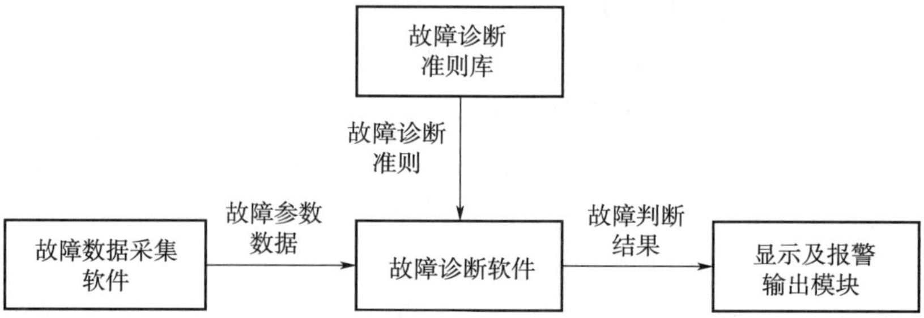

图 10-7　故障诊断软件组成原理框图

软件结构设计中采用故障诊断准则库与应用软件独立存放的方式，在更改准则时不必改动源程序，提高系统适用性。数据采集软件和故障诊断软件在集中式架构下的同一台计算机上运行，在分布式架构下分别运行于采集计算机和故障诊断计算机上。

随着发动机研制过程不断深入，故障诊断准则不断进行修订、完善。为了适应准则算法的变化，诊断软件要具有可扩展性和良好的可维护性。软件设计时采用故障判断程序与具体准则分离的设计模式，将各种准则经过简化分解为由多种基本准则组成、按照一定方式组合成的复合形式，在诊断主程序中写入基本的故障模式判断功能，具体的诊断准则分解为多种基本准则组合的形式保存在故障诊断准则库中。当程序运行时，读入准则库内容，按照预定的组合方式还原成原准则进行数据分析。故障诊断准则库采用多层数据库设计方式，灵活的设计模式可以简洁描述已知所有准则和大部分未来可能提出的准则。当修改判据准则时，如果不是提出一种新的故障模式，就可以直接在数据库中修改而不用改动程序代码。这种设计方式提高了软件的代码可重用性、可管理性，提高了诊断软件运行效率。

数据采集软件的作用是在数据采集时，根据事先给定的次序实时挑取关键参数采集数据原码，以给定的速率发送到监控分析主机或同一台计算机运行的故障诊断软件模块。故障诊断软件是故障诊断系统的核心组成部分，在故障数据判断软件中应增加容错判断功能。当同一故障连续出现才发出关机报警信号，当判断出接收数据不连续时，重新计算故障次数，有效避免误报警现象的发生。

故障诊断软件还包括故障数据结果浏览模块、故障模拟测试软件等，不再详细介绍。

(5) 故障模拟测试验证

故障算法制定和故障诊断系统建立后，要进行大量检验算法、执行的有效性及可靠性验证测试。全部采用实际发动机试验验证成本高、难度大。一般需要建立故障仿真模拟系统，用模拟的各种故障数据对系统和算法进行验证，通过后再进行热试验证。

测试验证主要对所有规则判断进行全面覆盖测试，对所有阈值边界条件进行验证，保证故障判断准则和阈值的正确性；对相关软硬件系统正确性、可靠性进行验证测试。常用故障验证方法如下：

① 数据模拟测试

制作、生成模拟故障测试数据文件，由故障诊断程序根据时序调入测试文件数据进行测试，对故障诊断算法进行测试。优点是可以生成不同故障数据全面测试诊断算法，缺点是只对故障诊断算法模块进行测试，未测试故障监控的数据采集、传输等模块。

② 电标准模拟测试

使用程控校准源或信号发生器模拟传感器输出生成测试信号，由故障诊断系统进行采集和诊断。优点是可以模拟试验状态测试数据采集、通信和诊断多个模块。缺点是受信号源仪器设备限制，信号变化时间、同时模拟参数数量难以与真实试验状态一致，对故障准则，特别是变工况状态不能全覆盖模拟。

③ 物理量模拟测试

通过现场物理量校准设备对传感器施加物理量标准，最大限度模拟试验状态，对故障诊断系统进行全面考核。由于物理量校准设备一般需由人工操作，变化慢，不能真实模拟故障监测参数数据变化过程，仅能模拟部分稳态故障，用于全系统检查。

④ 自动故障模拟测试系统

在电标准故障模拟的基础上建立自动故障模拟测试系统，对故障监控或诊断系统进行故障模拟电信号加载测试。原理是通过独立的计算机及程控信号源或 D/A、I/O 模块搭建自动测试系统，由软件控制按时序加载多路故障参数数据模拟电信号进行故障诊断测试。这种测试结合了单机数据模拟测试和电标准模拟测试的优点，全面考核数据采集、数据通信、数据判断全过程，快速模拟试验数据变化情况，覆盖测试全部判断准则。

液体火箭发动机试验系统故障诊断系统投产前需进行以下验证：

① 单机故障准则模拟调试

根据试车数据生成单机故障测试数据文件，在监控分析装置上运行单机测试程序对数据文件进行测试。一般按照故障准则编制多个测试数据文件，覆盖所有准则范围，在监控计算机上运行单机测试程序，对以上数据文件进行测试，测试结果应同故障设置结果一致，无误判漏判情况。

② 联机模拟调试

在分布式故障诊断系统调试过程中，使用测试数据文件在采集计算机上编制数据发送测试程序，将指定的测试数据文件中的数据实时替换成采集数据，按照指定速率发送给监控机，监控机运行实时数据接收及判别程序，对收到的数据进行判断，将判断结果同单机调试结果比较验证。调试过程全面检查数据传输的实时性、系数设置及处理判断程序的功能及运行稳定性。

③ 综合测试模拟

各项调试完成后，联合控制系统进行全系统联合调试。按照试车状态运行，通过电信号或物理量模拟测试，检测诊断规则实施情况和关机动作有效性。

④ 热试车考核

参加发动机热试车试运行考核。试运行期间故障监控或诊断系统不接入紧急关机系统，只进行故障判断和报警。通过多次热试车考核，系统工作正常，未发生误报警、漏报警等情况，通过评审后接入试验系统投产运行。

10.2.3 发动机试验故障诊断技术发展

随着液体火箭发动机试验技术的发展，对试验系统的可靠性、测控水平提出了更高的要求，试验系统的功能不断扩展、系统越来越复杂，发动机试验故障诊断技术面临新的挑战。未来试验故障诊断系统发展趋势如下：

1）故障监测参数的类型和数量不断扩大。随着测量技术水平的发展，先进测试技术应用到发动机试验领域。实时在线测量、非接触测量和更全面的测量成为故障监测参数测量发展方向，使发动机试验故障检测范围更全面，故障定位更准确。

2）故障诊断方法不断完善。随着神经网络、人工智能等技术的不断发展，在发动机试验故障诊断领域的应用越来越广泛，有效提升了发动机试验典型故障模式识别效率，丰富了故障模式库，提高了故障识别准确率。

3）故障诊断技术应用范围不断扩展。随着故障诊断技术的完善和软硬件成本的降低，故障诊断技术应用范围从发动机本体和关键试验条件逐渐扩展到重要试验设备、长期运行设备等方面，为全面提升试验系统可靠性发挥了重要作用。

10.3 姿控动力系统仿真显示技术

姿控动力系统由多台推力室组成，分别完成运载火箭、导弹武器飞行过程中的俯仰、偏航、滚动、反推、正推等姿态控制任务。试验系统在现场设置了多角度、全方位的视频监控镜头，对试车过程进行全程录像。由于视频监控受天气、光线、推力室火焰等因素的影响，试车指挥员无法同时观看全部视频监控图像和数据显示图像，不能快速、实时获取热试车过程中某一时刻发动机工作的相关信息。特别是当出现异常情况时，很难对故障点进行准确、及时定位，影响紧急预案的实施。

为准确快速地定位姿控动力系统故障的情况，有必要建立发动机试验仿真数据显示预警平台，为试车指挥员快速准确地判断发动机工作状态提供支持，解决影响姿控动力系统试车故障快速、准确定位的问题。

10.3.1 仿真显示系统设计原则

1）按人机工程要求设计，具有良好的人机交互界面，系统操作简单，显示直观；

2）先进性与继承性有机结合；

3）突出标准化和模块化设计准则，选用标准接口，有利于系统升级、维护和功能扩展；

4）按软件工程化要求和军用软件相关标准开展软件研制；

5）对误操作有容错措施，并准确提示，便于操作员理解和快速改正；

6）软硬件故障信息及时显示，便于故障判别；

7）具有较高的可靠性、维修性，满足电磁兼容性要求。

10.3.2　仿真显示系统设计

试验时仿真系统接收由主控系统发出的同步信号为发动机试验零秒基准，保证仿真系统与主控系统同步运行。仿真计算机控制仿真系统的实时运行，并向指挥台显示器发送发动机工作状态仿真图像及实时测量数据。

仿真系统按照试验控制程序的时序正常运行，实时仿真发动机工作状态（点火、关机），接收数据采集系统所发送的数据（包括气瓶压力、氧化剂和燃料贮箱压力以及各推力室室压等），把状态和数据组合后实时显示在平台屏幕上。

10.3.2.1　设计技术指标

1）仿真系统与主控系统同步性小于 2 ms；

2）仿真系统发动机工作时序误差小于 2 ms；

3）数据实时显示速率 5 点/s；

4）网络数据采用 100 M 以太网传输，采用 UDP（用户数据文报协议）。

10.3.2.2　系统组成

仿真系统主要由以下几个部分组成：

1）计算机仿真系统；

2）数据采集系统；

3）试车程序主控系统；

4）指挥台显示设备。

10.3.2.3　系统设计

（1）仿真显示系统构架

仿真系统框架如图 10－8 所示，采用 MVC 设计模式，仿真框架结构分为模型层、数据库层和应用层三层。模型层是整个仿真框架的基础，主要包含动态案例仿真模型库和各模块接口。数据库层是仿真平台的核心，在数据库中存储并管理相关仿真、管理、配置的数据文件。应用层是一组功能模块的集合，通过组合这些功能模块完成用户的定制应用需求。

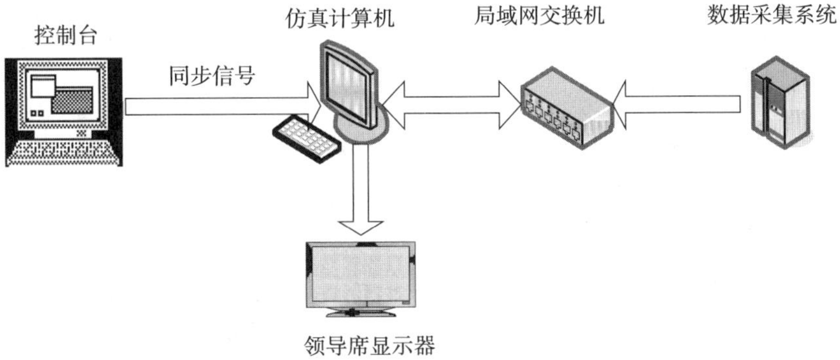

图 10－8　仿真系统框架图

模型层根据试验要求进行设计。对系统的实际工作过程进行数学描述，构建精确的发动机动态案例仿真模型库，确保具体测试仿真模型与真实系统匹配。编制计算程序，通过软件接口建立模型层中各模块的联系。

（2）姿控动力系统仿真模型建立及实现

使用 Solid Edge 软件的实体建模功能进行建模，设计发动机、贮箱、气瓶、电爆阀、减压阀等产品模型，通过 Photoshop 图像编辑软件进行后期处理，增强系统仿真模型与实物特征一致性，提供给仿真模块实现动态模拟。

根据姿控动力系统试验技术条件，采用可视化编程软件，绘制姿控动力系统试验模型图，对每一组件赋予变量命名。仿真程序调用数据库中的发动机工作时序数据文件，给各对象赋值，实现姿控动力的各发动机工作仿真的目的。

仿真系统的产品模型位置编号与实际镜头捕捉的位置编号一致，对产品模型标注名称、参数符号，在显示界面标注试验类型、试车代号、开车时间等信息，并对试验程序段进行注释说明，为指挥员提供试验产品与程序结合的直观界面。

以某型姿控动力系统试验为例，包含各推力室、贮箱、气瓶等布局及参数符号，推力室压力值等。模拟发动机点火喷出火焰，表示发动机工作，静止状态时发动机为灰色不喷火，图片左上角为试验日期、开车时间信息，右上角为试验型号及试验程序段解释说明，中间为试验程序运行时间。姿控动力系统仿真界面如图 10－9 所示。

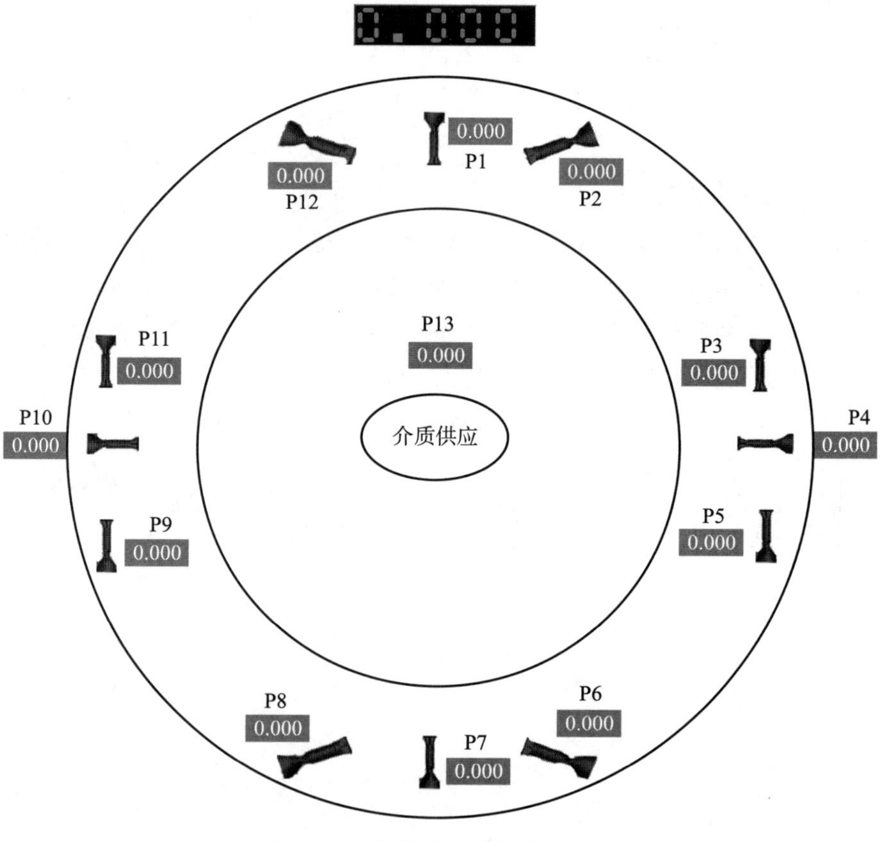

图 10－9　姿控动力系统仿真界面

(3) 控制时序运行模块设计

控制时序运行模块是整个仿真系统的中枢，系统的各种功能在该模块的统一调度下执行。仿真软件启动时，将存放控制时序的数据文件读入到内存变量，执行程序通过建立的定时循环进行定时事件的控制。按照预定时间间隔将数据输出，控制发动机工作仿真显示。程序采用内存映射技术，解决图像切换重影的问题。控制程序采用模块化结构，完成通道控制时序输入、控制程序文件保存与检查等功能。控制时序运行模块流程如图 10－10 所示。

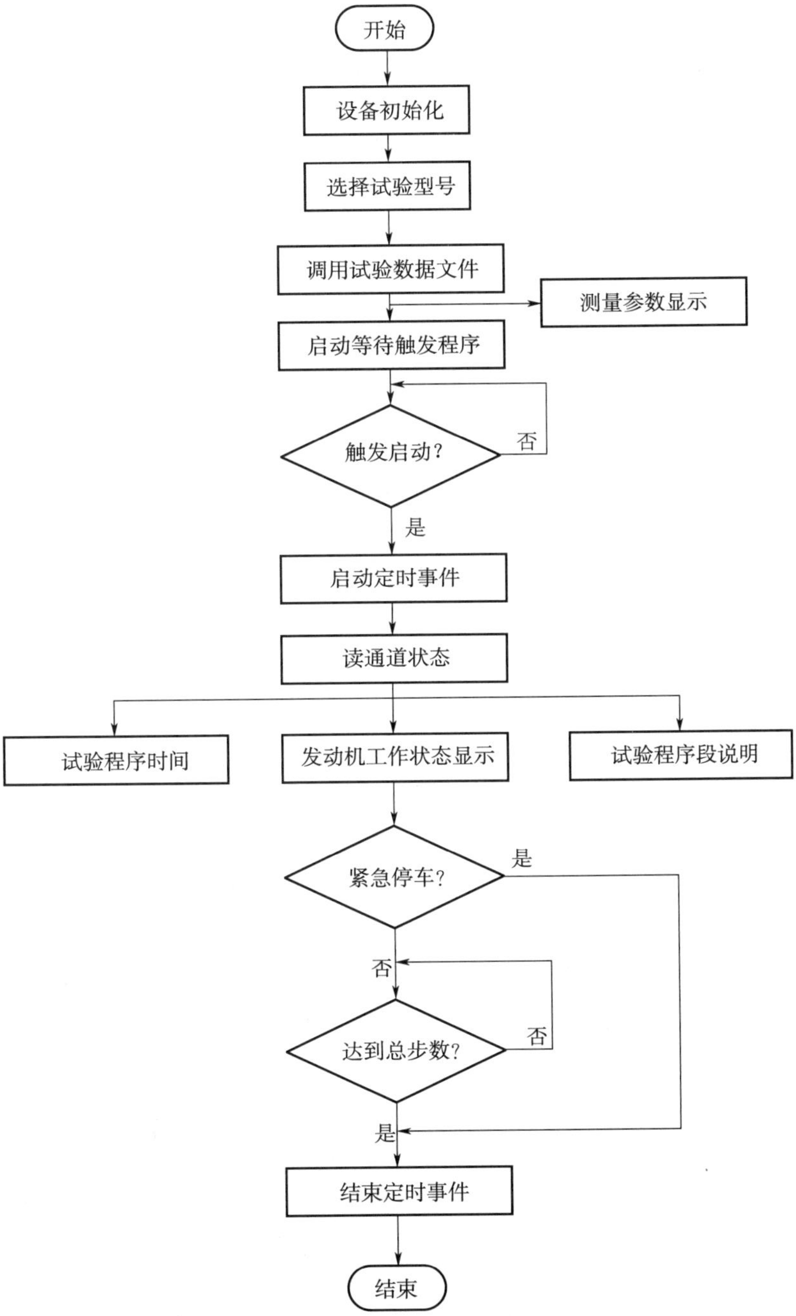

图 10－10　控制时序运行模块流程图

(4) 并行端口设计

同步信号接收采用并行端口设计。该端口包含 12 个输出，8 个数据端口、4 个控制端口。为测量和读取外部状态，设计并行端口的输入电路。并行端口用于传送数据和打印，使并行端口从外部将数据输入到 PC 主机。在 SSP（标准并行端口）模式下，包含 5 个状态端口输入引脚、4 个双向控制引线及其他通用引脚，通过端口引脚的定义设计输入功能。

① 状态寄存器测试电路设计

并行端口的状态寄存器设计时，通过连接的器件拨码开关确定状态寄存器的输入结果。如果拨码开关打开，则输入为高电平“1”。反之关闭，则输入为电平“0”。并行端口状态寄存器测试电路如图 10－11 所示。

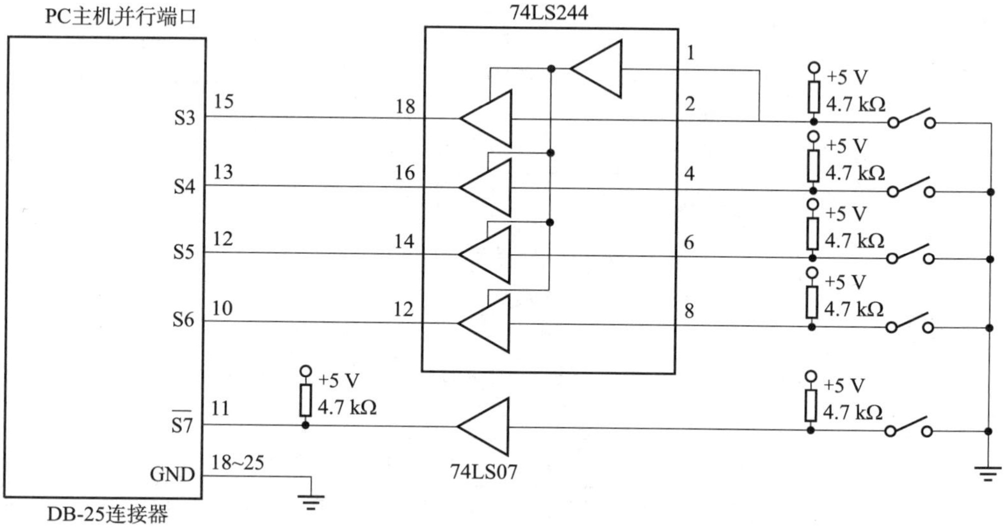

图 10－11　并行端口状态寄存器测试电路

② 并行端口程序设计

在早期的 DOS 或 Windows 95/98 操作系统下，并行端口程序采用直接调用 inporb 和 outportb 函数的方法，但在 Windows XP 下使用同样的方法，会产生错误信息，系统无法工作。原因是 Windows XP 对于所执行的不同应用程序规定了某些特权和限制，并分为两种模式：用户模式（User mode）和核心模式（Kernel mode），两种模式分别在 ring3 和 ring0 模式下执行。用户模式程序在 ring3 模式中执行，核心模式程序是在 ring0 模式中执行。如果仿真系统的程序在用户模式下编写，在执行如 IN、OUT 等指令时受到约束。当操作系统发现这些指令在用户模式下的程序中执行时，操作系统会停止执行这些程序，并显示错误信息，接口程序在执行 IN 或 OUT 指令读取或写入并行端口时停止。为了能够读取和写入并行端口的核心模式驱动程序，让用户模式的程序能与其通信，通过动态链接库（DLL）Inpout32. dll 的支持，采用 Inp32、Oup32 两个函数用于并行端口的输入和输出，解决上述不同操作系统所引起的程序不能执行问题。

并行端口有3个常用基地址，从计算机设备管理器可以显示并行端口资源，LPT1在0378H－037FH之间，系统测试采用379H状态端口测试（0x378—数据端口输出、0x37A—控制端口输出、0x379—状态端口输入）。状态端口作为主控系统同步信号输入端，通过外围硬件电路的拨码开关决定状态寄存器的结果与程序读取状态寄存器数据相同。

10.4　试验系统健康监测技术

液体火箭发动机地面试验危险性大、费用高。试验系统结构复杂，可靠性要求高。试验系统的关键设备或组件在工作过程中因各种因素导致故障或失效时，对试验产品研制或试验系统造成重大的影响。随着发动机试验技术进步和试验内容、项目、要求的不断增多，试验系统的复杂程度不断提高，通过研究试验系统健康监测技术，高效快捷检测试验系统关键设备，进行维护保养，达到降低设备故障、提高系统可靠性的目的。

试验系统健康监测系统的主要功能是对试验系统关键组件进行实时运行状态监测，通过对监测数据的分析、诊断，确保试验系统的关键组件处于良好的技术状态，并为试验系统的维护保养提供依据。

10.4.1　维护方式与检测作用

10.4.1.1　试验系统维护方式

液体火箭发动机试验系统的维护方式包括系统出现故障后采取的恢复性维护和保持设备良好性能状态的预防性维护两大类。

（1）恢复性维护

当系统组件出现故障后对其进行维护，即设备坏了进行维修。如果设备没有故障，不进行维修，是一种无计划性的被动维修方式。

（2）预防性维护

设备组件在工作中以预防故障为主要目的，通过对设备进行检查和检测，及时发现设备的故障征兆，防止设备故障发生，使设备保持规定的功能状态，预防性维护是在故障发生之前所进行的各种维护活动[3]。

恢复性维护是一种被动的维护方式，在试验系统日趋复杂及高密度试验任务的情况下逐渐显露出弊端，这种方式下只有当设备或组件出现故障无法运行后才进行维护维修或更换，效率低，维护过程中的时间成本和经济成本高，难以满足试验任务日益增长的需求。预防性维护是一种主动维护方式，针对试验系统定期进行一系列的预防性检查检测，在故障发生前发现并消除隐患。健康监测是以预防维护为目的的一种主动监测管理手段，主要作用是提前发现问题，尽早进行处理，使试验系统始终处于良好的性能状态。

10.4.1.2　状态监测的作用

液体火箭发动机工作环境恶劣，存在高温、低温、高压、真空、磁场、振动、冲击、腐蚀等多因素耦合，对试验系统关键设备和组件性能、可靠性要求更为严格。发动机试验系统复杂的工作环境导致各组件与设备容易产生故障，影响试验系统的稳定性，降低系统承载试验任务的能力。试验系统状态健康监测运用自动化、信息化、智能化技术，全方位实时监测试验系统的关键组件状态参数，通过传感器实时采集关键设备的工作状态数据、运行状态数据、试验环境的实时变化数据，对获取的数据按照一定的模型进行综合分析，在一定程度上和一定范围内预知试验系统的健康状态和关键组件的使用寿命，达到防患于未然，为制定试验系统的维护计划提供技术支撑和依据。

试验系统健康监测技术是预先维护的基础，对试验系统状态进行连续监测，根据获得的状态数据分析是否有状态异常或故障发生的趋势，核心在于状态预估和故障诊断。状态预估是在出现故障前能够通过数据分析和趋势判断预先提醒可能出现的故障和时间点，做出故障提醒。故障诊断则是在故障出现时通过综合分析精确定位故障位置和机理，自动做出最优处理。对于液体火箭发动机试验系统而言，健康监测有非常重要的意义。状态监测提高了系统工作的可靠性，能够在故障出现之前发现并解决，避免故障发生带来的重大损失。同时提高了试验工作效率，在一定程度上替代了以往人工发现故障、处理故障的模式，缩短了发现和处理故障的时间，提高了工作效率。状态监测通过状态预估能够在一定程度上避免一些故障的发生，减少经济损失，节约试验成本。

10.4.2　监测系统网络架构

健康监测系统基于以太网进行建设，主要由多套 PLC 及相应的上位系统组成。现场测控对象，包括阀门、传感器等产生的状态数据通过 I/O 或通信方式进入 PLC 系统。上位系统包括各个子系统的客户端、操作站、工程师站、冗余实时服务器、历史归档服务器。所有数据进入冗余实时服务器进行存储，各客户端通过服务器同下位 PLC 进行数据交互。实时服务器数据进入健康监测平台服务器（历史归档服务器）进行存储，平台服务器具有虚拟建模、可视化展示、智能诊断、寿命预测等功能。健康监测系统架构如图 10-12 所示。

健康监测系统通过 PLC 进行数据采集和对象控制，配置各类 I/O 模块完成各种类型数据的采集和多种类型对象的控制。试验系统中各关键设备的运行数据和系统状态数据格式多样，有标准模拟量 4～20 mA 或 0～5 V 信号、485 通信接口、网络通信接口，通过 PLC 系统进行归一化采集。现场数据经总线传输至 PLC 主站汇总后通过 OPC 接口存储至数据服务器，各个工程师站、操作员站的健康监测软件平台通过以太网从数据服务器获取相关数据进行比对分析，按照每个状态参数预设的预测和诊断规则进行相应的处理和提示。

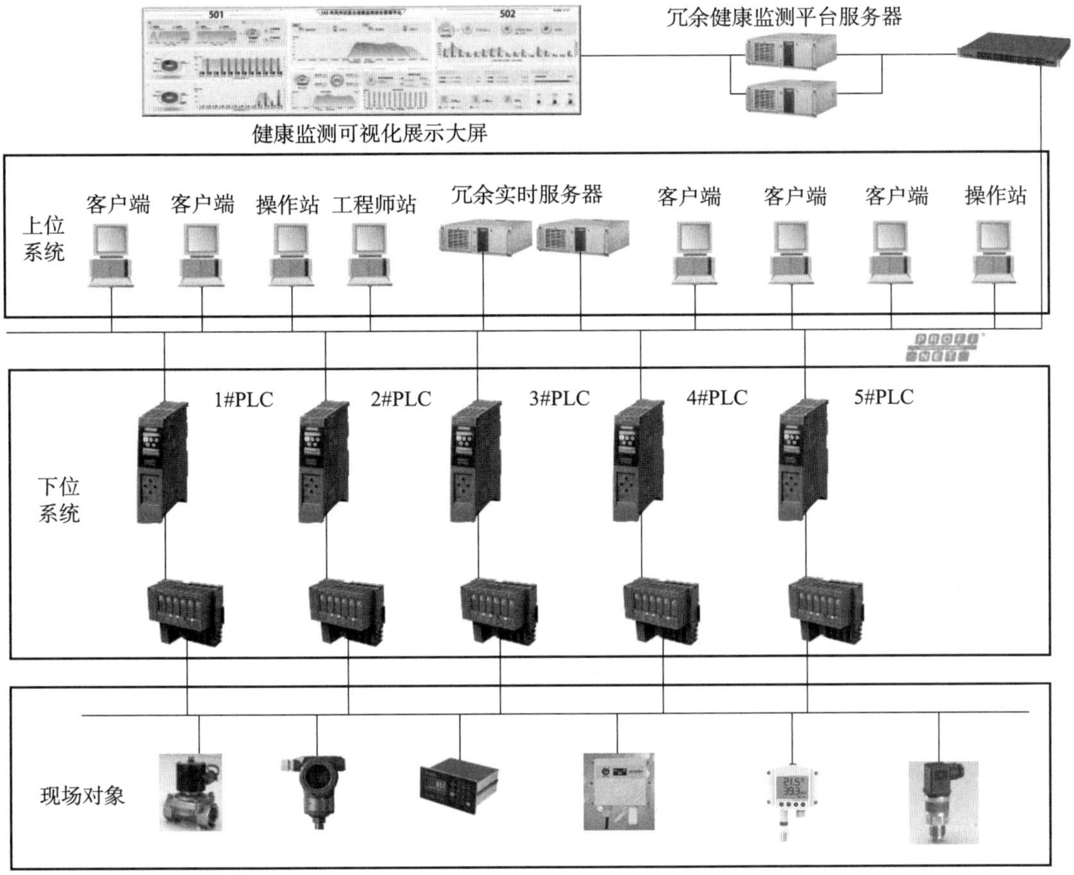

图 10-12 健康监测系统架构

10.4.3 监测系统设计原则与功能

10.4.3.1 设计原则

液体火箭发动机试验健康监测系统设计主要从以下几个方面考虑：

1）先进性：综合分析和吸收当前国内外最新的健康监测技术，运用先进的传感技术和数据采集、传输技术；

2）模块化：系统软、硬件部分均采用模块化设计，每个模块完成特定的子功能；

3）开放性：具有直观友好的可视化人机交互界面，能实现数据的网络共享，操作员可以通过客户端方便地登录和查看；

4）可扩展性：设计时充分考虑系统的柔性，可扩展性强，预留软硬件接口，方便后续扩容；

5）可靠性和稳定性：选用国内技术成熟、性能兼容的产品和技术，保证系统各项功能和指标的实现，以及系统长期运行的可靠性和稳定性；

6）易操作性和可维护性：系统正常运行后，易于管理、易于操作，考虑以后维护和升级迭代以及系统调整的便捷性。

10.4.3.2 系统功能

液体火箭发动机地面试验系统主要由工艺系统、测控系统组成，健康监测的目标主要是对试验系统中的工艺设备、测控设备、环境参数等关系试验能否顺利进行的状态数据进行监测、存储、分析，分析结果给出试验系统预先维护方案，形成一个保持系统状态良好的闭环系统。健康监测主要工作流程如图 10-13 所示。

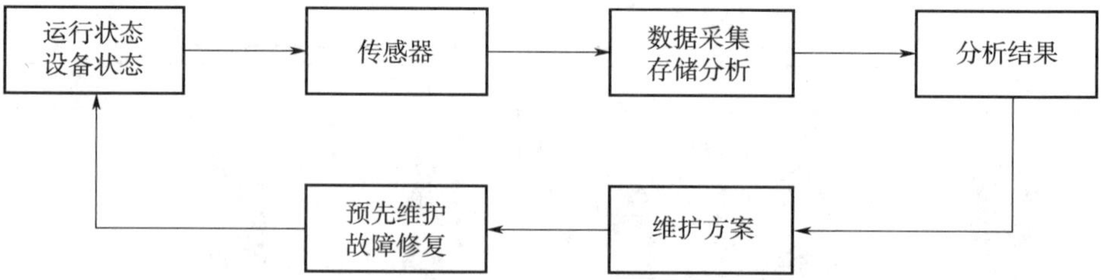

图 10-13 健康监测主要工作流程

试验健康监测系统主要完成三部分功能：1）试验台工艺系统监测，如阀门控制、电流采集、信号显示、工艺系统压力、温度、液位等参数采集功能。2）环境监测，主要包括气象环境参数监测，如大气压、风速、风向、照度、温湿度、雨量、氧浓度、推进剂浓度监测等，同时对试车台建筑物本体及周围地质环境情况进行动态监测。3）关键测控设备监测，主要包括电源系统监测、PLC 系统监测、系统绝缘监测等。健康监测系统组成如图 10-14 所示。

在各类工艺测控设备安装完成接入系统正常运行的情况下，通过多种方式监测关键设备自身的状态参数。系统运行状态包括各类工作参数，如推进剂温度、管路压力、推进剂浓度、控制电压、供电电流等数据。试验系统的健康监测贯穿从系统投产到报废的整个生命周期，涵盖以下几方面的核心功能：

1）设备故障预估。在试验设备运行时，将历史数据和实时数据经过一定的方法分析，在一定程度和范围内给出设备可能出现故障或不正常工作状态的概率或趋势，做到提前预估，包括工作寿命预估和故障状态预估两个方面。

2）设备故障诊断。对关键设备运行状态信息实时监测，设备故障的产生会反映到状态数据的变化中，根据数据变化能够及时定位设备的故障原因，及早发现故障，及时采取相应的处理措施，避免对试验系统造成更大的影响。

3）运行状态监测。在试验系统工作时，从各类传感器获取的数据（如压力、温度、电压、电流等）能够反映试验系统的正常工作状态，通过对数据进行分析、比对，建立报警阈值等，将试验系统的工作状态控制在可靠稳定的范围内。

4）数据综合处理。健康监测数据来源于各种类型的传感器和设备，数据量大、种类多，需要将所有获取到的数据进行协同分析，达到更加精确的健康监测效果。

试验系统故障的产生是一个长期积累的由量变引起质变的过程，同人体健康状态的变化一样，从“健康—亚健康—疾病—死亡”演变的过程。类比人类从健康到患病的阶段性

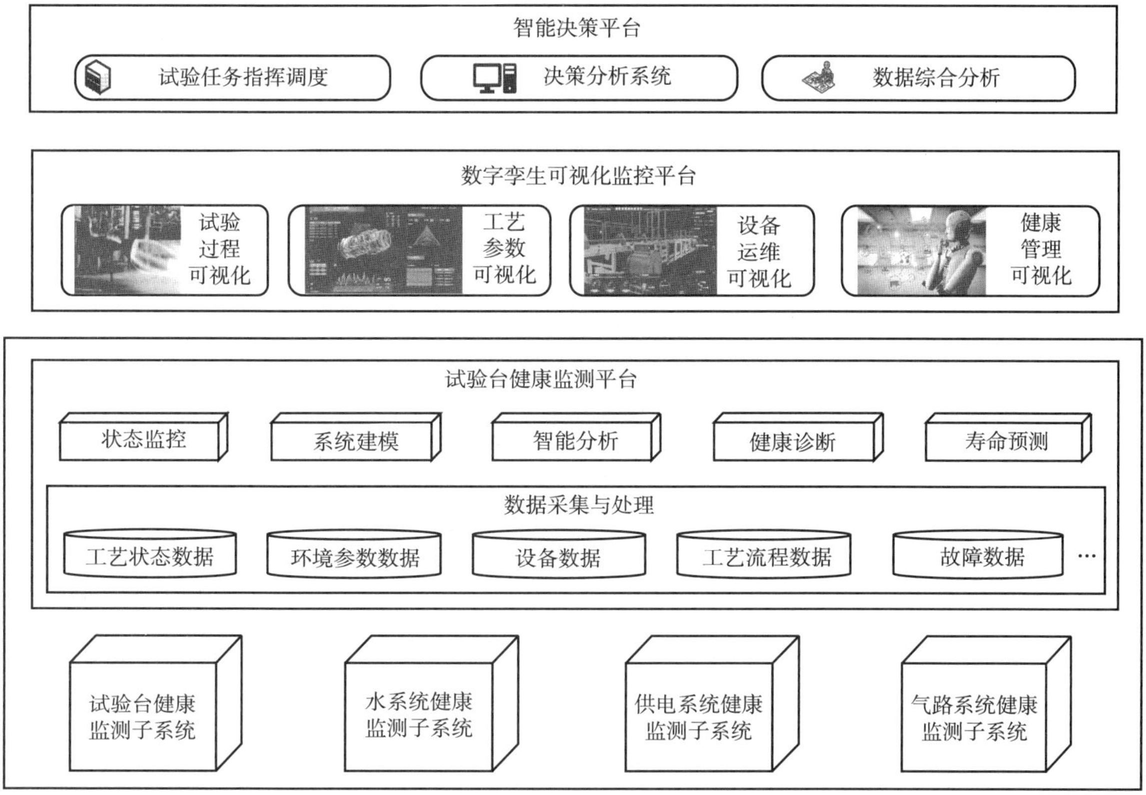

图 10－14　健康监测系统组成

过程，在疾病被最终确诊之前，针对疾病产生的原因通过多种医疗手段来干预导致疾病的多种因素，达到健康维护的目的[5]。同样，保持试验系统稳定可靠运行，监测试验系统的实际工作状态与预期的健康工作状态相比性能下降或偏差的情况，实时掌握系统性能退化程度，在不同的阶段配置恰当的维护方案，有效降低故障发生的概率甚至避免故障发生，延长系统的正常工作时间，这是试验系统健康监测的主要目的和功能。

10.4.4　状态监测内容

（1）工艺系统

液体火箭发动机地面试验系统的主要组件包括阀门、容器、减压器、传感器、测量设备、控制设备等，以关键的推进剂供应系统（称为工艺系统）、环境参数、测控设备为监测目标，建立试验状态健康监测系统。液体火箭发动机试验工艺系统的运行状态反映推进剂供应系统各个部件协同工作的能力，包括管路压力、推进剂温度、容器液位等参数。每个试验工作程序步骤的完成情况应能在试验系统的状态参数上反映。监测试验系统运行状态实时变化情况，反映可能出现的故障或问题，提前预判、及时处理，保障试验系统长期、可靠、稳定运行。

液体火箭发动机试验工艺系统有众多数量和种类的阀门，每一步试验流程的实现依赖于阀门的动作。阀门的阀芯和阀座在长期运行过程中产生磨损，影响阀门密封性，导致泄漏。阀门填料过紧会造成阀杆卡滞，影响阀门动作的流畅性。气动阀门由高压气源提供动作能源，气源可能出现漏气，导致阀门动作出现异常。推进剂对阀门阀芯的腐蚀，造成阀门内部泄漏[4]。所有这些故障现象如不及时发现和解决，易造成阀门不密封或无法正常动作，给发动机试验带来极大风险。

获取试验系统状态依赖于各种类型的传感器，传感器需要按照计量规定定期检定，每个传感器具有自身固定的参数，如编号、量程、精度、安装位置、抗振性等，精度直接关系到监测数据的准确性，抗振性关系到数据获取的可靠性。

（2）环境监测

试验健康监测将环境状态纳入健康监测系统监测范围，主要通过布设于台体及周边位置的各类环境监测传感器对大气参数、应力应变、振动、沉降、位移、倾斜等进行监测。

（3）测控设备监测

关键测控设备（如 PLC、电源系统）的运行状态关系到试验系统能否正常运行。在健康监测系统中对 PLC 进行实时故障提醒，监测电源系统的实时状态，及时对超限进行报警。

10.4.5　监测数据统计分析

发动机试验系统状态健康监测功能中，对监测获得的数据进行对比、分析是关键，结合试验系统的使用经验，从大量数据中综合分析主要设备和关键组件的健康趋势，为试验系统维护提供准确、可信的数据支撑。

监测系统提供数据模型构建、算法管理等功能。可自定义数据模型、引入第三方算法，如 python、MATLAB 实现的各类算法。根据实际业务需求，快速搭建自己的主题 App，采集的数据经过过滤、计算、处理后得出分析结果。在 App 管理中看到不同主题 App 内经过计算的视图数据，选择不同组件，从不同角度、采用不同的算法分析、获得有效、正确的监测结果。

以线性回归算法为例，将阀门开关动作有关的采集数据作为样本参数，最大限度“拟合”样本特征与样本输出标记之间的关系。有时拟合直线或平面无法完全精确匹配每一个采样点，只能在杂乱中寻找规律，用统计手段或数学模型去拟合现实的数据，得到一个“大概”的值。统计不像数学那么精确，统计的世界不是非黑即白，它有“灰色地带”，但统计将理论与实际间的差异表示出来，就是“误差”。虽然拟合过程中必然产生误差，希望最终得出的模型能够最大限度地拟合所有数据点，使误差能够最小化。这个误差一般称为“残差”，是真实值和预测值之间的差值，用公式表示为：$e = y - \hat{y}$ 。具体到试验状态监测系统，将阀门的工作电压、平均打开时间、关闭时间、阀门开关频次、平均故障间隔时间等作为输入参数，用线性回归算法建立阀门健康状态监测的模型。

系统根据文件中上传的参数匹配建模，算法运行后计算出对应的回归参数，结果以曲线或文本形式进行呈现，如图 10－15 所示。

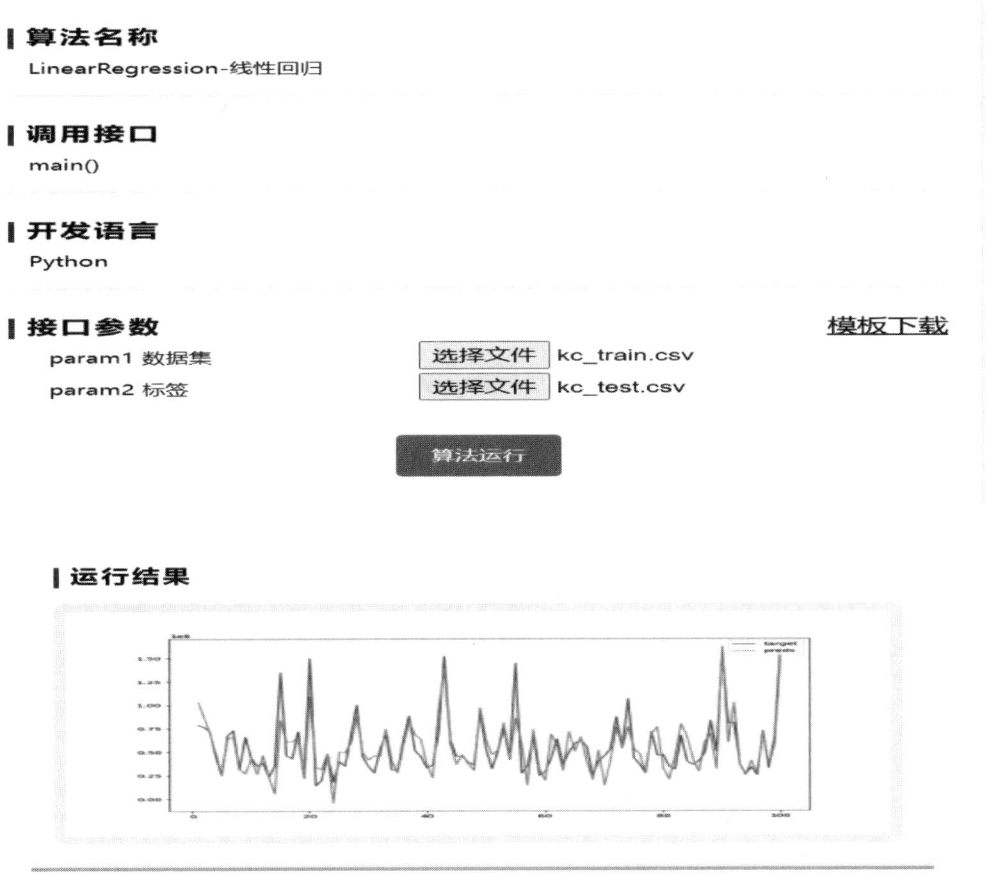

图 10－15　阀门健康状态监测的结果

系统经过计算后，分析出目标参数和实际参数的差别。根据历史数据建立正常工作状态包络图，当某次数据超出包络范围时，提示可能出现故障，对该设备进行详细分析，定位故障原因，给出维护提示。对试验系统关键设备建立故障统计数据库，进行寿命周期预估，为同类型设备寿命管理和更新提供数据支持。

参 考 文 献

[1] 朱丹波，南渭林，等．基于专家控制系统的发动机入口压力闭环控制方案［J］. 火箭推进，2009，6（35），42-46.

[2] 唐云龙，代玉东．液氧/煤油发动机地面试验故障紧急关机系统研制［J］. 火箭推进，2005，31（1）：47-48.

[3] 刘勤明．基于状态监测信息的设备在线健康预测及维护优化研究［D］. 上海：上海交通大学，2014.

[4] 李曼．基于多传感器信息融合的CNC车削中心健康状态监测研究［D］. 天津：河北工业大学，2017.

[5] 西门子中国有限公司．西门子阀门状态监测App助力中石化青岛炼化打造智能工厂［J］. 自动化博览，2021（12）：16-17.

第 11 章　伺服控制技术

伺服控制系统是运载火箭、导弹武器完成飞行姿态控制的动力执行机构，作用是接收运载火箭、导弹上机载计算机系统输出的小功率电信号控制指令，将小信号进行功率放大，快速变换为作用于运载火箭、导弹的较大操纵力或操纵力矩，通过驱动燃气舵、摇摆发动机或摆动喷管位移等方式，改变推力矢量，从而对火箭、导弹等进行俯仰、偏航和滚动姿态控制，以保持运载火箭、导弹等飞行状态稳定，或改变飞行姿态和方向。伺服控制技术以控制运载火箭或导弹的发动机摆动为典型代表，通过牵引发动机喷管在固定方向上摆动，从而改变喷管喷出的方向，借用反作用力原理达到控制火箭、导弹飞行方向和飞行姿态的目的。

伺服控制系统工作过程主要是接收来自火箭或导弹飞行控制系统发出的摆角指令信号，控制发动机喷管进行摆动，在火箭发动机点火后，伺服机构按照预定时序控制发动机喷管进行动作完成火箭姿态控制，同时根据实际飞行中对火箭轨道产生影响的因素，如气象环境、火箭姿态、位置传感器参数等，对实际飞行位置和姿态进行感知、判断，火箭控制系统根据实际飞行轨道与预设轨道进行比对，计算出飞行误差，根据飞行误差发出相应控制指令，伺服控制系统控制发动机喷管摆动，完成火箭飞行轨道修正和姿态控制，确保火箭飞行按预定轨道可靠、稳定进行。

11.1　伺服机构

我国的火箭伺服控制技术起步于 20 世纪 70 年代，经过数十年的发展，形成了一套完整的技术体系。典型的火箭伺服机构系统构成如图 11 - 1 所示，主要包括伺服能源和伺服控制两部分。根据不同结构布局，细分为伺服控制器、伺服作动器、伺服液压源等独立单机。伺服机构通常从火箭发动机汲取能源或自备能源，以满足摇摆发动机的大功率需求[1]。

11.1.1　伺服机构分类

伺服机构的分类方法较多，按其控制的对象分为燃气舵伺服机构、摇摆发动机伺服机构和摆动喷管伺服机构等；按控制对象的矢量特征分为单摆伺服机构和双摆伺服机构；按功率的介质源分为机电伺服机构、电液伺服机构和燃气液压伺服机构等；按反馈方式分为电反馈伺服机构和机械反馈伺服机构等。

运载火箭或导弹武器常用的伺服机构主要是电液伺服机构和机电伺服机构两类，两类产品根据自身的特点应用于不同的领域。电液伺服机构起步早、应用广泛、技术成熟、运

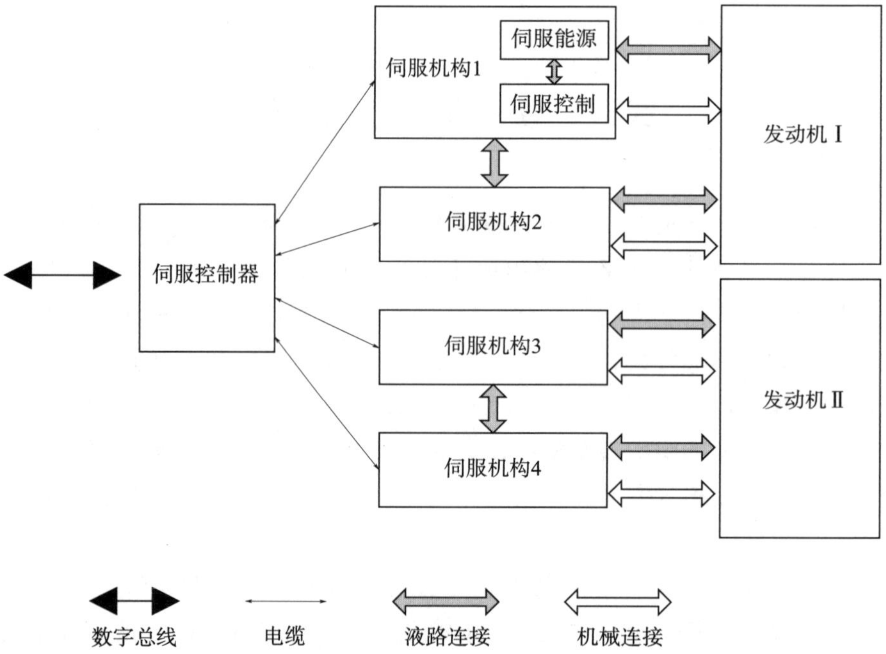

图 11-1　典型的火箭伺服机构系统构成

行可靠。它由电信号控制，将液压能量转换为机械能输出，综合了电气和液压系统的优点，具有控制精度高、响应速度快、信号处理灵活、输出功率大、运动平稳、体积小、质量小等优点。主要优势是功率大，动作能源通常来自发动机工作时涡轮泵驱动液压泵产生高压油进行作动，常用于火箭助推级发动机、一级火箭发动机，是最为常见的一类伺服系统。目前我国 CZ-3A、CZ-4A 等运载火箭主动力的发动机使用此类电液伺服系统。机电伺服机构的优势是消除了液压设计和渗漏油隐患，体积小、质量小，但大负载和大功率能力有限，主要用于高空发动机或上面级发动机。机电伺服系统通常使用箭上蓄电池提供作动能源，适用于发动机无法提供一次能源的场合。

在火箭发动机地面试验中，伺服系统除驱动发动机摇摆外，还需测试伺服系统特性。地面试验伺服控制系统的主要功能是替代火箭控制系统向伺服机构发出动作控制指令，控制发动机喷管摆动，考核伺服机构在真实负荷和环境条件下的工作可靠性、力学环境和热环境的耐受能力，同时考核伺服机构和动力系统的匹配性。某三余度电液伺服机构如图 11-2 所示。

图 11-2　某型发动机摇摆用三余度电液伺服机构

11.1.2　伺服机构原理

伺服机构是一种典型的位置控制系统，一般由伺服控制元件、作动器、反馈电位器、伺服控制器、驱动能源和辅助系统等组成，是集流体、机械、电磁、电子技术于一体的精密复杂产品。

以电液伺服机构为例，伺服控制元件为电液伺服阀，工作原理是控制系统中伺服控制器输出电流控制信号，经电液伺服阀高倍功率放大输出为液压信号，两级电液伺服阀包含前置级和功率级，前置级包含力矩马达和液压部分，功率级主要由阀芯和阀套组成。电液伺服阀驱动液压作动器活塞位移，液压作动器由活塞杆、活塞和缸体组成，工作过程中通过液压油驱动活塞杆伸缩动作，带动发动机摆动。随着作动器活塞位移的同时，与之连接的反馈电位器或位移传感器实时感知作动器位置状态并将位置数据反馈至伺服放大器输入端，进行综合比较，构成闭环位置伺服系统，工作原理框图如图 11－3 所示。

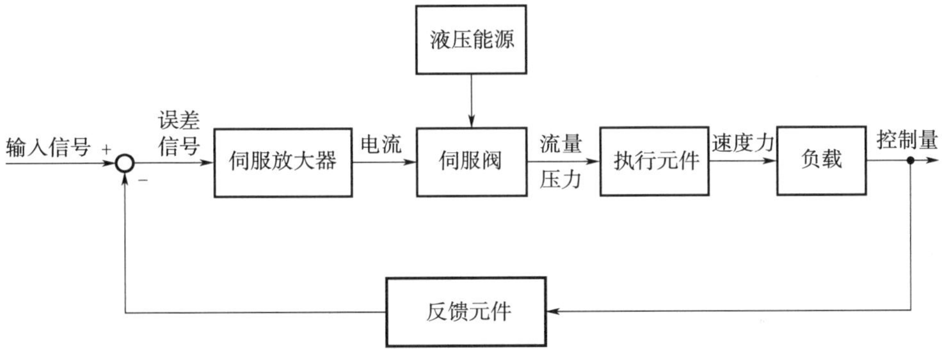

图 11－3　伺服机构工作原理框图

伺服控制器早期使用模拟电路实现位置伺服控制。随着近年来数字技术的飞速发展，伺服控制器已全面转向数字化，使用先进的多余度数字伺服控制器和数字总线技术，数字伺服控制器接收的控制算法更加复杂，并对传感器输入和控制器输出进行余度表决，实现复杂的系统余度管理等功能。

驱动能源有多种来源，常见的电液伺服机构将伺服机构液压柱塞泵轴同火箭发动机涡轮泵连接，由涡轮高速转动驱动液压泵增压提供作动能源。伺服机构采用机械反馈，设有零位液压锁。机械反馈避免因电路故障导致伺服回路开环失控，液压锁保证发动机在非工作状态下不发生碰撞。

伺服机构作为运载火箭和导弹武器飞行姿态控制执行系统，可靠性高低直接影响箭、弹飞行成功率，通常对伺服机构的可靠性有极高的要求。提高可靠性一般采用两种技术方案：提高降额设计的裕度和对关键环节进行余度设计。前者以体积和重量为代价，后者通过技术手段和余度措施达到了体积重量增加不多，可靠性大幅度提高的目的，是常用的技术方案。CZ－2F 载人火箭采用了“多数表决、故障吸收”的三余度伺服系统方案。其主要特点是：针对伺服阀前置级、活塞位置传感器及电子伺服放大器等低功率薄弱环节进行余度化设计，利用伺服阀芯位置反馈、活塞位置反馈及伺服阀前置级所具有的饱和特性，进行流量综合，实现“多数表决、故障吸收”。为提高可靠性，三余度伺服机构意味着同时有三台计算机对火箭的姿态、角度等进行控制。三者之间结果互相参考，当其中一个出现故障时，另外两个还能正常独立运作。余度技术有效保证了伺服机构的可靠性。图 11-4 为某型液氧煤油发动机使用的三余度伺服机构工作原理简图[2]。

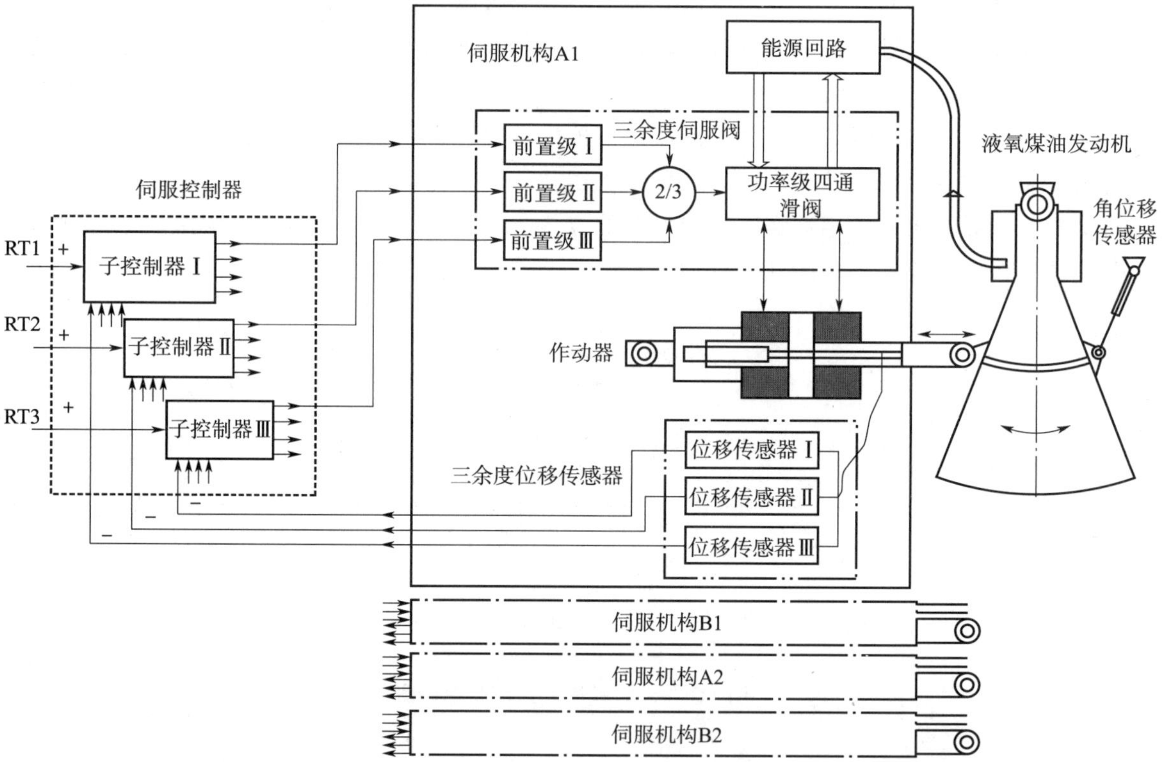

图 11-4　某型液氧煤油发动机使用的三余度伺服机构工作原理简图

图 11-5（a）所示发动机有 4 个喷管，每个喷管均配有一个独立的伺服系统来摆动喷管，由于每个伺服系统在单一的方向上摆动一个喷管，称之为单摆伺服系统。依靠 4 个伺服系统对 4 个喷管摆动方向和摆动角度的组合控制，实现对箭体俯仰、偏航和滚动三种姿态的综合控制。例如，当指令 A、C 两个伺服系统使 A、C 两个喷管同时朝相同方向摆动相同角度时，实现对箭体的俯仰姿态控制；同理，B、D 伺服系统控制 B、D 喷管的同步摆动，实现对箭体的偏航姿态控制。当指令 A、B、C、D 4 个伺服系统使相应 4 个喷管同时顺时针或逆时针方向摆动时，实现对箭体的滚动姿态控制。当 A、C（或 B、D）伺服系统带动相应喷管摆动角度不同时，它们不仅产生侧向控制力控制箭体的俯仰（A、C）或偏航（B、D），同时还产生滚动控制力矩，使箭体滚转，实现对火箭三种姿态的综合控制。喷管的摆角如图 11-6 所示。

图 11-5（b）是发动机只有一个喷管（即单喷管）时的伺服系统典型配置情况。电动泵电液伺服系统应用于这种场合时，只有一个共用的动力装置和液压油源，但有两个相同

的伺服作动器安装在相同垂直的方向上控制单喷管绕摆心做任意方向的摆动，综合控制火箭的俯仰和偏航。火箭的滚转需要单独的滚转伺服系统实现，这类电液伺服系统被称为电动泵共源式双摆电液伺服系统（又称为电动泵共源式全轴摆动电液伺服系统）。

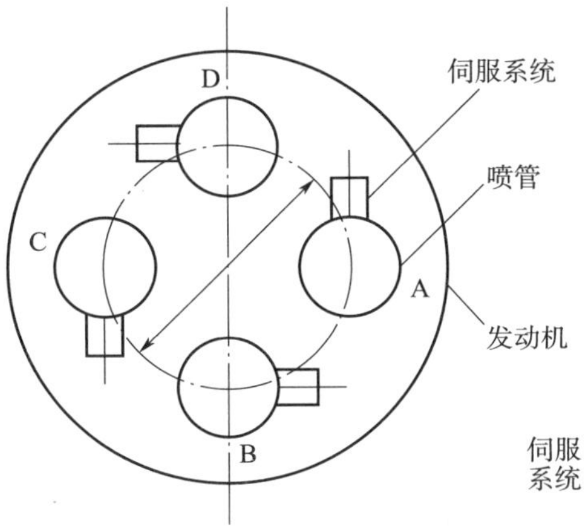

(a) 四喷管情况

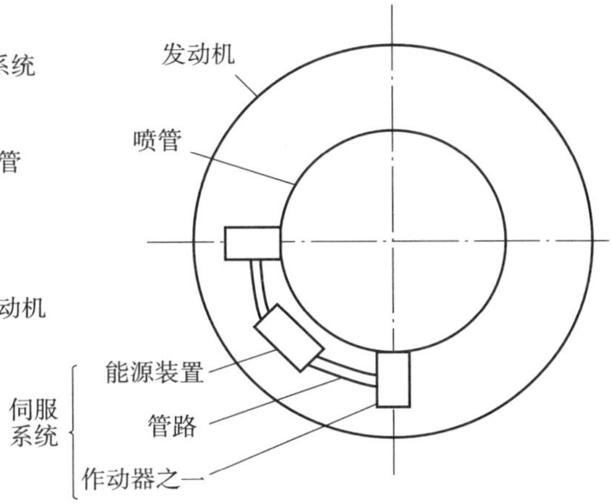

(b) 单喷管情况

图 11－5　伺服系统在火箭上的配置情况（尾视图）

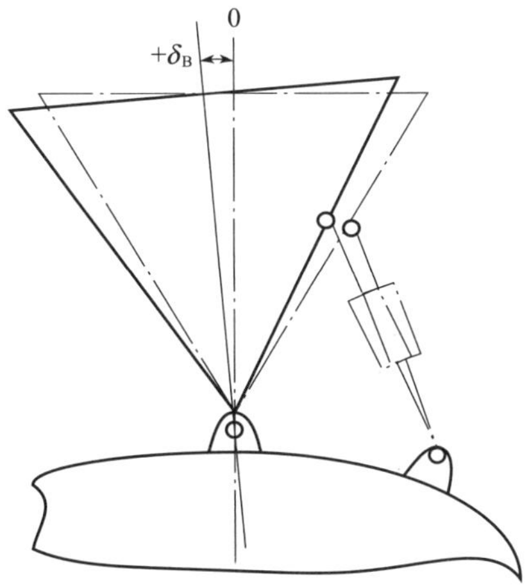

图 11－6　喷管摆角情况［以图 11－5（a）中 B 喷管为例］

11.2　地面伺服控制系统

11.2.1　控制系统功能

液体火箭发动机地面试验中与伺服系统配套的地面试验伺服控制系统通常称为摇摆控制系统，是地面试验控制系统的一个子系统，主要功能是向伺服机构输送与力矩线圈相匹配的摆角指令。在发动机热试车中，按照预定程序控制发动机的摆动方式、频率及幅度，模拟飞行中的俯仰、偏航和滚动的姿态控制，同步采集伺服机构各类回测参数。表 11－1 给出了某型发动机摇摆试车程序。

表 11－1　某型发动机摇摆试车程序示例

特性名称	信号波形	输入角度	信号频率/Hz	时间/s	累计时间/s
稳态特性	正弦	0°		20	20
偏航	正弦	60°	0.5	6	26
俯仰	正弦	60°	0.5	6	32
复偏航/俯仰	正弦	20°/6°	0.5/2	10	42
滚动	正弦	4°	0.7	10	52
复频滚动	正弦	4°/6°	0.7/2	10	62

11.2.2　控制系统组成

地面摇摆控制系统如图 11－7 所示，主要由控制系统、采集系统、供电系统组成，控制系统用于向伺服系统发送信号指令，控制伺服系统按照预定程序摇摆发动机；采集系统实时采集伺服系统上各种传感器输出信号（包括性能参数、力学参数等），进行数据存储、处理和分析，判断伺服系统工作状态是否正常；供电系统为伺服系统提供所需要的各类交、直流地面电源。

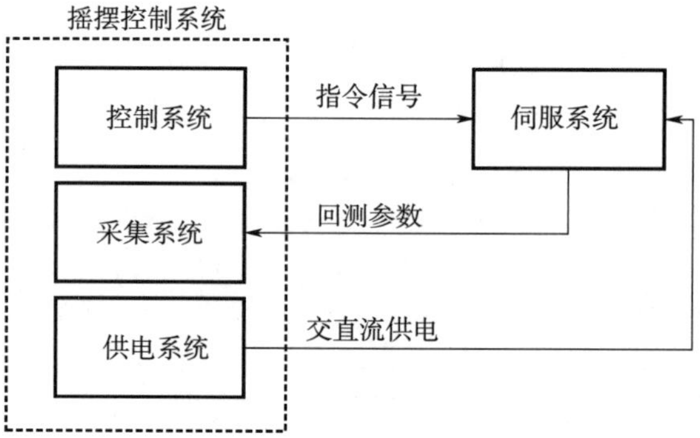

图 11－7　摇摆控制系统框图

摇摆控制系统根据伺服系统接收的控制指令类型分为模拟量摇摆控制系统和数字量摇摆控制系统。早期伺服系统接收的控制信号为电流模拟量信号，回测参数为电压模拟量信号，发出的控制信号和接收的回测参数都是模拟量信号，故称为模拟量摇摆控制系统。随着数字总线技术的发展，伺服系统引入数字伺服控制器。伺服控制器基于 1553 数字总线通信，控制器将通过总线接收到的数字量信号转换为模拟量发送至伺服作动器，将伺服作动器上的回测参数转换成数字量信号，通过数字总线发回摇摆控制系统，控制系统发出的控制信号和接收的回测参数都是数字量，称为数字量摇摆控制系统。两类控制系统的主要区别在于发送/接收的控制信号类型不同。目前伺服系统已广泛使用数字总线控制方式。

11.2.3　摇摆控制系统测试内容

地面摇摆控制系统主要完成伺服机构的位置特性测试、速度特性测试、暂态特性测试、频率特性测试和稳态特性测试共 5 个测试项目。

(1) 位置特性测试

位置特性测试指伺服控制系统向伺服机构每发出一个摆角指令信号 δ_{in} ，发动机就摆动一个角度 δ_{out} ，测出 δ_{in} 与 δ_{out} 之间的对应关系。伺服机构的位置特性是在测控系统与伺服机构处于闭环工作状态时，通过数据处理程序获得线位移及角位移位置回环曲线和名义位置曲线，得出伺服机构最大摆角、滞环宽度、线性度、对称度及名义位置增益等技术指标，通过采集的作动器压差信号得到压差 $P_l = f(uc)$ 回环曲线。

工作时，首先把正弦信号发生器设置在低频输出，调节幅值衰减器，使其产生摆角指令信号峰值，此时发动机产生最大摆角。在这一过程中，测量摆角指令信号 δ_{in} 和发动机实际摆角 δ_{out} ，记录测量数据，绘制出位置回环特性曲线，如图 11－8 所示。

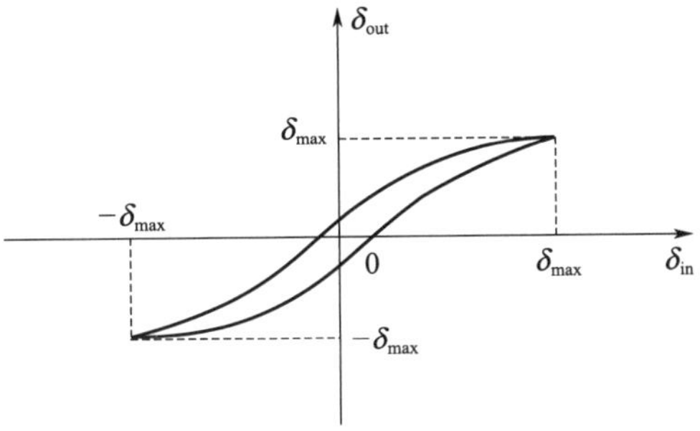

图 11－8　位置回环特性曲线

(2) 速度特性测试

伺服机构的速度特性测试有两种情况，一是测闭环定点速度，二是测速度对称度。测闭环定点速度时，给伺服机构加规定频率和幅值的正弦信号，同时测量伺服放大器接地电阻上的电压降，根据给定的特定公式计算各给定速度的指令电流。进行速度对称度试验时，测控系统与伺服机构处于闭环工作状态，给伺服机构加相应频率和幅值的三角波信号，测量线位移反馈电压、角位移反馈电压及压差放大器输出信号。

(3) 暂态特性测试

暂态特性测试的目的是测量推力向量控制系统在阶跃信号作用下，发动机摆角达到稳态的过渡过程。工作时，控制器经伺服放大器向伺服机构发出方波摆角指令信号，对发动机的实际摆角进行测量和记录，得到推力向量控制系统在阶跃信号作用下的过渡时间、超调量及振荡次数等动态参量。测试时对伺服机构施加响应阶跃信号，同时快速测量线位移、角位移、作动筒压差等信号的过渡过程。通过数据处理分析得到伺服机构各被测信号的超调量、振荡次数和稳定时间等暂态特性参数。

（4）频率特性测试

频率特性测试指测量推力向量控制系统的幅频特性和相频特性。工作时，向伺服机构输入一个正弦摆角指令信号 $\sqrt{2} \cdot A_{in} \cdot \sin\omega t$ ，角频率 ω 和幅值 A_{in} 由控制器设置，发动机按摆角指令信号的变化规律摆动，测出发动机实际摆角信号 $X(t)$ 。由频率特性测试设备完成下式运算

$$a_1 = \frac{1}{nT}\int_0^{nT} X(t) \cdot \cos\omega t \, dt \tag{11-1}$$

$$b_1 = \frac{1}{nT}\int_0^{nT} X(t) \cdot \sin\omega t \, dt \tag{11-2}$$

$$A = \sqrt{a_1^2 + b_1^2} \tag{11-3}$$

$$\varphi = \arctan \frac{b_1}{a_1} \tag{11-4}$$

式中，A 是推力向量系统在正弦摆角指令信号 $\sqrt{2} \cdot A_{in} \cdot \sin\omega t$ 作用下的实际摆角幅值；φ 是滞后的相位；a_1 和 b_1 为实际摆角信号 $X(t)$ 的基波傅里叶系数；n 为 $X(t)$ 的周期个数。控制器改变角频率 ω ，得到不同 ω 下的摆角幅值和滞后相位，得到推力向量控制系统的幅频特性和相频特性曲线，如图 11－9 所示。

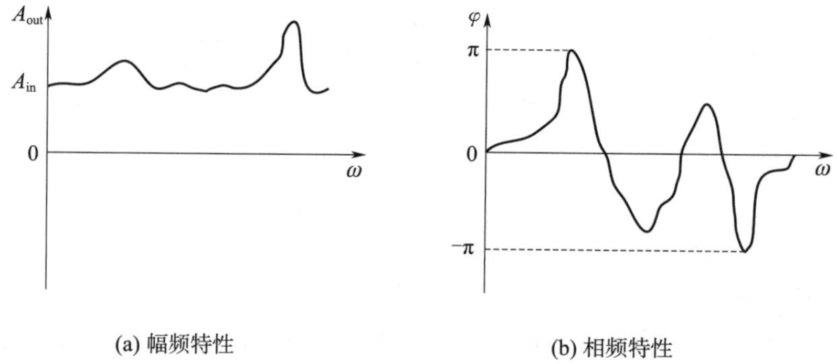

图 11－9　频率特性曲线

（5）稳态特性测试

稳态特性测试一般在发动机点火后、关机前的时间内进行。该项特性测试要求获得发动机起动和关机段工作过程中线位移、角位移、油箱油面高度等参数的时间变化曲线。目的是在控制系统向伺服机构发出的摆角指令信号为零时，测量伺服机构的有关参数变化情况。此时伺服机构处于零位稳定状态下，测得的系统内部及伺服机构的各性能参数，用于系统零位误差修正。

11.3　模拟伺服机构控制

液体火箭发动机地面试验模拟量摇摆控制系统通过电流信号对伺服系统直接进行控

制。模拟伺服机构控制包括主控系统、采集系统和供电系统三部分。主控系统完成任意波形生成，提供标准接口，集成功能控制电路，完成控制指令的生成、下发、转换、放大等功能，同时接收外部触发零秒和紧急关机信号。采集系统分为采集主记装置和采集复记装置，主记装置完成伺服机构模拟量参数回测信号记录，信号复记装置用于同步采集伺服机构传感器发出的模拟量信号，同主记装置并行记录。供电系统提供交直流电源。火箭一级发动机伺服机构供电装置主要用于发动机点火前维持伺服机构零位，一级伺服机构控制系统原理如图 11-10 所示。火箭二级发动机伺服机构供电装置主要用于给伺服机构提供动力电，二级伺服机构控制系统原理如图 11-11 所示。此外，一级伺服机构通常配置有伺服机构能源，作为发动机冷摆时伺服机构液压源。

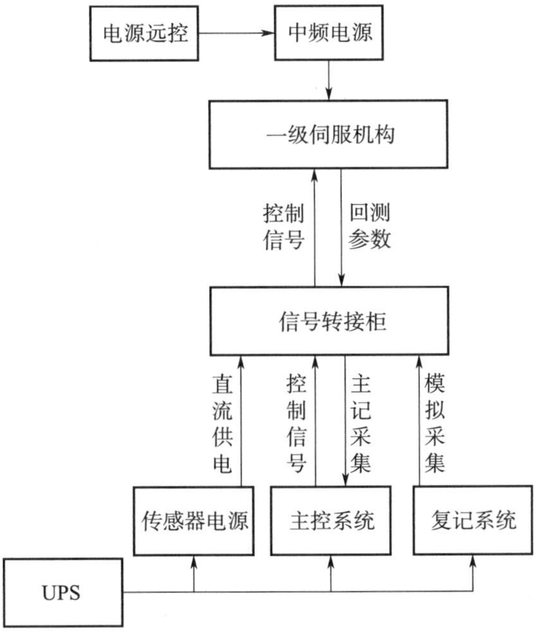

图 11-10　火箭一级发动机地面试验模拟量摇摆控制系统原理图

主控系统根据摇摆指令文件产生电压信号，通过放大电路转换成模拟电流信号控制伺服机构的伺服阀动作，系统使用总线标准接口，完成任意波形发生、无相位差并行采集流盘两个功能，同时提供总线母板，将多个功能电路组合在同一母板上，通过母板的总线接口连接至标准机箱。

功能电路包括：1）姿态控制电路。通过控制字综合姿态控制状态，将综合结果信号分配至不同分机的伺服放大电路，根据其他控制字完成设定故障状态模拟。2）伺服放大电路。把来自控制器的电压信号转换成与伺服系统相匹配的电流控制信号。3）紧急归零电路。在控制面板设置和被控分机对应的紧急归零开关和相应指示灯，完成分机紧急状态下的伺服系统控制归零。4）起动/锁定装置。在摇摆系统进行独立调试工作时，需屏蔽外部零秒触发信号。当起动/锁定装置置于锁定位置时，不接收外部触发信号，置于起动位置时可被外部信号触发。主控系统指令输出采用硬件双 buffer 切换方式，指令输出频率通

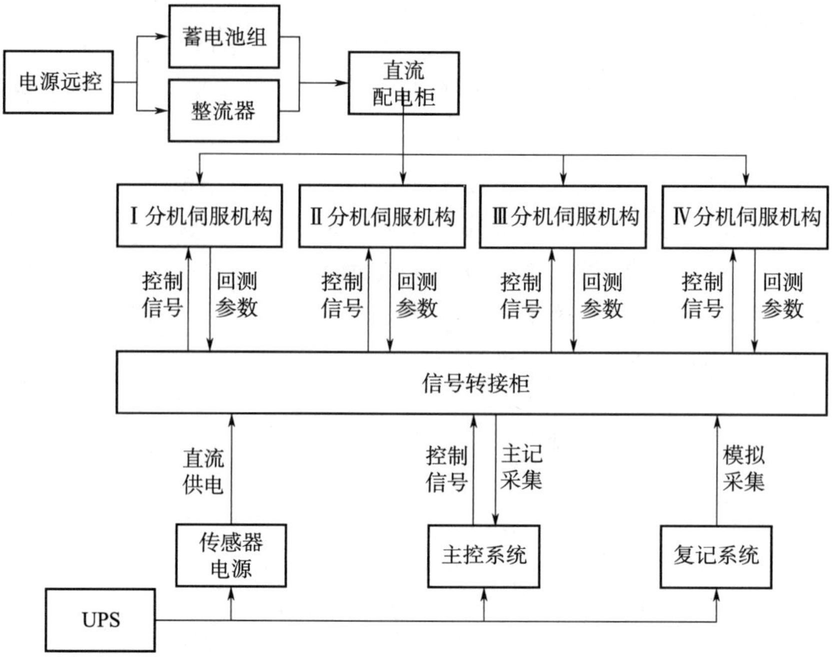

图 11-11　火箭二级发动机地面试验模拟量摇摆控制系统原理图

过总线时钟确定。在指令板卡中开辟指定大小的 buffer 缓冲区，缓冲区分为相同大小的 A、B 两部分，在输出指令信号时按照 A→B→A 的循环方式发送。将预设的指令按照顺序和长度装入 A、B 缓冲区，主控系统接到外部触发零秒信号后，按照指定频率发送 A 区中的指令数据。当 A 区指令发送完毕，继续发送 B 区中的指令数据时，将 A 区状态指示标志置为空，系统会循环监测 A、B 缓冲区状态，检测到空状态后继续装入下一段指令数据，依次循环完成整个指令数据的发送。

采集系统主要完成伺服系统的回测参数模拟量采集，确保多个采集通道之间的同步性。主记采集系统集成于主控系统内，使用模拟采集板完成各通道模拟量采集。将各通道中任意数量的通道编组，同一采集通道组具有相同的采样频率，使用板载时钟源，通过机箱背板触发总线获取时钟脉冲，驱动采集板卡进行采集。复记采集系统完成多通道模拟量采集，设计总线同步模块保证多板卡之间的同步性。复记采集系统使用采集装置背板的星型触发总线，在每次程序启动或采集频率变换后，将其中一块采集板的时钟信号发送至总线，使用其余板卡采集该时钟信号作为时钟的脉冲校准信号，完成板卡间的采集时间同步。

模拟量摇摆控制系统的供电包括 UPS、一级伺服系统中频电源、二级伺服系统直流电源、角位移传感器电源等。UPS 为所有测控设备提供可靠的交流供电。一级伺服系统中频电源在试验前为一级伺服系统小电机供电，保证伺服作动器维持零位，在发动机点火后断开中频电源伺服系统能源，改由发动机涡轮泵提供能源。中频电源工作原理如图 11-12 所示。中频电源输入为 AC380 V/50 Hz，经过内部整流变换后输出线电压为 AC200 V/

500 Hz，为一级伺服机构提供维持零位的能源。

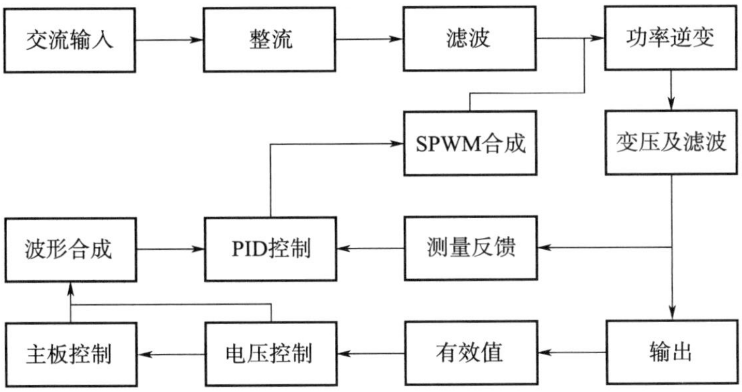

图 11－12　中频电源供电原理

二级伺服系统直流电源使用袋式镍铬蓄电池，单块电池电压为 1.2 V，通过将多块蓄电池串联组成电池组，达到伺服系统供电电压的要求。将蓄电池组接入配电柜，通过配电柜上直流接触器将电压送至伺服系统。同时还配备了晶闸管整流器，为蓄电池组充电，也可将交流电整流为直流电，直接供伺服系统使用。

11.4　数字总线伺服机构控制

液体火箭发动机地面试验数字摇摆控制系统建立在 1553B 总线基础上。1553B 总线标准早期应用于航空领域，目前广泛应用于航空、航天、军事等领域，1987 年我国颁布了相应的军标。1553B 是一种集中式时分串行通信总线，主要特点是分布处理、集中控制和实时响应。采用双冗余系统，有两个传输通道，保证良好的容错性和故障隔离。使用指令/响应型通信协议，含有 3 种类型终端，分别为：总线控制器（BC），即总线数据传输控制终端；远程终端（RT），即各个子系统连接到总线上的接口，在 BC 控制下接收或发送数据；总线监视器（BM），对总线上的数据进行监视、存储、分析。典型的 1553B 总线系统如图 11－13 所示。

数字量摇摆控制系统分为数字总线测控系统和供电系统两部分。数字总线测控系统与伺服控制器通过 1553B 总线电缆连接，向伺服控制器实时下发控制指令，周期性地读取伺服控制器回测数据。供电系统包括一级伺服作动器中频电源、二级伺服作动器直流电源、伺服控制器电源和 UPS。数字总线测控系统作为总线控制器，是传输数据的发起者，伺服控制器作为远程终端，在 BC 控制下接收/发送数据。总线监视器（BM）通常在系统调试中使用。火箭一级、二级发动机伺服机构数字量摇摆控制系统电气原理图如图 11－14 和图11－15 所示。

数字总线测控系统与伺服控制器对接，根据地面试验任务要求编制摇摆控制程序，通过 1553B 总线将摇摆指令数据下发至伺服控制器。同时回读伺服控制器上的实时状态数据，根据回测数据判断伺服系统工作状态是否正常，发送/读取周期可选 20 ms。

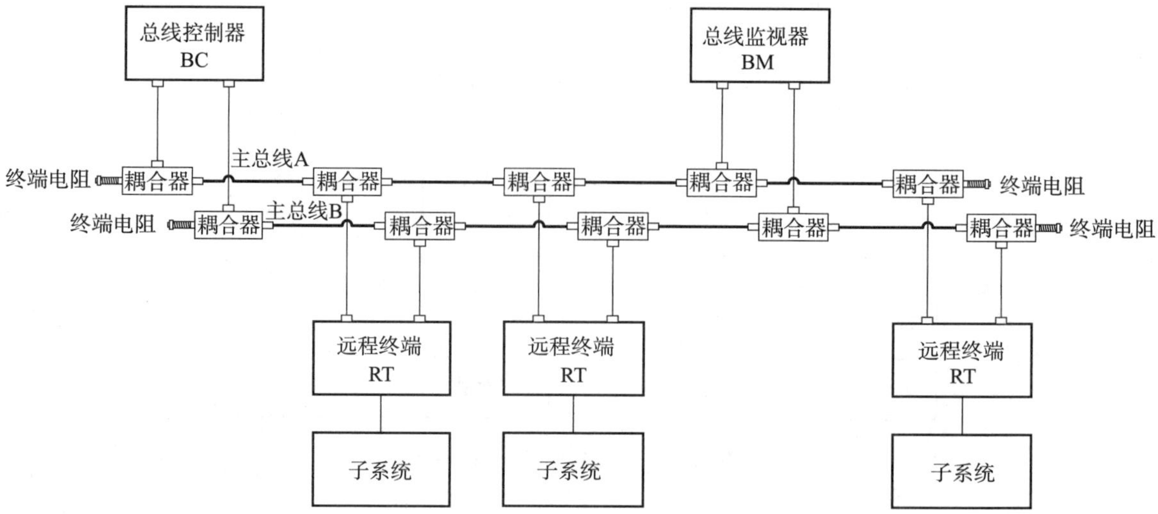

图 11-13　典型的 1553B 总线系统

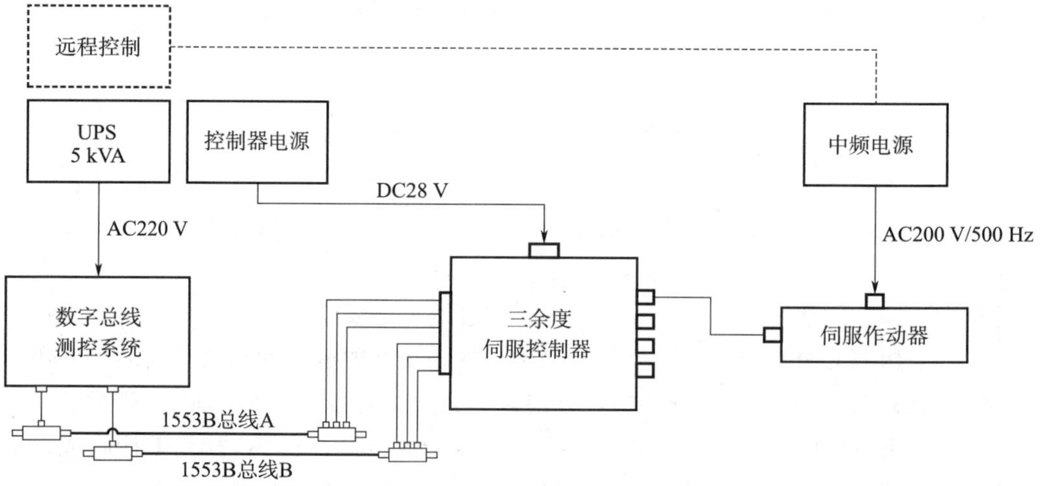

图 11-14　火箭一级发动机伺服机构数字量摇摆控制系统电气原理图

总线测控系统主要由测控单元、监视单元、耦合器、终端电阻、通信电缆等组成，同时包括符合伺服系统相关协议的地面控制软件。测控单元即 1553B 总线系统中的总线控制器，用于编制、发送摇摆指令消息，将预先设定的摇摆指令生成 1553B 数据帧，按照规定时序发送到伺服控制器，伺服控制器解析指令后输出模拟量至各个伺服作动器，牵引发动机完成相应的摇摆动作。测控单元采集伺服控制器上的回测数据，包括时间、位置反馈、压力、伺服阀电流、油面电位计、CRC 校验码等，回测数据实时反映当前伺服系统的工作状态。总线监视器（MT）作为监视单元，用于监测、记录、分析总线上传输的数据和状态，便于发现数据链路异常或通信故障。耦合器、终端电阻、通信电缆用于各个模块的电压耦合、阻抗匹配和数据传输，组成完整的总线系统。数字总线测控系统示意图如图 11-16 所示。

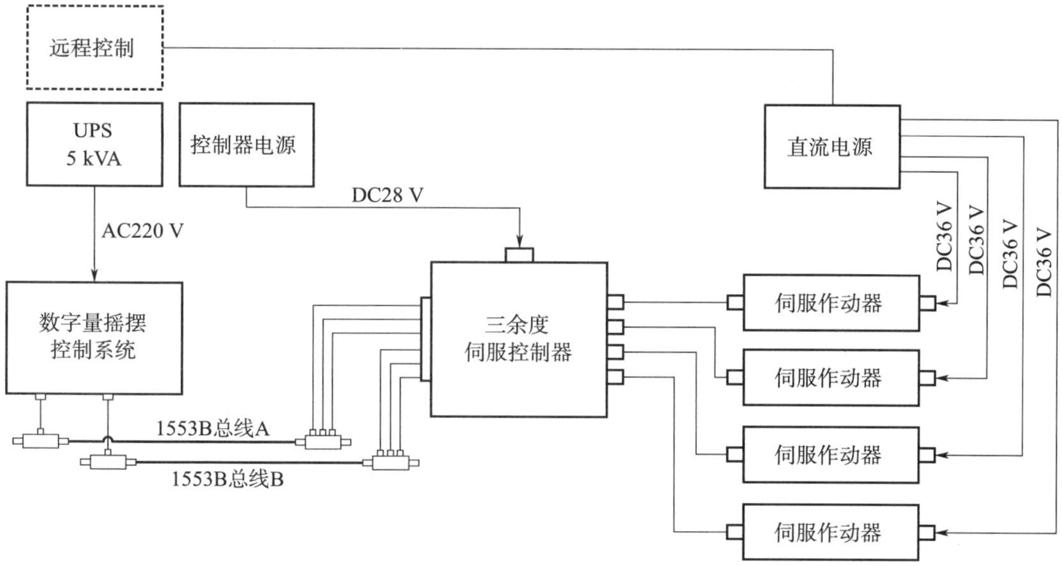

图 11－15　火箭二级发动机伺服机构数字量摇摆控制系统电气原理图

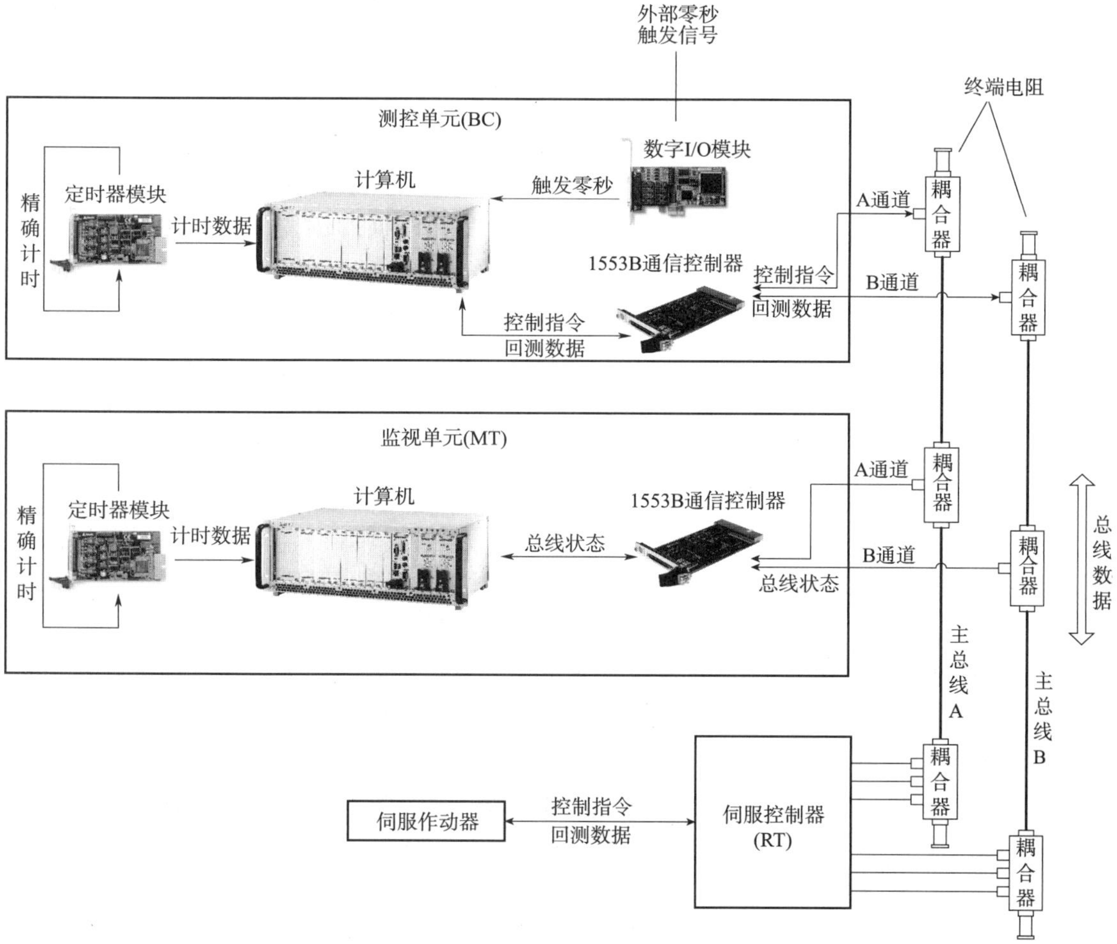

图 11－16　数字总线测控系统示意图

测控单元由计算机、1553B通信控制器、定时器模块、数字I/O模块组成。1553B通信控制器为测控单元的核心，完成控制指令的生成、发起传输、回测数据的采集、存储功能。通信控制器分为A、B两个互为冗余的通道，正常工作时通过A总线传输数据，A总线故障时自动切换至B总线，保证了数据传输的高可靠性。定时器模块为测控单元提供精确计时数据，时间精度可达1 μs，保证摇摆控制程序时间精确。数字I/O模块用于接收来自外部的零秒触发信号和紧急关机信号等，控制摇摆过程的启动和停止。

监视单元由计算机、1553B通信控制器、定时器模块组成。监测数据总线的工作状态包括传输的指令内容、数量、时间、接收状态等信息，为判断数据总线工作是否正常提供依据。通常在系统建成调试时使用，待系统投产运行稳定后监视单元可以省去。

耦合器是连接1553B总线子系统之间通信和数据交换的元件，将各个子系统连接到主总线上，耦合器支持多接口，具有性能稳定、经久耐用、安装方便等特点。1553B总线系统有两种耦合方式，即直接耦合和变压器耦合。两种方式的主要区别是终端到主总线之间的连接支线长度，直接耦合方式的最大长度为0.3 m，变压器耦合的最大长度为6.1 m。耦合器即变压器耦合方式的优点是支线有效距离长，信息传输稳定，它是最为常见的耦合方式。1553B总线为屏蔽双绞线，总长度应小于100 m，应用场合超过100 m时需增加中继放大设备。

伺服系统地面控制软件主要包括摇摆指令编制程序、摇摆主控程序、总线监视程序等。指令编制程序主要完成摇摆指令文件的编辑、生成，摇摆指令文件为一组按照时间顺序组成的摆动角度，用于控制伺服系统特定时刻的摆动角。摇摆主控程序可加载编制好的指令文件，解析后按照时序向伺服控制器发送指令数据，同时读取伺服控制器的回测数据，指令数据和回测数据均进行实时显示和存储。总线监视程序记录总线上传输的数据内容、传输状态并进行存储。摇摆主控程序流程如图11-17所示。

程序启动后首先对1553B通信控制器、定时器模块、数字I/O模块硬件初始化，硬件状态正常后，向伺服控制器发送自检/同步命令字，保证伺服控制器工作状态正常，摇摆控制系统和伺服控制器时间完成同步。加载摇摆指令数据文件，进入开始摇摆状态，启动定时器提供精确计时，循环监测数字I/O模块的输入端，等待外部零秒触发信号到达，收到零秒信号后开始发送指令、读取数据。以20 ms为周期，待整个数据文件全部执行完毕结束摇摆控制。试验过程如果收到外部紧急停机触发信号或摇摆系统归零信号，则立刻停止摇摆程序，发送零位指令，保持伺服系统维持在机械零位。

数字量摇摆控制系统的供电在模拟量摇摆控制系统供电基础上增加了伺服控制器供电电源，去除传感器供电电源。伺服控制器是数字伺服系统的核心，供电可靠性要求高，对供电电源采用双冗余设计，使用双路热备份输出方式，一路出现故障后，电源内部可进行自动无扰切换，不会对电源输出造成影响，连接部位使用自锁电连接器，可有效防止松脱。

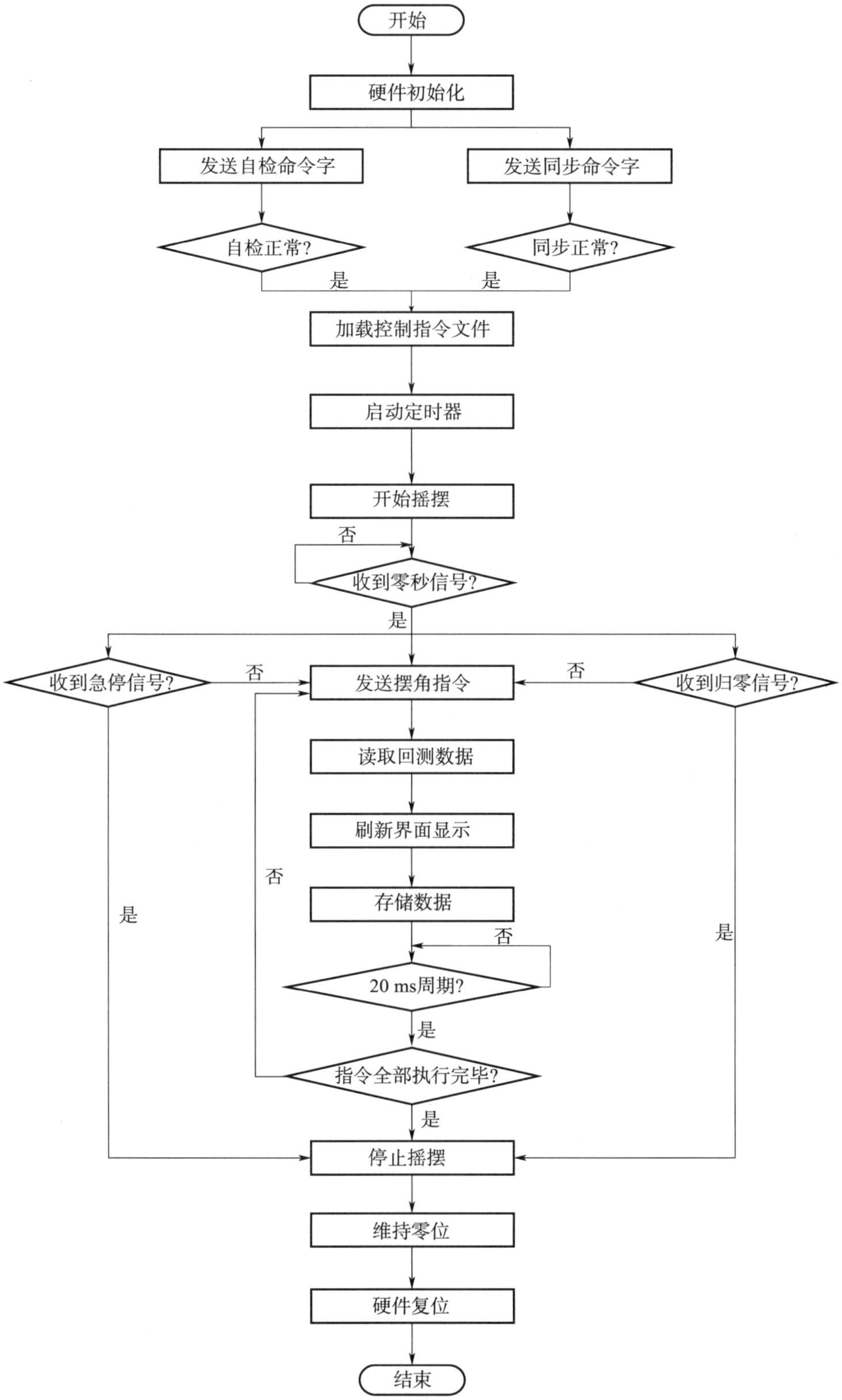

图 11－17　摇摆主控程序流程图

参考文献

[1] 曾广商，赵守军，等．我国载人运载火箭伺服机构技术发展分析［J］．载人航天，2013，19（4）：3－10．

[2] 赵守军，赵迎鑫，等．液氧煤油载人运载火箭二级伺服机构系统方案［J］．载人航天，2012，18（5）：1－7．

第12章　应用软件设计

发动机试验应用软件指发动机试验中，测控系统使用的主要测控及辅助软件，是发动机试验测控系统的重要组成部分。由于使用效率、可靠性要求和试验特殊环境等原因，试验系统应用软件中，大部分关键测控软件不能直接使用商用软件，而需使用单位或其他相关单位定制开发的专用应用软件。随着试验要求的不断提高，软件功能越来越复杂，规模越来越庞大。对于不是专业软件开发机构的单位来说，保证试验测控软件的可靠性、稳定性和开发效率是一项关键任务。本章主要介绍发动机试验主要应用软件的组成、设计与测试方法等，并结合实际案例对采用的相关软件设计技术进行说明。

12.1　应用软件组成与特点

液体火箭发动机试验应用软件主要包括控制软件和测量软件。控制软件主要包括时序控制软件、闭环调节软件、摇摆控制软件、试车工艺流程显示软件、故障诊断软件等。测量软件主要包括数据实时采集软件、参数校准软件、数据处理软件、参数实时显示软件等。发动机试验常用测控软件通常具有通用性，适用于多种型号各个阶段的发动机试车。新型号和特殊要求的发动机试验测控软件，多数在上述测控软件基础上进行适应性修改。

液体火箭发动机试验应用软件属于航天测控软件的范畴，但与航天型号软件相比有较多不同点：1）液体火箭发动机试验软件主要用于地面发动机试验，相对上天型号软件具有运行环境较好、软硬件资源占用要求相对宽松、长期运行可靠性要求相对较低、人机界面和易用性要求较高等特点；2）试验应用软件对应软硬件平台具有多样化特点，多数需要针对性定制化开发，难以形成统一开发和运行平台环境；3）试验应用软件一般由各试验单位配套，管理相对没有型号软件那样严格，软件来源、软件功能和开发水平不一。随着我国航天事业的发展和计算机技术的进步，对试验应用软件从原来的满足基本试验需求提高到可视化、自动化、数字化、平台化等要求，对自主知识产权、快速开发等也有了更迫切的要求。

为了适应航天型号高密度发射和航天“三高”发展需要，结合液体火箭发动机试验高风险、高费用的特点，对试验系统应用软件提出了越来越高的要求。发动机试验应用软件的设计需求分析、可靠性测试、维护管理等关键步骤逐步借鉴航天型号软件管理要求，设计中兼顾效率、质量与可靠性，因地制宜地制定发动机试验应用软件开发流程和管理要求。

12.2　应用软件设计方法

12.2.1　软件开发过程

发动机试验测控软件开发过程主要分为需求分析、概要设计、详细设计、软件测试、系统联试、验收交付、运行维护七个阶段，各阶段关系如图 12－1 所示。也可以概略分为软件需求分析、设计实现和测试确认三个阶段。

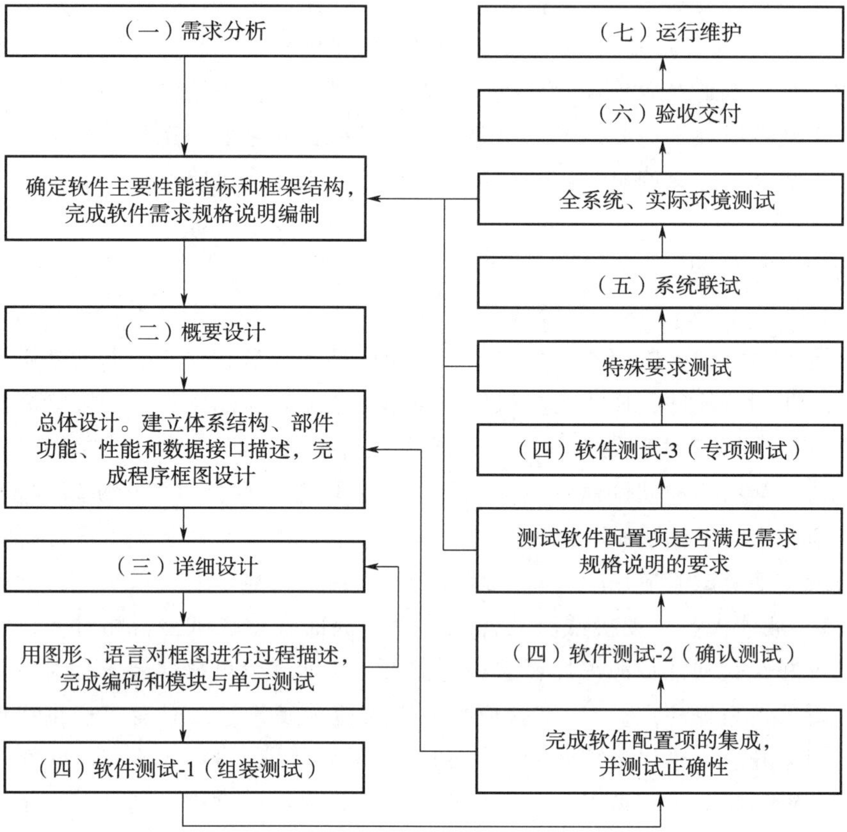

图 12－1　软件开发各阶段关系图

12.2.2　软件需求分析

软件需求分析是依据软件任务书，用规范化的格式、清晰无误的文字，对软件的功能、性能、数据和接口等要求逐项细化，形成软件需求规格说明。

软件需求规格说明应包含功能需求、非功能需求、设计约束、背景情况等。常见试验测控软件还要明确下列要求：

1）时序控制软件应明确：控制通道数、控制对象特性、控制精度、控制时序特征、控制可靠性、开关量通道数、隔离等；

2）闭环调节软件应明确：闭环调节控制算法、调节速率、调节精度等；

3）故障诊断软件应明确：故障诊断参数类型、诊断准则、与采集和控制系统的实时关系等；

4）工艺流程显示软件应明确：工艺流程显示的图像形式、阀门动作采样速率、时序判断方法等；

5）伺服摇摆控制软件应明确：摇摆控制对象性质、驱动形式、输出波形形状等；

6）数据采集软件应明确：采集通道数、采集速率、采集参数类型、实时性要求、与实时显示及故障诊断的接口关系等；

7）实时显示软件应明确：显示系统对应的数据来源、显示对象个数、参数类型及计算方法、数据获取方式、传输（采样）速率、显示速率、图形或曲线功能等；

8）参数校准软件应明确：校准参数类型、计算公式、校准点平均点数、增减校准数据功能等；

9）数据处理软件应明确：数据处理参数的类型、处理方法、计算公式、舍点规则、系数获取方式、报告生成等。

12.2.3　设计实现

根据设计流程，软件设计一般分为概要设计和详细设计两个部分。概要设计是软件的总体设计，指依据软件需求规格说明，建立软件的体系结构和各软件部件（模块）间的关系，给出各软件部件的功能、性能和数据接口描述，定义全局变量及外部文件，完成程序框图设计。概要设计的一般要求包括：

1）发动机试车测控软件总体设计要求具有通用性，不同型号的发动机试车一般仅需改变数据文件的控制与采集对象的数目、类型和名称，主程序和子程序基本不变。推荐采用调用和返回体系结构的模块化设计，确保程序的稳定性和可靠性。

2）采用中断定时和系统调用等过程时，必须满足控制与测量的实时性和时间精度要求。

3）开发的程序运行稳定、可靠，抗干扰能力强，严禁使用过程中出现死机、跑飞、不可控制的异常现象，并应具有一定的容错和纠错能力。

详细设计是用图形、语言和表格等形式对概要设计中各框图的功能进行过程描述，并用选定的计算机语言将各模块功能编写成计算机程序代码。

详细设计的要求包括：

1）详细规定模块和单元间的接口关系、数据流或控制流、每个单元的输入输出和处理能力、参数形式、传送方式和上下层的调用关系等。

2）设计单元内算法及数据结构，确定每个单元的内部特征及详细执行过程。

12.2.4　测试确认

软件测试在各独立模块和单元编译、测试完成后进行，包括组装测试、确认测试和专项测试。组装测试完成软件配置项的集成，测试、验证集成后软件体系结构的正确性。确认测试是测试、验证所开发的软件配置项是否满足需求规格说明的要求。专项测试是结合液体火箭发动机试验特点所进行的针对性测试。三项测试完成后形成测试结果报告。

常用试验测控软件专项测试要求如下。

（1）时序控制软件专项测试要求

1）对发动机起动段、增压段、稳定段、泄压段、关机段等进行时序测试，各时刻对应的控制对象（如电爆管通电、断电，各种阀打开、关闭）动作正确；

2）发动机试车过程任意时刻出现故障需紧急关机时，控制软件应正确转入对应软件单元进行操作；

3）双机并行或双机热切换控制模式时，各计算机软件的定时精度和累计误差应满足要求，使用三机表决控制模式时，三机同步性必须满足规定的要求。

（2）闭环调节软件专项测试要求

1）按预先确定的时间打开、关闭阀门（开关），调节阀调节功能正常；

2）反馈参数控制阀门动作正常；

3）增压、放气（流量、温度等调节）能力测试满足要求；

4）推进剂流量调节装置调节的时刻和给定的时刻是否对应，流量大小变化是否同步。

（3）伺服摇摆控制软件专项测试要求

1）按预先确定的时序发出调节指令，姿态调节功能正常；

2）1553B 总线通信正常，无异常延迟、指令或数据包丢失等问题；

3）软件的控制精度满足要求，冗余通信模式时，冗余切换功能正常，冗余通道间同步性必须满足规定的要求。

（4）实时采集软件专项测试要求

1）实时采集软件应进行长时间、满容量、最大采样速率、运行稳定性和可靠性测试；

2）按规定采样速率采集、传输，时间精度满足要求；

3）加不同标准信号，采集的数据应正确无误。

（5）故障诊断软件专项测试要求

1）按试车要求和故障判断准则制作相应模拟测试数据文件，对单机或联机测试，要求覆盖故障判断准则和边界值；

2）数据采集、传输的实时性、可靠性测试应满足要求。

（6）伺服摇摆控制软件专项测试要求

1）软件加载数据文件、输出模拟测试；

2）接收试验台时统触发、紧急停车指令测试；

3）与伺服控制器连接，进行通信测试、AB 网冗余切换测试；

4）连接伺服控制器、伺服机构进行摇摆测试；

5）伺服摇摆控制软件应进行长时间运行稳定性和可靠性测试。

（7）实时显示软件专项测试要求

1）应进行数据传输的实时性、可靠性、异常模拟容错和纠错性测试；

2）测试数据处理结果的正确性；

3）测试数值显示、曲线绘制、时间显示、警告显示的功能与正确性。

（8）校准软件专项测试要求

1）测试原位校准、现场校准、电校准测量参数的数据采集、（自动）传输、斜率及相关性计算、公式拟合的正确性。斜率及相关校准误差计算参照 JJG 860 — 94 等计量检定规程。

2）测试同时校准多个参数、校准档数、次数、校准点数的平均值，增减或修改某档、某校准点数据等功能与正确性。

（9）数据处理分析软件专项测试要求

1）测试数据处理、分析模块的功能、参数类型的正确性，验证数据处理功能、算法，平稳段平均值、最大值、最小值，过渡段瞬时值、平稳段舍点、曲线绘制等功能实现过程和结果的正确性。

2）对最高采样速率采集的数据，按每秒不同的点数处理，检查稳定段平均值的一致性。

3）测试数据报告生成格式、内容的功能，结果应满足要求。

12.3　常用应用软件设计要点

12.3.1　控制软件及设计要点

试验常用控制软件主要包括实时控制软件、实时采集软件、实时显示软件、故障诊断软件，用于闭环控制的测控软件、不形成闭环的测控软件。如用于发动机工作时序控制的时序控制软件，主要功能是发送控制指令，不对参数进行采集、不形成闭环控制。时序检测及工艺流程显示软件主要用于指令和信号的采集，通常不进行高精度的控制。闭环控制软件主要用于自动控制某一参数，既包含信号采集，也包含指令控制。伺服机构控制软件主要用于发动机伺服机构的控制和信号采集，但不形成闭环控制。各控制软件的功能及需求不同，软件的架构、可靠性分配、测试要求等也不同。

大型液体火箭发动机试验控制软件主要设计步骤分为设计指标确定与需求分析、软件设计与实现。

12.3.1.1　设计指标确定与需求分析

大型液体火箭发动机试验控制软件用于实现对发动机热试过程中的时序和状态控制，控制时序精度满足任务书要求，控制指令状态、控制通道状态可检测，软件显示界面适合试验人员在热试过程中的监控。

在进行软件设计时，主要的技术指标和要求有：

（1）控制通道

控制通道按控制对象分类，一般分为火工品控制通道、产品电磁阀控制通道、弱电检查源输出通道、工艺阀控制通道、触发信号通道等；按控制方式分为程序控制通道、手动控制通道等。软件控制通道主要与硬件控制通道对应。

（2）采集通道

硬件通道按功能包括指令采集通道、阀门电流采集通道、弱电检查采集通道等；按信号类型包括开关量采集、模拟量采集。软件采集通道主要与硬件通道对应。

（3）时间精度

时序控制精度即控制指令最小时间精度，时序控制精度主要由硬件保障，但软件需进行优化设计，避免累计误差等影响指令总的时间精度。

（4）接口

软件接口主要为与其他系统的通信接口。

（5）环境

软件运行环境：局域网或单机运行，操作系统，软件平台。

12.3.1.2 软件设计与实现

在选定硬件后，对软件设计与实现主要包括软件开发平台、软件结构选择。

（1）软件开发平台和语言

大型液体火箭发动机控制软件选择开发平台主要考虑稳定性、通用性。在实际应用过程中，选择合适的编程语言形成对整体软件的开发设计，结合具体项目设计，对计算机软件开发技术进行分析非常关键。从目前的程序编程语言情况来看，编程语言存在高级和低级的区别，不同的编程语言在实际应用过程中会面临不同的问题[1]。例如，一些高级语言在使用过程中会受到软件平台的限制。由于软件开发平台的不同，在限制上也存在一定的差异。为确保软件设计质量得到提升，程序设计人员需总结这些差异，充分考量其中的问题，采取相应的措施，让编程语言发挥应有的价值。

工程应用中的软件开发工具虽然处在不断变化的过程中，但软件开发的核心思想和理念不断进步、发展。在此背景下，低代码开发平台的概念应运而生。低代码开发平台试图让程序员通过零代码开发或少量代码快速生成应用程序，本质上是为了降低程序员的开发成本，提高程序员开发效率，或者说让程序员从烦琐的重复劳动中解放出来，将精力集中在有价值、有意义的技术应用上[2]。

在软件开发的过程当中，前提是需要具备足够的硬件环境，必须对软件开发的硬件环境加强重视。在编写程序时，选取合适的编程语言十分关键，需要对语言的分布选取进行有效的确定，并考虑编程语言的环境适应力及整体框架结构的因素[3]。大型发动机控制软件设计时，主要根据系统的重要程度和可靠性要求，选择硬件环境、编程语言、系统架构，适当考虑开发人员对语言的掌握程度等。

（2）软件结构

在软件开发环节，开发者应对软件架构进行有效分析，对软件设计架构进行详细设计，使程序框架结构更加合理、软件功能更趋完善。在软件设计环节，开发者应综合考虑软件规模、适用范围、可测试性、可维护性等问题。

控制软件结构通常分为数据配制文件、执行程序、数据处理文件三部分。数据配制文件用于根据不同试验要求设置执行过程的参数，执行程序用于在试验过程中进行控制，数据处理文件用于试验结束后的数据处理与分析。

12.3.1.3　测试与验证

软件编制过程中应严格按照软件开发规范进行测试。试验控制软件测试主要包括以下内容：

(1) 组装测试

组装测试完成软件配置项的集成，测试验证集成后软件结构的正确性。

组装测试需验证所有配置项的集成，测试软件连接、调用、嵌套、变量定义的正确性，完成基本的功能和性能测试，验证程序执行的正确性。

(2) 确认测试

在测试环境与实际运行环境一致的前提下，对软件进行功能、性能指标验证，包括通道一致性、功能正确性、性能、接口、可靠性、硬件的资源耗用、软硬件安装兼容性等测试，必要时进行安全测试和强度测试。

(3) 专项测试

结合试验任务的特殊要求和特点，对软件进行风险测试、极限测试、可靠性测试、抗干扰测试等。

12.3.1.4　设计要点

大型液体火箭发动机控制软件设计常用方法包括时序快速配置及预览、指令采集及自动校对、可测试性设计等。

(1) 时序快速配置及预览

时序控制软件可以快速应用于多通道同步、高速时序控制系统，完成各种试验模式下的时序控制和异常情况下的时序处理，对时序控制流程及运行状态进行反馈等。时序快速配置及预览功能主要用于试验时序（正常时序和急停时序）文件的编辑、修改、存储和调用。时序配置可以进行正常时序配置和急停时序配置，配置在某时间内的通道状态（高电平或低电平），配置好的时序可以导出到本地文件，也可从本地某个文件导入。编辑好的时序即可下发到时序控制器进行时序生成。

由于同型号定型产品的试验时序一致性相对较好，差别在打开关闭时间调整，在时序配置时通过调用历史数据文件进行快速修改，完成时序快速配置。配置完成后，以时间基准波形方式预览时序，可进行多通道同时预览，时序配置预览界面如图 12－2 所示。

(2) 指令采集及自动校对

指令采集及自动校对软件主要对控制指令进行回采，目的是对测试过程中的控制指令状态、时序进行校对，对热试过程中的指令状态进行记录。

指令采集软件的主要功能是采集控制器的指令发出情况、目标控制对象的指令接收情况、实际控制通道中的电流情况。采集指令后根据预设算法进行计算，校对时序，判断指令传输、执行状况，为发动机故障定位、控制系统状态追溯提供依据。指令自动校对后，以多种数据显示方式（如特征值列表、柱状图、波形图等）提供显示，退出任务并保存数

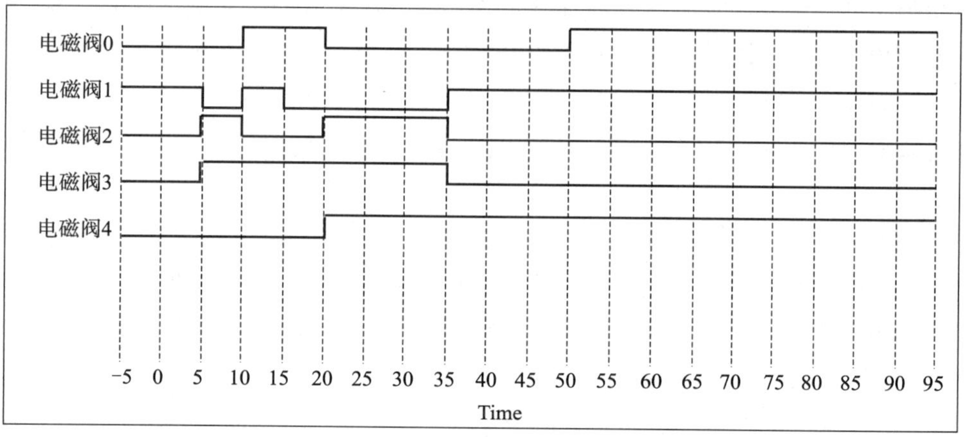

图 12－2　时序配置预览界面

据时，数据采集相关配置以及各子窗口的大小和位置信息被保存记录，有利于下次继续试验。时序采集界面如图 12－3 所示。

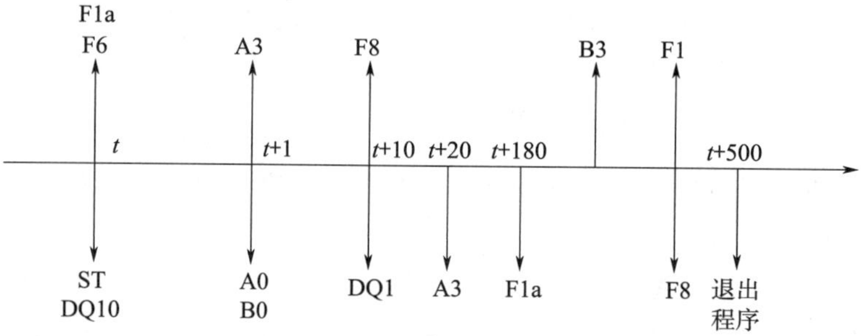

图 12－3　时序采集界面

对历史数据进行载入比对，数据进行缩略与展开显示，显示数据的轮廓信息和细节信息。查看已保存的数据文件的总体轮廓信息和细节信息，借助信号分析功能获取信号特征，实现对数据特征值的提取和数据格式的转换等功能。数值波形界面如图 12－4 所示。

（3）可测试性设计

大型液体火箭发动机控制软件的测试性主要通过软件模拟测试和硬件模拟测试两者相结合来完成。软件模拟测试主要包括：

1）输入模拟，所有触发条件、输入信号设计专用装置产生模拟数据；

2）所有功能要进行测试，软件功能模块均能够进行测试，包括冗余设计中的单路环节；

3）关键信息、过程值、输出值可显示、可记录、可获取，关键输入输出和过程信息直接呈现在页面明显位置，便于发现异常；

4）每个输入有唯一的输出，测试具有过程数据记录及事后处理，对每一步测试数据可追溯；

5）所有影响输出的因素都可见，关键信息直接呈现在显示界面上；

6）相关接口和模块易于控制，各模块能够独立测试，凡是接口均可断开，便于查找

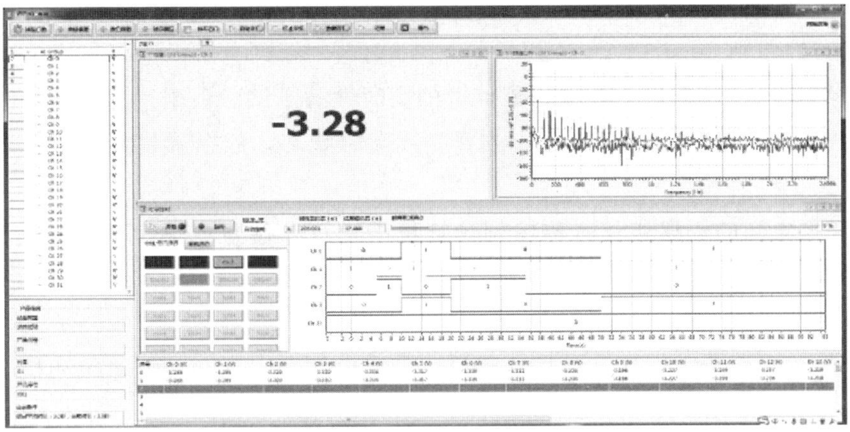

图 12-4　数值波形界面

故障和接模拟装置；

7）源程序可见，结构简单，稳定性高，易于理解；

8）程序设计中采取了故障隔离措施。

12.3.2　测量软件及设计要点

发动机试验测量软件指用于发动机试验参数测量的应用软件，主要包括数据采集软件、数据处理软件、实时显示软件、参数校准软件等。以下对主要试验测量软件设计要点进行介绍。

12.3.2.1　稳态参数数据采集软件设计

数据采集软件的主要功能是用于控制、管理数据采集装置，按指定速率实时采集被测参数数据，并存储到采集装置或采集计算机，在计算机上进行数据显示等，是试验系统的关键软件。

稳态参数数据采集软件主要由通道及采集配置模块、数据采集模块、数据存储模块、人机界面模块、数据通信模块等组成，如图 12-5 所示。

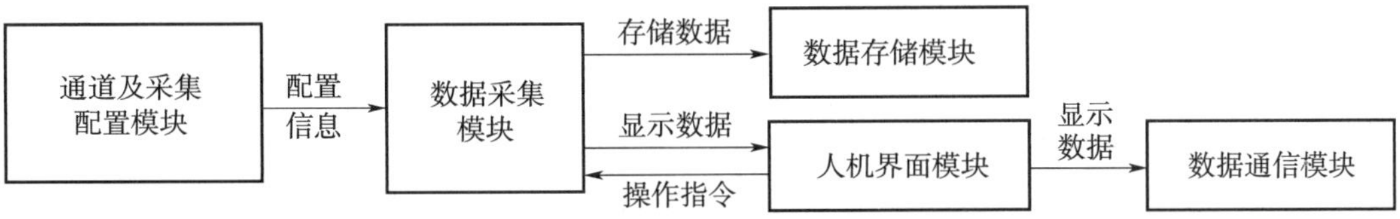

图 12-5　稳态数据采集软件组成结构框图

通道及采集配置模块用于数据采集前根据试验被测参数通道安排情况，配置生成通道采集配置文件，包括参数名称、采样速率、物理通道、增益、滤波等信息。数据采集模块用于控制数据采集设备采集启停，读取实时采集数据。数据存储模块用于将获取到的实时数据保存到数据文件。人机界面模块用于提供人机交互界面，控制采集过程启停，显示采集数据及采集系统状态。数据通信模块用于向实时显示或故障紧急关机等系统发送实时数据。

实时采集程序的设计原则如下：

（1）实时性原则

数据采集软件设计应保证数据采集传输的实时性满足试验数据采集要求，包括：

1）保证采集到的数据能准确反映被测参数实时状态，数据采集延迟小，满足试验参数测量要求。

2）保证采集到的数据能及时传输到计算机中进行存储与处理，不会造成 FIFO 缓冲区溢出等错误，影响采集过程的可靠性。

（2）可靠性原则

数据采集软件设计需要保证数据采集过程的高可靠性，不会造成系统死机、数据丢失等现象。

实时采集程序的设计要点如下：

（1）实时采集技术

为保证大量参数的高速采集和传输，采集系统广泛采用了大容量 FIFO Buffer 设计和新的高带宽数据通信接口，降低采集过程对软件系统实时性能的依赖性，使得 Windows 等常用操作系统用于高时间精度的实时采集过程成为可能。实时采集程序常用开发技术要点如下：

1）实时采集程序设计采用多线程等多任务处理技术，同时执行数据采集和人机界面、数据存储、数据通信等任务。在多任务设计时，要注意针对共享资源提供互斥访问保护机制，避免造成死锁。

2）多任务设计时要为各任务分配不同的执行优先级。一般数据采集优先级最高，数据存储第二，界面显示和数据通信第三。

3）设计数据采集软件要具有旧数据文件自动备份设计功能，防止操作失误未及时将数据文件保存到正确位置而造成数据覆盖丢失。可采取多次数据文件循环覆盖方法或自动备份原始数据文件方式。

（2）分布式采集软件设计

分布式采集系统采用以太网或 CAN 总线等工业通信总线将多套数据采集装置连接到一起，相互间距离可达数百米，具有布置灵活、扩展能力强、适应性好、布线成本低、易于维护等优点。与集中式采集系统的区别是：分布式采集系统中一台采集计算机连接多套数采装置，通过以太网或工业通信总线进行数据通信和交互控制。在分布式采集系统采集软件设计时，需要考虑多套数据采集装置之间数据同步性和数据通信可靠性问题。由于多套数采设备性能不同、采样速率不同、接收采集触发信号时间不同，需要用一套机制将不同采集设备采集到的数据进行同步对齐。同一数采装置内不同采集模块间根据不同设备具备内部总线触发或外部硬件触发方法进行采集时钟同步。不同数据采集装置之间采集同一控制系统发出的时统信号，数据处理时判断时统信号的变化时间，将各采集系统数据时间进行统一。

分布式采集系统采集软件设计时应考虑将采集到的数据存放在本地存储介质上，采集结束后再传输到采集计算机，减少分布式系统通信带宽占用，避免数据通信问题造成数据丢失。在试验现场振动较大的地方布置的采集装置，一般应采用固态存储和抗振措施，软件可考虑将数据存储与数据采集放在不同线程中，避免存盘故障造成采集过程中断。

12.3.2.2　实时显示软件设计

实时显示软件的主要功能是将实时采集的关键参数数据进行传输、处理、显示到大屏幕上，供试验指挥员和相关人员判断。其他功能包括数据汇总、数据转发、显示报警等。实时显示软件主要由显示配置模块、实时显示模块、数据通信模块等组成，其结构框图如图 12-6 所示。

实时显示配置模块用于配置采集系统传送的参数顺序、实时显示参数的显示位置、显示类型、上下限等信息并生成实时显示配置文件。

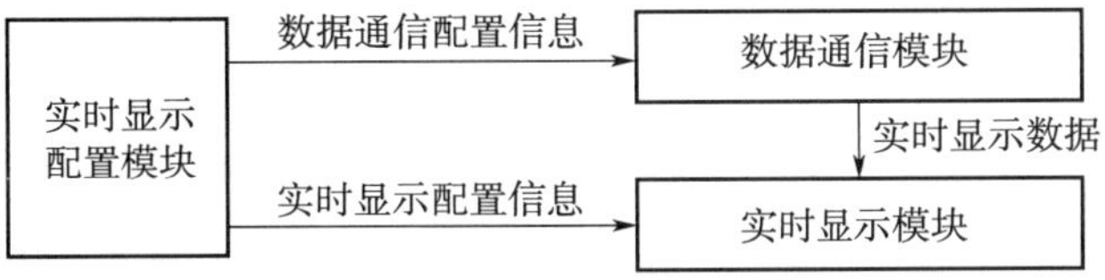

图 12-6　实时显示软件组成结构框图

实时显示模块用于以数字或曲线等方式实时显示采集数据和采集时间，根据设置的参数上下限判断数据是否超限，以颜色或文字方式在显示画面上展示正常或报警。

数据通信模块用于接收数据采集计算机发送的实时采集数据，向其他系统转发指定的采集数据。主要设计原则如下：

（1）实时性原则

实时显示数据必须准确反映当前时刻的传感器状态，数据滞后性满足指挥员试验过程数据实时观察决策要求。

（2）可靠性原则

实时显示数据是试车指挥员判断发动机状态及指导试验过程紧急关机的重要依据，需加强实时显示数据传输的可靠性设计，减少对数据采集端的影响，避免出现丢数、数据错位等现象。

实时显示软件设计要点如下：

（1）实时数据传输设计

实时数据传输一般使用以太网传输方式中应用最广泛的 TCP 和 UDP 两种协议。TCP（传输控制协议）是基于连接的协议，在正式收发数据前，必须和对方建立可靠的连接。一个 TCP 连接经过三次“对话”才能建立起来，能为应用程序提供可靠的通信连接，使一台计算机发出的字节流无差错地发往网络上的其他计算机，对可靠性要求高的数据通信系统多数使用 TCP 传输数据。UDP（用户数据报协议）是与 TCP 相对应的协议，是面向非连接的协议，它不与对方建立连接，而是直接把数据包发送过去。UDP 没有连接过程，通信效率高。但可靠性不如 TCP 高，有时会出现数据丢失的情况。

实时显示数据通信中使用哪种协议要视应用的具体情况而定。TCP 虽然通信可靠性高，但是一种基于连接的协议，在通信时要求通信双方系统的可靠性，当一方出现问题时会影响通信另一方的可靠性，需要双方完善连接错误处理机制。UDP 虽然不能保证通信过程的可靠性，但具有传输速度高、通信双方相互隔离的特点。

（2）实时数据显示设计

实时显示画面中一般要显示多个参数曲线、数值和采集时间等信息，显示速率 1～2 点/s 可满足试验指挥人工参数的监测要求。设计时要具备显示位置的灵活调整能力，可以进行任意参数显示位置调整，将指挥员最需要关注的参数信息调整到显示屏幕上。显示画面设计要简洁明快、对比度高、易于观察。

除基本显示功能外，为了提高工作效率，减少操作，实时显示软件，还应实现一台实时显示计算机可汇总显示多套采集系统数据的能力，利用多屏显卡实现多屏显示画面的输出功能。

12.3.2.3　稳态参数数据处理软件设计

数据处理软件的主要功能是根据各测量参数的校准系数、计算公式等处理方法将采集的原始数据处理成物理量或指定数据形式，具体包括试验数据初算处理、复算处理、数据报告生成等功能，是试验系统的关键软件。

稳态参数数据处理软件一般由参数信息设置、数据处理设置、数据计算和数据报告生成 4 个模块组成。其组成结构如图 12－7 所示。

参数信息设置模块完成参数信息读入、设置、修改、存储和系数文件打印检查。数据处理设置模块完成处理模式设置，调用计算模块进行数据处理，浏览数据处理结果。数据计算模块完成各种类型参数、各时间段各类参数的数值计算。数据报告生成模块用于处理后数据报告文件打印。

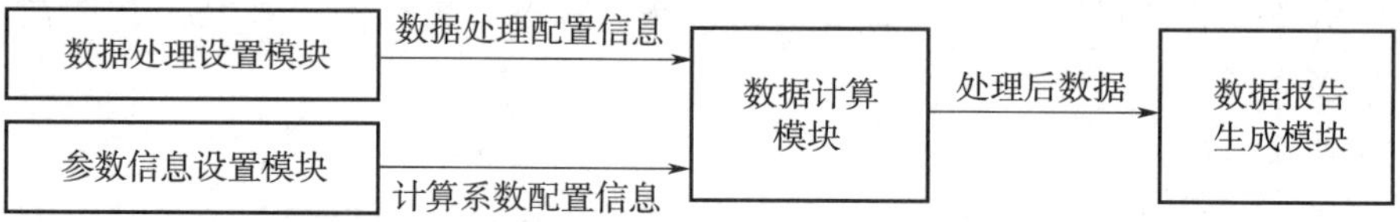

图 12－7　稳态参数数据处理软件组成结构框图

稳态参数数据处理软件的设计原则如下：

（1）正确性原则

数据处理程序设计应保证数据处理结果的正确性，数据处理方法符合处理规范要求，算法的正确性应经过测试和对比验证。

（2）通用性原则

数据处理软件需要对多种参数进行处理，数据计算方法、处理要求、参数信息多种多样，需要提高软件使用的通用性，数据处理信息设置检查能力，避免出现误操作、误输入信息导致处理结果不正确。

稳态参数数据处理软件设计要点如下：

(1) 数据计算与报告生成设计

稳态参数数据处理软件应能处理模拟量参数和频率量参数数据。能够进行 1∶1 mV/Hz 数值处理、初算处理、复算处理、指定时间区间平均值和瞬时值处理等功能，包括格鲁布斯奇异舍点、置空修正、数据抹白、数据置杠等后期处理能力。处理参数类型有：常规推力、常规压力、真空压力、各型热电偶温度（K、E、T、R、S 等）、热电阻（线性铂电阻、插值铂电阻、热敏电阻）、氧化剂流量、燃料流量、气体流量、转速、任意时间段平均值等。需要根据不同参数计算方法编制相应子函数进行调用。数据处理时为了提高处理效率，读取数据文件一般采用成组或成块读入方式。为了提高数据处理效率，可提前设置好报告模板，处理时调用，将数据处理结果自动填入，实现数据报告自动生成，对提高数据处理质量、降低人为工作强度、缩短数据处理分析时间具有较好的效果。

(2) 长时间大数据量数据处理技术

有时一次试验稳态测量参数多达数百路，试车时间多达数千秒，采样速率达到 1 000 点/s 以上，原始数据文件高达数 GB。处理这样的大数据文件时，优化不良的软件处理速度很慢，可能造成内存溢出等错误。一般对于大数据文件处理可以采用成块读取文件处理方式，充分利用系统内存缓冲区，保证足够的缓冲区，提高数据读取速度，避免占用过多系统资源，造成内存溢出错误等。

12.3.2.4　参数校准软件开发技术

参数校准软件的主要功能是对被测参数进行物理量或电量校准，获得被测参数测量系统灵敏度（斜率），获得的灵敏度系数用于数据处理，其他功能包括计算参数校准散差、相关系数等指标用于校准数据合格性评判。参数校准软件主要由校准参数选择、校准数据采集、标准值输入、校准结果计算 4 个模块组成。其组成结构框图如图 12 - 8 所示。

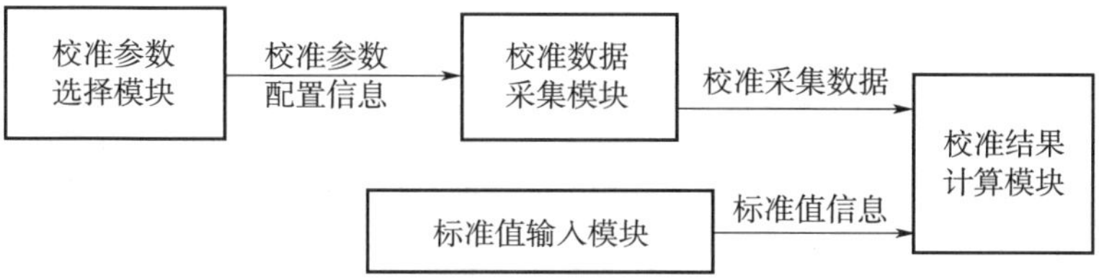

图 12 - 8　参数校准软件组成结构框图

校准参数选择模块用于从采集数据库中选取要校准的参数。校准数据采集模块用于启动采集系统进行校准数据采集，对所采集的数据进行分档记录。标准值输入模块输入所校准参数的校准数据对应的标准值。校准结果计算模块分别计算校准斜率、校验精度和校验截距等校准系数，并保存计算结果。参数校准软件设计原则如下：

(1) 正确性原则

要求校准数据处理和计算符合相关规范，保证校准计算结果正确。

(2) 通用性和容错性原则

有的参数校准过程复杂，校准时间较长。为了提高效率，软件设计应具备一定的容错能力。当出现档位加错等问题时可进行补充校准，不必重新开始。设计时提高人机界面操作易用性，避免出现人为错误。

参数校准软件设计要点如下：

（1）校准软件常用设计技术

1）设计校准软件人机界面具有容错功能，当人为操作失误，误记、漏记了某档数据时，能提供数据补记和替换功能。

2）校准数据实时显示应显示的平均值，并实时显示当前数据标准偏差等信息，操作人员据此判断数据的稳定程度。

3）应具有校准数据保存和校准计算系数自动写入数据处理信息文件功能，避免需要人工二次输入校准系数，保存校准数据信息，以便事后检查。

（2）自动校准技术

校准参数较多时，进行手工加载校准过程效率低、时间长。进行电量校准时，有时校准档数多，加载值有效位数多，手工加载容易出现错误。一旦出错很难发现，操作过程没有记录凭据，难以进行追溯，给参数校准过程带来质量隐患。采用自动校准技术可有效提高校准效率，减少手动校准带来的人为操作错误。

自动校准主要是实现标准加载过程和数据采集自动化，需要标准加载设备与校准数据采集计算机进行通信同步，实现校准数据自动采集、标准数据自动传输、自动加载控制等。一般标准校准设备如程控电压/电流源、信号发生器、数字压力校验仪等通过 GPIB、RS232 或以太网等通信接口与采集计算机通信，非标准加载设备如推力参数加载设备等需要自行设计数据通信功能。软件设计时应保证校准数据采集与加载标准值的同时性及对应关系的正确性。

12.4 发动机试验应用软件设计举例

12.4.1 大型发动机控制软件设计

大型发动机常用试验控制软件主要包括时序控制软件、时序检测及工艺流程显示软件、闭环控制软件、伺服机构控制软件。

12.4.1.1 时序控制软件

时序控制软件主要是在热试过程中对发动机上的控制对象发出控制指令，指令时间精度和控制可靠性是重要的设计指标。基于可靠性考虑，时序控制软件通常为模块化设计，一般分为三个独立模块，一是供热试程序调用的数据文件生成模块；二是热试程序执行模块；三是控制通道单元测试模块。数据文件生成后一般不轻易改动，数据文件生成模块需简洁直观，具有防误操作功能。图 12-9 为热试程序流程图。图中 Timer 为定时器，DIO 为数字量输入输出板。控制通道单元测试模块主要用于系统自检，需具备较高的可测试性，能够覆盖到每个硬件通道。

推荐设计软件技术指标如下：

1）控制时间精度：$\not>$10 ms；

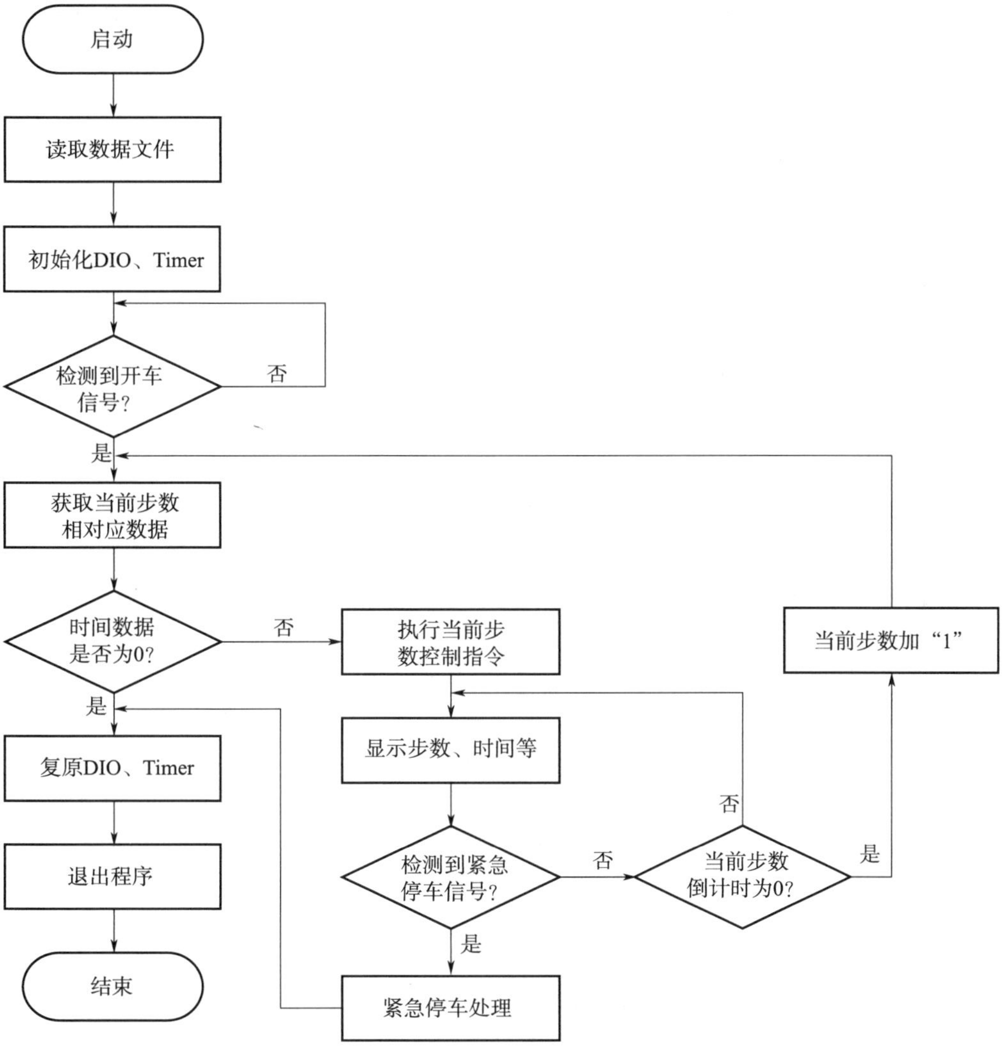

图 12 - 9　热试程序流程图

2）长程工作时间：≮3 000 s；

3）通道自检：冗余通道独立测试，独立显示；

4）数据显示：时间、通道、步数显示；

5）实时数据显示速率不大于 2 点/s；

12.4.1.2　时序检测及工艺流程显示软件

时序检测主要用于采集控制系统发出的指令，工艺流程显示软件主要用于采集并显示试验工艺系统的状态。时序检测信号实时采集和显示，需要将关键信息进行实时准确显示，能够及时准确获取指令信号，根据需要进行多重采集，如开关量、端电压、回路电流同步采集，以验证指令信号的准确性。工艺流程显示应具备较高的可视化效果，提供关键状态信息，应完整、真实地展示采集信号，具备诊断和报警功能。

时序采集及工艺流程显示软件的另一个重要功能是数据的存储和分析，对采集的信号进行实时存储，使试验过程发出的指令数据可追溯。信号采集及存储的时间精度是软硬件的重要指标。数据存储和分析时需调出历史数据，根据发动机试验时间轴真实展示出指令的打开关闭过程、工艺状态变化过程。

推荐设计软件技术指标如下：

1）开关量采集时间精度：≮1 ms；

2）模拟量采集时间精度：≮1 ms；

3）长程工作时间：≮5 000 s；

4）采集显示：冗余通道独立显示，毫秒时间显示，采集状态显示；

5）实时数据显示速率不大于 2 点/s；

6）数据存储：单次≮5 000 s；

7）数据回放：同时回放≮100 通道。

某试验台时序校准软件采集模块流程图如图 12－10 所示。时序检测软件数据文件判读模块流程图如图 12－11 所示。某试验台工艺测控软件模块图如图 12－12 所示。以电压电流状态监测组态界面为例，显示效果如图 12－13 所示。

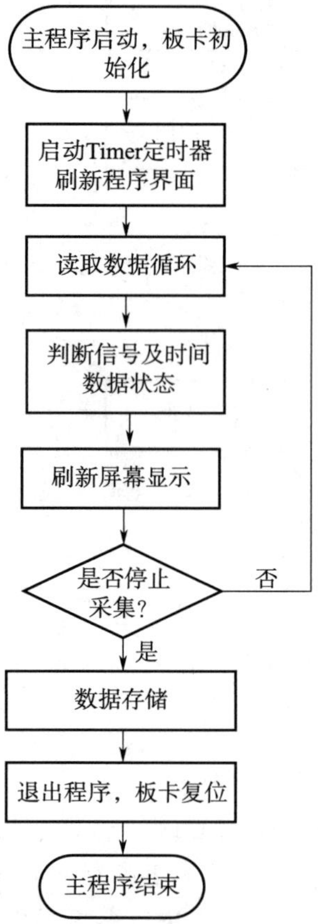

图 12－10　时序校准软件采集模块流程图

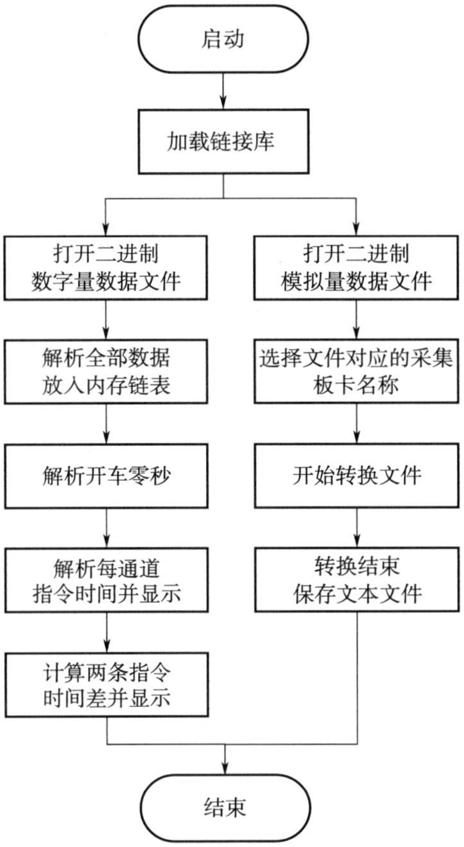

图 12－11　时序检测软件数据文件判读模块流程图

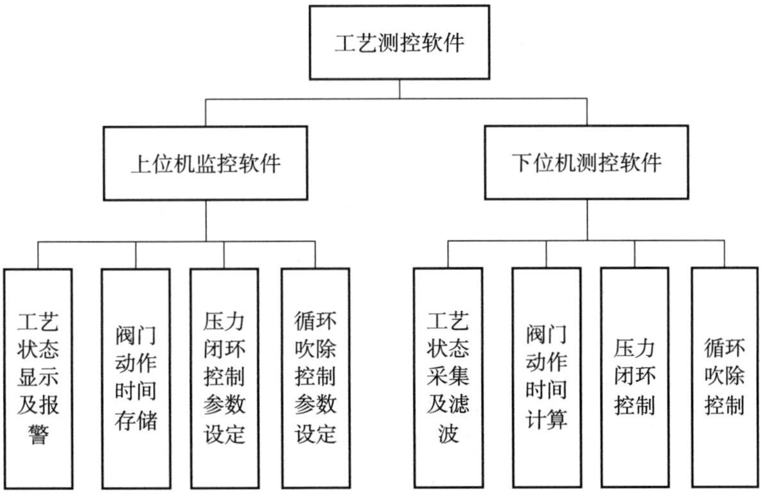

图 12－12　工艺测控软件模块图

图 12-13　电压电流状态监测组态界面

12.4.1.3　闭环控制软件

闭环控制软件针对某一参数设定值自动进行控制，最终达到满足设定值范围的要求。闭环控制软件根据使用要求，既有大量的测量信号，也有控制信号。数据文件设置和执行程序在同一软件中集成，也可根据需要分开。执行程序的界面显示关键参数、关键设置，对关键指令输出进行防误操作设计。闭环控制软件需要对控制指令、采集信号进行完整记录，有利于在试后进行追溯。闭环控制软件程序流程图如图 12-14 所示。

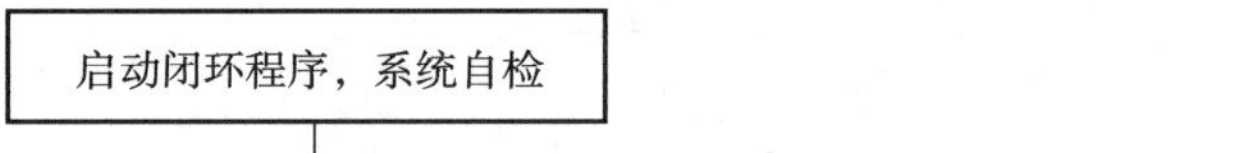

图 12-14　闭环控制软件程序流程图

推荐设计软件的技术指标如下：

1）控制周期：≮500 ms；

2）模拟量采集速率：≮100 点/s；

3）长程工作时间：≮5 000 s；

4）采集显示：数据显示，开关状态实时显示，时间显示；

5）实时数据显示速率：≯2 点/s；

6）数据存储：单次≮5 000 s；

7）数据回放：同时回放≮20 通道。

8）应急操作：具备一键复位功能。

闭环控制软件需要根据运行阶段，进行风险分析，如网络中断、数据中断等，并根据需要为软件通道配置关键手动开关、手动强制开关，能够在软件出现故障停止工作时，及时对阀门等控制对象进行有效控制。闭环控制软件可靠性主要体现在目标参数的信号源和在信号异常时的容错或处置机制是否准确可靠。

12.4.1.4　伺服机构控制软件

伺服机构控制软件的主要功能：为发动机伺服机构发送控制指令、接收伺服机构状态信号和通信状态。伺服机构控制软件在设计时主要有以下要求：

1）设定的数据文件能够直观展示，具有防误操作的功能；

2）数据文件载入执行程序后，能进行预览和关键数据显示，便于纠错；

3）执行程序需具备一定的防误操作功能；

4）执行程序对接收到的伺服机构状态、通信状态进行实时显示，对采集数据进行可靠存储，并具备调用重显功能。

某试验台伺服机构控制软件主要包括指令编制程序、控制执行程序、信号采集程序、总线状态监视程序等。其中指令编制程序主要完成伺服机构控制指令文件的编辑和生成；控制执行程序依据任务的软件协议要求进行编制，可以按照预设的摇摆指令文件发送控制命令，进行实时显示；信号采集程序实时采集伺服控制器返回的遥测数据；总线状态监视程序负责监视 1553B 总线上的数据传输状态。伺服控制软件主控程序（即摇摆主控程序）流程图如图 11 - 17 所示。

12.4.2　姿轨控发动机控制软件设计

12.4.2.1　设计指标与需求分析

姿轨控发动机的研制与试验出现多极化趋势，以小推力高频脉冲工作、超长时间工作、较大推力量级姿轨控发动机、绿色无毒化发动机等几个方面为代表。姿轨控发动机负责完成航天器空中姿态调整和变轨动作，具有高推质比、高燃烧效率等特点。在工作方式上具有工作频率高、脉冲工作精度要求高、耐久性好等特征。为适应此类发动机研制工作以及完成地面试验系统适应性改造，建立了高频率脉冲、长程稳态、多推力室相互组合工作的试验系统。同时在姿轨控发动机地面试验控制系统软件设计时，应注意系统高频率脉冲工作、长程工作、高可靠性几个原则。参考目前多数姿轨控发动机试验的需求，推荐设计软件的技术指标如下：

1）最小脉冲宽度：1 ms；

2）长程工作时间：5 000 s；

3）软件系统实时性：无迟滞。

12.4.2.2 控制软件设计与实现

(1) 时序编辑软件设计

姿轨控发动机控制系统的时序编辑软件采用以 Office Excel 软件为平台的编制方式，通用性高，操作简单。适用于整机发动机试验时序编制，见表 12-1。

表 12-1　姿轨控发动机试验时序表

工作时刻 / 工作时间 / 电磁阀编号	0	10	20	30	40	工作时刻
1		5/0 * 1				
2		5/0 * 1				
3		5/0 * 1				
4		5/0 * 1				
5			5/0 * 1			
6			5/0 * 1			
7			5/0 * 1			
8			5/0 * 1			

注：$a/b*c$，a 为打开时间，b 为关闭时间，c 为循环次数。

设计时从软件易操作性和智能性方面考虑。操作员在编辑时只需输入控制通道号、每个脉冲组的起始时间、对应的脉冲组即可。设计时生成一个不定长度的以布尔量为元素的二维数组，把从 .xls 文件中读取的脉冲组转换为布尔量数据，数组的一行数据代表一个记录的 128 通道的状态。根据每个脉冲组的起始时间顺序排序，在排序时采用起泡排序法。起泡排序是一种高效的排序算法，相对于传统的排序方法，较大提升了效率。起泡排序可以按照需要从低到高进行检索，当找到更小的数据时，把该数据放在数组头，继续检索比上一个更大但在下次是最小的数据，保证数据的快速检索和按需排序。排序结束后，按照通道号将数据放入布尔量二维数组，把数组写入二进制文件，生成下位机（RT）可执行的时序文件。

采用数字图表的方式对时序文件进行读取和绘制，操作员可直接查看曲线检查时序是否编制正确。读取文件数据时，系统会自动根据控制通道的状态进行显示，如果时序编制时没有使用某通道，在显示曲线时跳过该通道，只显示使用的通道，或按指定的通道号绘制曲线。

(2) 时序执行软件设计

选定下位机硬件平台后，程序控制系统的主要工作是控制软件设计与编制。根据系统设计方案，程序控制系统主要分为上位机（计算机）、RT、FPGA 与 I/O 三部分。控制软件也分为上位机软件、RT 软件、FPGA 软件三部分。上位机完成人机交互、控制时序编制等工作，RT 软件完成网络状态监测、FPGA 初始化设置、时序文件管理等。FPGA 软件完成时序解析、I/O 指令生成和发送、外围逻辑组合，在 Labview 可视化编程环境下完成软件开发。Labview 语言高效便捷，开发周期短，功能全面，适用于时序执行软件的应用情况。时序控制程序流程图如图 12－15 所示。

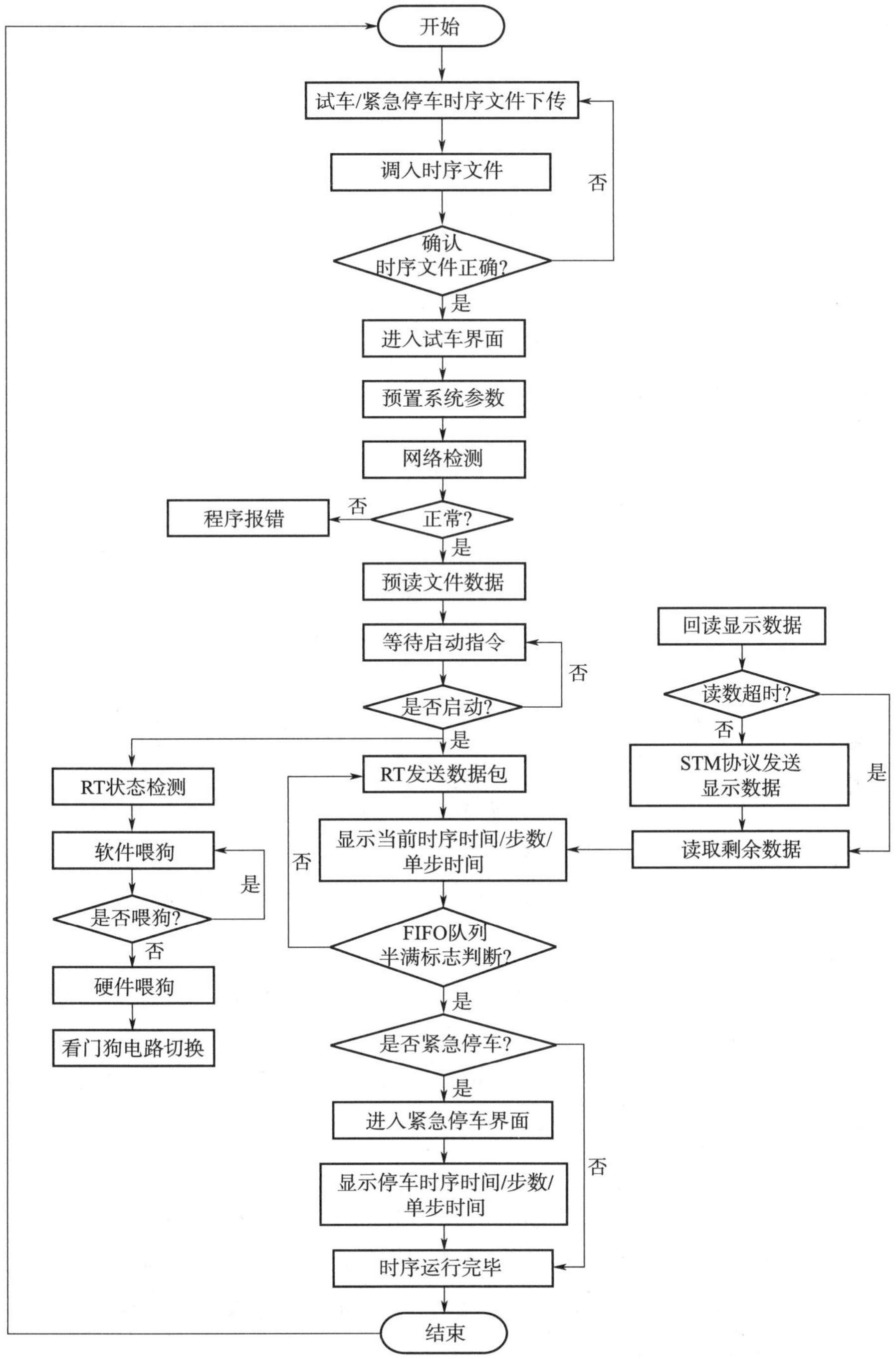

图 12－15　姿轨控发动机时序控制程序流程图

12.4.2.3 控制软件关键设计技术

(1) 时序文件解析技术

控制时序编制完成后，将文件下载到下位机（下称 RT）中。当 RT 中的程序进入待启动状态后，会自动调用时序文件进行预解析，避免启动后出现 FPGA 等待 RT 的情况，保证系统的实时性。解析的流程如图 12-16 所示。

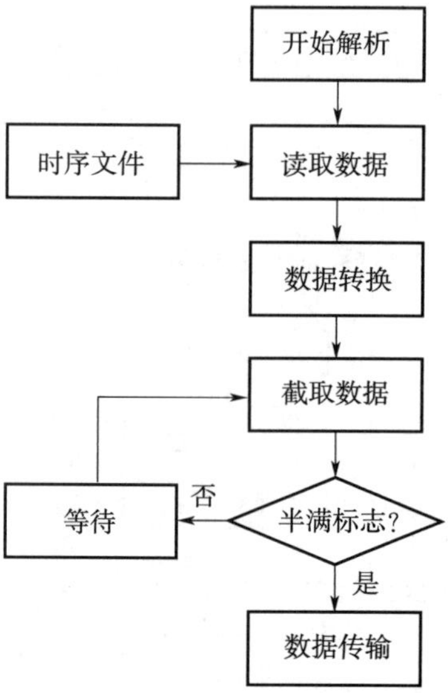

图 12-16 姿轨控发动机时序解析流程图

解析算法工作由半满标志控制。当 FIFO 队列中的数据达到存储空间的一半时，算法将停止解析。当数据少于一半时，开始解析，向队列中写入数据。姿轨控发动机时序执行结构图如图 12-17 所示。需要进行数据解析时，程序从时序文件中读取一段数据，每一个数据转换为 8 位单精度整数，按次序排列。向队列中写入数据时，截取数组出口处的一小段数据写入队列，将数组中的剩余数据循环到下一次写入，直至本次解析得到的数据全部写入。为保证实时性，整个数据解析进程设置成 1 ms 进行一次。在调试中解析算法的启停控制保持稳定，队列未出现空队列或溢出的情况。FIFO 队列是目前较为成熟的数据缓存方式。队列方式的数据结构可保证数据在传输过程中不会出现数据丢失。DMA 是一种高速、高效的数据传输方式，FIFO 队列与 DMA 相互配合实现时序指令数据的高速传输。

(2) 时序数据高效存取技术

时序数据高效存取技术是实现发动机电磁阀高频率脉冲控制的关键。系统选用的时钟晶振频率达到 40 MHz，分频后得到 1 ms 的最小脉冲宽度。FPGA 从 FIFO 中读取数据，RT 向 FIFO 中写入数据。如果过程配合不好，会出现 FIFO 溢出或数据丢失现象。时序数据存取结构图如图 12-18 所示。

FPGA 芯片是一种由许多待配置的逻辑门组成的芯片，与功能确定的集成电路芯片

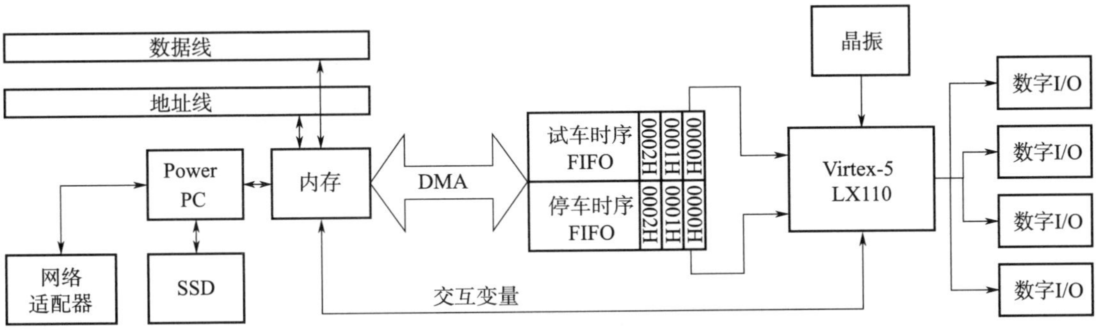

图 12 - 17　姿轨控发动机时序执行结构图

(ASIC) 不同，它可以根据不同的应用对 FPGA 进行反复配置。FPGA 利用小型查找表实现组合逻辑，每个查找表连接到一个 D 触发器的输入端，触发器再驱动其他逻辑电路或 I/O 模块，实现组合逻辑功能和时序逻辑功能的基本逻辑单元模块。FPGA 芯片的逻辑通过向内部静态存储单元加载编程数据来实现，在存储单元中的值决定了逻辑单元的逻辑功能。各模块之间或模块与 I/O 间的连接方式，决定 FPGA 所能实现的功能。在该系统的设计中，通过配置 FPGA 芯片的信息，对其功能进行定制，实现物理逻辑的能力。通过对 FPGA 芯片的逻辑定制，满足高定时精度、高稳定性、高可靠性的硬件定时。在 FPGA 芯片中同时实现了时钟定时、I/O 模块操作和过程计算等功能。

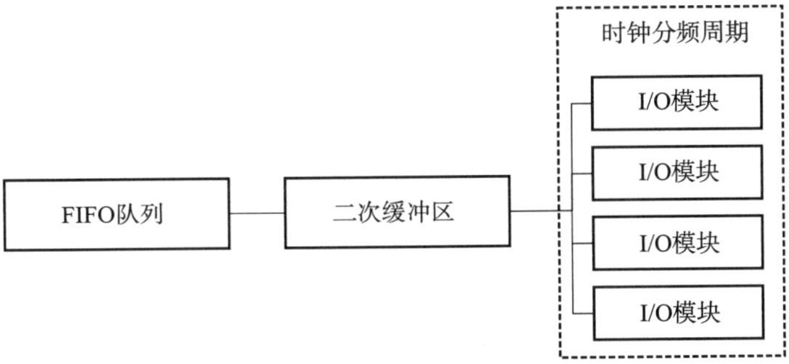

图 12 - 18　时序数据存取结构图

(3) 数字锁相环同步技术

为保证两套程控系统精确同步，采用数字锁相环同步技术。锁相环同步时序如图 12 - 19 所示。主控设备发出同步时钟，两套设备都通过数字锁相环电路跟踪该时钟，保证两套设备的时钟精确一致。当主副两套设备时钟信号相位不同步时，副系统会根据相位差调整自身时钟，保证时钟同步。同步时钟准确时，控制时序由主控设备输出，如果主控设备失效无法发出时钟信号，数字锁相环检测到主控设备发出的同步时钟失效，副控设备会使用本地自主时钟用于时序控制。

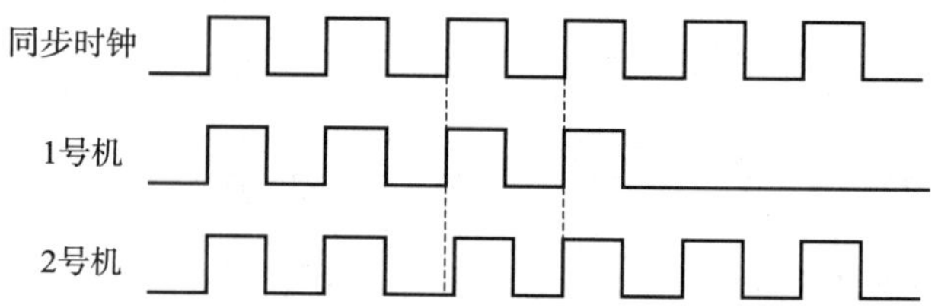

图 12-19　数字锁相环同步时序图

12.4.3　吸气式发动机试验分布式测量软件设计

12.4.3.1　设计需求分析

测量软件用于某吸气式发动机试验稳态参数测量，使用多台分布式采集设备进行数据采集，具备数据实时显示、参数校准、数据处理等功能。主要设计指标如下：

1）具备≮12 台分布式采集设备，≮800 通道数据实时采集的能力；

2）采集参数类型：压力、温度、流量、转速、电压、电流；

3）实时采集速率：100～1 000 Sa/s；

4）实时数据显示速率：≯10 点/s；

5）满负荷采集时间：≮3 000 s；

6）不同采集设备之间的数据时差：＜10 ms。

吸气式发动机试验具有系统复杂、测量参数多、测点位置分散等特点，采用多台分布式采集设备，设备型号不一且分散布置在试验现场多处位置，通过以太网连接。根据试验特点梳理测量软件的主要需求如下：

1）实时性需求：连续采集数据间隔均匀，不同参数数据时差满足要求；软件实时性满足要求，不会造成数据丢失。

2）同步性需求：多台设备采集数据同步，有统一时间基准，时差满足要求。

3）可靠性需求：软件可靠性高，长时间运行不会出现死机、丢数等故障。

4）通用性需求：软件人机界面友好，功能选项简明无歧义，可操作性好，有防误操作设计和相关的提示。

12.4.3.2　设计与实现

（1）数据采集软件设计

采集软件包括下位机软件和上位机软件两部分。下位机软件负责实时数据采集存储，上位机软件通过以太网与下位机软件通信，控制采集过程、获取下位机软件采集数据、处理采集数据、配置硬件采集通道等。上位机程序分为信息设置模块、数据采集模块、数据显示传输模块、显示报警模块 4 部分。上位机程序运行于采集计算机，提供人机操作界面。启动采集软件，读取所需配置文件后开始采集，上位机读取下位机发送的数据进行运算处理后，将物理量或者毫伏数显示于采集计算机；上位机还可读取下位机故障诊断的判读结果进行报警；上位机将数据和报警信息发送至实时显示系统和其他系统。上位机软件结构图如图 12－20 所示。

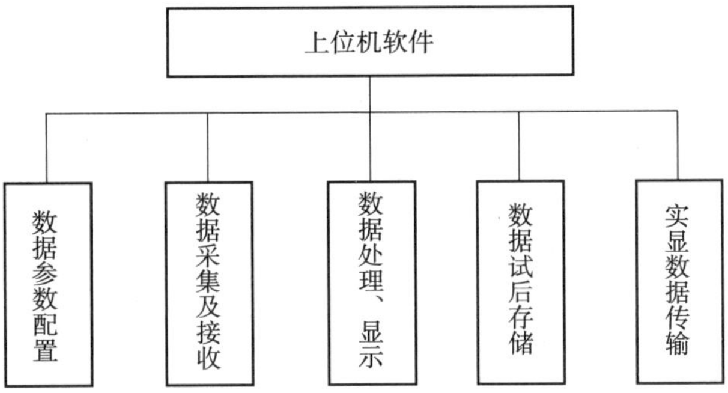

图 12－20　上位机软件结构图

下位机软件运行于采集装置控制器 LabVIEW RT 实时操作系统上，接收上位机指令进行数据采集，下位机从采集装置的板卡读数，并将读到的数据存储至本地下位机、数据传输给实时显示和故障诊断。下位机有 PXI 和 CompactRIO 两种类型，其中 PXI 只有 RT 系统一套软件，CompactRIO 由于采用 FPGA 方式实现数据采集，下位机软件分为 FPGA 和 RT 两部分。下位机软件结构图如图 12－21 所示。

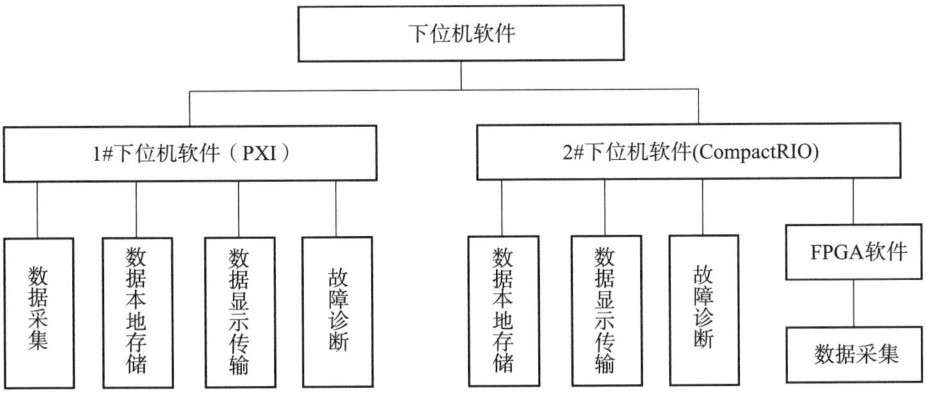

图 12－21　下位机软件结构图

采集装置的下位机采用 LabVIEW RT 2010 实时操作系统，使用 LabVIEW 语言进行开发。LabVIEW 软件经过编译调试后下载到控制器中，控制硬件进行采集，功能强大，实时性好。上位机指令通过共享变量传输至下位机，下位机接收指令后开始读取配置文件，按照相应的配置对通道采样速率、滤波截止频率、采样范围等进行设置。收到开始采集指令后开始读取板卡的数据并存储本地，按照时钟设置定时向上位机发送数据，直至接收到上位机发送的停止采集指令后停止采集并关闭设备。下位机软件流程图如图 12－22 所示。

（2）实时显示软件设计

吸气式发动机试验实时显示软件用于发动机试验调试和热试车过程，对缓变采集系统采集的参数物理量数据进行实时显示。显示内容主要包括：参数名称和对应物理量数值显

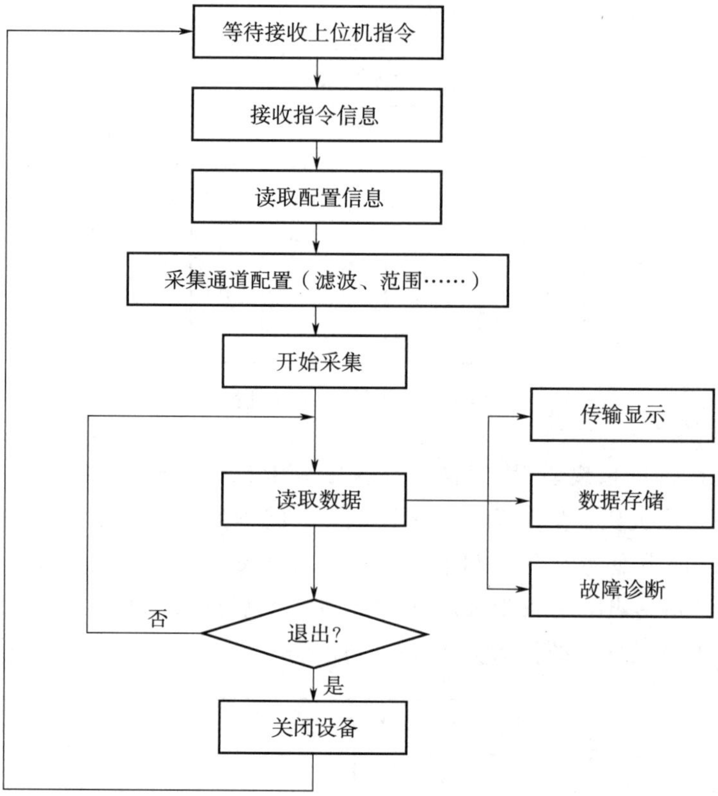

图 12-22　下位机软件流程图

示、参数物理量过程数据曲线显示、参数状态显示等。实时显示软件设计时应遵循：

1）软件系统呈现：多屏显示，每屏可独立显示。显示的参数呈现样式可定制，提供基本参数数据和名称显示、数据曲线显示，可扩展其他显示元素。显示频率定为 2～5 点/s，可做微调。

2）软件系统底层：基于 TCP 协议，同时接收多个采集系统发送的数据。

3）软件系统数据处理：根据采集系统 IP 区分参数数据，边接收边保存数据，保存的数据文件格式设计通用化，可随时查看文件数据。

4）软件系统其他功能：显示参数各种状态，包括：参数数据超限警示、传感器连接状态、数字量数据通断开关状态等。实时显示主要流程如图 12-23 所示。

5）软件数据传输底层采用基于 TCP 网络协议的数据传输模型。

优点有：

a）数据传输可靠，不丢数（硬件不出问题的前提下）；

b）有效判读采集软件连接状态；

c）有成熟的高速数据传输模型。

缺点有：

a）需要服务端和客户端握手后，才能传输数据。服务端（实时显示端软件）必须事

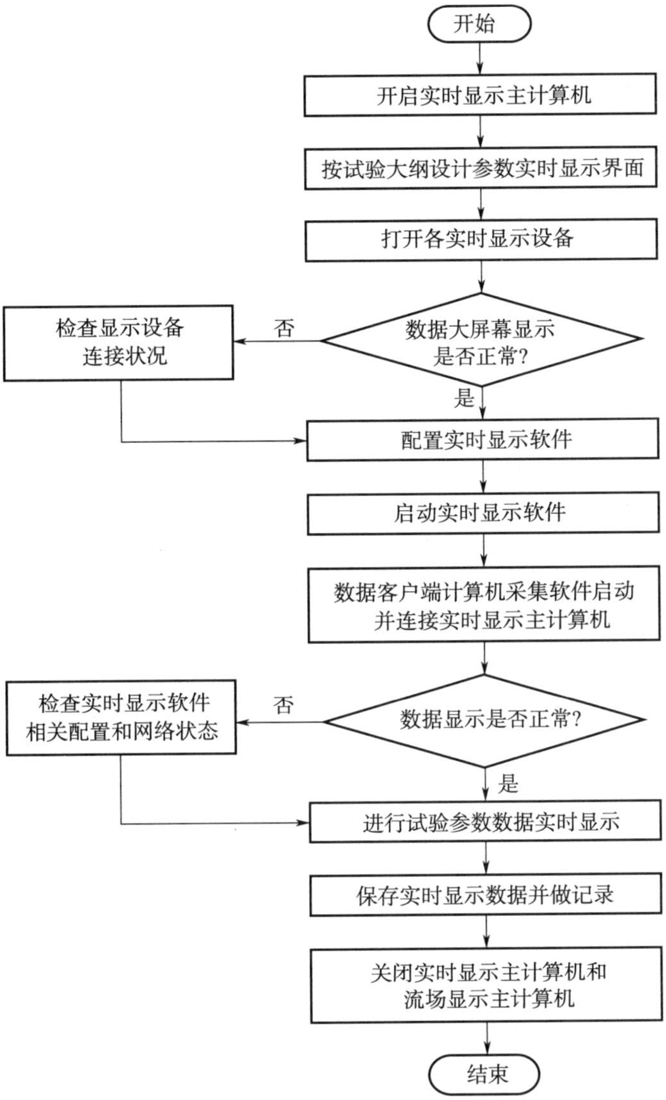

图 12 - 23　实时显示主要流程

先开启后，客户端（采集系统端软件）才能连接发送数据。

b）客户端软件需要做网络连接状态判读并针对连接状态采取措施，避免发生异常。

实时显示软件的原理是通过以太网获取各采集系统的各种参数数据后，软件进行数据处理。数据处理主要包括：数据格式转换（浮点型数转字符串）、参数与数据关系对应、数据来源（IP）确定、数据源赋值等。数据实时显示原理如图 12 - 24 所示。

实时显示界面如图 12 - 25 所示，包含基本参数数据显示、曲线显示、计时显示、日期时间显示、文本显示等，所有显示元件具有特定的属性，通过属性编辑器控制所有属性。所有显示元件可以任意拖动、复制、改变大小。

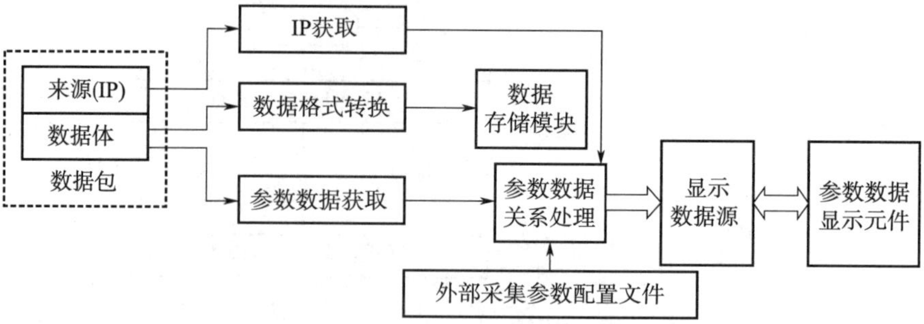

图 12－24　数据实时显示原理

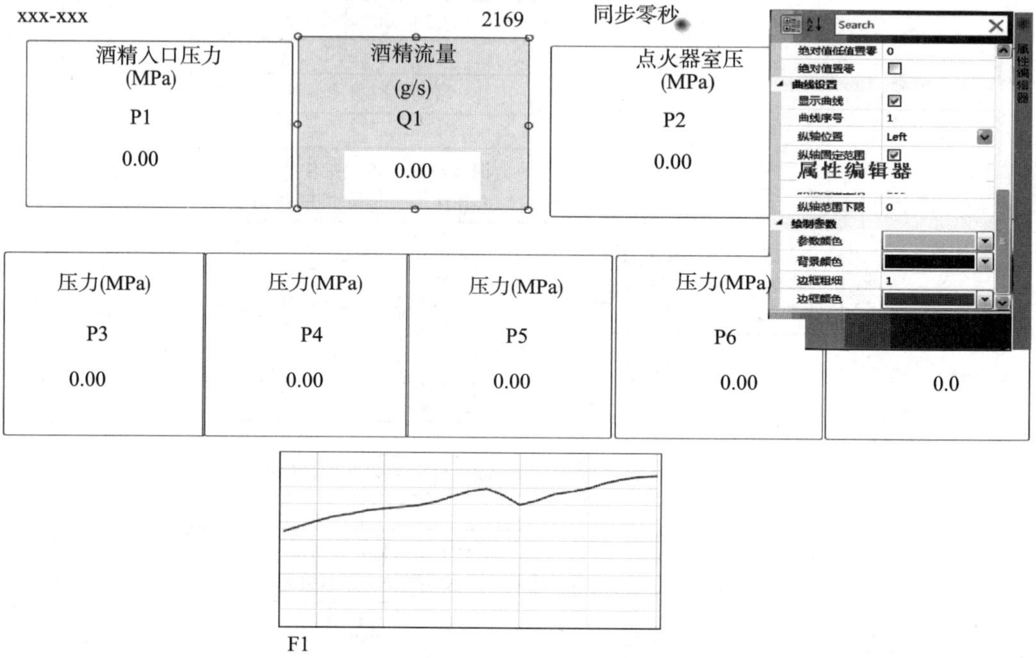

图 12－25　实时显示界面

参考文献

［1］ 范芳东，范双南．计算机应用软件开发过程中不同编程语言影响研究［J］．电脑知识与技术，2021，17（23）：53－54．

［2］ 石雷，樊玉琦，胡学钢，等．新工科建设背景下基于低代码开发平台的软件工具与环境课程教学［J］．计算机教育，2022（4）：115－119．

［3］ 戈健．计算机应用软件开发过程中不同编程语言的影响［J］．现代工业经济和信息化，2019（2）：94－95．

第 13 章　试验数据分析技术

液体火箭发动机试验中实时采集大量参数，这些参数按类型可分为三类：第一类是稳态参数，采集时滤掉动态成分。数据只进行时域处理，关心的是稳态成分，通过稳态参数换算发动机比推力、混合比、燃烧效率、起动加速性、关机减速性及冲量等性能数据。第二类是动态参数，它的特点是信号变化快，频响高，采集时滤掉稳态成分，保留动态成分，数据不仅进行时域处理，更重要的是频域分析，通过动态参数确定发动机工作稳定性。第三类是暂态参数，指水击压力、开关信号等，特性介于稳态和动态参数之间，一般对暂态参数只做时域处理，关心的是最大值及对应时刻。

液体火箭发动机试验数据分析不仅是对试验原始数据的简单处理和数据罗列，还要求在对发动机系统特性有深入了解的前提下，根据数据特点和试验实际情况，分析、研究试验数据处理技术，确定处理、分析方法，使试验数据真实反映发动机试验过程的实际情况和固有质量。

13.1　数据分析方法

液体火箭发动机试验过程伴随高温、高压、低温、大振动、真空、腐蚀等非常恶劣的环境条件，试验数据获得过程也伴随上述恶劣环境。试验后对来之不易的试验数据进行认真细致的综合分析非常重要。数据处理分析中，选择合理、有效、快捷的分析方法，运用各种分析工具，确认正常数据和异常数据，保证提供的数据报告准确有效，真实反映发动机的固有质量，为发动机性能评判、故障定位、可靠性提高提供准确可靠的依据。

数据分析工作包括分析准备、数据初算及复算、数据分析确认等内容。

13.1.1　数据分析前准备

数据分析前的准备工作主要指相关资料收集。主要包括发动机试验专用技术条件、试验任务书、试验大纲、环境参数、现场系统及电校准系数、发动机自带传感器及试验系统传感器计量检定证书等。

（1）环境参数获取

发动机试验环境参数是试验数据处理环节的重要部分，需可靠准确地获得此数据。

1）大气压强。使用校验期内校验合格的绝压校验仪读取环境大气压强 P_H；

2）环境温度。使用校验期内校验合格的温度仪表读取环境温度 T_H；

3）推进剂密度。根据发动机点火时间，按 1 s 时间间隔，计算 20 s 至（$t-5$）s 时间段内（t 为试车时间）氧化剂主管路温度 T_{og}、燃料主管路温度 T_{fg} 的平均值 T_y、T_r，按照相应介质密度计算公式得到氧化剂密度 ρ_y 、燃料密度 ρ_r 。

(2) 校准系数的获取

试验前对系统进行了现场校准或电校准，得到了系统的斜率 b 值，试验后收集该次试验的 b 值可作为复算数据的依据。发动机自带传感器或试验系统安装的多次使用的传感器，使用计量校准系数。

(3) 试验点火工况的获取

发动机试验任务书中提出的额定工况、高工况、低工况等工作状态，不同工况下发动机的推力、推力室压力（或喷前压力）、转速、流量、入口压力等参数的测量值应与工况匹配，数据处理时，依据发动机不同工况工作的时间段划分数据处理时间段。

(4) 试验点火时序的获取

发动机试验任务书提出的试验程序包括：整机试验程序（一次点火）、单机试验程序(多次点火)。整机、单机试验程序时间随着产品型号变化。无论整机、单机试验，试验时间长短，同型号、同工况的历次试验数据平均值应在统计的包络线内，超出范围时，应结合点火时序、试验工况、传感器及采集系统工作情况对数据进行综合分析。

13.1.2　正常数据确认

试验结束后按试验初算的要求，处理试验全程的瞬时数据，各稳定段平均值和起动加速性、关机减速性等性能数据。试验过程中发动机点火、关机正常，全程稳定工作，无漏火漏液现象，控制系统工作稳定，测量参数全部获得，认为试验获得圆满成功。对试验获得的正常数据确认方法如下：

1) 依据试验程序和发动机的工作原理，确认发动机起动前、稳定段和关机后测量参数之间的关系协调、匹配，对于各参数测量结果数据，通过分析检查确认测量系统工作正常，测量结果反映被测对象的真实情况，确认为正常数据。

2) 对于两套采集系统并记的参数，如果主记测量系统出现问题，经分析不影响复记系统的数据准确性时，确认复记系统的结果数据正常。

3) 经过初算和复算后的试验数据，与发动机试验任务书调整计算数据吻合，或发动机多次试验数据在统计的包络线内，确认为正常数据。

13.1.3　异常数据确认

液体发动机试验过程可能会出现推力室燃烧不稳定的情况，特别是新研制型号试验。出现燃烧不稳定时，易出现剧烈的振荡。振荡可能导致敏感传导元件的工作异常，对有效载荷或发动机结构件造成破坏。另外，试验过程中测量传感器或采集设备由于恶劣的环境也可能出现故障或损坏。这些因素可能产生异常的试验数据，需要对异常数据进行分析、确认、修正，提供的试验数据应真实、客观、准确、有效，反映发动机的固有性能和质量。发动机试验对测量异常数据复查、分析的主要内容与方法如下：

1) 发动机自身原因引起的数据异常，真实反映了发动机的工作状态，数据应保留。

2）检查传感器激励电压、线路电阻、绝缘、桥臂电阻、信号调理器、采集装置等，确定数据异常原因。同一位置，安装位置不变的两个传感器，发现本次试验各传感器测量的平均值差值较大或和以前规律不一致时，应分析系统多次校准系数变化情况、稳定性及传感器工作是否正常，查明原因，确认是哪一个传感器测量数据出现偏差。

3）若发现发动机试验过程测量数据变化规律、数值大小、和发动机试验时序的时间对应关系有异常时，应分析测量系统、传感器、电缆转接环节是否正常，测量信号是否受到干扰；控制系统时序、工艺系统阀门动作、控制指令及发动机工作是否正常；介质供应系统是否有多余物等。

4）分析发现测量系统出现设备损坏、超载等采集装置工作不正常的故障引起的异常数据，试后应通过检查验证，确定故障发生的时间和原因，对无法修复的数据进行舍弃，并记录故障的原因。

5）转速传感器在试验过程中容易受大振动、温度、传感器导磁不均匀、新型号研制试验转速门槛电平设置不合适等因素影响，使传感器输出的原始波形畸变，引起转速数据异常。应确定数据异常原因，在数据报告中予以明确说明。

6）对于动态信号中的奇异信号数据，常用的分析方法是使用传统的极值分析方法，即通过测量的数据与某个给定值相减的绝对值是否在给定的范围之内判断测量数据是否存在奇异点。信号的奇异性包含两类现象：一是信号在某一时刻其幅值发生突变，引起信号非连续；二是信号外观光滑，幅值没有发生突变，但信号的一阶微分发生突变且不连续。动态信号中的数值突变和奇异点等不规则数据通常包含重要的信息，对于信号变化较快和信号频带较宽的动态信号，常用的试验数据分析方法是对某个时间区间进行傅里叶分析，通过频谱图衰减的快慢或突频成分的多少判断信号是否异常或该信号在该区间段内是否存在奇异性。动态信号分析中一些异常数据分析、判断可参考本书 7.5 节数据处理相关内容。

对异常数据的处理与分析，通常采取物理判别和统计判别两种方法。物理判别法即在试验过程中，根据常识和经验，判别由于振动、传感器与采集设备等原因所造成的异常值，随时发现，随时剔除。统计判别法的基本思想是给定一个置信概率（例如 0.99），确定一个置信极限，超过极限的误差，认为它不属于随机误差范围，是异常数据，应予以剔除。

13.1.4 数据处理取舍方法

采集系统不清零、工频 50 Hz 干扰、其他干扰造成尖脉冲等非正常测量数据应进行处理，平稳段数据根据制定的舍点公式，剔除异常点。常用的异常数据剔除方法介绍如下[1]。

（1）莱特准则

如果试验数据的总体样本数 x 符合正态分布，则

$$P(|x-\mu|>3\sigma)\leqslant 0.003 \tag{13-1}$$

式中，μ 和 σ 分别表示总体的数学期望和标准差。因此，在试验数据中出现大于 $(\mu+3\sigma)$

或小于（$\mu-3\sigma$）数据的概率是很小的，根据上式，对于大于（$\mu+3\sigma$）或小于（$\mu-3\sigma$）的试验数据，认为是异常数据，应予以剔除。

当重复测量数据足够多时，按照莱特准则的方法剔除坏值可行。如果测量次数较少，如少于 20 次，其结果不一定可靠，可用格拉布斯准则或经典的肖维勒准则判断。

（2）肖维勒准则

若试验某个测量值 x_i 和残差 $\nu_i(1 \leqslant i \leqslant n)$ 满足下式

$$|\nu_i| > \overline{\omega}_n \sigma \tag{13-2}$$

则 x_i 被判定为异常数据，应予以剔除。

式中，σ 是 n 次测量数据的标准差；$\overline{\omega}_n$ 可以查表 13－1。

表 13－1　$\overline{\omega}_n$ 与 n 的对应关系

n	$\overline{\omega}_n$	n	$\overline{\omega}_n$	n	$\overline{\omega}_n$
3	1.38	13	2.07	23	2.30
4	1.53	14	2.10	24	2.31
5	1.65	15	2.13	25	2.33
6	1.73	16	2.15	30	2.39
7	1.80	17	2.17	40	2.49
8	1.86	18	2.20	50	2.58
9	1.92	19	2.22	75	2.71
10	1.96	20	2.24	100	2.81
11	2.00	21	2.26	200	3.02
12	2.03	22	2.28	300	3.20

（3）格拉布斯准则

设试验数据 x 的分布为正态分布 $N(\mu, \sigma)$，x 的一个随机子样为 $x_1, x_2, \cdots, x_n$。把试验数据 x_i 按值的大小排成顺序统计量为

$$x_{(1)} \leqslant x_{(2)} \leqslant \cdots \leqslant x_{(n)} \tag{13-3}$$

格拉布斯导出了 T 的分布

$$T = \frac{x_{(n)} - \overline{x}}{\sigma} \tag{13-4}$$

取置信概率 α，可得 $T_0(n, \alpha)\sigma$，而 $P\left[\frac{x_{(n)} - \overline{x}}{\sigma} \geqslant T_0(n, \alpha)\right] = \alpha$，若

$$|\nu_i| > T_0(n, \alpha)\sigma \tag{13-5}$$

则认为 x_i 为异常数据，予以剔除，其中 $T_0(n, \alpha)\sigma$ 称为格拉布斯系数。

以上准则中，莱特准则最简单。在测量次数较多或要求不高时，肖维勒准则是经典方法，过去应用较多，但无固定的概率意义。格拉布斯准则是根据数理统计方法推导的，概率意义比较明确，通常应用于发动机试验数据处理中。

13.1.5 历史试验数据对比

历史试验数据对比分析时，收集原始数据、试车程序、校准数据等相关信息，根据发动机试验时序与工况，与历史试验数据进行对比、综合分析。一般进行以下分析：

1）同型号试车、同工况状态下，平稳段数据平均值对比；

2）同型号试车、同工况状态下，起动特性、关机特性数据包络对比；

3）本次试验推力、流量、推力室与发生器压力、推力室与发生器喷前压力、泵后压力、转速等各参数的协调性分析，与历次试验协调性对比；

4）振动、脉动压力等动态参数冲击值对比分析，时间历程、有效值（RMS）、平均频谱和功率谱的对比分析，特别是故障前后特征频率变化情况对比分析。

13.1.6 数据包络分析

数据包络分析主要针对定型产品试验、工艺检定交付试验、整机抽检试验等进行分析，包括以下内容：

1）与同类型工艺交付试验、整机抽检试验的平稳段平均值数据进行对比；

2）与同类型整机抽检试验的起动加速性、关机减速特性数据进行对比；

3）与历史成功工艺交付试验、整机抽检试验数据包络线进行对比；

4）关键性能测量数据超出包络线范围时，对发动机实际工况及试验系统技术状态、设备工作情况进行分析复查；

5）对推力、推进剂流量、推力室压力、转速等关键参数进行协调性分析，发动机试验圆满成功、试验系统无异常情况下，更新数据包络；

6）对振动、脉动压力等相关参数进行数据包络线对比，起动、关机冲击值，稳定段平均频谱及特征频率在统计包络线内。如果超出包络线，应进行综合分析后再对数据进行确认。

13.2 数据修正技术

液体火箭发动机试验过程受推进剂供应系统阀门动作、点火和关机冲击、试验大振动、传感器及采集设备温度等因素影响，获得的数据有异常大点、零位漂移等。在数据处理时，应根据具体情况分析引起的原因，采取相应方法进行数据修正。数据修正原则是原因清楚的零位漂移等异常数据（经冗余测量数据比较、分析，综合测试、验证等证明是传感器或测量系统引起的）应进行修正，原因不清楚或经过反复复查，证明测量系统无异常时，提供实测数据不修正，并在数据报告中说明。

13.2.1 常温环境的数据修正

发动机试验中为了完整、可靠、准确地获得发动机试验数据，除选择高可靠性，适合现场环境条件的传感器、测量设备外，还需要研究测量工艺方法、数据综合分析及测量数据提供方法等技术，确保测量各个环节引入的误差在预估范围内，提供的数据准确有效，反映发动机的固有质量，为发动机性能评判提供准确可靠的依据。

液体发动机试验有常温、低温和高温环境，常温试验环境异常数据的修正方法如下：

（1）试前零位修正法

发动机试验后，通常对推力、压力参数进行检查分析，针对传感器零位漂移引起的数据异常情况进行修正，一般正零位相减，负零位相加。

在某些姿控单机发动机试验中，由于推力室压力传感器经过多次脉冲程序试验后，传感器的零位值发生较大漂移，需要对提供平均值工作段的数据进行修正。方法是用该次工作段试验前 0.5 s 的均值作为零位修正值，对该次工作段的压力数据平均值进行修正。如图 13－1 是传感器在经过多次脉冲压力的作用下，零位由原始的 0.000 MPa 变化为 0.384 MPa，导致发动机工作段均值与真实状态比较被抬高了约 0.384 MPa 的压力，对试验数据进行复算处理时，测量的瞬时数据减去 0.384 MPa 即可获得真实数据，复算后的试车数据曲线如图 13－2 所示。

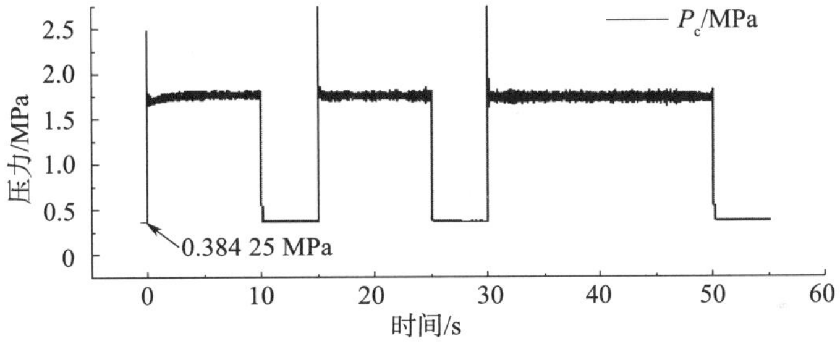

图 13－1　初算曲线

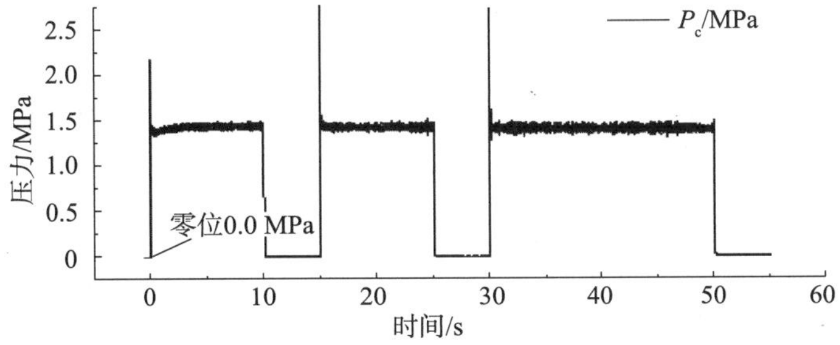

图 13－2　复算曲线

（2）试后零位修正法

试后零位与试前零位偏差大，试验数据与理论计算值偏差过大的情况下，一般采用试后零位修正法，将试后零位的均值作为零位对试验数据进行修正。如某次地面 3 000 N 发动机试验中，推力曲线如图 13－3 所示。由于工艺系统管路约束力、热传导等因素的影响，导致工作间歇段推力零位数据不断变化，且零位随着时间的延长逐渐增大。复算时计算每一次点火后的间歇段零位数据，结合设计理论值对该次点火推力数据进行试后修正，修正的曲线如图 13－4 所示。

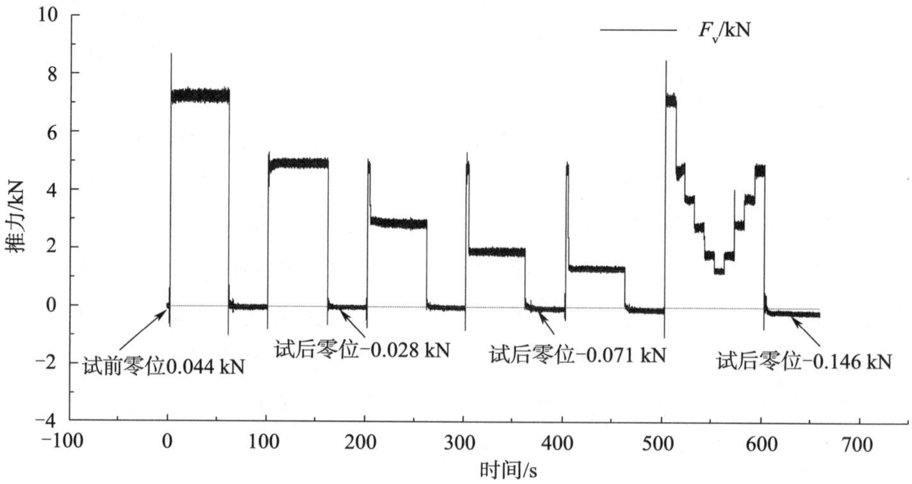

图 13－3　初算曲线

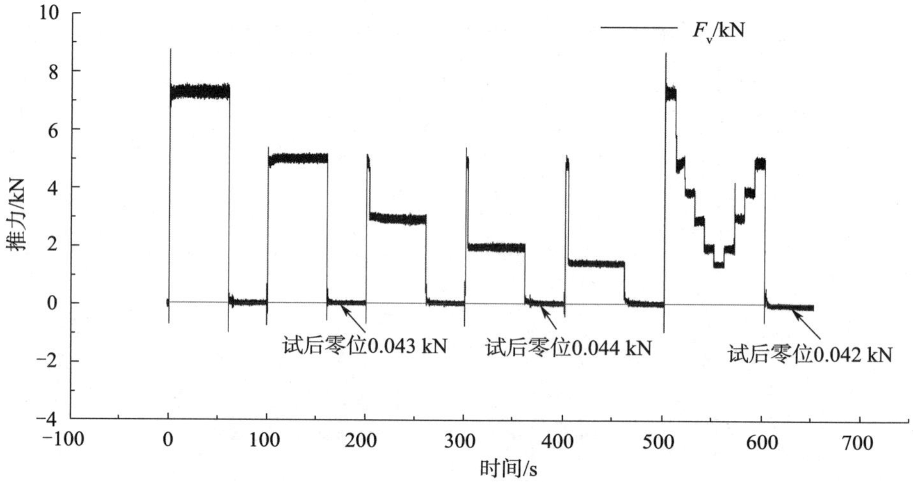

图 13－4　复算曲线

（3）差值修正法

发动机试验过程中，在每次点火前入口压力与贮箱压力之间的差值基本固定不变（介质贮箱与管路液位差产生的压力），通常入口压力传感器受起动峰值和温度的影响，传感器发生零位漂移，数据复算时计算出每次点火前（－0.5 s）入口压力与箱压的压力差值。第一次点火属于冷起动，压力差值为真实数据，以该差值为基数，计算出每次点火的相对差值（参考介质液位下降静液柱自身的压力变化）来进行修正，如图 13－5 和图 13－6 所示，Ptiko 是箱压，Pivo 是入口压力，ΔP 是两者之差。

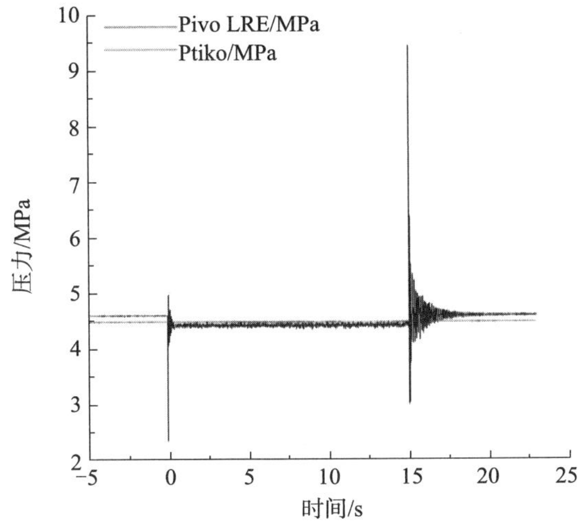

图 13－5　入口压力修正前数据曲线（见彩插）

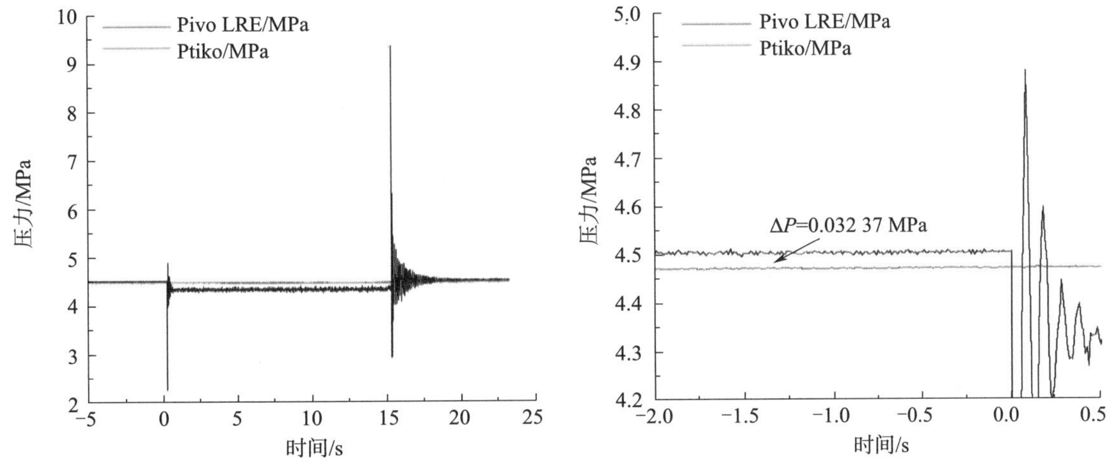

图 13－6　入口压力修正后数据曲线（见彩插）

（4）线性修正法

姿轨控发动机试验中，压力传感器受脉冲冲击次数多、工作时间长、温度等因素引起零位漂移。通过对历史数据的统计分析可知，多数情况下零位漂移随着时间呈线性变化，需要运用合理的处理方法进行零位修正，在一定范围内消除零位漂移。

在修正过程中分别取起始段的零位（t_1，P_1）和结束段的零位（t_2，P_2）两点拟合一个线性方程，求出变化率 b 系数。在原始数据的基础上随着时间的累积计算出线性漂移量，不同时刻数据用计算的相对应漂移量进行修正。具体计算中根据实际数据曲线可以采用单个斜率或者多个斜率进行分段修正，最终得出结果，如图 13－7 和图 13－8 所示，Pc1x、Pc2x 是用斜率修正后的数据。

（5）奇异点修正法

有时测量通道受干扰信号影响，试验数据中间会夹杂着极大值和极小值等异常数据。

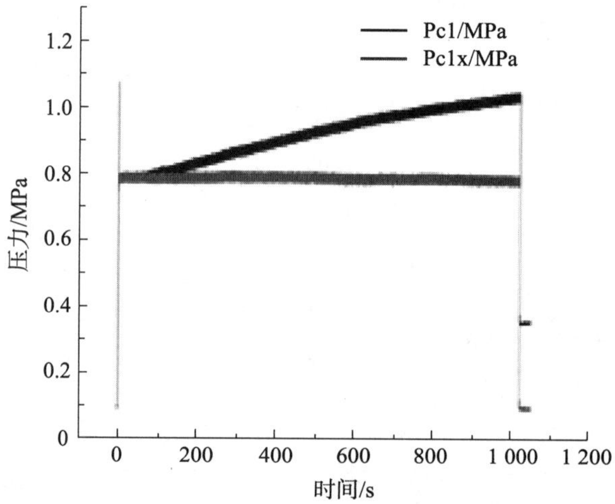

图 13－7　压力 1 参数修正前后数据曲线对比（见彩插）

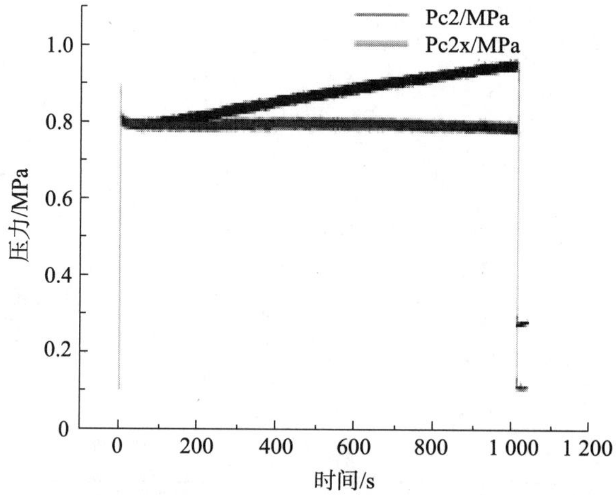

图 13－8　压力 2 参数修正前后数据曲线对比（见彩插）

复算时将瞬时值异常数据用该处理段的均值替代，以保证处理结果能更加接近真实数据，如图 13－9 所示。

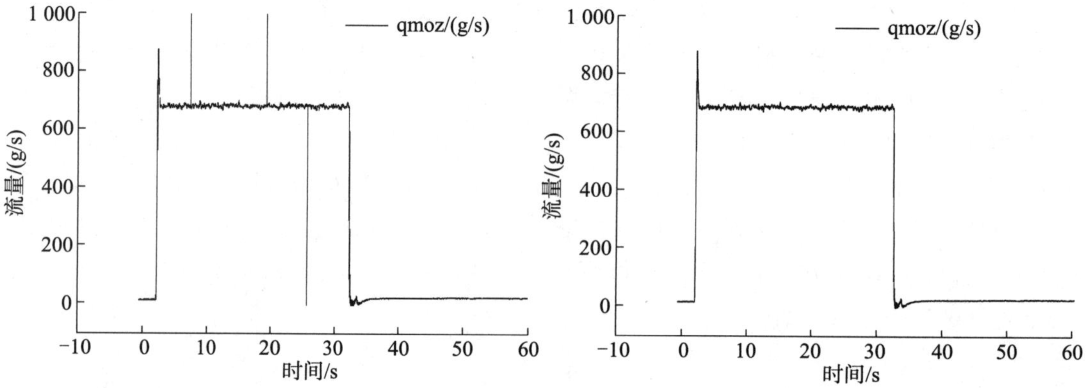

图 13－9　奇异点修正法

（6）试后斜率修正法

主要用于试验过程中传感器的斜率发生变化，造成数据偏离正常值较多，无法提供正确试验数据。试验结束后对测量系统重新进行现场校准，获得新斜率值，用新斜率对原始数据重新进行处理，得到真实的试验数据，如图 13－10 所示，图中的 Pgvx 是新斜率计算的结果。

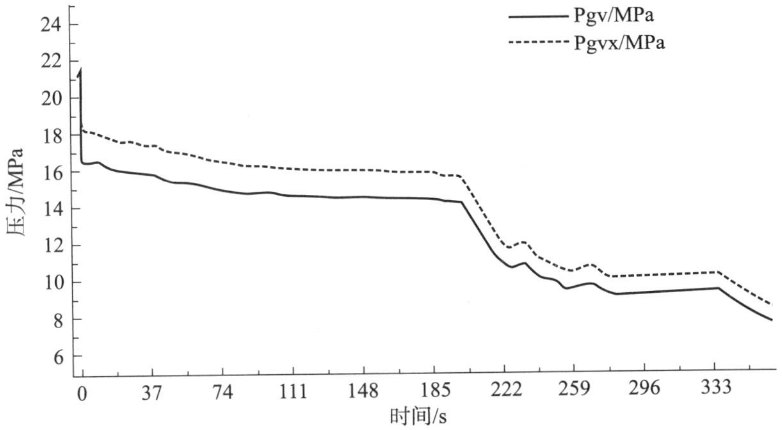

图 13－10　试后斜率修正法

13.2.2　低温环境的数据修正

低温压力测点通常使用常温压力传感器或低温压力传感器来测量。低温压力传感器一般用在无法安装测压导管或不允许压力测量滞后的位置。传感器在低温环境下比常温传感器零位漂移大。同时由于低温测量所用的校准系数多数是常温条件下取得的，直接用低温压力传感器测量压力比用常温压力传感器测量压力的误差大。如液氧煤油发动机预冷后，在液氧－183.5 ℃条件下，直接接触液氧的压力传感器在短时间内零位发生明显漂移，少数线性不稳定的低温传感器的斜率也发生一定变化，影响压力测量数据的准确性。对低温环境试验引起的异常数据的修正常采用以下几种方法：

1）同一位置的低温测点，用不同长度的测压导管，测量值相差应在 0.2％以内（含传感器因素），测压导管长度应控制在 2 m 以内。一般情况下，直接安装低温压力传感器测量值比安装测压导管的传感器测量值偏大 0.5％～1％。

2）通过测压导管测量低温压力时，低温测量转变成常温测量，一般不用考虑零位漂移和斜率变化，测量数据准确性较高。能用测压导管引出的低温测点，尽可能用测压导管引出测量。对测压导管产生的测量值滞后问题，通过安装实际测压导管和直接安装进行压力激励动态试验，获得测压导管引起的滞后时间，对测量数据进行时间坐标值修正。

3）发动机预冷后，通大气的低温压力传感器应使用预冷后的零位（减去液氧液柱产生的压力）。不通大气的低温压力传感器预冷产生的压力差值有两种处理办法：一种是系统未增压前传感器的准确输出值（绝压）应为液氧液柱产生的压力值加环境大气压值，此时传感器零漂值=测量值-液柱自重产生的压力值-环境大气压值，数据处理时，分析传感器零漂大小基本固定的情况下，认为传感器工作正常，仅发生零位漂移，全程数据减去零漂值。贮箱压力和入口压力的关系根据公式（13-2）计算，发动机点火前系统流阻 ΔP 为零。第二种方法是发动机点火前，寻找和该低温压力传感器位置相近的带测压导管的压力传感器，直接安装的低温传感器测量值和带测压导管的压力传感器测量值（未产生零位漂移）的差值就是低温零位漂移值，全程数据减去零位漂移值（位置不同时考虑液柱差产生的压力）。

$$P_0 = P_i - \rho g H \times 10^{-6} + \Delta P \tag{13-6}$$

式中 P_0——容器的增压压力，单位为 MPa；

P_i——发动机入口压力，单位为 MPa；

ΔP——推进剂供应系统的系统流阻，单位为 MPa；

ρ——推进剂的密度，单位为 kg/m^3；

g——当地重力加速度，一般取 9.81 m/s^2；

H——发动机入口至推进剂容器内液面的静液柱高度，单位为 m。

4）低温介质对传感器的零位影响较大，对斜率的影响较小。通常对零位漂移要进行修正，对斜率是否修正要根据变化大小来决定。在没有建立低温压力现场校准的情况下，一般对零位漂移进行修正，斜率变化若小于 0.2%，可以忽略，若大于 0.2%，还应对斜率进行修正。低温斜率变化情况可通过量程相近的同型号压力传感器低温试验来获得，所获得的低温性能数据，可在一定时期内使用。

13.2.3 高温环境的数据修正

随着航天技术的飞速发展，对火箭发动机的试验要求越来越高。发动机设计方提出试验系统要具有低温、高温、振动等力热耦合环境下的试验能力，应采用大功率红外灯阵热辐射技术，产生高温模拟环境，已在地面台和真空舱内都进行了高温热辐射下的发动机点火试验。试验使用的压力、温度等传感器长时间受高温和高热流密度的影响，易出现电缆熔化、明显零位漂移、灵敏度变化、数据异常波动等现象，这些因素导致试验过程产生异常数据。通过分析异常数据产生的原因，提出合理有效的修正方法和测量方法改进措施，获得真实、准确的试验数据。对高温环境试验数据常用的修正方法有以下几种：

1）采用安装引压管的方式将传感器布置在常温环境下工作，传感器的校准与使用状态一致，零位漂移和灵敏度基本不变。

2）在无法安装测压导管或不允许压力测量滞后的位置安装水冷式传感器，水冷式传感器可有效减小温度影响，输出的信号一般稳定、可靠。

3）试验系统上的推力装置和某些压力传感器，为了减小高温对参数测量的影响，采用安装水冷夹套的方法，让推力传感器、压力传感器工作在基本常温的环境下，获得的测量数据比较准确、可靠。

13.3 数据评估技术

液体火箭发动机试验数据分析和处理流程分为五个步骤：1）数据预处理（初算）；2）零位修正；3）检测数据是否存在异常；4）若存在异常，根据需要决定是否进行重构或异常处理；5）数据复算，出具试验结果报告。液体火箭发动机试验由于恶劣环境影响，有时出现测量数据不完整、部分数据异常等情况。数据异常主要表现为偏差较大、冲击值超包络线、正常信号上叠加干扰信号、零漂大、输出值超传感器量程或采集装置过载值不变等。目前发动机试验领域测试数据评估多数采用传统统计分析方法，计算出各测量参数的平均值、方差，确定正常状态下各参数的安全范围（上、下限），超出范围较多认为数据出现异常。已定型的液体火箭发动机试验关键参数异常数据可采用回归分析[3]和神经网络技术实现关键参数推力、燃烧室压力、发生器压力、泵后压力等数据重构。多数情况下无法实现失效数据的完全恢复。

大量的试验数据统计表明，液体火箭发动机试验稳态数据曲线中所有样本曲线均在某一水平线周围随机波动，统计特征基本与时间无关。理论上，同一批发动机的性能参数、试验系统工艺参数通常应该是服从正态分布的随机变量[3]。发动机的稳态参数（推力、压力、温度、流量、转速等）在发动机稳定工作过程中数据随时间变化，但比较缓慢，其统计量值均值、方差等基本不变[4]。发动机的动态参数（振动、脉动压力、动应变等）在发动机稳定工作过程测量值是一个随机平稳过程，其数学期望值应等于零。测量数据评估时测量结果应符合上述基本原理。

液体火箭发动机试验分成起动段、稳定段和关机段三个阶段，每个阶段的数据特点有所不同。在起动段和关机段稳态参数测量数据存在一定的随机性和振荡、冲击，在稳定段稳态参数测量数据变化缓慢，数据的集中度可用均值表示，数据分散性可由方差描述。稳态参数分布从理论上应服从正态分布，样本总体体现正态性。由于试验出现的异常或其他原因，可能导致试验参数偏离正态分布。通过对样本的正态性检验，将样本总体细分为正常数据样本和异常数据样本。

采用 MATLAB 中的 Jbtest Jarque - Bera test 正态性检验方法进行测量参数数据分布特性检验。该方法是将偏度和峰度联合起来进行正态性检验。

偏度公式为

$$s_k = \frac{n\sum_{i=1}^{n}(x_i - \overline{x})^3}{(n-1)(n-2)S^3} \tag{13-7}$$

式中 x_i ——样本测定值；

$\overline{x}$ ——样本 n 次测定值的平均值；

S ——样本标准差。

峰度公式为

$$b_k = \frac{\sum_{i=1}^{n}(x_i - \overline{x})^4}{(n-1)S^4} \tag{13-8}$$

式中　x_i ——样本测定值；

$\overline{x}$ ——样本 n 次测定值的平均值；

S ——样本标准差。

对于显著性水平，当总体分布为正态分布时，峰度近似为 0，总体服从正态分布；否则，总体不服从正态分布。表 13－2 为部分样本偏度和峰度数据。

表 13－2　部分样本偏度和峰度数据

试验数据样本	P_{xy}（液氧贮箱压力）		P_{ohy}（液氧泵前压力）		G_y（液氧流量）	
	偏度	峰值	偏度	峰值	偏度	峰值
1	2.968	13.62	0.412	0.230	5.028	32.07
2	0.752	0.695	0.713	0.925	4.500	33.52
3	1.899	9.155	0.458	0.469	4.657	24.37
4	2.367	10.58	0.523	0.514	5.010	30.26
5	−0.368	15.65	0.309	0.213	4.334	51.13
试验数据样本	N_o（氧泵转速）		N_f（氢泵转速）		P_k（推力室压力）	
	偏度	峰值	偏度	峰值	偏度	峰值
1	0.098	−0.039	0.112	−0.215	−0.789	−0.989
2	0.012	0.020	0.100	−0.369	2.342	10.99
3	−0.053	0.076	−0.056	−0.215	−0.801	1.169
4	−0.001	−0.375	0.038	−0.136	0.148	−0.389
5	0.009	−0.026	0.056	−0.654	−1.026	1.137

从表 13－2 中可以看出，转速参数正态分布性好，液氧供应系统贮箱压力参数 P_{xy} 和流量参数严重偏离正态分布。由于液氧系统增压不稳定导致压力参数 P_{xy} 波动较大。由于流量计长期使用，涡轮叶片磨损严重，介质输送流场不稳定，导致流量参数信号中含有较多干扰或噪声信号。推力室压力参数 P_k 样本 2 严重偏离正态分布，是由于系统多余物导致压力参数部分时间段未建压。当试验系统或发动机出现异常时，试验参数数据偏离正态分布。通过正态分布检验，建立正常数据样本和异常数据样本。异常数据样本可作为小波分析和主元分析数据处理方法的测试验证样本，正常数据样本作为标准样本用于检验处理效果。

试验系统和试验环境复杂，出现不良因素影响可能会导致参数出现异常。如静电干扰导致采集通道饱和，测得的数据表现出数值恒定不变；试验时高、低温的影响引起数据发生漂移；串、共模信号和电磁等干扰导致数据异常波动等。数据异常以不同形式表现，统计各型号液体火箭发动机试验的稳态参数异常数据，总结出异常数据的表现形式主要为：数据中存在冲击、死数（数值恒定不变）、漂移、含有干扰、存在较大偏差等，异常数据曲线如图 13－11 所示。

数据评估是在试验数据处理、分析、确认的基础上进行的，以进一步确认测量数据的准确性。通过数据评估，确认获得的测量数据是否符合基本规律，异常数据处理方法和结果是否正确，测量数据是否准确反映了发动机的固有质量等。

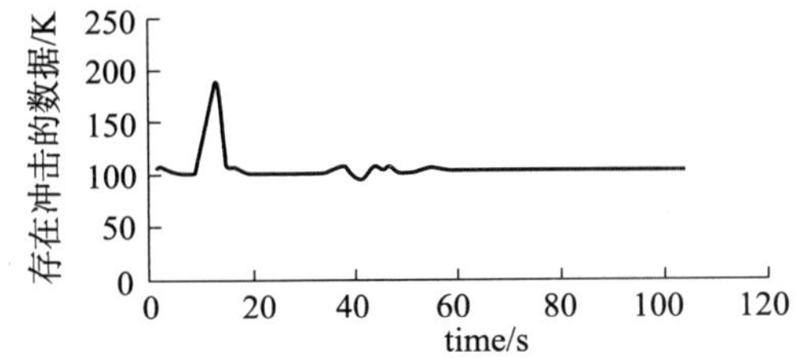

数据中存在冲击

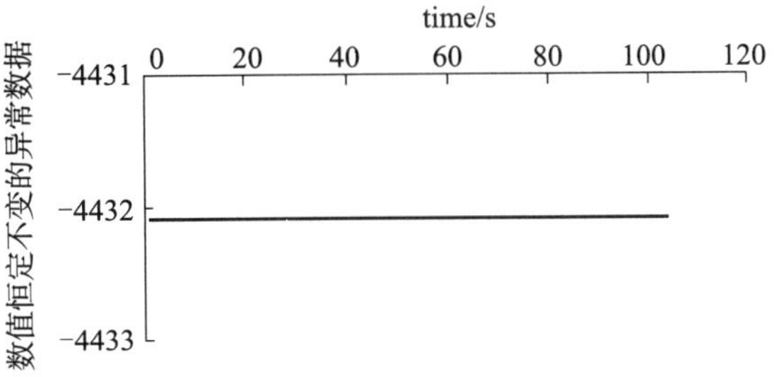

死数

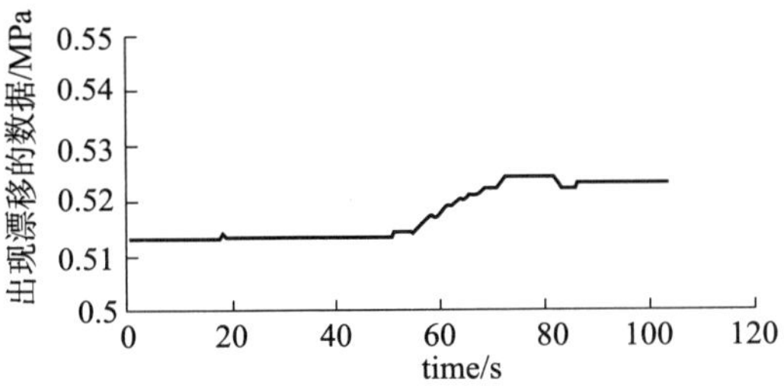

数据漂移

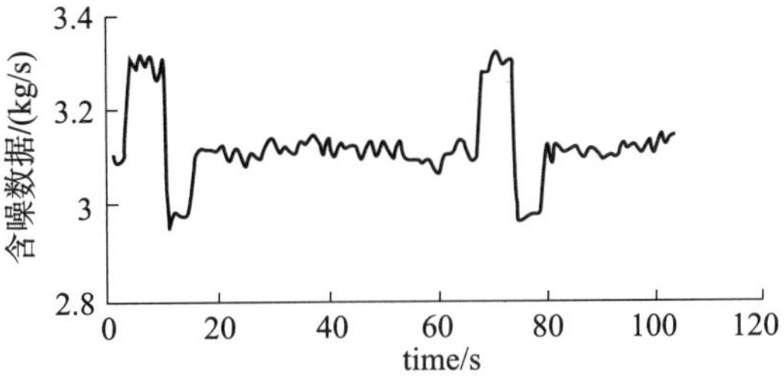

数据含有干扰

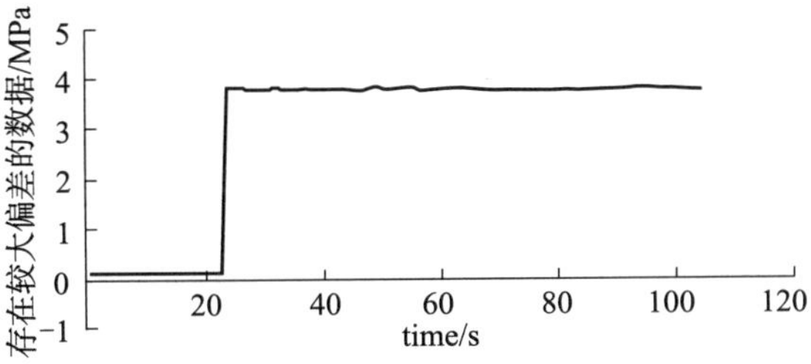

数据存在较大偏差

图 13－11　数据的异常表现形式

参考文献

［1］ 王跃科，叶湘滨，等．现代动态测试技术［M］．北京：国防工业出版社，2003：105.

［2］ 郭霄峰．液体火箭发动机试验［M］．北京：宇航出版社，1990.

［3］ 张贤达．信号处理［M］．北京：清华大学出版社，1995.

［4］ 赵万明．液氧煤油发动机试验主要参数测量方法研究［J］．火箭推进，2006，32（5）：54－55.

第 14 章　试验系统测试技术

大型液体火箭发动机试验过程危险性高，试验系统组成复杂，控制对象多，测量参数种类与数量多。如果试验过程中由于试验系统原因导致试验故障或失败，则会产生巨大影响和经济损失。试验系统中推进剂供应系统主要以阀门、管路容器为主，出现的故障一般看得见、摸得着，通过正常维护保养和测试，基本可以保证工作的可靠性。测控系统以电子元件、电路和软件为主，发生的问题和故障不易发现和排查。为保障试验测控系统稳定和可靠，需研究试验测控系统的测试技术，制定一套行之有效的系统测试、检查和维护方法，确保系统工作可靠稳定。本章主要介绍测控系统的测量内容和测试方法。

14.1　测控系统测试内容

14.1.1　测控系统测试项目

液体火箭发动机试验系统主要包括推进剂供应系统、控制系统、测量系统、辅助系统（冷却水、消防、监视、通信、分析化验等）。推进剂供应系统和供配气系统主要以机械结构为主，控制系统与测量系统主要以电子器件为主。在控制系统中，还有故障诊断系统、摇摆测控系统、闭环调节系统等。测控系统是发动机试验的指挥决策中心和数据信息中心，控制执行机构和测量传感器遍布于试验系统各个环节。试验系统的关系图如图 14－1 所示[1]。测控系统的主要测试工作包括：明确测试项目，编制测试大纲，测试完成后形成测试报告三部分内容。

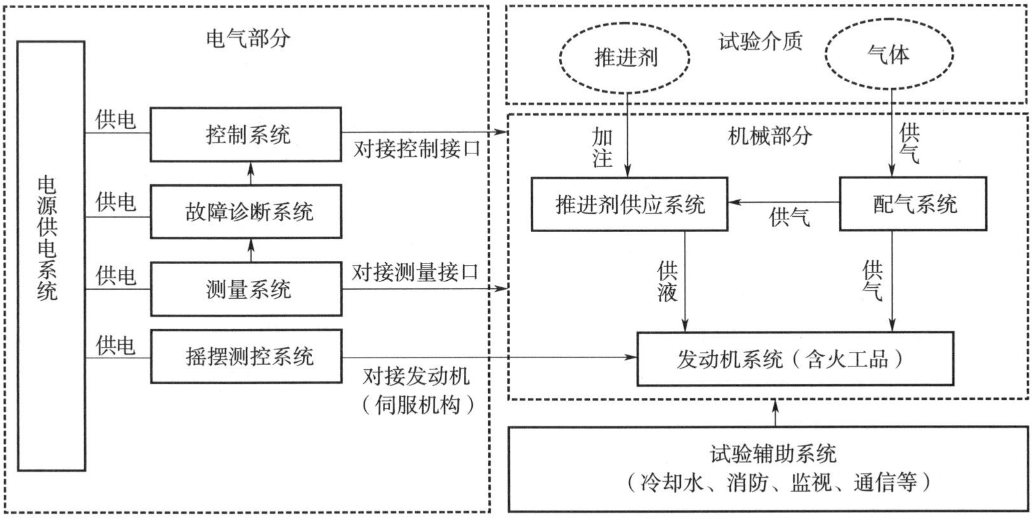

图 14－1　发动机试验系统关系图

14.1.1.1　测试项目

根据发动机试验过程、测控系统各分系统的重要程度和使用频次，确定的测试项目见表 14-1。

表 14-1　检测项目表

序号	被检系统	检测项目
1	控制系统	控制台及控制板件
		电缆及接插件
		信号反馈装置
		控制软件测试
2	测量系统	传感器检查
		电缆及接插件检查
		采集装置及信号调理检查
		采集计算机检查
		测量软件测试
		参数校准
3	故障诊断系统	硬件设备检查
		电缆及接插件检查
		诊断软件测试
4	摇摆测控系统	伺服机构检查
		电缆及接插件检查
		硬件设备检查
		摇摆软件测试
5	闭环调节系统	电缆及接插件连接检查
		闭环应用软件测试
		压力测量值的比对测试
		控制输出阀门动作检查
6	电源配电系统	直流供电设备检查
		交流供电设备检查
		动力供电设备检查

14.1.1.2　测试大纲

测试大纲是测控系统检查测试的指导性文件，大纲中应明确规定各测试阶段的目的与任务、测试技术流程、测试条件、测试项目等。一般应包含下列内容：

1）测试依据及参考文件；

2）测试时间与阶段；

3）测试目的；

4）测试流程；

5）测试技术状态；

6）测试内容与项目；

7）测试安全及其他注意事项；

8）测试覆盖性要求；

9）测试结果记录要求；

10）测试数据处理要求；

11）配套技术文件要求；

12）其他要求等。

14.1.1.3　测试报告

测试报告应明确测试目的、测试对象工作原理、测试技术流程、测试条件、测试项目、测试结果、测试结论等。测试报告中提供的数据应全面、准确、完整、真实。测试报告一般包含以下内容：

1）测试日期、地点；

2）测试依据技术文件；

3）测试技术状态及所用测试仪器；

4）测试内容、项目；

5）被测对象信息；

6）测试数据；

7）测试符合性判断；

8）被测设备故障及问题处理情况说明；

9）测试结果或结论；

10）参试人员名单；

11）其他附加说明。

14.1.2　系统测试流程

系统测试流程包括设备测试、分系统测试、测控系统联合测试和试验系统综合测试。其中，设备测试是对分系统内部的单个仪器设备、软件模块进行的功能、性能测试；分系统测试是对测量和控制各分系统整体功能和性能的测试；测控系统联合测试是对多个分系统的时间同步性、联合工作适应性等进行联合测试；试验系统综合测试是针对试验准备、所有参试系统、参试人员和试验流程进行的测试。以上流程中，设备测试和分系统测试主要在分系统设计、开发、调试过程中进行，通常设备先测试，分系统后测试。多个分系统测试完成后，进行测控系统联合测试，试验系统综合测试。系统测试流程如图 14－2 所示。

14.1.2.1　设备测试

因各分系统功能、组成及性能指标要求不同，系统设备级测试的项目也不同。以下从测试对象、测试内容等方面进行介绍。

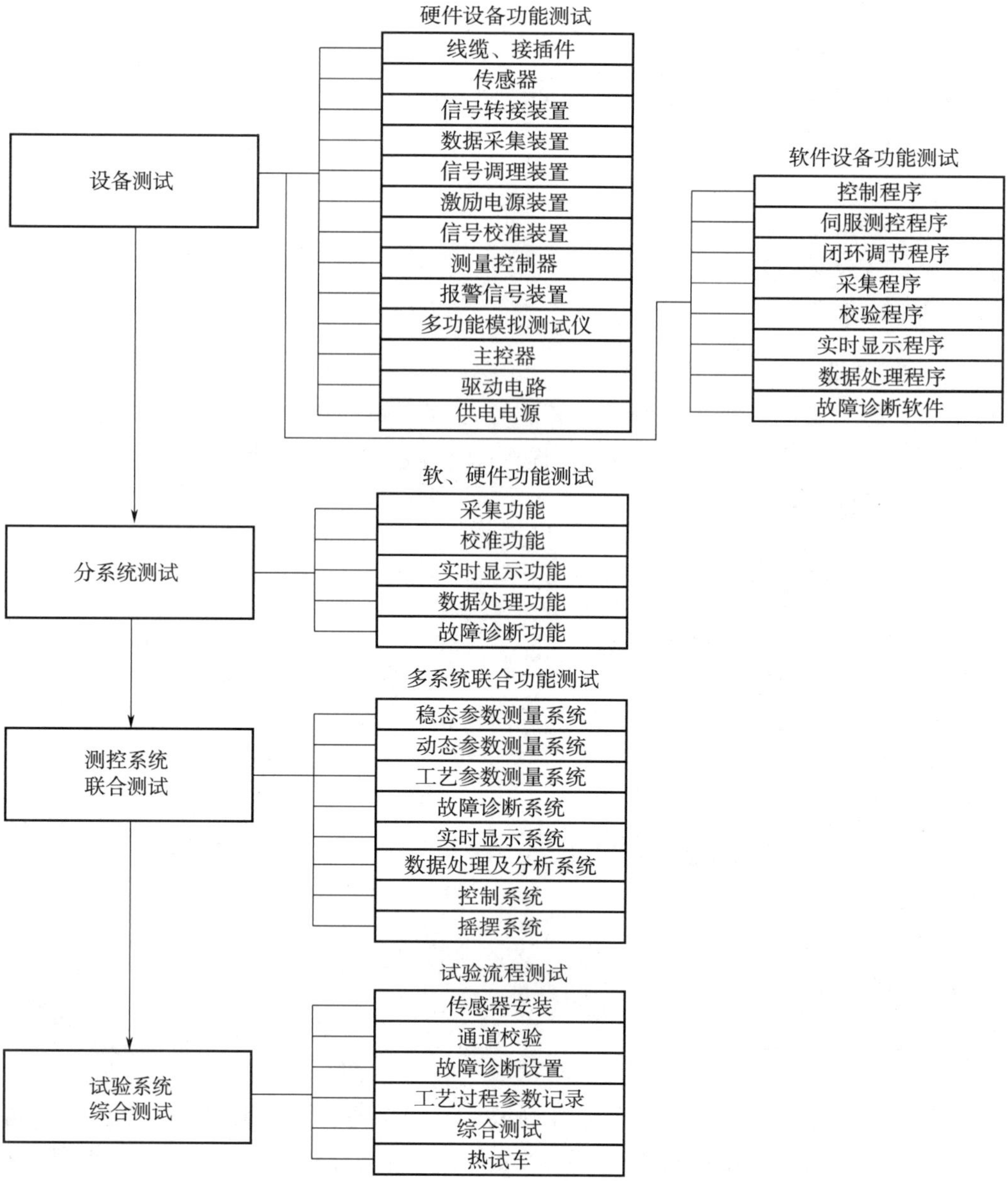

图 14-2　系统测试流程

(1) 测试对象

系统单元测试对象包括硬件对象和软件对象。其中，硬件对象主要包括：数据采集装置、信号调理装置、激励电源、测量控制器、报警信号装置、多功能模拟信号测试仪、信号转接装置、传感器、线缆及接插件、主控器、驱动电路和供电电源等。软件对象主要包括：控制程序、伺服测控程序、闭环调节程序、采集程序、实时显示程序、校准程序、数据处理程序、故障诊断软件等。

（2）测试内容

设备级测试项目和内容主要有：

1）控制软件测试：正常时序及“紧急停车”时序测试，电爆管通电断电、阀门打开关闭等控制对象动作测试。

2）压力闭环调节软件测试：按试车控制程序控制阀门；反馈参数正常，与测量系统数据传输正常。

3）配置功能测试：通道配置、网络配置、系统配置、校准配置、存储配置、实显配置、故障准则配置、数据处理配置等。

4）采集功能测试：加定点值测试采集结果正确性、测试采集速率与设定值一致性，对测量精度、信号放大设置、滤波截止频率的设置和激励电源设置等进行确认。

5）校准功能测试：外加标准、采集通道零位（信号输入端短路）、传感器桥臂并电阻功能测试，斜率拟合计算正确性，结果保存及自动调用等功能验证。

6）实时显示功能测试：显示通道与配置对应关系、各类系数获取功能、电量与物理量转换、字体显示、超上下限变颜色显示、画面更新速率、画面流畅性等测试。

7）数据处理及分析功能测试：数据库调取、结果正确性、曲线实时显示、数据截取、数据重采样、异常点处理、时间对齐等功能测试。

8）网络通信及数据服务功能测试：通信流畅性、网络数据缓冲能力（时间）、网络异常检测及自恢复功能、网络冗余能力、数据存储系统提供测量数据的正确性、数据更新实时性、数据缓存重发机制有效性等测试。

9）定时精度测试：系统定时精度、各通道之间时间同步性、累计偏差、长期稳定性测试等。

10）电源负荷测试：全通道测试、长时间测试及 UPS 电源断电及负载能力测试等。

11）长程测试：软件运行最长时间、单个文件存储最长时间等；长程测试时长$\not<$2 倍试验时间。

12）干扰测试：将对讲机、大功率测控设备、控制系统动作电磁阀作为干扰源测试传感器、采集装置和信号调理器等设备的抗干扰能力。

13）故障诊断测试：故障判断响应时间、诊断准则正确性、报警输出等测试。

14）时间统一基准（时统）功能测试：时统检测精度、正确性等；时统偏差符合系统设计的要求。

15）线缆连接测试：线缆、接插件、转接柜分段导通、绝缘测试。

16）性能测试：测量精度、响应特性、滤波特性等。

17）可靠性测试：长期可靠性、多次可靠性测试。

18）稳定性测试：长期稳定性、多次重复稳定性测试。

设备级测试应按调试大纲的要求和步骤执行，参与调试的每个组件或单元应功能正常，运行稳定，各项测试结果应符合设计任务书要求。

14.1.2.2　分系统测试

在设备级测试完成后进行分系统测试。主要测试方法是：将分系统所有软、硬件模块整合，对整体功能和性能进行测试。由于设计功能、组成及性能指标要求不同，分系统测试的项目和内容也各不相同。通用要求是分系统测试应按调试大纲的要求和步骤执行，参与测试的每个组件或单元应功能正常，运行稳定，各项测试结果应符合设计任务书要求。以缓变参数测量系统为例，介绍分系统测试的主要步骤和项目。

（1）系统准备

电气连接、硬件检查、系统上电、标准仪器准备、软件准备、系统配置。

（2）校准功能测试

以铂电阻通道校验为例：

1）对采集系统通电预热，时间 30 min；

2）根据测温范围的上下限查铂电阻分度表对应的电阻值，在传感器连接处用标准电阻箱加载对应电阻值，记录电标准值，用校准程序进行端点法校准，计算出截距 a 和斜率 b 值；

3）用温度炉给传感器加载一个定点温度值，用采集程序进行记录，并用所得的 a、b 值算出温度值，用计算出的温度值和定点温度值比较，其偏差在要求的范围内（一般小于 1 ℃）为合格。

（3）采集功能测试

1）起动配置，进行系统配置，并下载到采集设备；

2）进入采集界面，打开设置好的采集信息数据库，读入通道信息；

3）点击预览采集或记录采集按钮或相应菜单项，开始采集，一般上方状态栏显示系统运行状态，屏幕出现动态数据画面；

4）采集结束后按工具栏上停止采集按钮或相应菜单项结束采集过程，当状态栏显示准备就绪时采集结束，方可进行下一步动作；

5）退出采集界面，再退出采集程序。

（4）实时显示功能测试

1）起动显示程序，进行信息设置；

2）点击“进入实时显示”按钮进入实时显示界面；

3）程序自动接收采集主机发送的采集数据，根据设置计算后存盘并显示数值和曲线；

4）在显示准备界面点击“返回”按钮将返回到主界面。

（5）气密性及系统冷调测试

对系统容器、管路、阀门进行气密性检查测试。根据发动机试验要求，对推进剂供应系统进行系统冷调。

14.1.2.3　测控系统联合测试

系统联合测试是对多个相互关联的测控分系统或测控系统，与其他外部系统进行联合功能和性能指标的测试。一般项目有：

1）故障诊断系统与缓变参数测量系统之间，对信号并行采集或数据传输响应性、正确性及可靠性的联合测试。

2）故障诊断系统与程序控制系统之间，对紧急关机信号的联合测试。

3）缓变参数测量系统与实时显示系统之间，对数据通信的联合测试。

4）摇摆系统与程序控制系统、测量各分系统之间，抗干扰性能的联合测试。

5）控制系统与测量系统之间，对时间同步性的联合测试等。

14.1.2.4　试验系统综合测试

试验系统综合试验流程是在测量、控制、工艺等各系统联合测试、单元测试、系统冷调等工作完成后进行的，是试验系统最完整、所有参试设备及人员参加、和实际试验程序完全一致的试验前的一种测试。综合测试是对试验准备情况的全面检查，通过综合测试结果评判，确定试验系统是否具备承担试验任务的条件。

14.1.2.5　数据报告

数据报告一般包括试验数据报告和试验数据分析报告。

试验数据报告是液体火箭发动机试验单位的产品，由发动机试验单位提供给发动机设计单位。试验数据报告反映发动机试验基本情况、试验结果评判。数据报告应包括基本情况（试验性质与目的、试验方案、参试系统技术状态、测试情况简述）、数据获得情况、异常结果说明、试验结论等。

试验数据分析报告是试验单位进行的一项工作，由试验单位自行编写、单位归档。试验数据分析报告主要针对重要大型试验、重大型号首次涡轮泵联试、半系统试验、整机试验或新建的大型试验系统首次承担任务，试验后通过获得的数据对发动机和试验系统工作情况进行详细、全面分析。试验数据分析报告一般包括试验基本情况（试验性质、目的、试验方案、参试系统技术状态、试验程序）、发动机起动特性、冲击大小、主要参数获得情况、数据详细分析（参数获得率、参数准确性、定型产品的历史包络对比等）、异常数据分析及说明、后续改进措施、试验结论等。

14.2　测控系统测试方法

14.2.1　控制系统检查测试方法

14.2.1.1　控制台及控制板件检查

试验控制系统的控制台及控制板件检查方法如下：

1）在不通电情况下，手动打开、关闭开关和按钮，应无卡滞；

2）在不通电情况下，目视或手动检查对接系统的主要板件，连接正常，入槽无松动现象；

3）在通电情况下，目视检查控制台仪表、指示灯指示状态，指示状态正常，对应关系和数值正确。

14.2.1.2　电缆及接插件检查

控制系统传输电缆及接插件检查方法如下：

1）检查电磁阀释放电路的元件安装，应安装正确，符合技术要求，连接可靠、牢固；

2）检查电缆外观，电缆外护套应无破损；

3）检查电缆中间转接环节的连接，应牢固，接插件入槽无松动；

4）控制系统断电且控制电缆与硬件设备断开后，用绝缘电阻测试仪或多用表对线路绝缘和导通进行检查，结果应符合 QJ 1486 的相关要求[2]。

14.2.1.3 信号反馈装置检查

控制信号反馈装置检查方法如下：

1）在不通电状态下，检查信号装置使用的传感器连接状态。应正确连接且紧固。

2）在通电状态下，检查信号反馈装置设定值。应与试验大纲一致。

3）目视检查信号反馈装置仪表输出信号。应与系统的实际状态一致。

4）通过控制台指示灯和仪表显示值观察信号反馈情况。显示、输出与实际状态应一致。

14.2.1.4 控制计算机检查

控制计算机检查方法如下：

1）计算机加电后，正常开机并进入操作系统。

2）检查计算机各控制硬件板卡及连接情况。应连接正常，指示状态正确。

3）检查各控制计算机及交换机之间的网络连接情况。应连接可靠。

4）多次、长时间运行控制软件自检程序，检查控制计算机的功能和工作可靠性。确保其能正常起动和退出。

14.2.1.5 控制软件测试

控制系统内线断开或采取必要的隔离措施后，对控制软件进行测试，方法如下：

1）检查控制软件版本、数据文件信息。应保证与试验大纲要求一致。

2）运行控制主程序、压力闭环调节程序、流程检测程序。摇摆控制程序，程序运行应正常无误。

3）压力信号反馈装置在程序自检时，通过手动开关人为模拟压力大小，压力调节程序输出结果应正确，并与试验大纲的要求一致。

4）自检结束后，检查检测程序采集的控制指令、时间间隔。应与试验大纲的程序和要求一致。

14.2.1.6 诊断软件测试

检查、测试故障诊断软件，方法如下：

1）检查软件的判断准则、参数波动带宽等输入条件，确认数据文件的正确性。

2）通过制作相对应的故障监测数据文件，对故障系统的应用软件进行自检测试，检测程序运行的正确性、可靠性和抗干扰能力。

3）数据采集装置和故障诊断分离的系统，在采集计算机上制作测试数据文件，模拟采集装置发送数据文件，诊断计算机接收数据，测试、验证数据传输的准确性和可靠性，有无丢数和堵塞等现象。

14.2.1.7 控制接口对接检查

发动机与控制系统接口对接环节检查方法如下：

1）检查控制主电缆和分电缆连接正确性和接插件牢固性。应保证连接正确，固定牢靠。

2）检查电缆防松保险。方向应正确，可靠无松动。

3）检查电缆固定合理性。固定不干涉其他系统，应避开测量线缆，防止相互干扰。

4）发动机上的控制电缆应避开高温、低温管路固定，并采用隔热材料进行防护包扎。

5）控制接插件按照试验技术文件要求进行防护包扎。

14.2.2 测量系统检查测试方法

14.2.2.1 测量传感器检查

测量传感器检查方法如下：

1）依据测量范围选择合适量程的传感器，确保传感器外观无异常，在检定有效期内，可正常安装使用。

2）测试传感器的内阻和绝缘电阻，确保其符合技术条件或说明书的要求；检查传感器，确保其密封面光滑、无划痕，内腔无多余物，且不在氧化剂和燃料介质间混用。

3）检查传感器的性能，如对温度传感器进行升温检查，对振动传感器进行敲击检查等。

4）确认使用次数，对关键压力传感器制定使用次数限制，使用前检查传感器的使用履历书，确保使用次数符合规定要求。确认传感器的使用环境符合相应的要求。

14.2.2.2 测量电缆及接插件检查

测量系统电缆及接插件检查方法如下：

1）检查电缆外观。确认电缆外护套无破损，接插件外观正常，接插件的插针、插孔正常。

2）检查电缆中间转接环节的连接。确认其牢固，接插件入槽无松动。

3）脱开传感器和采集系统进行测量传输电缆、转接活动电缆及接插件外观、导通与绝缘电阻检查，使用 500 V 兆欧表测量电缆绝缘电阻，芯线与芯线、芯线与地、芯线与屏蔽之间绝缘电阻≥100 MΩ；具体要求同第 14.2.1.2 节。

14.2.2.3 采集装置检查

采集装置检查方法如下：

1）检查系统接地情况。接地线应连接正确牢靠，阻值应满足技术文件要求；一般测量采集系统接地电阻应小于或等于 0.5 Ω。

2）通电起动采集装置，确认其正常。

3）检查各采集装置和控制系统时统信号的一致性。累计误差应满足试验任务书要求。

用标准源加电标准信号，或传感器的零位，或全桥式传感器桥臂并电阻，或频率量通道加正弦信号等方式，采集测试，确认采集通道、滤波器截止频率和增益的设置正确。采集数据的稳定性和波动范围应满足规程要求。一般情况下，模拟量带传感器波动极差小于10 mV，电标准波动极差小于5 mV，频率量横向波动≤0.1%。

14.2.2.4 其他硬件设备检查

测量系统其他硬件设备主要包括测量控制器、计算机、交换机等，检查测试方法如下：

1）通过系统联合测试，检测测量控制器—控制系统—采集装置三者响应实时性和可靠性。记录的发动机点火至关机之间的时间差值应满足试验任务书时间精度要求。

2）通过系统联合测试和采集、显示装置长时间运行，检测采集装置和交换机的可靠性。

3）检查交换机，确认光电转换器等数据通信设备的电源线、网线、光纤及USB电缆等连接牢固，固定方法及位置符合相应的要求。

4）检查计算机的线缆，确保连接牢固可靠；硬盘应有足够的空间，定期清理磁盘和查杀病毒，卸载无关的软件。

14.2.2.5 测量软件测试

测量系统的应用软件主要包括校准、采集、显示、处理四部分，检查测试方法如下：

1）运行各测量参数校准程序，检查校准过程采集、传输、修改、数据处理的功能和线性拟合及相关计算的正确性。

2）采集程序按技术文件规定项目进行测试，验证采集程序运行的稳定性和抗干扰能力。

3）对显示程序进行校准系数的自动获取、物理量正常显示、关键参数曲线绘制和数据传输的稳定性测试检查。

4）对处理程序进行自动调用校准系数、采集源码、处理公式的基本功能及处理数据的正确性测试检查，通过加载已知标准量值，测试处理程序的功能和正确性。

14.2.2.6 测量接口对接检查

测量系统与发动机、控制系统接口对接检查方法如下：

1）采用测压导管的压力传感器安装前应检查接管嘴螺纹和密封面，确保螺纹无损伤，密封面光滑无凹坑，并对测压导管进行吹除，确保管腔通畅，无焊瘤和多余物。低温推进剂使用的测压导管和传感器应按相关规程进行脱脂处理。

2）对添加隔离液的测压导管，确认配制隔离液比例；传感器固定位置应低于测压接口位置，防止隔离液进入发动机。

3）检查真空压力的测压导管切口方向，确保安装正对来流方向。

4）插入式温度传感器安装前对插入深度进行检查。根据安装主管路管径选择相应的插入深度，插入深度应为管路管径的1/3～1/2。对选用的铠装温度传感器进行绝缘和阻值检查，绝缘电阻应≥20 MΩ；在现场用温度炉（电吹风）加温或低温介质浸泡检查，结果应符合技术条件要求。

5）振动传感器安装前敲击定性检查输出信号，或在振动台进行灵敏度和输出信号检查；安装应保证连接牢固或刚性连接。

6）涡轮流量计安装前采用手动或低压吹气的方法检查涡轮转子转动情况，确保其灵活无卡滞；同时用电压表、示波器或采集装置检查输出信号，确保输出信号正常。

7）推力传感器并联使用时，传感器灵敏度一致性应≤±0.3%，输出电阻差异应≤±0.5 Ω；检查推力架及预紧力加载情况，预压推力架三遍，推力架应灵活无卡滞，基准力传感器和测量力传感器在预紧力加载前后的基准零位和预紧零位应稳定。

8）传感器连接后，通过增压或桥臂并电阻的方法检查压力传感器的连接正确性；通过逐个吹风加热检查壁温和热流传感器的连接正确性；通过敲击压电式振动和脉动压力传感器的检查连接的正确性；通过机械位移、插拔插头等方式检查位移、应变等传感器的连接正确性。

9）其他参数测量传感器可根据相关技术文件逐项进行检查。

14.2.3　故障诊断系统检查测试方法

检查测试故障诊断计算机、信号传输环节等硬件和软件运行的可靠性，方法如下：

1）系统自检，检查信号传输环节的正确性和可靠性。

2）检查故障诊断计算机、控制计算机、数据采集装置三者之间连接的牢固性，通过测试确认故障诊断系统和控制系统的响应时间符合技术文件要求。

3）人为设置故障状态，故障诊断系统的硬件电路及继电器、声、光元件等应准确响应。

4）用电标准或桥臂并电阻的方式检查传感器、激励源、信号调理器等硬件设备的系统零位，确认系统零位波动满足规定要求。

5）通过故障系统自检测试，检测程序运行的可靠性和抗干扰能力。检查全系统设备工作时，程序发生死机、跑飞等的情况。

6）数据采集装置和故障诊断分离的系统，进行采集数据和诊断系统接收数据的可靠性验证。测试后应查看数据，不能出现丢数现象，且满足测试时间长于 2 倍试验时间的要求。

14.2.4　摇摆测控系统检查测试方法

14.2.4.1　伺服机构检查

发动机摇摆伺服机构检查测试方法如下：

1）检查伺服机构外观，确认其无异常。

2）检查伺服机构油、气管路，确认其无泄漏。

3）检查伺服机构控制信号线、反馈信号线、电源线连接的正确性和牢固性。

4）对伺服机构进行通电检查，按试验程序进行动作，查看记录的反馈信号，动作应正确、信号无抖动和其他干扰。

5）使用发动机泵后压力作为驱动力源的伺服机构，按规定压力对连接管路进行密封性检查，确认其无泄漏。

14.2.4.2 电缆及接插件检查

摇摆测控系统电缆及接插件检查方法同第14.2.1.2节。

14.2.4.3 系统设备及运行检查

长时间未进行发动机摇摆试验时，应保证三个月内单独进行硬件设备通电自检，方法如下：

1）设备按自检程序进行测试，测试结果应正常。

2）地面联试和冷摆前检查测试摇摆系统计算机、采集记录装置、信号隔离和地面能源装置等硬件设备，确认其工作正常。

3）运行摇摆控制程序，确认程序输出的指令符合要求，伺服机构按指令运行正常，采集程序采集伺服机构参数正常；检测控制程序和采集程序运行的准确性和可靠性，确认测试数据未出现丢数现象。

4）摇摆系统与控制系统、测量系统同时工作时，运行自检程序，检测程序的正确性和可靠性，检查应用程序之间的抗干扰能力。

14.2.5 电源配电系统检查测试方法

电源系统主要检查的项目如下：

1）对使用蓄电池或UPS电源的电池的检查方法如下：

a）清洁并检测电池两端电压、温度；

b）检查连接处有无松动、腐蚀现象，检测连接是否有压降；

c）检查电池外观是否完好，有无外壳变形和渗漏现象，检查极柱、安全阀周围是否有酸雾逸出；

d）定期检查电池的连接母线外观，检查其外皮有无损伤，线路连接是否牢固可靠，电池的容量是否合格；

e）检查、测试过程应保证人员和电池安全。

2）对UPS电源的检查：定期对UPS电源进行充放电检查，重要试车前增加一次不少于试验时间的断电放电检查，确保其工作正常。定期检查设备（包括主机设备）运行状况，保证设备运行稳定可靠。

3）对直流稳压电源的检查：检查直流电源的输入输出线缆连接是否牢固可靠，面板的开关旋钮设置得是否正确，输出的电压、电流数值是否准确。

14.3　试验测控系统的维护方法

试验测控系统的保养维护包括硬件定期检查维护和软件维护。

14.3.1　硬件检查维护

14.3.1.1　接插件检查维护

1）定期对接插件内部打开检查，对氧化或虚焊的焊点重新焊接，对插针松动或晃动的接插件及时更换。

2）定期对接插件外观进行检查，确认无腐蚀、污损、杂物堵塞插孔或物理性损伤等情况，对影响使用的接插件及时进行更换。

3）对发动机上连接接插件和靠近试车台的转接柜接插件按规定时间定期检查更换。一般要求对接产品的活动电缆接插件依据使用频率及重要性采取一年或三年打开检查一次，六年重新制作的方式。对转接柜接插件依据使用的频繁程度和检查结果制定更换的周期。

14.3.1.2　电缆检查维护

1）外观检查：电缆绝缘表面应光滑，外护套不应有开裂、烧蚀、断裂、表面损伤等缺陷。

2）导通检查：阻值应满足使用要求。

3）绝缘电阻检查：使用 500 V 或 100 V 的兆欧表测量线缆绝缘电阻，绝缘值应大于或等于 100 MΩ。测量前确保接地良好，测试前后要对电缆进行放电，保证安全，测量时绝缘电阻（芯线与芯线、芯线与绝缘、芯线与地之间的绝缘电阻）在合格范围内。

14.3.1.3　测控设备维护

检查采集装置接地是否良好，每半年对机箱内板件进行除尘清理。检查板卡、接插件的紧固情况，确保连接可靠，系统工作稳定。每三个月对数据存储硬盘进行磁盘扫描，碎片整理，清理垃圾文件，保证硬盘空间充足，并定期对计算机进行病毒查杀。

14.3.2　软件维护

软件开发的过程测试，有可能没有检测到所有的错误，软件在应用过程中需要根据用户新要求或运行环境的变化，进行修改或功能完善。为提高软件的应用水平和使用可靠性，软件维护必不可少。软件维护主要是指根据需求变化或硬件环境的变化对应用程序进行部分或全部的修改，修改时应充分利用源程序，并在程序变更通知书上写明新旧程序的不同之处。

根据软件维护的原因，一般将维护分为三类：

1）改正性维护。软件的一些错误在测试过程中没有被发现，在实际使用环境中暴露。

修改这些错误的工作称为改正性维护。一般软件投入使用的早期，改正性维护量比较大。这些错误会引起软件运行异常，用户业务流程无法继续进行等，改正性维护必不可少。

2）完善性维护。软件使用过程中，为操作方便、界面美观、运行速度快等，用户提出维护，称为完善性维护。一般这些维护不紧急，不影响业务流程的执行。用户一定程度掌握了软件运行，熟练使用后，提出完善性维护需求。

3）适应性维护。软件使用若干年后，由于操作系统的更新、浏览器的升级、硬件的升级等引起的一些维护称为适应性维护。在软件生命周期中，这类维护量比较少。

从影响软件能否可靠、稳定运行的重要性来看，改正性维护最重要，是马上需要进行的必不可少的维护，在软件运行的早期比较多。适应性维护也是必不可少的，在软件运行的后期才有。完善性维护不影响软件业务的运行，是必要的，但不是马上要进行的维护，一般在软件运行一段时间后才有。由于软件是为人类提供计算服务的逻辑产品，追求方便、快捷、美观是永恒的主题，特别是液体火箭发动机试验危险性大、费用高，应用软件运行的可靠性和稳定性在试验中处于非常重要的地位。发动机试验中软件维护工作量估计如图 14 - 3 所示。

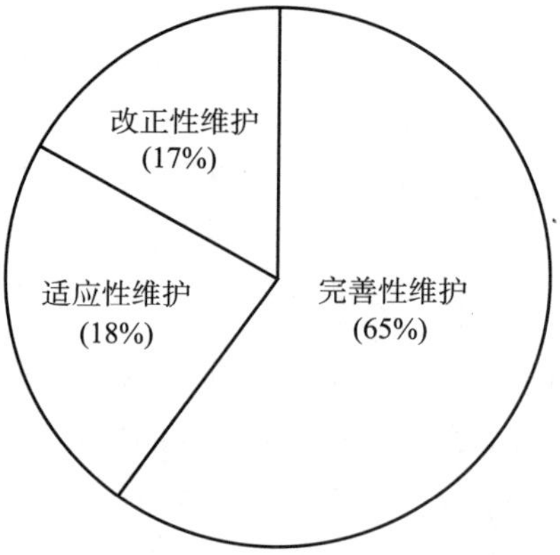

图 14 - 3　维护工作量比例

随着复用等技术的使用，原始软件开发的比例越来越小。二次开发和维护的比例越来越大，维护在软件生命周期中占据越来越重要的地位。维护的质量决定软件应用的价值和寿命。发动机试验准备过程中，按照试验流程进行各种、多次、反复测试，包括单元测试、综合测试及程序判读。保证发动机试验系统所有软件、硬件、工艺设备正常工作，测量数据准确、完整获得。对试验后获得的数据进行全面细致分析、确认，对出现的疑点和异常数据分析原因，清楚机理，进行处理或说明。所有这些工作离不开应用软件，应用软件的测试、维护与提高健壮性是发动机试验的重要工作之一。

参考文献

［1］ 液体火箭发动机试验检测方法：GJB 9359—2018［S］. 北京：国家军用标准出版发行部.

［2］ 控制系统通用技术条件：QJ 1486—1988［S］. 北京：中国航天标准化研究所.

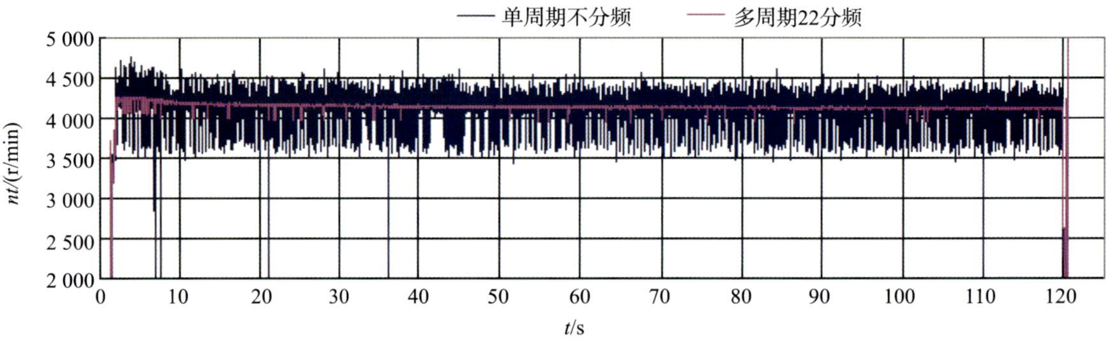

图 5－15　某转速测量数据曲线图（P161）

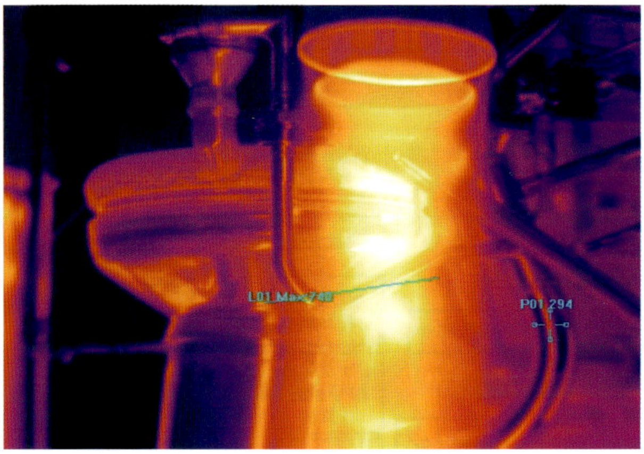

图 8－31　涡轮泵试验测量热图（P307）

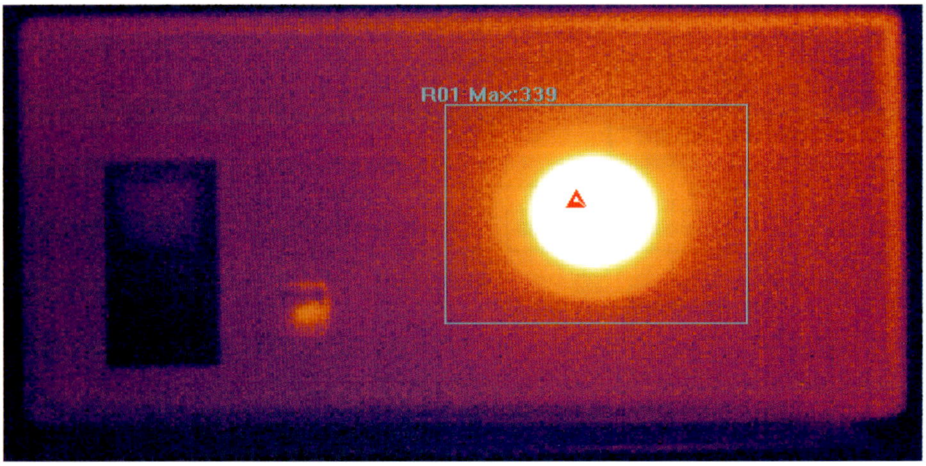

图 8－32　标准黑体炉测量温度（P308）

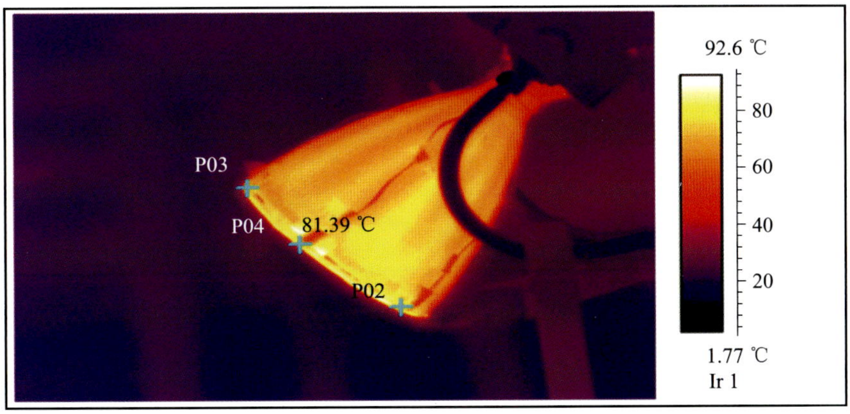

图 8－33　游机喷管红外热图及测试数据（P310）

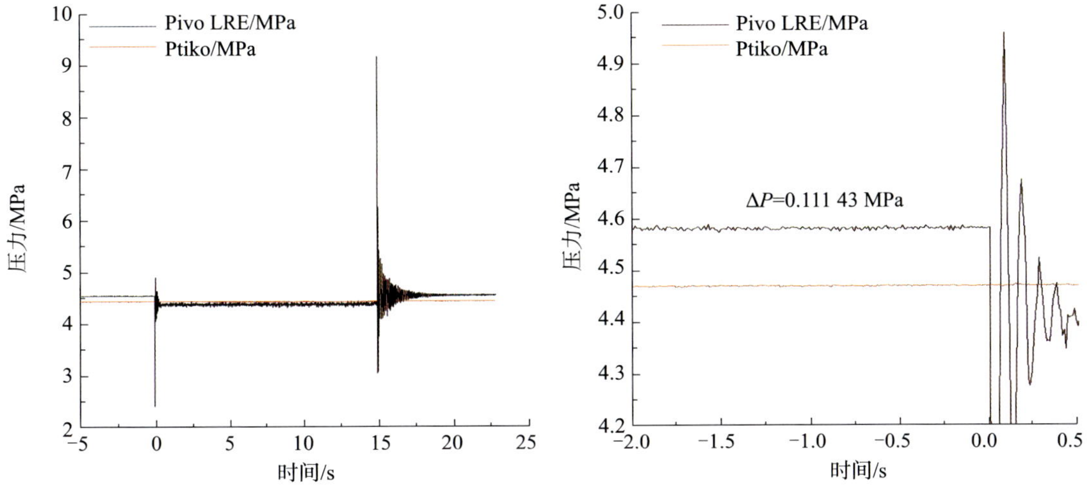

图 13－5　入口压力修正前数据曲线（P453）

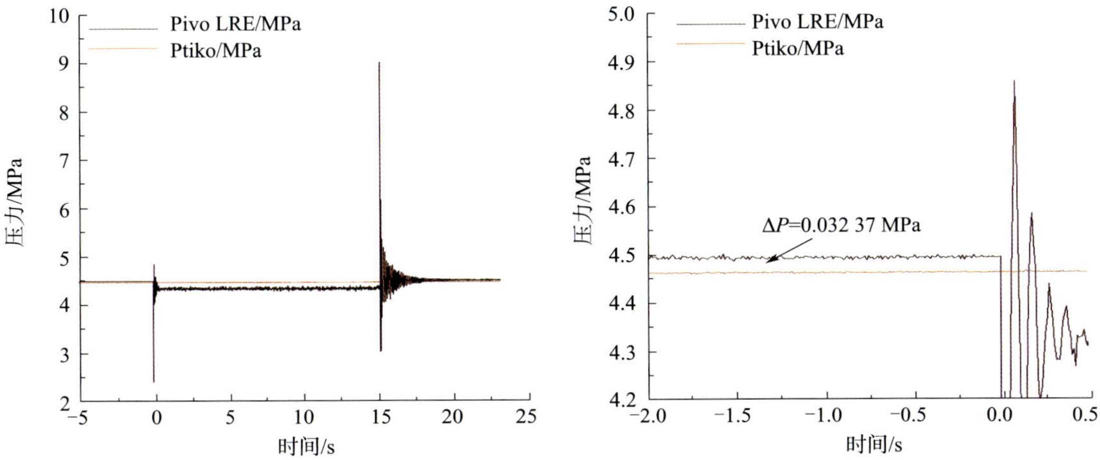

图 13－6　入口压力修正后数据曲线（P453）

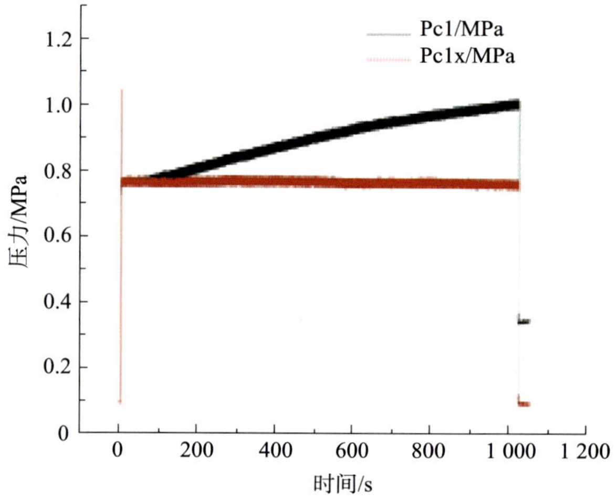

图 13－7　压力 1 参数修正前后数据曲线对比（P454）

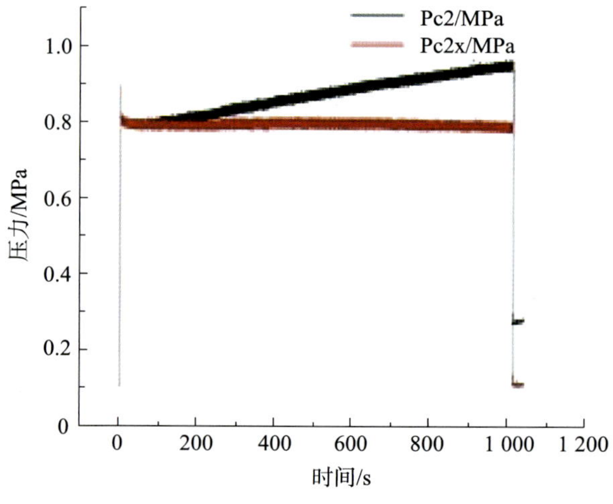

图 13－8　压力 2 参数修正前后数据曲线对比（P454）